景观生态学原理及应用

（第二版）

傅伯杰　陈利顶　马克明　王仰麟 等　编著

科学出版社

北 京

内 容 简 介

本书系统全面地论述了景观生态学的原理及应用。全书共分 11 章，重点论述了景观生态学的基本理论、景观格局与生态过程、景观的动态模拟、景观生态规划与设计以及景观生态学在生物多样性保护、土地可持续利用和全球气候变化等研究中的应用。特点是系统性强、理论与实践相结合、方法与应用相结合，并且融入了作者在国内的实际研究工作。

本书适合生态学、地理学、环境科学、自然保护等专业的科研和教学人员阅读，也可作为高等院校相关专业的参考书。

图书在版编目(CIP)数据

景观生态学原理及应用/傅伯杰等编著. —2 版. —北京：科学出版社，2011

ISBN 978-7-03-030009-6

Ⅰ.景… Ⅱ.傅… Ⅲ.景观学：生态学 Ⅳ.Q149

中国版本图书馆 CIP 数据核字（2011）第 007706 号

责任编辑：韩学哲 孙 青/责任校对：何艳萍
责任印制：吴兆东/封面设计：陈 敬

科 学 出 版 社 出版

北京东黄城根北街 16 号
邮政编码：100717
http://www.sciencep.com

北京富资园科技发展有限公司印刷
科学出版社发行 各地新华书店经销

*

2001 年 7 月第 一 版 　开本：787×1092 1/16
2011 年 2 月第 二 版 　印张：25 1/2
2025 年 1 月第二十次印刷 　字数：587 000

定价：68.00 元
（如有印装质量问题，我社负责调换）

第二版前言

《景观生态学原理及应用》第一版出版已近 10 年，历经 10 余次印刷，发行近 2 万册。这 10 年是景观生态学快速发展的 10 年，其理论与方法不断完善，应用领域不断拓展，进入了她的而立之年，已成为科学百花园中一朵绚丽的花。面对这一快速发展的学科，应读者和编辑的要求，作者对原书进行了系统的修改和整理，吸收了景观生态学最新的理论发展和应用研究成果，补充了大量新的内容和最新研究文献，归并了原有的一些章节，建立了逻辑更加紧凑和清晰的框架结构，使书稿更加完整和系统。具体修订如下。

第 1 章归纳和梳理了景观生态学的发展历程，对 1981 年至今的景观生态学全面发展阶段进行了详细补充；增加了景观生态学展望部分，从理论发展、方法创新和领域拓展三个方面进行了论述。第 2 章由理论基础、重要理论和景观生态学的核心三部分构成，格局、过程与尺度为新增内容。第 3 章在原书第三章景观结构和第八章景观生态学数量方法的基础上，补充了一些最新进展，将景观格局与格局分析方法合并，形成景观格局与分析，加强了景观整体特征分析。第 4 章新增了"景观格局与生态过程"一节，对原书的景观生态过程进行了更新和调整，对景观中人文过程有关内容进行了梳理，从景观利用过程、景观改造过程、景观融合过程三个方面展开。第 5 章补充了景观变化的驱动因子及驱动因子的识别和景观动态分析与模型模拟。第 6 章新增了景观生态分类的研究进展与现状、景观生态评价和景观生态管理，删除了第一版中"生态系统的服务功能及其评价、生态系统健康评价和生态系统综合评价"等内容。第 7 章梳理了景观生态规划与设计的发展过程，增加了基于格局优化的景观生态规划和景观生态设计的步骤；结合现代景观生态设计的热点，补充了绿色节能的城市景观设计、浓郁文化的校园景观设计和天地人和的新农村景观设计等。第 8 章对原书结构和内容进行了适当调整，增加了基质与生物多样性关系的研究及景观生态学与生物多样性的最新研究进展。第 9 章增补了可持续性的概念，进一步完善土地可持续利用评价指标体系，增加了土地可持续利用案例研究。第 10 章对全球气候变化部分进行了补充和梳理，加强了景观生态学与全球气候变化研究的结合。第 11 章加强了遥感和地理信息系统技术体系的发展及其在景观生态学中应用的部分，增加了全球定位系统及其在景观生态学中的应用。

本书第 1 章由傅伯杰和苏常红修改，第 2 章由吕一河和傅伯杰修改，第 3 章由马克明修改，第 4 章由陈利顶修改，第 5 章由郭旭东修改，第 6 章由王仰麟、彭建和沈虹修改，第 7 章由王军修改，第 8 章由张育新和马克明修改，第 9 章由邱扬修改，第 10 章由刘国华修改，第 11 章由冯晓明和陈利顶修改。全书由傅伯杰和陈利顶统稿。

傅伯杰

2010 年 6 月于北京

第一版前言

20 世纪 70 年代以来，特别是近十几年，国际上景观生态学迅速发展，为综合解决资源与环境问题，全面开展生态环境建设，提供了新的理论和方法，开辟了新的科学途径。

景观生态学是地理学、生态学以及系统论、控制论等多学科交叉、渗透而形成的一门新的综合学科。它主要来源于地理学上的景观和生物学中的生态，它把地理学对地理现象的空间相互作用的横向研究和生态学对生态系统机能相互作用的纵向研究结合为一体，以景观为对象，通过物质流、能量流、信息流和物种流在地球表层的迁移与交换，研究景观的空间结构、功能及各部分之间的相互关系，研究景观的动态变化及景观优化利用和保护的原理与途径。

景观是由相互作用的生态系统组成，是以相似的形式重复出现、具有高度空间异质性的区域。景观在自然等级系统中是一个比生态系统高一级的层次。在景观这个层次上，许多低层次的生态学研究能够得到必要的综合。景观生态系统是一个中尺度的宏观系统，是一个以无机环境为基础、生物为主体、人类为主导的复杂系统，具有特定的结构、功能和动态特征。景观生态学强调景观空间异质性的维持和发展，生态系统之间的相互作用，景观格局与生态过程的关系以及人类对景观及其组分的影响。

景观生态学的概念和理论体系尚待完善，它在形成和发展过程中，汲取了生态学、地理学及其他学科的现有理论，如生态系统理论、岛屿生物地理学理论、地域分异理论、人地相互作用理论、系统论、生物控制论等。这些理论可以说是景观生态学的理论基础。尽管景观生态学的理论体系的形成还有待于深入的研究和发展，但它已广泛应用于国土整治、资源开发、土地利用、自然保护、环境治理、区域规划、旅游开发和城市园林建筑等。例如，生态建设规划、区域生态环境预警、土地生态评价与规划、森林规划与自然保护区设计、城市风景园林设计等，尤其是通过景观生态分析、景观生态评价、景观生态设计和景观生态规划等工作，对自然资源管理、保护及开发利用等方面起着越来越大的作用。可以预见，随着理论和方法的完善和发展，景观生态学这一新兴的综合性交叉学科，必将发挥更大的作用。

20 世纪 80 年代初，景观生态学就引起了笔者的浓厚兴趣和密切关注。幸运的是，在国家自然科学基金委员会的连续资助下，笔者及其所领导的研究组从 20 世纪 90 年代初即开展了关于景观生态学理论和应用及景观格局与生态过程的关系研究。在研究工作的同时，编写一部综合性的景观生态学著作一直是笔者的一个心愿，也是景观生态学工作者和爱好者的呼声。鉴于此，作者在总结前人大量研究成果和作者研究工作的基础上，较为系统和全面地论述了景观生态学的理论、方法和应用。全书共分为 12 章，力求立足前沿，注重理论与应用相结合，原理和方法并重。第一章和第二章论述了景观生态学的概念、发展历史和理论基础；第三章至第五章论述了景观的结构、生态过程和景观的动态变化，他们是景观生态学研究的核心；第六章和第七章论述了景观生态分类、评价、规划与设计；第八章是景观生态学的数量方法；第九章至第十一章论述了景观生态学在生物多样性保护、土地持续利用和全球变化中的应用，这些是景观生态学应用的主要方面；第十二章介绍了遥感和地理信息系统在景观生态学中的应用。

本书由傅伯杰总体设计并拟定章节内容。第一章由傅伯杰和王仰麟撰写；第二章由傅伯杰和吕一河撰写；第三章由马克明撰写；第四章由陈利顶撰写；第五章由郭旭东和傅伯杰撰写；第六章由王仰麟、刘世梁和傅伯杰撰写；第七章由王军和王仰麟撰写；第八章由马克明撰写；第九章由周华锋和马克明撰写；第十章由邱扬和傅伯杰撰写；第十一章由刘国华撰写；第十二章由陈利顶撰写。全书由傅伯杰和陈利顶统稿。

景观生态学的理论和方法尚在发展和完善之中，作者殷切期望本书的出版能引起各界有关人士对景观生态学的更多关注和兴趣，并希望能对从事景观生态学教学和研究的专家学者及高等院校有关专业学生的研究工作和学习有所裨益，进一步推动中国景观生态学的发展。虽然景观生态学已取得了重要的进展，但其许多理论和方法还不甚成熟，且该学科属于交叉学科，研究范围十分广泛，因此本书难免会挂一漏万，不足之处敬请读者批评赐教。

傅伯杰

2001 年 1 月于北京

目　　录

第1章　景观生态学的概念及发展

景观生态学是一门新兴的交叉学科，主要研究空间格局和生态过程的相互作用及尺度效应。作为一门学科，景观生态学20世纪30年代在欧洲形成，土地利用规划和评价一直是其主要研究内容（Barrows，1923）。直到20世纪80年代初，景观生态学在北美才受到重视，并迅速发展成为一门很有朝气的学科，引起了越来越多学者的关注和参与（Turner，2005）。景观生态学给生态学和地理学带来了新的思想和方法，已成为生态学和地理学的前沿学科之一。追溯景观生态学的发展历程，展望其发展趋势，对于深化学科发展非常必要。

1.1　景观与景观生态学

1.1.1　景　　观

景观的特征与表象很丰富，人们对景观的感知和认识也多种多样。因此，对于景观，不同学科有着不同的理解，甚至在同一学科中（如地理学）也长期存在着不同的解释。景观概念的不确定性，经常导致它与"风景"、"土地"、"环境"等词的词意相混淆。

1. 景观的一般理解

在欧洲，"景观"一词最早出现在希伯来文的《圣经》（旧约全书）中，用来描绘具有所罗门王国教堂、城堡和宫殿的耶路撒冷城美丽的景色。后来在15世纪中叶西欧艺术家们的风景油画中，景观成为透视中所见地球表面景色的代称。这时，景观的含义与汉语中的"风景"、"景致"、"景象"等一致，等同于英语中的"scenery"，都是视觉美学意义上的概念。在德语中，"景观"（landcraft）本身的含义是一片或一块乡村土地（Turner，1987），但通常被用来描述美丽的乡村自然风光。英语中的"景观"（landscape）源于德语，也被理解为形象而又富于艺术性的风景概念。从东晋开始，中国山水风景画就已从人物画的背景中脱颖而出，使山水风景很快成为艺术家们的研究对象，景观作为风景的同义语也因此一直为文学艺术家们沿用至今。这种针对美学风景的景观理解，既是景观最朴素的含义，也是后来科学概念的来源。从这种一般理解中可以看出，景观没有明确的空间界限，主要突出一种综合直观的视觉感受。

2. 景观的科学含义

文艺复兴之后，景观逐渐被引伸为包含着"土地"的地理空间概念，尤其在18世纪和 19 世纪,这个空间概念获得了一个更为广泛的含义,即景观是总体环境的空间可见的整体或地面可见景象的综合。

19 世纪初,现代植物学和自然地理学的伟大先驱洪堡(von Humboldt)把景观作为科学的地理术语提出,并从此形成作为"自然地域综合体"代名词的景观含义(von Humboldt,1806)。这里的景观在强调景观地域整体性的同时,更强调景观的综合性,认为景观是由气候、水文、土壤、植被等自然要素以及文化现象组成的地理综合体,这个整体空间典型地重复在地表的一定地域内(裴相斌,1991)。

苏联地理学家把有机现象和无机现象包括在景观概念之中,从而给出了景观较为广义的解释,称为景观地理的总体研究。随着景观概念在地理学中不断深化,地理学界(主要是苏联地理学界)主要形成了类型方向和区域方向两种对景观的理解。类型方向把景观抽象为类似地貌、气候、土壤、植被等的一般概念,可用于任何等级的分类单位,如林中旷地景观、科拉半岛景观、大陆架景观等,并基于此将整个地球表面称为景观壳(俞孔坚,1987)。区域方向则把景观理解为一定分类等级的单位,如区或区的一部分,它在地带性和非地带性两个方面都是同质的,并且是由地方性地理系统的复杂综合体在其范围内形成有规律、相互联系的区域组合(伊萨钦科,1987)。

但是,随着经典的西方地理学、生态学和地球科学的兴起,景观这个术语的含义,又被缩小到作为"地形"的同义语来刻画地壳的自然地理特征、生态特征和地貌特征。例如,彭克(Penck,1924)提出:所谓景观是指在形态、大小或成因(或所有这些特征)上特殊的某一地段。苏卡乔夫(Sukachev,1944)则把生物地理群落学说确定为景观学的一个分支,将生物地理群落理解为一个植物群落所占据的生态条件一致的地表地段,是植物、动物、微生物、小气候、地质构造、土壤、水文状况相互作用的总体。地球化学景观则是指具有化学元素迁移的一定条件和这一迁移的特殊性质的地域地段,地表各个不同部分的化学元素迁移特征,完全取决于景观组分的总体,取决于整个景观。

目前,地理学中对景观比较一致的理解是:景观是由各个在生态上和发生上共轭的、有规律地结合在一起的最简单的地域单元所组成的复杂地域系统,并且是各要素相互作用的自然地理过程总体,这种相互作用决定了景观动态。

自 20 世纪 30 年代德国生物地理学家特罗尔(Troll,1939)提出景观生态一词以来,景观的概念被引入生态学并形成景观生态学。可以说,景观生态思想的产生使景观的概念发生了革命性的变化。特罗尔不仅把景观看成是人类生活环境中视觉所触及的空间总体,更强调景观作为地域综合体的整体性,并将地圈、生物圈和智慧圈看作是这个整体的有机组成部分(傅伯杰,1985)。而景观生态学也因此把地理学研究自然现象空间关系的"横向"方法,同生态学研究生态系统内部功能关系的"纵向"方法相结合(傅伯杰,1983),研究景观的结构、功能和变化。德国著名学者布赫瓦尔德(Buchwald and Engelhart,1968)进一步发展了这种系统景观的思想。他认为,所谓景观可以理解为地表某一空间的综合特征,包括景观的结构特征和表现为景观各要素相互作用关系的景观流,以及人的视觉所触及的景观像、景观功能及其历史发展。他认为,景观是一个多层次的生活空间,是一个由地圈和生物圈组成的、相互作用的系统。

Vink(1981)基于系统科学和控制论的观点,明确地指出:景观作为生态系统的载体,是一些控制系统,通过土地利用及管理活动,这些控制系统中的主要成分将完全或部分地受到人类智慧的控制。Naveh 和 Lieberman（1984）认为景观是自然、生态和地理的综合体。Haber（1990）认为景观是生物或人类综合感知的土地。

著名景观生态学家 Forman 和 Godron（1986）在总结前人关于景观及景观生态学的论述之后，将景观定义为由相互作用的生态系统镶嵌构成，并以类似形式重复出现，具有高度空间异质性的区域。后来，Forman（1995a）进一步将景观定义为空间上镶嵌出现和紧密联系的生态系统的组合，在更大尺度的区域中，景观是互不重叠且对比性强的基本结构单元，它的主要特征是可辨识性、空间重复性和异质性。

肖笃宁和李秀珍（1997）对景观概念的综合表述为：景观是一个由不同土地单元镶嵌组成，具有明显视觉特征的地理实体；它处于生态系统之上，大地理区域之下的中间尺度；兼具经济、生态和美学价值。

Moss（1999）总结了对景观的 6 种认识：①景观是相互作用的生态系统的异质性镶嵌；②景观是地貌、植被、土地利用和人类居住格局的特别结构；③景观是生态系统向上延伸的组织层次；④景观是综合人类活动与土地的区域整体系统；⑤景观是一种风景，其美学价值由文化所决定；⑥景观是遥感图像中的像元排列。

生态学通过两种途径使用景观这个概念：第一种途径直觉地将景观看作是基于人类范畴基础之上的特定区域，景观的尺度是数公里到数百公里，由诸如林地、草地、农田、树篱和人类居住地等可识别的成分组成的生态系统综合体；第二种途径是将景观看作代表任一尺度空间异质性的抽象概念。由于景观概念的不同，对景观生态学的理解反映为尺度上的差别。最常用的景观概念是有关基质内各组分、特别是相互邻接的组分间的相互作用（Pickett and Cadenasso，1995）。

总之，景观的一般理解主要关注景观的视觉特性和文化价值，地理学和景观生态学将其进一步拓展，以"地域综合体"的理解作为它们共同的概念基础。但地理学主要关注景观的要素（气候、地貌、土壤、植被等）特征和景观形成过程，并由此形成了没有空间尺度限制的类型学派理解和代表发生上最具一致性的某个地域（或地段）的区域学派理解。而以景观单元间的组合和相互作用为主要研究内容的景观生态学，则视景观为地方（local）尺度上、具有空间可量测性的异质性空间单元，同时也接受了地理学中景观的类型含义（如城镇景观、农业景观）（景贵和，1990；Forman and Godron，1986；马卓尔，1982）。综合起来，对景观可以作如下理解：①景观由不同空间单元镶嵌组成，具有异质性；②景观是具有明显形态特征与功能联系的地理实体，其结构与功能具有相关性和地域性；③景观既是生物的栖息地，更是人类的生存环境；④景观是处于生态系统之上，区域之下的中间尺度，具有尺度性；⑤景观具有经济、生态和文化的多重价值，表现为综合性。

3. "景观"与"土地"、"环境"的区别与联系

尽管都有"地域综合体"的含义，"景观"（landscape）与"土地"（land）却存在根本区别。景观是指土地的具体一部分，与土地不仅有外延上的从属关系，而且景观更代表了一种较为精细的尺度含义；土地概念侧重于社会经济属性，主要关注的是土地的生产力、土地的产权关系、土地的经济价值等（向理平，1990），景观概念则更强调景

观供人类观赏的美学价值和景观作为复杂生命组织整体的生态价值及其带给人类的长期效益，景观具有更大的内涵。另外，现代景观的异质性原理，既是对传统景观概念的突破，也是与以均质性地块单元为基础的土地概念相区别的本质所在。

环境指的是环绕于人类周围的客观事物的整体，包括自然因素和社会因素（艾定增，1995），它们既可以实体形式存在，也可以非实体形式存在。景观则是指构成我们周围环境的实体部分（Bourassa，1988），二者不可混淆。尽管地理学中有学者将作为自然地理综合体的景观与自然地理环境等同起来，但这种认识是片面的，甚至是错误的，因为景观既不是环境中所有要素的全部，也不是它们简单相加而组成的整体，而是它们综合作用的产物。

1.1.2　景观生态学

1. 景观生态学的概念与内涵

景观生态学的概念是德国植物学家特罗尔（Troll）1939年在利用航片解译研究东非土地利用时提出来的，用来表示支配一个区域单位的自然-生物综合体的相互关系的分析（Troll，1939）。他当时认为，景观生态学并不是一门新的学科，或者是科学的新分支，而是综合研究的特殊观点（Troll，1939）。特罗尔对创建景观生态学的最大历史贡献在于他通过景观综合研究开拓了由地理学向生态学发展的道路，从而为景观生态学提供了一个生长点（肖笃宁等，1988）。

德国汉诺威技术大学景观管理和自然保护研究所一直致力于把景观生态学作为一种科学工具而引进景观管理和规划中。该所所长 Buchwald（1963）指出，景观生态学的目的主要是针对当代工业社会对自然土地潜力日益剧增的需要而引发的景观间的紧张状态。该所的 Langer（1970）首次对景观生态学作了系统的理论解释，他将景观生态学定义为研究相关景观系统的相互作用、空间组织和相互关系的一门科学；他指出应把区域生态系统看作是在生物个体水平及群体生态水平之上的生态综合的最高水平，生态区是它的最小景观单元。

Zoneveld 和 Forman（1990）进一步发展了综合的景观概念。他们认为，景观生态学应把景观作为由相互影响的不同要素组成的有机整体进行研究。按照他们的观点，景观生态学不像生态学那样属于生物科学，而是地理学的一个分支；对独立的土地要素所进行的任何综合自然地理的或综合的调查研究，事实上都应用了景观生态学方法。

Vink（1983）在讨论景观生态学在农业土地利用中的作用时强调，景观作为生态系统的载体，是一个控制系统。因为，人类通过土地利用及土地管理，可以完全或部分地控制那些关键成分。基于此，他将景观生态学定义为：把土地属性作为客体和变量进行研究，包括对人类要控制的关键变量的特殊研究。以景观生态学为桥梁，把关于动物、植物和人类的各门具体科学有机地结合起来，实现景观利用的最优化。

Forman 和 Godron（1986）认为景观生态学探讨诸如森林、草原、沼泽、道路和村庄等生态系统的异质性组合、相互作用和变化；景观生态学的研究对象涵盖了从荒野到城市景观，其研究重点在于：①景观要素或生态系统的分布格局；②这些景观要素中的动物、植物、能量、矿质养分和水分的流动；③景观镶嵌体随时间的动态变化。总之，景观生态学就是研究由生态系统相互作用形成的异质地表的结构、功能和动态的科学。结构是指明显区别的景观要素（地形、水文、气候、土壤、植被、动物栖息地）和组分（森林、草地、农田、果园、水体、聚落、道路等）的种类、大小、形状、轮廓、数目和它们的空间配置；功能是指要素或组分之间的相互作用，即能量、物质和有机体在组分（主要是生态系统）之间的流动；动态是指结构和功能随时间的变化。

总之，景观生态学是一门多学科交叉的新兴学科，它的主体是地理学与生态学之间的交叉。景观生态学以整个景观为对象，通过物质流、能量流、信息流与价值流在地球表层的传输和交换，通过生物与非生物要素以及人类之间的相互作用与转化，运用生态系统原理和系统方法研究景观结构和功能、景观动态变化以及相互作用机制，研究景观的美化格局、优化结构、合理利用和保护（傅伯杰，1991）。景观生态学强调异质性、尺度性、高度综合性，是新一代的生态学；从组织水平上讲，处于个体生态学—种群生态学—群落生态学—生态系统生态学—景观生态学—区域生态学—全球生态学系列的较高层次，具有很强的实用性。景观综合、空间结构、宏观动态、区域建设、应用实践是景观生态学的几个主要特点（Opdam et al.，2002）。从学科地位来讲，景观生态学兼有生态学、地理学、环境科学、资源科学、规划科学、管理科学等许多现代大学科群系的多功能优点，适宜于组织协调跨学科多专业的区域生态综合研究，因而在现代生态学分类体系中处于应用基础生态学的地位（肖笃宁，1999）。

景观生态学与生态系统生态学之间的差异可归纳为以下几点。

（1）景观是作为一个异质性系统来定义并进行研究的，空间异质性的发展和维持是景观生态学的研究重点之一；生态系统生态学将生态系统作为一个相对同质性系统来定义并加以研究。

（2）景观生态学研究的主要兴趣在于景观镶嵌体的空间格局，而生态系统研究则强调垂直格局，即能量、水分、养分在生态系统垂直断面上的运动与分配。

（3）景观生态学考虑整个景观中的所有生态系统以及它们之间的相互作用，如能量、养分和物种在景观斑块间的交换。生态系统生态学仅研究分散的岛状系统。一个单元的生态系统在景观水平上可以视为一个相当宽度的斑块，或是一条狭窄的廊道，或是背景基质。

（4）景观生态学除研究自然系统外，还更多地考虑经营管理状态下的系统，人类活动对景观的影响是其重要研究课题。

（5）只有在景观生态学中，一些需要大领域活动的动物种群（如鸟类和哺乳动物）才能得到合理的研究。

（6）景观生态学重视地貌过程、干扰以及生态系统间的相互关系，着重研究地貌过程和干扰对景观空间格局的形成和发展所起的作用。

2. 几个重要的相关概念

景观生态学中的许多概念来自于相邻学科，如空间格局、多样性、异质性（不均匀性）等均是群落生态学中描绘物种分布时所经常使用的概念。

1）斑块-廊道-基质模式

无论是在景观生态学还是在景观生态规划中，斑块（patch）-廊道（corridor）-基质（matrix）模式都是构成并用来描述景观空间格局的一个基本模式。其概念来自于生物地理学（主要是植物地理学）中对不同群落分布形式的描述，并给予更加明确的定义，从而形成一套专有概念和术语体系（邬建国，2000）。例如，斑块乃是在景观的空间比例尺上所能见到的最小异质性单元，即一个具体的生态系统；廊道是指不同于两侧基质的狭长地带，可以看作是一个线状或带状斑块，连接度、结点及中断等是反映廊道结构特征的重要指标；基质是景观中范围广阔、相对同质且连通性最强的背景地域，是一种重要的景观元素，它在很大程度上决定着景观的性质，对景观的动态起着主导作用。

斑块-廊道-基质模式的形成，使得对景观结构、功能和动态的表述更为具体、形象，而且，斑块-廊道-基质模式还有利于考虑景观结构与功能之间的相互关系，比较它们在时间上的变化。然而，必须指出，在实际研究中，要确切地区分斑块、廊道和基质往往很困难，也不必要。广义而言，把所谓基质看作是景观中占绝对主导地位的斑块也未尝不可。另外，因为景观结构单元的划分总是与观察尺度相联系，所以斑块、廊道和基质的区分往往具有相对性。例如，某一尺度上的斑块可能成为较小尺度上的基质，也可能是较大尺度上廊道的一部分。

2）景观结构与格局

景观作为整体成为一个系统，具有一定的结构和功能，而其结构和功能在外界干扰和其本身自然演替的作用下，呈现出动态的特征。

景观结构是指景观的组分构成及其空间分布形式。景观结构特征是景观性状最直观的表现方式，也是景观生态学研究的关键内容之一。不同的景观结构是不同动力学发生机制的产物，同时还是不同景观功能得以实现的基础。

在景观生态学中，结构与格局是两个既有区别又有联系的概念（邬建国，2000）。比较传统的理解是，景观结构包括景观的空间特征（如景观元素的大小、形状及空间组合等）和非空间特征（如景观元素的类型、面积比率等）两部分内容，而景观格局概念一般是指景观组分的空间分布和组合特征。另外，这两个概念均为尺度相关概念，表现为大的结构中包含有小的格局；大的格局中同样含有小的结构。不过，现阶段的许多景观生态学文献往往不再区分景观格局和景观结构之间的概念差异。

景观生态研究通常需要基于大量空间定位信息，在缺乏系统的景观发生和发展历史资料记录的情况下，从现有景观结构出发，通过对不同景观结构与功能之间的对应联系进行分析，成为景观生态学研究的主要思路。因此，景观结构分析是景观生态研究的基础。格局、异质性和尺度效应问题是景观结构研究的几个重点领域。

3）异质性

作为景观生态学的重要概念，异质性是指在一个景观中，景观元素类型、组合及属性在空间或时间上的变异程度，是景观区别于其他生命层次的最显著特征。景观生态学研究主要基于地表的异质性信息，而景观以下层次的生态学研究则大多数需要以相对均质性的单元数据为内容。

景观异质性包括时间异质性和空间异质性，更确切地说，是时空耦合异质性。空间异质性反映一定空间层次上景观的多样性信息，而时间异质性则反映不同时间尺度下景观空间异质性的差异。正是时空两种异质性的交互作用导致了景观系统的演化发展和动态平衡，系统的结构、功能、性质和地位取决于其时间异质性和空间异质性。所以，景观异质性原理不仅是景观生态学的核心理论，也是景观生态规划方法论的基础和核心。

异质性早已被视为生物系统的主要属性之一，它来源于干扰、环境变异和植被的内源演替。而景观生态学则进一步研究空间异质性的维持和发展。人类和动物都需要两种以上景观元素的事实证明了异质性在生物圈中存在的重要性，这对我们理解物种共存、生态位以及对野生动物和昆虫的管理极其重要。地球上多种多样的景观是异质性的结果，异质性是景观元素间产生能量流、物质流的原因。

4）尺度

景观生态学的尺度指的是研究对象的时间和空间细化水平，任何景观现象和生态过程均具有明显的时间和空间尺度特征。景观生态学研究的重要任务之一，就是了解不同时间、空间水平上的尺度信息，弄清研究内容随尺度发生变化的规律性。景观特征通常会随着尺度变化出现显著差异，以景观异质性为例，小尺度上观测到的异质性结构，在较大尺度上可能会作为细节被忽略（邬建国，2007）。因此，某一尺度上获得的任何研究结果，不能未经转换就向另一种尺度推广。

不同的分析尺度对于景观结构特征以及研究方法的选择均具有重要影响，虽然在大多数情况下，景观生态学是在与人类活动相适应的相对宏观尺度上描述自然和生物环境的结构，但景观以下的生态系统、群落等小尺度资料对于景观生态学分析仍具有重要的支撑作用。不过，最大限度地追求资料的尺度精细水平同样是一种不可取的做法，因为小尺度的资料虽然可以提供更多的细节信息，但却增加了准确把握景观整体规律的难度。所以，在着手进行一项景观生态问题研究时，确定合适的研究尺度以及相适应的研究方法，是取得合理研究成果的必要保证。

景观尺度效应的实质是不同尺度水平具有不同的约束体系，属于某一尺度的景观生态过程和性质受制于该尺度特殊的约束体系。不同尺度间约束体系的不可替代性，导致大多数景观尺度规律难以外推。不过，不同等级的系统都是由低一级亚系统构成，不同等级之间存在密切的生态学联系，这种联系也许能使尺度规律外推成为可能。在地理信息系统技术应用日益广泛的今天，景观的特征信息可以利用各种图件方便地存储和表达，尺度差异也可以直观地利用图像信息的分辨率水平来表示。这都为尺度效应分析提供了良好的技术和资料基础。

1.2 景观生态学的发展历程

景观生态学是现代生态学的一个分支。作为地理学与生态学之间的交叉学科，景观生态学的产生与发展经历了萌芽、形成和全面发展三个阶段。

1.2.1 景观生态学的萌芽阶段（1806～1939 年）

萌芽阶段的显著特点是：地理学的景观学思想与生物学的生态学思想各自独立发

展；Neef（1956）将此阶段称为景观生态学的"史前阶段"。

1806 年，近代地理学奠基人洪堡（von Humboldt）把景观作为地理学术语，他认为景观是具有一定风光特征外表的地理区域的集合体，地理学应该研究地球上自然现象的相互关系（von Humboldt，1806），由此奠定了地理学、景观学、景观生态学的综合思想基础。1885 年，德国学者阿培尔与威默尔的《历史景观学》一书，着眼于景观的全貌和事物在景观中的相互联系，并从历史发展角度加以研究。1906 年，施吕特尔（Schlüter）在慕尼黑的就职演说中，以"人的地理学的目标"为题，提出景观研究以人文研究为主，把研究对象局限在可以观察到的人文物质事物；而将非物质事物，如社会、经济、种族、心理、宗教等排除在外。他的研究是形态学的，注重在形态分类基础上精确描述景观，强调人类对景观的影响。20 世纪二三十年代，德国的格拉德曼（Gradmann）和施米德（Schmid）继承了施吕特尔的思想，侧重研究古代文化景观以及自然景观向人类居住地或文化景观的转变。同时代的德国地质学家和地理学家帕萨格（Passarge）的景观学思想对德国景观学发展也有很大影响，他的基本观点和方法在 1919～1920 年出版的《景观学基础》（三卷）和 1921～1930 年出版的《比较景观学》（五卷）得以体现。他认为景观是由景观要素——气候、水、土壤、植被和文化现象组成的地区复合体，他将这种地区复合体称为景观空间，并在此基础上提出了景观要素—小区—大区—景观带的景观单元等级体系（Passarge，1919～1920）。

景观学思想在苏联也得到了发展。19 世纪末，俄国的道库恰耶夫（Dokuchayev）和他的学生贝尔格（Berg）在野外调查中发现自然界生物和非生物之间的关系及其地带性规律。贝尔格将研究自然地带性的道库恰耶夫原理扩展到了景观地理学，提出了景观学思想，其思想源于德国帕萨格的观点；贝尔格认为地理景观是各种对象和现象的一个整体，其中地形、气候、人文、土壤、植物、动物等因素及人类中度干扰统一起来，典型地重复在地表一定地带内，其实质是把景观作为地理综合体的同义词，把典型重复地分布在自然地带内的地理成分所构成的整体称为景观地带。贝尔格的理论阐明了景观及其组成成分间的相互作用和景观的发展问题，为景观学的发展奠定了基础。此后苏联景观学的发展基本是沿类型和区域两个方向进行的；一方面强调景观的类型相似性，把任何等级的自然综合体均当成景观；另一方面也认为，景观是特定等级的自然综合体，是自然地理系统中承上启下的单元。宋采夫把相当于帕萨格的景观单元的地理综合体分为相和限区两级单位，认为相和限区是景观的形态组成部分，并引用贝尔格的经常重复概念，认为作为特定等级的景观是景观形态按一定规律组合且经常重复的分布区；贝尔格和宋采夫都强调对景观自然方面的研究。卡列斯尼克则强调文化景观是人为影响的景观，其发展服从于自然规律。

景观学思想在美国和英国也得到发展，美国和英国的景观生态学研究把景观称为土地或土地类型。1922 年，巴罗斯（Barrows）在美国地理学家协会发表了题为"作为人类生态学的地理学"的会长就职演说，他以当时具有独创性的提法阐述了景观研究的主要任务——研究人与地域之间的相互关系。

与景观学的发展历程相似，生态学的发展也经历了漫长的酝酿阶段。1869 年，年轻的生物学家海克尔（Haeckel）首先应用了生态学一词，成为生物科学显著的里程碑之一。他认为生物学的研究领域不只包括有机体自身，还应包括其与非生物环境的相互关系；生态学是关于自然规律约束的生命——空间相互关系的研究。生态学的发展经历了个体生态学、种群和群落生态学。1935 年，植物学家坦斯利（Tansley）提出了"生态系统"概念，用来表征任何等级的生态单位中生物与其环境的综合体，体现了自然界生物和非生物之间密切联系的思想。他指出："整体系统（在自然意义上）不仅包括有机综合体，也包括我们称之为生物群落环境的自然要素的统一体——广义上的栖息地要素，生态系统可以归结为地球表层的基本自然单元"。

景观学和生物学从不同的角度进行了独立的发展，为景观生态学的诞生奠定了基础。

1.2.2 景观生态学的形成阶段（1939～1981 年）

1939 年，特罗尔（Troll）通过航空像片研究东非土地利用问题时，正式提出"景观生态学"一词，他认为"景观生态学的概念，由两种科学观点结合而产生，一种是地理学的（景观），另一种是生物学的（生态学），景观生态学是研究支配一个区域不同地域单元的自然-生物综合体的相互关系；景观生态学不是一门新的科学，或是科学的新分支，而是综合研究的特殊观点"（Troll，1939）。特罗尔提出"景观生态学"一词后，大多数研究都是在"景观生态学"名称下进行的。此外，20 世纪 30 年代末苏卡乔夫（Sukachev）所提出的生物地理群落概念对生态学与地理学的融合起了很大作用；苏卡乔夫认为生物地理群落学说是景观学的特殊分支，生物地理群落是植物群落所占据的生态条件一致的地表，是植物、动物、微生物、小气候、地质构造、土壤、水文状况相互作用的总体，是景观的最小组成单元。

第二次世界大战结束后，中欧成为景观生态学研究的主要地区。随着世界范围内人口增长，粮食需求增加，资源环境承载力下降，集中体现在对土地的压力上；针对这种情况，许多发达国家和发展中国家都开展了土地资源的调查、研究、开发和利用，出现了以土地为研究对象的景观生态研究热潮。澳大利亚从 20 世纪四五十年代开始，进行了有计划的土地调查，其思想和方法对现代景观生态学的发展有相当大的促进作用。克里斯琴和斯图尔特提出土地系统概念，认为土地系统是一个地区或几个地区的组合，是地形、土壤和植被重复出现的组合型；后来因地区的概念不明确，又将土地系统定义为土地单元的集合，这些土地单元在地理上和地形上相互作用，在同一土地系统中，地形、土壤和植被重复出现；这里所说的土地单元是一组相互联系的立地，它们在土地系统内与特定地形有关，某种土地单元出现的地方总是有相同的立地组合。土地单元可分为立地、土地单元、土地系统三级。近二三十年澳大利亚进一步细分了各种土地系统及其等级体系（林超，1986）。

20 世纪 60 年代开始，景观生态学在欧洲真正发展起来，德国、荷兰、捷克成为景观生态学三大研究中心，特别值得提出的是，1968 年林特伦私立理论和应用植物社会学研究所所长塔克森（Tüxen）教授主持召开了德国"首届国际景观生态学研讨会"。早在 20 世纪 50 年代塔克森教授就提出"潜在自然植被"的概念，以代替克莱门茨的顶极群落。布赫瓦尔德（Buchwald）和英哥哈特（Engelhart）（1968）编辑出版了《景观管理与自然保护综合手册》，把景观生态学作为科学基础。德国分别建立了多个以研究景观生态学为目的、采用景观生态学观点和方法进行研究的机构，如汉诺威技术大学景观护理和自然保护研究所（Buchwald、Langer 为代表），林特伦私立理论和应用植物社会学研究所（Tüxen 为代表），Gottingem 大学地植物学研究所（Ellenberg 为代表），联邦自然保护和景观生态学研究所（Olshowy 为代表），Leipzig 地理学和大地生态学研究所（Heinz 为代表）。这些研究所的设立为景观生态学提供了软硬件设施，为景观生态学理论和方法的发展（如景观护理、自然保护、区域规划等）作出了重要贡献。

此外，德国一些大学还设立了景观生态学相关讲座，如亚琛工业大学（Pflug 主讲）、汉诺威技术大学（Buchwald 和 Langer 主讲）、柏林技术大学（Kiemstedt 主讲）、明斯特大学地理学研究所（Schreiber 主讲）、München 技术大学自然保护与植物学研究所（Haber 主讲）、麦廷亨大学（Westhoff 和 Van der Maarel 主讲）等都在景观生态学的不同方面进行讲授。虽然上述讲座在具体内容与方法及重点上互不相同，但都以人类与环境、文化及工业景观的相互关系为主要任务，旨在协调自然与文化及社会经济之间的矛盾，并保证自然生物环境的再生能力。例如，亚琛工业大学的普弗拉格（Pflug）侧重于景观建筑规划与设计、生态与心理及相关人才培养；汉诺威技术大学的布赫瓦尔德（Buchwald）和兰格（Langer）侧重于景观生态学在景观管理、区域规划、自然保护及景观恢复中的应用；柏林技术大学有两个研究方向，以科米斯特德特（Kiemstedt）为代表的对景观生态学采用定量与计算机方法进行开发和应用研究以及以鲍开莫等为代表的对城市生态学的研究；明斯特大学地理研究所景观生态学代表人物施雷伯（Schreiber）把景观生态学当作地理学的分支，强调生态系统研究试验与调查的结合是景观分类和应用必不可少的基础；München/Weihenstephan 技术大学代表人物哈贝尔（Haber）对景观生态学的理论与应用进行了全面的探讨，其研究内容涉及城乡生态系统相互作用、土地利用系统与景观结构、自然保护的理论和实践、生物指示物在环境承载评价中的运用、发展中国家的景观生态学研究、以数学和模型为基础的理论景观生态学等。

荷兰人多地少，对自然保护和综合景观规划的要求历来很高。荷兰的国际空间调查与地球科学研究所在庄纳德（Zonneveld）的领导下，利用航空摄影、卫星图片解译进行景观生态学研究。阿姆斯特丹大学的温克（Vink）也在景观生态学领域进行了卓有成效的工作。1960 年，利尔森自然管理研究所的莱文（Leeuwen）与韦斯特霍夫（Westhoff）一起发展了自然保护区和景观生态管理的理论基础和实践准则，其主要特点是着眼于长期的土地利用变化中人的能动作用。1971 年，韦斯特霍夫（Westhoff）提出依"自然度"将景观类型划分为自然景观、近自然景观、半自然景观及农业景观。从 20 世纪 70 年代开始，在荷兰，景观生态学比较广泛地应用在土地利用评价与规划以及自然保护与环境管理等方面。

1962 年，捷克斯洛伐克科学院成立景观管理与保护研究所。该所以自然科学为重点，主要任务是从生态学观点出发研究景观保护与管理的理论与实践问题。该所开展了一系列重要的研究课题，如生物监测与生物诊断方法的应用、菌类共生关系调查及其在景观恢复中的应用、气体与特殊辐射对动植物及其群落的作用等。1967 年该学会举行了捷克斯洛伐克"首届景观生态学学术讨论会"，讨论的主题包括景观生态学研究的理论、方法及应用，涉及了景观平衡、农业景观、景观生态规划等方面；此后，捷克斯洛伐克每3年举办一次景观生态问题国际研讨会，其主要议题涵盖了景观生态学的基本理论、方法及规划与保护等方面，对加强景观生态学国际交流和协作起到很大的促进作用，对建立和完善景观生态学学科理论方法也起到了积极的推动作用；尤其值得关注的是鲁茨卡（Ruzička）所倡导的"景观生态规划"（landep），此规划将景观看作各种人类与社会活动的土地，强调对景观内自然现象和过程进行综合评价的重要性，其中心思想是根据"自然度"的降低和环境冲击的加强，配置主要的景观利用类型，设计出具有不同利用类型的各级各类景观及其结构组合体，建立理想的区域景观结构，从根本上解决各种景观生态优化问题。鲁茨卡倡导的"景观生态规划"已形成一套较完整的方法体系，在区域经济规划和国土规划中发挥了重要作用。

1964年，捷克斯洛伐克科学院又成立了建筑理论与环境管理研究室，将建筑和城镇规划的概念扩展到环境领域，尤其是环境管理与保护领域。相应地，研究小组的成员也由开始的城镇规划和建筑学领域延伸到社会学、心理学、经济学、法学、社会健康及哲学等领域。建筑理论与环境管理研究室的设立奠定了城镇规划基础，把更为社会化与科学化的方法应用在城镇和乡村的环境和生态学研究中，发展了以社会科学为基础的城乡环境学与生态学。其后，斯洛伐克科学院也成立了景观生态研究所，其活动是基于地理学与生态学的结合，进行生物景观规划及景观生态规划。1971年，设在捷克的景观管理与保护研究所与环境管理研究室合并为景观生态研究所；相应地，斯洛伐克则成立了实验生物与生态研究所，将生态学家、地理学家、社会学家、经济学家、技术专家等组织起来，为景观生态学提供了良好的发展条件。过去的近30年内，捷克斯洛伐克在景观生态学的国际交流和研究方面，作出了突出贡献。

20世纪70年代中后期，苏联学者索恰瓦（Sochava）发表了他的地理系统学说，将地理系统定义为一切的地球空间，在这些空间内，自然界各组成成分相互联系，作为统一的整体同宇宙圈和人类社会发生作用（索恰瓦，1991）。地理系统学说正不断接近生态学，以生态学的观点解决综合的地理学问题，在将来很长一段时期内仍将保持其迫切性；此外系统论研究的不断深入也促进了地理学与生态学的跨学科研究。

1.2.3　景观生态学的全面发展阶段（1981年至今）

1981年在荷兰的费尔德霍芬召开了"首届国际景观生态学大会"，负责筹备国际景观生态学会（International Association of Landscape Ecology，IALE）。1982年10月第六届景观生态问题国际讨论会在捷克斯洛伐克召开，来自15个国家的114名科学家参加了这次大会，国际景观生态学会正式成立并选出了首届执行委员会，大会通过了国际景观生态学会章程，选举了荷兰的庄纳德（Zonneveld）为执行委员会主席，美国的福尔曼（Forman）、联邦德国的沙勒（Schaller）和捷克的鲁茨卡为执委会副主席；执行委员会设立了景观生态学基本问题、地理信息系统、土地生态学、城市生态学（城市区域的环境优化）、自然保护、景观建筑与视觉景观、土地评价与规划、国际景观生态学研究进展8个学术委员会。回顾景观生态学会的历史，其主要活动如下。

1982 年，在捷克召开的第六届景观生态问题国际研讨会上，国际景观生态学会正式成立并选出了首届执行委员会。

1984 年，在丹麦召开了景观生态研究和规划方法的第一次国际专家讨论会，并成立了国际景观生态学会工作组。

1986 年，在美国召开第四届国际生态学大会期间，举行了国际景观生态学会专题讨论会。

1987 年，第二届国际景观生态学大会在联邦德国的蒙斯特举行。会议议题是景观生态学中的连接性与连通性问题。

1987 年 7 月，以美国生态学家戈利（Golley）为主编的景观生态学杂志 *Landscape Eoology* 正式出版。

1988 年，第八届景观生态问题国际研讨会在捷克召开，选举了新的执行委员会。

1991 年，第三届国际景观生态学大会在加拿大的渥太华举行，会议围绕农业景观中的物质循环、区域生态危险评价、区域景观的土地系统过程等问题进行讨论。

1995 年，第四届国际景观生态学大会在法国的图卢兹举行，会议围绕农业景观的发展，对景观生态学发展的未来进行探讨。

1999 年，第五届国际景观生态学大会在美国的科罗拉多州的斯诺马斯（Snowmass）举行，会议主题为：景观生态学——科学和行为，包括生态模型与土地管理，全球变化和景观研究趋势，景观生态学概念、方法在环境领域的应用，岛屿景观生态学，森林景观生态研究等。

2003 年，在澳大利亚的达尔文市举行了第六届国际景观生态学大会，本次大会强调景观生态学前沿，加强景观生态学整体性研究；注重景观生态学欧美学派的交融及传统知识与现代方法的结合。

2007 年，在荷兰瓦赫宁根召开了第七届国际景观生态学大会，以"25 年来的景观生态学：实践中的科学原理"为主题，对景观生态学与决策管理、湿地、森林、城市、农业、生物多样性等研究领域的关系、研究现状和未来进行了分析。

2011 年，第八届国际景观生态学大会将在中国的北京举办，会议的议题是景观生态学：为了持续的环境与文化，包括文化景观——自然与社会的关系；迎接人类面临的挑战——整合景观生态学可持续发展；快速发展地区的景观变化与模型构建；生境与生态保护；多空间尺度下的长期生态学研究；景观与城市规划——人类在自然中的作用；景观生态学在快速城市化进程中的作用等。

IALE 的成立，为景观生态学研究创造了一个国际交流平台，标志着景观生态学进入了一个蓬勃发展的新阶段；IALE 成立以来举办的一系列学术会议，促进了景观生态学从深度和广度两个方面长足的发展，理论创新和应用也得到了提升（傅伯杰和王仰麟，1990；傅伯杰，1991）；景观生态学作为一门新学科已初具规模。

欧洲、北美洲、亚洲和大洋洲等的许多国家先后成立了 IALE 分支机构，并定期举办地区性的景观生态学国际交流或研讨会。例如，1987 年 3 月在美国的夏洛茨维尔召开了"美国首届景观生态学年度学术讨论会"，其讨论的论题是"土地利用格局对景观格局的影响、生态理论及其管理含义"；1987 年 5 月在加拿大安大略圭尔夫召开了"首届加拿大景观生态学与管理协会学术讨论会"；1987 年在荷兰的莱顿召开了"海岸沙丘管理透视：走向动态途径的欧洲研讨会和学术讨论会"。景观生态学的研究队伍不断壮大，包括了地理、生态、土地、建筑、规划等领域越来越多的学者；景观生态学的研究和教学活动也由中欧国家（德国、荷兰、捷克斯洛伐克）扩展到美国、加拿大、澳大利亚、法国、英国、日本、瑞典、阿根廷等。美国的景观生态学虽然起步晚于欧洲，但后来居上，其发展速度已经超过欧洲。其特点是注重生态学传统，强调景观生态研究的生物学基础，致力于将景观时空格局与生态过程的紧密联系，以便更好地理解景观的行为。

伴随着IALE的成立，有关景观生态学的专著大量出版。具有代表性的有《景观生态学透视》（首届国际景观生态学大会论文集）（Tjallingli and de Veer，1982）、《景观生态学和土地利用》（Vink，1983）、《景观生态学：理论与应用》（Naveh and Lieberman，1984，1994）、《景观生态学：方向与方法》（Risser et al.，1984）、《景观生态学》（Forman and Godron，1986）、《变化着的景观——生态学透视》（Zonneveld and Forman，1990）、《景观生态学的定量方法》（Turner and Gardner，1990）、《土地镶嵌：景观和区域生态学》（Forman，1995a）、《景观生态学的原理和方法》（Farina，1998）。尤其值得关注的是1987年景观生态学专业学术刊物——《景观生态学》的创刊为景观生态研究人员提供了独立发表自己的研究成果，进行学术思想交流的园地，极大地促进了景观生态学的学术交流。2000年以后，景观生态学相关专著出版势头更加空前，这些出版物对景观生态学原理与应用进行了综合系统地介绍，如《景观生态学的理论与实践：格局与过程》（Turner et al.，2001），《景观生态学：不断拓宽的基础》（Ingegnoli，2002），《景观生态学的主要议题》（Wu and Hobbs，2007），《生态、认知与景观》（Farina，2009）。此外更多的专著则是侧重于学科领域内某一个方面，如《综合景观生态学与自然资源管理》（Liu and Taylor，2002），《景观生态学在生物保护中的应用》（Gutzwiller，2002）；《异质景观中的生态功能》（Lovett and Jones 2005）；《空间分析：生态学家的向导》（Fortin and Dale，2005）；《生境破碎化与景观变化》（Lindenmayer and Fischer，2006）；《廊道生态学：联系景观与多样性保护的科学与实践》（Hilty et al.，2006）；《破碎化景观的生态学》（Collinage and Forman，2009）。大量专著的出版为景观生态学奠定了坚实的理论基础，充实了景观生态学的内容，同时拓宽了景观生态学研究领域。例如，Naveh和Lieberman（1984，1994）在《景观生态学：理论与应用》一书中指出："景观生态学是研究人类社会与其生存空间——开放与组合的景观相互作用关系的交叉学科，景观生态学的基本原理包括了普通系统论、自然等级组织和整体性原理、生物系统和人类系统发生原理"。福尔曼（Forman）和戈德罗恩（Godron）在其合著的《景观生态学》一书中认为："景观生态学探讨生态系统，如林地、草地、灌丛和村庄异质性组合的结构、功能和变化"；作者运用生态学的原理和方法，系统研究了景观的空间结构、景观动态、景观异质性与管理等。特纳（Turner）等在《景观生态学的理论与实践：格局与过程》一书中，对景观尺度概念、景观格局形成的原因、模型的应用、格局的定量化、中性模型理念、景观干扰与动态、景观格局与生物的关系、生态过程对景观格局的反馈等方面进行了详尽的阐释（Turner et al.，2001）。林登梅耶（Lindenmayer）和菲舍尔（Fischer）在《生境破碎化与景观变化》一书中从景观变化、生态过程与物种关系、景观格局与物种组成关系、干扰景观内物种的组成、如何减少景观变化对物种的负面影响 5 个方面围绕人类干扰影响下的景观变化对物种组成的影响进行了详细的解释，并对如何从景观的角度来进行物种保护提出了相应的见解（Linden-mayer and Fischer，2006）。

在学科建设方面，理论研究和新技术手段应用得到前所未有的重视。庄纳德（Zonneveld）、哈贝尔（Haber）、纳韦（Naveh）及福尔曼（Forman）等多次著文研讨景观生态学中的基本理论问题。例如，庄纳德认为景观生态学是关于景观或土地的科学，研究其形态、功能及发生特点，主要包括景观形态、分类、空间格局、时间变化及相互关联 5 个方面的内容。纳韦认为景观生态学的基础理论包括整体性理论、生物控制理论及非平衡热力学（耗散结构理论）。Forman（1995b）列举了 7 条景观生态学的"一般法则"（general principle），即景观结构和功能法则、生物多样性法则、物种流动性法则、养分再分配法则、能量流动法则、景观变化法则、景观稳定性法则。Wu 和 Hobbs（2007）在《景观生态学的主要议题》一书中，讲述了景观生态学所面临的十大议题：景观缀块间的能量流动；土地利用/土地覆被变化的原因、过程与结果；非线性动态与景观复杂性；方法的改进；景观指数与生态过程；整合人类活动与景观生态学；景观格局的优化；景观保护与可持续性；数据获取与精确性评估。

我国的景观生态学研究起步较晚，但发展势头良好。20 世纪 80 年代初，我国自然地理学和地植物学工作者开始介绍国外景观生态学的研究情况和探索景观生态学的学术方向（刘安国，1981；傅伯杰，1983）。1983 年著名地理学家林超教授发表了两篇景观生态学重要文献的译文，一篇是特罗尔（1983）的《景观生态学》，一篇是纳夫（Neef）（1983）的《景观生态学发展阶段》，这是国内首次系统介绍景观生态学的代表性文献。此后黄锡畴、陈昌笃、景贵和、肖笃宁等撰写了一系列景观生态学论文，对中国景观生态学的发展作出了重要贡献。例如，黄锡畴等于 1984 年在《地理学报》发表的《长白山高山苔原的景观生态分析》一文，应用景观地球化学的方法对我国一类极具特色的景观进行了剖析（黄锡畴和李崇皓，1984）；陈昌笃 1986 年发表在《生态学报》上的《论地生态学》一文，对景观生态学和地生态学的研究对象和理论内涵进行了探讨和界定（陈昌笃，1986）；景贵和于 1986 年在《地理学报》上发表的《土地生态评价与土地生态设计》，将景观生态学的思想应用到土地类型和评价的研究（景贵和，1986）；肖笃宁等 1990 年在《应用生态学报》发表的《沈阳西郊景观格局变化的研究》，首次将美国景观格局分析方法引入我国并运用于城郊景观研究（肖笃宁等，1990）；其后，景观生态学研究在国内蓬勃发展。Fu 和 Lü（2006）撰写的《中国景观生态学进展与展望》一文，对中国景观生态学的发展历程进行了回顾，同时指出中国景观生态学面临的一些问题，如对景观生态学方法手段和景观指数内在生态学含义重视不够等，提出中国景观生态学近期目标：①制定中国景观生态学发展总体战略；②加强以实验为基础的长期定位观测；③提高景观规划、设计、保护及管理的水平；④推动有中国特色的景观生态学发展等。

在学科建设方面，国内一些大学和科研院所先后开设了景观生态学课程，如 20 世纪 70 年代，北京大学地理系就成立了包含部分景观生态内容的"地生态学"（geo-ecology）科目，1989 年开始举行"景观生态学专题讲座"。此外，景观生态学相关研究机构也不断设立，如中国科学院沈阳应用生态研究所于 1988 年成立了专门的"景观生态学研究室"，中国科学院生态环境研究中心 1988 年成立了"区域生态研究室"，北京大学城市与环境学系于 1990 年设立了"景观生态学研究室"。这些相关研究机构的建立对我国景观生态学教育与科研水平的提高起了积极的推动作用。此外，从 1989 年 10 月我国举办首届景观生态学学术讨论会起，截至目前共召开了 6 次全国景观生态学学术讨论会和两次国际性景观生态会议；会议主题涵盖了景观生态学领域的方方面面，如景观生态学理论、方法与应用，景观生态学与生物多样性保护，景观生态学与生态旅游，景观生态学与人类活动，景观生态学与可持续发展，景观生态学发展面临的机遇与挑战等。景观生态学会议的召开为国内广大景观生态学研究人员提供了交流学习的平台，也为中国景观生态学紧跟世界前沿指明了阶段性发展方向。

综上所述，景观生态学从诞生到发展壮大，可分为 3 个阶段。第一阶段为 20 世纪 30 年代以前，是学科综合思想的萌芽阶段。主要代表思想有洪堡和帕萨格的综合景观概念与思想的形成和发展，海克尔的生态学和坦斯利生态系统思想的形成。第二阶段从 20 世纪 30 年代到 80 年代初，是学科的形成和初创阶段。主要表现为，特罗尔景观生态学概念的正式提出以及苏卡乔夫的生物地理群落学说的提出；海博、鲁茨卡、莱文等结合自然环境保护、土地利用及规划实践展开的景观生态学理论与应用研究等。第三阶段起始以 20 世纪 80 年代初的国际景观生态学会成立为标志，是学科的全面发展时期；这一时期，景观生态学不仅在欧洲，而且在北美都有了颇具规模的进展（Turner，2005）；苏联、中国等也开展了相应的研究工作。这一时期景观生态学学术交流与合作空前活跃，理论与应用成果不断丰富，应用领域不断拓展。例如，捷克的景观生态规划，荷兰和德国的土地生态设计、美国的景观生态系统研究、加拿大的土地生态分类以及中国的生态工程和生态建设等。

从起源和发展途径来分，全球景观生态学大致可分为两个学派：一个是北美学派；另一个是欧洲学派（傅伯杰和王仰麟，1990）。

北美学派是从生态学中发展起来的，注重于以生物为中心的生态学内容和以还原论（reductionism）为基础的方法论研究，主要进行景观生态系统研究，把景观生态研究建立在现代科学和系统生态学基础上，侧重于景观的多样性、异质性、稳定性的研究，多采用空间格局分析和建模技术等定量方法，形成了从景观空间格局分析、景观功能研究、景观动态预测、景观控制和管理的一系列方法，奠定了景观生态系统学的基础，形成景观生态学基础和理论研究的核心。

欧洲学派是从地理学和规划学中发展起来的，代表着景观生态学的应用研究方向，它注重人文性（humanistic）和整体论（holistic），以捷克、荷兰、德国为代表；采用的方法多为野外考察与制图等实证性方法（empirical），这种思想在特罗尔早期的著作中多有体现。具体表现为应用景观生态学思想和方法进行土地评价、利用、规划、设计以及自然保护区和国家公园的景观设计与规划等，并形成了一整套景观生态规划方法；强调人是景观的重要组分并在景观中起主导作用，注重宏观生态工程设计和多学科综合研究。欧洲学派开拓了景观生态学的应用领域，并取得了突出成就。

北美学派与欧洲学派虽然有一定差异，但二者之间也存在着一种渊源关系。欧洲和北美学派的差异都可在特罗尔对景观生态学的原始定义中得以体现，特罗尔早期的思想中体现的"人本位"思想与欧洲学派的注重整体论和人文思想相吻合，而后来特罗尔所提出的将地理学与空间途径与生态学途径相整合的理念与北美学派所注重的生态格局和空间过程思想也相一致。随着景观生态学理论研究和实践的不断深入，欧洲学派与北美学派之间呈现出相互促进、相互补充、共同发展的态势。

1.3 景观生态学的展望

景观生态学作为地理学与生态学的交叉学科，从诞生至今已有 60 余年，其原理与方法已经应用到许多领域，尤其在环境科学研究与实践中发挥着重要作用。特别是 20 世纪 80 年代以来，景观生态学发展速度加快，景观生态学研究在世界范围内得到了拓展。

1.3.1 景观生态学理论发展

景观生态学是以景观为对象，从整体综合的观点研究其空间格局、过程及其与人类社会的相互作用，景观空间格局与生态过程是景观生态学研究的重要内容。过程产生格局，格局作用于过程，正确理解景观格局与生态过程的相互关系是进一步深化景观生态学理论研究的基础。尺度推绎与尺度转换是研究不同尺度下生态过程关联的手段；而景观格局与生态过程的尺度效应，又使得尺度推绎与转换出现较大偏差，成为景观生态学研究面临的主要难题。

1. 景观格局与生态过程

景观格局变化的量化可以借助于景观格局指数、空间统计学方法、计算机模拟和景观模型来实现。遥感（RS）、地理信息技术（GIS）及计算机技术在这一过程中发挥了重要作用。景观格局指数对于定量描述景观格局和景观空间配置与动态变化，揭示景观结构功能与过程具有重要作用。其不足之处是对景观格局指数的生态学意义重视不够，许多研究只关注景观格局几何特征的分析和描述，忽略了对景观格局意义和内涵的理解。为了解决这一不足，在选取景观格局指数时，应深入理解其生态学意义，将景观指数与现实景观中生态过程或自然地理过程、人为过程结合起来。Tischendorf（2001）认为景观格局指数特别是斑块指数对于解释特定类型斑块在景观中的扩散过程很有效果，同时指出单一的景观指数往往不能对生态过程的响应作出翔实的解释；用景观指数预测生态过程有一定潜力但是也有缺陷：①斑块水平指数通常比景观水平指数与生态过程的关系更密切；②绝大多数指数与反应变量之间都显示出潜在的不一致和不确定的关系；③对相应的覆被类型，低生境数量和破碎化情况下，斑块类型水平指数与生态过程反应之间的相关性更强；④中性景观模型在异质景观空间扩散格局效应研究中具有应用前景。景观格局指数对于空间非连续型变量非常有效，但对于实际景观来说，异质性在空间上往往是连续的，要求景观格局以连续变量或通过抽样产生点格局数据来表示；此时景观指数方法不再适用，空间统计学方法可以有效地解决这些问题。空间统计学方法可以描述异质性在空间上的分布特征以及确定空间自相关关系是否对这些格局有重要影响。主要的空间统计学方法包括空间自相关分析、克里格插值、波谱分析、尺度方差、小波分析、趋势面分析等。模型模拟：随着计算机技术的发展，计算机技术支持下的模拟模型在景观生态学研究中的作用越来越重要。模型可以有效地解决大尺度下定点观测数据获取的困难，使重复性比较成为可能，实现多尺度下对景观格局与生态过程的模拟（Baker，1989）。模型大致分为5类：基于行为者模型（agent-based）、经验统计模型、最优化模型、动态模拟模型和混合/综合模型。模型对生态过程的模拟也取得了较快的发展，常见的有作物生长模拟模型、森林生态系统及其干扰与管理模型、野生动物物种竞争和共生模型等。由于生态过程的模拟需要大量的实测数据支撑，尺度相对较小，对空间异质性考虑不足，限制了其推广使用。

2. 尺度特征与尺度转换

系统的组织性来自于各层次间过程速率的差异；高层次中要素的变化过程较慢，而低层次中要素的变化过程较快；高层次对低层次有制约作用，低层次为高层次提供机制与功能。生态学研究大多是小范围和短时间内完成的，缺乏重复性，难以说明大时空尺度下的生态过程。要了解大尺度上生态过程问题，必须将一个尺度上的信息转换（推绎）到另一个尺度上；具体包括两大步骤，即构建景观模型，以 GIS 和 RS 为平台对不同尺度的研究成果进行转换。景观格局与生态过程的尺度效应使尺度转换往往出现较大的偏差，尺度效应仍然是景观生态学研究中尺度转换面临的主要难题之一。

3. 景观格局与生态过程的耦合

在较小的空间尺度上，定点观测与实验可以实现景观格局与生态过程的耦合，如基于样地、坡面和小流域的土壤水分、养分变异过程和土壤侵蚀过程，小流域景观格局与水沙过程的观测研究等。其优势是可控性高，特别是长期观测和实验对于提高景观格局与生态过程耦合研究的精度有很大作用。较大尺度上，景观格局与生态过程的耦合涉及自然生态、社会经济和文化的多重因素，具有相当的复杂性，需要运用系统分析和模拟的方法去实现，模型模拟是其主要手段。土地单元是生态学上相对同质的一块土地，它提供了研究拓扑式及分布式景观生态学的基础，为景观格局与过程在多重尺度和多维度下进行耦合提供了一个"踏脚石"（吕一河等，2007）。Wu 和 David（2002）从理论上探讨了等级斑块动态范式和阶梯式尺度转换策略，以解决景观格局与过程的空间显式等级建模问题（图 1-1）。陈利顶等（2006）提出的"源"、"汇"景观理论也被认为是耦合景观格局与生态过程的有效途径之一。

景观格局与生态过程耦合关系复杂，首先，特定的景观格局并不必然地与某些特定的生态过程相关联。Li 和 Wu（2004）列举了景观格局与生态过程关系的 3 种情形：单向关联，非空间生态过程，格局和过程变化节律不同并且不在相同的空间尺度域内。在这些情况下，景观格局与生态过程之间便不存在互为因果或相互依赖的关系。其次，作为景观格局分析主要工具的景观格局指数也存在以下局限：①景观指数对景观格局变化的响应与景观指数对某些生态过程变量之间的响应不具有一致性（Li and Wu，2004）；

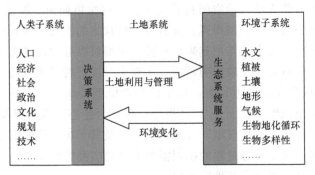

图 1-1　土地系统中的人类与环境子系统耦合概念模型（GLP，2005）

②景观指数对数据源（RS 或土地利用图）的分类方案敏感而对景观的功能特征不敏感（李秀珍等，2004）；③景观指数难以进行生态学解释。这些问题容易导致两种倾向：①只关注格局，忽视生态学意义及其与生态过程和功能的关系；②尽管认识到了景观格局与生态过程的关系，却把相关关系与因果关系混为一谈（胡巍巍等，2008）。

1.3.2　景观生态学方法

在注重理论建设的同时，对新技术与新方法的开发应用是景观生态学发展的一个方向；景观生态学作为地理学与生态学的交叉学科，地理学的空间分析方法与生态学的模型构建是景观生态学研究方法的两个重点。

1. 遥感与地理信息技术

遥感（RS）和地理信息系统（GIS）共同构成了景观生态学研究方法的重要基础。RS 作为 GIS 重要的数据源，在景观生态学中的应用可归纳为 3 类（Groom et al.，2006）：①植被和土地利用分类；②生态系统和景观特征的定量化；③景观动态和生态系统管理方面的研究。GIS 作为一门空间信息科学，对 RS 数据进行存储、加工和再现；具有强大的空间数据管理、分析和显示功能。GIS 和 RS 在景观生态学中的作用主要体现在：①提高景观综合分析能力，对景观中能流和物流的分析提供了强大的技术支持；②为引进空间统计学和地统计学方法等提供了便利条件；③将零散的数据和图像资料综合存储，提高景观资料质量，促进景观生态原理和方法在环境规划和资源管理诸方面的实际应用；④计算机模拟和景观模型的建立，将景观变量的图像输出和模型结合起来。

2. 景观生态模型

随着景观生态学研究尺度的加大，特别是伴随着全球变化研究的开展，基于样带尺度上的景观研究不断展开；大尺度下，定点观测和实验显露出局限性，如数据获取存在难度、重复研究和数据连续性难以实现；模型模拟可以很好地弥补其不足。景观模型包括景观格局/土地利用变化模型与生态过程模型两大部分。景观格局/土地利用变化模型主要包括：空间与非空间模型、动态和静态模型、描述性和寻优决策模型、演绎式模型和启发式模型、基于行为者（agent-based）栅格的模型、全球模型和区域模型等；生态过程模型包括作物生长模型、产流产沙模型等。随着人类活动对土地利用和覆盖变化主导作用的日益加强，社会与人文因素在景观格局与过程耦合研究中越来越受到重视，土地利用多重驱动机制成为景观生态学研究的热点；土地利用与覆盖变化驱动力具有很强的尺度特征，因此模型构造过程中，必须考虑驱动力的时空尺度特征。由于景观格局与过程包含自然生态、社会经济和文化多重因子，具有相当的复杂性；单一模型对于分析大尺度下景观格局与生态过程的耦合很难达到理想效果；随着景观生态学研究手段的不断提高以及 RS 与 GIS 功能的不断开发，通过建模工具及 GIS 组件将两个或多个模型综合起来，构建集成模型，可以实现不同模型间数据共享，发挥不同专业化模型的专长，综合考虑多尺度下人类与自然多重因素复杂耦合系统，为格局–过程关系模拟提供一种新的途径（Schaldach and Priess，2008）（图 1-2）。

传统的土地利用模型大多以理卡多（Richardo）和冯·杜能（Von Thünen）的地租理论为基础，属于经典的经济模型，用于定量模拟土地利用对土地覆盖和环境的影响（Kim，1986）。Ehrlich 和 Holdren（1971）的土地利用人类驱动模型 $I = PAT$ 简单地把土地利用变化（I）看作人口（P）和贫富状况（A）及技术（T）共同作用的结果，反映的只是一种高度抽象下的土地利用和社会驱动力关系，未能对内部机制做具体说明。景观生态学重视格局与过程内在机制，模型构建也应以反映格局与过程内部机制为前提；从这个角度来说，传统的经济学模型表现出一定的局限性，基于机制的景观模型开发成了景观生态学定量研究的热点，目前基于机制的模型已有许多，如 EDYS 模型、Hills 模型、Patuxent 模型、Image 模型等。EDYS 模型作为一个多组件的机制模型，包含了气候、土壤水分、营养、植物生长等多个组件；Childress 等（2002）借助模型集成工具 LMS 将水文模型 CASC2D 嵌入 EDYS 模型，使模型增添了模拟泥沙输移和河道径流的功能。HILLS 模型将格局模型 LUCHesse 与生物地球化学循环模型 GIScentury 通过 ArcGIS 组件 COM 进行耦合，实现了对土地利用变化及生物地球化学循环的模拟（Schaldach and Alcamo，2006）。Patuxent 模型将生态系统模型 Pat-GEM 与土地利用模型 ELUC 进行耦合，可以模拟经济活动制约下土地利用的转化及植物生长、水与营养物运移、有机物分解与形成等生态过程的响应（Voinov et al.，1999）。IMAGE 2.0 模型包含由产品需求变化所驱动的土地覆盖变化模块，能够清楚地描述土地利用和土地覆盖变化的全球综合系统（Alcamo，1994）。这类模型还包括 MODULUS（Engelen，2000）、LANDIS（Mladenoff，2004）、CLUE（Veldkamp and Fresco，1996）、GEONAMICA、ITE²M（Frede et al.，2002）、LAND-SHIFT（Alcamo and Schaldach，2006；Schaldach et al.，2006）、PLM（Costanza et al.，2002）、SITE（陆地环境模型）（Priess et al.，2007）、SYPRIA（Schaldach and Priess，2008；Engelen，2000；He et al.，1999）等；这些模型的开发，对探索大尺度下景观结构变化机制具有重要的意义。

3. 景观生态学的情景模拟

模型的开发使全面定量描述景观格局与生态过程耦合关系及其情景模拟成为可能。景观生态学的情景模拟是指在正确描述土地利用现状情况下，结合土地利用变化驱动因子分析，给出两种或多种可能发生的土地利用变化结果。例如，千年生态系统评估（millennium ecosystem assessment，MA）（2005）以全球化（或区域化）以及人类对生态系统变化的后知反应为驱动因子，建立起了 2050 年全球生态系统的 4 种情景；Klöcking 等（2003）利用"作物发生模型"（crop generator）构造作物轮作方式与土壤类型的对应关系，在 GIS 软件中嵌入水文过程模块 ArcEGMO，对全球变化导致的未来农业土地利用格局及区域水动力特征和水质的影响进行了模拟。景观生态学情景模拟一般包括情景定义、驱动因子筛选、情景构建、情景评价、风险管理、检测与评估、政策梳理等步骤。其中的情景构建又可进一步分为耦合系统概念化、模型选择与开发及数据处理。人类活动影响的加剧使自然景观更多地带有人文景观的痕迹，自然景观和人文景观构成景观情景模拟不可分割的部分。Keisteri（1990）将景观情景模拟分为 3 个部分：可见的物质部分、不可见部分以及人类与自然互相作用的潜在过程；主客观部分互相补充而不是彼此分割，它承接以前人类活动的结果，同时又是未来多重发展趋势的基础。由于景观变化的影响因子非常繁杂，景观情景预测也必然会具有诸多的不确定性。

1.3.3 景观生态学领域拓展

随着研究的深入，景观生态学在土地利用，生物多样性保护，景观规划与设计等方面开展了广泛的应用研究，以科学实践为导向的学科交叉与融合不断加强，产生了许多新的学科生长点，拓展了应用领域（傅伯杰等，2008）。

1. 水域景观生态学

水域作为一个等级斑块系统，有其自身结构；水域景观斑块组成随着水文情势的变化呈现动态性特征。水域景观生态学定量地描述水域景观中结构与功能的关系，如异质性、等级性、方向性及不同尺度上的过程反馈（Poole，2002）。水域景观生态学主要理论包括河流连续体理论、洪水脉动理论、水域廊道理论等。作为景观生态学的分支，景观生态学中的一些基本原理在水域景观生态学中同样适用，如强调格局对过程的影响、空间异质性、边界效应及斑块间物质交换和能量流动、尺度依赖性等（Wiens，2002）。

水域景观生态学以景观生态学为基础，同时又发展了景观生态学。作为生态学、地理学、水文学的结合点，水域景观生态学将斑块格局、等级理论与水域生态系统联系起来，已经取得了一些进展，在淡水水体和部分海域得到了应用（Hinchey et al., 2008），主要包括格局的定量辨识，如海草和河床的空间异质性（Teixido et al., 2002；Passy，2001）；格局对过程的影响，如河道结构和水流特征对鱼类洄游和繁殖的影响（Ward et al., 2002）；对污染物迁移转化的影响等（Hoffman et al., 2006；Le Pichon et al., 2006；

Pittman et al., 2004；Kling et al., 2000）；水体中的生境评价、生物多样性保护和生态恢复（Scheffer et al., 2006；Newson and Newson, 2000；Poudevigne et al., 2002）；水生生物资源的利用和管理（Fausch et al., 2002）；水域景观生态学的尺度效应（Olden, 2007）等。

2. 景观遗传学

景观遗传学是景观生态学和种群遗传学结合而成的一个研究领域，它定量化地研究景观空间异质性（景观结构、配置、基质）与种群空间遗传结构及进化（基因流、空间遗传变异）之间的关系（Manel et al., 2003）；概括起来即探测种群遗传的非连续性及其与景观或环境不连续性的关联，可归结为五大类（Storfer et al., 2007）：①景观要素和格局对遗传变异的影响；②辨识基因流中的障碍因素；③理解"源"、"汇"动态机制、生境质量变异和廊道设计；④理解种群遗传结构的时空尺度；⑤验证种群生态假说。景观遗传学的研究设计很重要，选择适宜的生态过程尺度、合理整合景观空间数据与种群遗传数据、基于个体或种群的遗传信息的获取值得广泛关注。

景观遗传学的应用范围主要有：动植物流行病调查和风险评估（Garrett et al., 2006；Barnes et al., 2001；Reisen et al., 1997）、生物多样性变化的微观机制和管理策略设计。景观遗传学将分子水平上的微观分析手段与景观生态学的宏观统计工具结合，对理解景观和环境对基因流、种群结构和适应有很大帮助。借助景观遗传学可以更好地描述空间遗传格局，探求格局的形成原因，为基因及物种等宏观管理提供科学依据。

3. 景观经济学

景观经济学来源于早期的景观评价方法。在 20 世纪 70 年代中期，景观评价技术已经出现；最初的景观评价方法囊括了条件价值法、享乐价值法、博弈论、旅行价值法、成本收益分析等经济学方法。2009 年 7 月在奥地利首都维也纳召开的景观经济学国际研讨会标志着景观经济学学科的创立；景观维护、景观的供给和需求、经济活动对景观发展的驱动力等构成了景观经济学的主要研究内容。景观经济学研究领域存在着两个互相联系又有所区别的概念：景观经济学（landscape economics）与经济型景观（economic landscape）。景观经济学的主要方向是评价景观的价值，是景观生态学与经济学的交叉学科；而经济型景观主要是体现在一定时空尺度下的有效益的景观斑块；经济型景观具有很强的时空尺度特性；空间尺度方面，经济全球化使得"土地利用的粒度"有所扩大；时间尺度方面，经济型景观的土地配置要比那种以环境胁迫为主的生态适应的时间更短，稳定性也更差（Price，2008）。

4. 多功能景观

2000 年 10 月在丹麦罗斯基勒召开多功能景观国际会议，首次提出了多功能景观的研究议题。多功能景观并不是特殊类型的景观，只是对现实景观的功能赋予人类价值评判，它与土地利用决策紧密相关。多功能景观研究作为构建自然景观与人类社会之间桥梁的重要基础，充分考虑了人的因素，包括社会经济、文化感知、政策决策等。多功能景观包括3个层面（周华荣，2005）：①独立土地单元的空间多功能性（空间独立）；②不同时间或周期下的多功能性（时间独立）；③同一或不同时间，同一或不同土地单元不同功能组合的多功能性（空间集成的"真空多功能性"）。以色列的Naveh（2001）提出了多功能景观十大前提：①自组织、非平衡的动态结构；②整体大于部分简单加和的有机（格式塔）系统；③等级性；④自然-文化的复合；⑤人类生态系统形成的有机整体；⑥提供可以同时用来衡量生物多样性、文化多样性及景观异质性的跨学科参数；⑦超越阿基米德和笛卡儿序的逻辑去洞察多功能景观整体性的深邃内涵；⑧可二元感知的自然和认知系统；⑨多学科结合，认识多功能景观的"软"价值与"硬"价值；⑩通过构建后工业时代人类与自然的和谐共生关系，协调生物圈与农业-产业及城市-产业技术圈（technosphere）三者的对立。

多功能景观研究的议题主要包括多功能景观监测与评价、生物多样性和景观多样性保护与恢复、多功能景观规划与管理等（Lovell and Johnston，2009）。可以认为多功能景观是景观生态学综合应用研究的重要方向。

5. 景观生态学与可持续性科学

可持续性科学主要研究的是自然和社会的动态联系，即"在社会学科与人文学科的支持下，从地质学、生态学、气候学和海洋学等学科中提炼出地球系统知识，并对此进行培育、整合与应用"（Reitan，2005）。可持续性科学最早可以上溯到1987年召开的世界环境发展大会的一篇报告（《我们共同的世界》）首次提出的可持续发展的3个"E"，即环境（environment）、经济（economy）、公平（equity）（Clark and Dickson，2003；WCED，1987）。此后，科学家对其概念进行了扩展，如Musacchio（2009）在原来的基础上又增加了3个"E"，即美学（aesthetics）、经验（experience）与伦理（ethics）。可持续性科学作为研究自然与社会交互作用的科学，其基本科学问题包括7个方面（Kates et al.，2001）：①如何将自然与社会之间的复杂关系（时滞与惯性）整合到地球系统、人类发展及可持续性研究中？②环境与发展的长期趋势（人口、消费等）如何重塑自然-社会相互关系，进而影响到可持续性？③在特定地区、特定生态系统及人类生计方面，自然-人类社会的易损性与弹性是由什么因素决定的？④科学意义上的"阈值"或"范围"能否为自然-人类社会系统提供有效的警示作用？⑤市场、规则、标准、科学信息等激励结构中哪一项能最有效地提高社会在引导自然-社会系统朝向一个更可持续的轨道发展方面的能力？⑥当今的环境和社会状况的监测报告系统如何更好地整合和延伸，更好地将社会与环境引向可持续发展的方向？⑦如何将研究计划、监测、评价和决策支持等更好地集成到适应性管理和社会认知系统当中？可持续性科学所面临的一系列挑战（Swart et al.，2002）包括：①尺度跨度大，从经济全球化到局地农作措施；②某些过程的紧迫性（如臭氧层的破坏）、惯性及时滞性；③功能的复杂性，如多胁迫下的环境退化；④结果的多样性；⑤贫困化、生态系统功能、气候变化的研究；⑥不确定性的情景模拟；⑦人类行为和选择的研究；⑧综合变异、阈值与突变的研究；

⑨定量与定性分析方法的整合；⑩如何通过参与者将政策研究与行动联系起来等。

2007 年 7 月召开的第七届国际景观生态学会议把"景观生态学与可持续性"作为其核心议题之一，关注自然与社会之间的复杂关系；作为联系景观生态学与可持续性科学的桥梁，景观可持续性研究受到重视（Naveh，2007）。Wu 和 Hobbs（2002）认为景观可持续性是自然、生态、文化、历史、经济、政治、美学等的有机综合体，而非简单叠加；Antrop（2006）认为景观可持续性研究首先要解决的是不同时段景观的时空尺度特征；Potschin 和 Haines-Young（2006）提出景观可持续性生态服务范式，将景观生态研究从以生态为中心转向以人类为中心，在研究中把景观与生态系统都看作生态服务与产品的资源，可持续与否只需要看提供能力是否因服务与产品的提供而衰减。景观可持续性研究一般步骤为：LUCC 土地利用/覆盖变化的观察与监测；评价 LUCC 对生态过程与生态服务的影响；从生物化学与社会经济两个角度探讨 LUCC 驱动机制；确定 LUCC 的可持续与否（Wu，2006）。

可持续性科学研究的内核是自然与社会之间的耦合作用及这种耦合系统的弹性与易损性（Kates et al.，2001），而景观生态学所研究的核心内容是景观配置/格局与过程在局地、区域及全球尺度上的相互作用（包括社会经济、自然等）。景观生态学的跨学科性及综合性，使之在可持续性科学研究中占据了核心地位（Potschin and Haines-Young，2006）。景观生态学可以从以下方面对可持续性科学作出贡献（Wu，2006）：①人类影响下的景观作为维系可持续性的基本空间单元，是研究自然-社会相互关系的最小有效尺度；②景观生态学为解决多尺度上生物多样性和生态系统功能提供了等级性和集成性的生态学基础；③景观生态学中的人文社会学方法可以用来研究自然-社会相互关系；④景观生态学为空间性研究以及自然和社会经济格局对可持续性的影响提供了理论和方法支持；⑤可持续性科学要发展成为一门严谨的学科，必须要定量说明什么是可持续性，景观生态学能够为此提供一套方法和指标；⑥景观生态学为自然-社会相互关系研究所面临的不确定性的探讨提供了理论和方法依据。

过去 20 多年来，景观生态学在理论、方法与应用方面更加丰富和多样化，但是也面临着一些问题，如 Wiens（1999）所说：景观生态学作为一门横断学科，应该注重发展自身的核心理论，否则可能造成景观生态学的"身份危机"，"如果景观生态学不能认识并发展其自身鲜明的特性和内核，景观生态学目前的健康发展态势将不可持续，景观生态学就不能成长为一门成熟的科学"（Moss，1999）。理论与应用的紧密结合是景观生态学一个特点；目前景观生态学在资源管理、土地利用规划、生物多样性保护等方面的理论与实践有了许多探索，但仍显不足，景观生态学原理、方法与应用共通的基础理论仍未形成；Naveh 和 Lieberman（1994）建议将一般系统理论、生物控制论及生态系统理论作为景观生态学的概念与理论框架；但是这些理论仍然不能完整地解决景观生态学的核心内容——空间异质性。实际上，景观生态学涉及的理论远不止上述 3 个，它包含了非线性动态理论、突变理论、混沌理论、分形理论、元胞自动机理论、自组织理论、等级理论、复杂适应系统理论等一系列理论（Wu and hobbs，2002），从这些复杂理论中凝练出反映景观生态学自身特性的核心理论仍是未来很长时间内需要探讨的问题（Bastian，2001）。

景观生态学作为一门"桥梁"学科，其重要优势在于跨学科的综合交叉和集成能力，能够在自然、经济和社会，生态科学与景观设计，格局、过程与尺度之间架起沟通的桥梁，这种桥梁作用也是景观生态学未来发展的重要基础和动力源泉（Fu et al.，2008）。新的学科生长点的产生和发展表明，面向客观问题进行相关学科的交叉和融合是景观生态学在未来研究中的一个发展方向。特别是当前国际政治经济和环境变化对全球不同尺度所带来的影响在正反馈机制作用下得到强化，全球化的压力给不同时空尺度上景观与环境演变的恢复力、适应性和社会的适应能力带来严峻挑战，可持续发展成为人类发展的共同夙求，这也对景观生态学的发展提出了更高的要求，同时也为景观生态学带来更多的研究议题。有理由相信，未来的景观生态学必然与其他学科相互交融，不断地丰富和完善。

参 考 文 献

艾定增. 1995. 景观园林新论. 北京：中国建筑工业出版社. 3-8

陈昌笃. 1986. 论地生态学. 生态学报，6（4）：289-294

陈利顶，傅伯杰，赵文武. 2006. "源""汇"景观理论及其生态学意义. 生态学报，26（5）：1444-1449

福尔曼 R，戈德罗恩 M. 1990. 景观生态学. 肖笃宁，张启德，赵羿等译. 北京：科学出版社. 1-16

傅伯杰，吕一河，陈利顶，等. 2008. 国际景观生态学研究新进展. 生态学报，28（2）：798-804

傅伯杰，王仰麟. 1990. 国际景观生态学研究的发展动态与趋势. 地球科学进展，5（3）：56-60

傅伯杰. 1983. 地理学的新领域——景观生态学. 生态学杂志，（4）：60，61

傅伯杰. 1985. 土地生态系统的特征及其研究的主要方面. 生态学杂志，4（1）：32-34

傅伯杰. 1991. 景观生态学的对象和任务. 见：肖笃宁. 景观生态学理论、方法及应用. 北京：中国林业出版社. 26-29

胡巍巍，王根绪，邓伟. 2008. 景观格局与生态过程相互关系研究进展. 地理科学进展，27（1）：18-24

黄锡畴，李崇皓. 1984. 长白山高山苔原的景观生态分析. 地理学报，39（3）：285-296

景贵和. 1986. 土地生态评价与土地生态设计. 地理学报，41（1）：20-25

景贵和. 1990. 景观生态学. 见：马世骏. 现代生态学透视. 北京：科学出版社. 71-86

李秀珍，布仁仓，常禹，等. 2004. 景观格局指标对不同景观格局的反应. 生态学报，24（1）：124-132

林超. 1986. 国外土地类型研究的发展（中国土地类型研究）. 北京：科学出版社. 27-42

刘安国. 1981. 捷克斯洛伐克的景观生态研究. 地理科学，（2）：183，184

吕一河，陈利顶，傅伯杰. 2007. 景观格局与生态过程的耦合途径分析. 地理科学进展，26（3）：1-10

马卓尔 E. 1982. 景观综合：复杂景观管理的地生态学基础. 王凤慧译. 地理译报，1（3）：17-25

纳夫 E. 1983. 景观生态学的发展阶段. 林超译. 地理译报，2（3）：1-6

裴相斌. 1991. 从景观学到景观生态学. 见：肖笃宁. 景观生态学理论、方法及应用. 北京：中国林业出版社. 82-85

索恰瓦 V B. 1991. 地理系统学说导论. 李世玢译. 北京：商务印书馆

特罗尔 C. 1983. 景观生态学. 林超译. 地理译报，2（1）：1-6

邬建国. 2000. 景观生态学——概念与理论. 生态学杂志，19（1）：42-52

邬建国. 2007. 景观生态学——格局、过程、尺度与等级. 北京：高等教育出版社

向理平. 1990. 土地科学概论. 西安：地图出版社. 1-6

肖笃宁，李秀珍. 1997. 当代景观生态学进展和展望. 地理科学，17（4）：356-364

肖笃宁，赵羿，孙中伟，等. 1990. 沈阳西郊景观结构变化的研究. 应用生态学报，1（1）：75-84

肖笃宁. 1999. 景观生态学研究进展. 长沙：湖南科学技术出版社. 1-23

肖笃宁，苏文贵，贺红士. 1988. 景观生态学的发展和应用. 生态学杂志，7（6）：7-15

伊萨钦科 A Г. 1987. 景观调查与景观图的编制. 王化群译. 长春：吉林科学技术出版社. 1-22

俞孔坚. 1987. 论景观概念及其研究的发展. 北京林业大学学报，9（4）：433-439

周华荣. 2005. 干旱区湿地多功能景观研究的意义与前景分析. 干旱区地理，28（1）：16-20

Alcamo J, Schaldach R. 2006. LandShift: global modelling to assess land use change. In: Tochtermann K.

EnviroInfo 2006: Managing Environmental Knowledge, Proceedings of the 20th International Conference 'Informatics for Environmental Protection', Graz, Austria, 6-8 September 2006, Aachen (Shaker): 223-230

Alcamo J. 1994. IMAGE 2.0: Integrated Modelling of Global Climate Change. Dordrecht: Kluwer Academic Publishers

Antrop M. 2006. Sustainable landscapes: contradiction, fiction or utopia? Landscape and Urban Planning, 75 (3, 4): 187-197

Baker W L. 1989. A review of models of landscape change. Landscape Ecology, 2 (2): 111-133

Barnes J M, Trinidad-Correa R, Orum T V, et al. 2001. Landscape ecology as a new infrastructure for improved management of plant viruses and their insect vectors in agroecosystems. Ecosystem Health, 5 (1999): 26-35

Barrows H. 1923. Geography as human ecology. Annals of the Association of American Geographers, 13 (7): 1-14

Bastian O. 2001. Landscape ecology-towards a unified discipline? Landscape Ecology, 16 (8): 757-766

Bourassa S C. 1988. Toward a theory of landscape aesthetics. Landscape and Urban Planning, 15 (3, 4): 241-252

Buchwald K, Engelhart W. 1968. Handbuch für Lands chaftpflege und Naturschutz. Bd. 1. Grundlagen. BIV Verlagsgesellschaft, Munich Bern, Wien

Buchwald K. 1963. Die Industriegesellschaft und die landschaft. In: Buchwald K, Lendholt W, Meyer K (Hg). Festschrift für Heinrich Friedrich Wiepking, Beiträge zur landespflege, Bd. 1, Stuttgart, s, 23-41

Childress W M, Goldren C L, Mclendon T. 2002. Applying a complex, general ecosystem model (EDYS) in large-scale land management. Ecological Modelling, 153 (1, 2): 97-108

Clark C, Dickson N M. 2003. Sustainability science: the emerging research program. PNAS, 100 (141): 8059-8061

Collinage S K, Forman R T T. 2009. Ecology of Fragmented Landscapes. Baltimore: The Johns Hopkins University Press

Costanza R, Voinov A A, Boumans R, et al. 2002. Integrated ecological economic modelling of the Patuxent River watershed, Maryland. Ecological Monographs, 72 (2): 203-231

Ehrlich P R, Holdren J P. 1971. Impact of population growth. Science, 171 (3977): 1212-1217

Engelen G, Winder N, Oxley T et al. 2000. MODULUS: a spatial modeling tool for integrated environmental decision making. Final Report, the Modulus Project, EU-DGXIi Environment (IV) Framework, Climatology and Natural Hazards Program (Contract ENV4-CT97-0685)

Farina A. 1998. Principles and Methods in Landscape Ecology. London: Chapman & Hall

Farina A. 2009. Ecology, Cognition and Landscape. Heidelberg: Springer Verlag GmbH

Fausch K D, Torgersen C E, Baxter C V, et al. 2002. Landscapes to riverscapes: bridging the gap between research and conservation of stream fishes. Bioscience, 52 (6): 483-498

Forman R T T, Godron M. 1986. Landscape Ecology. New York: John Wiley & Sons

Forman R T T. 1995a. Land Mosaics. The Ecology of Landscape and Region. Cambridge: Cambridge University Press

Forman R T T. 1995b. Some general principles of landscape and regional ecology. Landscape Ecology, 10: 133-142

Fortin M J, Dale M R. 2005. Spatial Analysis: A Guide for Ecologists. Cambridge: Cambridge University Press

Frede H G, Bach M, Fohrer N, et al. 2002. Interdisciplinary modeling and the significance of soil functions. Journal of Plant Nutrition and Soil Science, 165 (4): 460-467

Fu B J, Lü Y H, Chen L D. 2008. Expanding the bridging capability of landscape ecology. Landscape Ecology, 23 (4): 375, 376

Fu B J, Lü Y H. 2006. The progress and perspectives of landscape ecology in China. Progress in Physical Geography, 30 (2): 232-244

Garrett K A, Hulbert S H, Leach J E, et al. 2006. Ecological genomics and epidemiology. European Journal of Plant Pathology, 115 (1): 35-51

GLP (The Global Land Project). 2005. Science Plan and Implementation Strategy. IHDP Report No. 53/ IHDP Report No. 19. Stockholm (IGBP Secretariat)

Groom G, Mücher C A, Ihse M, et al. 2006. Remote sensing in landscape ecology: experiences and perspectives in a european context. Landscape Ecology, 21 (3): 391-408

Gutzwiller K J. 2002. Applying Landscape Ecology in Biological Conservation: Principles, Constraints, and Prospects. New York: Springer-Verlag

Haber W. 1990. Using landscape ecology in planning and management. *In*: Zonneveld I S, Forman R T T. Changing Landscapes: an Ecological Perspective. New York: Springer-Verlag. 217-232

He H S, Mladenoff D J, Crow T R. 1999. Linking an ecosystem model and a landscape model to study forest species response to climate warning. Ecological Modelling, 114 (2, 3): 213-233

Hilty J A, Lidicker Jr W Z, Merenlender A M. 2006. Corridor Ecology: The Science and Practice of Linking Landscapes for Biodiversity Conservation. Washington, D. C: Island Press

Hinchey E K, Nicholson M C, Zajac R N, et al. 2008. Preface: marine and coastal applications in landscape ecology. Landscape Ecology, 23 (supplement 1): 1-5

Hoffman A L, Olden J D, Monroe J B, et al. 2006. Current velocity and habitat patchiness shape stream herbivore movement. Oikos, 115 (2): 358-368

Ingegnoli V. 2002. Landscape Ecology: A Widening Foundation. Heidelberg: Springer-Verlag Berlin Heidelberg

Kates R W, Clark W C, Corell R, et al. 2001. Sustainability science. Science, 292 (5517): 641, 642

Keisteri T. 1990. The study of change in cultural landscapes. Fennia, 168 (1): 31-115

Kim T J. 1989. Integrated Urban Systems Modelling: Theory and Practice. Hague: Martinus Nijhoff

Klöcking B, Ströbl B, Knoblauch S, et al. 2003. Development and allocation of land-use scenarios in agriculture for hydrological impact studies. Physics and Chemistry of the Earth, 28 (33-36): 1311-1321

Kling G W, Kipphut G W, Miller M M, et al. 2000. Integration of lakes and streams in a landscape perspective: the importance of material processing on spatial patterns and temporal coherence. Freshwater Biology, 43 (3): 477-497

Langer H. 1970. Die ökologische Gliederung der Landschaft und ihre Bedeutung für die Fragestellung der Landschaftspflege. Habil. -Schrift, Hannover

Le Pichon C, Gorges G, Boët P, et al. 2006. A spatially explicit resource-based approach for managing stream fishes in riverscapes. Environmental Management, 37 (3): 322-335

Li H B, Wu J G. 2004. Use and misuse of landscape indices. Landscape Ecology, 19 (4): 389-399

Lindenmayer D, Fischer J. 2006. Habitat Fragmentation and Landscape Change. New York: Island Press

Liu J G, Taylor W W. 2002. Integrating Landscape Ecology into Natural Resources Management. Cambridge: Cambridge University Press

Lovell S T, Johnston D M. 2009. Creating multifunctional landscapes: how can the field of ecology inform the design of the landscape? Frontiers in Ecology and the Environment, 7 (4): 212-220

Lovett G M, Jones C G, Turner M G, et al. 2005. Ecosystem Function in Heterogeneous Landscapes. New York: Springer Science Business Media, Inc

Manel S, Schwartz M K, Luikart G, et al. 2003. Landscape genetics: combining landscape ecology and population genetics. Trends in Ecology & Evolution, 18 (4): 189-197

Millennium Ecosystem Assessment. 2005. Ecosystems and Human Wellbeing: Scenarios. Washington D C: Island Press

Mladenoff D. 2004. LANDIS and forest landscape models. Ecological Modelling, 180 (1): 7-19

Moss M R. 1999. Fostering academic and institutional activities in landscape ecology. *In*: Wiens J A, Moss M R. Issues in Landscape Ecology. International Association for Landscape Ecology Snowmass Village, Colorado, USA: 138-144

Musacchio L R. 2009. The scientific basis for the design of landscape sustainability: a conceptual framework for translational landscape research and practice of designed landscapes and the six Es of landscape sustainability. Landscape Ecology, 24 (8): 993-1013

Naveh Z, Liberman A S. 1984. Landscape Ecology: Theory and Application. New York: Springer-Verlay

Naveh Z, Lieberman A S. 1994. Landscape Ecology: Theory and Application. New York: Springer-Verlag

Naveh Z. 2001. Ten major premises for a holistic conception of multifunctional landscapes. Landscape and Urban Planning, 57 (3, 4): 269-284

Naveh Z. 2007. Landscape ecology and sustainability. Landscape Ecology, 22 (10): 1437-1440

Neef E. 1956. Einige grundfragen der landschaftsforschung. Wissenschaftliche Zeitschrift der Karl-Marx-Universitaet. Leipzig, 5: 531-541

Newson M D, Newson C L. 2000. Geomorphology, ecology and river channel habitat: mesoscale approaches to basin-scale challenges. Progress in Physical Geography, 24 (2): 195-217

Olden J D. 2007. Critical threshold effects of benthiscape structure on stream herbivore movement. Philosophical Transactions of the Royal Society of London, Series B: Biological Sciences, 362 (1479): 461-472

Opdam P, Foppen R, Vos C. 2002. Bridging the gap between ecology and spatial planning in landscape ecology. Landscape Ecology, 16 (8): 767-779

Passarge S. 1919—1920. Die Grundlagen der Lands-chaftskunde. Hambury: Friederichsen. de Gruyfer Co.

Passy S I. 2001. Spatial paradigms of lotic diatom distribution: A landscape ecology perspective. Journal of Phycology, 37 (3): 370-378

Penck W. 1924. Die morphologische Analyse: Ein Kapitel der physikalischen Geologie. Stuttgart: Engelhorns Nachf

Pickett S T A, Cadenasso M L. 1995. Landscape ecology: spatial heterogeneity in ecological systems. Science, 269 (5222): 331-334

Pittman S J, McAlpine C A, Pittman K M. 2004. Linking fish and prawns to their environment: a hierarchical landscape approach. Marine Ecology Progress Series, 283: 233-254

Poole G C. 2002. Fluvial landscape ecology: addressing uniqueness within the river discontinuum. Freshwater Biology, 47 (4): 641-660

Potschin M, Haines-Young R. 2006. "Rio+10", Sustainability science and landscape ecology. Landscape and Urban Planning, 75 (3, 4): 162-174

Poudevigne I, Alard D, Leuven R S E W, et al. 2002. A systems approach to river restoration: a case study in the lower seine valley, France. River Research and Applications, 18 (3): 239-247

Price C. 2008. Landscape economics at dawn: an eye-witness account. Landscape Research, 33 (3): 263-280

Priess J A, Mimler M, Klein A M, et al. 2007. Linking deforestation scenarios to pollination services and economic returns in coffee agro-forestry systems. Ecological Applications, 17 (2): 407-417

Reisen W K, Lothrop H D, Presser S B, et al. 1997. Landscape ecology of arboviruses in Southeastern California: Temporal and spatial patterns of enzootic activity in Imperial Valley, 1991-1994. Journal of Medical Entomology, 34 (2): 179-188

Reitan P H. 2005. Sustainability science-and what's needed beyond science. Sustainability, Science, Practice, & Policy, 1 (1): 77-80

Risser P G, Karr J R, Forman R T. 1984. Landscape Ecology: Directions and Applications, Special publication. No 2. Champaign: Illinois Natural History Survey.

Schaldach R, Alcamo J, Heistermann M. 2006. The multiple-scale land use change model LandShift: a scenario analysis of land use change and environmental consequences in Africa. In: Voinov A, Jakeman A J, Rizzoli A E. Proceedings of the iEMSs Third Biennial Meeting 'Summit on Environmental Modelling and Software. (International Environmental Modelling and Software Society). Burlington USA

Schaldach R, Alcamo J. 2006. Coupled simulation of regional land use change and soil carbon sequestration: a case study for the state of hesse in germany. Environment Modelling & software, 21 (10): 1430-1446

Schaldach R, Priess J A. 2008. Integrated models of the land system: a review of modelling approaches on the regional to global scale. Living Reviews in Landscape Research, 1: 1-27.

Scheffer M, van Geest G J, Zimmer K, et al. 2006. Small habitat size and isolation can promote species richness: second-order effects on biodiversity in shallow lakes and ponds. Oikos, 112 (1): 227-231

Storfer A, Murphy M A, Evans J S, et al. 2007. Putting the 'landscape' in landscape genetics. Heredity, 98 (3):

128-142

Sukachev V N. 1944. О принципах генетической классификации в биоценологии (On the principles of genetic classification in biocoenology) (in Russian). Žurnal Obščei Biologii 5 (4): 213-227

Swart R, Raskin P, Robinson J. 2002. Critical challenges for sustainability science. Science, 297 (5589): 1994-1995

Teixido N, Garrabou J, Arntz W E. 2002. Spatial pattern quantification of antarctic benthic communities using landscape indices. Marine Ecology Progress Series, 242: 1-14

Tischendorf L. 2001. Can landscape indices predict ecological processes consistently? Landscape Ecology, 16 (3): 235-254

Tjallingli S P, de Veer A A. 1982. Perspective in Landscape Ecology. The Netherlands: PUDOC Wageningen

Troll C. 1939. Luftbildplan und okologische Bodenforschung. Z. Ges. Erdkunde zu Berlin. H 7-8, S. 241-298

Turner M G, Gardner R H, O'Neill R. 2001. Landscape Ecology in Theory and Practice: Pattern and Practice. New York: Speringer-Verlag

Turner M G, Gardner RH. 1990. Quantitative Methods in Landscape Ecology. New York: Springer-Verlag

Turner M G. 2005. Landscape ecology in North America: past, present, and future. Ecology, 86 (8): 1967-1974

Turner T. 1987. Landscape Planning. New York: Nichols Publishing

Veldkamp A, Fresco L O. 1996. CLUE-CR: An integrated multi-scale model to simulate land use change scenarios in Costa Rica. Ecological Modelling, 91 (1-3): 231-248

Vink A P A. 1981. Landschapsecologie en landgebruik. Amsterdam: Scheltema en Holkema

Vink A P A. 1983. Landscape Ecology and Land Use. London: Longman

Voinov A, Costanza R, Wainger L, et al. 1999. Patuxent landscape model: integrated ecological economic modelling of a waterhsed. Environment Modelling & Software, 14 (5): 473-491

von Humboldt A. 1806. Ideen zu einer Physiognomik der Gewächse. In: von Humboldt A, der Pflanzen S G. Wissenschaftliche Buchgesellschaft. Darmstadt: 43-79

Ward J V, Malard F, Tockner K. 2002. Landscape ecology: a framework for integrating pattern and process in river corridors. Landscape Ecology, 17 (Supplement 1): 35-45

WCED (World Commission on Environment and Development). 1987. Our Common Future. New York: Oxford University Press.

Wiens J A. 1999. Toward a unified landscape ecology. In: Wiens J A, Moss M R. Issues in Landscape Ecology. Colorado: Snowmass Village: International Association for Landscape Ecology. 148-151

Wiens J A. 2002. Riverine landscapes: taking landscape ecology into the water. Freshwater Biology, 47 (4): 501-515

Wu J, David J L. 2002. A spatially explicit hierarchical approach to modelling complex ecological systems: theory and applications. Ecological Modelling, 153 (1, 2): 7-26

Wu J G, Hobbs R. 2002. Key issues and research priorities in landscape ecology: an idiosyncratic synthesis. Landscape Ecology, 17 (4): 355-365

Wu J G, Hobbs R. 2007. Key Topics in Landscape Ecology Series: Cambridge Studies in Landscape Ecology. Cambridge: Cambridge University Press

Wu J G. 2006. Landscape ecology, cross-disciplinarity, and sustainability science. Landscape Ecology, 21 (1): 1-4

Zonneveld I S, Forman R T T. 1990. Changing Landscapes: An Ecological Perspective. New York: Springer-Verlag

第2章 景观生态学的理论与核心

景观生态学作为一门发展迅速的综合性交叉学科，其理论的直接源泉是生态学与地理学，同时从现代科学的诸多相关理论中也汲取了丰富的营养。景观生态学的理论基础为开放系统的自然等级有序理论，以及综合性和等级理论，都与一般系统论有关；它的自然生态系统与人类系统之间生物控制共生理论以控制论为基础。因果反馈耦合关系的建立不仅与系统论、控制论有关，还涉及信息论的有关问题。景观生态学的自组织理论及稳定性概念又与耗散结构理论相关。本章将围绕景观生态学最为密切的理论基础、重要理论和景观生态学的核心论题，即格局、过程与尺度及其耦合关系展开论述。

2.1 理 论 基 础

2.1.1 系 统 论

1. 系统论的基本概念

系统论是由美籍奥地利生物学家贝塔朗菲（Bertalanffy）在第二次世界大战前后提出来的。系统论是一门运用逻辑学和数学方法研究一般系统运动规律的理论，从系统的角度揭示了客观事物和现象之间相互联系、相互作用的共同本质和内在规律性。

系统论的主题是阐述对于一切系统普遍有效的原理，不管系统组成元素的性质和关系如何。任何学科的研究对象都可看作一个系统，基于此可以引出描述系统的特有概念，如总体、整体性、有序性、层次性、动态性、开放性、目的性等。

系统论的基本概念包括系统、层次、结构、功能、反馈、信息、平衡、涨落、突变和自组织等。系统是由若干要素组成的具有一定新功能的有机整体；层次是指系统组织的等级秩序性；结构是系统内部组成要素间相对稳定的联系方式、组织秩序与时空表现形式；功能是指系统对外部环境所表现出的性质、能力和功效；反馈是系统输出与输入之间的相互作用，系统自我调节的循环过程；信息是指不确定性的量度，系统的组织程度和有序程度，物质、能量时空不均匀性的表现；平衡是指在一定条件下，系统所处的相对稳定状态；涨落是对系统稳定的平衡状态的偏离，又称为干扰和噪声；突变是指外部条件连续变化时系统发生在跃迁临界点上的不连续性；自组织是系统自发走向有序结构的性质和能力。

现代科学的发展越来越表现出一种综合的趋势，然而不同学科建立在不同的事实和矛盾基础之上，其发展是相对独立的。系统论为科学发展中的综合从理论上奠定了基础。

2. 系统论的原理和研究方法

系统论的基本原则是整体性，正确处理整体和部分之间的辩证关系是该原则的突出特点。系统论认为，系统的性质和规律存在于全部要素的相互联系和相互作用之中，各组成成分孤立特征和活动的简单加和不能反映系统整体的面貌。因此，系统论主张从对象的整体和全局进行考察，反对孤立研究其中任何部分，仅从个别方面思考和解决问题。关联性原则与整体性原则密切相关，它以系统中各个组成部分之间的相互联系和关系为内容。整体性原则和关联性原则统一于结构性原则。结构性原则着眼于系统整体内部所有要素之间的关联方式，即系统的结构，其中包括层次性和有序性。系统论指出，系统的性能不仅同组成要素的性能有关，还与它们的结构有关，结构的不同和改变相应地就会有系统功能的不同和改变。开放性原则是系统论一开始就提出来的一个重要原则，它重视系统和环境的物质、能量和信息交换，强调系统和环境是相互联系、相互作用的，并且在一定条件下可以相互转化。系统论还强调动态性原则，即把系统作不断运动、发展变化的客观实体去研究。

系统论方法的基本步骤为：①系统地提出问题；②明确系统要素之间的相互关系；③构建逻辑和数学模型；④根据问题的性质和研究目标，分析系统的特点和研究采用的具体方法；⑤根据要求选择最佳方案；⑥确立系统结构的组成和相互关系。

3. 景观生态学与系统论的关系

景观生态学是以地理学和生态学为基础多学科综合交叉的产物，它以景观生态系统为研究对象，通过能量流、物质流、物种流以及信息流在景观结构中的转换与传输，研究景观生态系统的空间结构、生态功能、时间与空间相互关系以及时空模型的构建等。因此，景观生态学从研究对象和研究方法上就体现着综合、整体等系统论思想。

1) 景观生态学的综合整体性

研究对象的复杂性决定了景观生态学必须采用综合性的研究方法。景观生态系统综合分析包含三个层次：第一个层次由数学、系统生态学、经济学等基础学科的系统方法构成；第二个层次由相关景观生态系统组分的地貌学、土壤学、水文学、气象学、植物学、动物学和经济学等传统学科方法所构成；第三个层次是景观生态学自身发展中形成的技术和方法体系，具有较强的综合分析、表达、解释和预测能力，有利于多学科的沟通与协同。

景观生态系统是由相互作用的斑块（patch）组成，以相似的方式重复出现，具有高度空间异质性的区域。因此，景观生态系统由不同的生态系统以斑块镶嵌的形式构成，在自然等级系统中处于一般生态系统之上。与其他生态系统一样，景观生态系统具有特定的结构、功能，可以作为一个整体进行研究和管理。

在景观生态系统中，由于各组分间的有机结合，使得"整体大于部分之和"这个系统论的核心思想得以真正体现，同时，景观生态系统的复杂多样性和不同层次的稳定性也体现了这一系统思想。在一个复杂系统中，不存在绝对的部分和绝对的整体。任何一个子系统对于它的各要素来说，是一个独立完整的整体，而对上一级系统来说，则又是一个从属部分，各子系统有自我肯定和自我超越的双重趋势。景观生态系统以"整体"的形式出现，它的组成斑块也是一个相对独立完整的整体。

2）景观生态系统的有机关联性

系统论着重研究系统诸因素之间的相互关联和相互作用。这种要素之间的相互关联和相互作用常用"有机关联性"这个概念来表达。它表明了这样一个基本原则：任何具有整体性的系统，内部诸因素之间的联系都是有机的，这种相互联系和相互作用使各因素共同构成系统；在系统中，各因素是相对独立的子系统，并且也是组成系统的有机成分；同时，系统与环境也处于有机联系之中。

景观生态系统是一个符合有机关联性原则的开放系统，除了各要素间的有机联系之外，它们还与环境间有着物质的、能量的、信息的交换，有相应的输出和输入以及量的增加和减少。这种有机关联性可以用微分方程组表达：

$$
\begin{cases}
\dfrac{\mathrm{d}Q_1}{\mathrm{d}t} = f_1(Q_1, Q_2, \cdots, Q_n) \\
\cdots \quad \cdots \quad \cdots \quad \cdots \quad \cdots \quad \cdots \\
\dfrac{\mathrm{d}Q_i}{\mathrm{d}t} = f_1(Q_1, Q_2, \cdots, Q_n)
\end{cases}
\tag{2-1}
$$

式中，Q_i 为系统中某元素 $P_i(i=1, 2, \cdots, n)$ 的某种量。式（2-1）表明，任意一个 Q_i 的变化，都要受到所有 $Q(Q_1, Q_2, \cdots, Q_n)$ 的制约，因而是所有 Q 的函数；反之，任意 Q 的变化也会影响所有其他量乃至整个方程组的变化。在这个系统中的元素 P_i 总是处于一定的关系 R 之中，但是同一 P_i 在不同的关系 R、R' 中就会表现出不同的特点和行为。这种描述说明了系统的有机关联性及其与整体性的关系。

结合现实景观，上述有机关联性会更容易理解，如一座城市就是一个景观生态系统。城市中的道路、居民区、公园绿地、商业区作为城市景观的构成要素，它们之间具有密切的功能联系，城市景观的发展变化很大程度上受到这种功能联系的影响；城市景观本身也是一个开放系统，离开了与其外界的物质、能量和信息的交换，城市将无法正常运转。

3）景观生态系统的动态性

景观生态系统的有机关联性不是静态的，而是与时间相关，是动态的。景观生态系统随时间的演替是动态性的有力证据。并且这种动态性在式（2-1）中也有所体现（时间项 $\mathrm{d}t$）。动态性是系统保持相对静态的前提，是系统得以生存的基本保证。一方面，景观生态系统内部的结构，各要素的分布位置、数量不是固定不变的，而是随时间迁移变化的；另一方面，整个系统的开放性、有机关联性强调了系统同外界物质、能量、信息的联系与交换。而动态性则保证了这种物质、能量、信息交换的存在，它们在系统中可以表现为相对的稳态，这种稳态是系统动态的一种表达。

动态性是景观生态系统的一个固有属性。地球表层各要素都处于动态变化之中，哲学家甚至认为"无法两次踏入同一条河流"，这个论点最有价值的地方就在于强调了事物总是处在运动变化之中。景观作为地球表层的一部分也必然具有动态性。任何时刻获得的景观信息都是景观在这一时刻状态的表达，而多个时刻景观信息集成起来，就能够反映景观的动态性，就像把对同一对象在不同时刻拍摄的照片按照时间顺序连续播放就会展现出这个对象的动态变化所构成的流动影像。实际上，当前景观动态的研究也在采取类似的方式：获取景观在不同时刻的遥感影像，通过影像的解译判读完成景观类型制图，基于多期景观分类制图结果进行景观格局动态的定量评价和模拟。

4) 景观生态系统的有序性

系统从无序到有序标志着系统的组织性或组织度的增长，而系统的组织性既与系统内部因素有机关联性有关，又与其动态过程有关。景观生态系统中的生物、非生物成分的物质、能量等组成了一个有序的动态综合体，其相关组分间存在着有机联系，这种有机联系决定了景观生态系统中的生物多样性、物种流趋势、养分分配、能量流方向以及景观变化方式和速率。植被、土壤等景观要素的空间分异，如山地景观的垂直带性分异，就是这种有序性的客观体现，当前地球上已经少有不受人类干扰和影响的景观。人类从自然景观有序性中获得知识，并应用于对景观的改造和利用。因此，研究景观生态系统有序性，人类的能动作用及其对景观有序性的影响已经成为不容忽视的命题。

5) 景观生态系统的目的性

景观生态系统的目的性不言而喻，其正常的终极目的是达到整个系统的持续性。在偶然因素（干扰）的作用下，其异质性会增大，适度的异质性增加将有利于系统向理想境界发展，但过度的异质性则会破坏一个原本稳定的景观生态系统。目的性在人为景观中更为直观，如农田景观，其目的性就表现在各种农田生态系统及其镶嵌组合下生产功能的优化和可持续。

综合整体性、有机关联性、动态性、有序性和目的性是一般系统论最基本的出发点，同时也是景观生态系统最重要的 5 个基本特征，从而使系统论成为研究景观生态系统的强有力工具。不过景观生态系统是以人类为主导的高度复杂的系统，除应用一般系统论分析方法和耗散结构理论、协同论、突变论等大系统分析方法之外，还有必要引入和创建综合性更强的复杂系统分析方法。

2.1.2 等 级 理 论

1. 等级理论的基本概念

等级组织是一个尺度科学概念，因此，自然等级组织理论有助于研究自然界的数量思维，对于景观生态学研究的尺度选择和景观生态分类具有重要意义（肖笃宁，1991）。等级理论（hierarchy theory）认为，任何系统皆属于一定的等级，并具有一定的时间和空间尺度（scale）。早在 1942 年，Egler 就指出，生态系统具有等级结构的性质。但完整的等级理论是由一些系统理论学家和哲学家创立的（Koestler，1967；Simon，1962），Overton（1972）将该理论引入生态学。他认为，生态系统可以分解为不同的等级层次，不同等级层次上的系统具有不同的特征。第一部生态学等级理论的专著出自 Allen 和 Starr（1982），该专著详细论述了如何借助等级理论理解复杂的生态系统。奥尼尔（O'Neill）等 1986 年的专著《生态系统的等级概念》，进一步阐述了生态系统的结构和功能的双重等级性质，并强调时间和空间尺度以及系统约束（constraint）对于生态系统研究的重要性。在探究跨越不同水平时空尺度的许多格局和过程关系方面等级理论在景观生态学中非常有用。考虑到复杂性是景观的一个内在属性，等级理论能够解释存在于某一尺度内的不同组分与另一分辨率尺度上的其他组分发生联系的现象和规律性。

整个生物圈是一个多重等级层次系统的有序整体，每一高级层次系统都是由具有自己特征的低级层次系统组成的。若干基本粒子共同构成原子核，原子核与核外电子共同组成原子，若干原子形成分子，许多大分子组成细胞，细胞组成有机体，有机体组成种群，种群又组成生物群落，生物群落与周围环境一起组成生态系统，生态系统又与景观生态系统一起组成总人类生态系统。

维系生物圈等级组织的是结合能。拉兹洛（Laszlo）认为，低级组织的结合能强，而高级组织的结合能弱。原子核中的质子和中子的结合能正是核裂变放出的巨大能量。它比由原子核与外层电子组成原子的结合能要强得多；而原子的结合能比由离子键或共价键组成的分子的结合能还要强。有机大分子内把化学分子衔接在一起的那些力就更弱了，而多细胞生物体内把细胞维系在一起的那些力在结合力强弱标度中又要低一个量纲。至于在生态系统和社会系统中把生物物种与所有的人拢在一起的那些结合力，不管其性质如何，都要比物理和生物化学的结合力更易消逝。拉兹洛认为，构造体积、组织层次和结合能量是一个绝妙的连续统一体，构造体积越大，组织层次越高，结合能就越弱（景贵和，1990）。

由于生物圈是多重等级系统，对每一个等级的局部干扰，可以影响整体；而对局部控制又可以调节整体。例如，由于人们燃烧煤、石油及天然气等化石燃料，已经引起了全球大气 CO_2 含量的增加。1958～1978 年夏威夷岛冒纳罗亚山峰附近一个观测站观测到的大气中 CO_2 浓度为 316～336ppm（ppm＝μL/L），平均每年增加 1ppm，这种全球大气 CO_2 浓度增加的趋势是人们在局部燃烧化石燃料引起的全球性后果。如果想抑制 CO_2 浓度增加的趋势，只能采取局部控制的方法，以便整体得到调节。因为到目前为止，人们对大范围的自然控制仍然是无能为力的。这种局部控制策略是在大量燃烧化石燃料，与 CO_2 浓度形成正因果反馈键的工业城市内部及工业城市郊区，增加一个负反馈键，即绿色植被覆盖，通过光合固定使 CO_2 浓度在局部降低，以调节全球的 CO_2 浓度不再增加。

流域是等级系统的一个例子。一个河流盆地由次级盆地构成，每一个次级盆地由更小的集水区构成（图 2-1）。复杂性是等级概念的一个基本部分：一个系统的组成成分越多，这一系统也就越复杂。基于这一原因，我们将景观视为一个很复杂的系统（图 2-2）。

2. 景观的等级性

景观是生态系统组成的空间镶嵌体，同样具有等级特征。可以说，等级理论是分析景观总体构架的基础。景观的性质依其所属的等级不同而异。等级理论认为，包括景观在内的任何生物系统，从细胞到生物圈，都具有等级结构。所谓等级结构是指对于任何等级的生物系统，它们都由低一等级水平上的组分组成。每一组分又是在该等级水平上

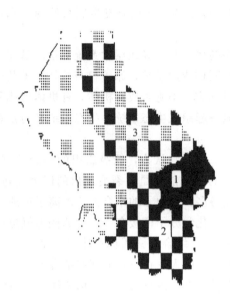

图 2-1　流域等级系统（Farina，1998）

流域是景观等级组织的很好例证。图右侧标号为 1 的
全黑部分是 Rosaro 溪流流域，与标号为 2 的黑白相间
区域构成 Auella 河流域，二者与标号为 3 的三色区域
构成意大利北部 Magra 河流域的左半部分，而整个图
形区域便是 Magra 河流域

图 2-2　景观复杂性的形象表征

图中显示了不同大小的哺乳动物与河流等级系统的

的整体，同样由更低一等级水平的组分所组成。

等级结构的一个重要概念是约束。等级结构的约束来自两个方面，对于某一等级上的生态系统，它受低一等级水平上的组分行为约束。O'Neill 等（1986）称之为生物约束。同时，生态系统受高一等级水平上的环境约束。这种约束包含生态系统所必需的物理、化学、生物等条件。所以，一个生态系统的约束是低一等级水平上生物约束和高一等级水平上环境约束的总和。约束力的范围和边界构成约束体系（constraint envelope）。这种约束体系在低一等级水平上与生态位具有相似的含义。从普遍意义上理解，约束体系就是限制因素。约束体系的重要性在于它可以用来预测某一生态系统是否属于某一约束体系。这是因为不同的生态系统属于不同约束体系的缘故。但由于生态系统的复杂性，人们又很难预测生态系统在约束体系内的具体空间位置。

理解等级理论，需要同时理解不同等级水平上的生态系统是非平衡的，动态是生态系统的普遍现象。作为生物地球化学复合体的生态系统具有物质和能量动态过程。一般认为，生态系统动态服从热力学定律。但用热力学解释生态系统动态是很复杂的，传统热力学认为，封闭系统的熵值只有增加或保持。熵是非负的，当系统取得最大熵值时，系统处于热力学平衡态。生态系统是开放系统，它与外界有能量和物质交换，不断地通过消耗自由能来减少熵值，这种由外部能量维持的生态系统是非平衡的。

等级理论同时认为，景观生态系统具有亚稳态性（metastability），即景观生态系统在一定的时间和空间上能保持相对稳定。而且，当景观生态系统遭受一定程度的干扰后，具有恢复能力。景观生态系统的亚稳态性只有在一定条件下，或者说，在约束体系里才能实现。当干扰程度超过一定的阈值时，景观生态系统的性质就会发生改变，失去恢复能力。而亚稳态性也不复存在。

时间和空间尺度对景观生态系统的亚稳态和动态相当重要。高等级系统（如森林小流域景观）的动态，时间尺度要长些。而低等级的系统（如林分或斑块）的动态，其时间尺度要短些。所以，从小的时间尺度上观察景观相对处于亚稳态，而斑块则处于动态。动态的空间尺度同样不可忽略。例如，森林的动态和个体树木的生长动态，具有不同的内涵。

对于等级系统，Weinberg（1975）根据系统组成要素（组分）的多少区分不同系统的性质。他认为，由少量组分组成的系统，每一组分对系统的作用是确定的，系统的性质往往可以用方程式来预测。另一种系统由大量组分组成，每一组分在系统中的作用很小，且差别不大。各个组分的作用是随机的，系统的总体性质与组分的关系往往符合统计规律。因此，其变化趋势也是可以预测的。还有一种系统介于这二者之间，由中等数量的组分组成。在这种系统内，每个组分对系统的作用都有一定的量。各组分对系统的作用大小和方式，直接影响系统的性质。所以，这一类系统的性质具有相当大的随机性。景观则被认为属于这一类由中等数量组分组成的系统。景观中的斑块被视为组分。假如干扰可以出现在不同的斑块上，而不同斑块对干扰的反应又不同，那么，景观的性质自然也就变得难以预测了。

关于不同等级水平之间的关系，Grene（1987）认为，各等级水平靠信息的传递和联系来维持等级结构的整体性。O'Neill 等（1988）认为，每个等级水平都具有其一定的时间和空间尺度，而且各等级水平系统的功能和结构也不同。所以，从一个等级水平上系统的性质来推测另一等级水平上系统的性质是困难的，其结果常常导致错误的结论。总之，等级理论要求不同等级水平上系统的性质，应该分别加以研究。

等级理论最根本的作用在于简化复杂系统，以便达到对其结构、功能和行为的理解和预测。许多复杂系统，包括景观系统在内，大多可认为具有等级结构。将这些系统中繁多、相互作用的组分按照某一标准进行组合，赋予其层次结构，是等级理论的关键一步。某一复杂系统是否能够被由此而化简或其化简的合理程度通常称为系统的可分解性（decomposability）。显然，系统的可分解性是应用等级理论的前提条件。用来"分解"复杂系统的标准常包括过程速率（如周期、频率、反应时间等）和其他结构和功能上表现出来的边界或表面特征（如不同等级植被类型分布的温度和湿度范围、食物链关系、景观中不同类型斑块边界等）。基于等级理论，在研究复杂系统时一般至少需要同时考虑 3 个相邻层次，即核心层、上一层和下一层。只有如此，方能较为全面地了解、认识和预测所研究的对象。近年来，自然等级理论对景观生态学的兴起和发展发挥了重大作用。其最为突出的贡献在于大大增强了生态学家的"尺度感"，为深入认识和理解尺度的重要性以及发展多尺度景观研究方法起到了显著的促进作用（邬建国，2000）。

2.1.3　地域分异理论

　　景观作为一种系统除具有整体性外，还具有地域性，即地域分异的规律性（潘树荣等，1985），它是指景观在地球表层按一定的层次发生分化并按一定的方向发生有规律分布的现象。地域分异规律对于景观研究具有普遍意义，在不同尺度上对自然景观和人文景观的结构、功能和动态发生作用。按照地域分异因素作用特征可以将地域分异规律分为地带性和非地带性两种。同时，地域分异规律又具有不同的规模和尺度。地带性的根本成因是太阳能在地球表层的非均匀分布，其具体表现是地球表层自然景观以及许多自然现象和过程（甚至可以是某些人文景观、现象）由赤道向两极呈有规律的变化。非地带性与地带性相对应，主要成因是地球内能对地表作用的非均衡性。非地带性表现为干湿带性、垂直带性（自然现象和过程大致沿海拔高度的规律性变化）。地带性和非地带性在地球表层同时发生作用，因而地球表层景观的分异是二者综合作用的产物。景观在不同尺度上的分布和演化受制于相应尺度上地带性和非地带性规律的综合作用。地域分异规律对于景观生态学研究中景观类型的分布和尺度转换研究具有重要的指导意义。

　　地带和非地带性地域分异规律是经典自然地理学的一个重要理论成果，在自然区划、土地分类和评价中发挥了重要作用。景观生态学在地域分异规律的基础上，更加强调空间异质性，深化和发展了地域分异的研究。同时，地域分异理论也为解析景观空间复杂性提供了有力支持。从物种到植被类型，植被地域分异的研究得到了细化（Givnish et al., 2008；Tsiripidis and Bergmeier，2007；Jim ，2004）。自然环境因子和人类活动因子对景观空间分异都发挥着重要作用。在地形起伏较大的山丘区，景观的自然和人文特征会随着海拔梯度的变化而变化（孙然好等，2009；张明阳等，2008）。城市作为人类主导的景观类型，在区域、建成区和场地等不同尺度上都会表现出一定的生态分异，而这种分异的规律性又能够指导城市景观的规划和设计（龚兆先和邓毅，2008）。文化的地域分异导致文化景观的地域分异，如广东的华侨文化景观就存在着广府、五邑、潮汕、东江-兴梅、琼东北的地域差异性（许桂灵和司徒尚纪，2004）。作为景观生态学新兴分支的景观遗传学所关注的地域分异的对象更加微观，达到了基因流和基因多样性的层次（Pease et al., 2009）。基因流和遗传多样性空间分异的研究对于动植物流行病调查和风险评估、生物多样性变化的微观机制和管理策略的规划设计等都具有重要的科学意义（傅伯杰等，2008）。可见，地域分异理论在景观的自然、文化甚至经济等方方面面都会有所体现，成为景观生态研究的一个重要视角。

2.2　重　要　理　论

　　景观生态学的发展过程从一定意义上说也是相关学科理论引入、应用和发展的过程。岛屿生物地理学、复合种群理论和渗透理论在景观生态学中得到了广泛应用，在景观生态学的发展中占有重要地位。

2.2.1 岛屿生物地理学

岛屿生物地理学把物种或种群定居和灭绝作为基本过程来对待。为了研究物种的分布、数量、存活、迁徙等一系列动态平衡规律，需要有一个相对简化的自然环境，规定在该自然环境中，有比较明确的"边界"；有不受人为干扰的"体系"；有内部相对均一的"介质"；有外部差异显著的"邻域"。此种规定对于由海洋四面围隔的岛屿，对于孤立分布的山峰，或者对于具象征意义的"假岛"，如沙漠中的绿洲、陆地中的水体、开阔地包围的林地、自然保护区等，都相对符合如上所假设的基本条件。其中，以岛屿的条件最为理想，它们将被视作天然的"生态实验室"，为我们探求生态学中涉及的空间分布、时间过程、系统演替乃至"时间-空间耦合"的生态系统行为等，提供了极好的研究场所，难怪近代生物学的先驱达尔文在19世纪的环球科学考察中，曾不遗余力地注视着海岛生物物种的特殊价值。从海岛上物种及自然环境的观察到逻辑推断的广泛联想，为生物进化论奠定了基础，在他的里程碑式的巨著中，海岛的观察研究起着毋庸置疑的作用。

追随前人的足迹，不少生态学家也一直把这一方面的研究，同宏观生态学的建立与发展紧密地联系在一起。通过空间分布与时间过程的生态耦合，逐渐形成了"岛屿生物地理学理论"的构架，以麦克阿瑟（MacArthur）和威尔逊（Wilson）于1967年在普林斯顿大学提出著名的"均衡理论"（equilibrium theory）为标志，岛屿生物地理学理论进入到一个更新的和更成熟的境界。

早在1921年和1922年，以阿伦尼乌斯（Arhenius）和格里森（Gleason）的研究成果为代表，曾建立了一个说明基本规律的经验性模型（邬建国，1990）。这个建立在统计关系上的模型，经过在有关岛屿上的经验检验，具有较好的统计特性，从而揭示出物种存活数目与所占据面积（空间）之间的一般原则，并表达为以下的基本形式：

$$S = CA^z$$

即

$$\log S = \log C + Z \log A \tag{2-2}$$

式中，S 为生物物种的数目；A 为生物物种存在的空间面积；C 为物种分布密度；Z 为某个统计指数。后来证实，Z 实际上是一个十分复杂的函数表达式，但是未能揭示其完整内容，更没有获得恰当的函数关系。初步的研究表明，它至少具有如下形式：

$$Z = f[X(u, v, w), Y(x), \cdots] \tag{2-3}$$

式中，$X(u, v, w)$ 是由空间坐标 u、v 和 w 所决定的三维分布位置，更具体地说，它是由纬度、经度和高度所共同确定的地理区域；$Y(x)$ 为与空间位置 x 相邻的地域状况，可以理解为制约系统动态的外部条件；f 为尚无法确定的函数形式。式（2-2）和式（2-3）反映了"物种-面积"的基本关系。

岛屿生物地理学理论的内涵，不仅限于"物种-面积"关系的揭示，即使如此，该关系本身也还存在着一些基本的不可克服的困难。简而言之，地球表面的非均一性；自然条件随着空间变化的巨大差异；生物物种的固有特性以及对于最适源地的选择；物种驯化的有限性以及保持遗传的能力；物种与环境之间的协调性，它的"锻炼"与"忍耐"程度的差异等,所有这一切,都会对式(2-2)和式(2-3)产生巨大的影响。另外,"物种-面积"关系纯粹是一种经验统计关系,只能说明静止态的宏观模式,尚未深入触及机制的本身,因此它对问题的透视能力,也就只能停留于粗略估计的水平上。

鉴于上述分析,许多经由实地观测的数据,同应用式(2-2)和式(2-3)推算出来的"期望值"之间,发生了严重的背离,这就使得该经验方程的实用性受到了严重的挑战,在这种情况下,麦克阿瑟和威尔逊适时提出"均衡理论",综合了"物种-面积"关系,企图以一种更深入的动态原则去弥补在分析上的缺陷。

麦克阿瑟和威尔逊的岛屿生物地理理论首次从动态方面阐述了物种丰度与面积及隔离程度之间的关系。认为岛屿的物种丰富度取决于物种的迁入率和灭绝率。这两个过程的消长导致了物种丰富度的动态变化,迁入率和灭绝率与岛屿的面积及隔离程度有关。一般来说,灭绝率随面积的增加而减小;迁入率随隔离程度的增加而减小。岛屿生物地理理论可以用模型表示为

$$\frac{\mathrm{d}S(t)}{\mathrm{d}t} = I - E \tag{2-4}$$

式中,I 和 E 分别为迁入率和灭绝率。

$$I(S, D) = (1 - S/S_p)^{2n} \exp\left(1 - \frac{\sqrt{D}}{D_0}\right) \tag{2-5}$$

和

$$E(S, A) = \frac{RS^n}{A} \tag{2-6}$$

式中,S 为新迁入的物种数;S_p 为大陆种库大小;A 为岛屿面积;D 为岛屿与大陆种库间距离;D_0、n 和 R 均为拟合参数。

均衡理论的基本前提在于:物种数目的多少,应当由"新物种"向区域中的迁入和"老物种"的消亡或迁出之间的动态变化所决定,它们遵循着一种动态均衡的规律,这就是说物种维持的数目是一种动态平衡的结果。显然,麦克阿瑟和威尔逊对岛屿生物地理学原理的阐述,已经从单纯的经验关系,向着较高层次的解析推进了一步;已经从单纯的静态表达向动态变化推进了一步;从单一的物种面积研究,向以该物种面积为中心并结合邻域特点的空间研究推进了一步。现在证实,唯有把"物种-面积"关系和"均衡理论"二者有机地结合在一起,才有可能更好地理解岛屿生物地理学原理,也才有可能对于物种的自然保护作出更加完善的解释。基本的事实是:任何划定的自然保护区,并不是孤立的空间隔离,它与周围的区域及环境保持着密切的动态联系,尤其是物种的迁移与演替,物种的发展与消亡,没有比较完整的岛屿生物地理学原理的指导,很难得出正确的结论。

在进行岛屿生物地理学理论研究的同时,还必须注意它的适用范围及临界表征。许多学者指出,岛屿生物地理学理论的正确性,要遵从以下条件。

(1)在一个物种集合中,凡"相对丰度"呈对数正态分布时,即"分布相符参数"$\gamma = 1$ 时,物种数目 n 与个体总数 N 呈幂律关系,这对岛屿生物地理规律的表达有利。

(2)物种个体总数 N 与"隔离区"(岛屿区)的面积 A,有一个相对近似的线性关系。符合此条件时,对岛屿生物地理学理论表达有利。

（3）物种的动态迁移方式，在自然界很不相同。当迁移方式与传播距离同"岛屿"空间分布格局具有某种可比关系时，对岛屿生物地理学理论表达有利。

（4）在目标区"汇区"的物种动态演化，是该物种"迁入-保持-迁出（或消失）"关系的平衡结果。现存物种总数的增加，导致净消失率的上升，其结果又会使物种迁入率降低。将这种演化大致表达成：物种迁移指标 I_i 随时间的变化，可以作为岛屿生物地理学理论的基础判别式，写为

$$Q = \frac{\mathrm{d}I_i}{\mathrm{d}t} \begin{cases} > 0 & \text{（物种增加）} \\ = 0 & \text{（物种稳定）} \\ < 0 & \text{（物种减少）} \end{cases} \tag{2-7}$$

麦克阿瑟和威尔逊的均衡理论使岛屿生物地理学发生了革命性变革，同时，也对生态学的发展产生了深刻影响。均衡理论在过去的几十年里没有太多进展，随着人类对自然界复杂性认识的提高以及其他相关理论的发展，特别是岛屿物种多样性研究的深入：①非平衡性；②类群之间受到物种形成（speciation）、定居和灭绝的影响；③受到面积和隔离以外的岛屿特性影响（Fattorini，2009；Kalmar and Currie，2005）。生物地理学本身是出于非平衡状态。因此，弥补或替代均衡理论的范式转变成为必要（Brown and Lomolino，2000）。例如，长期、大尺度上的岛屿生物地理学应该采取动态非均衡的视角（Heaney，2000）。尽管新的一般性的岛屿生物地理学模型尚未提出，在一些理论假设的推动下，新的范式正在形成之中（Heaney，2007）。

虽然生物地理学和景观生态学的关系很难用简单几句话说清楚，但是无疑，生物地理学为景观生态学提供了解决生物与环境关系问题的一个重要理论源泉。岛屿生物地理学启发下的景观破碎化研究体现了早期对人类诱导下大尺度景观退化空间维度的关注，把景观破碎化作为人类影响下景观退化的特殊形式，景观生态学能够冲破岛屿生物地理学相关理论假设的束缚（Haila，2002），因此，景观生态学也可以作为发展和完善生物地理学的有力武器（Kent，2007）。

2.2.2　复合种群理论

1. 复 合 种 群

在 20 世纪 70 年代以前，生物地理学家和生态学家就已广泛地注意到生境在时间和空间上的异质性将会对种群动态、群落结构以及物种多样性和种群内的遗传多态性产生重要的影响。在生境的空间异质性理论中有一个十分重要的分支就是 20 世纪 60 年代末由著名生态学家利文斯（Levins）发展起来的复合种群（metapopulation）理论。关于"metapopulation"一词在国内已有几种不同的译法，如碎裂种群、超种群、组合种群、异质种群以及复合种群等（叶万辉等，1995）。

生态学家早已注意到由于各种各样的原因而导致了生物种群栖息地的破碎化，从而形成了一个个在空间上具有一定距离的生境斑块（habitat patch）。同时也正是因为栖息地的破碎化而使得一个较大的生物种群被分割成许多小的局部种群（local population）。由于破碎化的栖息地生境的随机变化，致使那些被分割的小局部种群随

时都有可能发生随机灭绝，但同时又由于个体在破碎化的栖息地，或者说是在生境斑块之间的迁移作用，使得在那些还没有被占据的生境斑块内有可能建立起新的局部种群。从一般意义上讲，复合种群理论就是研究上述过程的生态学理论。概括地说，复合种群理论能够描述种群在景观异质体中的运动和消长以及空间格局和种群生态学过程的相互作用。

一般来说，复合种群的概念所描述的是在斑块生境中，空间上具有一定的距离，但彼此间通过扩散个体相互联系在一起的许多小种群或局部种群的集合，一般也称为一个种群的种群（a population of populations），它是种群的概念在一个更高层次上的抽象和概括。就复合种群的动态性质而言，利文斯所强调的是一个复合种群随时间变化所表现出的行为。

尽管在早期的研究中，学术界已注意到局部种群的灭绝和空的生境斑块被重新侵入的问题，但是利文斯还是从一个全新的角度重新研究了这一问题，并为复合种群理论的发展奠定了坚实基础。利文斯首先区别了单种种群动态与一个局部种群的集合的动态之间的差异。他引入了一个变量 $P(t)$ 去描述一个由许多局部种群所构成的集合的状态，即一个复合种群的状态。在利文斯的模型中，$P(t)$ 被定义为在时间 t 已被一个种所占据的生境斑块数量与总生境斑块数量之比，也可以称为已被一个种所占据的生境斑块比例，并且一个复合种群在 t 时刻的大小也以 $P(t)$ 作为测度。利文斯将与一个复合种群动态有关的个体和种群过程都浓缩在两个关键的参数 e 和 m 之中，在这里 e 被定义为局部种群的灭绝率（rate of extinction），而 m 则是一个与扩散个体能够成功地侵入空斑块生境有关的参数。作为一种最简单或者极端的情形，利文斯构造了一个关于复合种群动态的基本方程，并确定了方程的稳定平衡条件。利文斯的模型是

$$\frac{\mathrm{d}p}{\mathrm{d}t} = mp(1-p) - ep \qquad (2-8)$$

很容易看到这个方程的平衡值为

$$p = 1 - e/m \qquad (2-9)$$

式（2-8）和式（2-9）中 P 为未灭绝的亚种群比例；m 为物种定居能力常数；e 为物种灭绝速率常数。当 $m > e$ 时，即当物种定居速率大于灭绝速率时，复合种群才能维持。

这个模型就是目前被国际生态学界所广泛接受的有关复合种群理论的经典模型，它描述了一个最简单的复合种群随时间的变化动态。从性质上讲，这个模型类似于在种群生态学中描述一个局部种群增长的 Logistic 模型。的确很容易看到利文斯模型与 logistic 模型在结构上完全相似。因为式（2-8）可被改写为另一个完全等价的形式，即

$$\frac{\mathrm{d}p}{\mathrm{d}t} = (m-e)p\left(1 - \frac{p}{1-e/m}\right) \qquad (2-10)$$

式中，$(m-e)$ 为一个充分小的复合种群的增长率［即 $p(t)$ 是充分小的］；$1-e/m$ 可被看作是与 Logistic 模型中的"环境容量"（carrying capacity）等价的值，并且如果 $m > e$，则 $1-e/m$ 必定是 $P(t)$ 的稳定平衡值。

2. 复合种群与岛屿生物地理学

复合种群的理论或观点涉及岛屿生物地理学中的平衡理论（MacArthur and

Wilson，1963），因为在这两个理论体系中它们都有一个共同的基本过程，即个体迁入并建立新的局部种群以及局部种群的灭绝过程。当然这两个重要的理论体系之间仍然是有区别的，其中最重要的区别就是在岛屿生物地理学中总假定存在一个所谓的"大陆"，并且在这个大陆上的"大陆种群"不仅不会灭绝，而且还是迁移个体的唯一源泉，或者说所有的迁移个体都只能来自于"大陆种群"。在利文斯模型中，迁移个体可以是来自于任意一个现存的局部种群，同时任意一个局部种群都有可能随机灭绝。类似于利文斯的复合种群模型，MacArthur 和 Wilson（1967）的岛屿生物地理学模型可以写为

$$\frac{\mathrm{d}p}{\mathrm{d}t} = m(1-p) - ep \tag{2-11}$$

式中，$P(t)$ 为在任意时刻 t 已被占据的岛屿比例。很容易看到在式（2-10）中 $P(t)$ 的平衡值为

$$P = \frac{m}{m+e} \tag{2-12}$$

并且显然有 $P \in (0，1)$ 恒成立。

尽管作为两个不同的理论体系，利文斯的复合种群模型和岛屿生物地理学的平衡模型在一些方面确实存在着互相抵触的情况，但是实际上利文斯模型和岛屿生物地理学的平衡模型所定义的是复合种群结构的两种极端情况，或者说在这两种极端情况之间还存在着很多的过渡类型。正像 Harrison（1991）在她的论文中所指出的那样，对于绝大部分复合种群来说，在斑块生境的大小上存在着相当大的变化，当然这也就反映了在局部种群的大小之间也存在着相当大的变化。有些局部种群可能是相当大的，并且同那些较小的局部种群相比它们也有很低的灭绝概率。在真实的自然界中绝大多数复合种群的性质肯定介于利文斯模型和大陆-岛屿模型之间。

需要指出的是"源"、"汇"（source-sink）种群结构有时也会被误认为是"大陆-岛屿"种群结构。在"源"、"汇"种群结构中，所谓"源"种群是那些在条件较好的斑块生境中生存并具有较高增长率的局部种群。平衡这种高增长率的方式之一就是一些个体不断地从"源"种群中迁出。所谓"汇"种群是指那些在条件较差的斑块生境中生存并具有负的局部种群增长率的局部种群，这就是说如果迁入个体不能对"汇"种群的增长率产生正效应的话，那么"汇"种群就必然会灭绝。对于"大陆-岛屿"种群结构来说，"大陆"和"岛屿"之间的差异主要是由随机因素造成的，而对于"源"、"汇"种群结构来说，"源"种群和"汇"种群之间的差异是由确定性的生境差异所造成的。因此对于"源"种群来说，它们并不一定要比"汇"种群大，甚至通常它们还可能比"汇"种群小（Pulliam，1988）。

岛屿生物地理学模型中所关心的焦点是单一的岛屿种群，或在单一的斑块生境中的种群。这类种群状态的研究将岛屿种群的变化看作是岛屿面积和与大陆隔离程度的函数。因为对于每一个岛屿来说都可以把岛屿种群的变化看作是有一个相同的过程，因此可以将一个岛屿种群在岛屿上的生存概率看作是这个岛屿面积的函数。假若存在一个较大的岛屿集合，则对于每一个种来说总是可以确定一个关联函数（incidence function）（Diamond，1975）。对于这样的关联函数来说，Hanski（1991）和 Taylor（Diamond，

1975）的研究已表明在一定条件下可以去推测相对和绝对的灭绝率以及相对和绝对的定居率（colonization rate）。

一个单种复合种群模型完全可以从岛屿生物地理学模型中变化而来，当然这需要将每个已被占据的斑块生境看作是没有被占据的斑块生境的"大陆"。需要说明的是，在这样的模型中，斑块生境面积以及斑块生境之间的距离都是变量。正像 Gilpin（1987）所指出的那样，这类模型非常复杂，而且难以分析。

20 世纪 60 年代以来，岛屿生物地理学和经典的复合种群理论就成为空间生态学的两大主导学说，到 80 年代，复合种群理论在生物多样性保护实践应用方面大有取代岛屿生物地理学之势。Hanski（2001）在回顾空间生态学中岛屿生物地理学和复合种群理论的范式变迁的基础上提出了复合种群生态学的空间现实理论（spatially realistic theory），而空间相关的物种动态的环境因子、景观动态、随机性和种间关系仍然没能在数学推导中考虑进去，成为未来研究的一大挑战。复合种群范式的显著优点是在景观尺度上考察种群动态。人类影响和改变下景观中生态系统保育的理论与实践从局地尺度（斑块）到景观尺度（生态网络）的转变，确实是复合种群理论和景观生态学的一大实质性进步（Baguette and Mennechez，2004）。

2.2.3 渗 透 理 论

渗透理论研究多孔介质中流体的运动规律（Stauffer，1985），在土壤学、地下水水文学等学科中有着广泛的应用。渗透理论在景观生态学，特别是在非确定性模型的构造中已经发现了有趣的用途（Gardner et al.，1992）。

像流体分子的不规则热运动那样，扩散过程中任何粒子都能到达介质中的任何位置。渗透过程却有显著不同的特征。渗透过程一般存在一个临界值（渗透阈限），当多孔介质所构成的有限单元（finite region）中渗透阈限 $P < P_C$（＝0.5928）（也称为临界概率）（Ziff，1986）时，流体就保留其中；而当 P（probability）$> P_C$ 时，流体就会穿越有限单元网格发生渗透（图 2-3）。

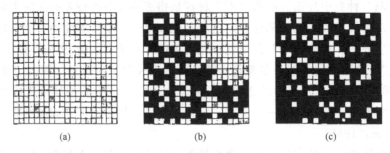

(a)   (b)   (c)

图 2-3 具有不同渗透值的随机图
(a) $P=0.4$，无渗透；(b) $P=0.6$；(c) $P=0.8$，渗透但程度不同

在大网格中簇（cluster）数量和大小是 P（一个单元被目标对象占据的概率，可以是一个植被类型或一种动物的分布）的一个函数。在临界阈限 P_C 附近簇的行为改变很快。如果我们测量边界（edge）单元（处于未被占据的地图单元附近的单元）的数量，

按照 P 值情况就可以预测相应于地图被占据部分的总边界数和内部边界数。

诸如疾病流行、干扰、森林火灾和害虫爆发等生态过程在接近 P_C（$=0.5928$）时开始发生（Turner，1987），这一事实说明渗透理论在景观特性研究中有着重要用途。例如，渗透理论在景观边界的研究中就已经获得了很好的应用（Gardner et al.，1992）。考虑一个由 $m \cdot m$ 个单元构成的矩阵，跨越簇的生态交错带的延伸依赖于占据单元的概率 P。图 2-3 展示了 P 在 0.4、0.6 和 0.8 时的 3 个例子。最高水平的簇出现于占据概率为 $P=0.4$ 的矩阵，不存在渗透簇，渗透过程没有发生。在 $P=0.6$ 的情况下有一个渗透簇，与第一个例子相比簇数大约减少了一半。在图 2-3 中只有一个簇时的概率 P $=0.8$。按照这种行为我们可以在矩阵中预测边缘（总边缘和内部边缘）数量。图 2-4 显示了相应于地图占据部分的边缘数量。

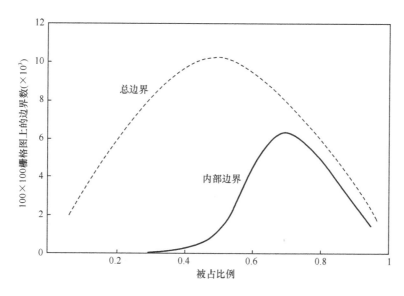

图 2-4　图形被占部分的边界数量

景观生态学中，渗透理论也已应用在动物运动和资源利用等方面的研究。当一种动物进入 P 值大于或等于 0.5928 的生境时，它可以穿过整个景观。假设有机体向景观的 n 个单元运动时至少能够发现一种资源，发现 0 种资源的概率为 $(1-P)^n$，这里 P 是资源的随机分布概率。至少发现 1 种资源的概率为

$$R=1-(1-P)^n \qquad (2\text{-}13)$$

根据渗透理论，如果 $R=0.5928$，那么有机体就可以从景观的一部分到另一部分运动。在式（2-13）中以 0.5928 替换 R 并整理，得到 n 与 P 之间的关系：

$$n=-0.898\,45/\ln(1-P) \qquad (2\text{-}14)$$

当资源呈现 P 分布时，我们可以通过式（2-14）计算有机体与环境相互作用的尺度。如果资源是密集的（P 与 P_C 值接近），有机体需要利用的景观单元数很少，但当减小资源分布时所需利用的单元数就会增加（表 2-1）。如果有两种或两种以上的资源，$n=-0.898\,45/[\ln(1-P_1)+\ln(1-P_2)]$，这里 P_1 和 P_2 是两种资源的分布概率。

表 2-1　资源分布率为 P 时有机体搜索的景观单元数 (n)　(Farina, 1998)

n	P	n	P
1	0.592 800	100	0.009 844
4	0.201 174	400	0.002 244
9	0.095 007	900	0.000 998
16	0.054 606	1600	0.000 561
25	0.035 300	2500	0.000 359

O'Neill 等（1988）的研究表明：当一个优势有机体消耗了 90% 的资源时，次优势有机体只能获得 10% 的资源。这种情况下，要获得必要的资源数量，有机体必须向周围运动以获得其他的资源。就像式（2-14）预示的那样，当在一个小尺度上取样时，大尺度次优势有机体较为罕见。

以渗透理论为基础，可以解释和模拟景观生态学的研究对象中广泛存在的阈限效应，如流域中养分"源"、"汇"空间分布和数量结构对流域养分负荷影响的模拟（Gergel，2005），森林景观动态及生物多样性保护（Oliveira de Filho and Metzger，2006），景观破碎化和连通性的研究（Ferrari et al.，2007），林火模拟（Li et al.，2008）等。

2.3　景观生态学的核心：格局、过程与尺度

2.3.1　格局与过程

景观是由不同生态系统组成的地表综合体（Haber，2004）。实质上，这些生态系统经常可以表现为不同的土地利用或土地覆被类型。因此，景观格局主要是指构成景观的生态系统或土地利用/土地覆被类型的形状、比例和空间配置（傅伯杰等，2003）。这种景观格局的定义，主要依据的是景观空间结构的外在表象，是景观格局"斑块-廊道-基质"分析框架（Forman，1995）的具体化。以"斑块-廊道-基质"的基本理论范式为基础发展起来的景观指数（landscape metrics）成为景观格局分析的主要工具。但是由于理论基础的表观性，使得景观指数在应用过程中表现出了很大的局限性，主要表现在：①对景观格局变化的响应以及格局指数与某些生态过程的变量之间的相关关系不具有一致性（Tischendorf，2001）；②景观指数对数据源（遥感图像或土地利用图）的分类方案或指标以及观测或取样尺度敏感（李秀珍等，2004；赵文武等，2003）而对景观的功能特征不敏感（Wiens，1989）；③很多景观指数的结果难以进行生态学解释。因此，需要新的理论范式来完善景观格局的研究。以生态过程和景观生态功能为导向的格局分析，可能会成为深化景观格局研究的非常有潜力的方向。在这一方向上，已经有学者从景观单元的"源"、"汇"功能角度，对景观格局分析的新范式展开了有益的探索（陈利顶等，2006a，2003）。

生态过程是景观中生态系统内部和不同生态系统之间物质、能量、信息的流动和迁移转化过程的总称，其具体表现多种多样，包括植物的生理生态、动物的迁徙和种群动态、群落演替、土壤质量演变和干扰等在特定景观中构成的物理、化学和生物过程以及

人类活动对这些过程的影响（吕一河等，2007）。在较小的空间尺度上（如样地、坡面和小流域），有关生态过程的数据采集主要通过实地观测和实验的手段来完成。由于生态系统和景观及其动态的复杂性，基于监测的长期生态研究得到了普遍关注（傅伯杰和刘世梁，2002）。然而，在区域以上的大尺度，试图穷尽所有生态系统类型及其相关生态过程的定位监测和实验不现实，因而合理的取样策略和监测方案非常重要。在这种情况下，多元数据融合（Wessman，1992；Zonneveld，1989）和多学科方法的综合运用（Bastian，2001）尽管富有挑战，仍将是颇具希望的问题解决方案。

2.3.2　尺度与尺度转换

1. 时 空 尺 度

时间和空间尺度包含于任何景观的生态过程之中（Wiens，1989）。景观格局和景观异质性都依所测定的时间和空间尺度变化而异。通常，在一种尺度下空间变异中的噪声（noise）成分，可在另一较小尺度下表现成结构性成分（Burrough，1983）。显然在一个尺度上定义的同质性单元，可以随着观测尺度的改变而转变成异质性景观。因此，生态学研究必须考虑尺度的作用，而绝不可未经研究，就把在一种尺度上得到的概括性结论推广到另一种尺度上去（Urban et al.，1987；Meentemeyer and Box，1987）。离开尺度来讨论景观的异质性、格局和干扰将失去现实意义。

尺度这一术语通常用于指观察或研究的物体或过程的空间分辨度（resolution）和时间单位。尺度暗示着对细节了解的水平（李哈滨和 Franklin，1988）。从生态学的角度来说，尺度是指所研究的生态系统的面积大小（即空间尺度），或者是指所研究的生态系统动态的时间间隔（即时间尺度）。在景观生态学中，尺度的表示方法与制图学不同。我们用小尺度表示较小的研究面积，或较短的时间间隔。大尺度则用于表示较大的研究面积和较长的时间间隔。小尺度具有较高的分辨率（低概括），而大尺度分辨率较低（高概括）。以空间和时间来刻画具体的尺度概念是最基本的方式，在具体应用中应该仔细区分观测尺度、生态现象的尺度（本征尺度）以及定量分析的尺度（Dungan et al.，2002）。因此，构建详尽的取样和数据分析方案对于分析尺度问题很有帮助。在野外调查和试验中应该遵循的重要原则包括：①取样单元的尺寸要大于对象单元（如单个生物），而要小于试图通过取样设计探测到的、在单元过程作用下而形成的结构（如一个斑块）；②格局分析的空间滞后是样本量的函数，而样本量反过来又取决于可能的研究投入［对于样带，滞后＝幅度/样本数；对于面状取样，滞后＝（幅度^2/样本数）$^{1/2}$；对于三维取样空间，滞后＝（幅度^3/样本数）$^{1/3}$］；③取样滞后（或间隔）应该小于预想过程导致的结构（如斑块）之间的平均距离；④取样幅度（或范围）不能低于研究对象或过程的覆盖面积。Dungan 等（2002）还建议生态学研究要对观测和分析尺度有全面的说明，以增强不同研究之间的可比性。

由于地理信息系统越来越成为景观生态学的重要研究工具，许多图像术语也引入景观生态学中。例如，讨论空间尺度时用的"分辨率"一词，即表示测量的精度或图像的基本单元大小。空间分辨率单位称为粒度（grain）或像元-图像单元（pixel-picture element)。每一像元内可视为同质，而像元之间可以是异质的。

生态过程和约束也因尺度不同而异。Milne 等（1989）认为，测量不同尺度上的异质性有助于认识在哪一尺度上异质性控制某一生态过程。如果一个生态学家要检验景观异质性约束干扰的假说，较合理的方法是测定这种干扰在不同尺度异质景观上的反应。研究在哪一尺度上异质景观约束干扰的扩散。如果干扰与某种尺度上的异质景观有关，一般改变该景观的异质性程度，可以改变干扰的性质。如果找不出干扰和异质性程度的相关关系，则存在两种可能性：一种是干扰不受景观异质性的约束；另一种是需要在其他尺度上继续观察这种干扰过程（Musick and Grover，1991）。

同时，观察异质性景观在不同尺度上的动态，还可以了解景观的空间等级结构（spatially hierarchical structure）（O'Neill et al.，1986）。Urban 等（1987）用图例表示生物系统的等级结构。从叶片、树木、林窗（gap）、斑块、景观到区域，不同等级水平上系统的空间和时间尺度大小都不一样（图 2-5）。例如，叶片的生理过程一般发生在平方毫米或平方厘米的空间尺度，以及秒至分钟的时间尺度上。而景观的动态过程则多发生在平方公里的空间尺度和百年的时间尺度上。不同时空尺度上的生态学研究见图 2-6。

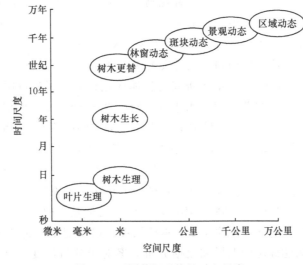

图 2-5　不同等级系统的时空尺度

长期生态研究可将时间尺度扩展到数年、数十年或一个世纪来研究生态过程。短期的研究，不能揭示出数年或几十年的变化趋势，也不能解释这些变化的因果关系，长期的过程常常隐含于"不可见的存在"（invisible present）中（Magnuson，1990）。在几十年或上百年的时间尺度上，人们常常认为自然的、生态的变化过程是相对缓慢甚至处于静态，也就常常低估了这些变化，而且也没有能力去解释其中的因果关系。

Magnuson（1990）对梦多塔湖的冰层研究揭示出了时间尺度的重要性。在较短的时间尺度下，如1982～1983 年的特定年份中，冰层覆盖的时间数据难以解释，但当时间尺度扩展到 10 年、50 年直到开始建立监测站的 132 年中，便可以发现不同的问题。在 10 年时间尺度上可以比较发现，1983 年的冰层覆盖时间比其他 9 年的平均时间

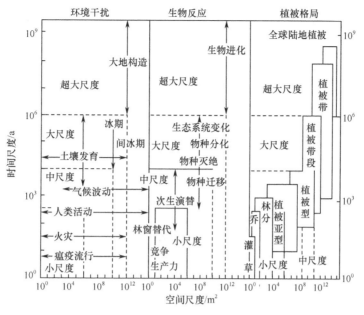

图 2-6　不同时空尺度上的生态学研究

短 40 天。50 年时间尺度上的资料表明,在有厄尔尼诺现象时,冰期覆盖的时间变短。而 132 年的资料可以证明全球气候在逐渐变暖。

　　生态系统的时间延迟效应十分明显,许多生态过程需要长期的观测才可完成,生态过程的因果之间或者对自然生态系统的干扰及其引起的生态反应之间的时间间隔常常超过一年,这些生态过程的变化在很长一段时间内起作用,而且主要是一些人为的干扰类型(Likens,1985,1983)。

　　引发一个生态过程或事件的几个必要条件很少同时发生。Coffin 和 Lauenroth 在研究草原牧草种群变化时,发现适宜的土壤水分条件及幼苗成活率是牧草恢复的必要条件(Coffin and Lauenroth,1990)。但这两种因素在半干旱的草原中少有巧合。在对牧草种群 500 年的模拟中,发现牧草受干扰后再恢复的时间延迟可以是 10 年、20 年、80 年,但一般不会低于 35 年。

　　一系列因果关系的事件也增加了延迟时间。Magnuson(1990)发现在水晶湖中水的混浊度与一种河鲈的数量关系密切(Parr and Lane,2000)。在河鲈数量增加到一定程度后,它们便会游到开阔水域,并以一种食藻类的微型浮游动物为食。浮游动物的减少,使得藻类捕食压力降低,藻类大量繁殖,从而降低水的透明度。这个过程往往需要 2~3 年的时间。每个过程(河鲈数量增加、捕食压力的增大、藻类的大量繁殖)皆需要一定时间,所以造成了时间上的延迟。

　　在空间上景观尺度的扩展,也会造成时间的延迟。研究的尺度越大,以上几个过程所需的时间越长,或者其过程就会越复杂。相应的生态过程和反应时间也会加长。长期生态研究在空间尺度的扩展可以从数平方公里的生态系统及景观水平到几十平方公里甚至几百平方公里的区域水平,一直到跨越洲、大陆的全球水平。也可包括不同的气候带,跨度从热带雨林、干旱草原到荒漠,类型从森林、农田、湖泊、河流到湿地及三角洲等。

在生态系统和景观生态水平上的长期生态研究,尺度的扩展十分必要。一个单独监测研究点的结果常常隐含于"不可见地点"(invisible place)的研究结果中,这样就会造成研究结果的不明确性,生态网络研究便提供了一个更大范围的空间尺度(Magnuson,1990)。长期生态研究在空间尺度上分为以下几个层次:小区(plot scale)、斑块(patch scale)、景观(landscape)、区域(region scale)、大陆(continent scale)及全球尺度(global scale)、尺度的研究也因不同的研究目的和内容而定。

在景观尺度上,比较不同景观的结构和功能时,会发现景观内的物质运移、有机体的运动、能量的流动有所不同。这些不同的特征也同样影响到物种的多样性,种群的分布及在时间上的动态和生物地球化学特征等方面。研究环境变化、污染物的迁移转化、土地利用、生物多样性等生态过程必须有足够的空间尺度才可行。而且比较不同生态系统,有时必须用同样的尺度进行研究,从而网络对比研究使空间尺度的扩展成为可能。长期生态研究要求不同监测点之间的协作及结果的比较,而且可以对其进行多尺度的分析。

2. 尺 度 转 换

当我们讨论景观的性质总是依赖于所观察的时间和空间尺度时,人们会问,是否可以从一个尺度上的性质外推到另一尺度呢?一般来说很困难。按 O'Neill 等(1986)的等级理论,属于某一尺度的系统过程和性质即受约于该尺度。每一尺度都有其约束体系和临界值。尺度外推必然超越这些约束体系和临界值。外推所获得的结论将很难理解。例如,如果用景观上森林斑块火灾干扰的性质,尺度上推(scaling up)至包括灌丛和草地斑块的整个景观上火灾干扰的性质,将很困难。景观上各种斑块对大的干扰反应不一样,火的干扰历史也不一样。同理,从整个景观的性质尺度下推(scaling down)来获得某些斑块的性质,也很困难。但 King(1991)认为,不同等级上的生态系统都是由低一等级的系统所构成,如斑块构成景观,景观又构成区域。不同等级之间存在着信息交流。这种信息交流就构成了等级之间的相互联系。这种联系也许能使尺度上推和尺度下推成为可能。

尺度转换(scaling)(或尺度推绎)关系到景观生态学的方方面面,同时也是普通生态学中的一个关键问题(Urban,2005)。尺度推绎的对象是景观格局与生态过程之间的跨尺度相互作用问题,这种相互作用经常表现为非线性和动态性的特点,对于理解和预测景观生态过程来说,仍然是一大挑战(Peters et al.,2007)。针对这一颇具挑战性的课题,众多学者在相关的理论方法上展开了有益探讨。赵文武等(2002)论述了尺度转换的 3 个关键问题,即尺度选择与信息提取、尺度域与特征尺度、尺度转换模型,并提出了相邻尺度和跨尺度推绎的一些思路。李双成和蔡运龙(2005)探讨了尺度研究需要解决的 10 个关键问题,具体包括:①空间异质性如何随尺度变化?②过程研究中速率变化如何随尺度改变?③优势或主导过程如何随尺度变化?④过程特性如何随尺度改变?⑤敏感性如何随尺度改变?⑥可预测性如何随尺度改变?⑦对于尺度转换,什么是简单聚合与解聚的充分条件?⑧干扰因素的尺度效应如何表达?⑨尺度转换能否跨越多个尺度或尺度域？⑩噪声成分是否随尺度发生变化？岳天祥和刘纪远（2003）专门从建模角度探讨时空尺度处理问题时指出，除需要运用微分几何学和等级理论等经典方法外，还需要引入格点生成法和网格计算等现代理论和技术手段。陈利顶等（2006b）提出了基于模式识别的格局-过程多尺度分析的研究框架。总之，由于尺度转换问题的复杂性，当前的研究只取得了非常初步的进展，仍然需要大量新的理论与方法的武装和深化。

2.3.3　格局、过程相互作用及其尺度依赖性

格局、过程（功能）和尺度是景观生态学研究中的核心内容。景观格局与生态过程之间存在着紧密联系，这是景观生态学的基本理论前提（Gustafson，1998）。在理论认识上，"过程产生格局，格局作用于过程，格局与过程的相互作用具有尺度依赖性"，在以往的景观生态学研究中几乎被认为是一个公理。但事实上，格局与过程的关系及其尺度变异性的表现跟景观本身一样复杂。特定的景观空间格局并不必然地与某些特定的生态过程相关联，而且即便相关也未必是双向的互作。在这一问题上，Li 和 Wu（2004）分 3 种情形展开了精彩的论述。这 3 种情形包括格局与过程的单向关联、非空间生态过程、格局和过程变化节律不同并且不在相同的空间尺度域内。在这些情形下，景观格局与生态过程之间便不存在互为因果或相互依赖的关系。可见，格局与过程的关系在某个确定的尺度上是一对多的关系（如同一个森林景观可以同时对应着生物生产过程、土壤和养分流失过程、物种的迁入迁出，而景观格局对于这些不同的过程可能具有不同的功能含义），而在不同尺度之间格局与过程的关联将会更加复杂。因此，格局-过程原理需要具体问题具体分析，以明确其关联的性质及其尺度依赖性特征。现实景观中，格局与过程是不可分割的客观存在。只是为了使问题简化，在研究中有的侧重景观格局及其动态的分析，有的则侧重生态过程的深入探讨。实际上，景观格局和生态过程之间具有多种多样的相互影响和作用，忽略任何一方，都不能达到对景观特性的全面理解和准确把握（吕一河等，2007）。

某一时空尺度上的过程与另一尺度上的过程之间相互作用导致具有阈限效应的非线性动态，这是格局过程相互作用尺度依赖性的理论根源。Peters 等（2007）提出了关于格局过程相互作用及其尺度依赖性的综合分析框架（图 2-7、图 2-8）。在图 2-7 的框架下，实线箭头表示 3 个不同尺度阈内格局过程反馈关系，并辅以一个示例；环境驱动因子或干扰，如斑块尺度干扰对应于气候变化，对不同尺度上的格局过程关系会产生直接影响；在小尺度上改变了的反馈关系会引发较大尺度反馈关系的改变；较大尺度上的改变也会影响小尺度上的格局过程关系。

图 2-8 将格局过程关系及其尺度关联进一步概括，并用具体实例予以说明。中尺度空间异质性和传输过程（transfer process）被作为关注的核心，提供大尺度和小尺度格局过程相互作用的纽带。环境驱动因子能够影响每一个尺度阈。格局过程相互作用及其尺度依赖性的基本原理对于景观模型的发展具有重要指导意义。例如，复杂景观中空间格局与水文过程的模拟就需要考虑流域（集水区）、景观单元、地形单元、土壤-植被单元和土壤剖面的等级镶嵌的多尺度框架（Güntner and Bronstert，2004）。

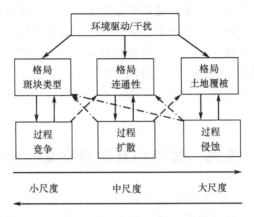

图 2-7 格局过程相互作用及其跨尺度关联

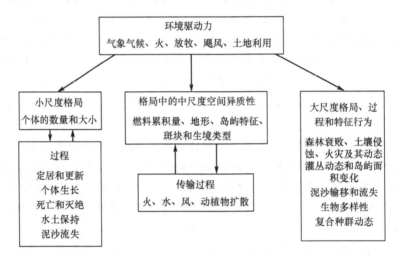

图 2-8 格局、过程和尺度关系的概括性框架

格局过程相互作用及其尺度依赖性原理已经得到了实验研究的验证和支持。例如，美国新墨西哥州南部半干旱山麓冲积平原植被格局与水文过程关系的研究（Wainwright et al.，2002）和澳大利亚西南部森林景观多尺度格局过程关系的研究（Hobbs and Cramer，2003）。Wainwright 等（2002）的研究表明，半干旱荒漠景观中植被格局与水文过程之间的相互作用表现为降水驱动下的非线性动态过程，沟蚀区与沉积区交错分布构成空间离散化格局，侵蚀区和沉积区有着不同而相互关联的养分过程和生理生态过程，总体动态有大致 30 年的周期。Hobbs 和 Cramer（2003）的综合分析表明，森林景观中小尺度植被和土壤表层的结构对水的拦截和滞留促进水分的局地入渗和利用；立地尺度的景观格局特征对水分和养分的截留和利用、生物多样性的维持、生态系统的长期恢复能力等有重要的功能含义；景观尺度植被的总体格局与土壤和地形的梯度变化相关，在干扰、物种分布、物理化学变化过程的驱动下形成的小尺度斑块综合体镶嵌其中。格局过程多尺度复杂相互作用决定了景观的时空动态、稳定性、恢复力和生态功能。格局、过程、尺度及其相互关系作为景观生态学的核心已毋庸置疑，然而，格局过程相互作用及其尺度依赖性中蕴含着相当的复杂性和不确定性，景观生态学的未

来发展也因此而面临着众多机遇和挑战。其中景观格局与生态过程的多尺度、多维度耦合研究便是一个蕴含机遇又颇具挑战性的重要领域。

参 考 文 献

陈利顶，傅伯杰，徐建英，等. 2003. 基于"源-汇"生态过程的景观格局识别方法：景观空间负荷对比指数. 生态学报，23（11）：2406-2413

陈利顶，傅伯杰，赵文武. 2006a. "源""汇"景观理论及其生态学意义. 生态学报，26（5）：1444-1449

陈利顶，吕一河，傅伯杰，等. 2006b. 基于模式识别的景观格局分析与尺度转换研究框架. 生态学报，26（3）：663-670

傅伯杰，刘世梁. 2002. 长期生态研究中的若干问题与趋势. 应用生态学报，13（4）：476-480

傅伯杰，陈利顶，王军，等. 2003. 土地利用结构与生态过程. 第四纪研究，23（3）：247-255

傅伯杰，吕一河，陈利顶，等. 2008. 国际景观生态学研究新进展. 生态学报，28（2）：798-804

龚兆先，邓毅. 2008. 城市景观生态空间分异与建筑生态的设计优化. 广州大学学报（自然科学版），7（6）：76-80

李哈滨，Franklin J. F. 1988. 景观生态学——生态学领域里的新概念构架. 生态学进展，5（1）：23-33

李双成，蔡运龙. 2005. 地理尺度转换若干问题的初步探讨. 地理研究，24（1）：11-18

李秀珍，布仁仓，常禹，等. 2004. 景观格局指标对不同景观格局的反应. 生态学报，24（1）：123-134

吕一河，陈利顶，傅伯杰. 2007. 景观格局与生态过程的耦合途径分析. 地理科学进展，26（3）：1-10

景贵和. 1990. 景观生态学. 见：马世骏. 现代生态学透视. 北京：科学出版社：71-86

潘树荣，伍光和，等. 1985. 自然地理学. 北京：高等教育出版社：366-386

孙然好，陈利顶，张百平，等. 2009. 山地景观垂直分异研究进展. 应用生态学报，20（7）：1617-1624

邬建国. 2000. 景观生态学——概念与理论. 生态学杂志，19（1）：42-52

邬建国. 1990. 自然保护区学说与麦克阿瑟—威尔逊理论. 生态学报，10（2）：187-191

肖笃宁. 1991. 景观生态学理论、方法及应用. 北京：中国林业出版社：6-25

许桂灵，司徒尚纪. 2004. 广东华侨文化景观及其地域分异. 地理研究，23（3）：411-421

叶万辉，刘正恩，关文彬，等. 1995. Metapopulation 的概念及其在植物种群生态学中的应用—（Ⅰ）Metapopulation 的概念的理解和辨析. 生态学杂志，14（5）：75-78

岳天祥，刘纪远. 2003. 生态地理建模中的多尺度问题. 第四纪研究，23（3）：256-261

张明阳，王克林，刘会玉等. 2008. 喀斯特区域景观空间格局随高程的分异特征. 生态学杂志，27（7）：1156-1160

赵文武，傅伯杰，陈利顶. 2002. 尺度推绎研究中的几点基本问题. 地球科学进展，17（6）：905-911

赵文武，傅伯杰，陈利顶. 2003. 景观格局指数的力度变化效应. 第四纪研究，23（3）：326-333

Allen T F H，Starr T B. 1982. Hierarchy：Perspectives for Ecological Diversity. Chicago：University of Chicago Press

Baguette M，Mennechez G. 2004. Resource and habitat patches，landscape ecology and metapopulation biology：a consensual viewpoint. Oikos，106（2）：399-403

Bastian O. 2001. Landscape ecology- towards a unified discipline? Landscape Ecology，16（8）：757-766

Brown J H，Lomolino M V. 2000. Concluding remarks：historical perspective and the future of island biogeography theory. Global Ecology and Biogeography，9（1）：87-92

Burrough P A. 1983. Multiscale sources of spatial variation in soil：I. Application of fractal concept to nested levels of soil variations. Journal of Soil Sciences，34：577-597

Coffin D P，Lauenroth W K. 1990. A gap dynamics simulation modes of succession in semiarid grassland. Ecol. Model，49：229-266

Diamond J M. 1975. The island dilemma：lessons of biographic studies for the design of natural reserves. Biological Conservation，7：128-146

Dungan J L，Perry J N，Dale M R T，2002. A balanced view of scale in spatial statistical analysis. Ecography，25（5）：626-640

Farina A. 1998. Principles and Methods in Landscape Ecology. London: Chapman & Hall

Fattorini S. 2009. On the general dynamic model of oceanic island biogeography. Journal of Biogeography, 36 (6): 1100-1110

Ferrari J R, Lookingbill T R, Neel M C. 2007. Two measures of landscape-graph connectivity: assessment across gradients in area and configuration. Landscape Ecology, 22 (9): 1315-1323

Forman R T T. 1995. Some general principles of landscape ecology. Landscape Ecology, 10 (3): 133-142

Fu B J, Lü Y H, Chen L D. 2008. Expanding the bridging capability of landscape ecology. Landscape ecology, 23 (4): 375, 376

Gardner R H, O'Neill R V, Turner M G, et al. 1992. Quantifying scale-dependent effects of animal movements with simple percolation models. Landscape Ecology, 10 (3): 217-227

Gergel S E. 2005. Spatial and non-spatial factors: when do they affect landscape indicators of watershed loading? Landscape Ecology, 20 (2): 177-189

Gilpin M E. 1987. Spatial structure and population viability. In: Soule M E. Viable Pobulations for Conservation. Cambridge: Cambridge University Press: 125-139

Givnish T J, Volin J C, Owen V D, et al. 2008. Vegetation differentiation in the patterned landscape of the central Everglades: importance of local and landscape driver. Global Ecology and Biogeography, 17 (3): 384-402

Güntner A, Bronstert A. 2004. Representation of landscape variability and lateral redistribution processes for large-scale hydrological modelling in semi-arid areas. Journal of Hydrology, 297 (1-4): 136-161

Grene M. 1987. Hierarchies in biology. American Scientist, 75: 504-510

Gustafson E J. 1998. Quantifying landscape spatial pattern: what is the state of the art? Ecosystems, 1: 143-156

Haber W. 2004. Landscape ecology as a bridge from ecosystems to human ecology. Ecological Research, 19: 99-106

Haila Y. 2002. A conceptual genealogy of fragmentation research: from island biogeography to landscape ecology. Ecological Applications, 12 : 321-334

Hanski I. 2001. Spatially realistic theory of metapopulation ecology. Naturwissenschaften, 88: 372-381

Hanski I. 1991. Single-species metapopulation dynamics: coneepts. models and observations. Bidogical Journal of the Linnean Society, 42: 17-38

Harrison S. 1991. Local extinction in a metapopulation dynamics. Biological Journal of The Linnaean Society, 42: 73-88

Heaney L R. 2000. Dynamic disequilibrium: a long-term, large-scale perspective on the equilibrium model of island biogeography. Global Ecology and Biogeography, 9 (1): 59-74

Heaney L R. 2007. Is a new paradigm emerging for oceanic island biogeography? Journal of Biogeography, 34 (5): 753-757

Hobbs R J, Cramer V A. 2003. Natural ecosystems: pattern and process in relation to local and landscape diversity in southwestern Australian woodlands. Plant and Soil, 257 (2): 371-378

Jim C Y. 2004. Spatial differentiation and landscape-ecological assessment of heritage trees in urban Guangzhou (China). Landscape and Urban Planning, 69 (1): 51-68

Kalmar A, Currie D J. 2005. A global model of island biogeography. Global Eecology and Biogeography, 15 (1): 72-81

Kent M. 2007. Biogeography and landscape ecology. Progress in Physical Geography, 31 (3): 345-355

King A W. 1991. Translating models across scales in the landscape. In: Turner M G, Gardner R H. Quantitative Methods in Landscape Ecology. New York: Springer-Verlag: 479-518

Koestler A. 1967. The Ghost in the Machine. New York: Macmillan

Li C, Hans H, Barclay H, et al. 2008. Comparison of spatially explicit forest landscape fire disturbance models. Forest Ecology and Management, 254 (3): 499-510

Li H, Wu J. 2004. Use and misuse of landscape indices. Landscape Ecology, 19: 389-399

Likens G E. 1983. A priority for ecological research. Bulletin of the Ecological Society of America, 64: 234-243

Likens G E. 1985. An experimental approach for the study of ecosystems. The fifth Tansley Lecture. J Anim Eco, 73: 381-396

MacArthur R H, Wilson E O. 1963. An equilibrium theory of insular zoogeography. Evolution, 17: 373-387

MacArthur R H, Wilson E O. 1967. The Theory of Island Biogeography. Princeton: Princeton University Press

Magnuson J J. 1990. Long-term ecological rosearch and the invisible present: uncovering the processes hidden because they occur slowly or because effects lay years behind causes. BioScience, 40 (7): 495-501

Meentemeyer V, Box E O. 1987. Scale effects in landscape studies. In: Turner M G. Landscape Heterogeneity and Disturbance. New York: Springer-Verlag: 15-34

Milne B T, Johnston K, Forman R T T. 1989. Scale-dependent proximity of wildlife habitat in a spatially-neutral Bayesian model. Landscape Ecology, 2: 101-110

Musick H B, Grover H D. 1991. Image texture measures as indices of landscape pattern. In: Turner M G, Gardner R H. Quantitative methodsin landscape ecology: the analysis and interpretation of landscape heterogeneity. New York: Springer-Verlag: 77-105

Oliveira de Filho F J B, Metzger J P. 2006. Thresholds in landscape structure for three common deforestation patterns in the Brazilian Amazon. Landscape Ecology, 21 (7): 1061-1073

O'Neill R V, Deangelis D L, waide J B, et al. 1986. A Hierarchical Concept of Ecosystems. Princeton: Princeton University Press

O'Neill R V, Krummel J R, Gardner R H, et al. 1988. Indices of landscape pattern. Landscape Ecology, 1: 153-162

Overton W S. 1972. Toward a general model structure for a forest ecosystem. In: Franklin J E. Proceedings of the Symposium on Research on Coniferous Forest Ecosystems Northwest Forest Range Station, U. S. Forest service, Portland, Oregon, U. S. A

Parr T W, Lane A M. 2000. United kingdom long term ecological research. The International Long Term Ecology Research Network, U. S LTER Network office: 60-65

Pease K M, Freedman A H, Pollinger J P, et al. 2009. Landscape genetics of California mule deer (Odocoileus hemionus): the roles of ecological and historical factors in generating differentiation. Molecular Ecology, 18 (9): 1848-1862

Peters D P C, Bestelmeyer B T, Turner M G. 2007. Cross-scale interactions and changing pattern-process relationships: consequences for system dynamics. Ecosystems, 10: 790-796

Pulliam H R. 1988. Sources, Sinks and population regulation. American Naturalist, 132 (5): 652-661

Simon H A. 1962. The architecture of complexity. Proceedings of American Philosophy Society, 106: 467-482

Stauffer D. 1985. Introduction of Percolation Theory. London: Taylor and Francis

Tischendorf L. 2001. Can landscape indices predict ecological processes consistently? Landscape Ecology, 16 (3): 235-254

Tsiripidis I, Bergmeier E. 2007. Geographical and ecological differentiation in Greek Fagus forest vegetation Dimopoulos P (Dimopoulos, Panayotis). Jounal of Vegetation Science, 18 (5): 743-750

Turner M G, Dale V H. 1991. Modeling landscape disturbance. In: Turner M G, Gardner R H. Quantitative Methods in Landscape Ecology. New York: Springer-Verlag

Turner M G. 1987. Landscape Ecology: the Effect of Pattern on Process. New York: Springer-Verlag

Urban D L, O'Neill R V, Shugart H H Jr. 1987. Landscape ecology: a hierarchical perspective can help scientists understand spatial patterns. Bioscience, 37 (2): 119-127

Urban D L. 2005. Modeling ecological processes across scales. Ecology, 86 (8): 1996-2006

Wainwright J, Parsons A J, Schlesinger W H, et al. 2002. Hydrology-vegetation interactions in areas of discontinuous flow on a semi-arid bajada, Southern New Mexico. Journal of Arid Environments, 51 (3): 319-338

Weinberg G M. 1975. An Introduction to General Systems Thinking. New York: John Wiley and Sons

Wessman C A. 1992. Spatial scales and global change: bridging the gap from plots to GCM grid cells. Annual Review of Ecology and Systematics, 23: 175-200

Wiens J A. 1989. Spatial scaling in ecology. Functional Ecology, 3: 385-397

Ziff R. 1986. Test of scaling exponents for percolation-cluster perimeters. Physical Review Letters, 56: 545-548

Zonneveld I S. 1989. The land unit- a fundamental concept in landscape ecology, and its applications. Landscape Ecology, 3 (2): 67-86

第3章 景观格局与分析

景观生态学主要研究景观的 3 个特征（Forman and Godron，1986）：①格局——不同生态系统或景观单元的空间关系，即与生态系统的大小、形状、数量、类型及空间配置相关的能量、物质和物种的分布；②功能——景观单元之间的相互作用，即生态系统组分间的能量流动、物质循环和物种流；③动态——斑块镶嵌结构与功能随时间的变化。其中景观格局是功能的支体，是景观生态学的基础研究内容。景观格局作为景观生态学的一个重要概念，其研究在生态学文献中占有很大比例（傅伯杰，1995；Turner and Gardner，1991）。

虽然不同学者对景观生态学的理解并不完全一致，但都强调了空间格局的重要性。例如，景观生态学关注较大空间尺度的空间格局及其生态效应（Turner，1989），研究斑块空间镶嵌格局对一系列生态学现象的影响（Wiens et al.，1993）。景观生态学促进了空间关系模型和理论的发展，新型空间格局和动态数据的收集，以及其他生态学领域很少涉及的空间尺度的检验（Pickett，1985）等。景观生态学的一些新思想、新理论和新方法，如等级结构（hierarchical structure）、尺度效应（scale effect）、时空异质性（spatial and temporal heterogeneity）、干扰（disturbance）的作用以及人类活动（human activity）的影响等，均与景观格局密切相关（Turner and Gardner，1991；伍业钢和李哈滨，1992）。

本章在简述景观发育历史的基础上，着重介绍景观要素特征（斑块、廊道、基质、附加结构）、景观整体的格局特征（斑块-廊道-基质模式、景观对比度、景观粒径、景观多样性、景观异质性）、它们的空间镶嵌形式与效应（生态交错带、生态网络、边缘效应、景观连通性），以及景观格局指数与模型。

3.1 景 观 发 育

所有景观都有其独特的发育历史。影响因素分为生物和非生物两个方面，主要包括生物的相互作用、非生物环境（地貌，气候和土壤等）的变异、人类定居和土地利用的历史与现状、自然干扰的频率和植被演替以及某些动植物对景观的改变和控制等（Turner，1998）。

不同的气候、地形和土壤条件，以及适宜不同生境的动植物形成了景观的镶嵌结构。古生态学（paleoecology）通过对景观地质历史的研究，分析动植物对环境演变的响应，从而了解现代景观格局的形成，并从中获得信息来预测未来的景观变化。

现在，地球上已经很难找到未受人类影响的景观。人类活动主要从 5 个方面影响景观格局（Forman and Godron，1986）：

（1）通过管理，改变景观中一些植物的优势度和多样性，如森林经营；

（2）扩大或缩小一些动植物物种的分布区，如作物和园林植物的引种；

（3）人类活动对景观格局的改变，为杂草入侵提供了机会，如外来有害生物扩散；

（4）改变土壤的物理、化学和生物特性，如农田施肥；

（5）人类定居和土地利用改变了景观镶嵌格局，如城市化过程。

动植物，尤其是动物对景观格局的形成具有重要影响。动物在特定景观中定居有三个特点：①动物，特别是迁徙动物，比植物定居速度快得多；②动物对环境变化的响应速度更快，关系更为密切；③动物定居后与其他植物和环境形成一种复杂的联系。例如，一些以植物果实为食的鸟类，作为植物的主要传播途径之一，影响景观格局。

自然干扰与气候、地貌、动植物定居、土壤以及人类干扰一样是景观格局形成的重要原因之一。周期性的火灾、水灾、虫灾、风灾等，一旦发生，将对景观结构产生重大改变，如火灾后森林类型会改变，水灾过后河流会改道。

景观格局的形成是上述各种因素共同作用的结果，其中，人类活动的影响越来越广泛和深刻，成为未来景观发育最重要的影响因素，值得景观生态学家重点关注。

3.2 景 观 要 素

景观要素主要包括常见的景观斑块、廊道、基质，以及偶见的附加结构。

3.2.1 斑　　块

由于研究对象、目的和方法的不同，生态学家对斑块（patch）的定义亦不相同。比较有代表性的斑块定义有以下几个。

（1）Levin 和 Paine（1974）："一个均质背景中具有边界的连续体的非连续性"。

（2）Wiens（1976）："一块与周围环境在性质上或外观上不同的表面积"。

（3）Roughgarden（1977）："环境中生物或资源多度较高的部分"。

（4）Pickett（1985）："斑块意味着相对离散的空间格局"，其大小、内部均质性及离散程度不同。

（5）Forman 和 Godron（1986）："外观上不同于周围环境的非线性地表区域，它具有同质性"，是构成景观的基本结构和功能单元。强调了小面积的空间概念。

（6）Pringle 等（1988）："由所研究的生物和研究问题而决定的空间单位"。

（7）Kotliar 和 Wiens（1990）："与周围环境不同的表面积"。

（8）Antolin 和 Addicott（1991）："资源的任何分割或异质性"。

（9）邬建国等（1992）："依赖于尺度的，与周围环境（基底）在性质上或者外观上不同的空间实体"。

实际上，所有定义都强调斑块的空间非连续性和内部均质性。广义上，斑块可以是有生命的和无生命的；而狭义的理解则认为，斑块是指动植物群落。由于不同斑块的起源和变化过程不同，它们的大小、形状、类型、异质性以及边界特征变化较大，因而对物质、能量和物种分布和流动产生不同的作用。将斑块定义为一种可直接感观的空间实体便于实际测量，利于比较研究。下面我们着重介绍斑块的起源、大小和形状。

1. 斑 块 起 源

影响斑块起源的主要因素包括环境异质性（environmental heterogeneity）、自然干扰（natural disturbance）和人类活动（human activity）。根据起源可以将其分为以下几类。

1）环境资源斑块

环境异质性导致环境资源斑块产生。环境资源斑块相当稳定，与干扰无关。例如，裸露山脊上的石南荒原、石灰岩地区的低湿地、沙漠上的绿洲以及山谷内聚集的传粉昆虫等，都属于环境资源斑块。环境资源斑块的起源是由于环境资源的空间异质性及镶嵌分布规律。由于环境资源分布的相对持久性，所以斑块也相对持久，周转速率相当低。在这些稳定的斑块内部也始终存在种群波动、迁入迁出和灭绝过程，但变化水平极低。物种变化对斑块上的群落和周围群落来说是正常现象，所以不存在松弛期和调解期。

2）干扰斑块

基质内的各种局部干扰都可形成干扰斑块。泥石流、雪崩、风暴、冰雹、食草动物大爆发、哺乳动物的践踏和其他许多自然变化都可能产生干扰斑块。人类活动也可产生干扰斑块。例如，森林采伐、草原烧荒及矿区开采等都是地球表面广泛分布的干扰斑块。

干扰斑块具有最高的周转率，持续时间最短，通常也是消失最快的斑块类型。但如果干扰长期持续，这类斑块也可长期存在。例如，一个重复放牧的牧场，演替过程不断重复进行或重新开始，斑块也能保持稳定并持续较长时间。

长期干扰斑块主要由人类活动引起，但有时长期的自然干扰也能够形成。例如，周期性洪水、大型哺乳动物践踏或野火，使斑块上的物种适应于干扰状态，与周围基质保持平衡。

3）残存斑块

残存斑块的成因与干扰斑块刚好相反，它是动植物群落受干扰后基质内的残留部分。植物残存斑块，如景观遭火烧时残存的植被斑块，免遭蝗虫危害的植被，都是残存斑块。动物残存斑块，如生活在温暖阳坡免遭严寒淘汰的鸟类，罕见严寒期生存下来的巢栖皮蝇群落，或逃避攻击性捕食动物侵袭的草食动物等。残存斑块和干扰斑块相似，两者都起源于自然干扰或人类干扰。它们的种群大小、迁入和灭绝等在初始剧烈变化，随后进入平稳演替阶段。当基质和斑块融为一体时，两者都会消失，都具有较高的周转率。

4）引进斑块

当人们把生物引进某一地区时，就产生了引进斑块。它与干扰斑块相似，小面积的干扰可产生这种斑块。在所有情况下，新引进的物种，无论是植物、动物或人等，都对斑块产生持续而重要的影响。

（1）种植斑块——农田、人工林、高尔夫球场等，都是在基质上形成的种植斑块。在种植斑块内，物种动态和斑块周转速率取决于人类的管理活动。如果不进行管理，那么基质的物种就会侵入斑块，并发生演替，同干扰斑块一样，最终也将消失。不同的是，引进物种（如在人工林中）可能长期占优势，延缓了演替过程。

（2）聚居地——人类聚居地是最明显而又普遍存在的景观组分之一，包括房屋、庭院、道路和毗邻的周边环境。聚居地由干扰形成，其干扰可能是局部的，也可能是全部清除自然生态系统，然后大兴土木，并引进新物种。由于人类活动随时间而变，聚居地生态系统一般是不稳定的。但是，往往会作为一种斑块而保持数年、数十年甚至数千年。

聚居地内的生态结构取决于替代自然生态系统的生物类型。聚居地生态系统包括 4 种不同类型的物种：人、引进的动植物、不慎引入的害虫和从异地移入的本地种。人是最重要的，他们不仅是巨大的消费者，而且是保持聚居地续存的长期干扰的实施者。现有的大多数植物种是人们引进供消费或用来装饰花园、庭院和公共场所的物种。某些植物可能是当地种，但人们更喜欢用各种不同的外来种装饰周围的环境。同样，他们也喜欢引进一些动物。人们一般比较喜欢家养动物和牲畜，如猫、牛和金丝鸟，而不喜欢本地的短尾猫、野牛和蝙蝠。然而，由于引进时的疏忽，聚居地生态系统也会富集一些有害动植物，如鼠类、跳蚤、白蚁、蟑螂、蟋蟀、豚草等，从而引起麻烦。

聚居地是高度人文化的斑块类型，其成功与否取决于管理水平和持久性。

2. 斑 块 面 积

最容易识别的斑块外貌特征是面积。大、小斑块之间差异明显，这种差异不仅包括物种，还包括物质和能量。

1）对物质和能量的影响

斑块内部和边缘的能量和养分存在差异，小斑块的边缘比例高于大斑块，加之其他因素的综合作用，常常引起二者单位面积上能量和养分含量的差异。

2）对物种的影响

（1）岛屿——斑块大小对物种数量、种类及变化的影响已经进行了广泛研究。物种多样性（species diversity）和岛屿面积之间呈曲线关系。小岛的物种初始增长较快，大岛的物种增长较慢，但较持久。山地岛屿的物种比同样大小的平原岛屿多；人类活动干扰较大的岛屿，其物种往往（并非总是如此）比未受人类干扰的岛屿少。

岛屿生物地理学（island biogeography）认为岛屿物种数量（物种多样性或丰度）与岛屿的面积、隔离程度和年龄 3 个因素密切相关（Rosenzweig，1995；Harris，1984）。

按照岛屿生物地理学的观点，岛屿的面积效应主要取决于生境多样性（habitat diversity）。在多数情况下，大岛屿具有更多的生境，因此可维持更多的物种生存。然而，在某种意义上，即便生境多样性没有区别，也会存在岛屿的面积效应，即通常会发现大岛屿的物种比小岛屿（或斑块）多一些。最后，决定岛屿物种多样性的主要因素之一是干扰的历史和现状。

物种多样性（S）是某些岛屿特征的函数（f），其重要性次序如下：

$$S = f(+ 生境多样性，- 干扰，+ 面积，- 隔离，+ 年龄)$$

式中，+表示与物种多样性呈正相关；-表示与物种多样性呈负相关（干扰一般为负相关，但有时为正相关）。

（2）陆地斑块——陆地景观中的斑块与水体环绕的岛屿明显不同，它属于生境岛屿（habitat island）。陆地斑块的平均周转率可能较高，而岛屿基本上是恒定的。陆地景观中斑块与基质之间的迁移也与水体不同，陆地景观基质的异质性通常较高，基质内有大量潜在的入侵物种，而且斑块不同侧面的基质内有明显的物种差异。景观基质可作为许多物种在斑块之间迁移的垫脚石（stepping stone），因此，景观中隔离（isolation）的重要性（岛屿生物地理学说的主要特征）有所降低。上述岛屿方程已不能对陆地斑块物种多样性的解释。因为，斑块的物种多样性还与景观的格局和过程相关。

景观中斑块的物种多样性格局与斑块特征的相关顺序如下（与上述岛屿格局相比）。

$$S = f(+ 生境多样性, -(+)干扰, +面积, +年龄,$$
$$+基质异质性, -隔离, -边界的不连续性)$$

此外，不同的物种（如林木、蘑菇、蝴蝶、食种子鸟、食虫鸟）对斑块面积都有不同的反应。

由此可见，在进行自然保护区设计时应考虑如何保持①较高的本地物种多样性；②稀有种和濒危种；③稳定的生态系统。自然保护区面积是要考虑的主要因素，而隔离、年龄、形状、干扰状况和其他因素一般都属次要因素（Forman and Godron，1986）。同时，景观的总体特征（不是单个斑块）可能是保护某些鸟类和自然保护区设置的关键特征。景观中，生态系统相互依存，生态系统的组合（而不是特定的景观要素）可能是许多自然保护区的适宜单元。

3. 斑 块 形 状

斑块形状同斑块面积一样重要，对于生物的扩散和觅食具有重要作用。例如，通过林地迁移的昆虫或脊椎动物，或飞越林地的鸟类，容易发现垂直于迁移方向的狭长形采伐迹地，却经常遗漏圆形采伐迹地。相反，它们也可能错过平行于迁移方向的狭长采伐迹地。因此，斑块的形状和走向对穿越景观扩散的动植物至关重要（傅伯杰和陈利顶，1996）。

1）圆形和扁长形斑块

圆形（或正方形）斑块与相同面积的矩形斑块相比具有较多的内部面积和较少的边缘，相同面积的狭长斑块则具有较少的内部面积和较多的边缘。由于斑块内部和边缘之间的动植物群落和种群特征不同，所以将这些特征同斑块内缘比（interior ratio）加以比较，就可以估计出斑块形状的影响。较高的内缘比可促进某些生态过程，而较低的内缘比可增强另外一些重要过程。形状效应主要取决于景观内斑块长轴的走向，因为它往往代表着某些景观流的走向。

2）环状斑块

环状生态系统的总边界较长，边缘带宽，内缘比低，与扁长斑块相似，而与圆形斑块不同，因此环状斑块内部种相对稀少。森林采伐可形成环状带，其结果是边缘带增加，内部种减少。

3）半岛

景观中最常见的斑块形状呈狭长状或凸状外延，称之为半岛（peninsula）。正方形或矩形斑块的角也可起到半岛的作用，可以将其看作是尖状廊道。它们可起到景观内物种迁移通路的作用，因而实际上可能是物种迁移的"漏斗"或"聚集器"。在半岛的顶端，动物路径密度较大，显示出漏斗效应。相反，半岛对其两侧斑块也起到一种屏障（barrier）作用。

4. 斑块镶嵌

斑块一般不是独立于景观之中。某些特定的斑块镶嵌结构在不同的景观中重复出现，不同类型的斑块之间存在着正的或负的组合规律，并且呈现随机、均匀或是聚集的格局。探索这些格局不仅有助于深入理解斑块的成因，还可以了解斑块间潜在的相互作用。

斑块镶嵌格局具有两个方面的作用：①如果一个斑块是火灾或害虫爆发的干扰源，那么当它被隔离时，干扰就可能不会进一步扩散。反之，如果相邻斑块与之类似，则干扰很容易扩散；②不同类型的斑块镶嵌在一起，就能够形成一种有效的屏障。不论某一特定的斑块是干扰源或是干扰的障碍，斑块的空间构型对干扰的扩散都有很重要的影响。

5. 斑块化与斑块动态

斑块是景观格局的基本组成单元。干扰、环境资源的异质性以及人为引进都可能产生生物斑块，最终形成斑块中多种多样的物种动态、稳定性和周转格局。如前所述，根据斑块的起源可区分出 5 种类型：环境资源斑块、干扰斑块、残存斑块、种植斑块和聚居地。环境资源斑块相对持久，其他类型斑块变化较大，其持续性取决于形成斑块的干扰是瞬时的还是长期的。

斑块化或缀块性（patchiness）普遍存在于各种生态系统的每一个时空尺度上。森林、农田、草地、湖泊等生态系统通常镶嵌形成景观，而每一景观内部又由大小、内容和持续时间不同的各种类型的斑块组成。甚至，海洋的物理特征在不同时空尺度上也明显斑块化（邬建国等，1992）。许多空间格局和生态过程都由斑块和斑块动态或缀块动态（patch dynamics）来决定。

斑块大小是影响单位面积生物量、生产力和养分储存，以及物种组成和多样性的主要变量。一个景观斑块的物种多样性主要取决于生境多样性和干扰状况。斑块形状在景观中也具有重要意义，特别是在考虑边缘效应的结果时更是如此。

斑块化强调了生物和非生物实体的空间分布格局及其变化，同时认识到时间维和空间维的相互作用以及时间维对空间斑块化形成的重要性。斑块动态观点强调生态系统的空间异质性、非平衡性（nonequilibrium）、等级结构（hierarchy）以及尺度依赖性（scale-dependence）。显然，斑块化概念与空间异质性概念密切相关。

1）斑块化机制

斑块化是指斑块的空间格局及其变异。通常表现在斑块大小、内容、密度、多样性、排列状况、结构和边界特征等方面。资源分布的斑块化与生物分布的斑块化常常交织在一起。对比度（contrast）是斑块之间以及斑块与基质之间的差异程度。空间异质性（spatial heterogeneity）则是通过斑块化、对比度以及梯度变化所表现出来的空间变异性。因此，空间异质性是较斑块化更为广义的概念。

生物感知（organism-sensed）并产生反应的斑块化与人所感知的可能完全不同。不同物种或同一物种的不同个体对同一斑块环境的反应也可能不同。下面的两个概念有助于理解和研究生物对斑块化的反应。

（1）最小斑块化尺度（smallest patchiness scale）：生物个体能够反映出的环境斑块的最小空间尺度。这一概念与"粒度"（grain）完全相同。

（2）最大斑块化尺度（largest patchiness scale）：生物个体能够反映出的环境斑块化的最大空间尺度。它与"幅度"（extent）意义等同。

斑块动态是指斑块内部变化和斑块间相互作用导致的空间格局及其变异随时间的变化。主要研究斑块的空间格局及其形成、演化与消亡机制，它强调时空异质性、非平衡特征以及等级结构特征（邬建国等，1992）。斑块动态研究强调空间格局与生态过程在不同尺度上的偶联，提供了促进陆地生态学与海洋生态学以及微观生态学与宏观生态学相结合的概念构架。

斑块化产生的原因和机制极为复杂，可大致分为物理的和生物的，或内部的和外源的。Wiens（1976）将其归纳为5类：①局部性随机干扰（如火、土壤侵蚀、风倒）；②捕食作用；③选择性草食作用；④植被的空间格局；⑤以上诸类的不同组合。其中，植被的空间格局可由气候条件、土壤条件、生物相互作用等因素决定。Roughgarden（1977）也曾列举了5种斑块化机制：①资源分布；②生物聚集行为；③竞争；④反应-扩散过程；⑤繁殖体或个体散布（dispersal）。Forman和Godron（1986）从景观生态学角度把斑块分为5类，并认为其分别代表着5类机制，即①点干扰斑块（spot disturbance patch）；②残留斑块（remnant patch）；③环境资源斑块；④人为引进斑块（introduced patch）；⑤暂时性斑块（ephemeral patch）。这5种机制实际上可以归并为3类，即①自然干扰；②人为干扰；③环境的时空异质性。邬建国等（1992）认为自然界的斑块化可分为物理斑块化（或非生物的环境斑块化）和生物斑块化。在大多数情形二者交织在一起。生物斑块化可进一步分为生产者水平斑块化或植被斑块化和消费者水平斑块化。

2）斑块化的特点

斑块化具有以下特点（邬建国等，1992）。

（1）斑块的可感知特征。斑块的可感知特征包括大小、形状、内容、持续时间以及结构和边界特征。一片森林，一个湖泊，一块农田都可以是某一特定景观中的斑块，而林窗或浮游植物种群聚集体则是不同群落内部的斑块。这些斑块在可感知特征方面的差异是显而易见的。斑块边界是由对比度和斑块间过渡带特征决定的。

（2）斑块的内部结构。斑块的内部结构具有明显的时空等级性，大尺度上的斑块是小尺度上斑块的镶嵌体。在全球尺度上，整个地球可以视为由海洋、陆地和岛屿组成的

"斑块"，而它们又由更小的斑块（如生物群落）组成。斑块化存在于陆地和海洋系统的各个时空尺度上，生态学家所研究的对象无非是各类斑块等级系统。

（3）斑块的相对均质性。斑块的异质性是绝对的，均质性是相对的。当我们研究大尺度现象时，往往把小尺度斑块看作是相对均质的，这样可以降低所研究系统的复杂性。

（4）斑块的动态特征。虽然我们可以通过描述和分析斑块化的静态空间特征来说明某些生态学现象，但随时间不断变化是斑块及斑块化的最基本特征之一。

（5）斑块化的尺度和生物依赖性。斑块化的特征依赖于观察尺度以及所研究的生物。大尺度观察会忽视小尺度上的斑块化，而小尺度观察则不易测得大尺度斑块化。不同的生物对斑块环境可能有全然不同的反应。例如，鸟、鹿、地鼠、甲虫、鱼和浮游动物对斑块化的感知尺度及反应存在明显差异。

（6）斑块等级系统（patch hierarchy）。对于任何物种，在其最小斑块化尺度和最大斑块化尺度之间的所有尺度上，所有斑块构成了该物种的斑块等级系统。一般而言，某一等级水平上斑块的功能在高一级水平上体现出来，而其内部结构和动态机制则在下一级水平上揭示。斑块等级系统的结构水平可以通过观察来定性确定（如树叶→枝，干→单木→种群→森林），也可以通过模型方法来定量划分（如采用某种描述斑块化程度的统计量随尺度变化的关系）。

（7）等级间的相互作用。在斑块等级系统中，两个等级之间的相互作用强度随二者间隔的等级数目的增加而减弱。

（8）斑块敏感性（patch sensitivity）。生物只在其特定的斑块等级系统内才可能表现出对斑块敏感的行为特征，而对其斑块等级系统以外时空尺度上的斑块化的相关性较弱。

（9）斑块等级系统中的核心水平。核心等级水平是指最能集中体现研究对象或过程特征的等级水平，相应的时空尺度称为核心尺度（focal scale）。例如，研究能量流动和物质循环的核心等级水平往往是生态系统，而研究复合种群动态（metapopulation dynamics）的核心水平是景观。一般而言，研究斑块动态机制及生态学效应至少考虑包括核心水平在内的 3 个相邻等级水平。

（10）斑块化原因和机制的尺度依赖性。斑块化的原因和机制在不同尺度上具有不同的特点。与斑块等级系统平行，也存在着原因和机制等级系统。下面是一个简单的例子（表 3-1）。

表 3-1　斑块化原因和机制的尺度依赖性（邬建国等，1992）

尺度	斑块化	原因	机制
大	浮游生物斑块化分布	物理传输过程	流体力学
小	虾的空间分布	浮游植物的局部斑块化	个体行为生态学

3）斑块化的生态与进化效应

自然界各种等级系统都普遍存在时间和空间的斑块化。它反映了系统内部或系统间的时空异质性，影响着生态过程。不同斑块的大小、形状、边界性质以及斑块间的距离等空间分布特征形成了斑块化的差异，并控制着生态过程的速率。

在较大的时空尺度上，生物和非生物斑块的长期共同演化，反映出斑块化的进化效应。空间异质性和环境变异促使生物不断面临生存选择。各种生物的生活史、分布策略、基因变异以及表型可塑性（phenoplasticity）等的差异即是这种演化的结果，也是生物斑块化的表征（伍业钢等，1992）。斑块化及其生态和进化效应成为景观生态学研究的重要课题之一。

斑块具有重要的时空尺度性质，斑块边界同样离不开时空尺度而独立存在。一般来说，斑块间是异质的，它们的边界有时清晰（或者说在某一时空尺度上是清晰的），但更多的时候是模糊或过渡性的（尤其在较小的时空尺度上更是如此）。斑块边界实质上是斑块间变化率较高的部分。边界包括结构边界和功能边界。

（1）斑块化与种群动态。斑块化具有重要的生态学意义，其显著效应之一就是导致复合种群的形成。随着生境的破碎化（fragmentation），种群在空间分布趋于“岛屿化”。复合种群是同种的局域种群（local population）在不同斑块上分布的总和，即种群之“种群”（a population of populations）。它是生境斑块化程度和种群迁移或扩散速率的函数。种群在空间的分布形式和存亡也取决于这种函数关系。局部种群的大小和斑块“年龄”影响复合种群动态（metapopulation dynamics）。

复合种群对生境破碎化的反应存在两种相反的作用：首先，由于生境的斑块化，每一斑块上的种群可能由于个体数目太少而丧失基因的变异性，加剧种群灭绝（extinction）的危险；其次，由于斑块化往往产生亚种群（subpopulation）。当一个复合种群面临毁灭性灾难时，这种斑块化也许能为某些亚种群提供庇护所，从而有利于最终保存该种群。斑块化到底怎样影响复合种群的存亡，尚有许多问题有待于研究。

（2）斑块化的资源空间分布。生物生存在很大程度上取决于资源的时空分布格局。资源的斑块化决定了资源的可利用程度，并控制着生物对资源的利用方式。资源斑块化的重要性表现在：第一，资源的有效程度和分布格局对生物个体能量平衡的影响；第二，物种与斑块化的相互作用促使斑块分化成为不同类型的生境；第三，斑块化程度在不同时空尺度的阈值作用（伍业钢等，1992）。

资源有效程度高时，其空间分布格局并不重要；但是当资源有效程度低于某一限度时，其空间格局的重要性依资源的有效程度降低而明显提高。这种空间斑块化的重要性又体现在生物个体摄取资源所消耗的能量的大小上。不同空间斑块化对生物个体的能量收支平衡产生重要影响。资源斑块化的作用还因物种对资源摄取方式的不同而异。显然，如果某种生物要花费相当大的能量在某一斑块空间上摄取资源，那么该资源斑块迟早会失去作为该种群生境的作用。由于不同种群对资源分布格局有各自的利用方式，不同斑块化也就分化成为特有种群的生境。这种生境特化程度的高低也取决于斑块化程度，表现出斑块化与生物的协同进化作用。

另外，生态学家还在探讨斑块化与生物个体的相互作用过程中是否存在着一种阈限效应，即斑块化程度超过某一阈值时，资源的有效程度将大幅度变化。生物需要付出比收入大得多的能量来获取资源，那么将导致某些个体无法对该资源再行利用，进而大量个体死亡或群体迁移。研究表明，在一个景观上，较大面积斑块的解体将影响动物对该景观资源的利用。当斑块解体至某一阈值时，将导致大量动物个体的死亡，这证明了斑块化阈限的存在及其重要意义。但这方面的研究尚待深入，如什么样的时空斑块化具有阈限效应，在何种时空尺度上阈限效应对某个种群具有意义，这些都是当前景观生态学家所感兴趣的问题（伍业钢等，1992）。

（3）斑块化与干扰。干扰是时空斑块化形成的主要原因之一，它影响资源的空间分布。另一方面，斑块化又直接控制干扰的扩散。景观生态学近来非常重视在景观水平上研究干扰和异质景观的相互作用过程（伍业钢等，1992）。干扰与斑块化的研究主要涉及以下3个问题：① 景观斑块和干扰过程是怎样相互作用的？② 斑块的大小、形状、边界结构和斑块间的距离如何影响干扰过程？③ 是否存在一个与某一干扰强度和频度相对应的景观斑块化的亚稳态（metastability）？

斑块化和干扰过程的相互作用是复杂的。一般认为，斑块的大小、形状、边界结构和斑块间的距离影响干扰过程。其实，这种影响也因干扰因素而异。例如，一般情况下，不同年龄的林分斑块对火的扩散有阻滞作用，幼龄林和成熟林的镶嵌结构、斑块大小、形状、边界及斑块间距离都直接影响火的行为。但是，1988 年美国黄石公园的大火，由于极端干燥气候的影响，这种异龄林斑块化的作用极不明显，大火几乎烧毁各年龄的林木。从历史上看，斑块化的形成，也是干扰作用的结果。不同地形影响下火干扰所形成的异龄林的斑块化即是例证。用 Weibull 函数描述林火的周期性分布时，不同地区或不同地质年代火的周期性具有不同的时空分布规律，这种周期性明显与火烧面积、火烧频率和不同年龄林木的斑块化有关。火周期为 26～113 年时，产生的是小于 200 年的不同龄林的镶嵌格局，而火周期为 434 年时，则产生大于 1000 年的不同龄林的斑块镶嵌（伍业钢等，1992）。因此，空间斑块化可能存在着一个与之对应的干扰类型。由于不同斑块化对干扰类型的反作用，也许构成了某一干扰类型与斑块化的共存机制。这种在较大空间尺度上所形成的不同斑块化或许是一种亚稳态，即不同干扰类型所对应的不同斑块化所形成的镶嵌复合系统。这种亚稳态也许能解释空间斑块化与干扰过程相互作用的机理。

（4）斑块化与人类影响。人类活动导致自然景观趋于斑块化。只有了解了人类影响产生什么样的斑块化以及与自然景观的斑块化有何异同，人们才能从中找到阐释当前人类所共同面临的环境压力的答案。

首先，应该认识到人类的影响无处不在，且在各种尺度上施加影响。但是，以往的研究更多注重于小尺度上的影响，如森林砍伐和水污染等。其实，人类影响在大尺度上或全球尺度上的效应是任何其他生物所无法比拟的，人类剧烈地改变着自身的生存环境并且危及和消灭众多与其共生物种的生境。人类的影响包括国家政策、法律、经济和政治制度，以及人口密度、生活方式、文化水准、公共道德伦理和价值观念等。这些影响的差别在小尺度上研究往往不容易察觉，但在大尺度上则容易理解。例如，卫星图片分析发现，美国与加拿大边界的决然差别，反映出美国强化土地利用所形成的格局与加拿大森林保护的森林覆被格局明显不同。美国另一端与墨西哥的边界所反映的是另一种格局的差别，卫星图片显示出墨西哥境内的河流污染与美国境内对比的差异，这是由于两国对污染控制政策的差别所致（伍业钢等，1992）。

这种人类活动所造成的大尺度斑块化与陆地生态系统反应的小尺度是造成目前陆地生态系统正反馈的主要原因之一，也是推动目前"全球气候变化"（global climate change）和"可持续发展的生物圈"（sustainable biosphere）等全球性研究计划发展的原因。

其次，人类影响的斑块化在结构和功能上都不同于自然斑块化。人类影响的斑块化一般来说斑块大、形状单一、边界整齐、结构简单。而且，斑块间缺乏"廊道"，不利于斑块间的信息交流和物种的迁移。Pickett 和 Thompson（1978）早就指出，自然斑块化最普遍的现象是物种迁移于不同斑块之间，而人类影响的斑块化最终消灭物种的迁移现象。这种人类影响的斑块化与自然斑块化的差别是加剧物种的消失和濒危生物增加的原因之一。

（5）斑块化与物种的共同演化。斑块化并非孤立地产生，它是与各种生命形式长期共同演化的结果。正是由于各种生命形式与各种异质环境的相互作用，在适者生存的选择压力下，才导致了物种的多样性。而物种多样性增加了生物斑块化。物种作用于环境，改变了非生物斑块化，这种相互作用是最重要的斑块化的进化效应（伍业钢等，1992）。

斑块化与物种共同演化的一个证明就是种群扩散所采用的有性和无性繁殖策略。一个物种采用什么样的繁殖形式延续其个体，同环境的异质性有关。生物个体可以通过无性繁殖尽快占据周围生境，如颤杨（*Popullus tremuloides*）的根茎能存活上千年，一旦条件适宜即可大量萌发。有性繁殖则可通过种子采用不同的传播方式（如风、水、动物等）向更大范围的生境扩散，种子还可以通过休眠来躲避不利的时间和空间的变异。这种扩散策略称为物种在扩散安全性与环境不确定性之间的权衡（trade-off）。

斑块化与物种共同演化的另一个例证是生物个体大小和生境空间尺度的关系。Brown 和 Maurer（1987）认为，生物个体大小是该生物在特定的时空尺度上与环境相互作用的进化结果。生物个体小，其生境空间尺度也小。而生物个体大，对其生境空间尺度的要求也更大。生物个体大小还被用来测定环境的异质性程度以及物种的消亡。生物个体大小的研究提供了从个体水平到物种水平进化过程的联系，把小尺度生态过程与大尺度进化格局联系起来。这种联系的内在机制是生物个体大小使其能量平衡制约着生物个体的活动空间、种群密度、地理分布以及物种的消亡概率。这种能量平衡制约着生物个体对不同空间分布格局的资源的利用效率，也影响着资源分布格局。

从进化论的角度出发，人们不难发现斑块化与物种的共同演化现象。但是，生态学家更感兴趣去研究物种共同演化的机制和效应，这将有助于预测斑块化和物种共同演化的结果。

（6）斑块化与生物多样性。生物多样性包括基因多样性、物种多样性、生态系统多样性。这些多样性体现出生物斑块化，也是非生物斑块化在不同时空尺度上的产物。

任何一个种群的适应生存都受到环境斑块化的限制。所谓适者生存，往往是某一物种能适应于某一幅度的异质环境，从而使适应的基因得以保存。Pickett（1976）认为，在某一幅度内，尽管存在着大量的基因漂变（genetic drift），但适应种能延续下去。在自然界，基因多样性有利于它适应突发性的环境变化和选择压力。同时，异质环境又常常加剧基因多样化程度。

应该指出，即使是同一斑块化过程，对于不同物种来说却有不同的选择压力。某一物种对于特定斑块化的适应生存过程中，同时存在两种可能的作用力：第一种，在某一较为稳定的时空斑块化条件下，共同的环境压力使种群具有内在凝集力，能抵御基因漂变和新种分化；第二种，在较易产生突变的斑块化条件下，物种常因环境变异而加剧基因漂变，促使新种出现和导致原有种死亡。物种多样性也就是环境变异以及物种的适应能力不断在选择压力和基因漂变之间进化的结果（Pickett，1976）。

除了非生物的环境斑块化的选择压力，另一种选择压力是来自生物的斑块化——种间竞争的压力。种间竞争加剧物种空间分布的分化（生物斑块化出现），并增加基因变异的程度。竞争种群间的分化导致物种对资源空间利用的差别，从而产生不同的生态位。这也许是对物种与生境分化和适应的生态多样性的说明。

如果说不同的生态系统都具有其特定的时空斑块化，那么不同生态系统的功能则是这种斑块化的反映，也可以说生态系统是系统功能与斑块化相互作用产生的。生态学家在讨论生态系统功能与斑块化相互作用时，常常注重于：①生态系统是怎样随时间变化的？②这种变化率在不同的生态系统之间有什么差异以及在同一生态系统的不同时期有什么不同？③不同的生态系统对于生物的和非生物的环境变化的反应速率有什么差别？

斑块化是自然界普遍存在的一种现象。斑块化是环境和生物相互影响协同进化的空间结果，斑块化的结构和动态对生物多样性保护和干扰扩散等方面的研究具有重要意义。未来斑块化的研究大致可以概括为：深入理解斑块化形成和瓦解的机制；描述和比较不同斑块化的差异；探索斑块化的功能、作用、效应和机制随尺度变化的规律性；以及斑块化对不同生态系统的影响及其进化效应。最终了解斑块化这一自然现象的性质和作用，为解决目前人类所面临的环境日益斑块化问题提供科学依据（伍业钢等，1992）。

3.2.2　廊　　道

廊道（corridor）是线性的景观单元，具有通道和阻隔的双重作用。此外，廊道还具有物种过滤器、物种栖息地以及影响源的作用（Forman and Godron，1986）。廊道两侧的小气候和土壤梯度变化明显，中心地带通常生境独特，并部分地取决于沿廊道内所发生的传输或迁移。廊道的结构特征对一个景观的生态过程有着强烈的影响，廊道是否能连接成网络，廊道在起源、宽度、连通性、弯曲度方面的不同都会对景观带来不同的影响。它的作用在人类影响较大的景观中显得更加突出。

1. 廊道的起源

廊道的起源与斑块类似，主要可以分为干扰廊道、残存廊道、环境资源廊道、种植廊道和再生廊道等（Forman and Godron，1986）。干扰廊道由带状干扰所致，如线性采运作业、铁路和输电线通道等。残存廊道是周围基质受到干扰后的结果，如采伐森林所留下的林带，或穿越农田的铁路两侧的天然草原带，都是以前大面积植被的残遗群落。环境资源廊道是由环境资源在空间上的异质性线性分布形成的，如河流廊道和沿狭窄山脊的动物路径。种植廊道，如防护林带、高速公路绿化带或树篱，都是由于人类种植形成的。再生廊道是指受干扰区内的再生带状植被，如沿栅栏长成的树篱。

2. 廊道的结构特征

（1）曲度。廊道弯曲程度具有重要的生态意义。一般来说，廊道越直，距离越短，物质、能量和物种在景观中两点间的移动速度就越快。而经由蜿蜒廊道穿越景观则需要更长的时间，存留的时间越长。

（2）宽度。廊道宽度的变化对于沿廊道或穿越廊道的物质、能量和物种流动具有重要影响。而宽的廊道具有与斑块类似的功能。

（3）连通性。廊道有无断开是确定通道和屏障功能效率的重要因素。连通性是指廊道在空间上的连接或连续的量度，可简单地用廊道单位长度上间断点的数量表示，是廊道结构的主要量度指标之一。

（4）内环境。廊道可以看成是线性的斑块，具有较大的边缘生境和较小的内部生境。以树篱为例，太阳辐射、风和降水通常为树篱的3种主要输入。从树篱的顶部到底部，一侧到另一侧，小环境条件变化都很大，树篱顶部比开阔地更易受极端环境条件的影响，而树篱基部的小生境却相当湿润。在沿着廊道的方向，由于廊道在景观中延伸一段距离，其两端往往也存在差异。一般来说都会存在一定的梯度，即物种组成和相对丰度沿廊道逐渐变化。这个梯度可能与环境梯度或入侵——灭绝格局相关，也可能是干扰的结果。

3. 廊 道 分 类

宽度效应对于廊道的性质具有重要的控制作用。据此，可将廊道分为3种类型，线状廊道、带状（窄带）廊道和河流（宽带）廊道（Forman and Godron，1986）。线状廊道（如小道、公路、树篱、高压线、排水沟及灌渠等）是指全部由边缘物种占优势的狭长条带。带状廊道是指含有较丰富内部种的内环境的较宽条带。而河流廊道分布在水道两侧，其宽度随河流的大小而变化。河流廊道可调节水和物质从周围土地向河流的输运，侵蚀、径流、养分流、洪水、沉积作用和水质均受河流廊道宽度的影响。

1）线状廊道

生态学至少已对7种线状廊道进行了研究：道路（包括路边和边缘）、铁路、堤坝、沟渠、动力线（传输线）、树篱和野生动物管理的草本植物或灌木带。很明显，没有一个物种是完全局限于线状廊道的，相邻基质的环境条件，如风、人类活动以及物种和土壤对线状廊道的内部环境和物种影响较大。

线状廊道主要由边缘种组成。由于长期干扰的结果，它们大多具有一个动植物相对缺乏的中心地带。当然，这种干扰是人们经常运输货物等原因所致，而且保持这些廊道需要投入大量的人力。狭窄河流或河岸廊道有时也可能具有线状廊道的特征。

2）带状廊道

带状廊道较宽，每边都有边缘效应，足可包含一个内部生境。线状廊道与带状廊道的基本生态功能差异主要在于宽度。在景观中，带状廊道出现的频率一般比线状廊道少，常见的有高速公路、宽林带等。除了中间有内部环境外，它们与线状廊道具有相同的特征。

3) 河流廊道

河流廊道是指沿河流分布而不同于周围基质的植被带。河流廊道可包括河道边缘、河漫滩、堤坝和部分高地。河流廊道宽度的变化（不同河流之间，或沿一个河系）具有重要的功能意义。

河流廊道（河岸植被）在控制水流和矿质养分流动方面的作用已为人们所熟知。当有效河流廊道延伸到河流两岸的高地时，径流与随之而来的洪水泛滥就会减小到最低程度，河岸侵蚀与矿质养分径流也会得到控制，因而河流沉积物（包括淤泥）和悬浮颗粒物含量也相应最低，所以宽河流廊道内水质一般比较好。

河流廊道作为陆地动植物在景观中迁移路径的功能目前知之甚少。一些物种能顺利地沿河漫滩迁移，却不适应河漫滩高的土壤含水量或定期洪泛的环境，这些物种同时还需要河岸上部的高地环境，即边缘环境。

河流到高地的环境梯度比较明显。一些适应高水位和土壤湿度剧烈变化的河流廊道的植被和动物沿河分布。洪水过后的沉积物营养物质丰富，因此，河漫滩的植物生产力较高，而且通常会在洪水之后迅速萌芽生长。

廊道植被对河水也有直接影响。植被郁闭可以保持河水清凉，往往为鲑鱼所必需；凋落物沉积在河水中，会成为河流食物链的基础。在高级别河流内，植被冠层疏散，各种蝴蝶、鸟类和其他物种可广为利用。

河流廊道的动物，如河狸，在河流中起着一种特殊重要的作用。通过沿河构造堤坝和浅水塘（经常被水冲掉）以及对河漫滩树木的采食，河狸可使河漫滩植被经常发生变化。凡有河狸生存的河流，其生境多样性和物种多样性都可能较高。

从功能角度，3 种廊道的划分界限并不十分清晰。例如，边缘物种可在这 3 种廊道之间迁移，宽河流廊道也可起到内部种迁移的带状廊道的作用。

3.2.3　基　　质

景观由若干类型的景观要素组成。其中基质（matrix）是面积最大、连通性最好的景观要素类型，因此在景观功能上起着重要作用，影响能流、物流和物种流。要将基质与斑块区别开，首先应研究它们的相对比例和构型。在整个景观区域内，基质的面积相对较大。一般来说，它以凹形边界将其他景观要素包围起来。在所包围的斑块密集地，它们之间相连的区域很窄。在整体上基质对景观动态具有控制作用。

1. 基质的判定

1) 相对面积

面积最大的景观要素类型往往也控制景观中的流。基质面积在景观中最大，是一项重要指标。因此，采用相对面积作为定义基质的第 1 条标准；通常基质的面积超过现存的任何其他景观要素类型的总面积。基质中的优势种也是景观中的主要种。

2）连通性

相对面积作为基质的唯一判断标准可能使人误入歧途。例如，即使树篱所占面积一般不到总面积的 1/10，然而直观上人们往往觉得树篱网格就是基质。因此，确认基质的第 2 个标准是连通性，基质的连通性比其他现存景观要素高。

3）控制程度

判断基质的第 3 个标准是一个功能指标，即景观元素对景观动态的控制程度。基质对景观动态的控制程度较其他景观要素类型大。

4）3 个标准结合

第 1 个标准（即相对面积）最容易估测，第 3 个标准（即动态控制）最难评价，第 2 个标准（即连通性）介于两者之间。从生态意义上看，控制程度的重要性要大于相对面积和连通性。因此，确定基质时，最好先计算全部景观要素类型的相对面积和连通性。如果某种景观要素类型的面积较其他景观要素大得多，就可确定其为基质。如果经常出现的景观要素类型的面积大体相似，那么连通性最高的类型可视为基质。如果计算了相对面积和连通性标准之后，仍不能确定哪一种景观要素是基质时，则要进行野外观测或获取有关物种组成和生活史特征信息，估计现存哪一种景观要素对景观动态的控制作用最大。

2. 孔隙度和边界形状

孔隙度（porosity）是指单位面积的斑块数目，是景观斑块密度的量度，与斑块大小无关。鉴于小斑块与大斑块之间有明显差别，研究中通常要对斑块面积先进行分类，然后再计算各类斑块的孔隙度。

基质的孔隙度具有生态意义。例如，在针叶林基质内，田鼠经常出没在湿草地斑块上，在某些季节，田鼠会进入森林基质，啃食更新幼苗。当草地斑块的孔隙度较低时，田鼠对森林的影响很小，当孔隙度高时，田鼠危害则很大。孔隙度与边缘效应密切相关，对能流、物流和物种流有重要影响，对野生动物管理具有指导意义。

由于景观要素间的边界可起过滤器或半透膜的作用，所以边界形状对基质与斑块间的相互作用至关重要。两个物体间的相互作用与其公共界面成比例。如果周长与面积之比很小，那么圆形就是系统的特征，这对保护资源如能量、物质或生物是十分重要的。相反，如果周边与面积之比较大，那么回旋边界比较大，该系统的能量、物质和物种可以与外界环境进行大量交换。第 3 种形状呈树枝状，主要与物质输运相关，如铁路网络、河流等。这些基本原理将边界形状和景观要素之间通过流的输入和输出与其功能联系起来。

基质是异质性的，这种异质性往往使得基质与斑块之间区别不明显。如果一组相邻景观要素在整个景观中没有显著差异，则景观是均质的。

3.2.4 附 加 结 构

附加结构（add-on）属于异常景观特征，即在整个景观中只出现一次或几次的景观要素类型。例如,景观中单一的城市或一条主要河流等。一般来说,这种异常景观特征是人类活动的中心或"热点",为物种流、能流和物流较集中的地方。因此,这些异常景观特征常常也是景观生态学研究的主要内容。但是,目前景观生态学研究对于附加结构的重视程度不够,亟待加强。

3.3　景观格局特征

景观作为一个有机整体具有其组成单元所没有的特性。因此,不能把景观单纯地描述为耕地、房屋、道路、河流和牧场的总和(Forman and Godron,1986)。景观格局整体特征包括一系列相互叠加以及在某种程度上相互联系的特征。景观镶嵌格局在所有尺度上都存在,并且都是由斑块、廊道和基质构成,即所谓斑块-廊道-基质模式(patch-corridor-matrix model)。

景观格局分析的目的是从看似无序的斑块镶嵌中,发现潜在的有意义的规律性(李哈滨和 Franklin,1988)。如果想更加深入地理解景观格局,最好的方式是把它与一些运动过程和变化联系起来。因为,我们今天看到的格局是过去的景观流形成的,是包括干扰在内的各种生态过程在不同尺度上作用的结果。同样,景观格局也影响着各种景观流。通过景观格局分析,我们希望能确定产生和控制空间格局的因子和机制,比较不同景观的空间格局及其效应,探讨空间格局的尺度性质等。

3.3.1　斑块-廊道-基质模式

景观要素的空间镶嵌似乎有无限可能,如串珠状排列的斑块、小斑块群、相邻的大小斑块、两种彼此相斥且隔离的斑块等。但是,所有的景观空间格局都是由斑块、廊道和基质这些最基本的景观要素构成,即所谓斑块-廊道-基质模式(Forman and Godron,1986)。

Forman 和 Godron(1986)将景观格局分为以下几类。

(1)均匀分布格局是指某一特定类型景观要素间的距离相对一致。

(2)聚集型分布格局,如在许多热带农业区,农田多聚集在村庄附近或道路的一端。在丘陵地区,农田往往成片分布,村庄聚集在较大的山谷内。

(3)线状格局,如房屋沿公路零散分布或耕地沿河分布的格局形式。

(4)平行格局,如侵蚀活跃地区的平行河流廊道,以及山地景观中沿山脊分布的森林带。

(5)特定组合或空间联结大多分布在不同类型要素之间。例如,稻田和湿地总是与河流或渠道并存,道路和高尔夫球场往往与城市或乡村呈正相关空间联结。正相关的空间联结即一种景观要素出现后,其附近就很有可能出现另一种景观要素。空间联系也可以是负相关的。

在由若干斑块类型组成的镶嵌体中,一般会有 3 个或更多的景观要素类型相交于某一地点。这些地点可视为掩蔽点或聚集点(Forman and Godron,1986),这些地方分布有多种资源,对野生动物特别重要。除景观要素间的相应作用集中外,聚集点往往位于 2 个景观要素构成的半岛尖端，是动物迁移和其他物种穿越景观的关键点（漏斗效应）。3 种景观要素极为接近的线状廊道称为聚集线，如草原和农田间的防护林，人工针叶林和阔叶林间的伐木道等。

一个简单描述景观格局的指标是镶嵌度（patchiness）。孔隙度是指某种特定类型的斑块密度，镶嵌度是所有类型斑块密度的一种量度。斑块面积较小的城郊景观比斑块面积较大的草原景观具有更高的镶嵌度。

实际上，很多方法可以用来分析景观空间格局特征，但主要是在对景观进行 1 维、2 维甚至 3 维取样的基础上，采用对应的诸如数学形态法、自相关法、空间统计、谱分析法、分形法以及信息论方法等进行分析（Forman and Godron，1986）。

具体来说，景观格局可以分为点格局、线格局、网格局、平面格局、立体格局（伍业钢和李哈滨，1992）。在研究对象相对于它们的间距来说小得多的情况下，这些研究对象可以视为点。例如，交通图中的城市分布，就是点格局。线格局则研究线路变化和移动，如河道的历史变迁对景观的影响。网格局则是点格局和线格局的复合。它研究点与线的连接、点之间的连线也代表了点与点之间的空间关联程度（Forman and Godron，1986）。平面格局研究主要用于确定景观斑块大小、形状、边界以及分布的规律性。立体格局研究生态系统在景观三维空间上的分布。

景观空间格局分析时，首先，必须明确研究对象的具体单元和这些单元的基质性质。如果我们研究池塘或湖泊在景观上的分布，则是点和面的关系。点之间的关系、点和面之间的相互作用、点的扩大和缩小等都属于点格局的研究范畴。如果我们研究植被类型在景观上的分布，则是面的镶嵌关系。在这种情况下，边缘效应对于空间格局显得相当重要。不同植被类型斑块之间的边界是一种过渡性质的，常常不像我们所期望的那样清晰。所以，斑块边界的确定，往往影响格局分析的结果。这时，需要采用梯度格局分析方法来认识景观的空间性质。景观格局研究要注意的另一个问题是，景观参数具有强烈的空间专一性。抽样统计一般只能获得已抽样的那些单元的空间信息，或者是统计格局（statistical pattern）。景观格局分析则更多地属于定位格局（locational pattern）研究，通过全面量测制图和图像处理来实现。因此，如果量测单元面积不同，景观格局分析的结果也不一样。景观格局分析必须明确分辨率。显然，景观的异质性和景观格局的复杂性给取样分析带来了极大的困难。但是，由于景观格局决定着资源和物理环境的分布形式和组合（O'Neill et al，1988a），制约着各种景观生态过程，所以它仍然成为景观生态学研究的焦点之一。

3.3.2 景观对比度

斑块、廊道和基质可以通过许多方式结合，而且这些方式常与人类活动有关，如农业、林业管理和城市化等活动的主要后果之一是增加了景观对比度。如果相邻景观要素彼此差异甚大，其间过渡带很窄或缺失，就意味着对比度（即照片上的反差）较强。

1. 低对比度结构

低对比度的景观一定是自然形成的，甚至没有诸如明显的低湿凹地或河流廊道这样的自然景观要素。热带雨林是一个明显的例子。遥感图像显示，它是存在一定异质性的低对比度景观。某些高对比度景观要素，如河流、大型风倒木和农田也可能在景观中出现。由于相邻景观要素彼此较相似，以及景观要素间的过渡带较宽且变化较缓慢，所以这种景观的对比度都较低。

2. 高对比度结构

（1）自然景观。自然机制可以形成高对比度结构，特别是在土壤条件对优势植物或动物种的分布起控制作用的地区。例如，在西伯利亚和斯堪的纳维亚地区泥炭地和森林间的明显界线都是自然形成的，在景观中对比强烈。另一个自然形成的高对比度景观结构为半干旱热带地区内的森林——热带稀树草原的交界地区，澳大利亚、巴基斯坦、南非、非洲的撒哈拉和巴西等地都分布有这种交接带，它的形成由水分控制。

（2）人工景观。人们可以在大面积均匀基质内建造一个高对比度结构的景观。但是这类情况比较少。一般来说，人类活动形成的高对比度景观结构可镶嵌在自然形成的高对比度景观内。

在自然的大尺度异质性中，人类活动往往形成小尺度异质性景观，如北半球的大多数农业景观。但是仅仅由于人类影响而产生的高对比度结构很少见，因为广泛的人为影响一般都有规律地迭加在高对比度自然斑块之上，与之空间上相应。

3.3.3 景 观 粒 径

景观依景观要素的大小可有粗粒（coarse grain）和细粒（fine grain）之分。粒径与所研究的尺度水平密切相关。景观粒径（landscape grain）大小与生物体粒径（home range）大小不同，后者是指生物体对其敏感或利用的区域。例如，兽类比蚂蚁的粒径大得多。粒径大小主要取决于整个景观的尺度。Forman 和 Godron（1986）给出以下几个典型例子。

（1）热带稀树草原景观呈细粒状，每棵具环状裸土的树或灌木都是一个斑块。

（2）法国南部阿格德景观呈中粒状，斑块面积平均为 $1hm^2$。

（3）摩洛哥的阿特拉斯山景观呈粗粒状，斑块直径为数公里。

景观格局是资源和物理环境空间分布差异的表现，是景观异质性的重要内涵。景观格局是包括干扰在内的一切生态过程作用于景观的产物，同时景观格局控制着景观过程的速率和强度。景观格局具有强烈的尺度特征，可以说，没有尺度就谈不上格局。同时，由于不同的景观格局对各种生态过程的影响不同，所以，当我们研究景观格局时，一定要注重研究在特定尺度上对生态过程具有重要意义的格局。

3.3.4　景观多样性

景观多样性（landscape diversity）是指由不同类型生态系统构成的景观在格局、功能和动态方面的多样性或变异性，它反映了景观的复杂性程度。景观多样性包括3个方面的含义，即斑块多样性、类型多样性和格局多样性（傅伯杰和陈利顶，1996）。

斑块多样性是指景观中斑块数量、大小和形状的多样性和复杂性。它决定了景观中的资源和干扰的分布格局，以及生物的生境利用格局。高的斑块多样性可能提高生境多样性，降低干扰的影响，从而提高景观的物种多样性。

类型多样性是指景观中类型的丰富度，即景观类型（如农田、森林、草地等）的数目多少及其比例关系。类型多样性和物种多样性的关系不是简单的正比关系，而是呈正态分布，景观类型多样性的增加既可增加物种多样性又可减少物种多样性。

格局多样性是指景观类型空间镶嵌的多样性。格局多样性多考虑不同类型的空间分布，同一类型间的连通性和连接度、相邻斑块间的聚集与分散程度。主要用来反映不同景观类型的相互作用强度。

景观多样性研究所关注的具体指标包括景观中的斑块数目、面积大小、形状、破碎度、分形维数（斑块多样性）；类型的多样性指数、优势度、丰富度（类型多样性）、聚集度、连通性、连接度、修改的分形维数等（格局多样性）。

3.3.5　景观异质性

景观异质性是景观的重要属性之一，景观生态学的研究焦点即是较大尺度的时空异质性（Risser et al.，1984），如①景观空间异质性的发展和动态；②异质性景观的相互作用和变化；③空间异质性对生物和非生物过程的影响；④空间异质性的管理。这些均与异质性密不可分。

异质性（heterogeneity）和多样性（diversity）一样是景观生态学的两个重要概念。多样性主要描述斑块性质的多样化，而异质性则是斑块空间镶嵌的复杂性（Farina，1998），或者景观结构空间分布的非均匀性和非随机性（Forman，1995）。

景观异质性研究主要侧重于3个方面：①空间异质性，景观结构在空间分布的复杂性；②时间异质性，景观空间结构在不同时段的差异性；③功能异质性，景观结构的功能指标，如物质、能量和物种流等空间分布的差异性。

从不同角度对空间异质性进行的分类存在一定差异。Forman（1995）认为景观空间异质性分为两种情形：①梯度分布，景观要素在空间渐变分布，梯度分布没有明显的边界、斑块和廊道；②镶嵌结构，景观要素在空间聚集，具有明显的边界，以斑块和廊道为基本组成单元。而伍业钢和李哈滨（1992）认为景观空间异质性有3个组分：空间组成，即生态系统的类型、种类、数量及其面积比例；空间构型，即各生态系统的空间分布、斑块形状、斑块大小、景观对比度、景观连通性；空间相关，即各生态系统的空间关联程度、整体或参数的关联程度、空间梯度和趋势以及空间尺度。

景观异质性是许多基本生态过程和物理环境过程在空间和时间尺度连续系统上共同

作用的产物。景观异质性的主要来源有自然干扰、人类活动、植被的内源演替及其特定发展历史。

景观异质性作为一个景观格局的重要特征，对景观的功能过程具有显著影响。例如，异质性可以影响资源、物种或干扰其在景观上的流动与传播。景观异质性可降低稀有内部物种的丰富度，增加需要两个或两个以上景观要素的边缘种的丰富度。物种的繁衍和扩张可能消除、改变或创造整个景观，同时其迁移又受到景观异质性的制约。随着空间异质性的增加，会有更多的能量流过景观要素的边界。矿质元素不仅可以流入和流出景观，而且还可以通过动物、水和风等作用在景观要素间流动。

景观异质性的存在也影响研究方法的选择。因为不仅抽样设计要考虑异质性因素，而且许多数据分析方法能否使用也在某种程度上由异质性的程度所决定。

景观的异质性和同质性因观察尺度变化而异。景观异质性是绝对的，它存在于任何等级结构的系统内。同质性（homogeneity）是异质性的反义词，是相对的。景观生态学强调空间异质性的绝对性和空间同质性的尺度性。在某一尺度上异质的空间，而在比其低一层次（或小一尺度）上的空间单元（或斑块），则可视为相对同质的。因此讨论空间同质性时，必须明确空间尺度。Levin（1989）发现，空间单元的面积扩大时，其异质性增加，而由这些空间单元所组成的景观的异质性程度则降低。因此，景观异质性程度与观察尺度大小有极其密切的关系。不同等级系统的异质性互异，构成了等级之间的差别。

景观多样性和景观异质性密切相关。景观异质性的存在决定了景观空间格局的多样性和斑块多样性。景观异质性类似于景观类型多样性，可以采用类型多样性指数、优势度、镶嵌度指数和生境破碎化指数测定。景观异质性和景观多样性都是自然干扰、人类活动和植被的内源演替的结果。它们对物质、能量和物种在景观中的迁移、转化和迁徙有重要的影响，也是景观生态学研究的主要内容。

3.4　生态交错带与生态网络

3.4.1　生态交错带与边缘效应

景观单元之间的空间联系分为两种方式。一种是生态交错带，由异质性斑块空间邻接形成，它的显著特点是具有边缘效应。另一种是网络结构：包括由廊道相互连接形成的廊道网络，和由同质性和（或）异质性景观斑块（不）通过廊道的空间联系形成的斑块网络。

不同景观斑块空间邻接会产生与斑块特征不同的边缘带，即生态交错带（ecotone）。生态交错带的特殊之处是具有边缘效应（edge effect）。本节先介绍边缘效应，之后介绍生态交错带。

1. 边缘效应

景观单元大小是有限的，它们的交界处体现着不同性质的生态系统间的相互联系和相互作用，具有独特性质。在不同森林的交界处，森林和草原交接处，江河入海口交接处，城市与农村交接处等边缘地带由于环境条件不同，可以发现不同的物种组成和丰富度，即边缘效应。边缘效应是极其普遍的自然现象，边缘效应已经成为景观生态学的重要研究内容之一。

某一景观要素内，边缘物种主要是指仅仅或主要利用景观边界的物种，而内部物种基本上是指远离景观边界的物种。在景观水平上的斑块内，斑块边缘宽度可从几米变化到几十米。不同物种对由环境决定的边缘宽度的反应也不相同。例如，林地内的鸟类和森林群落不同于仅存于森林边缘的群落；相反，蝴蝶和底栖生物（或草本植物和苔藓）似乎可在整个边缘带的幅度内变化。

景观斑块的物理环境与边缘效应相关。林地内小斑块中心的微环境明显不同于广阔林地的中心。周围基质刮来的风可从小树林呼啸而过，但只能穿越广阔森林边界的一段距离，其环境明显不同于广阔林地中心的斑块内部。

几个因素可以影响边缘带的宽度。太阳辐射角的作用最主要。面向赤道的边缘带显然比面向极地的宽，温带地区的边缘带通常比热带地区的宽。风能引起干燥和养分输入，也会对边缘带产生较大影响。生长季节的盛行风向所形成的边缘带要比它的两侧宽得多。斑块和基质在垂直结构方面差异较大的地方可望具有较宽的边缘带。在某种程度上，物种组成的差异也是如此。如果斑块年代久或土质较好，边缘带可能越明显。

边缘效应在性质上有正效应和负效应。正效应表现出效应区（交错区、交接区、边缘）比相邻的群落具有更为优良的特性，如生产力提高、物种多样性增加等，反之则称为负效应。负效应主要表现在交错区种类组分减少，植物生理生态指标下降，生物量和生产力降低等。

2. 生态交错带

生态交错带（ecotone）的概念最先由 Clements（1905）提出，用来描述物种从一个群落到其界限的过渡分布区。生态交错带与过渡带（transition zone）和景观边界（landscape boundary）是近义词。它由两个不同性质斑块的交界（border）以及各自的边缘带（edge）构成。

生态交错带的定义是："相邻生态系统之间的过渡带，其特征由相邻的生态系统之间相互作用的空间、时间及强度所决定"（Holland，1988）。

生态交错带是景观格局的特殊组分。生态交错带上的生态过程与斑块内部不同，物质、能量以及物种流等在生态交错带上明显变化。①景观斑块边界对景观流有影响，进而影响景观格局和动态；②生态交错带上可能具有独特的生物多样性格局，因此对生物保护具有重要意义；③人类在没有了解生态交错带的情况下，持续不断地改变着景观边界，其后果难于预料。

生态交错带的概念适用于多尺度研究，不同生态单元之间的研究，平面和立体边界的研究以及离散时间过程的研究。对于生态交错带的研究必须明确尺度，才可能进行比较。

1）生态交错带的特征

作为景观要素的空间邻接边界，生态交错带具有一些独特的特征（高洪文，1994）。

（1）生态交错带是一个生态应力带（tension zone）。生态交错带代表着两个相邻群落间的过渡区域，两种群落成分处在激烈竞争的动态平衡之中。其组成、空间结构、时空分布范围对外界环境条件变化敏感。所以，生态交错带被认为是两个相邻群落间的生态应力带。

（2）生态交错带具有边缘效应。在生物与非生物力作用下，生态交错带的环境条件趋于异质性和复杂化，明显不同于两个相邻群落的环境条件，如林缘风速较大，促进了蒸发，会导致边缘生境干燥。在生物多样性方面，生态交错带不但含有两个相邻群落中偏爱边缘生境的物种，而且其特化的生境还会导致出现某些特有种或边缘种（edge species），物种数目一般比斑块内部丰富，生产力高，即边缘效应。植物种类及群落结构的多样性和复杂性，为动物提供了更多的筑巢、隐蔽和摄食的条件。例如，有些树上筑巢地面觅食的鸟类，森林草原交错带成为它们良好的栖息地。

（3）生态交错带阻碍物种分布。生态交错带犹如栅栏一样，对物种分布起着阻碍限制作用。例如，高山林线，被认为是研究林木分布界线的理想选择地。在某种意义上，生态交错带具有半透膜（semi-permeable membrane）的作用，它一方面适于边缘物种生活，另一方面却阻碍了内部物种的扩散。当前对于垂直于生态交错带的研究已经比较深入，其生态效应在管理上已经得到重视。其实，生态交错带在结构和功能上与廊道有诸多相似之处。例如，一些鸟类喜欢平行于生态交错带活动，因此应当对生态交错带内部平行于生态交错带的生态过程也予以重视，进行深入研究。

生态交错带概念的创新之处主要在于强调生态系统之间的相互作用和相互联系。生态交错带的内涵主要指群落交错带，特别是那些明显的大尺度交错带，如地带性植被交错带、海陆交错带（海岸线）等在 IBP、MAB 等全球生态学研究中受到重视。

2）生态交错带的描述

可以从结构和功能两个方面描述生态交错带。

（1）结构。生态交错带的大小、形状、生物结构和限制因素等是结构研究的主要问题。

大小（size）：生态交错带的面积或体积。它与两个邻接群落的大小和交流的尺度有关。

宽度（width）：景观要素之边缘部分，它是对交错带水平距离或非连续性出现的时间范围的度量。

形状（shape）：线形、圆形或是其他形状。它与通过生态交错带的流的方向、频率和强度有关。

生物结构（biological structure）：物种多样性和生物量的分布等。

限制因素（limiting factor）：生态交错带上生物结构与邻接生态系统差异的原因。

内部异质性（interior heterogeneity）：生态交错带内部的空间异质性。

密度（density）：单位斑块生态交错带的长度。

分形维数（fractal dimension）：生态交错带形状的复杂性程度。

垂直性（verticality）：生态交错带内结构单元（通常指植被）的总高度和层次性。

外形或长度（form or length dimension）：生态交错带线性轴线的曲线分布格式。

曲合度（curvilinearity）：直线长度除以总长度，可用来进行外形的总体度量。人类活动影响下的景观格局趋于规则化，边界形状趋于直线化。

（2）功能。下列因素与生态交错带总体功能作用密切相关，可作为衡量指标。

稳定性（stability）：生态交错带的抗干扰能力；

波动（fluctuation）：生态交错带干扰后的恢复能力；

能量（energy）：生态交错带的生产力，与邻接生态系统的物质和能量交换；

功能差异（functional difference）：生态交错带与邻接生态系统功能差异的程度；

通透性（permeability）：生态交错带对流的通透能力；

对比度（contrast）：相邻生态系统间差异与突发性变化程度，用以度量水平方向两个极端水平之间的差异程度；

通道（channel）作用：所有生态系统间生态流都通过生态交错带，并受其影响使流速和流向发生改变，起着流通渠道的作用；

过滤（filter）或屏障（barrier）作用：生态交错带在生态系统间生态流中犹如半透膜，起着过滤器的作用，一些可顺利通过，而一些则受到阻碍；

源（source）：生态交错带在景观生态系统生态流中，为相邻生态系统提供能量、物质和生物有机体来源，在各种驱动力作用下，导致生态流自交错带向相邻生态系统的净流动，起到了源的作用，如林缘积雪流向邻近生态系统；

汇（sink）：与源的作用相反，交错带对能量、物质和有机体吸收累积的效应；

栖息地（habitat）：交错带可看作边缘物种的栖息地，含有相邻系统的内部物种以及需要两个或两个以上生境条件的物种。

生态交错带功能作用主要体现在对生态系统间流的影响，这种影响作用不是被动的，而是对流速和流向施加控制。由于相邻景观要素热能及外貌的差异，导致能量（风）、物质（尘埃、雪等）、有机体（孢子、种子、花粉、小动物等）等生态流沿存在压力差的方向流动，类似细胞膜的被动扩散。所以相邻景观要素之间差异越大，这种生态流流动速度越大。动物运动有着重要的有机能（植物生物量）基础，由于交错带两端景观要素内的有机物质（作为食物、隐蔽条件等）类型和数量的分布差异，常导致动物为寻求食物、庇护所和营巢条件而在景观要素之间运动，这类似细胞膜的主动运输。

生态交错带的基本结构特性对生态流在景观要素之间的流动有着重要的影响。

3）生态交错带的尺度效应

生态交错带的确定与监测在相当程度上依赖于尺度水平。某一尺度上可以辨明的交错带在另一尺度上可能模糊不清。例如，全球范围内可明确确认的海陆交错带在小尺度上则因分辨率太细而难以监测出来，反之亦然。某些大尺度上反映的交错带（如海陆交错带）本身又是一个由小尺度上各种景观要素和相应的交错带所组成的景观镶嵌体。

不同尺度水平上生态交错带的特征及功能作用不同。例如，小群落间交错带形成和维持的因素主要是小地形等微环境条件，而地带性植被交错带则主要是大气环境条件。一些中小程度的环境变化，如群落动态、干扰、小环境变化等可能对群落的结构、功能和稳定性具有重要影响，而对地带性植被交错带的影响不大。但是对于全球气候变化的响应，后者则十分敏感。

从时间尺度上讲，类似海陆交错带这种地质历史过程的产物，在大时间尺度上（上千上万年）是稳定的。但从地质年代这样一个超大时间尺度上考虑，所有的交错带，包括海陆交错带都可以说是短暂的和不稳定的。

4）生态交错带与气候变化

生态交错带对环境条件变化的反应较相邻生态系统更为敏感。特别是地带性植被过渡带对全球气候变化的响应。古生态学研究已经表明在过去漫长的气候变化中，生态交错带的空间分布在不断发生变化。

亚高山森林和高山苔原之间的交错带，即高山树线（tree line），一方面其所处的海拔位置受大气环境控制；另一方面，树线本身又是生物与非生物因子相互作用的产物。这类交错带被认为具有监测全球变化的综合作用。

生态交错带随气候的变化不是同步的，一般其各组分（土壤、植被等）均存在迟滞（lag），且时间长短不一。人类活动对生态交错带（如农牧生态交错带）的影响，改变了自然的景观格局过程，在相当程度上掩盖了气候变化对生态交错带的影响。

5）生态交错带与生物多样性

生态交错带与生物多样性的关系之所以引起生态学家的关注，主要是由于边缘效应。生态交错带通常既包括相邻群落的许多物种，还包括只生活在生态交错带内部的物种，因此生态交错带中的物种数目及密度一般比相邻群落大。

不同尺度不同类型的生态交错带均显示出较高的生物多样性（王庆锁等，1997）。天然或人为的森林边缘植物和动物种类异常丰富。水陆交错带，包括海岸带、河岸带和湖岸带等湿地生态交错带，往往形成物种富集区。植物种类丰富，净初级生产力高。水陆交错带周期性的淹没过程为鱼类栖息提供了丰富的生境，鱼类种群丰富多样，支持了渔业发展。水鸟是水陆交错带的一个象征，许多鸟的生活周期与洪水泛滥密切相关，很多水禽的繁殖与洪水泛滥同期。幼鸟抚养经常是在洪水退却，小鱼丰富的时候。另外，河岸生境在干旱季节给许多水鸟提供了庇护区和繁殖地。水陆交错带还可作为鸟类迁移途中的垫脚石。

大尺度生物群区生态交错带对研究生物多样性具有特定的价值。在生物群区生态交错带会有新的微观生境，导致物种多样性较高的生物群区生态交错带的位置相对稳定，允许物种有适当的时间散布和定居；生物群区生态交错带的范围大，与小尺度的生态交错带相比，允许较高的生物多样性。而在接近生物群区交错带，α多样性变小，β多样性增加。

虽然大量事实证明，很多生态交错带富于生物多样性，但并不是所有的生态交错带都具有高的生物多样性。空间和时间波动极大的生态交错带，物种数目相对较小。一般来说，地处环境条件突然变化的生态交错带（如河岸带）或层次结构急剧变化的生态交错带（如森林边缘），生物多样性高。地处环境逐渐变化的生态交错带，α多样性是渐变的，但β多样性增加。

依据对生物多样性影响的时空范围及程度，各种制约因素可依次分为气候、下垫面（substrate）以及生物相互作用。全球气候环境是一级制约因素，也就是说，相对于下垫面，气候的影响在更大尺度上是均质的；而相对于生物体间相互作用的影响，下垫面的影响在更大尺度上是相对均质的。局部立地条件和下垫面环境的变化导致在相对均一的大气环境下各种小生境格局的形成，从而影响和改变局部植被的分布。因此，在一个异质景观中，从群落核心区域到边缘交错区，群落典型物种适宜分布的环境粒级逐渐减小。例如，对于气候诱导形成的群落来说，向边缘区方向，一级控制因素的气候条件逐渐趋向极端水平，群落生物种的分布逐渐局限于某些局部下垫面环境条件（如地形、地貌、土质），即生物环境从由气候主控的相对均匀适宜的环境，过渡到小范围下垫面因素控制的环境，生物适宜生境面积减小，生境多样性增加。

人类活动强烈地改变了自然景观格局，引起生态交错带的变化和生物多样性降低。农业生产把异质的自然景观变成大范围同质的人工景观，消灭了自然生态交错带，扩展了人为生态交错带，改变了原有的优势物种，破坏了自然的生态关系，引起农田害虫大发生。人类砍伐森林，导致森林景观的破碎，其大部分面积变成生态交错带或边缘，此过程对森林鸟类和哺乳动物影响很大。森林的破碎，使森林内部动物赖以生存的环境丧失，这些动物将被林缘或开阔地的物种代替，使得与森林内部有关的动物减少，相反那些林缘栖息的种类及多度增加。同样，森林内部的捕食者在无林地和林缘减少，而适应性广的捕食者增加。当森林破碎到无真正森林内部环境时，将导致物种减少，甚至引起许多物种的灭绝。

生物多样性保护要考虑到生态交错带与邻近系统的相互作用及联系，不仅要保护物种本身，更要保护物种的生存环境——生态系统和景观（Franklin，1993），并根据受保护的目的种的生活习性来确定。

3.4.2　生态网络与景观连通性

生态网络（network）把不同的生态系统相互连接起来，是景观中最常见的一种结构。网络功能的重要性，不仅在于物种沿着它移动，而且还在于它对周围景观基质和斑块群落的影响。例如，在我国东北西部半干旱区，通过防护林带把农业生态系统、草原生态系统和城市生态系统连接起来，构成一个多功能的复杂网络。廊道相互交叉的频率和这些交叉点扩展为斑块的程度，对迁移效率有重要作用。某些特殊网络，如小路和公路，对于动物和人的移动都起着有效的作用。

研究网络首先应该区别两类物种。一类是生活在网络包围的景观要素内部的物种，对于这些物种而言，廊道是它们迁移的障碍；另一类是生活在廊道内、沿廊道迁移的物种。网络影响着物种沿着廊道移动和穿过廊道的运动，而廊道的连通性或空间连续性是这种运动格局的关键因子。

1. 廊　道　网　络

通常意义上的网络是指廊道网络。廊道网络由节点（node）和连接廊道构成，分布在基质上。节点位于连接廊道的交点上，或者位于交点之间的连接廊道上。廊道网络分为两种形式，分支网络（branching network）和环形网络（circuit network）。分支网络是一种树状的等级结构，如河网；环形网络是一种封闭环路结构，如公路网（Cook and van Lier，1994）。

1）廊道网络的结构特征

连接廊道通过交点连接，而廊道相互连接形成环绕景观要素的网络。如果基质所围绕的景观要素较大，或孔隙度较高，基质也会互相连接成条带状，可以看作廊道网络。许多景观的线性特征（如道路或沟渠）可相互连接形成网络。

（1）网络交点。网络连接类型有十字形、T形、L形和终点，这些交点或终点的连接类型是网络重要的结构特征。有些交点可以起到节点的作用，比廊道宽，但作为独立的景观要素又太小。网络交点上的物种丰富度一般比廊道其他地方多。网络中有时也出现一定长度的间断带。

（2）网状格局。相互连接并含有许多环路的廊道构成一个网状格局。树篱网就是一个由矩形景观要素组成的格网。

（3）网眼大小。网络内景观要素的大小、形状、环境条件、物种丰富度和人类活动等特征对网络本身有重要影响。网络线间的平均距离或网络所环绕的景观要素的平均面积就是网眼的大小。研究网眼大小与物种粒度的关系特别重要。物种在完成其功能，如觅食、保护领地或吸收阳光和水分时，对网络线平均距离或面积相当敏感。例如，在法国，一种粒度较小的食肉性甲虫，在农田平均网眼面积大于 $4hm^2$ 时会消失；相反，粒度较大的物种，如猫头鹰，通常在网眼大小为 $7hm^2$ 时才会消失（Forman and Godron，1986）。粒径多样性与粒径大小一样具有生物学价值。粒径多样性越高，生境多样性越高，适宜于更多的生物生存，景观会更加稳定。

树篱网围绕的地块与周围生境具有不同的小气候，从树篱到农田中心方向上，物种组成发生一系列变化。例如，双翅目的物种，从树篱边缘到大约树篱高度一倍的距离，丰富度下降。当然，树篱中植物的多样性也影响着昆虫分布。

（4）网络结构的决定因素。景观的历史和文化通常是决定网络空间结构的重要因素，网络总是随着经济、社会以及环境的变化而变化。决定网络结构的因素除了人类影响外，还有很多。例如，在山区，侵蚀过程在很大程度上决定了河流廊道的相交格局构型。坡降大的河流流速快，河道深，河谷窄，两岸陡峭；而河谷宽阔的干流和支流坡度小并容易形成河曲。

廊道网络在景观中的作用反映在现有的交点类型、廊道的网状格局和包含的景观要素的网眼大小等方面。多数网格结构主要取决于人类活动的影响。而取决于侵蚀程度的河流网络是一个常见的例外现象。

2）廊道网络描述

（1）连通性。连通性是网络的重要特征。在一个系统中所有交点被廊道连接起来的程度就是网络的连通性。连通性是网络复杂度的一个指标。r 指数方法特别适宜于计算网络连通性。

r 指数是一个网络中连接廊道数与最大可能连接廊道数之比。现存的连接廊道可直接数得。最大可能的连接廊道数通过计算现存的节点数获得。如果有 3 个节点，那么，最多只有 3 个连接；但若有 4 个节点，则另外增加 3 个连接，总数为 6。假设无新的交叉形成，则每增加一个节点，最大可能的连接数以 3 的倍数增加。因此，r 指数为

$$r = \frac{L}{L_{max}} = \frac{L}{3(V-2)} \tag{3-1}$$

式中，L 为连接廊道数；V 为节点数；L_{max} 为最大可能的连接廊道数；r 为指数的变化，范围为（0～1.0），r 为 0 时，表示没有节点相连，r 为 1.0 时，表示每个节点都彼此相连。

图 3-1 在 A 网络中有 12 个连接，13 个节点，其连通性为

$$r_A = \frac{L}{3(V-2)} = \frac{12}{3(13-2)} = 0.36$$

图 3-1 在 B 网络中有 18 个连接，13 个节点，其连通性为

$$r_B = \frac{L}{3(V-2)} = \frac{18}{3(13-2)} = 0.55$$

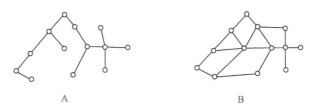

图 3-1　两个网络示意图（徐岚，1991）

连通性指数是景观设计中应予考虑的一项，如设计自然保护区时，要考虑到网络连通性对各种动植物的迁移、寻食、繁殖、躲避干扰等活动的影响。

（2）环度。网络环度采用 α 指数测量。α 指数表示能流、物流和物种迁移路线的可选择程度，也是网络复杂度的一个指标。无环的网络其连接数比节点数少 1 个（$L = V-1$）。若我们在这个网络上增加一个闭合连接，就形成一个环路。因此，当有环路存在时，$L > V-1$。现存的环路数与现存连接数的关系，用 $L-V+1$ 表示，即一个网络中独立环路的实际数。

环度 α 指数是网络的实际环路数与网络中存在的最大可能环路数之比。最大可能的环路是最大可能的连接数，即 $3(V-2)$ 减去无环路网络的连接数（$V-1$），$3(V-2) - (V-1)$ 等于 $2V-5$，因此，α 指数为

$$\alpha = \frac{L-V+1}{2V-5}$$

α 值的变化范围为 0～1.0，当 $\alpha = 0$ 时，表示网络无环路；当 $\alpha = 1.0$ 时，表示网络具有最大可能的环路数。

在 A 网络中，$\alpha = (L-V+1)/(2V-5) = (12-13+1)/(2 \times 13-5) = 0$

在 B 网络中，$\alpha = (L-V+1)/(2V-5) = (18-13+1)/(2 \times 13-5) = 0.29$

这样，假设一个物种沿着 A 网络通过景观时，就没有可供选择的路线，而若沿着 B 网络通过景观，就有几种可供选择的路线，从而可以躲避干扰或天敌以及减少时间和路程。

网络结构的隔离效应可应用在病虫害防治上，我们研究清楚了病虫害的发生和传播途径后，就可以通过景观设计对其加以控制，切断其传播途径，这时，就要根据病虫害的生物学特性和生态习性，加上网络的连通性、环度的计算来合理选配和布局种群，这在生态、社会、经济上具有重大意义。

2. 斑块网络

复合种群动态理论（metapopulation dynamics）是注重斑块网络研究的一个实例。复合种群生态学将景观看作真实生境斑块（片段）构成的网络，物种以局域种群的形式生活在这些斑块上，并通过迁移进行联系，形成"斑块网络"（Hanski，1998）。复合种群即指具有空间结构的种群，复合种群动态则包括了全部的空间动态过程。

复合种群理论主要研究空间隔离的局域种群动态。局域种群的空间结构与景观斑块分布相关，尤其是在破碎化景观中，这种相关关系非常突出。复合种群生物学关注局域种群之间迁移的动态过程以及由不稳定的局域种群形式存在的物种在区域尺度上的存活条件。对于生境斑块面积和隔离对种群迁移、占据和灭绝的影响的深入研究，如今已经与经典复合种群动态有机联系。

研究表明，在适宜生境之间设置物种交流廊道，建立起斑块网络，使生境在群落和生态系统水平上连接起来，将更加有利于物种保护（Hudson，1991）。

3. 景观连通性

1）景观连通性的概念

景观连通性是景观的重要特征。在景观生态学中，存在景观连通性（landscape connectedness）和景观连接度（landscape connectivity）两个概念，因为 connectedness 和 connectivity 两个词的中文一般都可译作连通性，所以很容易让人混淆。其实在英文中，connectedness 有两个含义，即指事物/事件之间的关联关系（a relation between things or events）或者关联状态（the state of being connected）。而 connectivity 只有一个含义，即指与某些事物的关联特性或程度（the property of being connected or the degree to which something has connection），二者还是有一定区别的。

landscape connectedness 取的是 connectedness 关联状态的意思，主要用来表示景观要素在空间结构上的关联（Baudry，1984），被译作景观连通性；而 landscape connectivity 主要是指景观要素在结构和（或）功能过程上的联系（Merriam，1984），被译为景观连接度。为了避免这两个概念因译法而引起混淆，同时考虑到其他学科多采用连通性的概念（如拓扑学和网络研究），我们建议不必试图区分 landscape connectedness 和 landscape connectivity，而统一译作"景观连通性"。本书以此译法为准。

目前，景观连通性（landscape connectivity）的概念得到了广泛使用。Forman 和 Godron（1986）将景观连通性定义为：描述景观中廊道或基质在空间上如何连接和延续的一种测定指标。Taylor 等（1993）给出了另外一个定义：景观连通性是景观有利于或者妨碍（生物）在资源斑块间运动的程度（the degree to which the landscape facilitates or impedes movement among resource patches）。综合景观连通性这两个方面的含义（Brooks，2003；Janssens and Gulinck，1988；McDonnell and Pickett，1988）将其明确划分为，①结构连通性（structural connectivity）：景观的空间结构并可用制图单元表示（the spatial structure of a landscape and can be described from map element）；②功能连通性（functional connectivity）或生物组分（biological component）：生物个体对景观特征的反映（the response of individuals to landscape feature）。可见，实际上用景观连通性一个译法即可表达 landscape connectedness 和 landscape connectivity 两个方面的含义，而不必再去纠缠概念的异同。

结构连通性可从几个方面得到反映：斑块大小、形状、同类斑块之间的距离，廊道存在与否、不同类型廊道之间相交的频率、由廊道组成的网格单元的大小。功能连通性则需要通过斑块之间物种迁徙或其他生态过程进展的顺利程度来反映。

研究表明，景观连通性对于破碎化景观（如农业景观）中动物栖息地和物种保护具有重要意义（Wu et al., 1993；Forman and Baudry 1984）。但是，具有较高的结构连通性，不一定具有较好的功能连通性。景观结构连通性较差，景观功能连通性不一定低。因为景观连通性描述的不仅仅是景观的空间结构特征，它还代表着和景观自然形态特征相联系的生态功能过程，这种功能过程必须和具体的生物或具体的目的相结合，如物种保护、物质迁移、能量交换。McDonnell 和 Stiles（1983）以鸟类为例说明了结构连通性和功能连通性的这种关系。尽管不同栖息地在景观中不存在廊道连通，但鸟类可以飞越较长距离到达其他同类斑块，对于鸟类来说，只要斑块之间的距离限定在其可以飞越的距离之内，仍具有较好的景观功能连通性。而景观结构连通性较好的道路网，在物质和能量的传输交换上将起到积极的作用，对于物质运输和能量交换具有较高的功能连通性；但对于鸟类在栖息地之间的迁徙交流将起到阻挡作用，具有较差的功能连通性。

2）景观连通性的特征

景观中生物种群之间连通性的高低取决于景观的结构和生物的行为两个因素（Merriam，1988，1991）。景观结构影响景观的功能和变化，相反，景观结构的演变又产生出新的形态和新的功能。由于研究生态功能和生态过程需要较长的时间和花费大量的精力，通常情况下生态学家通过研究景观要素在空间上的分布格局，来反映不同的景观生态功能和生态过程（Turner，1989），因此研究景观连通性离不开对景观结构的分析。

（1）景观连通性的影响因子。研究表明，影响景观连通性的因素有多个方面（Fahrig and Merriam，1985；Baudry，1984；McDonnell and Stiles，1983），不仅和景观的空间结构有着密切的关系，而且与研究的生态过程和研究对象有关。主要表现在以下三个方面。①景观的组成要素及分布格局。斑块大小、形状、同类斑块之间的距离、相互关系以及斑块与廊道、基质之间的关系，斑块之间是否存在廊道，廊道的组成物质、宽度、形状、长度都将影响景观连通性的水平。②所研究的生态过程。不同的生态过程，运动变化的机制不同。景观中物种迁移、能量流动均有各自的规律，同一类型的景观结构，由于研究的生态过程不同，其机制不同，斑块之间的连通性水平将有较大差异。③研究对象。不同物种对于同一种景观资源利用方式不同，其景观连通性将会不同。例如，陆生生物与水生生物之间，陆地生物和飞禽之间，由于各自适应的环境条件不同，在同一种景观要素中将有不同的适应能力，其景观连通性将有较大的差异。

（2）景观连通性与廊道的关系。斑块之间有廊道存在，但其景观连通性也许为零。景观连通性在较大程度上和具体的生态过程、研究目的或廊道的组成、宽度、形状和质量有关。斑块之间的连通性可以有多种表现形式，除廊道外，斑块之间的距离只要限定在某些物种、物质和能量可以达到的范围内，或景观中斑块与相邻景观要素之间具有生态功能上的相似性，尽管不存在廊道，其景观连通性也具有较高水平。因此，廊道和景观连通性的根本区别在于，廊道只是景观连通性在空间的具体形态，即结构连通性，不能反映功能连通性的水平（Merriam，1991）。

对于生物而言，景观连通性只有一种含义。当景观连通性较大时，表明生物在景观中迁徙、觅食、交换、繁殖和生存比较容易，受到的阻力较小；当景观连通性较小时，生物在景观中迁徙、交换和觅食将受到更多的限制，运动的阻力较大，生存困难。

对于生物而言，廊道却具有多重属性。廊道的通道作用早已为人们所熟知（Harris and Gallagher，1989；Schreiber，1988），特别是研究人类活动占主导的农业景观中的动物栖息地保护时，在生物栖息地（斑块）之间建立合理的廊道将起到积极的作用。然而，廊道的隔离作用尚未引起足够重视（Bennett，1990；Schreiber，1988；Madar，1984）。廊道的隔离作用是相对的，不同廊道有其特定的目的，如道路作为输送物质和人的通道，对于生物群体的迁徙却起到阻挡作用。研究廊道对于保护生物的正面作用时还应关注其负面效应，对于适合某一物种的廊道，其生态功能是否也适合于其他物种生存值得探讨。研究表明，廊道的建立有时会导致目标种天敌的引入，反而对该物种起不到保护作用。廊道作为源还是汇直接取决于廊道的性质和宽度，如河流可以作为水生动物的通道、源、栖息地，但对于陆生生物，却起到了隔离和汇的作用（Lynch and Whigham，1984；Adams and Gies，1983）。

以往人们更注重于廊道对景观连通性的影响，但 Taylor 等（1993）强调了景观连通性的另一个方面，即景观连通性是描述景观中各种要素有利或不利于生物在不同斑块之间迁徙、觅食的程度。不仅廊道对景观连通性有显著的影响，景观中其他要素对景观连通性也有明显的作用。可以认为景观连通性研究的是同类斑块之间或异类斑块之间在功能过程上的有机联系，这种联系可能是生物群体之间的物种交换，也可以是景观元素间物质与能量的交换和迁移。

（3）景观连通性的特点。景观连通性不能仅仅通过景观结构的空间特征得到反映，还必须在研究景观结构的基础上，通过观测能量、物质和物种在景观中的流动性，测定景观连通性。例如，通过观测生物行为和对生物迁徙、生存的影响，测定景观连通性。它表达了生物群体在景观中活动、生存的能力和景观元素对它的抑制程度。

景观连通性是相对于某种生物群体、生态过程和研究对象而言的。对于特定生态过程具有较高景观连通性的景观单元，对于其他生物群体或生态过程，其景观连通性也许呈现较低水平。

景观连通性可以作为一个相对的测定指标，它表达了一种生态过程在两个景观要素之间进行的顺利程度，其大小应为 0～1，0 表示景观要素之间在功能上没有生态联系，1 表示了景观要素之间在功能上达到最好的联系。

景观连通性研究主要集中在两个方面。①受人类严重干扰的景观，斑块之间廊道的作用成为研究的重点。研究表明，人类活动强烈干扰的景观，由不同栖息地形成的斑块大小、连通性水平在较大程度上影响着物种多度（abundance）、迁徙格局（movement pattern）和续存（persistence）（Wu et al.，1993；Fahrig and Paloheimo，1988；Fahrig and Merriam，1985；O'Neill et al.，1988b）。景观中资源斑块的丰富度和分布对于物种的生存至关重要，但生物群体能否从一个资源斑块到达另外一个资源斑块，在相当程度上取决于二者之间的景观连通性水平。②自然景观，研究不同景观要素之间，同类性质或不同性质斑块之间的景观连通性十分重要。对于自然景观，生物栖息地与其周围的景观要素间存在较多的自然联系，但不同性质的景观要素对于生物迁徙和觅食将起到不同的作用，研究所有景观要素的景观连通性具有重要意义。

3）景观连通性的应用

景观连通性在景观生态学研究中得到了广泛应用，特别是在生物资源管理、生物多样性保护和景观规划设计方面开展了较多研究工作。随着研究的深入，景观连通性将具有广阔的应用前景。

（1）景观连通性与生物多样性保护。研究不同栖息地之间景观连通性水平来分析生物种群之间的相互作用和联系，进而通过增减廊道的数量或改进质量可以促进生物多样性保护。Wu 等（1993）利用数学模型模拟了不同斑块（生物栖息地）之间廊道的数量（假设廊道具有相同的组成和质量）与生物续存之间的关系，结果显示：廊道在种群之间的个体交换、迁徙和续存中具有重要作用，但斑块之间的廊道数量并非越多越好，物种续存还与不同斑块上个体数量密切相关。当一个斑块上的个体数量低于物种续存的最低维持量而面临灭绝时，即使另一斑块上个体数量高于最低维持量而又低于某一特定数目时且两个斑块之间存在较高的连通性，二者个体交换的结果仍将导致两个局域种群同时灭绝；只有当第二个斑块上个体数目大于特定值时，两个斑块上的种群才能同时续存。前一种情况面临两种选择，要么两个斑块上的种群同时灭绝，要么切断二者的连接，保护一个斑块上的种群，放弃对另一个斑块的保护。但是为了这两个斑块上的种群能够同时存活下去，可以另外选择合适的斑块，建立廊道与它们联系，提高景观整体的连通性。

廊道在破碎化景观中栖息地和物种保护起着举足轻重的地位，廊道的作用关键取决于廊道的组成和质量，而廊道的组成和质量要视不同的生物而定（王军等，1999）。生物行为严重影响着景观连通性的水平。对于不同类型的景观，应针对保护对象进行景观连通性分析，建立最优的廊道数目、宽度、组成和空间排列方式，以及物种"垫脚石"（stepping stone），促进物种在景观中的迁徙、繁殖和栖息。

（2）景观连通性与景观规划设计。景观规划，通常情况下是增加或减少一些景观要素，由此将导致景观结构变化，进而影响到景观生态功能的变化（王军等，1999；王仰麟等，1998；肖笃宁，1998；李团胜，1996）。生态学家往往是先研究景观结构和生态过程之间的关系，然后设计出不同的景观结构来实现某些生态功能和目的。因此，景观规划管理可以从景观连通性的概念中得到启示，其目的应该不仅仅是提高景观中各要素之间的结构连通性，关键是增强它们的功能连通性。

对景观结构影响最明显的 3 种方式为土地利用调整、道路建设和城市规划。土地利用调整是随着人口结构的变化和经济发展的需求，重新分配农业的用地结构或将部分自然景观（森林、草地、自然保护区）划为农田，将导致农田的扩大和一些具有生态功能的景观要素消失，如树篱、田沟等。为了避免生物多样性和景观多样性的降低，必须研究景观要素之间的连通性水平，在影响生物种群的重要地段和关键点，保留生物的生境或在不同生境之间建立合理的廊道。

　　道路建设往往会割断生物迁徙和觅食的路径，破坏生物的生境，降低景观的连通性。通过景观连通性分析，掌握景观中不同要素的作用，修建道路时对于影响景观连通性的敏感廊道或区域，为了降低对生物的阻隔作用，可以建立桥梁、隧道、自然保护区、增加廊道，达到保护生物生境的目的。在法国，为了保护蟾蜍和鹿，在它们经常出没的地方就通过修建隧道和桥梁来保护物种的通过（Ministere Des Transport，1981）。

　　城市规划经常是增加人为景观要素，减少自然景观要素。为了保护动植物生境，常在城市地区建立动植物园和自然保护区，尽管生物得到了保护，但也在相当程度上改变了生物的生态习性，甚至降低了生物的遗传能力。为了不改变生物的生活习性，可以在动植物园或自然保护区和野生动植物群落之间建立廊道或"垫脚石"，将被保护的和野生的生物种群联系起来，这项工作有赖于景观连通性的研究。在美国华盛顿州进行的城市规划中，曾做过这种尝试（Greer，1982），通过溪沟廊道将城市中零散分布的动植物公园和野外的生物群落联系起来，可以使野鸭从野外的栖息地直接进入城市公园，在城市发展的同时，又一定程度上恢复了景观连通性。

3.5　景观格局指数

　　景观生态学研究需要一些新方法来定量描述空间格局，比较不同景观，分辨具有特殊意义的景观结构差异以及确定景观格局和功能过程的相互关系等，因为：①景观生态学研究的是经典生态学并不十分重视的大时空尺度特征，因此以往的数量化模型不能完全适用；②景观生态学主要研究多变量和复杂过程，一般的数量化方法无法满足需要；③景观生态学大尺度实验的困难，特别是跟踪调查需要的时间长、花费大。例如，某些植被景观的演替周期要远远长于人的寿命。但是，由于计算机技术的发展，数据处理和分析能力的提高，地理信息系统（GIS）、遥感技术和模型方法的进步，使得景观生态学家仍然可以通过景观数量方法来描述景观格局和过程。景观生态学近年来发展迅速，除了给生态学带来了一些新概念和新理论外，其发展的主要方面表现在数量方法（Turner and Gardner，1991）。

　　景观格局是许多生态过程长期作用的产物，同时景观格局也直接影响生态过程。不同的景观格局对生物个体、种群或生态系统的影响作用差别很大。如何定量地分析景观格局是景观生态学的一个重要的而且具有挑战性的研究课题（Wiens，1988）。

　　景观格局分析方法分为两类，即景观空间格局指数和景观格局分析模型。数据来源主要是基于 RS/GPS/GIS 技术的各种图件以及实地调查数据。主要工具有 FRAG-STATS、各种景观模型以及生态学/地理学/地统计学/数学/物理学方法。这些景观数量研究方法为建立景观结构与功能过程的相互关系，预测景观变化提供了有效手段。

　　景观格局指数包括两个部分，即景观单元特征指数和景观整体特征指数。景观单元特征指数是指用于描述斑块面积、周长和斑块数等特征的指标；景观整体特征指数包括多样性指数（diversity index）、镶嵌度指数（patchiness index）、距离指数（distance index）及生境破碎化指数（habitat fragmentation index）4 类。应用这些指数定量地描述景观格局，可以对不同景观进行比较，研究它们结构、功能和过程的异同。

3.5.1 景观单元特征指数

1. 斑 块 面 积

斑块面积（patch area）：从图形上直接量算。揭示出景观的完整性。最大和最小面积分别具有不同的生态意义。

斑块平均面积（average patch area）：整个景观的斑块平均面积＝斑块总面积/斑块总数；单一景观类型的斑块平均面积＝类型的斑块总面积/类型的斑块总数量。这个指标在一定意义上揭示景观破碎化的程度。

斑块面积的统计分布（statistical distribution of patch area）：研究斑块的面积大小符合哪种数理统计分布规律，不同的统计分布规律揭示出不同的生态特征。

斑块面积分布的方差（variance of patch area）：通过方差分析，揭示斑块面积分布的均匀性程度。

景观相似性指数（landscape similarity index）：类型面积/景观总面积。度量单一类型与景观整体的相似性程度。

最大斑块指数（largest patch index）：景观最大斑块指数＝最大斑块面积/景观总面积；类型最大斑块指数＝类型的最大斑块面积/类型总面积。显示最大斑块对整个景观或者类型的影响程度。

2. 斑 块 数

斑块数（number of patches）：包括整个景观的斑块数量和单一类型的斑块数量，揭示出景观被分割的程度。

斑块密度（patch density）：整个景观的斑块密度（镶嵌度）＝景观斑块总数/景观总面积；类型的斑块密度（孔隙度）＝类型斑块数/景观总面积。这个指标虽与斑块平均面积互为倒数，但是生态意义明显不同。

单位周长的斑块数（number of patches on unit perimeter）：整个景观的单位周长的斑块数＝景观斑块总数/景观总周长；类型的单位周长的斑块数＝类型斑块数/类型周长，揭示景观破碎化程度。

3. 斑 块 周 长

斑块周长（patch perimeter）：景观斑块的重要参数之一，反映了各种扩散过程（能流、物流和物种流）的可能性。

边界密度（perimeter density）：整个景观的边界密度＝景观总周长/景观总面积；类型的边界密度＝类型周长/类型面积。揭示了景观或类型被边界分割的程度，是景观破碎化程度的直接反映。

形状指标（shape index）：周长与等面积的圆周长之比 $P/(2\times\sqrt{\pi A})$，其中，P 为

斑块周长，A 为斑块面积。例如，研究湖泊时常用这一指标来表示湖岸线的发育程度，圆形湖泊为 1.0，长条形湖泊（如贝加尔湖）为 3～4。

内缘比例（interior ratio）：斑块周长与斑块面积之比，是指斑块的边缘效应。

景观单元指数还有一些，如核心面积（core area）、核心面积数量（number of core areas）、核心面积指数（core area index）等，感兴趣的读者请参阅文献（McGarigal and Marks，1993）。

3.5.2 景观多样性和异质性指数

1. 多样性指数

经典生态学中的多样性指数通常用于确定群落的空间分布规律。多样性指数在景观生态学中应用也很广泛（O'Neill et al.，1988a）。景观多样性指数与群落多样性指数的主要差异是：群落多样性指数使用物种及个体密度进行计算，景观多样性指数则采用生态系统（或斑块）类型及其在景观中所占面积比例。常用的 3 个景观多样性指数是：丰富度（richness）、均匀度（evenness）、优势度（dominance）。为增强它们的可比较性，我们使用相对性指数（relative index），即标准化后取值为 0～1（或 0～100%）的指数。此外，均匀度和优势度是以信息理论为基础的多样性指数，它们要求满足随机分布假设。

丰富度是指在景观中不同景观组分（生态系统）的总数。丰富度由下式给出：

$$R = (T/T_{\max}) \times 100\% \qquad (3\text{-}2)$$

式中，R 为相对丰富度指数（百分数）；T 为丰富度（即景观中不同生态系统类型总数）；$T_{\max}$ 为景观最大可能丰富度（Romme，1982）。

均匀度描述景观中不同生态系统的分配均匀程度。Romme 的相对均匀度计算公式为

$$E = (H/H_{\max}) \times 100\% \qquad (3\text{-}3)$$

式中，E 为相对均匀度指数（百分数）；H 为修正了的 Simpson 指数；$H_{\max}$ 为在给定丰富度 T 条件下景观最大可能均匀度。H 和 $H_{\max}$ 的计算公式为

$$H = -\log\Big[\sum_{i=1}^{T}(P_i)^2\Big]$$
$$H_{\max} = \log(T) \qquad (3\text{-}4)$$

式中，$\log$ 为自然对数；P_i 为生态系统类型 i 在景观中的面积比例；T 为景观中生态系统的类型总数（Romme，1982）。

优势度与均匀度呈负相关，它描述景观由少数几个主要生态系统控制的程度。优势度是由 O'Neill 等（1982）首先提出和应用于景观生态学的。但由于 O'Neill 等给出的计算公式在理论上有缺点，下面给出的是相对优势度的计算公式（李哈滨和伍业钢，1992）：

$$RD = 100 - (D/D_{\max}) \times 100\% \qquad (3\text{-}5)$$

式中，RD 为相对优势度指数（百分数）；D 为 Shannon 的多样性指数；$D_{\max}$ 为 D 的最

大可能取值。D 与 $D_{\max}$ 的计算公式为

$$D = -\sum_{i=1}^{T} P_i \log(P_i)$$

$$D_{\max} = \log(T) \qquad (3\text{-}6)$$

式中各项定义与相对均匀度计算式中一样。显然，优势度和均匀度只需用其中之一，因为它们从本质上讲是一样的；它们的差异是其生态学意义不同。

2. 镶嵌度指数

镶嵌度（patchiness）和聚集度（contagion）是两个应用相邻景观组分信息的景观异质性指数。镶嵌度描述景观相邻生态系统的对比程度。Romme（1982）在对美国黄石国家公园林火格局的研究中，提出并使用了相对镶嵌度指数。下面是修正了的 Romme 相对镶嵌度的计算公式（李哈滨和伍业钢，1992）：

$$PT = \frac{1}{Nb} \sum_{i=1}^{T} \sum_{j=1}^{T} EE(i,j) DD(i,j) \times 100\% \qquad (3\text{-}7)$$

式中，PT 为相对镶嵌度指数（百分数）；$EE(i,j)$ 为相邻生态系统 i 和 j 之间的共同边界长度；$DD(i,j)$ 为生态系统 i 和 j 之间的相异性量度；Nb 为景观中不同生态系统间边界的总长度。EE 和 DD 均为 $T \times T$ 阶对称方阵。EE 需要从景观数据中量测得到。此外，$EE(i,j)/Nb$ 实际上可以视为生态系统 i 与生态系统 j 相邻概率的估计值。DD 可由专家根据经验来确定，或由另外一套独立的数据利用某种数量方法（如排序的主轴值）较客观地确定。不管 DD 用何方法来确定，$DD(i,j)$ 的取值必须为 0~1。例如，假定某一森林景观中有 3 种生态系统类型：天然成熟林、50 年人工林、新采伐迹地，则 DD 为 3×3 阶矩阵。由于 DD 为对称阵［即 $DD(i,j) = DD(j,i)$］，主对角线上的元素［即 $DD(i,i)$］取值为 0，就是说一生态系统与其本身的差异为 0。根据森林生境质量，我们可以主观地定义：成熟林与采伐迹地之间的差异为 1.0，成熟林与人工林的差异为 0.4，人工林与采伐迹地的差异为 0.5。则 DD 矩阵为

$$DD = \begin{bmatrix} 0.0 & 0.4 & 1.0 \\ 0.4 & 0.0 & 0.5 \\ 1.0 & 0.5 & 0.0 \end{bmatrix} \qquad (3\text{-}8)$$

镶嵌度（PT）取值大，代表景观中有许多不同生态系统交错分布，对比度高；反之，PT 取值小，代表景观的对比度低。

聚集度描述了景观中不同生态系统的团聚程度。聚集度由 O'Neill 等（1988a）首先提出，由于它与镶嵌度都包含空间信息，聚集度在景观生态学中应用广泛。因为 O'Neill 等的聚集度计算公式有误，李哈滨和伍业钢（1992）加以修正，新计算式如下：

$$RC = 1 - C/C_{\max}$$

$$C = -\sum_{i=1}^{T} \sum_{j=1}^{T} P(i,j) \log[P(i,j)] \qquad (3\text{-}9)$$

$$C_{\max} = 2\log(T)$$

式中，$P(i,j)$ 为生态系统 i 与 j 相邻的概率；T 为景观中生态系统类型总数。在实际

计算中，$P(i, j)$ 可由下式估计：

$$P(i, j) = EE(i, j)/Nb \tag{3-10}$$

式中，$EE(i, j)$ 与 Nb 的定义已在前面相对镶嵌度指数计算式中给出。聚集度 RC 取值大代表景观由少数团聚的大斑块组成，RC 取值小则代表景观由许多小斑块组成。理论上，聚集度与镶嵌度成反比。其主要不同之处在于，聚集度是由相邻概率来表达的，而镶嵌度的计算不仅使用相邻概率而且使用相邻生态系统的对比度。

3. 距 离 指 数

斑块间的距离是指同类斑块间的距离。用斑块距离来构造的指数称为距离指数。距离指数有两种用途：一种是用来确定景观中斑块分布是否服从随机分布；另一种是用来定量描述景观中斑块的连通度（connectivity）或隔离度（isolation）。下面我们介绍两种距离指数：最小距离指数（nearest neighbor index）和邻近度指数（proximity index）。

最小距离指数用来检验群落里一个种的个体是否服从随机分布。我们把其计算式中的个体间最小距离换成斑块间最小距离，然后用于景观研究：

$$NNI = MNND/ENND \tag{3-11}$$

式中，NNI 为最小距离指数；$MNND$ 为斑块与其最近相邻斑块间的平均最小距离；$ENND$ 为在假定随机分布前提条件下 $MNND$ 的期望值。$MNND$ 和 $ENND$ 的计算式如下：

$$MNND = \sum_{i=1}^{N} NND(i)/N$$

$$ENND = 1/(2\sqrt{d}) \tag{3-12}$$

式中，$NND(i)$ 为斑块 i 与其最近相邻斑块间的最小距离；d 为景观中给定斑块类型的密度。应该注意，$NND(i)$ 必须是斑块 i 中心到其最近相邻斑块中心的距离，因为我们假定斑块是在其中心上的一个点，而忽略其面积。由于斑块形状常常是不规则的，在实际量测时其中心很难确定，所以，我们必须用斑块的重心来代替其中心。斑块密度 d 由下式给出：

$$d = N/A \tag{3-13}$$

式中，N 为给定斑块类型的斑块数；A 是景观总面积。注意 d 和 $NND(i)$ 的量测单位必须是一致的。若 NNI 的取值为 0，则格局为完全团聚分布；若 NNI 的取值为 1.0，则格局为随机分布；若 NNI 取其最大值 2.149，则格局为完全规则分布。

邻近度指数可用来描述景观中同类斑块联系程度。邻近度指数是最近相邻斑块距离的反函数，它使用斑块面积作加权数：

$$PX = \sum_{i=1}^{N} \left(\frac{A(i)/NND(i)}{\sum_{i=1}^{N} A(i)/NND(i)} \right) \tag{3-14}$$

式中，PX 为邻近度指数；$A(i)$ 为斑块 i 的面积；$NND(i)$ 为斑块 i 到其相邻斑块的最小距离。PX 取值为 $0 \sim 1$；PX 取值大时，则表明景观中给定斑块类型是群聚的。

4. 生境破碎化指数

生境破碎化（habitat fragmentation）是景观的一个重要属性。生境破碎化与自然资源保护紧密相关，许多濒危物种需要大面积自然生境才能保证生存。此外，生境破碎化是景观异质性的一个组成成分。下面，我们以森林景观为例，讨论生境破碎化的定义及其量度。

森林破碎化的主要表现为：森林斑块数量增加而面积减少，森林斑块的形状趋于不规则，森林内部生境（interior habitat）面积缩小，作为物质和物种流通渠道的森林廊道（corridor）被切断，森林斑块彼此被隔离（李哈滨和伍业钢，1992）。可以采用景观破碎化指数描述景观中一生境类型在给定时间里和给定性质上的破碎化程度。所有生境破碎化指数的取值为 $0 \sim 1$；0 代表无生境破碎化存在，而 1 则代表给定性质已完全破碎化。下面分别讨论 3 种生境破碎化指数：森林斑块数、森林斑块形状、森林内部生境面积。另外一种生境破碎化指数是森林斑块连接度，前面已讨论。

森林斑块数破碎指数：

$$FN_1 = (Np - 1)/Nc$$
$$FN_2 = MPS(Nf - 1)/Nc \tag{3-15}$$

式中，FN_1 和 FN_2 分别为两个森林斑块数破碎化指数；Nc 为景观数据矩阵的方格网中格子总数；Np 为景观中各类斑块（包括森林、采伐迹地、灌丛、农田、居民区等）的总数；MPS 是景观中各类斑块的平均斑块面积（以方格网的格子数为单位）；Nf 为景观中森林斑块总数。

森林斑块形状破碎化指数：

$$FS_1 = 1 - 1/MSI$$
$$FS_2 = 1 - 1/ASI$$
$$MSI = \sum_{i=1}^{N} SI(i)/N$$
$$ASI = \sum_{i=1}^{N} A(i)SI(i)/A \tag{3-16}$$
$$SI(i) = P(i)/(4\sqrt{A(i)})$$
$$A = \sum_{i=1}^{N} A(i)$$

式中，FS_1 和 FS_2 分别为两个森林斑块形状破碎化指数；MSI 为森林斑块的平均形状指数；ASI 为用面积加权的森林斑块平均形状指数；SI（i）为森林斑块 i 的形状指数；P（i）为森林斑块 i 的周长；A（i）为森林斑块 i 的面积；A 为森林总面积；N 为森林斑块数。注意，$SI(i)$ 的计算式是以正方形为标准的形状指数，因为我们使用的数据是格栅化的，即正方形斑块的形状指数为 1，其他形状均大于 1。

森林内部生境面积破碎化指数：

$$FI_1 = 1 - A_i/A$$

$$FI_2 = 1 - A_1/A \tag{3-17}$$

式中，FI_1 和 FI_2 为是两个森林内部生境面积破碎化指数；A_i 为森林内部生境总面积；A_1 为最大森林斑块面积；A 为景观总面积。森林内部生境是指不受边缘效应（edge effect）影响的森林生境（Forman and Godron，1986）。所以，A_i 为森林斑块总面积减去受边缘效应影响的森林面积。

3.5.3 FRAGSTATS 软件

景观空间格局指数十分丰富，手工计算工作浩繁，因此出现了专门用于这项工作的软件——景观结构数量化软件包（FRAGSTATS3.3）。FRAGSTATS 是 Fragmentation Statistics 的缩写。它所有的指数计算都是基于景观斑块的面积、周长、数量和距离等几个基本指标进行。它要求的输入主要是各种类型的栅格数据，如 Arc-Grid、ASCII、BINARY、ERDAS 和 IDRISI 的图形文件，但这一版本不接受 Arc/Info 矢量数据。

它所计算的指数包括 3 个等级，即景观斑块、景观类型、景观整体以及它们的邻接关系。关注 8 个类别的景观特征，包括面积/密度/边界（area/density/edge）、形状（shape）、核心面积（core area）、隔离/邻近（isolation/proximity）、对比（contrast）、蔓延/散布（contagion/interspersion）、连通性（connectivity）和多样性（diversity）。

每一类别中都包括很多具体指数。例如，在面积/密度/边界一类指数中就具体包括了景观斑块指数：P4——斑块面积（AREA），P5——斑块周长（PERIM），P6——回旋半径（GYRATE）；景观类型指数：C3——类型总面积（CA），C4——景观百分率（PLAND），C5——斑块数（NP），C6——patch density（PD），C7——total edge（TE），C8——edge density（ED），C9——landscape shape index（LSI），C124——normalized landscape shape index（nLSI），C10——largest patch index（LPI），C11~C16——patch area distribution（ _ AM，_ MD，_ RA，_ SD，AREA _ MN，_ CV），C17~C22——radius of gyration distribution（ _ AM，_ MD，_ RA，_ SD，GYRATE _ MN，_ CV）；以及景观整体指数：L3——total area（TA），L5——Number of Patches（NP），L6——patch density（PD），L7——Total Edge（TE），L8——edge density（ED），L9——landscape shape index（LSI），L10——largest patch index（LPI），L11~L16——patch area distribution（AREA _ MN，_ AM，_ MD，_ RA，_ SD，_ CV），L17~L22——radius of gyration distribution（ _ AM，_ MD，_ RA，_ SD，GYRATE _ MN，_ CV）。

它的计算结果可以 4 种不同扩展名的文件类型输出，即用户给出结果的文件名，FRAGSTATS 就会自动将结果分别以 .patch、.class、.land 和 .adj 的扩展名输出。这些 ASCII 格式的文件类型可以方便地与一些常用的数据库软件接口，以便于后续的数据处理。这里只对 FRAGSTATS 软件作一简要介绍，有兴趣的读者可以参见 McGarigal 和 Marks（1993）。

3.6 景观格局分析模型

景观整体格局有下列方面需要定量研究：①景观的组成和结构（即景观的空间异质性）；②景观中斑块的性质和参数的空间相关性（即空间相互作用）；③景观格局的趋向性（即空间规律性或梯度）；④景观格局在不同尺度上的变化（即格局的等级结构）；⑤景观格局与景观过程的相互关系。

针对不同的研究目的，很多在数学、物理学和化学等学科中成熟和新兴的方法都可以借鉴和应用到景观空间格局分析之中，因此景观空间格局分析模型很丰富，并且仍在蓬勃发展。目前应用比较广泛的模型主要包括：用于分析空间自相关（spatial autocor-relation）的地统计学（goestatistics）方法；用于分析格局周期性的谱分析（spectral analysis）；用于分析格局梯度特征的趋势面分析（trend surface analysis）和亲和度分析（affinity analysis）；用于分析尺度变化的聚块样方方差分析（blocked quadrat variance analysis）、分形几何学（fractal geometry）和小波分析（wavelet analysis）；用于分析景观局域相互作用、局部因果关系的多体系统所表现出的集体行为及其时间演化的元胞自动机（cellular automata）等。它们在阐述景观的空间异质性和规律性、生态系统之间的相互作用以及空间格局的等级结构等方面发挥着积极作用。

3.6.1 空间自相关分析

空间自相关分析（spatial autocorrelation analysis）是用来检验空间变量的取值是否与相邻空间上该变量取值大小有关。如果某空间变量在一点上的取值大，而同时在其相邻点上取值也大的话，则我们称之为空间正相关；否则，则称为空间负相关。空间自相关分析的数据可以是类型变量（如颜色、种名、植被类型等）、序数变量（如干扰级别）、数量变量或二元变量。变量在一空间单元的取值可以是直接观测值，也可以是样本统计值。变量应满足正态分布，并由随机抽样而获得。

下面，我们分步介绍空间自相关分析的计算方法（Cliff and Ord，1981）。空间自相关分析的第一步是对所检验的空间单元进行配对和采样。空间单元的分布可以是规则的，也可以是不规则的。所有配对的空间单元对都可以用连线图表示出来。

空间自相关分析的第二步是计算空间自相关系数。这里我们介绍两种用于分析数量变量的自相关系数。一种是 Moran 的 I 系数：

$$I = \frac{n \sum_{i=1}^{n} \sum_{j=1}^{n} W_{ij} (X_i - \overline{X})(X_j - \overline{X})}{\left(\sum_{i=1}^{n} \sum_{j=1}^{n} W_{ij} \right) \sum_{i=1}^{n} (X_i - \overline{X})^2} \tag{3-18}$$

另一种是 Geary 的 C 系数：

$$C = \frac{(n-1) \sum_{i=1}^{n} \sum_{j=1}^{n} W_{ij} (X_i - X_j)^2}{2 \left(\sum_{i=1}^{n} \sum_{j=1}^{n} W_{ij} \right) \sum_{i=1}^{n} \sum_{j=1}^{n} (X_i - X_j)^2} \tag{3-19}$$

式中，X_i 和 X_j 分别为变量 X 在配对空间单元 i 和 j 上的取值；$\overline{X}$ 为变量 X 的平均值，W_{ij} 为相邻权重；n 为空间单元总数。上面的计算式中，所有双求和号（即 $\sum\sum$）要求约束条件 $i \neq j$。另外，相邻权重 W_{ij} 的确定方法有多种。最常用的是二元相邻权重，即当空间单元 i 和 j 相连接时 W_{ij} 为 1，否则为 0（实际计算中，可规定如果有 $i=j$，则定义 $W_{ij}=0$）。其他相邻权重有两空间单元的距离或者两空间单元相邻接边界长度。从上面给出的公式可知，I 系数与统计学上的相关系数类似，它取值为 $-1\sim1$；当 $I=0$ 时代表空间无关，I 取正值时为正相关，I 取负值时为负相关。C 系数与下面介绍的变异矩有一定类似之处，二者的计算式中都含有 $(X_i-X_j)^2$ 项。C 系数取值大于或等于 0，但通常不超过 3；C 取值小于 1 时，代表正相关，C 取值越大于 1，则相关性越小。

空间自相关分析的第三步是进行显著性检验。I 和 C 系数的期望值和方差的计算式如下：

$$E(I) = -1/(n-1)$$
$$Var(I) = \frac{n^2 S_1 - n S_2 + 3S_0^2}{(n^2-1)S_0^2}$$
$$E(C) = 1 \tag{3-20}$$
$$Var(C) = \frac{(n-1)(2S_1 + S_2) - 4S_0^2}{2(n-1)S_0^2}$$

式中，$E(C)$ 为期望值；$Var(C)$ 为方差。此外，

$$I = \sum_{i=1}^{n} \sum_{j=1}^{n} W_{ij}$$
$$S_1 = \sum_{i=1}^{n} \sum_{j=1}^{n} (W_{ij} + W_{ji})^2/2 \tag{3-21}$$
$$S_2 = \sum_{i=1}^{n} \left(\sum_{j=1}^{n} W_{ij} + \sum_{j=1}^{n} W_{ji} \right)^2$$

其他各项的定义与上面自相关系数计算式中相同。标准正态统计数 Z 为

$$Z = [I - E(I)]/Var(I)$$

或

$$Z = [C - E(C)]/Var(C) \tag{3-22}$$

显著性程度可由比较 Z 值与统计表值而确定。

还有专门用来研究类型变量（如二元变量）的空间自相关分析方法，感兴趣的读者可参阅 Cliff 和 Ord（1981）的《空间过程：模型与应用》。此外，上面介绍的自相关系数只是用来研究一阶相邻自相关性。I 和 C 系数均可推广到 K 阶相邻自相关（Legendre and Fortin，1989），这时，它们与下面将要介绍的相关矩相似。其主要差异是，自相关分析以经典统计学为基础，主要用于检验自相关性是否存在，而相关矩则以地统计学为基础，主要用于描述空间相关性。

3.6.2　地统计分析

地统计学（geostatistics）是统计学的一个分支。由于它首先是在地学（采矿学、

地质学）中发展和应用的，最初的目的在于解决矿脉估计和预测等实际问题，因此得名地统计学。现在，地统计学的应用已被扩展到分析各种自然现象的空间格局，已被证明它是研究空间变异的有效方法（Legendre and Fortin，1989；Webster，1985）。

地统计学的理论主要是由 Matheron（1973，1963）归纳和发展的。地统计学以区域化随机变量理论（regionalized variable theory）为基础，研究自然现象的空间相关性和依赖性。区域化随机变量与普通随机变量不同，普通随机变量的取值按某种概率分布而变化，而区域化随机变量则根据其在一个域内的位置取不同的值。换句话说，区域化随机变量是普通随机变量在域内确定位置上的特定取值，它是随机变量与位置有关的随机函数。区域化随机变量考虑系统属性在所有分离距离上任意两样本间的差异，并将此差异用其方差来表示。区域化随机变量的其他特点有：①它与普通随机变量相比，只要求松弛了的假定；变异矩分析甚至在一些已松弛假定不满足的条件下仍可应用（Webster，1985）。②它为空间格局分析提供从抽样设计到误差分析的综合理论。③它可以定量地定义生态学上抽样和预测的"代表性"。

地统计学被应用到生态学研究中后显示出很大的潜力（Legendre and Fortin，1989）。地统计学主要应用于描述和解释空间相关性，建立预测性模型、空间数据插值，估计和设计抽样方法等。下面我们介绍两种地统计学分析方法：变异矩（variogram）和相关矩（correlogram），地统计学的主要应用方法即空间局部插值我们将随后介绍。

变异矩（variogram）研究和描述随机变量的空间变异性，定义为

$$g(h) = E\{[Z(x) - Z(x+h)]^2\}/2 \tag{3-23}$$

式中，$g(h)$ 为变异矩；h 为两样本间的分离距离；$Z(x)$ 和 $Z(x+h)$ 分别为随机变量 Z 在空间位置 x 和 $x+h$ 上的取值；$E\{\ \}$ 为数学期望。由于上式有 $1/2$ 这个因子，$g(h)$ 常被称为半变异矩（semivariogram）。变异矩是分离距离的函数，是随机变量 Z 在分离距离 h 上各样本的变异的量度。变异矩的实际计算公式为

$$g(h) = \frac{1}{2N(h)} \sum_{i=1}^{N(h)} [Z(x_i) - Z(x_i + h)]^2 \tag{3-24}$$

式中，$N(h)$ 为在分离距离为 h 时的样本对总数；式中其他各项定义同前。

相关矩描述随机变量的空间相关性，其数学定义为

$$r(h) = C(h)/C(0) \tag{3-25}$$

式中，$r(h)$ 为相关距；$C(h)$ 为自协方差；$C(0)$ 为通常所用的方差（即与距离无关）。$C(h)$ 和 $C(0)$ 的数学定义为

$$C(h) = E\{[Z(x) - \mu][Z(x+h) - \mu]\}$$
$$C(0) = E\{[Z(x) - \mu]^2\} \tag{3-26}$$

式中，μ 为随机变量 Z 的数学期望；其他各项定义同前。注意到相关距 $r(h)$ 与相关系数的定义很相似，只是 $r(h)$ 使用自协方差而相关系数使用协方差（即有两个随机变量）。用来计算相关矩的自协方差和方差的实际计算式为

$$C(h) = \frac{1}{N(h)} \sum_{i=1}^{N(h)} \{[Z(x_i)Z(x_i + h)]^2 - \overline{Z}^2\} \tag{3-27}$$

式中，N 为景观中随机变量 Z 的样本单元数；$\overline{Z}$ 为样本平均数；其他各项定义同前。

变异矩和相关矩是紧密相关的两个统计数。在理想状态下（请参见下面解释），它

们的相互关系可由下式来表达：

$$g(h) = C(0) - C(h) = C(0)[1 - r(h)]$$

$$C(0) = \frac{1}{N} \sum_{i=1}^{N} [Z(x_i)^2 - \bar{Z}^2] \tag{3-28}$$

$$\bar{Z} = \sum_{i=1}^{N} Z(x_i)/N$$

注意在给定样本条件下，$C(0)$ 为一个已知数，所以 $g(h)$ 与 $r(h)$ 呈线性负相关（图 3-2）。

显然，我们可以说变异矩可间接地描述随机变量的空间相关性。变异矩和相关矩的主要差异是，相关矩分析受一些限制性很强的假设所约束，而变异矩分析只要求一些松弛了的假设（Webster，1985；Journel and Huijbregts，1978）。首先，相关矩要求随机变量 Z 服从近正态分布或对数正态分布，而变异矩则在 Z 不服从正态分布的情况下也能使用。另外，相关矩分析要求区域化随机变量 Z 满足一阶稳态和二阶稳态假定（first order and second order stationarity assumptions），即 Z 在任意空间位置 x 上的数学期望不变（一阶稳态假定），即

$$E[Z(x)] = \mu \tag{3-29}$$

此外，Z 的方差是有限的，且其在任何分离距离 h 上的自协方差都与样本位置无关，而只与分离距离有关（二阶稳态假定）：

$$C(h) = E\{(Z(x) - \mu)(Z(x+h) - \mu)\} \tag{3-30}$$

二阶隐态假定在实际应用中常常是不满足的，这时相关矩不适用。相反，变异矩分析只需要满足二阶弱稳态假定（intrinsic hypothesis），即对于任何分离距离 h，离差 $[Z(x) - Z(x+h)]$ 具有有限方差，且与空间位置无关：

$$g(h) = E\{(Z(x) - Z(x+h))^2\}/2 \tag{3-31}$$

应该指出，若二阶稳态存在，则二阶弱稳态也存在；反之则不然。

下面讨论变异矩分析的一些参数，然后介绍几个估计变异矩参数的回归模型。相关矩的参数和模型与变异矩类似，很容易推导出来，因此不在此讨论。

如图 3-2 所示，变异矩是相对位置 h 的单增函数；$g(h)$ 随 h 而增加，从 0~1 为常数，称为渐近常数（sill），该常数相当于在随机抽样条件下的样本方差。距离在变异矩达到渐近常数时的取值称为相关阈（Range，即图 3-2 中 a）；样本在其分离距离小于相关阈时，应具有空间相关性，反之若 h 大于 a 则样本在理论上不再相关。有时在 h 趋于零时（即抽样间隔很小）变异矩并不趋于零，而取大于 0 的一个值，称为微域变差（micro-variation 或 nugget variance）。微域变差的来源有两种：一种是来自于随机变量在小于抽样尺度 h 时所具有的内在变异；另一种是来自于抽样式分析误差（如在分析土壤有机氮含量时，在同一点上取样两次，所得结果也许会有很大差异）。此外，变异矩通常不仅依赖于相对位置 h，而且有时还随着矢量 h 的方向而变，即存在各向异性（anisotropy）。确定空间变异是否是各向异性的，对解释空间格局是相当重要的。通常，我们在几个不同方向上计算变异矩，然后用变异矩在两个不同方向上的比值来确定各向异性是否存在，如果存在，则确定在什么尺度上存在（比值显著偏离 1 则各向异性存在）。上面讨论的这些参数（相关阈、渐近常数、微域变差、各向异性），为我们提供许

多有关景观空间结构的重要信息。

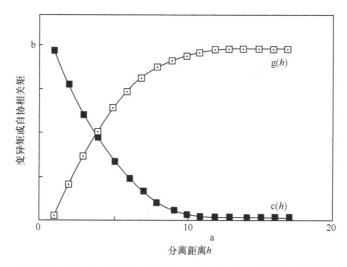

图 3-2　在满足二阶稳态假设条件下，变异矩和相关矩的关系
a 为相关阈；b 为渐近常数（李哈滨和伍业钢，1992）

变异矩分析的结果-空间变异曲线图（即 X 轴为距离 h，Y 轴为变异矩的图）可以用数学模型来表达。变异矩模型主要有两种用途：一种是用来定量确定变异矩的参数；另一种是用来做空间局部插值和制作景观图。下面介绍几个常用的变异矩模型。

（1）球体模型（spherical model）：其定义为

$$g(h) = C_0 + (b - C_0)[1.5(h/a) - 0.5(h/a)^3] \quad 0 < h \leqslant a$$
$$g(h) = b \qquad\qquad\qquad\qquad\qquad\qquad\qquad\qquad h > a \qquad (3-32)$$
$$g(0) = 0$$

式中，$g(h)$ 为变异矩；C 为微域变差；b 为渐近常数；a 为相关阈。球体模型是应用最广泛的变异矩模型。

（2）指数模型（exponential model）：其定义为

$$g(h) = C_0 + (b - C_0)(1 - e^{-h/k}) \qquad h > 0$$
$$g(0) = 0 \qquad\qquad\qquad\qquad\qquad\qquad\qquad\qquad\qquad (3-33)$$

式中，$g(h)$、C、b 和 h 定义同前；e 为自然对数的底数；k 为模型参数，与距离相关，控制曲线形状。在这个模型里，$g(h)$ 以 b 为渐近线逐渐逼近，所以相关阈 a 在式中没有明确定义。但由于在一定距离 h 后，$g(h)$ 增加很小。在实际分析中，一般定义 $a = 3k$，因为有 $g(h) = C_0 + 0.95(b - C_0)$。指数模型反映空间上的随机性，统计学上很重要。

（3）线性模型（linear model）：其定义为

$$g(h) = C_0 + kh \qquad h > 0$$
$$g(0) = 0 \qquad\qquad\qquad\qquad\qquad\qquad\qquad\qquad (3-34)$$

式中，k 为线性方程的斜率，它表达 $g(h)$ 的变化程度；式中其他各项定义同前。线性模型没有渐近常数 b，也没有相关阈 a，它们在式中无定义。

（4）各向异性模型（anisotropy model）：其定义为

$$g(h, \theta) = C_0 + U(\theta) \mid h \mid$$
$$U(\theta) = \sqrt{A^2 \cos(\theta - \phi) + B^2 \sin(\theta - \phi)} \qquad (3\text{-}35)$$

式中，$g(h, \theta)$ 为在观察角度 θ 上的变异矩，θ 用极坐标表示；A、B 和 ϕ 为模型参数，ϕ 为最大变异矩所在的角度，A 为 $g(h, \theta)$ 在 ϕ 方向上的梯度参数，B 为在 $\phi +\pi/2$ 方向上的梯度参数。A/B 之比可作为描述变异矩各向异性的指数。显然，各向异性模型是专门用来描述各向异性变异矩的。

空间局部插值法（spatial kriging）利用变异矩或相关矩分析的结果，估计空间未抽样点上区域化随机变量的取值。显然，如果变异矩和相关矩分析的结果表明空间相关性不存在，则空间局部插值法不适用。空间局部插值法可分为三大类：点局部插值法（punctual kriging）、小区局部插值法（block kriging）、通用局部插值法（universal kriging）。我们仅介绍最简单和最常用的点局部插值法。感兴趣的读者可以参考 Journel 和 Huijbregts（1978）的《采矿地统计学》一书中关于其他局部插值法的介绍。

空间局部插值法与变异矩和相关矩一样，也以区域化随机变量理论为基础。作为对空间未抽样点上随机变量取值的估计方法，空间局部插值法是一种局部加权平均，它给出最优无偏估计。此外，它可以给出估计值的误差和精度，而且它在已抽样点上的估计值等于样本值本身（Webster，1985）。

设 Z 为区域化随机变量，$Z(x_i)$ 为 Z 在点 x_i 上的取值，x 为位值变量（二维平面上 x 代表 x 和 y），则 Z 在 x_0 点上的取值的估计值 $\hat{Z}(x_0)$，可由下式得到：

$$\hat{Z}(x_0) = \sum_{i=1}^{n} \lambda_i Z(x_i) \qquad (3\text{-}36)$$

式中，$Z(x_i)$ 为随机变量 Z 在估计点 x_0 的邻近点 $x_i(i=1, 2, 3, \cdots, n)$ 上的取值；λ_i 为与 $Z(x_i)$ 相关联的加权数。$Z(x_i)$ 已知，为样本值。λ_i 的确定方法将在下面介绍。应该指出，空间局部插值的先决条件是，区域化随机变量 Z 的变异矩（或相关矩）是确定的且已知。变异矩可以从已有的样本得到，其计算方法已在上面介绍过了。

空间局部插值是无偏的，也是最优的。空间局部插值法除了用于估计在未抽样点上变量取值外，还可用于景观模型和模拟。

3.6.3 谱 分 析

谱分析（spectral analysis）是一种研究系列数据的周期性质的方法。谱分析在物理学和工程学中应用很多，在生态学上应用还不够广泛（伍业钢和韩进轩，1988；Carpenter and Chaney，1983），此外，谱分析先是用于时间系列（time series），但已被推广到空间系列（spatial series）。Carpenter 和 Chaney（1983）认为，谱分析适用于小尺度空间格局规律性的研究。

谱分析的实质是利用傅里叶级数展开，把一个波形分解成许多不同频率的正弦波之和。如果这些正弦波加起来等于原来的波形，则这个波形的傅里叶变换就被确定了（Haggett et al.，1977）。如果波谱仅由一个正弦波组成，它就可用下式来表达：

$$At = A\sin(\omega t + \theta) \qquad (3\text{-}37)$$

式中，At 为变量在空间位置 t 上的取值；A 为振幅（即正弦波最高点到横轴之间的距离）；θ 为初位相；ω 为圆频率（习惯上简称频率）。频率与周期有如下关系：

$$\omega = 2\pi / T \tag{3-38}$$

式中，T 为该正弦波的基本周期。这里有

$$T = N \tag{3-39}$$

式中，N 为数据的总长度。这种正弦波也称为基波。

任意一个系列（时间或空间）x_t（$t=1$，2，$\cdots$，n）都可以分解为一组正弦波。除基波外，其他正弦波称为谐波。谐波的周期分别是基本周期的 $1/2$，$1/3$，$\cdots$，$1/P$（假定谐波个数为 $P = N/2$）。它们叠加在一起就得到一个估计序列：

$$\hat{x}_t = A_0 + \sum_{k=1}^{k} A_k \times \sin(\omega_k t + \theta_k)$$

$$\omega = 2\pi k / T \qquad k = 1,2,3,\cdots,p \tag{3-40}$$

式中，A_0 为周期变化的平均值；A_k 为各谐波的振幅（标志各个周期所起作用大小）；ω_k 为各谐波的频率；θ_k 为各谐波的相角。

下面讨论谱分析各参数的求法。对于任意一系列数据，资料长度 N 是已知的，等于观察值总数。因此，基波的周期长度 T 亦已知，同时谐波个数为 $P = N/2$，各谐波的频率 ω_k 可由上面的公式求出。需要估计的参数有 A_0、A_k 和 θ_k。根据三角函数公式可知：

$$A_k \sin(\omega_k t + \theta_k) = Ak\sin(\omega_k t)\cos(\theta_k) + A_k\cos(\omega_k t)\sin(\theta_k) \tag{3-41}$$

令

$$a_k = A_k \sin(\theta_k)$$
$$b_k = A_k \cos(\theta_k) \tag{3-42}$$
$$a_0 = A_0$$

则有：

$$\hat{x}_t = a_0 \sum_{k=1}^{k} a_k \cos(\omega_k t) + b_k \sin(\omega_k t) \tag{3-43}$$

这是谐波分析一般模型，对于离散样系列 x_t（$t=1$，2，$\cdots$，n），a_0、a_k 和 b_k 可通过下列求和公式获得：

$$a_0 = \sum_{t=1}^{n} x_t / n$$

$$a_k = \frac{2}{n} \sum_{t=1}^{n} x_t \cos\left[(2\pi k/n)(t-1)\right] \tag{3-44}$$

$$b_k = \frac{2}{n} \sum_{t=1}^{n} x_t \sin\left[(2\pi k/n)(t-1)\right]$$

这样，A_0、A_k 和 θ_h 可由下列公式求出：

$$A_0 = a_0$$
$$A_k^2 = a_k^2 + b_k^2 \tag{3-45}$$
$$\theta_k = \arctan(a_k / b_k)$$

所有这些参数求出后，谱分析的模型也确定。

从广义上来说，谱分析反映了数据系列的周期性。如果景观空间格局存在某种周期

性（即有规律的波动性），则可以用谱分析检验出来（黄敬峰，1993；Kenkel，1988；伍业钢和韩进轩，1988）。

3.6.4 小波分析

小波分析（wavelet analysis）是近年来引人注目的时空序列分析新方法，类似于谱分析。小波分析数学内涵十分丰富，正处于发展之中，现在还不能明确给出一个统一的描述（Chui，1992）。

傅里叶变换是信号频谱分析的主要工具，我们已在上节通过谱分析进行了简要介绍。傅里叶变换通过谐波叠加对信号整体进行揭示，具有大量优点和广泛用途，但其不足之处在于无法刻划信号的局域特征。为了弥补这个缺点，1946 年加伯（Gabor）引进窗口傅里叶变换。窗口位置能够随参数变化而移动，反映出信号在窗口内的部分频谱特性。但其大小和形状固定不变，与频率无关。

小波变换继承和发展了 Gabor 窗口傅里叶变换的局部化思想，它的窗口随频率的增高而缩小，也就是说，它的窗口大小会随着信号的强弱而变化。小波分析的概念最早由法国地质学家莫雷（Morlet）和格雷斯曼（Grossman）在 20 世纪 70 年代分析地质数据时引进的，以后麦耶（Meyer）、马拉特（Mallat）、多贝西（Daubechies）以及崔锦泰等在数学理论上作出了卓越贡献。小波变换现在已经具备了比较系统的理论体系和计算方法，并在许多领域中发挥作用。因其具有放大作用（zooming），被称为数学显微镜。小波分析具有巨大的应用潜力，现在已经被广泛应用于图像处理、语音合成、地震探测和大气湍流等方面（陈逢时，1998；秦前清和杨宗凯，1995；李世雄和刘家琦，1994）。

对于离散数据情形，小波变换的公式为

$$W(a, b) = \frac{1}{\sqrt{a}} \sum f(t) g\left(\frac{t-b}{a}\right) \tag{3-46}$$

式中，$W(a, b)$ 为 b 位置上的小波变换值；a 为窗口尺度；$f(t)$ 为原函数；$g[(t-b)/a]$ 为窗口函数，称为母小波。

对于连续数据情形，小波变换的公式为

$$W(a, b) = \frac{1}{\sqrt{a}} \int f(t) g\left(\frac{t-b}{a}\right) \mathrm{d}t \tag{3-47}$$

式中各项的意义与上面相同。当小波窗口遇到一个相似的形状和大小的数据特征时，会得到一个高的小波变换的绝对值。

母小波 g 是小波变换研究的关键，其数学理论的发展也主要体现在这方面（Chui，1992）。g 的形式非常丰富，可以根据不同的研究目的进行选择。但是在实际应用中经常使用的有两种，即 Mexican Hat 和 Haar（Daubechies，1988）。Mexican Hat 小波是当 $a=1$，$b=0$ 时，将函数的幅度设定为 $-4 \sim +4$（图 3-3），则

$$g(t) = \frac{2}{\sqrt{3}} \pi^{-\frac{1}{4}} (1 - 4t^2) \exp\left(-\frac{4t^2}{2}\right) \tag{3-48}$$

Mexican Hat 函数适用于峰谷形状的小波变换，而 Haar 函数属阶跃函数（step func-

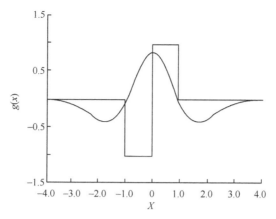

图 3-3　Mexican Hat 和 Haar（黑线）小波

（Bradshaw and Spies，1992）

tion），适用于研究梯度和边界问题。

小波变换用于空间格局分析具有 3 个优点（Bradshaw and Spies，1992）：

（1）小波变换的功能相当于一个局部显微镜，尺度无需事先确定；

（2）具有严格的空间定位概念，能够把景观结构与位置一一对应；

（3）可以根据数据结构和研究目的方便地选择不同的小波函数。

小波变换在某些方面要优于前面介绍的地统计学方法。地统计学主要依靠半方差图（semivariogram）来图形化表征变量的空间变异性，与自相关函数一样，能够用来度量两点间函数的空间相关程度。但是半方差函数同谱分析类似，可以揭示数据中的平均的结构信息，却缺乏空间定位概念，并且很难解释多尺度层次结构。

小波变换对于景观格局研究很有帮助，目前已经出现了一些应用研究。例如，Bradshaw 和 Spies（1992）应用小波分析研究了林隙结构；Garcia-Moliner 等（1992）用缅因湾小虾的资料进行小波分析发现至少存在两个不同尺度上的结构；Gao 和 Li（1993）研究了大气与森林作用面的温度分布；Li 和 Loehle（1995）研究了冲积扇渗透性的空间分布问题等。但是总体看来，这方面的研究还处于起步阶段，存在的问题还很多。不过，小波变换在空间分析中具有很大应用潜力，并且可以与其他模型联合使用，发展前景广阔。

3.6.5　聚块方差分析

聚块样方方差分析法（blocked quadrat variance analysis）是在不同大小样方（qu-qdrat）上的方差分析方法，它是一种简单和有效的生态学空间格局分析方法（Greig-Smith，1983）。这种分析方法要求景观上的样方在空间相互连接。随着聚块（block）所包含的基本样方数目从 1，2，4，8，…（指数级数）不断增加，聚块的方差值常常随之改变。通过确定这种不同大小聚块的方差值的变化，我们可以了解斑块的性质及其随尺度的变化。

聚块样方方差分析有许多大同小异的计算方法，其主要差异在于用来计算方差的聚块对的选择方法不同。下面我们介绍一种较常用的聚块样方方差分析法。假定在一样带（transect）上连续分布着 n 个样方，变量在每个样方上的取值为 x，我们让聚块逐渐（成指数）增大，给出在不同大小聚块上的方差计算方法。当聚块仅包含一个样方时，每一个聚块对的确定方法如图 3-4（a）所示。

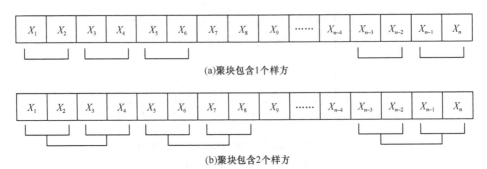

(a)聚块包含1个样方

(b)聚块包含2个样方

图 3-4　聚块方差分析示意图（李哈滨和伍业钢，1992）

具体计算公式为

$$MS(1) = \frac{2k}{n} \sum_{i=1}^{n-2k+1} (X_i - X_{i+1})^2 / 2k = \frac{1}{n} \sum_{i=1}^{n-1} (X_i - X_{i+1})^2 \tag{3-49}$$

式中，$MS(1)$ 是当聚块大小为 1 时的均方差值；k 为聚块所含样方数（这里，$k=1$）；$n-2k+1$ 为聚块对总数。注意在实际计算式中 k 被消去。当聚块包含两个样方时，每一个聚块对的确定方法如图 3-4（b）所示。

$$MS(2) = \frac{1}{n} \sum_{i=1}^{n-1} [(X_i + X_{i+1}) - (X_{i+2} + X_{i+3})]^2 \tag{3-50}$$

以此类推，直到聚块所含样方数为 $n/2$ 为止，这时均方差的计算式为

$$MS(n/2) = \frac{1}{n} \sum_{i=1}^{1} [(X_i + X_{i+1} + \cdots + X_{i+n/2-1}) - (X_{i+1} + X_{i+2} + \cdots + X_{i+n/2})]^2$$

$$\tag{3-51}$$

注意这里只有一个聚块对（因为集和是从 1 到 n），所以 k 的最大可能取值为 $n/2$。

聚块样方方差分析的最终目的是确定聚块大小（或步长的长短）对方差的影响。其结果通常用一坐标图来表示，其纵坐标为均方差，横坐标为聚块所含样方数（或步长），即均方差随聚块含样方数的变化曲线。如果均方差在某一聚块大小上出现峰值（peak），则表明景观上斑块的空间分布具有规律性，且斑块平均大小应大致等于峰值出现时的聚块大小。如果同时出现几个峰值，则表明景观中可能存在几种不同尺度的斑块，或者大斑块内镶嵌小斑块。如果均方差取值为一常数（即不随聚块大小而变化），则表明景观上斑块的大小是无规律的，斑块的空间分布是随机的。显然，聚块样方方差分析适用于确定斑块出现的尺度大小以及斑块的等级结构。

3.6.6　分形几何分析

分形几何学（fractal geometry）形成于 20 世纪 70 年代后期，被介绍到生态学研究中是在 80 年代初（Loehle，1983），最先的研究对象是生态格局问题（Frontier，1987）。

它的基本研究对象是维数。欧几里得维数是空间的坐标数，或为确定空间内一个点所需的实际参数的最少个数，均为整数。非欧几何的诞生将维数推广到了非整数中。Mandelbrot（1982）里程碑式的工作为分形理论解释自然界中广泛存在的纷纭复杂的"病态结构"架起了一座桥梁，从而使分形理论得到广泛认同和飞速发展。从最初只用于描述实际物体的几何空间结构，发展到描述时间、信息及功能等任何存在幂律关系的抽象结构之中。由于它能够将不同尺度上空间格局的特征有机地联系起来，为多尺度、跨层次、系统性地研究空间格局提供了途径。

简单说来，分形（fractal）是指"其局部结构放大以某种方式与整体相似的形体"（Mandelbrot，1986）。或者更数学化一些，分形是"其 Hausdorff 维大于拓扑维的集合"（Mandelbrot，1982）。

不过一些人认为以上两种定义都存在缺陷，而精确定义分形又是困难的，那样做几乎总要排除一些是分形的例子。因此他们建议对分形的界定采取列举性质的作法，而不要试图给出它精确定义，就像我们对待"生命"一词一样。一般认为分形具有以下典型性质（Falconer，1991）：

（1）具有精细结构，即有任意小比例的细节；

（2）不规则，以至它的整体和局部都不能用传统的几何语言来描述；

（3）通常具有自相似的形式，可能是近似的或统计的自相似；

（4）一般地，分形维数（以某种方式定义）大于它的拓扑维数；

（5）在大多数令人感兴趣的情形下，以非常简单的方式定义，可能由迭代产生。

另外一个更为简化的分形定义是由维度意义出发，即某一物体如果存在 $Q \propto L^D$ 的所谓幂律关系（power law），其中 Q 为描述物体特征的一个参量，L 为尺度，它可以是长度、面积或者体积等，则所得 D 值为该物体的分形维数，进而该物体为分形体（Barnsley，1988）。

无论如何，分形理论所研究的是一类病态的、破碎的和不规则的（irregular）几何结构，对它们无法采用传统的欧几里得几何进行准确描述，分形维数才是描述它们的有力工具。

分形体具有两个明显的特征，其一分形维数（fractal dimension）为分数，其二存在自相似性（self-similarity）[或自仿射性（self-affinity），标度不变性或称对尺度的非依赖性]，这些特征是分形理论与经典欧氏几何的主要区别所在。典型的分形，如著名的 Cantor 粉尘、海岸线、Koch 雪花、Sierpinski 海绵（图 3-5）等。

对于分形体复杂结构进行刻画的主要工具是分形维数（Falcone，1991）。维数定义有很多种，它们往往只存在细微差别，大致可分两类：一类是从纯粹几何学的要求导出的，如布劳威尔、勒贝格等定义的拓扑维数总是一个整数，而豪斯道夫、贝西科维奇等从容量出发定义的维数则不一定是整数；另一类是和信息论相关的，对一个概率分布规定一个维数，完全脱离了经典几何学的考虑。鲍洛托尼（Balatoni）和任伊（Renyi）定义的信息维数，提供了一个概率的维数观念。对同一物体以不同方式定义的分形维数各不相同（叶万辉等，1993）。下面仅将几种重要并且常用的分形维数作以简要介绍。

1）自相似维数（similarity dimension）

一般地，一个集由 m 个与它相似比为 r 的部分组成，则

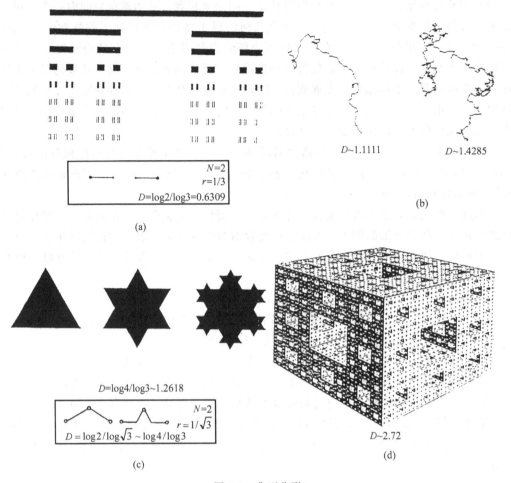

图 3-5 典型分形

（a）Cantor 粉尘；（b）海岸线；（c）Koch 雪花；（d）Sierpinski 海绵

$$D_s = -\frac{\log(m)}{\log(r)} \tag{3-52}$$

式中，D_s 为自相似维数，它只对一小部分严格自相似的集合成立。我们前面例举的几个分形体的维数有些就是应用自相似维数公式求得的。

2）Hausdorff-Besicovitch 维数

设 A 是 n 维欧氏空间的一个子集。s 为非负实数，对 $s > 0$，我们定义

$$H_s\delta(A) = inf \sum |U_i| S \tag{3-53}$$

式中，$\sum |U_i| \subset A |U_i|$ 为集合 U_i 的直径，$|U_i| \geqslant \delta$；inf 为所有满足上述条件的和，式中取下确界（即表示最经济的取法）。令 $\delta \rightarrow 0$，其极限值 $H_s(A)$ 称为集合 A 的 s 维测度。可以证明，对于集合 A 存在唯一的非负实数，记为 $D_H(A)$，它满足

$$H_s(A) = \begin{cases} \infty, & 0 < s < D_H(A) \\ 0, & D_H(A) < s < \infty \end{cases} \tag{3-54}$$

则 $D_H(A)$ 称为集 A 的 Hausdorff-Besicovitch 维数。在直观上它描绘了不同直径

（ε）的小球对一个集合的覆盖效率，反映出一个集合填充空间的能力。这个维数不大容易求算，但提供了一种采用集合覆盖来定义分形维数的思想。

3）计盒维数（box-counting dimension）

这个公式也是由格子覆盖来定义的。

$$D_b = -\lim_{\varepsilon \to 0} \frac{\log N(\varepsilon)}{\log(\varepsilon)} \tag{3-55}$$

式中，D_b 为计盒维数；ε 为覆盖格子的边长（即划分尺度）；$N(\varepsilon)$ 为对应于划分尺度 ε 的非空格子数。计盒维数表征的是相同形状的小集合覆盖一个集合的效率。

4）信息维数（information dimension）

在 Hausdorff-Besicovitch 维数和计盒维数定义中只考虑小球（或格子）的个数，而对每个球中所覆盖的点数多少未加区分。信息维数考虑了这一点。

$$D_I = -\lim_{\varepsilon \to 0} \frac{I(\varepsilon)}{\ln(\varepsilon)} \tag{3-56}$$

式中，D_I 为信息维数；$I(\varepsilon) = \sum P_i \ln P_i$，为尺度 ε 时的 Shannon 信息量，其中 P_i 为一个点落在第 i 个格子中的概率，ε 为划分尺度（格子边长）。当 $P_i = 1/N$ 时，有 $D_I = D_H$，可见信息维数是 Hausdorff-Besicovitch 维数和计盒维数的一个推广。信息或称为负熵是系统不确定性的量度。在不同层次尺度上，信息量及系统结构复杂性不同，但有时它们共同具有一个不变的特征-信息维数。信息维数反映出一个系统的不确定性，或者结构复杂程度。

5）关联维数（correlation dimension）

对于一个点集，若我们把距离小于 ε 的点对数 $N_i(\varepsilon)$ 在所有点对数 $N(\varepsilon)$ 中所占的比例记为 $C(\varepsilon)$，即 $C(\varepsilon) = N_i(\varepsilon)/N(\varepsilon)$

则

$$D_c = -\lim_{\varepsilon \to 0} \frac{\log C(r)}{\log \varepsilon} \tag{3-57}$$

式中，D_C 为关联维数；$C(\varepsilon)$ 有如下形式

$$C(\varepsilon) = \frac{1}{N^2} \sum_{i=1}^{N} \sum_{j=1}^{N} \theta(\varepsilon - r_{ij}) \tag{3-58}$$

式中，r_{ij} 为点对的欧氏距离，这里 $\theta(\varepsilon - r_{ij})$ 为 Heaviside 函数，它满足：

$$\theta(\varepsilon - r_{ij}) = \begin{cases} 1, & \varepsilon - r_{ij} \geqslant 0 \\ 0, & \varepsilon - r_{ij} < 0 \end{cases} \tag{3-59}$$

该维数反映出一个集合中点元素间的空间关联特征。

6）多重分形测度（multifractal measurement）

多重分形测度是前述各种维数的推广，用以描述非均匀分布物体分形维数的测度指标体系。由信息维数的定义可知，Shannon 信息与 $\log(1/\varepsilon)$ 成正比。对于非均匀分形体我们要考虑它的 q 阶矩 $\sum P_i^q$，为此引入表征非均匀结构的普遍化 Renyi 信息 I_q，即

$$I_q = \frac{1}{1-q} \log \sum_{i=1}^{N} P_i^q \tag{3-60}$$

与信息维数 D_I 的定义类似，广义信息维数 D_q 定义为

$$D_q = \frac{Iq}{\log(1/r)} = \frac{1}{1-q} \frac{\log\left(\sum Pi^q\right)}{\log(1/r)} \tag{3-61}$$

该项定义的 D_q 显然包含了 Hausdorff-Besicovitch 维数 D_H 和信息维数 D_I

$$Dq = \begin{cases} D_H, & q=0 \\ D_I, & q=1 \end{cases} \tag{3-62}$$

若 $\tau(q)$ 为 q 阶矩的标度指数,则

$$\tau(q) = -\frac{\log \sum_i P_i^q}{\log\left(\dfrac{1}{r}\right)} \tag{3-63}$$

可见 $\tau(q)$ 与 D_q 存在如下关系

$$D_q = \frac{\tau(q)}{q-1} \tag{3-64}$$

以上是描述多重分形体的基本的指标体系之一,即 D_{q-q} 语言。由这套体系得到的 D_{q-q} 多重分形谱可以用来刻画非均匀分布物体的多重分形特征。

另一套描述多重分形的基本指标体系是 $f(\alpha)$-α 语言。α 被称为 Holder 奇异性标度指数,$f(\alpha)$ 是分布函数的标度指数。$f(\alpha)$-α 体系与 D_{q-q} 体系是等价的描述,当 $\tau(q)$ 与 $f(\alpha)$ 可微时,两套体系间存在 Legendre 变换

$$\begin{cases} f[\alpha(q)] = q\alpha(q) + \tau(q) \\ \alpha(q) = -d\tau(q)/dq \end{cases} \tag{3-65}$$

则

$$\begin{cases} \alpha(q) = d[(q-1)D_q]/dq \\ f(\alpha) = q(\alpha) - [q(\alpha)-1]D_q(\alpha) \end{cases} \tag{3-66}$$

因此,当我们已知一套语言体系,通过以上关系可以推导出另一套语言体系。$f(\alpha)$-α 分形维数谱曲线是一个上凸函数。

值得注意的是,不同的分形维数定义反映的是分形体不同侧面的性质和特征,因此采用不同的分形维数公式对同一分形体计算所得的结果一般各不相同,甚至可能差异很大,在具体应用中需要加以区分(Falconer,1991)。

自然界中没有真正的分形体。数学上的分形集,自相似性特征在所有尺度上总是存在;而实际物体的自相似性则是近似的或统计的,甚至只是具有精细结构的(Vedy-ushkin,1994;Palmer,1988),其自相似性特征只存在于一定范围内,在这个范围内它们表现出许多类似分形体的性质。例如,一棵树的分枝结构具有分形的特征,当尺度缩小到叶片尺寸时,其分形特征消失了;反之当尺度扩大到一片森林时,其分形特征又变为另外一种形式(Frontier,1987)。虽然它不是严格的分形体,通常也被当作分形体来处理,因为这样做往往会得到采用常规方法无法取得的结果。

针对实际物体的不同特点,估测其分形维数的方法大致可以总结为以下几种。

(1)相似比法根据实际物体在各个尺度上的结构,测得其相似关系,求算分形维数(Mandelbrot,1982)。这种求算分形维数的方法,只对具明显自相似性的物体适用。

(2)粗视化方法通过对实际物体改变尺度进行格栅化(格子可以是一维、二维和三

维的），寻找幂律关系，求算分形维数（Mandelbrot，1982）。这是目前最常用的一种求算分形维数的方法。

（3）面积/周长法根据公式 $P^{1/D} \propto S^{1/2}$ 求算图斑周长的分形维数（Mandelbrot，1982）。本法适用于求算景观斑块边界的分形维数（Lovejoy，1982）。

（4）表面积/体积法根据公式 $S^{1/D} \propto V^{1/3}$ 的关系，求算实际物体表面的分形维数（Mandelbrot，1982）。此法可用于求算树冠的分形维数（Zeide and Pfeifer，1991）。

（5）半方差（semi-variance）方法根据 Weierstrass-Mandelbrot 函数，基于半方差函数 $r(h)$ 与尺度的关系 $r(h) \propto h^{4-2D}$，求算分形维数（Feder，1988）。此法可用于刻画景观或植被的空间异质性特征（祖元刚等，1997；Palmer，1988；Burrough，1986）。

（6）相关函数（correlation function）法，即关联维数的求算方法。

（7）功率谱（power spectrum）法依据功率谱 $P(\omega)$ 与频率 ω 间的关系 $P(\omega) \propto \omega^{2D-5}$，求算分形维数（Voss，1988）。

（8）变程和标准差分析（range and standard deviation analysis）法根据变程 R 和标准差 S 之比与尺度的关系 $R(x)/S(x) \propto X^{2-D}$，求算分形维数（Burrough，1986）。

分形维数的估计方法多以直线拟合为主，但目前亦有人采用逐步计算方式（Loehle and Wien，1994；Palmer，1988；Krummel et al.，1987）。两种估算方法各有所长，可以依据个人的研究对象进行选择。但是笔者倾向于直线拟合方法，因为它更能体现分形体的特征和分形理论的思想。

分维理论为景观格局的定量描述提供了一条新途径。它帮助我们从复杂景观中根据斑块大小、形状、密度、多样性、异质性、分布格局、边界特征、多尺度、自相似等找到一个或多个分形维数。

祖元刚和马克明（1995）应用半方差方法对羊草草原空间异质性的研究表明，分形维数是对群落空间异质性程度的表征。在不同的尺度范围，群落存在着不同的分形维数，其空间异质性变化与土壤含水量密切相关。目前应用的各种 β 多样性指数，仅局限于单一尺度（取样尺度）对群落多样性的空间变异进行测定，研究结果只代表了一个尺度的群落特征，因而常常出现片面性和不确定性。马克明等（1997）采用分形方法对北京东灵山暖温带森林样带上群落多样性随海拔梯度的空间变异规律进行分形分析得出，生物多样性在不同尺度上具有相关规律，扩展了 β 多样性的研究范围。Loehle 等（1996）在对美国得克萨斯林草交错带的森林扩散和相变的研究中，认为分形维数能够指示两相混合的群落交错区（如森林和草原）的结构变化，其值为 1.56～1.8958，群落交错区发生相变的分形维数为 1.7951。临界点的森林覆被率大约为 18.5%，与实测结果接近，指示了林草交错带。还有 Krummel 等（1987）和 Milne（1991，1988）对景观格局分形特征的研究以及 Loehle 和 Wien（1994）应用信息维数对景观生境多样性的刻画等。马克明（1996）采用分形理论对兴安落叶松从分枝到景观格局的多尺度、跨层次、系统性的研究则是对景观格局研究的促进。

总体上，应用分形理论进行景观格局研究，一般是借助景观格局的分形维数作为功能过程研究的一个参数，正处于摸索和发展之中，有待于进一步深入开展下去。

将分形维数、自相似性和尺度三者有机地、紧密地结合起来，更能显示出分形理论对于景观格局研究的适用性和优越性。景观空间格局与生态学过程在不同的尺度上具有不同的特征，因此尺度对于景观生态学研究具有特殊重要的意义。自相似性是物体在不同尺度上所具有的特征的一种共性。这种共性的存在使得我们可以通过研究物体在某一尺度上的特征后进行合理外推，获得关于物体在其他尺度上的个性特征。并且当在某一尺度上这种共性不存在或变成为另一种共性时，此时发生变化的尺度对于我们掌握物体的特征可能是关键。这是分形理论较之已往研究方法的优越所在。应用分形理论研究景观格局，通过寻找某一测度参量与尺度的分形关系，进而通过对最容易认识的尺度上格局的研究就可以对我们感兴趣的所有尺度上格局的特征进行定量推测。自相似性揭示了格局与过程独立于尺度的特征，发现了所有尺度上不同格局与过程特征的共性规律，能够为我们提供全面反映其整体特征的指标。一个物体存在自相似性，说明它的整体与局部在结构、功能或信息等方面是相似的。整体是局部的放大，局部是整体的缩影。分形维数是分形理论的主要工具，它是对自相似性规律的数量化表征，包含了一个研究对象几何性质的许多信息。景观生态学中对斑块结构动态的研究发现，如果限制边界具有一个固定的分形维数，当一个斑块在其中扩散时，只有当二者的边界维数相等时才达到稳定状态（Milne，1992）。尺度、自相似性和分形维数三者紧密联系、相辅相成。

分形理论是一个活跃而前景广阔的新兴学科领域，不仅为人类探索自然带来了新角度、新思想和新工具，揭示了部分与整体之间的内在联系，还架起了从部分到整体的桥梁与媒介，说明了部分与整体之间的信息"同构"（李后强和汪富泉，1993）。分形理论的优越性和普适性使得人们能够从局部中认知整体，从有限中认知无限，从不规则中认知规则，从混沌中认知有序，因而它必将对人类科学与文化的进步产生积极而深远的影响。

应用分形模型刻画植被格局，有几个问题需要注意。

第一，由于生命现象是世界上最复杂、最奥妙的事物，对它的分形特征的刻画要注意运用分形理论的合理性。显而易见的结构不必采用这种方法，因为它可能根本就不适用；不合理的使用不但达不到精确刻画的目的，反而会与事实大相径庭。例如，生命系统是复杂的等级性系统，在进行尺度外推时要严格控制在某一等级之内，超越了等级界限，其分形特征将发生巨大改变。这也是本文区分不同生物学等级进行研究的原因。

第二，分形理论揭示的是物体独立于尺度的特征，但在实际的研究中，物体是否具有分形特征与所选择的描述物体的特征参量密切相关，不恰当的选择将导致错误的结论。同时如果我们选择的某个参量具有分形特征，我们不能够想当然地外推物体的其他参量也具有分形特征。

第三，实际研究中得到的物体的分形特征是统计的而非理想化的结论。在某一尺度区域内得到的物体的分形特征，只能限制在此尺度域内使用。这与典型分形集那种理想化的确定性的结构有显著差异。

第四，应用分形理论研究生态学现象最艰难也是最重要的问题是对分形维数的解释。一般来说，分形维数的意义包含两个方面：一方面，分形方法本身的意义，如计盒维数、信息维数、关联维数等所揭示的几何意义；另一方面，研究对象的参量选择，参量的生态学意义是什么，它的尺度变化具有什么意义。二者结合即是某一特定分形维数的含义。

第五，分形结构的自相似性和分形单元在实际的研究中一般不直观或者根本找不到，因为实际物体的结构随机性占有主导地位，大量随机性叠加的结果可能使自相似性"面目全非"。但是只要其存在幂律关系，便已表明它的自相似性，我们不必追究其结构上的明显相似。

分形理论现已被广泛应用于生态学的各个领域之中，解释了很多现象，也解决了很多问题。但是也存在不同程度的不足，有待将来的深入研究。这里提出两个方向，谨供参考。

第一，在研究对象上，应该从单纯的空间结构研究向功能、信息和时间结构方向研究扩展。生态学中的空间结构是功能的外在体现和表达，是我们认识的着眼点，对它的深入研究是功能学研究的基础。但是要真正解决生产实践中存在的问题我们不能仅仅停留在空间结构的研究上，应该把其时间结构和功能特征也纳入到此项研究之中，揭示其结构与过程及功能的关系，以期真正解释生态现象的本质内涵。

第二，在研究方法上，分形理论作为一种数学方法必定有其片面性和局限性。生命现象纷纭复杂、多彩多姿，分形理论只能解决部分问题，在某些方面还需与其他理论的分工协作。目前非线性科学异军突起，包括混沌理论（chaos theory）、小波（wavelet）模型、耗散结构（dissipative structure）理论、突变论（catastrophe theory）、自组织（self organized）理论、元胞自动机（cellular automata）理论、孤立子（soliton）理论等在内的一批新兴的交叉、边缘学科在生态学领域的广泛应用和互相印证，相辅相成，将大大推进分形生态模型的发展和人类对生命现象认识的进步。综合运用各种非线性科学的理论与方法解决实际问题可能是一个非常有前途的方向。

3.6.7　趋势面分析

趋势面分析（trend surface analysis）是用统计模型来描述变量空间分布的一种方法。趋势面分析最早应用于地质学，是一种构造等值线图和三维曲面图的工具（Chorley and Haggett，1965）。现在，趋势面分析已被用于任何空间数据的数量分析（Turner and Gardner，1991；Gittins，1968）。

趋势面分析最常用的计算方法是多项式回归模型。通常，所用数据的观测点在空间分布是等距离的。

趋势面本身是一个多项式函数，而趋势面分析一般则从一次多项式开始，然后不断地增加多项式的次数，如二次、三次、四次等。虽然一般说来趋势面多项式的次数越高，其拟合程度也越高，但是随着多项式次数的提高，其通用性和预测性也就越低，计算也越来越复杂。所以趋势面分析通常只应用到四次或五次多项式，只要具有一定的拟合程度就可以了。

总的说来，景观受大尺度上的环境因子（如降水量，土壤性质等）的控制，其分布格局在大尺度上也由此产生某种趋势或规律性。同时，景观也受局部地区各种因子的影响，所以在小尺度上某些缺乏规律性的分布格局也常是显而易见的。这种局部因素有时还会使大尺度的总体趋势变得模糊不清，趋势面分析能帮助排除局部的"干扰"，揭示大尺度格局的趋向。

3.6.8　亲和度分析

目前，各种常用的景观测度指标存在一个共同的不足，即考察的最小尺度均为景观单元，所得结果也只是对景观单元在一个地域上分布的多样性的描述。众所周知，景观单元是物种多样性空间分布的支体，景观多样性是由于物种多样性在不同景观单元中分布格局的差异性形成的，因此物种多样性和景观多样性具有着跨尺度、跨层次的结构和功能关联。亲和度分析（affinity analysis）可以对此进行度量。

亲和度分析就是用于测定景观格局多样性和复杂性的一种方法，它提供了景观中各亚单元的相对位置及镶嵌多样性（mosaic diveristy）两个方面的信息（Scheiner，1992）。

亲和度分析的目的是获得一个指标，使之满足①该指标（metric）对点集的两个分布性质，即点间的平均距离（average distance among points）和这些距离的离差（dispersion of distances）敏感。其中点间距离由两个位点之间的相似性度量，平均距离便是点集整体的平均相似性，离差是指相似性的标准差。②该指标不但对整个点集的分布格局敏感，而且对点集的整体复杂性敏感，并对该复杂性的度量独立于尺度。其中的尺度由平均相似性给出，即两个点集的分布格局可以相同，但是一个点集中的点间距可以是另一个点集中点间距的两倍（或多倍）。这样对点集的整体复杂性就可以采用点间相对距离的一个统计参量来度量，这个参量即为亲和度值（A）。它的计算是采用标准化阶加（standardized rank-sum）完成的。通过把相似性值转换成分级值（rank），亲和度值便成为一个独立于尺度的测度。这样，由亲和度值的标准差测度的亲和度值的离散性便表征了景观的复杂性。③计算的最终结果是得到镶嵌多样性（mosaic diversity），它是综合了所有信息的一个指标。该指标是平均相似性、相似性的标准差和亲和度的标准差的函数。

应用亲和度分析刻划景观格局多样性，基础数据一般是采用生态亚单元上物种的有关特征，如景观中各个组成群落的物种组成。这些数据既可以是定性数据（如物种的有无），也可以是定量数据（如频度、丰富度、生物量或盖度等）。研究发现，简单的定性数据往往比较有效。因为景观是一种等级层次系统（hierarchical system），亲和度分析测度的是该系统高级层次的特征，此时定量化程度较高的数据反而会表现出很多噪声（noise），影响对景观格局的有效分析（Scheiner，1992）。

亲和度分析可以大致分成三个步骤。

（1）计算点集中两两亚单元间的相似性，确定每个亚单元的平均相似性。从而给出点集中点与点之间的平均距离和离散性。测定点集的相似性可以采用任何相似性指数，对于定性数据（如物种的有无数据）以 Jaccard 指数最为有效。

（2）计算点集中两两亚单元间的亲和度。亲和度表征了两个亚单元与点集间的相对距离。亲和度值采用标准化阶加法进行统计，用来度量超维空间中的两个亚单元哪一个距点集的分布中心最近。距中心近者亲和度值大于 0.5，远者小于 0.5。对于比较简单的梯度分布的景观，亚单元间具有较大的亲和度差异；对于复杂的景观结构，亚单元间亲和度相近。

计算亚单元 i 和 j 的亲和度 A_{ij} 的方法如下。

首先，将准备计算亲和度的两个亚单元同所有其他亚单元的相似性值排成两列。

其次，采用 $d_k = S_{ik} - S_{jk}$ 计算它们的相似性差异。其中 d_k 是两个亚单元同第 k 个亚单元相似性的差异，S_{ik} 是亚单元 i 和亚单元 k 的相似性，S_{jk} 是亚单元 j 和亚单元 k 的相似性。d_k 值可正可负。

再次再对第 $1 \sim (n-2)$ 个 d_k 根据绝对值进行分级（n 为所有亚单元的数目），并把 d_k 的符号赋予对应的分级。令 $d_k = 0$ 时为最低分级的一半，即 $1/2$ 级。因为 0 没有符号，因此在分级时可被分成正的和负的各一半。这一步骤保证了分级的整体加和。由于对 i 和 j 不计算相似性，故只得到 $n-2$ 个分级。加和所有的正分级，之后对阶加的结果除以总共的可能阶加之和 $(n-2)(n-1)/2$ 进行标准化。这样，如果亚单元 i 与所有其他亚单元的相似性均高于亚单元 j 与所有其他亚单元的相似性，则所有 $d_k > 0$，标准化的阶加结果将为 1。亲和度分析的特点是具有互补性，即 $A_{ji} = 1 - A_{ij}$。一个亚单元自身的亲和度（A_{ii}）为 0.5，因为所有 $d_k = 0$；另外当两个亚单元的正和负的分级数量相同时，亲和度的值也为 0.5。

最后，经过统计计算可以得到每一个亚单元同所有其他亚单元亲和度的平均值。由于最终得到的亲和度值是标准化以后的结果，因此这一步完成了亲和度分析独立于尺度的目标。

（3）将一个数据集中每一个亚单元的平均亲和度和平均相似性在亲和度图中表达出来，并计算这些点的拟合直线的斜率。亲和度图的横轴为平均相似性，纵轴为平均亲和度。景观中每个群落都是亲和度图中的一个点，计算拟合直线斜率的公式为 $m = r \times S_a / S_s$。其中 r 为相关系数，S_a 为平均亲和度的标准差，S_s 为平均相似性的标准差。由于亲和度是相似性的函数，且 r 值总接近于 1，故该斜率成为相似性和亲和度的相对离散性的函数。同时由于当整体平均相似性变化时，整体平均亲和度收敛于 0.5，故该斜率还是点间平均距离的函数。这个步骤是对前面两个步骤获得的信息的综合，这个斜率揭示了组成格局多样性和景观复杂性。对于一个由若干群落组成的景观，这个斜率即为镶嵌多样性（m）（Scheiner，1992）。镶嵌多样性是物种分布格局属性的函数，即相关于群落中的物种丰富度以及均匀度的变化，不同群落间物种丰富度的差异，以及两者的相互作用。

镶嵌多样性（m）不同取值揭示了不同的环境梯度特征（Scheiner，1992）：

$m < 1$，景观是间断的，组成群落以内部种类为主，不同群落间共有种类稀少；

$m = 1 \sim 3$，景观简单，仅由少数几个梯度控制；

$m > 3$，景观复杂，或者由多个生态梯度综合作用，或者不存在明显的生态梯度。

镶嵌多样性低意味着景观结构简单，只存在一种或少数几种基本环境梯度，被少数几个物种占领。反之，镶嵌多样性高意味着景观结构复杂，具有多种环境梯度，景观的物种组成也多样化。镶嵌多样性一般对以下几个方面相对比较敏感：样本数量、样本中的物种数目以及对稀有种的取样强度。

镶嵌多样性是组成格局多样性的有效测度。首先，它与景观复杂性的变化规律一致。在内部结构因子方面，它反映了物种多度和丰富度的方差；在外部结构因子方面，它揭示了生态梯度的数目和长度。景观格局越复杂其值越大。但是对于镶嵌多样性的解释必须借助于平均相似性、每个群落内的物种数目以及景观中的物种总数。换句话说，对景观结构的分析离不开物种多样性（α 和 β）以及格局多样性。其次，取样误差对镶嵌多样性的影响较小。当位点数目较多（＞40），物种数目较大（大于位点数目的 3 倍）时，取样效应对镶嵌多样性的影响很小。由于每个物种都提供了对于影响景观结构的过程的独立估计，因而取样数目越大，误差就越小。镶嵌多样性被认为是群落分类和排序的补充，因为它在生态梯度不明显时显示出优越性。

图 3-6 是美国密歇根北部 42 个地点以维管束植物的有无数据为基础的景观格局多样性亲和度分析结果。亲和度图表征了将超维点集压缩到从中心到边缘的一个半径上的结果（Scheiner，1992）。图 3-6 中右上角的点意味着具有高的平均相似性和平均亲和度，这些位点分布在点集中心，称为"中心点"（modal site）。也就是说，这些群落在整个景观中，即使包含的物种总数不一定最大，但它们富含常见种。相反图 3-6 中左下角的点意味着低的平均相似性和平均亲和度。这些点接近于点集的边缘，称为"游走点"（outlier site），它们所包含的物种数目少或者富含稀有种。在点集中，"游走点"并非一定靠得很近，它们也有可能分布在相对的边缘上。平均亲和度为 $0.5 \pm 1 \, SD$ 可以对那些既可以是"游走点"，也可以是"中心点"的单元给出客观的划分（Scheiner，1992）。"中心点"和"游走点"在物种组成上的差异决定了亲和度值的方差和拟合直线的斜率。可见，镶嵌多样性受到群落中物种丰富度变化、不同物种普遍度和稀有度的变化以及两者相互作用形成的整体复杂性的影响。

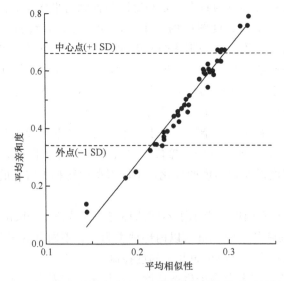

图 3-6   以美国密歇根北部 42 个地点维管束植物的有无数据为基础
的亲和度分析图

图中斜率为镶嵌多样性的估计（$m = 3.96 \pm 0.05$，$r^2 = 0.97$）。亲和度值大于
平均值（0.5）1 SD 的地点定义为"中心点"；小于 1 SD 的地点定义为"游
走点"（Scheiner，1992）

为了比较镶嵌多样性，我们需要进行统计推断（statistical inference），标准误差可以通过 Jackknife 方法获得。Jackknife（刀切法）及其改进形式 Bootstrap（自助法），

是现代常用的非参数统计方法，这两种方法对于估计非随机性总体的方差和置信区间十分有效。Jackknife方法的操作过程包括拿来原始数据矩阵，依次去掉一个位点，计算降维矩阵的镶嵌多样性。这样得出的镶嵌多样性的 N 个估计值的标准差便是镶嵌多样性的最好估计（N 为初始位点数）。在生态学上这个过程相当于在景观中反复取样，但是每次都取样一个稍微不同的位点。对于密歇根北部地区的维管束植物数据的分析就是采用以上方法（图3-6），计算出镶嵌多样性的平均值和标准误差为 3.96 ± 0.05。一般说来，Jackknife标准误差在镶嵌多样性估计值的 $1\%\sim10\%$。大多数模拟结果的变异系数基本上为 $0.10\sim0.15$，因此在知道景观间的生态学差异之前，我们已经确定知道它们之间具有显著的统计学差异。

马克明等（1998）采用亲和度分析了北京东灵山地区暖温带落叶阔叶林景观格局多样性，未发现环境因子梯度与物种多样性分布存在明显相关。镶嵌多样性值较高，揭示出该区景观复杂，由多个环境梯度控制。根据平均亲和度值，可将森林类型分为3部分，即中心点、Ⅱ-2（油松林）、Ⅵ-1（山杨林）和Ⅶ-1（核桃楸林），它们的普遍种丰富，物种数目较多，代表了该区的典型生境；游走点是Ⅱ-1（油松林），普遍种少，物种数目也少，是该区的特殊类型；中间点包括的森林类型是Ⅵ-2（山杨林）＞Ⅲ-2（落叶松林）＞Ⅷ-1（杂灌丛）＞Ⅲ-1（落叶松林）＞Ⅰ-1（辽东栎林）＞Ⅴ-1（白桦林）＞Ⅳ-1（棘皮桦林），物种多样性和普遍种的数目均中等，但占据了大多数的森林生境。根据平均相似度的值，森林类型的排列顺序则是Ⅱ-2＞Ⅵ-1＞Ⅶ-1＞Ⅲ-2＞Ⅵ-2＞Ⅷ-1＞Ⅲ-1＞Ⅴ-1＞Ⅳ-1＞Ⅰ-1＞Ⅱ-1，邻近的森林类型比相隔较远的森林类型具有更多的共有种，它们可能分布在相邻的空间或相似的生境中。

在取样设计方面，Scheiner（1992，1990）的研究显示，采用亲和度分析测度格局镶嵌多样性，至少对一个地域取样地点不能少于20个或30个点，物种数不得少于位点数的3倍。

亲和度分析提供了测度景观中组成群落空间镶嵌格局的方法，揭示了景观在3个水平上的特征：①通过测度整个景观中群落的镶嵌多样性，亲和度分析可以比较不同景观的多样性和复杂性（景观之间的比较）；②通过计算每个群落对整个景观的亲和度，可以判断哪些群落与景观整体的关系较远（单一群落与整个景观的比较）；③亲和度分析的结果可以用于判别两个群落的相似性和亲和度差异的显著程度（两两群落之间的比较）。可见，亲和度分析为我们进行景观格局和景观多样性研究提供了数量方法，特别是它将景观层次的多样性与物种多样性紧密结合，为我们认识这种跨层次和跨尺度的结构和功能关联提供了工具和思路。

3.6.9 元胞自动机

元胞自动机（cellular automata，CA）是一种时间、空间和状态离散的格子动力学模型，具有描述局域相互作用，局部因果关系的多体系统所表现出的集体行为及时间演化的能力。它具有4个特点：

（1）它是元胞点阵的几何学；

（2）在给定的点阵中，必须规定每个元胞下一个状态时所要考察的邻域；

（3）每个元胞可能出现的状态数；

（4）元胞自动机世界多样性的主要根源在于，根据一个元胞的邻域的当前状态来确定该元胞的未来状态的可能规则非常多。

元胞自动机大略可以分成 3 类。

（1）确定性（或称欧拉）自动机（determinstic or Eulerian automata）。将模拟对象分解成空间确定性的晶格，每个格点拥有一个初始状态，格点未来状态只由这个格点与其邻接格点的当前状态决定。

（2）晶格结构气体模型（lattice gas model）。也称粒子系统（particle system），它由离散的空间网格构成，粒子（particle）按照预先给定的规则运动和相互作用。与上述确定性自动机不同，这些系统的变化往往由随机事件决定，因此由同一初始状态出发一般不会得到相同的演化结果。

（3）凝固模型（solidification model）。凝固模型与晶格结构气体模型类似，不同点在于它规定了约束状态（bound state）。粒子一旦进入约束状态，就不会再出现或者消失。

元胞自动机理论是由数学家冯诺依曼（von Neumann）于第二次世界大战后提出。他试图结合自然自动机（如人的神经系统）和人工自动机（如自复制机）而发展一般复杂自动机理论。元胞自动机第一次大众化是加得纳（Gardner）于 1970 年介绍康韦（Conway）设计的元胞自动机游戏——"生命游戏机"（the game of life）。然而，元胞自动机理论的系统发展则是 20 世纪 80 年代的事，尤其是数学物理学家沃尔弗拉姆（Wolfram）所做的一系列奠基性研究。

一般说来，元胞自动机可以用来考察两类问题。

（1）正向问题（forward problem）：给出一个演化规则，来确定和预测它的未来特性。

（2）反向问题（inverse problem）：给出特征描述，来寻找具有这些特征的演化规则。

应用元胞自动机研究景观格局，我们可以把斑块单元看作网格细胞（李百炼等，1992）。首先，为了能容纳大量的单元，我们把空间分成若干网格，每个斑块单元占据一个格点；在景观中每个斑块的状态可以用离散的数字 0，1，2，…k 个数字表示；根据生态学机制，制订格点上斑块如何演化的规则。斑块如何演化只与其邻近的斑块有关，即局域效应。例如，一维元胞自动机某 i 位置上的斑块状态在 t 时刻为 $a_i(t)$，那么它下一步只和左右两个邻居有关，则规则可表示为

$$a_i(t+1) = a_{i-1}(t) + a_{i+1}(t) \qquad \text{mod2} \qquad (3\text{-}67)$$

这里 mod2 表示二进制算法。若左右两个相邻斑块在 t 时刻的状态相同，如若 $a_{i-1}(t)$ 和 $a_{i+1}(t)$ 均为 1 或均为 0，则该斑块下一时刻的状态 $a_i(t+1)=0$；若两相邻不同，则 $t+1$ 时刻斑块状态为 1。更一般地我们可用如下 F 函数关系来表达它们的局域映射图：

$$a_i(t+1) = F(a_{i-1}(t), a_i(t), a_{i+1}(t)) \qquad (3\text{-}68)$$

相应地，对于二维元胞自动机，则有

$$a_{i,j}(t+1) = \Phi[y_{i,j}(t)] \qquad (3\text{-}69)$$

式中，i，j 分别为格点空间位置；$\varPhi$ 为局域映射图；y 为部分或所有邻居斑块状态值。相邻斑块的图案可以是各种各样的，所以我们可以模拟各种斑块动态。

如果 $t+1$ 时刻斑块状态不仅取决于 t 时刻的局域效应，而且还与 $t-1$ 时刻的状态相关，则我们可进一步制订新规则，如 $a_{i,j}(t+1)=\varPhi(Y_{i,j}(t-1,t))$ 等。

若在元胞自动机中加进随机成分，如每个格点上的值以一定的概率变化，那么就像渗透过程一样了。与元胞自动机类似的空间模拟自动机还有晶格动力系统、渗透系统、马尔可夫随机场、动力自旋系统和迭代函数系统等。

目前，元胞自动机已经应用在景观生态学研究中。Molofsky（1994）应用元胞自动机模拟了种群动态及其空间格局；Childress 等（1996）基于格栅研究了转移规律的复杂性，提出了计算状态数影响、邻接体的尺度方法，计数邻接体状态和选择空间自动机模型的确定性规律的途径。Karafyllidis 和 Thanailakis（1997）应用元胞自动机提出一个预测森林火蔓延的模型，结合天气和地形数据能够预测森林火在同质性和异质性景观中的扩散。

由于 GIS 技术在景观格局研究中大量采用，我们可以通过 GIS 对景观格局进行格栅化，为应用元胞自动机数量化景观格局带来了极大方便。因此，通过元胞自动机进行复杂景观的动态模拟及概括性研究具有很大的应用前景。

景观格局指数和景观格局分析模型的用途主要是，定量地描述景观结构，建立景观结构与景观功能和过程之间的相互关系，进而使我们能从景观结构上的变化来推断景观功能和过程上可以发生的变化。显然，景观的定量描述为我们提供了一种监测区域性生态变化的手段。景观格局指数从不同角度度量了景观异质性，是概括含量巨大的景观空间数据的一种行之有效的方法。计算简便，针对性和可比性强，容易理解。从各自独特的方面，各种空间格局分析模型，更加深入地揭示了景观格局的空间特征，这是一个蓬勃发展、很有前途的领域。

参 考 文 献

陈逢时. 1998. 子波变换理论及其在信号处理中的应用. 北京：国防工业出版社

董连科. 1991. 分形理论及其应用. 沈阳：辽宁科学技术出版社

傅伯杰，陈利顶. 1996. 景观多样性的类型及其生态意义. 地理学报，51（5）：454-462

傅伯杰. 1995. 黄土区农业景观空间格局分析. 生态学报，15（2）：113-120

高安秀树. 1989. 分数维（沈步明、常子文 译）. 北京：地震出版社

高洪文. 1994. 生态交错带（ecotone）理论进展. 生态学杂志，13（1）：32-38

黄敬峰. 1993. 谱分析法在草地植被研究中的应用. 应用生态学报，4（3）：338-367

李百炼，伍业钢，邹建国. 1992. 缀块性和缀块动态：Ⅱ. 描述和分析. 生态学杂志，11（5）：28-37

李哈滨，Franklin J F. 1988. 景观生态学——生态学领域里的新概念构架. 生态学进展，5（1）：23-33

李哈滨，伍业钢. 1992. 景观生态学的数量研究方法. 北京：中国科学技术出版社

李后强，汪富泉. 1993. 分形理论及其在分子科学中的应用. 北京：科学出版社

李世雄，刘家琦. 1994. 小波变换和反演数学基础. 北京：地质出版社

李团胜. 1996. 城市景观生态建设. 城市环境与城市生态，9（3）：34-36

林鸿溢，李映雪. 1992. 分形论-奇异性探索. 北京：北京理工大学出版社

马克明，傅伯杰，周华峰. 1998. 景观多样性测度：格局多样性的亲和度分析. 生态学报，18（1）：93-98

马克明，叶万辉，桑卫国，等. 1997. 北京东灵山地区植物群落多样性研究：不同尺度下群落样带的 β 多样性和分形

分析. 生态学报, 17 (6): 104-113

马克明. 1996. 兴安落叶松林空间格局的分形研究. 哈尔滨: 东北林业大学博士学位论文

秦前清, 杨宗凯. 1995. 实用小波分析. 西安: 西安电子科技大学出版社

王军, 傅伯杰, 陈利顶. 1999. 景观生态规划的原理与方法. 资源科学, 21 (2): 71-76

王庆锁, 王襄平, 罗菊春, 等. 1997. 生态交错带与生物多样性. 生物多样性, 5 (2): 126-131

王仰麟, 韩荡. 1998. 矿区废弃地复垦的景观生态规划与设计. 生态学报, 18 (5): 455-462

邬建国, 李百炼, 伍业钢. 1992. 缀块性和缀块动态: I. 概念与机制. 生态学杂志, 11 (4): 41-45

伍业钢, 韩进轩. 1988. 阔叶红松林红松种群动态的谱分析. 生态学杂志, 7 (1): 10-23

伍业钢, 李哈滨. 1992. 景观生态学的理论发展. 当代生态学博论 (刘建国主编), 北京: 中国科学技术出版社, 30-39

伍业钢, 邬建国, 李百炼. 1992. 缀块性和缀块动态: III. 生态与进化效应. 生态学杂志, 11 (6): 34-41

肖笃宁. 1998. 论景观生态建设,《中国农业资源与环境持续发展的探讨》, 沈阳: 辽宁科学技术出版社: 41-50

辛厚文. 1993. 分形论及其应用. 合肥: 中国科学技术大学出版社

徐岚. 1991. 景观网络结构的几个问题. 见: 肖笃宁. 景观生态学理论、方法及应用. 北京: 中国林业出版社: 156-160

叶万辉, 马克明, 陈华豪. 1993. Fractal 几何的理论形成及应用发展. 东北林业大学学报, 21 (6): 84-88

祖元刚, 马克明, 张喜军. 1997. 植被空间异质性的分形分析方法. 生态学报: 17 (3): 333-337

祖元刚, 马克明. 1995. 分形理论与生态学. 见: 李博. 现代生态学讲座. 北京: 科学出版社

Adams L W, Geis A D. 1983. Effects of roads on small mammals. J. Appl. Ecol., 20: 403-415

Alig R J. 1986. Econometric analysis of the factors influencing forest acreage trends in the southeast. Forest Science, 32: 119-134

Antolin M F, Addicott J F. 1991. Colonization among shoot movement and local population neighborhoods of two aphid species. Oikos 61: 45-53

Baker M. 1989. A review of models of landscape change. Landscape Ecology, 2: 111-133

Barnsley M F. 1988. Fractal Everywhere. San Diego, USA: Academic Press

Bartell S M, Brenkert A L. 1991. A spatial temporal model of nitrogen dynamics in a deciduous forest watershed. *In*: Turner M G, Gardner R H. Quantitative methods in landscape ecology, New York: Springer-Verlag. 379-398

Baudry J, Merriam H G. 1988. Connectivity and connectedness: functional versus structural patterns in landscapes. In Connectivity in Landscape Ecology. Proceedings of the 2nd International Seminar of the International Association for Landscape Ecology. pp. 23-28. Edited by Schreiber K F. Münster: Münstersche Geographische Arbeiten 29

Baudry J. 1984. Effects of landscape structure on biological communities: the case of hedgerow network landscapes. *In*: Brandt J Agger P, Denmark: Roskilde Methodology in landscape ecological research and planning. University Centre Denmark. 1: 55-65

Bennett A F. 1990. Habitat corridors and the conservation of small mammals in a fragmented forest environment. Landscape ecology, 2: 191-199

Bradshaw G A, Spies T A. 1992. Characterizing canopy gap structure in forests using wavelet analysis. Journal of Ecology, 80: 205-215

Brooks C P. 2003. A scalar analysis of landscape connectivity. Oikos, 102: 433-439

Brown J H, Maurer BA. 1987. Evolution of species assemblages: effects of energetic constraints and species dynamics on the diversification of the North American Avifauna. Am Nat, 130: 1-17

Burrough P A. 1981. Fractal dimensions of landscapes and other environmental data. Nature, 294: 240-242

Burrough P A. 1983. Multiscale sources of spatial variation in soil: I. The application of fractal concept to nested levels of soil variation. Journal of Soil Sciences, 34: 577-597

Burrough P A. 1986. Principles of Geographical Information Systems for Land Resource Assessment. Oxford: Clarendon Press

Carpenter S R, Chaney J E. 1983. Scale if spatial pattern: four methods compared. Vegetatio 53: 153-160

Childress W M, Rykiel E J, Forsythe W, et al. 1996. Transition rule complexity in grid-based automata models. Landscape Ecology, 11 (5): 257-266

Chorley R J, Haggett P. 1965. Trend surface mapping in geographical research. *In*: Berry B J L, Marble D F. Spatial Analysis: A reader in statistical geography. Pp 195-217. Prentice Hall Inc, Englewood Cliffs, NJ

Chui C K. 1992. 小波分析导论. 程正兴译. 西安: 西安交通大学出版社

Clements F E. 1905. Research methods in ecology. Nebraska: University Publishing Company

Cliff A D, Ord J K. 1981. Spatial Processes: Models and Applications. London: Pion Limited

Cook E A, van Lier H N. 1994. Landscape planning and ecological networks. Amsterdam: Elsevier

Daubechies I. 1988. Orthonormal bases of compactly supported wavelets. Communications On Pure And Applied Mathematics, 41 (7): 909-996

Fahrig L, Merriam H G. 1985. Habitat patch connectivity and population survival. Ecology, 67: 61-67

Fahrig L, Paloheimo J. 1988. Determinants of local population size in patchy habitats. Theor popul Biol, 34: 194-213

Falconer K J. 1991. 分形几何-数学基础及其应用. 曾文曲, 刘世耀, 戴连贵, 等 译. 沈阳: 东北工学院出版社

Farina A. 1998. Principles and methods in Landscape ecology. London: Chapman & Hall Feder J. 1988. Fractals. Plenum, NY

Forman R T T, Baudry J. 1984. Hedgerows and hedgerow networks in landscape ecology. Environmental Management, 8: 499-510

Forman R T T, Godron M. 1986. Landscape Ecology. New York: Willey

Forman R T T. 1995. Land mosaics: the ecology of landscapes and regions. Cambridge: Cambridge University Press

Franklin J F. 1993. Preserving biodiversity: species, ecosystems, or landscapes? Ecological Applications, 3 (2): 202-205

Frontier S. 1987. Applications of fractals theory to ecology. *In*: Legendre P, Legendre L. Developments in Numerical Ecology. Berlin: Springer-Verlag

Gao W, Li B L. 1993. Wavelet analysis of coherent structure at the atmosphere-forest interface. Journal of Applied Meterology, 32: 1717-1725

Garcia-Moliner G, Mason D M, Greene C H, et al. 1992. Description and analysis of spatial patterns. *In*: Steele J H, Powell T M, Levin S A. Patch Dynamics. Berlin: Springer-Verlag

Gardner R H, O'Neill R V. 1991. Pattern, processand predictability: the use of neutral models for landscape analysis. *In*: Turner M G, Gardner R H. Quantitative Methods in Landscape Ecology. Pp 189-308. New York: Springer-Verlag

Gardner R H, Miline B T, Tumer M G, et al. 1987. Neutral models for the analysis of broad scale landscape pattern. Landscape Ecology, 1: 19-28

Gittins R. 1968. Trend surface analysis of ecological data. Journal of Ecology, 56: 845-869

Greer D M. 1982. Urban waterfowl population: Ecological evaluation of management and planning, Environ Manage, 6: 217-229

Greig-Smith P. 1983. Quantitative Plant Ecology (3rd ed). Berkley: University of California Press

Haggett P, Cliff A D, Freg A. 1977. Locational Analysis in Human Geography. New York: John Wiley & Sons

Hall F G, Strebel D E, Sellers P J. 1988. Linking knowledge among spatial and temperal scales: vegetation, atmosphere, climate and remote sensing. Landscape Ecology, 2: 3-22

Hanski I. 1998. Metapopulation dynamics. Nature, 396: 41-49

Harris L D, Gallagher P B. 1989. New initiatives for wildlife conservation. The need for movement corridors, in Preserving communities and corridors. Defenders of Wildlife, Washington: 11-34

Harris L D. 1984. The Fragmented Forest. Chicago, USA: The University of Chicago Press

Holland M M. 1988. SCOPE/MAB technical consultations on landscape boundaries: report of a SCOPE/MAB workshop on ecotones. Biology International (Special Issue), 17: 47-106

Houston M, DeAngelis D, Post W. 1988. New computer models unify ecological theory. BioScience, 38: 682-691

Hudson W E, Cutter R, Satt J M, et al. 1991. Landscape Linkages and Biodiversity. Washington D C, California: Island Press

Hutchinson J E. 1981. Fractals and selfsimilarity. Indiana University Mathematics Journal, 30 (5): 713-747

Hyman J B, McAninch J B, DeAngiles D. 1991. An individual-based model of berbivory in aheterogeneous landscape. *In*: Turner M G, Gardner R H, Quantitative Methods in Landscape Ecology. New York: Springer-Verlag: 443-478

Janssens P, Gulinck H. 1988. Connectivity, Proximity and contiguity in the landscape interpretation of remote sensing data, *In*: Schreiber K F. Connectivity in Landscape Ecology, Proceeding of the 2nd International Seminar of the "International Association for landscape ecology", Münster, Munstersche Geographische Arbeiten 29, pp23-28

Journel A, Huijbregts C H. 1978. Mining Geostatistics. London, UK: Academic Press

Karafyllidis I, Thanailakis A. 1997. A model for predictinf forest fire spreading using cellular automata. Ecological Modelling, 99: 87-97

Kenkel N C. 1988. Spectral analysis of hummock-hollow pattern in a weakly minerotrophic mire. Vegetatio, 78: 45-52

Kotliar N B, Wiens J A. 1990. Multiple scales of patchiness and patch structure: a hierarchical framework for the study of heterogeneity. Oikos, (59): 253-260

Krummel J R, Gardner R H, Sugihara G, et al. 1987. Landscape patterns in disturbed environment. Oikos, 48: 321-324

Legendre P, Fortin M. 1989. Spatial pattern and ecological analysis. Vegetatio, 80: 107-138

Levin S A, Paine P T. 1974. The role of disturbance in model of community structure. *In*: Levin S A. Ecosystem Analysis and Prediction. Society for Industrial and Applied Mathematics, Philadelphia, USA

Levin S A. 1989. Perspectives in ecological theory. New Jersey: Princeton University Press

Li B L, Loehle C. 1995. Wavelet analysis of multiscale permeabilities in the subsurface. Geophysical Research Letters, 22 (23): 3123-3126

Li H. 1989. Spatio-temporal Pattern Anatysis of Managed Forest Landscapes: A Simulation Approach. Ph. D Dissertation, The Oregon State University, Corvallis, Otegou, USA

Loehle C, Li B L, Sundell R C. 1996. Forest spread and phase transitions at forest-prairie ecotones in Kansas, USA. Landscape Ecology, 11 (4): 225-235

Loehle C, Wien G. 1994. Landscape habitat diversity: a multiscale information theory approach. Ecological Modelling, 73: 311-329

Loehle C. 1983. The fractal dimension and ecology. Spec Sci Tech, 6: 131-142

Lovejoy S. 1982. Area-perimeter relation for rain and cloud areas. Science, 216: 185-187

Lynch J F, Whigham F. 1984. Effects of forest fragmentation on breeding bird communities in Maryland, USA Biol Conservation, 28: 287-324

Madar H J. 1984. Animal habitat isolation by roads and agricultural fields. Biol Conservation, 29: 81-96

Mandebrot B B. 1986. Self-affine fractal sets: I. II. III.. *In*: Pietronero L, Tosatti E. Fractal in Physics. North-Holland

Mandelbrot B B. 1977. Fractals: Form, Chance and Dimension. New York: W H Freeman

Mandelbrot B B. 1982. The Fractal Geometry of Nature. New York: W H Freeman

Matheron G. 1963. Principles of geostatistics. Economic Geology 58: 1246-1266

Matheron G. 1973. The intrinsic random functions and their applicntions. Advanced Applied Probability, 5: 439-468

McDonnell M, Stiles E W. 1983. The structural complexity of old field vegetation and the recruitment of bird dispersed plant species. Oecologia (Berlin), 56: 109-116

McDonnell M J, Pickett S T A. 1988. Connectivity and the theory of landscape ecology. *In*: Schreiber K F. Connectivity in Landscape Ecology, Proceeding of the 2nd International Seminar of the "International Association for landscape ecology", Münster, Munstersche Geographische Arbeiten, 29, 17-19

McGarigal K, Marks B J. 1993. FRAGSTATS: Spatial pattern analysis program for quantifying landscape structure. Oregon State University, Covallis, OR

Merriam G, Wegner J. 1991. Local extinctions, habitat fragmentation and ecoines. *In*: Hansen A J, di castri F.

Landsconpe Boundaries. New York: Springer-Verlag. 149-169

Merriam G. 1988. Landscape dynamics in Farmland. Trends in Ecology & Evolution, 3 (1): 16-20

Merriam G. 1991. Corridors and connectivity: animal population in heterogeneous environments. *In*: Saunders D A,
Hobbs R J. Nature conservation 2: The role of corridors. New South Wales, Australia: Surrey Beatty & Sons,
Chipping Norton: 133-142

Merriam H G. 1984. Connectivity: a fundamental characteristic of landscape pattern. *In*: Brandt J, Agger P. Method-
ology in Landscape Ecological Research and Planning. Roskilde University Centre, Denmark. vol. 1. pp. 5-15

Milne B T. 1988. Measuring the fractal geometry of landscapes. Appl Math and Comp, 27: 67-79

Milne B T. 1991. Lessons from applying fractal models in ecology. *In*: Turner M G, Gardner R H. Quantitative Meth-
ods in Landscape Ecology. NY: Springer Verlag

Milne B T. 1992. Spatial aggregation and neutral models in fractal landscapes. The American Naturalist, 139 (1):
32-57

Ministere Des Transport. 1981. Protection de la faune et de la circulation routire, Direction des routes et de la circula-
tion routire SETRA, France: 119

Molofsky J. 1994. Population dynamics and pattern formation in theoretical populations. Ecology, 75 (1): 30-39

O'Neill R V, Gardner R H, Carney J H. 1982. Parameter constraints in a stream ecosystem model: Incorporation of a
priori information in Monte Carlo error analysis. Ecological Modelling, 16 (1): 51-65

O'Neill R V, Krummel J R, Gardner R H, et al. 1988a. Indices of landscape pattern. Landscape Ecology 1: 153-162

Odum E P. 1971. Fundamentals of ecology (Second edition). Pennysyvania: W B Saunders Company

O'Neill R V, Milne B T, Turner M G, et al. 1988b. Resource utilization scales and landscape pattern. Landscape
Ecology, 2: 63-69

Palmer M W. 1988. Fractal geometry: a tool for describing spatial pattern. Vegetatio, 75: 91-102

Peitgen H O, Richter P H. 1986. The Beauty of Fractals. NY: Springer-Verlag

Peitgen H O, Saupe D. 1988. The Sciences of Fractal Images. NY: Springer-Verlag

Pickett S T A, Thompson J N. 1978. Patch dynamics and the design of nature reserves. Bilo Conserv, 73: 27-37

Pickett S T A. 1976. Succession: an evolutionary interpretation. Am Nat, 110: 107-119

Pickett S T A. 1985. The ecology of natural disturbance and patch dynamics. New York: Academic Press

Pringle C M, Naiman R J Bretschko G, et al. 1988. Patch Dynamics in Lotic Systems: The Streams As a Mosaic. Jour-
nal of The North American Benthological Society, 7 (5): 503-524

Risser P G, Karr J R, Forman R T T, et al. 1984. Landscape ecology: directions and approaches. Special Publication
II. Champaign: Illinois Natural History Survey

Romme W H. 1982. Fire and landscape diversity in subalpine forests of Yellowstone National Park. Ecological Mono-
graphs, 52: 199-221

Rosenzweig M L. 1995. Species Diversity in Space and Time. Cambridge: Cambridge University Press

Roughgarden J. 1977. Patchiness in the spatial distribution of a population caused by stochastic fluctuations in re-
sources. Oikos, (29): 52-59

Scheiner S M. 1990. Affinity analysis: effects of sampling. Vegetatio, 86: 175-181

Scheiner S M. 1992. Measuring pattern diversity. Ecology, 73 (5): 1860-1867

Schreiber K F. 1988. Connectivity in Landscape Ecology, Münster: Munstersche Geographische Arbeiten, 29: 255

Shugart H H Jr, West D C. 1980. Forest succession models. BioScience, 30: 308-313

Slobodkin L B. 1987. How to be objective in community studies. *In*: Nitecki M H, Hoffman A. Neurtral Models in Bi-
ology. 93-108. Oxford: Oxford University Press.

Sole R V, Manrubia S C. 1995. Are rain forests self-organized in a critical state? J Theor Biol, 173: 31-40

Stauffer D. 1985. Introduction to Percolation Theory. London, UK: Taylor & Francis

Taylor P D, Fahrig L, Henein K, et al. 1993. Connectivity is a vital element of landscape structure. Oikos, 68:
571-573

Turner M G, Gardner R H, Dale V H et al. 1989. Predicting the spread of disturbance across heterogeneous land-scapes. Oikos, 55: 121-129

Turner M G, Gardner R H. 1991. Quantitative Methods in Landscape Ecology. New York: Springer-Verlag

Turner M G. 1987a. Landscape Heterogeneity and Disturbance. New York: Springer-Verlag

Turner M G. 1987b. Spatial simulation of landscape changes in Georgia: a comparison of 3 trasition models. Landscape Ecology, 1: 29-36

Turner M G. 1988. A spatial simulation model of land use in a piedmont county Georgia. Applied Mathematics and Computation, 27: 39-51

Turner M G. 1989. Landscape ecology: the effect of pattern on process. Annual Review of Ecology and Systematics, 20: 171-197

Turner M G. 1998. Landscape Ecology--Living in mosaic. *In*: Dodson S, Allen T F H, Horne B V, et al. Ecology, New York: Oxford University Press. 77-122

Vedyushkin M A. 1994. Fractal properties of forest spatial structure. Vegetation, 113: 65-70

Voss R. 1988. Fractals in nature: from characterization to simulation. *In*: Peitgen H O, Saupe D. The Sciences of Fractal Images. NY: Springer-Verlag

Webster R. 1985. Quantitative spatial analysis of soil in the field. Advanced Soil Science, 3: 1-70

Wiens J A, Crawfor C S, Gosz J R. 1985. Boundary dynamics: a conceptual framework for studying landscape eeosystems. Oikos, 45: 421-427

Wiens J A. 1976. Population responses to patchy environments. Ann Rev Ecol Syst, 7: 81-120

Wiens J A. 1988. The analysis of landscape patterns: interdisciplinary seminar in ecology. Colorado State University

Wiens J A, Stenseth N C, Horne B V, et al. 1993. Ecological mechanisms and landscape ecology. Oikos, 66: 369-380

Wu J, Vankat J L, Barlas Y. 1993. Effects of patch connectivity and arrangement on animal metapopulation dynamics: a simulation study. Ecological Modelling, 65: 221-254

Wu Y. 1991. Fire History and Potential Fire Behavior in a Rocky Mountain Foothill Landscape. Ph. D Dissertation, University of Wyoming, Wyoming, USA

Zeide B, Pfeifer P. 1991. A method for estimation of fractal dimension of tree crowns. Forest Science, 37 (5): 1253-1265

第4章 景观生态过程

景观演变是一个十分复杂的过程。在这个过程中，有自然和人为两个方面的因素共同起作用，并且随着经济的发展和人口的增长，人文因素在景观演变过程中起着越来越大的作用。景观格局的形成反映了不同的景观生态过程，与此同时景观格局又在一定程度上影响着景观的演变过程，如景观中的物质和能量流动、信息交换、文化特征等。景观结构对生态过程的影响主要表现在4个方面：①景观格局的空间分布，如方位（坡向）、母质组成和坡度等，将影响局域空气流动、地表温度、养分丰缺或其他物质（如污染物）在景观中的分布状况；②景观结构将影响景观中生物迁移、扩散（种子、果肉等）、物质和能量（水、水溶物质、有机或无机固体颗粒）在景观中的流动；③景观格局同样影响由非地貌因子（如火、风和放牧等）引起的干扰在空间上的分布、扩散与发生频率；④景观结构将改变各种生态过程的演变及其在空间上的分布规律。从某种意义上说，景观格局是各种景观演变过程中的瞬间表现。然而由于生态过程的复杂性和抽象性，很难定量地、直接地研究生态过程的演变和特征。生态学家往往通过研究景观格局的变化来反映景观生态过程的变化及特征。本章我们将侧重于分析景观中的物种流动、养分流动、人为与文化过程、干扰、景观格局与生态过程耦合几个方面的内容。

4.1 景观中的物种运动

物种的空间分布与生物多样性的关系早已为生态学家所关注，而景观生态学更关注景观结构变化和空间格局对物种分布、迁移和生存的影响。物种在景观中的运动和迁移直接影响物种的生存，然而对于不同的物种来说，相同的景观结构，其影响也许不同，有时会形成截然相反的生态效应。景观格局对物种的影响：一方面与景观的元素组成有关，另一方面与物种的生态行为有关。常见的例子就是水生生物和陆生生物之间、陆生生物和飞禽之间，它们分别适应于不同的环境，对景观格局的反应具有较大的差异。

1. 景观中物种的运动方式

物种在景观中的运动与人类运动具有许多相似的地方。主动运动和被动运动是物种最常见的两种运动方式。主动运动一般是指物种通过本身有目的的行为，从一个地方迁徙至另外一个地方。通常表现较多的是动物在景观中的运动，如动物的季节性迁徙；被动运动一般要借助于外界的作用来达到迁移的目的。植物在景观中的迁徙就是被动式的，通过风、水和人类或其他动物将植物种从一个地方带到其他地方，这种迁移方式对景观面貌和格局的影响较大，有时甚至可以完全破坏原有的景观格局。

动物也存在被动的运动方式，可以分为两个方面：一方面是由于人为的干扰，直接将某种动物携带至一个新的环境，如野生动物被逮住后送到动物园饲养或其他栖息地；

另一方面是由于人类活动的加剧引起自然栖息地面积的减少或破碎化，导致物种无法在原栖息地生存，不得不迁移出去寻找适合于自身生存的环境。

由于两种运动的方式不同，产生的结果也有所不同。前者是一种主动的生物行为，物种运动的目的是为了适宜环境的变化或去寻找更适合自己生存的生态环境，在一定程度上可以促进生物物种的扩散和传播，有利于生物种的保护和生态系统的自身优化。后者，由于物种的迁移处于被动状态，物种无法选择适合于自己的生态环境，在生态上具有较大的风险。在物种迁移过程中，有时会导致物种的灭绝和物种生态习性的退化。东北虎本是一种野生的食肉性大型动物，研究发现，随着东北虎在动物园中饲养时间的延长，它们开始逐渐适应动物园的人工饲养环境；特别是定时的人工喂养，使东北虎原有的一些野生特性慢慢退化。当将圈养的东北虎重新放归自然时，起初它们非常不适应自然条件下的生态环境，原生的较强的捕食能力已完全消失，如果长此以往，那种威猛凶暴的东北虎将在人们的视野中消失。人们圈养动物的目的是为了保护稀有物种，但保护的同时却使物种的自然生态习性不断退化以及基因多样性丧失，其结果是加速了物种的退化和灭绝。

2. 景观中的动物运动

动物在景观中运动的目的可以概括为两个，其一是觅食性的运动，其二是迁移性的运动。无论哪种运动方式，其根本的目的是为了生存。觅食是为了找到食物，以补充生物体需要的热量。

1) 景观中动物的运动方式

景观中动物的运动可以有三种方式：①巢域范围内的运动；②疏散运动；③迁徙运动。动物的巢域是指它们借以用作取食和进行其他日常活动的"家"（如巢、窝）的周围地区。通常一对动物和他们的幼仔共有一定范围的巢域。与巢域相似的另一概念称为领地，被许多生态学家称为抵御其他相同物种个体入侵的地域。当动物拥有所保卫的领地时，由于它们经常到防卫界限以外的地区寻找食物，所以它们比巢域的范围更大。

动物疏散是指动物个体从它们的出生地向新巢域进发的单向运动。新巢域通常远离其源地或者是一些物种比较集中的源地向四周扩散分布。最常见的疏散方式是一些接近成年的动物个体，为了生存逐渐离开其出生地区，建立其自己本身巢域的过程。动物疏散也可以发展到某一物种的整个分布范围。

迁徙是动物在不同季节不同栖息地间进行的周期性运动。迁徙往往是由于生态环境的变迁，导致物种不适应新的环境，从而不得不迁移出去寻找更适宜于自身生存的环境。动物的迁徙一般具有比较明确的目的，最常见的例子是大群候鸟在寒冷地区和温暖地区之间的迁徙，以及驯鹿群在苔原和北部森林边缘间的迁徙。候鸟在每年的春天气候变暖时，从气候炎热的南方迁往北方，而在秋季气温下降时，又从寒冷的北方迁徙至温暖的南方，其迁徙的时间、路线比较明确，并具有一定的规律性。还有一种迁徙是动物在不同海拔高度地区之间的迁徙，许多动物在夏天时生活在比较寒冷的高海拔地区，冬天来临时，迁徙到比较温暖的低海拔地区。候鸟的迁徙通常要跨越几个不同的景观类型。

动物运动的最主要目的是生存。动物运动或者是为了寻找更适合于自己的栖息地，或者是为了寻找充足的食物。由于景观类型和结构的差异，动物的运动将受到不同的影响。

由于景观结构和斑块资源的差异，不同物种在景观中的运动方式和速度是不同的。景观阻力可以从某种程度上理解为景观适宜物种生存的难易程度。对物种适宜度较高的景观类型，动物生存的可能性较大；而对物种适宜度较低的景观类型，物种在其中将难以生存，可以认为这种景观对特定物种的景观阻力较大。景观阻力通常与景观中物种可获取的各种资源具有较大的关系，可以用阻力系数的大小来表示（俞孔坚，1990）。景观阻力实际上表示动物在景观中迁移和觅食的难易程度。景观阻力取决于不同景观要素边界的特性：①界面物种的通过频率；②界面的不连续性和景观要素的特性；③景观类型的适宜性；④景观要素的长度。

2）斑块大小、形状与动物运动

斑块形状对生物的扩散和动物的觅食以及物质和能量的迁移具有重要的影响。例如，通过林地迁移的昆虫或脊椎动物，或飞越林地的鸟类，更容易发现垂直于它们迁移方向的狭长采伐迹地，而常常遗漏圆形采伐迹地和平行迁移方向的狭长采伐迹地。研究发现，不同景观类型的边界对动物的运动具有较大的影响，在生态学上称为边缘效应。边缘效应的强弱一方面与斑块面积的大小和形状具有较大的关系，同时也与相邻斑块的物质组成和质量有较大的关系。

斑块大小和形状对动物运动的影响主要反映在斑块的边缘效应上。面积比较大的斑块，适宜于动物生存的内部生境较大，其边缘效应对动物的影响较小，动物在其中活动的空间相对较大，动物自由运动受到的阻力较小、随机性较大，因此有利于物种的觅食和生存。相反，面积较小的斑块具有相反的功能，并且会导致物种的灭绝。斑块的形状对动物运动的影响更为明显，在同等面积条件下，长条形斑块的边缘效应明显高于圆形斑块、方形斑块，因而对动物在景观中的迁移和觅食的影响较大。由于斑块宽度的限制，动物的运动往往受到较大的限制，运动的方式往往表现为近似于直线形。而圆形或方形的斑块边缘效应较小，动物在其中的迁移和觅食受到较小的影响，有利于物种的保护。斑块的边缘效应通常利用分维数来描述，对于面积相等的斑块，一般周长越长，边缘效应越大，同时内部生境的面积越小。

3）景观格局与动物运动

景观异质性的大小与动物的运动和迁移并没有直接的关系，主要取决于动物对各景观要素的敏感性。由于每一种物种对周围景观要素的察觉方式不同（Farina，1998），景观异质性高可能有利于动物的迁移，也可能不利于动物的迁移，主要取决于景观要素的物质组成和空间布局，同时也与目标物种的习性有较大的关系。

对于一般的动物来说，景观异质性高，不利于动物在景观中的迁移和觅食，这是因为一方面景观异质性高，生态环境适合于更多的物种生存，物种在景观中运动时，遇到天敌的可能性较大；另一方面，景观异质性高，动物在其中运动时，可利用资源斑块被发现的可能性减小，因而动物在景观中运动受到的危险性增大。但对于某些物种来说，景观异质性高反而有利于其扩散和传播。

4) 廊道与运物运动

廊道一般是指在景观中存在的、狭长的、具有一定宽度的斑块体（Forman and Godron，1986）。通常人们认为廊道的存在有利于物种在不同斑块之间的交换、迁移，有利于物种的保护，其实不然。对于生物群体而言，廊道具有多重属性，它可以起到通道（conduit）、隔离带（barrier）、源（source）、汇（sink）、栖息地（habitat）和过滤的作用。对于某些物种起通道作用的廊道，对于其他物种来说很可能就起隔离的作用，这主要取决于廊道的宽度、长度、物质组成和性质。即使是作为动物迁移通道的廊道，也并非都对物种保护有利。有时增加廊道和物种交换的概率，也会促进局部物种的灭绝。这在 Wu 等（1993）的模拟研究中已经充分说明，对于几个连接度较高的生境斑块来说，只有当每个斑块上的种群数量均高于某一个特定值时，才能保证所有斑块上的种群得以延续下去；当某一斑块上的种群数量低于某一个特定值时，即使它与周围的斑块具有较好的连接，也会不可避免地导致种群的灭绝。但对于大多数物种来说，建立适宜的廊道可以起到连接不同栖息地的作用，促进不同栖息地的物种基因之间的交流，从而有利于保护区域物种的多样性。

5) 景观格局与动物运动

生物生存的必要条件之一是必须具备面积适宜的栖息地，二是在栖息地及其周围应有足够的食物来源以满足物种的生存需求，同时要求这些食物资源在空间上可以为物种所用。适宜的居住环境，可以为物种提供一个基本的生活和休息场所，使其免遭外来物种的袭击，景观中食物资源斑块的空间分布决定了食物的可获取性。例如，对许多大型的陆地动物来说，由于不会游泳，河流的存在成为阻挡它们迁移的重要屏障，有时虽然适宜的食物资源斑块空间距离较近，但由于存在不可逾越的障碍，近在咫尺的食物也无法获得。

不同的景观格局对不同的物种具有不同的影响。鸟类在景观中的迁移和觅食有较大的特殊性。由于鸟类在天空中可以自由飞翔，似乎不受地表景观格局的制约，其实并非如此，在研究鸟类与景观格局的关系时，垫脚石（stepping stone）在鸟类迁移和飞翔中起着重要的作用，特别是当鸟类飞越较长的距离时，常常会因为疲劳过度，十分容易为天敌所捕获。如果在长距离的飞翔中存在一个或几个垫脚石，那么它们可以得到适当的休息，从而有效地避免被天敌捕获。因此，对于不同的物种来说，应充分分析物种的生态特性，研究不同景观要素和物种保护的关系。

3. 景观中的植物传播

植物种群不像动物，可以在适宜的环境中自由地迁徙，成熟的植物体更是如此。但它们依然可以产生自然的繁殖体，如种子、果实、孢粉或幼苗等，向四周扩散和传播。因此，植物可以通过再繁殖进行运动或迁移，一种植物只有在一个新的生境成功定殖后，才被称为传播（Forman and Godron，1986）。植物的传播往往要借助于外界的物质流和运动力而实现。

1) 景观中植物的传播方式

根据传播的过程和机制，植物在景观中的传播可以分为以下几种。①风播：以风力作用作为传播的主动力。②水播：以水流作为传播动力。③动物传播：主要靠动物食用植物的果实或携带植物的种子至其他地方达到传播的目的。人类也是植物传播过程中的重要媒介之一，但人类对植物种的传播有两种方式：一种是有目的的移植或播种，这种传播主要是为了获取较高的经济利益或为了保护一些稀有的物种，在人类的协助下，植物传播一般是成功的；另一种是人类无意识的传播，在人类的迁移或运输过程中，一些植物的种子或花粉被从一个地方带到另外一个地方，这种传播有时会带来严重的生态后果。

植物传播机制的不同，可以导致物种传播距离上的差异。以植物果实或果肉为传播途径的植物，在自然作用（如风、水等）下，传播的距离较短。而以孢粉为传播途径的植物，在各种媒介作用下，在空间上可以传播很远的距离。动物传播植物的距离，在较大程度上取决于动物活动的空间范围，一般限制在动物活动的领地之内。人类对植物的传播，可以说在空间上没有任何限制，特别是随着科学技术的高速发展，人类甚至可以将植物种携带至太空中。

根据植物的传播过程，可以将传播方式分为三类。第一类是由于区域生态环境的季节性变化导致植物种在较小范围内发生周期性的变化，一般表现为植物面积的膨胀或收缩。第二类是由于全球气候变化，一些物种为了适应环境的变化，不得不从纬度较高（低）的地区向纬度较低（高）的地区迁移，这种迁移过程虽然说是缓慢的，但是对生态的影响是深远的。目前引起全球科学家关注的全球气候变化，从长远看，极有可能引起全球植被带的迁移。第三类植物的运动方式表现为当一种物种到达一个新的地区后，便广泛传播（Elton，1958），结果是外来种的大面积入侵，对当地种形成威胁，如带刺的仙人掌（*Opuntia dillenii*）传播到澳大利亚后，很快对当地的牧草形成影响，最终导致牧草地的破坏和景观面貌的改变。

2）景观格局与植物传播

景观结构对植物传播影响的文献较少，但并不能说明景观结构对植物的传播和生存没有影响。景观结构对植物分布的影响早已为人们所重视，如山体的阴坡和阳坡、高山和平原、陆地和水体等均对植物物种的分布具有较大的影响。景观结构对植物物种迁移和传播的影响表现在两个方面：①景观结构导致传播植物物种的动力机制发生变化；②景观结构可以改变区域小气候，导致局域环境对植物的适应性发生变化。在中国西北风沙区，风力作用十分强烈，许多植物物种在风力作用下，可以被携带较远的距离进行传播，但随着防护林的大力建设，导致局部景观空间格局发生了改变，区域风力场发生明显变化，一些依靠风力传播的植物不再被风携带而进行传播。

景观结构改变导致小气候变化的例子有许多。例如，森林火灾发生后，大面积的森林景观中形成了过火的空地（斑块），由于空地的出现，区域土壤的养分、水分和土壤物理结构均不同于其周边环境，这样可以导致一些新的物种迁移至此，而形成与原来森林景观不同的植物群落。水库的修建，可以改变局域的景观结构，导致周边地区地下水位在一定程度上上升，使原来一些喜湿的植物种迁移至此。同样在人类活动密集的地区，随着城市景观的大面积建设，改变了局部的小气候，如城市地区气温的升高、湿度下降，导致喜湿耐寒的物种消失，一些喜温的植物侵入。人类对地下水的过度抽取导致地下水位大幅度下降，同样会改变局域的生态结构和景观生态过程。

人类活动对景观结构的改变，在很大程度上影响着植物的迁移和传播过程。随着人类活动不断加强，单一的人为景观占有较大的优势，将不利于景观中动植物的生存和迁移。因而进行景观设计与规划时，在大面积的农田或人为景观中，可以适当增加一些林地、草地斑块，通过引入一些森林生境的物种，增加物种多样性和景观多样性。

近年来森林被大规模破坏，毁林开荒，造成生境的破碎化，森林面积的锐减以及结构单一的人工森林生态系统的大面积出现，形成了复杂多样的变化模式。其结果虽然增加了景观类型多样性，但由于在景观格局以及景观的生态功能上缺乏考虑，同样给物种多样性保护造成了一些困难。在景观中，景观多样性和物种多样性的关系一般呈正态分布。通过合理的景观设计，可以有效地防止有害物种的扩散。风、水可以作为植物的传播媒体，同时也可以作为植物传播中的陷阱。特别是河流作为一种特殊的廊道，在物流和能流过程中起到重要作用，而河流同样可以作为阻碍河流两侧陆生物种交换的一个屏障。农业生产上，为了避免不同物种之间的杂交和由此引起的变异，可以在两种田块之间修建适当宽度的溪沟或树篱，以起到较好的隔离作用。

4.2　景观中水分和养分的迁移

将生态系统作为一个整体，研究水分和养分的输入与输出的工作已经做过许多。许多研究表明农田中化肥及农药的使用、森林砍伐、矿山开发以及城市发展均可导致水体中悬移物质和化学物质的增加（Bormann and Likens，1979）。尽管许多研究显示，景观中水分和养分的运动以及不同景观结构对水分和养分的影响十分重要，但涉及该方面的研究为数不多（Gosz，1986）。水分和养分在景观中的循环与景观结构的特征具有密切关系，合理的景观结构将有利于水分和养分的循环，从而提高生物的生产力和改善区域生态环境，而不适宜的景观结构可以导致水分和养分循环失调，带来一些不利的生态环境问题。目前遍布全球的水土流失、土壤盐碱化等问题在一定程度上均与区域景观结构的失调相关。研究景观中水分和养分的运移规律对于提高生物生产力和保护生态环境均具有重要意义。

1. 景观中水分和养分的运动形式

水分和养分循环是推动景观生态系统演替与发展的重要因素，景观中水分和养分的运动主要有两种形式：水平运动和垂直运动。

1）水平运动

水分的水平运动主要表现为地表径流和地下径流。在重力势能作用下，水分从高山流向低山丘陵或平原，最终流到大海或河湖。在这个水文过程中，景观要素，如地形地貌，起到了重要作用。由于地形高度的差异，导致水分在空间上重力势能的差异，分布在地貌部位较高的地方，就具有较大的势能，而在地貌部位较低的地方，重力势能就较低，从而导致了水分在空间上的运动。

养分的水平运移较水分在景观中的运移复杂得多，但常常与景观中水分的运移紧密地结合在一起。景观中养分的运移不仅取决于水流的方式和速度，而且还与各种化学物质的附着形态及其在不同介质中的溶解属性密切相关。在养分颗粒未溶于水体之前，除了随其他动植物或人类活动发生水平运动外，很少在空间上发生运动，而一旦溶于水体，养分将随同水体一起流动，此时，养分的流动在较大程度上取决于水流的特性。景观中水分和养分的运动与景观空间格局具有密切关系，景观格局的改变可以对水分、养分在空间上的重新分布起到调节作用（图4-1）。

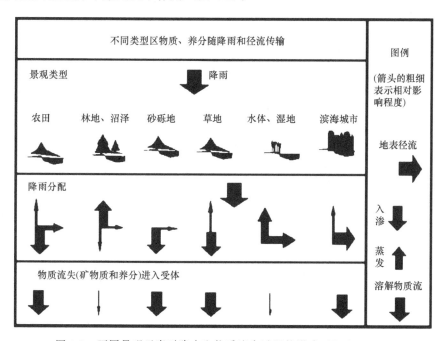

图4-1　不同景观元素对降水和物质流失过程的影响（Ripl, 1995）

对于水分运动而言，景观结构的差异可以影响水分的渗透性，不同的景观类型由于其物质组成的差异，透水性能差异较大。例如，从粗沙到中沙、细沙、粉沙、黏土等，透水性能从高到低逐渐减弱，由此形成不同壤质的土壤在透水方面具有明显的差异。这种透水性能的差异对景观中水分运动的影响比较明显，通过景观结构的组合和设计可以起到对水分和养分的过滤作用，对生态环境的保护具有重要意义。

在污染物的扩散和面源污染控制方面，可以通过透水层和隔水层的空间组合，有效地阻止污染物的空间扩散。此外，一些研究发现，不同植被带在控制水分和养分的运动上也可起到重要作用（陈利顶和傅伯杰，2000b；尹澄清等，1995），通过景观类型的空间合理布局和规划而达到控制土壤水分和养分的流失，以及防止水体的污染。

2）垂直运动

景观中水分和养分的垂直运动主要表现为土壤中的水分和养分被植物或农作物吸收，经过蒸腾作用挥发至大气中，又经过降水或降尘进入土壤，或者经过人类活动的影响以其他方式将养分带入土壤中，形成一个局部的水分和养分小循环（图4-2）。由于不同植被类型在水分吸收、蒸腾和对养分的吸收、利用、挥发能力上差异较大，通过调节微景观结构可以较大程度地改变水分和养分的垂直运动。中国在西北农田防护林建设研究中发现，四周建有防护林带的沙地农田景观的风速明显低于裸露的流动沙地景观，土壤水分蒸发量比沙地景观减少了 10.7%～32.0%，土壤含水率增加了 9.8%，空气湿度增加了 7%，同时气温在秋季可提高 1～2℃，夏季降低 1～2℃，地下水位降低 20～30cm，土壤中腐殖质的含量增加 2 倍多。微景观结构的改变可以有效地改变土壤中水分和养分的循环。

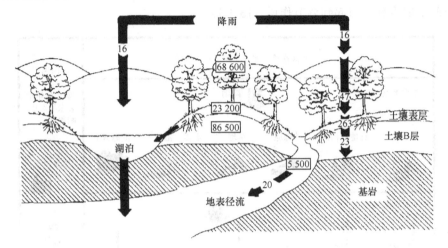

图 4-2　物质和养分在景观中的垂直循环过程（Farina，1998）

动物在景观中的迁移对养分在景观中的再分配起重要作用（Senft et al.，1987，1985；McNaughton，1985，1983）。特别是一些大型动物，它们在富含营养物质的斑块上觅食（导致景观中养分流失），通过排泄将养分释放至它们栖息的斑块（导致景观中养分富集）。

人类也在景观的养分运动中起着重要作用。人类从自然景观中收割庄稼、割草、砍伐森林等，在带走大量物质的同时，也带走了景观中的养分。频繁的收获最终将导致土壤的贫瘠化和土地退化。而对农田系统施用化肥和农药，虽然目的是为了提高农作物的产量，实际上也是调节景观系统中的养分平衡，同时改变了养分在景观中的分配和流动方式。

2. 景观格局与水分和养分运动

1) 生态交错带与水分和养分运动

生态交错带是相邻两种或多种介质之间具有一定宽度的过渡地带，是一个具有不同时空尺度的由边界（生态过渡带）部分地调节的相互作用的斑块系统。生态交错带的独特性决定了它的重要性。一般认为生态交错带具有 4 个方面的特征。

（1）生态交错带具有较高的生物多样性。因为生态交错带是两种或几种以上生态系统（广义）的交接地带，其物质和物种均来源于多个方面，所以生态交错带地区具有较高的生物多样性。

（2）生态交错带对相邻斑块（生态系统）起着重要的控制作用。景观各组分之间或两个生态系统之间的相互作用，积极地发生在边界（生态过渡带），这种作用具体地表现为物质交换、能量流动，即所谓的生态流。生态交错带正是通过控制景观组分之间的生态流来施加影响，从而影响景观中的生态流，包括水分和养分的运动。

对水分和养分运动来说，生态交错带可以起到过滤或屏障的作用，其功能类似于生物膜，颗粒物、有机体、能量在被风、水、动物等媒介物携带、搬运，通过生态交错带时，有些可以通过，有些将被阻留，有些也会发生改向。生态影响的差异主要取决于生态交错带的性质与研究过程的相互关系。对于同一研究对象，如水分运动或养分运动，因生态交错带的形状、大小和结构不同，也会产生不同的生态效应。

（3）生态交错带是比较敏感的地区，很容易受到干扰的影响和破坏。自然界气候与环境的改变，均可以引起生态交错带的变化，从而导致整个景观空间格局的改变。

（4）生态交错带往往是生态风险较大的地区。一般来说，与其相邻的生态系统相比，生态交错带具有较高的脆弱性。在相邻的生态系统内部，由于有反馈机制进行调节，可以在一定程度上保证生态系统的稳定性。而在生态系统的边缘-生态交错带，反馈机制相对较弱，生态交错带极易瓦解。在中国北方农牧交错带地区，人们毁草种地常常会导致生态环境的巨大破坏，发生大面积的土地沙化。

由于生态交错带可以对各种物质和生物体起到扩散和滞缓的作用，因而生态交错带的存在对景观中水分和养分的运动起着重要作用。尹澄清（1995）在研究中国白洋淀水陆交错带时发现，它在营养物质的截留方面具有重要的作用。水陆交错带中的芦苇生态系统可以有效地截留地表和地下径流中的泥沙和氮、磷，对水体、水质起到保护作用。

2）农田景观中篱笆和沟渠网络与水分和养分运动

无论在中国，还是在世界其他国家，常常可以在农田景观中发现由篱笆、沟渠、道路组成的、连接完好的人工网络系统。对农民来说，这种网络结构主要是为了界定不同地块的空间范围以及不同户主所拥有的土地，但有时可以大大改变农田的小气候，提高农作物的生产力。然而客观上这种网络系统的存在具有较高的生态价值。研究发现，它不仅可以大大提高一些生物栖息地（林地覆盖较好的墓地）的景观连通性，促进不同物种在农田景观中的流动和交换，有效地保护生物多样性，同时可以隔离不同农田地块之间病虫害的传播或其他干扰的扩散，而且可以较好地促进水分、养分在农田景观中的运动（Baudry，1989）。在一些坡地地区可以起到控制地表径流、防止土壤侵蚀、保护农田土壤养分、改善河流水文水质（如沉积作用、洪涝和水质）的作用。特别是在一些坡度较大的地方，树篱可以起到梯田的作用，截留较粗的土壤颗粒（图 4-3）。

平原地区篱笆、沟渠网络系统可以调节土壤水分和养分的流动。农业景观结构以及土地耕作措施的改变将会影响地表径流的形成过程，结果是增加或减少地表片状侵蚀和沟状侵蚀，从而改变土壤养分的流失量（Bunce et al.，1993）。例如，西欧地区农田中的树篱构成了对地表水和浅层地下水的屏障，树篱植被和土埂增加了水力糙度，减小了水流速度，从而有效地降低了水的输沙能力，植被和落叶截留了矿质养分的流失。沟渠是有效的排水系统，这一景观结构有效地控制了水土和养分的流失。而近年来随着人口增加，清除树篱扩大农田面积，将农田-树篱-农田这种构型的景观结构改变为单一的农田景观，增加了农田的面积，也增加了坡长，从而导致土壤侵蚀量增加（Bunce et al.，1993）。

3）岸边植被缓冲带与水分和养分流动

岸边植被缓冲带的建立，目的是为了保护河岸免遭侵蚀而发生崩塌。农田系统中化

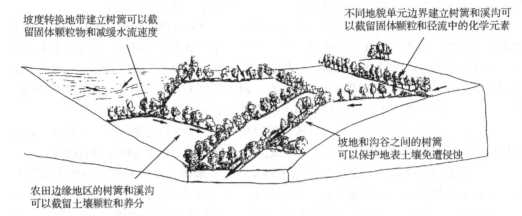

坡度转换地带建立树篱可以截留固体颗粒物和减缓水流速度

不同地貌单元边界建立树篱和溪沟可以截留固体颗粒和径流中的化学元素

坡地和沟谷之间的树篱可以保护地表土壤免遭侵蚀

农田边缘地区的树篱和溪沟可以截留土壤颗粒和养分

图 4-3 农田景观中不同树篱和溪沟在物质、养分流失中的作用（Bunce et al., 1993）

肥、农药的大量施用，导致非点源污染不断加剧。然而随着生态学和景观生态学的发展，岸边植被缓冲带在控制非点源污染中的生态作用日益为生态学家和环境学家所重视。

岸边植被缓冲带往往是指由一定宽度组成的位于河流或水体岸边的林网带、草地，它起到了将农田或其他土地利用类型与水体隔开的作用。水体岸边往往是地下潜水运动比较活跃的地方。当地下水从农田向水体运动，岸边植被缓冲带的存在明显具有两种生态效应：① 对地表径流可以起到滞缓作用，调节入河（水体）的洪峰流量，当大量从农田、城市等景观类型产生的地表径流流经岸边植被缓冲带时，径流的速度将会大大降低，导致大量的径流就地入渗；② 岸边植被缓冲带可以降低径流中污染物的含量，截留径流中的有机污染物，随着农田中化肥和农药的大量施用，许多未被农作物吸收的营养元素直接随着地表或地下径流流失，进入水体，形成水污染，导致水体富营养化，如中国东海和渤海近几年频繁出现的赤潮就是由于水体中有机污染物不断富集导致生态环境恶化的结果。

岸边植被缓冲带的建立，可以有效地吸收径流中残余的农药、养分等，从而减少进入水体中的污染物的含量。研究表明，在农田与水体之间建立合理的草地或林地过滤带，将会大大减少水体中的氮、磷含量。特别是岸边林可以有效地减少地表和地下径流中固体颗粒和养分的含量。Peterjohn 和 Correll（1984）调查了氮和磷在地表径流和浅层地下水中通过农田和河边植被缓冲带的情况，结果表明氮在岸边植被缓冲带的滞留率为 89%，在农田的滞留率仅为 8%；磷的滞留率分别为 80% 和 41%。而且氮、磷通过景观结构的途径也不同，氮在农田和河边植被、带之间的传输途径主要是地下径流，而磷则主要通过地表径流传输。景观格局对元素的迁移有重要影响，对养分的截留和传输具有选择性。图 4-4 显示了岸边植被缓冲带在截留物质、养分中的作用。

岸边植被缓冲带常常建立在 3 种水体的边缘，海洋与大陆、湖泊与陆地及河流与陆地的交错带。而岸边植被缓冲带的建立，通常需要选择与相邻基质（农田、草地、林地、城市等）类型不同的景观类型，在调节水分和养分运动方面将起到互补的作用。

4）景观结构与水分和养分迁移

景观结构主要是指不同景观要素在空间上的组合。景观类型的空间布局对生态过程

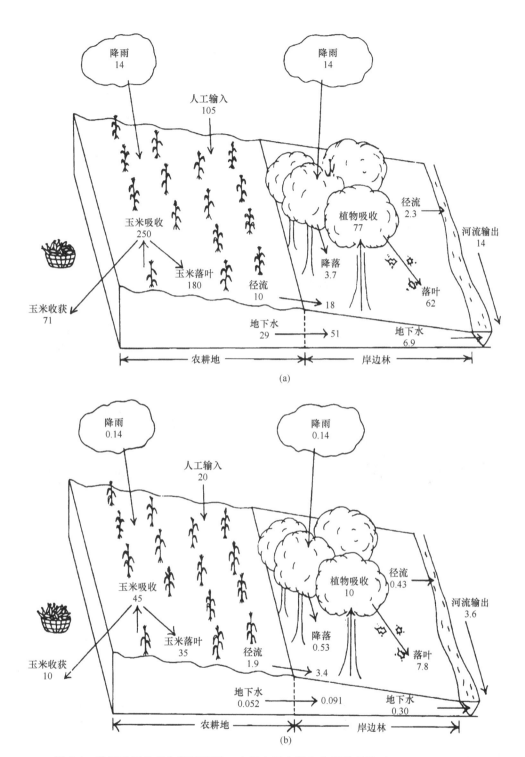

图 4-4 美国马里兰州洳德河流域—小集水区全磷和全氮循环示
意图（Peterjohn and Correll，1984）

（a）氮的输入输出；（b）磷的输入输出；图中数字表示全磷和全氮输入、输出的量

（物质迁移、能量交换、物种运动）具有重要影响。不同的景观空间格局（林地、草地、农田、裸露地等的不同配置）对径流、侵蚀和元素的迁移影响差异较大。研究景观结构对土壤侵蚀和养分在空间上的迁移和分布的影响已经成为景观生态学研究的一个热点。

不同水文性质的土壤在空间上的搭配组合，或具有不同氮、磷吸收能力的植物在空间的间作套种，将可以有效地提高土壤水分和养分的利用效率，从而减少流失。傅伯杰等（1998）在黄土高原羊圈沟流域，通过野外布点采样分析，研究了黄土丘陵坡面不同土地利用结构对土壤水分和养分的影响（傅伯杰等，1999a，1999b），结果发现不同土地利用方式在空间上的组合，可以显著地影响土壤中的养分、水分和水土流失（图 4-5）。因此他们提出，在黄土坡地上，从上到下种植林地-草地-坡耕地将是一种比较好的景观结构，可以大大地提高土壤的养分保持和减少水土流失。

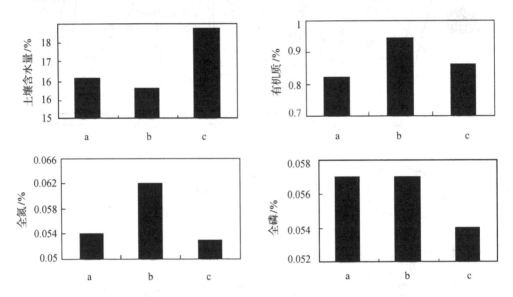

图 4-5　黄土高原地区坡面上不同土地利用结构对养分分布的影响（傅伯杰等，1998）

a、b、c 表示了黄土坡地上 3 种 15 年以上不同土地利用结构。类型 a：林地-坡耕地-草地土地利用结构；类型 b：林地-草地-坡耕地土地利用结构；类型 c：草地-林地-坡耕地土地利用结构

Yin 等（1993）在研究中国南方农村地区多水塘系统（在农村和农田中人工修建许多面积不大的水塘）时发现，这种中国南方农村传统的景观结构在截留农田中氮、磷以及农药方面具有重要的作用。巢湖地区的一个小流域中共有 150 个人工水塘，占了全流域不到 5％的面积，但在 1988 年前 9 个月的养分流失测定中发现，这些水塘可以截留该地区径流中 90％的养分（氮、磷），起到使巢湖水质免遭污染的作用。然而随着水塘对养分截留的不断增加，可能会导致局部水塘的富营养化，降低了水塘为居民生活用水提供水源的功能，但是却是农田灌溉用水的较好来源。通过一些生物措施，如种植氮、磷高吸收的植物或养殖一些以氮、磷为食物来源的水生生物，可以有效地解决水塘富营养化的问题。王国祥等（1998）通过利用不同净化能力的植物在空间上的镶嵌组合形成的人工生态系统处理污水后，水体中藻类生物量下降 58％，氨氮下降 66％，总氮下降 60％，总磷下降 72％，可溶性磷酸盐下降 80％。

利用不同景观要素对水分和养分吸收、转化能力上的互补作用，通过建立适当的人工溪沟、湿地、沙层过滤带及植被缓冲带等，将可以有效地减少水分和养分的流失，促进物质和能量的良性循环（Ebbert and Kim，1998；Beckett et al.，1998）。

5）景观格局与生态水文过程

随着人类活动的增强，水资源成为制约人类可持续发展的关键因素，如何更科学地利用水资源成为景观生态学关注的重要科学课题。研究景观格局与生态水文平衡过程可以为科学评价景观格局的水源涵养功能以及在洪涝灾害防治方面的作用提供重要的科学依据，也将为流域生态系统管理提供基础。

随着流域生态学的发展，水资源利用不仅仅是一个景观单元上植被对水分的蒸腾和消耗，更需要从空间上考虑景观空间布局对生态水文过程的影响。只有从流域尺度上或者区域尺度上实现了景观格局与生态水文过程的平衡，才能保障流域生态系统的健康发展。为此，需要从不同尺度上客观评价景观格局对生态水文过程的影响。在研究景观格局与生态水文过程时，可以从三个方面开展工作。①立地条件下，地貌-土壤-植被配置关系及其斑块面积大小、形状对水分的消耗与平衡作用，如目前开展的径流小区的监测、农田地块土壤水分平衡的观测等，即在垂直方向上，研究单一景观类型与其他景观因子的组合可能对生态水文平衡过程的影响。②景观类型空间组合（包括斑块面积和大小的变化）对生态水文过程的影响，即在坡面尺度上，研究各种景观类型的空间配置关系对生态水文过程的影响，如坡面上的林地-草地组合、林地-农田组合、草地-农田组合等。关于这一方面的研究，由于缺乏必要的观测场地，目前仍然是一个薄弱的研究领域。③流域尺度景观格局与生态水文过程的模拟研究。在流域尺度上，由于涉及空间面积较大，通过观测手段开展有关研究十分困难。因此需要借用一些评价模型和机制模型来开展。主要是评价流域中不同景观类型的数据结构和空间分布及其季节演变可能对生态水文过程的影响，这也是景观格局与生态过程研究的一个重要方面。

6）景观格局与非点源污染形成

养分流失是重要的生态过程之一，也是目前水体污染和农业非点源污染加剧的主要原因之一。非点源污染，尤其是水体的富营养化，归根结底是养分在时空过程上的"盈"、"亏"不平衡造成的。降低非点源污染形成危险的最可靠方法是控制污染物（养分物质）来源，将非点源污染物的排放控制在最低限度。控制养分进入水体的途径有两种：一种是从源头上控制，即加强农田最佳管理措施的使用，减少田块尺度上养分的盈余；另一种是从养分传输的空间途径上进行控制，即在养分传输过程中，通过设置合理的景观类型，加强对地表径流中养分的截留作用，这也是景观生态学需要重点关注的领域。但随着人口的增长和经济的快速发展，人类对粮食需求进一步增大，与此同时土地资源还在不断流失，为了增加粮食产量，势必需要不断地提高农田化肥的施用量，由此从源头上控制养分流失已经十分困难。如何通过景观空间格局的设计，探讨不同景观类型在空间上的组合来控制养分流失，从而降低非点源污染形成的危险性，将是今后研究的主要手段。目前在河流的两侧建立的植被缓冲带，以及在河流下游地区建立的湿地生态系统，均是景观格局设计的主要方式。因此研究不同景观类型在空间上的配置对养分截留的作用，将是景观格局与生态过程研究的重要内容之一。

景观格局与养分流失过程的研究，将对科学评价土地退化过程和非点源污染形成的风险具有重要的价值，也将为合理利用土地资源、实现区域生态系统健康提供重要依据。

4.3 景观中的人文过程

在人类出现以前，自然景观依照本身的自然节律和变化周期演变与发展，自然干扰尽管无时不在，然而随着时间的演替，自然景观逐渐适应了干扰，景观演替就是在适应各种干扰的过程中不断发展与演变。在一定程度上，人们所看到的景观类型或景观格局就是某一时刻景观演替过程的瞬间状态。然而随着人类的出现与发展，自然景观演变过程在人类活动干扰下发生了变化，这种变化直接受制于不同的文化背景。在农业文明发达地区，更多的自然景观被人为地破坏、开垦，种植农作物，呈现出强烈的人为影响特征。而在农牧文化或采猎文化控制的地区，自然景观受到的影响和干扰程度较小。目前，随着人口的不断增长和社会经济的高速发展，全球范围内无处不充满着人类活动的足迹，在全球范围内很难再找到纯自然的景观。景观的概念包含了历史、地理、文化和其他方面的含义（俞孔坚，1998；肖笃宁和李团胜，1997）。人类活动和人类文明的发展，一方面对自然景观产生了巨大的破坏作用，另一方面对自然景观进行有目的的改造和修饰，将自然景观改造为有利于人类生存的格局。由于当今世界上人类活动影响的广泛性和深刻性，人类活动在景观演变过程中的主导地位日益突出，并通过控制景观演变的方向和速率来实现景观的定向演变和发展。根据人类对自然景观干扰的程度和影响深度，人类活动可分为干扰（disturbance）、改造（reform）和构建（build）三个方面。

干扰通常是指某种人类活动过程对其相邻景观产生的影响，这种影响的程度一般是有限的。它可以是有利的或是不利的，但均在一定程度上改变了景观的某些特征，如道路建设对其相邻生物栖息地的影响，水库建设对其周边地区景观结构的影响。改造是指人类为了一定的生存目的，针对某一景观客体，通过增加或减少一些景观要素，对景观格局进行适当的改造，以达到适于人类生存的目的。与干扰相比，它对景观的影响程度要大，如防护林建设、自然保护区设计与建设。构建可以说是一种破坏性的干扰行为，一般是为了人类某种特殊的目的，彻底改变原来的景观结构，在原地重新进行建造，如乡村建设、城市建设等（肖笃宁，1998，1999）。

人工景观或称人类文明景观是一种自然界原先不存在的景观，如城市、工矿和大型水利工程等，大量的人工建筑物成为基质而完全改变了原有的景观外貌。这类景观多表现为规则化的空间布局，以高度特化的功能与通过景观的高强度能流、物流为特征。在这里景观的多样性体现为景观的文化性。人类对景观的感知、认识和判别直接作用于景观，文化习俗强烈地影响着人工景观和管理景观的空间格局，景观外貌可反映出不同民族、地区人民的文化价值观，如我国东北的北大荒地区就是汉族移民在黑土漫岗上的开发活动所创造的粗犷式的农业景观，而朝鲜族移民在东部山区的宽谷盆地中所创造的是以水田为主的细粒农业景观。由于景观具有自然性和文化性的特点，因而景观生态学的研究也就涉及自然科学与人文科学的交叉。从人类发展历史与景观演变的相互关系来说，景观中的人文过程可以概括为三个方面：利用、改造和融合。

1. 景观利用过程

人类改造利用景观的过程贯穿于整个人类发展的历史，且更多的是发生在人类改造自然活动的初期。与改造过程相比，景观利用过程中人类对自然的干扰和破坏的程度相对较小，不会使自然景观的性质发生变化。总括起来可以将景观利用过程划分为以下两个方面。

1）资源获取过程

人类为了生存，不断从景观中获取有利于人类栖息生存的物品和能量，这就是所谓的景观资源获取过程。在这个过程中，人类常常从自然界中获取对人类有用的东西，由于人类活动的强度有限，一般不会对景观资源产生明显的破坏，如林果采摘、草原放牧、水体养殖等。这个过程一般发生在人类发展初期和一些人类活动不太强烈的地区，人类对自然环境的干扰常常会被控制在自然恢复能力的范围之内。这个过程的最大特点有两个：①人类对自然景观的干扰比较弱，对景观资源的利用十分有限；②在人类干扰发生后，自然景观可以恢复到其原来的状态。

人类对自然景观的开发利用有多种形式，如森林砍伐、矿产资源开采、地下水资源开采等。在开发利用自然景观资源的同时，一方面给自然景观赋予了更多的人为色彩，另一方面改变了原来景观格局和景观生态过程。众所周知，森林是一种三维一体的景观，具有涵养水源、保护生物多样性和阻止水土流失的多重效应，而人类对森林的砍伐，将森林改变为农田或居住用地，在较大程度上将改变区域的水文和径流过程，使森森失去保护生物多样性的功能，而且会加剧区域水土流失，影响区域水系的防洪抗涝能力。1998 年中国长江流域特大洪水的形成，较大程度上与长江流域上游地区森林砍伐和中下游地区围湖造田，以致减弱区域对洪水容纳的能力密切相关。

2）生态服务开发过程

景观服务利用与景观资源获取的区别在于：人类在利用自然景观资源的过程中，没有直接从自然景观中获取物质形态的东西，但是通过利用自然景观的服务功能，来达到对自然资源的开发利用，如水体电力开发、水道航运、林间游憩等。人类通过对景观生态服务过程的利用，来实现为人类服务的目的。景观服务的利用过程充分考虑了生态过程的调节作用，由于不是直接从景观中获取物质和物品，对景观资源的破坏相对较小。但是在开发利用过程中，也需要充分考虑景观生态服务过程的自然特征，否则，景观服务利用过程也会导致生态调节过程的失衡。景观生态服务过程的特点可以归纳为两点：①这一过程主要是利用了景观的生态服务功能，通过合理地开发利用，实现景观对人类的服务；②人类在利用景观资源过程中，没有对景观形成直接的破坏，但是过度开发利用，将会导致生态调节作用的失衡。

资源的开发往往具有较大的主观性和较强的目的性，但由于对景观变化与生态环境之间相互关系的认识不足，常常是无法预测景观资源开发的潜在影响和过程的演变。长江三峡工程是举世瞩目的宏伟景观改造工程，经过了 30 多年的论证才在 20 世纪 90 年代初决定上马，对其所产生的社会经济效益和生态环境影响进行了多次的论证，应该说是一项深思熟虑的项目。然而随着三峡工程的动工和移民项目的开始，一些预料之外的生态环境问题不断涌现,移民工程对生态环境的破坏、三峡工程对局域水质的影响等逐渐显现出来。三峡大坝的建成将在我国中部地区形成一个面积达 1000 多 km^2、库容达 $393km^3$ 的巨型水库,其社会经济效益不言而喻,然而这种景观格局的变化对区域物质能量的汇聚和扩散的影响将是深远的。

2. 景观改造过程

随着人口增长,人类对自然的开发力度在不断加强。人类为了一定的生存目的,有目的地改变着自然景观结构,其结果是在较大程度上破坏了原来的自然景观面貌,所造成的生态环境影响常常出人意料。

景观生态建设是指一定地域、跨生态系统、适用于特定景观类型的生态工程,它以景观单元空间结构的调整和重新构建为基本手段,改善受胁或受损生态系统的功能,提高其基本生产力和稳定性,将人类活动对于景观演化的影响导入良性循环(肖笃宁,1999)。我国各地劳动人民在长期的生产实践中创造出许多成功的景观生态建设模式,如珠江三角洲湿地景观的基塘系统、黄土高原侵蚀景观的小流域综合治理模式、北方风沙干旱区农业景观中的林 草 农田镶嵌格局与复合生态系统模式等。

景观改造过程是随着人口急剧增长和人类活动的不断加强逐渐出现的。为了人类的生存和可持续发展,人们必须从自然景观获取更多的资源和服务来满足日益增长的需求,在这个发展过程中,需要将自然的景观逐渐改造为可以为人类提供服务的景观,形成人为景观。根据人类景观改造的结果,从大类上景观改造过程可以划分为农田化过程、乡村化过程和城市化过程。

1) 农田化过程

自人类出现以来,农业开发成为人类改造自然的重要生产活动。农业发展也可以说是一些野生动植物不断被人类驯化和适应人类为其设置的环境条件,以及将自然景观改造为农田景观的人为过程。在这种发展过程中,一些原来已经适应了自然生态环境的物种,由于人类活动的干预,重新发生了变化,一种新的农田景观格局重新为人类所创造。

农业开发的过程不仅改变了景观格局,同时也在较大程度上改变了景观生态过程。农田景观的形成一方面需要重新引入新的物种,满足人类的物质和精神需求;另一方面农田景观的形成意味着景观生态过程的改变。中国是世界文明古国之一,5000 年来,中国的农业发展经历了从游牧到农业定居的演变过程,随着人类对社会、自然环境认识的不断深入,在不同的景观地区形成了各具特色的农田景观,如我国南方的鱼米之乡、华北平原的小麦-玉米农田景观以及东北地区玉米-高粱农田景观,都是人类活动的改造过程与自然景观演变过程的相互作用的结果。

不同农田景观的形成,意味着不同农作方式、不同管理措施、不同物流和能流的存在。随着人口数量的高速增长、耕地资源的日趋减少及化肥和农药的大量使用,其结果是导致了世界范围内广泛的非点源污染,虽然在一定程度上促进了农作物的生长和产量的提高,但是也加速了农作物对土壤中营养元素的吸收和输出,同时农田景观形成的非点源污染也改变了区域物质、水分的循环过程,甚至也影响到农田景观中其他生物过程。农田景观结构的形成，将有目的地加速物质养分的聚积和扩散，通过对农田景观格局的合理设计可以促进物质能流在空间上的良性循环。许多研究表明，风沙地区建立适当的防护林体系，可以有效地改变土壤温度和土壤水分的季节波动，提高土壤的有机质含量。我国南方地区多塘农田景观也是一种防止非点源污染的有效景观结构。

在人类的控制下，农田景观格局和面貌具有较大的稳定性，如中国东部的平原地区、四川盆地和关中盆地，农业生产已经历了3000多年的历史，形成的农田景观基本未发生大的变化。然而在许多地区，由于人为的干扰，如我国东部沿海地区道路建设、城市扩展、矿产开发，对农田景观造成了巨大破坏。随着人口增长和粮食供应的短缺，人类对农田景观中物质和能量（化肥、农药、种子、收获等）的投入和产出越来越大，严重地影响着农田景观中的物流和能流。

2）乡村化过程

乡村景观是世界范围内最早出现并分布最广的一种类型。根据大卫（David）的乡村景观理论，乡村景观是具有特定景观行为、形态和内涵的一种景观类型，是聚落形态由分散的农舍到能够提供生产和生活服务的集镇所代表的地区，是土地利用粗放、人口密度较小、具有明显田园特征的地区（Douglas，1978）。在结构上，乡村景观与城市景观的最大区别是人工建筑物空间分布密度的减小以及自然景观成分的增多；在功能上，乡村景观与其周边存在的农田景观具有更为密切的联系，一方面除了乡村地区劳动的输出主要服务于农田景观区外，乡村景观中物质和能量循环中的废物可以通过农田景观回归自然，达到重新利用的目的。乡村景观首先表现为一种格局，是不同文化时期人类对自然环境干扰的记录，最主要的表象是反映现阶段人类对自然环境的干扰，而历史记录则成为乡村景观遗产，成为景观中最有历史价值的内容（汪梅和王利炯，2006）。肖笃宁（1999）总结了我国长期以来农业区发展起来的适宜的农区景观生态建设的模式，对于指导我们农区景观规划具有重要的意义。

目前，随着人口数量的不断增长，在许多乡村景观地区，由于人类活动的过度干扰，如在农田中过度施用化肥和农药，常常忽略了系统中有效养分的循环利用，其结果是导致大量污染物的出现，严重影响了物质和能量的循环过程。为了避免乡村景观生态功能的降低，提出生态村、庭院生态系统的建设均是为了提高乡村景观系统的物质和能量的良性循环（梁文举等，1998），将污染物的排放控制在最低限度。图4-6显示了一个比较标准的现存景观中家庭庭院经济生态系统的物质能量循环图。

3）城市化过程

城市是人口高度集中的地方，也是社会经济、文化和交通聚集的枢纽，同时也是人类文明发展到一定阶段的产物。也可以说城市景观的出现是人口快速增长和国民经济蓬勃发展的结果。早期城市多建立在货物运输便利的沿海和沿河地区或陆上交通要道。随着人口的增长及城市向周边地区的扩展，许多新的道路和小区建设的完善，城市规模逐渐形成。城市景观一般具有大量的、规则的人工景观要素，如大楼、街道、绿化带、商业区、文教区、工业区等，是各种人造景观的高度集合。

一定规模的城市又与一定的物质和能流相互联系在一起，规模越大，物质和能量聚积的程度越高，城市的形成成为物质和能量聚散的中心（欧登，1992）。不同规模城市的形成实际上与物质和能量聚集过程密切相关，由此也形成了城市景观的等级关系。如

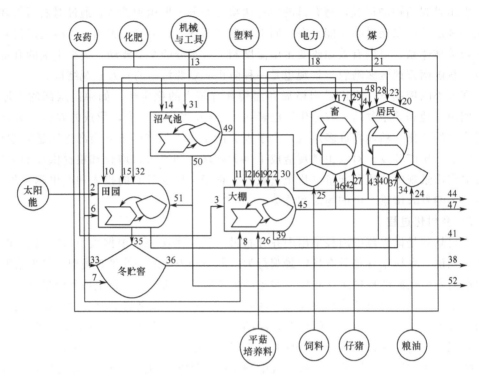

图 4-6　中国北方标准农村庭院经济生态系统的物质能量循环图
图中数字表示基于能值的物质循环量

图 4-7 所示，能量从农村、小城镇汇集到中等城市，再到大城市，反映了城市景观和农村景观之间在物质和能量上交换的特征。城市景观中现有廊道的生态效应及其景观结构的优化受到高度重视（宗跃光，1998；肖笃宁和李秀珍，1995），并将直接影响到城市景观地区的物质和能量的流动。

城市景观系统与周边景观系统（农田景观、乡村景观）的物质和能量的交换体现在两个方面：一方面是大量高新技术产品（商品）的输出，将形成城市景观物流和能流的主导方向；另一方面是大量无法为城市景观生态系统吸纳的废弃物的形成，在许多情况下不得不在偏远的郊区或山区建立适当规模的垃圾或污水处理厂，将对整个景观地区形成负面的生态效应。一般根据城市景观的生态功能可以将城市分为不同的景观地区，如住宅区（物质和能量消费系统，同时也是废物主要输出地区）、工业区（高新技术产品生产区和物质能量的消耗区，同时也是废弃物输出地区）、商业区（人口、物品和信息流通地区）、文教区（高新技术和知识传播源）。

同时城市景观的形成也会引发出一系列的不良效应，如城市热岛效应的形成、地下水超采形成的地下漏斗、地面下沉、景观多样性的单一化以及物质能量高度集中导致的大量废弃物的形成，严重地影响着城市景观的生态演变过程（董雅文，1989）。一个城市景观生态功能的优劣，不能仅分析各功能区所起的作用，还必须研究各功能区在空间上的组合搭配和不同功能区物流、能流的协调关系（宗跃光，1998），从整体上研究城市景观系统的物质和能量的输入和输出的效率与效益。

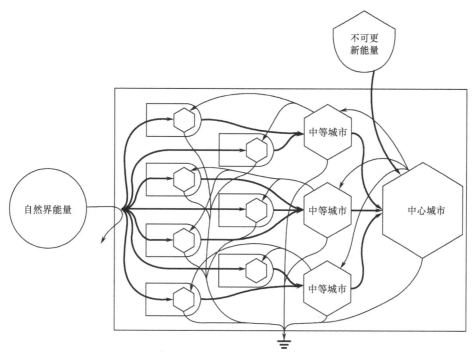

图 4-7　城市景观分布的等级关系与物质能量流动（欧登，1992）

3. 景观融合过程

景观不单纯是一种自然综合体，在其与人类相互作用的过程中，被人类注入了不同的文化色彩，因而在欧洲很早就有自然景观与文化景观之分。人类与自然景观之间的关系，并非仅仅是一种单向的一维关系，而是一种双向的相互依赖的复杂关系。在人类开发自然、改造景观的历史长河中始终伴随着与景观的融合过程。景观融合过程是在人类充分理解了景观结构和过程相互作用的基础上，通过人文景观的设计来达到区域尺度上自然景观与人文景观的和谐，从形态、结构、功能、文化和美学等方面实现景观资源的优化利用。景观融合过程与景观改造过程的不同主要表现在：①景观改造过程一般更突出某一方面的功能，缺乏景观功能协调和形态美化方面的考虑；②景观融合过程是在人类社会经济发展到相当水平的条件下，为了追求更高的生存目标，通过综合人类活动对景观生态过程的影响，从整体上探讨景观结构和功能方面的协调。根据景观融合过程的程度，景观融合可以分为三种类型：结构融合、功能融合和意象融合。

1）结构融合过程

结构融合过程是景观融合过程的初级阶段，也可以称为适应融合过程。人们在改造自然的过程中，为了自身生存的需求，建造人为景观时，在考虑如何适应自然环境条件的同时，不得不考虑人们的物质需求，从而将人为景观改造成适应区域生态环境的景观特征。这种景观融合过程一般是朴素的景观融合过程，在景观改造过程中考虑了某一方面功能的同时，往往会对其他一些景观生态功能产生一定的影响，如在远古时代，人类对自然景观的开发在较大程度上处于适应阶段，对自然的改造能力十分有限。居住地的选择，常常考虑更多的是如何适应周围环境，如中国古人往往选择具有明显边缘效应、闭合及尺度效应、豁口及走廊效应的景观地区作为居住地等，一方面是为了获取充足的食物、饮用水，在更大程度上是为了有效地防止天敌的袭击（俞孔坚，1998，1990）。

此外中国古代具有特色的聚落也是典型的结构融合过程，如福建永定的土楼、云南少数民族的吊脚楼、西北干旱地区的单坡屋顶等。研究也发现在所有这些影响聚落景观形成的因子中，地理环境的作用是最为重要的。因为降水量的多少决定了建筑屋顶的形式（如单坡屋顶、双坡屋顶、平屋顶等），纬度的高低决定了不同地带聚落周边代表性景观植被的种类（如大榕树、大樟树、凤尾竹等），地貌差异导致了高原、山地、平原、水乡聚落景观的差异（如吊脚楼、水街屋、梯形屋等），地势高低影响着聚落空间布局的形态（如沿等高线布局、沿河流布局等）。可见，地理环境因子成为影响景观结构融合过程的关键因素，文化、宗教等，则是影响聚落景观形成的辅助因子（申秀英等，2006）。因此在我国历史发展的长河中，不乏景观结构融合的典型案例。

此外，许多城市园林设计和景观设计，由于未能充分考虑景观格局对生态服务功能的影响，多侧重于景观的美观和与周边景观的协调，虽然在形态外貌上可以与周边地区的景观形成一个整体，但是这类景观融合过程仅仅是结构上的融合，未能体现景观功能的融合。

2）功能融合过程

景观功能融合过程是在人类对自然不断认识的过程中逐渐演变发展起来的，是景观融合高级阶段。景观功能融合就是要求在开展景观设计或者城市园林设计时，不仅要考虑人造景观与周边景观在外貌形态上的和谐，同时也需要从功能上考虑不同景观单元之间的协调与共生。景观功能融合过程的基本特点包括：①人为景观与自然景观在外貌形态上是协调的；②人为景观与自然景观在功能上互补，并且从长远看不会对生态服务功能形成影响；③一定范围内景观格局设计合理，可以满足人类对生态服务功能的需求。

在我国长期历史发展中，通过劳动人民的经验总结，开展了一系列景观功能融合的探索，突出表现在农村聚落的设计和布局方面。聚落模式是长期历史过程中在地方性知识体系支撑下，综合考虑周边自然环境、土地资源与利用、建筑与聚落形态以及水资源利用方式后形成的整体景观特征与格局。居住模式是传统地域文化景观的综合反映，也是地方性景观的内在体现。在我国江南水乡，可以清楚地看到沿水系分布的住宅组成的线性聚落-聚落两侧的农田-交织分布的鱼塘，构成典型的江南水乡居住模式。在珠江三角洲平原则形成了组团式块状聚落-形态规则的基（农田）塘（鱼塘）景观格局和居住模式。在皖南丘陵山区则形成了背靠山，面向谷地，村前溪水流过，以及沿谷地延伸的"坝地＋梯田"组合而成的农田格局形成的山间居住模式。在中原广阔的大地形成了形态规则、分布均匀的组团式的居住模式。居住模式是在历史发展过程中形成的动态过程。随着社会经济发展和对自然认识的不断深入，居住模式不断改进以适应自然和社会的变化，是地方性知识体系的综合体现；同时，随着地方性知识体系的扩展，形成了以地方性知识为主导的独特居住文化，两者相互影响，形成有机的统一体。所有这些聚落模式的形成与发展，均体现了一个景观功能的融合过程，如水乡聚落的亲水性、山地聚落的高地性、海边聚落的避风性等，在充分结合自然环境背景的前提下，充分考虑景观设计对生态过程和功能的影响，体现了人天合一的哲学思想。

讲究科学的规划布局是中国传统聚落的基本特点之一。从西安半坡遗址聚落空间布局到丽江古城聚落空间的有效组织；从湘西龙山古城完备的功能布局，到湘北张谷英古村排水系统的深奥学问；从高地聚落选址的驱旱特点，到水乡聚落选址的避湿技巧，都深刻地反映出中国传统聚落景观的规划布局所表现出的科学价值（申秀英等，2006）。

3）意景融合过程

意景融合过程是景观融合过程的最高形式，也是社会经济发展到一定阶段后出现的景观融合过程。与景观功能融合过程的差异主要体现在，它不仅具有景观功能融合的物质形态，同时也十分重视景观融合过程中的精神和文化内涵。这也是目前在世界文化遗产保护中尤为重视的一个方面。其主要特点可以概括为两个方面：①从更大的空间尺度上考虑景观设计在结构和功能两个方面的协调性；②重视景观设计对文化历史过程的继承性。通过景观的融合不仅给人们提供一个享受自然乐趣的场所，同时也给人们提供一个回顾历史的场景，给人们提供更多的发挥想象的空间。

典型的意景融合过程在我国南方传统聚落景观设计中已经得到了较为广泛的利用，形成了各具特点的"意象"景观，如江南水乡聚落的"小桥、流水、人家"的灵动意境，皖南一带山村聚落的"全村同在画中居"的国画意境，客家土楼聚落奇特的堡垒式造型，闽台聚落天际线的生动活泼，湘鄂赣西聚落的山水情愫，南岭聚落景观的亚热带地方风情，云贵高原山地少数民族聚落的多姿多彩，四川重庆一带聚落的因山就势等。所有这些聚落景观在给人们提供一定生态服务功能的同时，也为人们提供一种富于诗意的、为大家认可的"心理图像"（申秀英等，2006），真正起到陶冶情操的作用。

目前意景融合过程较常用在一些人类活动遗迹的保护与利用中，如工业遗址的景观设计与保护。佟玉权和韩福文（2009）认为，通过对工业遗产景观研究和设计，可以进一步整合区域内各项文化资源，统筹资源的保护与利用，以提高对工业遗址景观资源的综合利用。景观研究视角强调工业遗产在空间、时间和文化因素上的协同，因此也更有利于整体再现历史上的工业发展面貌，赋予工业遗产以更深刻的人文意义和文化内涵，提升工业遗产的保护和利用价值。工业遗产拥有丰富的历史文化内涵，并关系到所研究区域内的自然、经济和社会等方面的复杂问题，提升工业遗产的研究层面，可吸引各个相关学科对该领域进行科学研究，并通过多学科的交叉和整合推进工业遗产的保护与利用。

对于意景融合，目前也广泛地应用到城市景观规划和区域生态规划中，如在城市规划与设计中，人们形象地将草地园林形容为绿色空间，水体形容为蓝色空间，水泥建筑物形容为灰色空间，通过对不同色彩景观的空间配置和设计来实现区域景观生态功能的优化，同时也为人们提供一个意犹未尽的想象空间。在区域生态规划中利用意景融合过程的方法开展的实例研究也是不胜枚举，如在制定保定市的景观生态规划时，根据保定市的自然、经济状况，构想建立一个以西部绿色屏障林带、中部特色农业带和景观城市带为中心的生态纵轴，以东部湿地旅游景观区、环形河网和交通线为横轴的开放式的城乡融合景观生态系统。将整体规划的思想设计为"一片、一环、一带、一水"的景观意象模式。"一片"是指西部中山林木生态保护区，"一环"是指一个蓝色环带，蓝色环带是指河流水面和沿河林带建立起的市域生态环带，"一带"是指一条中部绿色带，即围绕京广铁路和京九高速公路的纵向交通绿化带，"一水"是指以白洋淀为中心的一片水体湿地。环、带、水间又由交通网络和河网绿带连通贯穿，形成城乡整体的景观生态系统。

4.4　干扰的景观生态效应

干扰是自然界中无时无处不在的一种现象，直接影响着生态系统的演变过程（陈利顶和傅伯杰，2000a；魏斌等，1996；Hobbs and Atkins，1988；Hobbs and Huenneke，1992；Pickett and White，1985）。干扰对于生态学家来说，是一个中性的概念。干扰主要是从自然生态系统的角度出发，研究自然界中人们认为不应该发生的现象。干扰既可以对生态系统或物种进化起到一种积极的正效应，也可以起到一种消极的负效应。然而从人类发展的角度，干扰似乎永远是一种消极的东西，其结果往往是人类所不期望出现的。在本质上，干扰与自然灾害相类同，但灾害是从人类社会的角度出发，是所有不利于人类社会经济发展的自然现象；其实对于许多灾害学家来说，那些发生在渺无人烟地区的火灾、洪水、火山爆发、地震等，常常被认为是一种自然的演替过程，由于它们没有对人类活动造成危害，并没有被看作是一种灾害。但对于干扰来说，尽管这些现象没有对人类活动形成影响或造成危害，但由于它们对自然生态系统的正常演替产生了影响，因而常常是生态学家关注的热点。

Pickett 和 White（1985）认为干扰是一个偶然发生的不可预知的事件，是在不同空间和时间尺度上发生的自然现象。由于干扰存在于自然界的各个方面，研究不同尺度干扰所产生的生态效应十分重要。目前已有许多生态学家认识到，各种类型的干扰是自然生态系统演替过程中一个重要的组成部分，许多植物群体和物种的形成和演替与干扰具有密切关系，尤其在自然更新方面具有不可替代的作用。

1.　干　扰　类　型

1）干扰类型

根据不同分类原则，干扰可以划分为不同类型，一般有 4 种分类方法。①按干扰产生的来源可以分为自然干扰和人为干扰。自然干扰是指无人为活动介入的、在自然环境条件下发生的干扰，如火灾、风暴、火山爆发、地壳运动、洪水泛滥、病虫害等；人为干扰是在人类有目的的行为指导下，对自然进行的改造或生态建设，如烧荒种地、森林砍伐、放牧、农田施肥、修建大坝、道路和土地利用及结构改变等（Vos and Chardon，1998；Theobald et al.，1997；Fitzgibbon，1997）。从人类活动角度出发，人类活动是一种生产活动，一般不称为干扰，但对于自然生态系统来说，人类的所作所为均是一种干扰（曾辉等，1999；肖笃宁，1998）（图 4-8）。②依据干扰的功能可以分为内部干扰和外部干扰。内部干扰是在相对静止的长时间内发生的小规模干扰，对生态系统演替起到重要作用，对此，许多学者认为是自然演替过程的一部分，而不是干扰；外部干扰（如火灾、风暴、砍伐等）是短期内的大规模干扰，打破了自然生态系统的演替过程。③依据干扰的机制可以分为物理干扰、化学干扰和生物干扰。物理干扰，如森林退化引起的局地气候变化，土地覆被减少引起的土壤侵蚀、土地沙漠化等；化学干扰，如土地污染、水体污染以及大气污染引起的酸雨等；生物干扰主要为病虫害爆发、外来种入侵等引起的生态平衡失调和破坏（魏斌等，1996）。④根据干扰的传播特征，可以将干扰分为局部干扰和跨边界干扰。前者是指干扰仅在同一生态系统内部扩散，后者可以跨越生态系统边界扩散到其他类型的斑块。

图 4-8　不同类型的人类干扰（Farina，1998）

（a）矿山开发；（b）娱乐设施的修建；（c）干旱地区的土地开发；（d）河谷地区砂砾石的开采；

（e）农作物种植；（f）烧荒种地

2）常见干扰现象

（1）火干扰（fire）：火是一种自然界中最常见的干扰类型，它对生态环境的影响早已为人们所关注（肖笃宁，1998；Farina，1998；Forman and Godron，1986；周道玮，1995；Pichett and White，1985）。一些研究表明火（草原火、森林火）可以促进或保持较高的第一生产力。北美洲的科学家研究发现火干扰可以提高生物生产力的机制在于消除了地表积聚的枯枝落叶层，改变了区域小气候、土壤结构与养分。同时火干扰在一定程度上可以影响物种的结构和多样性，其影响主要取决于不同物种对火干扰的敏感程度。

（2）放牧（grazing）：有人类历史以来，放牧就成为一种重要的人为干扰。放牧不仅可以直接改变草地的形态特征，而且还可以改变草地的生产力和草种结构。Milchunas 研究发现，放牧对于那些放牧历史较短的草原来说是一种严重干扰，这是因为原来的草种组成尚未适应放牧这种过程（Milchunas et al，1988）。而对于已有较长放牧历史的草原，放牧已经不再成为干扰，因为这种草地的物种已经适应了放牧行为，对放牧这种干扰具有较强的适应能力，进一步的放牧不会对草原生态系统造成影响。不适宜放牧的草种，对放牧过程反应比较敏感。一些研究发现适度的放牧可以使草场保持较高的物种多样性，促进草地景观物质和养分的良性循环，因此放牧也可以作为一种管理草场、提高物种多样性和草场生产力的有效手段（Hopkins and Wainwright，1989）。然而放牧具有一定的针对性，对于某种物种适宜的，对于其他物种也许不适宜。如何掌握放牧的规模和尺度成为生态学家研究的焦点。

（3）土壤物理干扰（soil disturbance）：土壤物理干扰包括土地的翻耕、平整等，一般为物种的生长提供了空地和场所，改变了土壤的结构和养分状况。对于具有长期农业种植历史的地区，大多物种已经适宜了这种干扰，其影响往往较小，对于初次受到土壤物理干扰的地区，自然生态系统往往受到的影响较大。一些研究发现土壤物理干扰可以导致地表粗糙度增加，为外来物种提供一个安全的场所（Hobbs and Atkins，1988）。土地翻耕有利于外来物种的入侵，可以减少物种的丰富度。

（4）土壤施肥（nutrient input）：另外一种重要的干扰是对土壤中养分或化学成分的改变，如化肥和农药的施用。化肥和农药施用除了在一定程度上可以导致淡水水体的富营养化外，可以促进某些物种的快速生长，从而导致其他物种的灭绝，造成物种丰富度的急剧下降。土壤施肥对于本身养分比较贫缺的地区而言影响尤为突出，使其更有利于外来物种的入侵（Hobbs and Huenneke，1992）。这种干扰与放牧、火烧、割草相反，可以增加土壤中的养分，而放牧、火烧和割草常常是带走土壤中的养分，导致土壤养分匮乏。如果将上述几种干扰有机地结合起来，研究土壤中养分的循环与平衡，对于土地管理和物种多样性保护具有重要意义。

（5）践踏（trampling）：与前面几种干扰相似，践踏的结果是造成在现有的生态系统中产生空地，为外来物种的侵入提供有利场所。与此同时也可以阻碍原来优势种的生长。适度的践踏，减缓优势种的生长可以促进自然生态系统保持较高的物种丰富度。然而践踏的季节和时机对物种结构的恢复、生长的影响具有显著差别，并具有针对性，践踏对于大多数物种来说具有负面影响，但对于个别物种影响甚微。

（6）外来物种入侵：外来物种入侵是一种最为严重的干扰类型，它往往是由于人类活动或其他一些自然过程而有目的或无意识的将一种物种带到一个新的地方。在人类主导下的农作物品种的引进就是一种有目的的外来物种入侵，其结果是外来物种对本地物种造成干扰，如澳洲对欧洲家兔的引入，起初只是想在家庭中喂养，但在一次火灾中，一些家兔流入自然环境中，没想到它们会很快适应了新的生存环境，在短时间内大面积扩散，并成为对当地生物形成危害的物种。1967～1970 年，一种非洲丽鱼被引进到巴拿马的加通湖中，致使原来的 8 种普通鱼种中有 6 种灭绝，种群剧减到 1/7，使由水生无脊椎动物、藻类和食鱼鸟构成的食物链遭到严重的破坏。1977年南太平洋的穆尔岛引入了一种蜗牛，原来的目的是控制另外一个引入种，结果使当地6种蜗牛几乎全部消失。一种原生于黑海和里海的斑贻贝，1986年由于一艘船在底特律附近倾倒压舱水而被引入北美内陆水域，此后，竟造成供水系统的堵塞，在以后的10年中花费了50亿美元进行治理。这种有意或无意带来的外来种入侵造成的生态影响是深远的，在较大程度上改变了原来的景观面貌和景观生态过程。

（7）人类干扰：人类对景观干扰的方式有多种形式，如农业种植、城市规划、道路修建、森林砍伐、水库建设、矿产开发等。对于人类来说，这些均是一种正常的经济生产活动，但对于自然生态系统来说，是一种干扰。人类对自然景观的干扰随着人口数量的增长和经济的发展，影响的深度不断加深。陈利顶和傅伯杰（1996）研究了黄河三角洲地区人类活动对景观结构的影响，发现随着人类活动的加强，景观多样性在降低，景观破碎度在加大；与人类活动密切相关的景观类型，如耕地、居民点及工矿用地，景观的分离度与人类活动强度呈反比关系，对于那些受人类影响遗留下的自然或半自然景观类型，如草地、水域、盐碱地及荒地，景观的分离度和人类活动呈正比关系。图4-9显示了各种人类活动对景观的干扰。

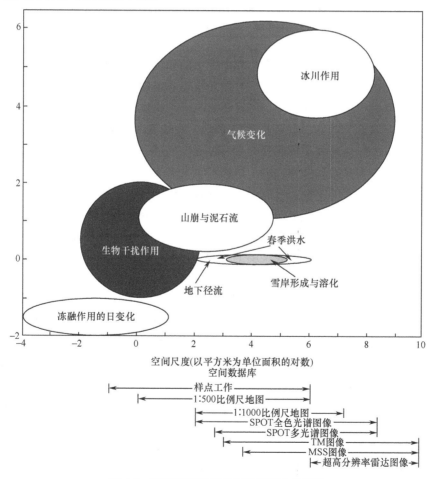

图 4-9　不同频率干扰在空间尺度上的反映

2. 干扰的性质

（1）干扰具有多重性，对生态系统的影响表现在多方面。干扰的分布、频率、尺度、强度和出现的周期成为影响景观格局和生态过程的重要方面。干扰的一般性质可以概括为表 4-1。

表 4-1　干扰的一般性质与特点（魏斌等，1996；Pickett and White，1985）

干扰的性质	含义
分布	空间分布包括地理、地形、环境、群落梯度
频率	一定时间内干扰发生的次数
重复间隔	频率的倒数，从本次干扰发生到下一次干扰发生的时间长短
周期	与重复间隔类同
预测性	由干扰的重复间隔的倒数来测定
面积及大小	受干扰的面积，每次干扰过后一定时间内景观被干扰的面积
规模和强度	干扰事件对格局与过程，或生态系统结构与功能的影响程度
影响度	对生物有机体、群落或生态系统的影响程度
协同性	对其他干扰的影响（如火山对干旱，虫害对倒木）

（2）干扰具有较大的相对性。自然界中发生的相同事件，在某种条件下可能对生态系统形成干扰，在另外一种环境条件下可能是生态系统的正常波动。是否对生态系统形成干扰不仅仅取决于干扰事件本身，同时还取决于干扰发生的客体。对干扰事件反应不敏感的自然体，或抗干扰能力较强的生态系统，往往在干扰发生时，不会受到较大影响，这种干扰行为只能成为系统演变的自然过程。

（3）干扰具有明显的尺度性。由于研究尺度的差异，对干扰的定义也有较大差异，如生态系统内部病虫害的发生，可能会影响物种结构的变异，导致某些物种的消失或泛滥，对于种群来说，是一种严重的干扰行为。但由于对整个群落的生态特征没有产生影响，从生态系统的尺度来看，病虫害则不是干扰而是一种正常的生态行为。同理，对于生态系统成为干扰的事件，在景观尺度上可能是一种正常的扰动。图 4-9 显示了寒冷地区不同频率干扰在空间尺度上的反映。

干扰（disturbance）往往与生态系统的正常扰动（perturbation）相混淆。其实，干扰与扰动在空间尺度和对生态系统的影响程度上均有较大差异。扰动一般是指系统在正常范围内的波动，这种波动只会暂时改变景观的面貌，但不会从根本上改变景观的性质。干扰是指系统中发生的一些不可预知的突发事件，它对生态系统的影响可能是大范围的或局部的，但这种影响均超出了系统正常波动的范围，干扰过后，自身无法恢复到原有的景观面貌，系统的性质将或多或少地发生变化。扰动往往具有一定的规律可循，具有可预测性，而干扰是不可预测的。Neilson 和 Wulstein（1983）将二者归为一类，认为二者的区别在于前者为破坏性的，后者为一般意义上的环境波动行为。

在自然界，干扰的规模、频率、强度和季节性与时空尺度高度相关（Pickett and White，1985）。通常，规模较小、强度较低的干扰发生的频率较高，而规模较大、强度较高的干扰发生的周期较长（图 4-9）。前者对生态系统的影响较小，而后者所产生的生态环境影响较大。

（4）干扰又可以看作是对生态演替过程的再调节（Pickett and White，1985）。通常情况下，生态系统沿着自然的演替轨道发展。在干扰的作用下，生态系统的演替过程加速或倒退，干扰成为生态系统演替过程中的一个不协调的小插曲。最常见的例子如森林火灾，若没有火灾的发生，各种森林从发育、生长、成熟一直到老化，经历不同的阶段，这个过程要经过几十年或几百年的时间，一旦森林火灾发生，大片林地被毁灭，火灾过后，森林发育不得不从头开始，可以说火灾使森林的演替发生了倒退。但从另一层含义上，又可以说火灾促进了森林系统的演替，使一些本该淘汰的树种加速退化，促进新的树种发育。干扰的这种属性具有较大的主观性，主要取决于人类如何认识森林的发育过程。另一个例子是土地沙化过程，在自然环境影响下，如全球变暖、地下水位下降、气候干旱化等，地球表面许多草地、林地将不可避免地发生退化，但在人为干扰下，如过度放牧、过度森林砍伐，将会加速这种退化过程，可以说干扰促进了生态演替的过程。然而通过合理的生态建设，如植树造林、封山育林、退耕还林、引水灌溉等，可以使其向反方向逆转。

（5）干扰经常是不协调的，常常是在一个较大的景观中形成一个不协调的异质斑块，新形成的斑块往往具有一定的大小、形状。干扰扩散的结果可能导致景观内部异质性提高，未能与原有景观格局形成一个协调的整体。这个过程会影响到干扰景观中各种资源的可获取性和资源结构的重组，其结果是复杂的、多方面的。

（6）干扰在时空尺度上具有广泛性。干扰反映了自然生态演替过程的一种自然现象，对于不同的研究客体，干扰的定义是有区别的，但干扰存在于自然界各个尺度的各个空间。在景观尺度上，干扰往往是指能对景观格局产生影响的突发事件；而在生态系统尺度上，对种群或群落产生影响的突发事件就可以看作干扰；而从物种的角度，能引起物种变异或灭绝的事件就可以认为是较大的干扰行为。

3. 干扰的景观生态效应

长期以来，干扰的生态学意义一直未引起生态学家的重视，主要是因为以前生态学家考虑更多的是生态系统的平衡和稳定，关注更多的是生态演替中顶级群落的发展和形成。随着研究的深入，生态学家发现干扰在物种多样性形成和保护中起着重要作用，适度的干扰不仅对生态系统无害，而且可以促进生态系统的演化和更新，有利于生态系统的持续发展。在这种意义上，干扰可以看作是生态演变过程中不可缺少的自然现象。干扰的生态影响主要反映在景观中各种自然因素的改变，如火灾、森林砍伐等，导致景观中局部地区光、水、能量、土壤养分的改变，进而导致微生态环境的变化，直接影响到地表植物对土壤中各种养分的吸收和利用，这样在一定时段内将会影响到土地覆被的变化。另外，干扰的结果还可以影响到土壤中的生物循环、水分循环、养分循环，进而促进景观格局的改变。

（1）干扰与景观异质性：景观异质性与干扰具有密切关系。从一定意义上，景观异质性可以说是不同时空尺度上频繁发生干扰的结果。每一次干扰都会使原来的景观单元发生某种程度的变化，在复杂多样、规模不一的干扰作用下，异质性的景观逐渐形成。For-man 和 Godron 认为，干扰增强，景观异质性将增加，但在极强的干扰下，将会导致更高或更低的景观异质性（Forman and Godron，1986）。而人们一般认为，低强度的干扰可以增加景观的异质性，而中高强度的干扰则会降低景观的异质性（Turner，1998）。例如，山区的小规模森林火灾，可以形成一些新的小斑块，增加了山地景观的异质性；若森林火灾较大时，可能烧掉山区和森林、灌丛和草地，将大片山地变为均质的荒凉景观。干扰对景观的影响不仅仅取决于干扰的性质，在较大程度上还与景观性质有关，对干扰敏感的景观结构，在受到干扰时，受到的影响较大，而对干扰不敏感的景观结构，可能受到的影响较小。干扰可能导致景观异质性的增加或降低，反过来，景观异质性的变化同样会增强或减弱干扰在空间上的扩散与传播（Forina，1998；Pickett and White，1985）。景观的异质性是否会促进或延缓干扰在空间的扩散，将取决于下列因素：①干扰的类型和尺度；②景观中各种斑块的空间分布格局；③各种景观元素的性质和对干扰的传播能力；④相邻斑块的相似程度（Turner，1998）。徐化成等（1997）在研究中国大兴安岭的火干扰时，发现林地中一个微小的溪沟对火在空间上的扩散将起到显著的阻滞作用。

（2）干扰与景观破碎化：干扰对景观破碎化的影响比较复杂，主要有两种情况。一种情况是一些规模较小的干扰可以导致景观破碎化。例如，基质中发生的火灾，可以在基质中形成新的斑块，频繁发生的火灾将导致景观结构的破碎化。另一种情况是当火灾足够强大时，将可能导致景观的均质化而不是景观的进一步破碎化，这是因为在较大干扰条件下景观中现存的各种异质性斑块会逐渐遭到毁灭，整个区域一片荒芜，火灾过后的景观会成为一个较大的均匀基质。但是这种干扰同时也破坏了原来所有景观生态系统的特征和生态功能，往往是人们不期望发生的。干扰所形成的景观破碎化将直接影响到物种在生态系统中的生存（Vos and Chardon，1998；Farina，1998；Fitzgibbon，1997）。

（3）干扰与景观稳定性：景观的稳定性是指某一种景观格局在一定的环境条件下保持基本不变的过程。干扰是与景观稳定性相矛盾的，之所以称为干扰，言外之意是它对原来的景观面貌产生了一定的影响，或者是直接改变了景观的物理特征，或者是改变了景观的生态功能，在一定程度上将影响景观的稳定性。景观对干扰的反应存在一个阈值，只有在干扰的规模和强度高于这个阈值时，景观格局才会发生质的变化，而在较小的干扰作用下，干扰不会对景观的稳定性产生影响。Tang 等（1997）研究了林地砍伐的物理特征与景观稳定性的关系，发现林地砍伐的位置在影响景观的稳定性上比砍伐林地斑块的形状更为重要，坡地上的林地砍伐常常会导致大面积坡面的不稳定性，如滑坡、泥石流、塌方等。干扰对景观稳定性的影响还取决于周围的景观因子。

（4）干扰与物种多样性：干扰对物种的影响有利有弊，在研究干扰对物种多样性影响时，除了考虑干扰本身的性质外，还必须研究不同物种对各种干扰的反应，即物种对干扰的敏感性。同样的干扰条件下，反应敏感的物种在较小的干扰作用时，即会发生明显变化，而反应不敏感的物种可能受到较小的影响，只有在较强的干扰作用时，反应不敏感的生物群落才会受到影响。许多研究表明，适度的干扰作用下生态系统具有较高的物种多样性，在较低和较高频率的干扰作用下，生态系统中的物种多样性均趋于下降。这是因为在适度干扰作用下，生境受到不断的干扰，一些新的物种或外来物种，尚未完成发育就又受到干扰，这样在群落中新的优势种始终不能形成，从而保持了较高的物种多样性。在频率较低的干扰作用下，由于生态系统长期稳定发展，某些优势种会逐渐形成，而导致一些劣势种逐渐被淘汰，从而造成物种多样性下降。例如，草地被人畜践踏，就存在这种特征。干扰与物种多样性的关系如图 4-10 所示。

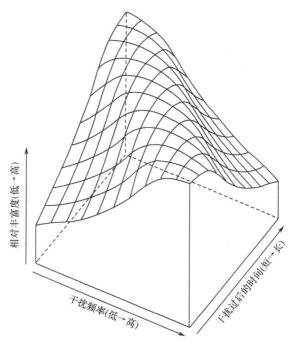

图 4-10　物种多样性与干扰强度的相互关系
（Pickett and White，1985）

干扰的影响是复杂的，因而要求在研究干扰时，一定要从综合的角度和更高的层次出发，研究各种干扰事件的不同效应。许多研究发现，对干扰进行人为干涉的结果往往适得其反，产生许多负面影响（Turner，1987；Niering ，1981）。例如，适度的火灾和洪水，在较大程度上可以促进生物多样性（含景观多样性）保护，但由于火灾和洪水常常会对人类活动造成巨大的经济损失，因此，常常受到人类的直接干预。人工灭火可以导致易燃物质的大量积聚，从而可以形成更为严重的火灾。修筑堤坝防治洪水，其结果是导致河床淤积而增加了堤坝溃决的危险性。修建水库的结果可以导致河流下游水文系统的改变，而引起区域景观格局的变化，其对生态环境的影响是深远的。这种行为可以说是人类对自然干扰的人为再干预，其结果不仅仅是导致生物多样性的减少，同样会导致经济、社会、文化等人文景观多样性的减少（Nassauer and Westmacott，1987）。

4.5　景观格局与生态过程

1. 景观格局与生态过程耦合研究

1）基于直接观测的耦合研究

基于直接观测的耦合通常在较小的空间尺度上开展。这一耦合过程中有关景观格局和生态过程的信息通过一定的观测和实验手段能够较为准确地掌握。实验和观测具有较好的可控性，特别是在长期观测和实验的基础上，景观格局与生态过程耦合研究的精度就会更高。此类研究已经有了比较多的积累。例如，基于样地（样地组合）、坡面和小流域的土壤水分、养分时空变异过程和土壤侵蚀过程的研究（傅伯杰等，2003），小流域景观格局与水沙运移过程的关系（韩建刚和李占斌，2006）、农田林网的空间配置与作物生产力形成过程的优化（Olson，1998）等。这类研究通常是在给定景观格局的前提下，监测所关注的生态过程变化；或者在已知景观格局变化的条件下，监测生态过程的响应，然后建立景观格局与生态过程之间的逻辑或定量关系。

在较小尺度上，直接观测和实验的代表性很重要，能够影响研究结果的典型意义和可拓展性。因此，就需要在研究方案设计中注重观测和实验的布置以及取样的策略（Stein and Ettema，2003）。必要时，还可以进行不同取样策略的对比，以减少此类耦合研究在数据获取和分析中的不确定性（Korb et al.，2003）。

由于尺度效应的普遍存在，小尺度上的研究成果不能无限地进行尺度上推，但是可以作为较大尺度上景观格局与生态过程耦合研究的基础。同时，不同尺度上，景观格局与生态过程之间通常会表现出复杂的非线性关系，因而，必然需要较大尺度上的系统分析和模拟手段。

2）基于系统分析和模拟的耦合研究

在较大尺度上，景观格局与生态过程的耦合涉及自然生态、社会经济和文化多重因素，具有相当高的复杂性（Haber，2004；Tress et al.，2001），需要运用系统分析和模拟的方法来实现。因此，模型或模型系统的建立成为其中的关键内容。

要实现较大尺度上景观格局与生态过程的耦合研究需要解决两个方面的问题。首先是景观格局发生变化的空间位置和数量规模；其次是一定景观格局变化可能产生的生态环境效应，即生态过程和功能会发生哪些相应变化，它们又会对景观格局产生什么样的反馈作用。第一个方面的问题已经有了比较好的研究基础（Parker et al.，2003），包括基于方程的模型、系统模型、统计模型、专家模型、进化模型、元胞模型（包括元胞自动机 CA 和马尔可夫模型）、混合（hybrid）模型、基于个体行为者决策的模型等。其中，系统模型、混合模型和基于个体行为者决策的模型对于解决第二个方面的问题具有很大的潜力。

然而，较大尺度上景观格局与生态过程的耦合研究依靠任何单一类型的模型手段都很难获得比较好的效果，因此，按照一定的等级组织和模块化的方式，将多种模型进行综合集成是一个重要的发展方向（Veldkamp and Verburg，2004）。这一方面的研究刚刚起步，但是已经表现出了良好的发展势头，将会在未来的发展中占据重要地位。与该领域研究比较相似的一个典型例子是 Patuxent 景观模型（Voinov et al.，1999）。该模型在流域尺度上将基本生态过程的模拟与预测景观格局的模型部分进行交互和耦合。生态过程模拟采用了改进的通用生态系统模型（general ecosystem model），这种模拟在栅格化景观的像元上重复进行；不同的生境和土地利用类型被简化成参数集，作为 GEM 的输入；不同的像元之间以主要为水文过程驱动的水平方向物质流和信息流所连接。在整个模型系统的不同单元（包括水文、养分、大型植物、空间集成）之间存在一定的信息反馈。Patuxent 景观模型的不足之处在于缺乏对管理制度因素的考虑。

概括起来，以系统分析和模拟为主要手段的耦合研究需要一定的直接观测和实验作为基础，而待解决的关键问题包括不同模型的系统组织和动态链接方法及其可拓展性、算法优化以及可视化图形用户界面设计等。

2. "源"、"汇"景观格局与生态过程

为了促进景观生态学的发展和定量化研究，各种各样的景观格局指数和景观格局分析模型应运而生（Raines，2002；Apan et al.，2002；Pearson，2002）。但多数工作仍然停留在景观格局指数的计算，对于这些指数的内涵重视不够。尽管景观生态学重视的是格局和过程的关系研究，但是在实际研究工作中往往对景观格局指数的生态学意义缺乏深入探讨。问题的关键在于这些景观格局指数很难较好地表达所关注的生态学过程（陈利顶等，2006；Tischendorf，2001；With and Crist，1995）。基于这一突出问题，陈利顶等（2003，2006）提出了"源"、"汇"景观的概念，并在此基础建立了融格局与生态过程研究于一体的景观评价模型——景观空间负荷比指数。

1）"源"、"汇"景观概念与特点

"源"、"汇"是全球变化和大气污染研究中使用的基本概念。针对大气污染，"源"、"汇"概念的提出为解析大气污染物的来龙去脉提供了非常有用的手段。研究景观格局与过程时，由于对过程理解的模糊，导致景观格局与生态过程的研究停滞不前。将"源"、"汇"概念引入到景观格局分析中，从生态功能的角度，将有助于理解格局与过程的耦合作用关系。

（1）"源"、"汇"景观的概念。"源"，顾名思义是指一个过程的源头；"汇"是指一个过程消失的地方。在景观生态学中，"源"景观是指那些能够促进生态过程发生和发展的景观类型；"汇"景观是指那些能阻止或延缓生态过程发展的景观类型。由于"源"、"汇"景观是针对生态过程来说，在识别时，必须和特定的生态过程相结合。只有明确了生态过程的类型，才能确定景观类型的"源"、"汇"性质。例如，相对非点源污染来说，一些景观类型起到了"源"的作用，如坡耕地、施用化肥和农药的农田、城镇居民点等；一些景观类型起到了"汇"的作用，如位于"源"景观下方的草地、林地、湿地景观等；同时也有一些景观类型起到了传输（流）的作用。对于非点源污染来说，"源"景观是养分流失的地方，如果在"源"景观下方缺少必要的"汇"景观类型，那么由"源"景观流失的养分将会直接进入地表或地下水体，形成非点源污染。

对于温室气体排放来说，释放 CO_2、CH_4 等温室气体的景观类型，如城镇居民地区，可以称为"源"景观；具有吸收 CO_2 的草地、城市森林等绿地景观，可以称为城市地区 CO_2 的"汇"景观。对于生物多样性保护来说，能为目标物种提供栖息环境、满足种群生存基本条件以及有利于物种向外扩散的资源斑块，可以称为"源"景观；不利于物种生存与栖息、存在目标物种天敌的斑块，可以称为"汇"景观。

（2）"源"、"汇"景观的特点。比较"源"、"汇"景观，可以发现以下两个特点。①"源"、"汇"景观的概念是相对的。"源"、"汇"景观概念的提出，就是针对目前景观生态学研究中缺乏对过程的考虑，结合特定的生态过程，对不同景观类型赋予生态过程的内涵。因此，在判断景观类型是"源"还是"汇"时，必须首先定义待研究的生态

过程。对于同一种景观类型，某生态过程可能是"源"，另外一种生态过程可能就是"汇"。判断它是"源"还是"汇"，关键在于分析其对生态过程的作用是正向的还是负向的。农田生态系统类型，因有大量化肥和农药投入，对于非点源污染来说，就是一种"源"景观类型；但由于作物生长可以从大气中吸收大量 CO_2，那么它在全球变化和碳循环中，就起到了"汇"的作用。②"源"、"汇"景观对生态过程的贡献存在差异。对于不同类型"源"（或"汇"）景观，在研究格局对过程的影响时，需要考虑它们的"源"、"汇"强弱。例如，农田、菜地、果园，对于农业非点源污染来说，均是"源"景观类型，但它们在非点源污染形成过程的贡献不同，即"源"的强弱不同；同样对于林地和草地，尽管非点源污染均是"汇"景观类型，但它们在截留养分方面的作用仍存在差异。

2）景观空间负荷比指数

陈利顶等（2003）基于"源"、"汇"生态过程和洛伦兹曲线的理论，建立了基于过程的景观空间负荷比指数，用来描述一个地区景观格局对生态过程的影响，随后又对该指数进行了完善（Chen et al.，2009）。该指数首先从相对于流域出口（监测点）的"距离"、"相对高度"和"坡度"三个方面给出了描述景观类型空间格局的方法。通常，"源"景观相对于流域出口的距离越近，它对流域出口（监测点）的贡献越大，反之贡献越小；相对于流域出口的"高度"越小，它对流域出口的贡献越大，反之越小；但对于"坡度"来说，"源"景观分布区坡度越小，水土（养分）发生流失的危险性越低，它对流域出口的贡献相对越小，反之其贡献越大。但对于"汇"景观类型来说，其对监测点所起的作用恰恰与"源"景观相反。

（1）洛伦兹曲线的应用：任何一个流域，"源"、"汇"景观的空间分布总是可以和流域出口（监测点）相比，计算不同景观单元随距离、相对高度和坡度的面积累积百分比，可以表示为图 4-11。

O 表示流域出口（监测点）；纵坐标（OA）表示景观类型的面积累积百分比（取值范围：0～100）；横坐标（OC）表示景观类型与流域出口（监测点）的相对距离（取值范围：0 至离监测点的最大距离）、相对高度（取值范围：0 至流域内相对于监测点的最大高差）和坡度（取值范围：0 至流域内的最大坡度）；ODB、OCB 分别表示不同景观类型的面积累计曲线。

从图 4-11 可以看出，OEB 表示绝对平均分布曲线，如果"源"、"汇"景观均匀地分布在流域中，那么将会出现 OEB 的分布曲线，在这种情况下，如果"源"、"汇"景观在流域中的比例相同，同时它们对过程的影响权重相同，那么这种景观格局对生态过程的影响在理论上处于正负平衡状态。如果"源"、"汇"景观在空间上分布不均匀，如 ODB、OFB（假设 ODB、OFB 分别表示"源"、"汇"景观）曲线所示，它们对监测点的贡献，可以用各景观类型面积曲线与直线 OC、CB 组成不规则三边形

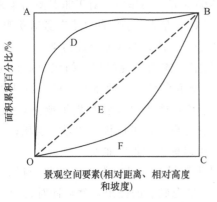

图 4-11 "源"、"汇"景观空间
分布示意图

的面积来判断。以距离为例，如果曲线呈凸形并且趋近于 A 点，表示该景观类型在空间上更靠近流域出口（监测点），那么它对流域出口点的作用相应较强，此时该曲线与直线 OC、CB 组成的不规则三边形的面积也较大；当曲线呈凹形并趋近于 C 点时，则表示该景观类型主要分布于远离流域出口的地方，它对监测点的作用相对较弱，此时该曲线与直线 OC、CB 组成的不规则三边形的面积也较小。对于任何一个流域，均可以得到一个景观空间分布格局的距离指数、相对高度指数和坡度指数。由于考虑了流域出口（或监测点）的位置，可以将这些指数和监测点的径流、泥沙和面源污染物的监测值联系在一起，景观空间负荷比指数可以表示为

$$LWLI = \frac{S_{\text{ODBC}}}{S_{\text{OFBC}}} \tag{4-1}$$

式中，$LWLI$ 为相对于流域出口监测点位置的景观空间负荷比指数（距离、相对高度和坡度）；S_{ODBC}、S_{OFBC} 分别为由"源"、"汇"景观面积累积曲线组成的不规则三边形面积。与曲线 OFB 相比，曲线 ODB 显示的景观类型在距离上更靠近流域出口监测点的位置，分布在坡位相对较低和坡度平缓的地方。

对于距离和相对高度来说，$LWLI$ 值越大，流域出口监测点的（径流、泥沙和面源污染物浓度）值相应越大，否则监测点的值应该越小。对于坡度来说，则正好相反，$LWLI$ 值越大，表明源景观分布在坡度较小的地方，水土和养分流失的危险性越低，因此监测点面源污染物（径流、泥沙）的浓度与 $LWLI$ 的值应该呈反比关系。

（2）不同景观类型贡献的确定：上面仅仅讨论了两种景观类型的流域景观格局指数的确定。实际上不同景观类型对水土流失和养分流失的贡献差异较大。一般认为，农田、菜地、果园和城市建设用地是水土流失和面源污染的主要地区，而林地、灌丛和草地可以截留坡面流失的水土和养分，在一定程度上起到了"汇"的作用。但是由于土地利用类型的性质不同和人类干扰的程度不同，它们在水土和养分的流失及截留方面的作用差异较大，为了客观准确地比较它们在水土和养分流失、面源污染形成中的作用，需要对不同景观类型进行标准化处理。对此可以选择一种标准的"源"、"汇"景观类型，通过比较，对其他景观类型赋予权重。在考虑了景观类型的权重后，景观空间负荷比指数可以表示为

$$LWLI = \frac{\sum_{i=1}^{m} Si_{\text{ODBC}} \times W_i}{\sum_{j=1}^{n} Sj_{\text{OFBC}} \times W_j} \tag{4-2}$$

式中，Si_{ODBC}、Sj_{OFBC} 分别为第 i 种"源"景观和第 j 种"汇"景观在洛伦兹曲线图中面积累积曲线组成的不规则三边形的面积；W_i 和 W_j 分别表示第 i 种"源"和第 j 种"汇"景观类型的权重；m 表示有 m 种"源"景观类型；n 表示有 n 种"汇"景观类型。

（3）景观空间格局贡献的确定：利用式（4-2）计算出的景观空间负荷比指数，并不能真正反映流域景观格局对生态过程的影响，因为这里忽略了"源"、"汇"景观类型在流域中的比例。对于"源"、"汇"景观空间分布格局完全一致的两个流域，如果"源"、"汇"景观分布比例不同，那么产生的面源污染物的输出量差异较大。为了能够

与流域出口监测点位置获得的监测值联系在一起，需要考虑流域"源"、"汇"景观总量的贡献，将各类景观的百分比引入到计算公式之中，由此式（4-2）可以改进为

$$LWLI = \log \left\{ \frac{\sum\limits_{i=1}^{m} Si_{\text{ODBC}} \times W_i \times Pci}{\sum\limits_{j=1}^{n} Sj_{\text{OFBC}} \times W_j \times Pcj} \right\} \tag{4-3}$$

式中，Pci、Pcj 分别为第 i 种"源"景观和第 j 种"汇"景观在流域中所占的百分比。对计算结果取对数主要是为了控制 $LWLI$ 的变化范围；取对数后，$LWLI$ 的值将在 0 左右变化。当 $LWLI$ 的值为 0 时，表示"源"、"汇"景观在流域尺度上处于均匀分布状态，这种格局对面源污染的贡献在流域尺度上相平衡；当 $LWLI$ 的值大于 0 时，表明流域内"源"景观对监测点的贡献要大于"汇"景观，该流域可能会有更多的面源污染物输出；当 $LWLI$ 的值小于 0 时，表明"汇"景观对流域出口监测点的贡献大于"源"景观，该流域输出的污染物应该相对较少。

理论上，$LWLI$ 的值越大，流域面源污染物的输出越多，反之则越少（坡度景观空间负荷比指数的含义正好相反）。Chen 等（2009）将景观空间负荷比指数的基本形式修改为

$$LWLI = \frac{\sum\limits_{i=1}^{m} A_{\text{source}\,i} \times W_i \times AP_i}{\sum\limits_{i=1}^{m} A_{\text{source}\,i} \times Wi_i \times AP_i + \sum\limits_{j=1}^{n} A_{\text{sink}\,j} \times W_j \times AP_j} \tag{4-4}$$

式中，$A_{\text{source}\,i}$ 为第 i 种"源"景观类型相对于距离、相对高度和坡度的不规则三边形的面积；$A_{\text{sink}\,j}$ 为第 j 种"汇"景观类型相对于距离、相对高度和坡度的不规则三边形的面积；W_i 和 W_j 分别为第 i 种"源"景观类型和第 j 种"汇"景观类型的权重；AP_i 和 AP_j 分别为第 i 种"源"景观类型和第 j 种"汇"景观类型在流域中的面积百分比。这样可以很好地控制 $LWLI$ 的取值范围（为 0~1）。

3）"源"、"汇"景观格局评价与传统景观格局分析

陈利顶等（2002）应用"源"、"汇"景观理论，以于桥水库流域 4 个典型小流域作为研究对象，以非点源污染作为研究目标，通过建立的景观空间负荷比指数，比较分析了不同流域出口非点源污染监测指标的差异，较好地将计算出来的景观格局指数和流域出口的非点源污染物浓度联系在一起，客观评价了不同景观空间格局对流域出口地表水质的影响。同样，Chen 等（2009）通过对东北黑土地区两个相邻小流域地表水质连续三年的跟踪监测，利用"源"、"汇"景观理论，比较了这两个小流域景观空间负荷比指数与地表水质之间的关系，发现利用"源"、"汇"景观理论建立的景观空间负荷比指数可以较好地指示不同流域景观格局对地表水质的影响，由此可以来判断不同流域景观格局发生非点源污染危险性的高低。许申来（2009）利用水文监测数据，通过对黄土丘陵沟壑区景观空间负荷比指数的校正和验证，比较了不同监测流域景观空间负荷比指数与径流模数和土壤侵蚀模数之间的关系，也发现基于"源"、"汇"景观理论建立起来的景观空间负荷比指数可以指示不同流域景观格局的水土保持功能。

在传统的景观格局分析中，一般是在统计各种景观类型面积的基础上，选取一些景

观格局指数，如斑块平均面积、分维数、分离度、景观多样性、景观优势度、景观相邻指数、景观聚集度等，但对于这些格局指数的生态学意义往往讨论不多。格局与过程研究，目前有三个特点：① 通过野外实验观测，研究不同斑块形状、空间组合关系对生态过程的影响；② 通过一些径流小区的观测实验，研究不同景观类型及其空间组合对径流泥沙过程的影响；③ 在较大尺度上，利用数学模型模拟研究景观格局变化对一些过程的影响 。前两种研究侧重于具体的实验观测结果，研究的结论很难上推到较大的区域尺度上；第三种研究由于缺乏不同尺度上对格局-过程的定量观测结果，模拟出来的结果常常与实际情况不符。所建立的"源"、"汇"景观理论，由于在研究格局-过程关系时，已经考虑了不同景观类型对生态过程的影响（权重），建立的景观格局评价指数本身就具有生态学意义，这也是"源"、"汇"景观理论建立的主要目的。

参 考 文 献

陈利顶，傅伯杰，徐建英，等. 2003. 基于"源-汇"生态过程的景观格局识别方法-景观空间负荷对比指数. 生态学报，23（11）：2406-2413

陈利顶，傅伯杰，张淑荣，等. 2002. 异质景观中非点源污染动态变化比较研究. 生态学报，22（6）：808-816

陈利顶，傅伯杰，赵文武. 2006. "源""汇"景观理论及其生态学意义. 生态学报，26（5）：1444-1449

陈利顶，傅伯杰. 1996. 黄河三角洲地区人类活动对景观结构的影响分析. 生态学报，16（4）：337-344

陈利顶，傅伯杰. 2000a. 干扰的类型、特征及其生态意义. 生态学报，20（4）：581-586

陈利顶，傅伯杰. 2000b. 农田生态系统管理与非点源污染. 环境科学，21（2）：98-100

董雅文. 1989. 城市地区的空间结构及其应用. 城市环境与城市生态，2（3）：10-13

傅伯杰，陈利顶，马克明. 1999a. 黄土高原羊圈沟流域土地利用变化对生态环境的影响. 地理学报，54（3）：241-246

傅伯杰，陈利顶，王军，等. 2003. 土地利用结构与生态过程. 第四纪研究，23（3）：247-255

傅伯杰，马克明，周华峰，等. 1998. 黄土丘陵区土地利用结构对土壤养分分布的影响. 科学通报，43（22）：244-247

傅伯杰，王军，马克明. 1999b. 黄土丘陵区土地利用对土壤水分的影响. 中国科学基金，13（4）：225-227

韩建刚，李占斌. 2006. 紫色土小流域土壤流失对不同土地利用类型的响应. 中国水土保持科学，3（4）：37-41

梁文举，郭秀银，杨玉兰，等. 1998. 北方庭院生态系统能流分析及养分平衡研究. 自然资源学报，13（1）：28-33

欧登 H T. 1992. 能量、环境与经济——系统分析导论. 蓝盛芳译. 北京：东方出版社

申秀英，刘沛林，邓运员，等. 2006. 中国南方传统聚落景观区划及其利用价值. 地理研究，25（3）：485-494

佟玉权，韩福文. 2009. 工业遗产景观的内涵及整体性特征. 城市问题，11：14-17

汪梅，王利炯. 2006. 乡村景观的二元性刍议. 安徽农业科学，34（24）：6492-6493，6495

王国祥，濮培民，张圣照，等. 1998. 人工复合生态系统对太湖局部水域水质的净化作用. 中国环境科学，18（5）：410-414

魏斌，张霞，吴热风. 1996. 生态学中的干扰理论与应用实例. 生态学杂志，15（6）：50-54

肖笃宁，李团胜. 1997. 论景观与文化. 大自然探索，16（62）：68-71

肖笃宁，李秀珍. 1995. 国外城市景观生态学发展的新动向. 城市环境与城市生态，8（3）：29-35

肖笃宁. 1998. 论景观生态建设. 见：沈阳农业大学土地与环境学院编. 中国农业资源与环境持续发展的探讨. 沈阳：辽宁科学技术出版社. 41-50

肖笃宁. 1999. 中国农区景观生态建设的理论与实践. 见：肖笃宁. 景观生态学研究进展. 长沙：湖南科学技术出版社. 213-223

徐化成，李湛东，邱扬. 1997. 大兴安岭北部地区原始林火干扰历史研究. 生态学报，17（4）：337-343

许申来. 2009. 基于"源汇"过程景观格局分析和水土流失评价. 中国科学院研究生院博士论文

尹澄清. 1995. 白洋淀水陆交错带对陆源营养物质的截留作用初步研究. 应用生态学报，6（1）：76-80

俞孔坚. 1998. 景观：文化、生态与感知. 北京：科学出版社

愈孔坚. 1990. 中国人的理想环境模式及其生态史观. 北京林业大学学报，12（1）：10-17

曾辉，郭庆华，喻红. 1999. 东莞市风岗镇景观人工改造活动的空间分析. 生态学报，19（3）：298-303

周道玮. 1995. 植被火生态与植被火管理. 长春：吉林科学技术出版社

宗跃光. 1998. 大都市空间结构的廊道效应与景观结构优化. 地理研究，17（4）：119-123

Apan A A，Raine S R，Paterson M S. 2002. Mapping and analysis of changes in the riparian landscape structure of the Lockyer Valley catchment，Queensland，Australia. Landscape and Urban Planning，59：43-57

Baudry J. 1989. Interaction between agricultural and ecological systems at the landscape level. Agricultural Ecosystem and Environment，27：19-130

Beckett K P，Freer-Smith P H，Taylor G. 1998. Urban woodland：their role in reducing the effects of particulate pollution. Environmental Pollution，99（3）：347-360

Bormann F H，Likens G E. 1979. Pattern and Process in a Forested Ecosystem. New York：Springer-Verlag

Bunce H R G，Ryszkowski L，Paoletti M G. 1993. Landscape Ecology and Agroecosystem. Boca Raton ：Lewis. 41-47

Chen L D，Tian H Y，Fu B J，et al. 2009. Development of a new index for integrating landscape patterns with ecological processes at a watershed scale. Chinese Geographical Sciences，19（1）：37-45

Douglas D. 1978. Countryside planning. Andrew W Gilg，44-76

Ebbert J C，Kim M H. 1998. Soil processes and chemical transport. J Environ Qual，27：372-380

Elton C S. 1958. The ecology of invasions by animals and plants. London：Methuen

Farina A. 1998. Principles and Method in Landscape Ecology. London：Chapman and Hall

Fitzgibbon C D. 1997. Small mammals in farm woodlands：the effect of habitat，isolation and surrounding land-use patterns. Journal of applied ecology，34（2）：530-539

Forman R T T，Gordon M. 1986. Landscape Ecology. New York：John Wiley & Sons

Gosz J R. 1986. Biogeochemistry research needs：observation from the ecosystem studies program of the National Science Foundation. Biogeochemistry，2：101-102

Haber W. 2004. Landscape ecology as a bridge from ecosystems to human ecology. Ecological Research，19（1）：99-106

Hobbs R J，Atkins L. 1988. The effect of disturbance and nutrient addition on native and introduced annuals in the western Australian wheat belt. Australian Journal of Ecology，13：171-179

Hobbs R J，Huenneke L F. 1992. Disturbance，diversity，and invasion：implications for conservation. Conservation Biology，6（3）：324-337

Hopkins A，Wainwright J. 1989. Change in botanical composition and agricultural management of enclosed grassland in upland areas of England and Wales，1970-1986，and some conservation implications. Biological Conservation，47：219-235

Korb J E，Covington W W，Fulé P Z. 2003. Sampling techniques influence understory plant trajectories after restoration：an example from ponderosa pine restoration. Restoration Ecology，11：504-515

McNaughton S J. 1983. Serengeti grassland ecology：The role of composite environmental factors and contingency in community organization. Ecology Monograph，53：291-320

McNaughton S J. 1985. Ecology of a graxing ecosystem：the Serengeti. Ecological Monographs，55：259-295

Milchunas D G，Sala O E，Lauenroth W K. 1988. A generalized model of the effects of grazing by large herbivores on grassland commu-nity structure. American Naturalist，132：87-106

Nassauer J I，Westmacott R. 1987. Progressiveness among farmers as a factor in heterogeneity of farmed landscapes. *In*：Turner M G. Ecological Studies 64：Landscape Heterogeneity and Disturbance. New York：Springer-Verlag. 199-212

Neilson R P，Wulstein L H. 1983. Biogeography of two southwest American osks in relations to maintain diversity. Bioscience，33：700-706

Niering W A. 1981. The role of fire management in altering ecosystem，in fire regimes and ecosystem properties. US

Dept Ag Gen Tech Rept WO-26, 489-510

Olson J D. 1998. A digital model of pattern and productivity in an agroforestry landscape. Landscape and Urban Planning, 42: 169-189

Parker D C, Manson S M, Janssen M A, et al. 2003. Multi-agent systems for the simulation of land-use and land-cover change: a review. Annals of the Association of American Geographers, 93 (2): 314-337

Pearson D M. 2002. The application of local measures of spatial autocorrelation for describing pattern in north Australian landscapes. Journal of Environmental Management, 64: 85-95

Peterjohn W T, Correll D L. 1984. Nutrient dynamics in an agricultural watershed: observations on the role of a riparian forest. Ecology, 65: 1466-1475

Pickett S T A, White P S. 1985. The Ecology of Natural Disturbance and Patch Dynamics. Orlando: Academic Press

Raines G L. 2002. Description and comparison of geologic maps with FRAGSTATS-a spatial statistics program. Computers & Geosciences, 28: 169-177

Ripl W. 1995. Management of water cycle and energy flow for ecosystem control: the energy-transport-reaction (ETR) model. Ecological modeling, 78: 61-76

Senft R L, Coughenour M B, Bailey D W, et al. 1987. Large herbivore foraging and ecological hierarchies. Bioscience, 37: 789-799

Senft R L, Rittenhouse L R, Woodmansee R G. 1985. Factors influencing patterns of grazing behavior on short grass steppe. Journal of Range Management, 38: 82-87

Stein A, Ettema C. 2003. An overview of spatial sampling procedures and experimental design of spatial studies for ecosystem comparisons. Agriculture, Ecosystems and Environment, 94: 31-47

Tang S M, Franklin J F, Montgomery D R. 1997. Forest harvest patterns and landscape disturbance processes. Landscape ecology, 12: 349-363

Theobald M D, Miller K R, Hobbs N T. 1997. Estimating the accumulative effects of development on wildlife habitat. Landscape and urban planning, 39 (1): 25-36

Tischendorf L. 2001. Can landscape indices predict ecological processes consistently? Landscape Ecology, 16 (3): 235-254

Tress B, Tress G, Décamps H, et al. 2001. Bridging human and natural sciences in landscape research. Landscape and Urban Planning, 57: 137-141.

Turner M G. 1987. Ecological Studies 64: Landscape Heterogeneity and Disturbance. New York: Springer-Verlag. 123-136

Turner M G. 1998. Landscape Ecology--Living in mosaic. In: Dodson S, Allen T F H, Ives A R, et al. Ecology, New York: Oxford University Press, 77-122

Veldkamp A, Verburg P H. 2004. Modeling land use change and environmental impact. Journal of Environmental Management, 72: 1-3

Voinov A, Costanza R, Wainger L, et al. 1999. Patuxent landscape model: integrated ecological economic modeling of a watershed. Environmental Modeling & Software, 14: 473-491

Vos C C, Chardon J P. 1998. Effect of habitat fragmentation and road density on the distribution pattern of the moor frag Rana arvalis. Journal of Applied Ecology, 35 (1): 44-56

With K A, Crist T O. 1995. Critical thresholds in species responses to landscape structure. Ecology, 76: 2446-2459

Wu J G, Vankat J L, Barlas Y. 1993. Effects of patch connectivity and arrangement on animal metapopulation dynamics: a simulation study. Ecological Modeling, 65: 221-254

Yin C Q, Zhao M, Jin W G, et al. 1993. A multi-pond system as a protective zone for the management of lakes in China. Hydrobiologia, 251: 321-329

第 5 章　景观动态与模拟

　　景观无时无地不在发生着变化。景观变化的结果不仅改变了人类生存的自然环境，而且影响着人类的社会制度、经济体制甚至文化思想。当今几乎所有景观都留下了人类活动影响的烙印，人类在某种程度上甚至控制着景观变化的方向。毫无疑问，正是人类的干预和影响，远古单调、荒凉、寂静的景观才演变成今天色彩缤纷的世界。但是，人类社会的发展史同整个景观的发展史相比简直微不足道，对人类而言，最重要的是透过短暂的生命过程来发现、认识并运用景观变化的一般规律，更有效地保护自然环境，使人类和社会走上一条积极、健康的可持续发展之路。

　　本章的主要内容包括景观的稳定性、景观变化的驱动因子、景观变化对生态环境的影响以及景观变化的动态模拟。首先探讨了景观稳定性的基本概念，接着从自然和人文两个方面分析了景观变化的驱动因子，论述了景观变化对大气、土壤、水等的影响以及不合理景观变化带来的生态环境问题，最后探讨了模拟景观变化的方法、步骤及模型。

5.1　景观稳定性

　　景观绝对的稳定性是不存在的，景观稳定性只是相对于一定时间和空间的稳定性；景观又是由不同组分组成的，这些组分稳定性的不同影响着景观整体的稳定性；景观要素的空间组合也影响着景观的稳定性，不同的空间配置影响着景观功能的发挥，人们总是试图寻找或是创造一种最优的景观格局，从中最大获益并保证景观的稳定和发展。事实上人类本身就是景观的一个有机组成部分，而且是景观组分中最复杂、最具活力的部分，同时景观稳定性的最大威胁恰恰是来自于人类活动的干扰，因而人类同自然的有机结合是保证景观稳定性的决定因素。

1. 景观稳定性的基本概念

　　自 20 世纪 50 年代生态系统稳定性理论提出以来（Elton，1958；MacArthur，1955），稳定性一直是生态学中十分复杂而又非常重要的问题。关于生态系统稳定性的概念有很多（刘增文和李雅素，1997），目前还没有一个统一的定义。一般认为生态系统稳定性是指生态系统对外界干扰的抵抗力（resistance）及干扰去除后生态系统恢复到初始状态的能力（resilience）。稳定性应该包括恒定性、持久性和恢复力（弹性）三个方面，也有人认为稳定性应包括抗变性或阻力、复原性或恢复力、持续性或持续力、变异性或恒定性。表 5-1 列出了一些有关生态系统稳定性的概念。在谈到景观稳定性时，多是借用生态系统的一些稳定性概念，如抗性、持久性、振幅、韧性、弹性、脆弱性等。景观稳定性可以认为是景观维持组成其生态系统自身稳定和不同生态系统构成的景观格局稳定的能力。认识与识别景观稳定性可以从两个方面考虑：一种是景观变化的趋势，另一种是景观对干扰的反应。

表 5-1　有关生态系统稳定性的概念

稳定性概念	解释
恒定性（constancy）	是指生态系统的物种数量、群落的生活型或环境的物理特征等参数不发生变化。这是一种绝对稳定的概念，在自然界几乎不存在
持久性（persistence）	是指生态系统在一定边界范围内保持恒定或维持某一特定状态的历时长度。这是一种相对稳定概念，且根据研究对象不同，稳定水平也不同
惯性（inertia）	生态系统在风、火、病虫害以及食草动物数量剧增等扰动因子出现时保持恒定或持久的能力
弹性（resilience）	是指生态系统缓冲干扰并保持在一定阈界（threshold boundary）之内的能力
恢复性（elasticity）	与弹性同义
抗性（resistance）	描述系统在外界干扰后产生变化的大小，即衡量其对干扰的敏感性
变异性（variability）	描述系统在给予搅动后种群密度随时间变化的大小
变幅（amplitude）	生态系统可被改变并能迅速恢复原来状态的程度

1）景观变化与景观稳定性

Forman 和 Godron（1986）在他们的《景观生态学》一书中将景观随时间的变化总结为 12 条曲线（图 5-1）。

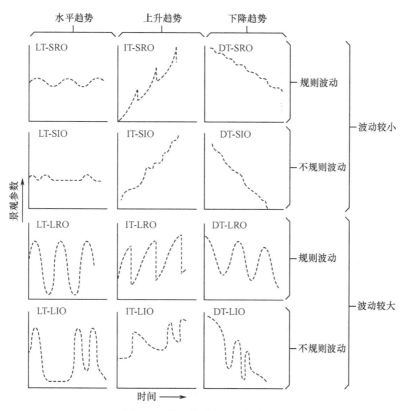

图 5-1　景观变化的 12 条曲线

这些曲线包括三个基本特征——总趋势、波动幅度和韵律。图上英文是三种基本特征的缩写，如 LT-SRO 表示水平趋势，较小的有规则波动；DT-SIO 表示下降趋势，较小的不规则波动

如果不考虑时间尺度，景观随时间变化的趋势可以由三个独立参数来描述：①变化的总趋势（上升趋势、下降趋势和水平趋势）；②围绕总趋势的相对波动幅度（大范围和小范围）；③波动的韵律（规则和不规则）。

图 5-1 中景观参数是指景观生产力、总生物量、斑块的形状、面积、廊道的宽度、基质孔隙度、生物多样性、网络发育、营养元素含量、演替速率、景观要素间的流等景观的重要特征值。

可以采用视觉观测和简单的统计方法（如时间序列分析）确定某种景观变化属于上述 12 条曲线的哪一种。一般来说，首先应找出景观参数的观测值是否能用一条回归直线来表示，也就是确定景观变化的大致趋势，然后确定波动幅度的大小以及直线上下观测值的变化是否规则等。

由于所有景观都受气候波动的影响，在不同的季节，许多景观参数会上下波动。另外，多数景观具有长期的变化趋势，如在演替过程中生物量的不断增加或随人类影响增强景观要素间的差别增大等。因此，从全球来讲，如果景观参数的长期变化呈水平状态，并且其水平线上下波动幅度和周期性具有统计特征，那我们就可以说景观是稳定的。可见，只有呈水平趋势、小范围（或较大范围），但有规则波动的变化曲线是稳定的（如图 5-1 中所示的 LT-SRO 和 LT-LRO 曲线）。

2）干扰与景观稳定性

景观稳定性可以看作干扰作用下景观的不同反应。在这种情况下，稳定性就是系统的两种特征——恢复性和抗性的产物。抗性是指系统在环境变化或潜在干扰作用下抗变化的能力；恢复性或弹性是指系统发生变化后恢复原来状态的能力。阻抗值可用系统偏离其初始轨迹的偏差量的倒数来量度，偏离较大就意味着抗性较低。恢复性可用系统回到原状态所需的时间来度量。

一般来说，景观的抗性越强，也就是说景观受到外界干扰时的变化越小，景观越稳定；景观的恢复性（弹性）越强，也就是说景观受到外界干扰后，恢复到原来状态的时间越短，景观越稳定。

事实上，景观可以看作是干扰的产物。景观之所以是稳定的，是因为建立了与干扰相适应的机制。不同的干扰频度和规律下形成的景观的稳定性不同。如果干扰的强度很低，而且干扰是规则的，则景观能够建立起与干扰相适应的机制，从而保持景观的稳定性；如果干扰比较严重，但干扰经常发生并且可以预测，景观也可以建立起适应干扰的机制来维持稳定性；但如果干扰是不规则的，而且发生的频率很低，景观的稳定性最差，因为这种景观很少遇到干扰，不能形成与干扰相适应的机制，换句话说，这种景观一遇到干扰就可能发生重大变化。理论上讲，在干扰经常发生，而且没有一定干扰规律下形成的景观稳定性最高，这种景观在形成适应正常干扰机制的同时也可以适应间接的非预测性干扰。

2. 景观稳定性的尺度特征

景观稳定性的尺度问题包括景观稳定性的时间尺度和景观稳定性的空间尺度。景观稳定性的时间尺度是指人们衡量景观变化时假定的一个变化速率；景观稳定性的空间尺度主要是指景观的异质稳定性（metastabiliy）。

1）景观稳定性的时间尺度

景观稳定性是一个相对的概念，任何景观都是连续变化中的瞬时状态，这些状态可以看作是时间的函数。我们评价景观是否稳定，首先是根据自己假定的一个时间尺度，或者说是一个变化速率，当所观察的景观的运动速率大于假定的运动速率时，我们认为景观是变化的；当所观察景观的运动速率小于假定的运动速率时，我们认为景观是稳定的。因此，景观的稳定性取决于我们观察景观时所选择的时间尺度。因为景观与人类的生活密切相关，景观概念也来自于人对世界的观察，因此人们观察景观的变化只是在其有限的生命周期中，对一般的景观研究，景观动态尺度以人一生的生命周期为好。实际上我们所谈到的景观稳定与否通常也是假设了这样一个生命周期。在100年左右的时间间隔内，如果观察到的景观有本质的变化，我们说景观失去了稳定性。

2）景观稳定性的空间尺度

在景观尺度上，稳定性实际上是许多复杂结构在立地水平上不断变化和大尺度上相对静止的统一（Farina，1998），我们把这种稳定性称为景观的异质稳定性。显然流域尺度上两岸的植被要比沿河流渠道各段植被的稳定性要高，异质稳定性存在于每一个景观中。总的来说，大尺度上景观结构和要素组成的变化需要很长的时间才发生，而小尺度上景观的变化在短期内就可以发生。例如，沿河两岸的植被在雨季来临时，很容易被洪水冲走其根部的沉积物；但是在森林，一场火只能破坏一些植物，并且这种干扰也很容易恢复。

景观是由生态系统组成的，长期研究的结果表明不同生态系统的空间配置会影响景观的稳定性，同时也影响生态系统自身的许多特性（Kratz et al.，1991）。但是，景观对其生态系统组成变化的影响还不十分清楚。毫无疑问，景观对生态系统过程的影响是十分重要的，当景观受到外界干扰时（如酸雨和气候变化），生态系统将表现出波动，如果景观的抗性很强，生态系统的波动较小；景观的抗性较弱，生态系统的波动则较大。景观时空尺度上的变化可以指示生态系统的某些变化，如腐蚀和沉积等地理过程形成不同的地表形态，并对某些生物地球化学过程以及生物种群的动态有深刻影响。

3. 景观稳定性的评价方法

熵理论作为自然现象不可逆与无序的量度，可以很好地解释景观的稳定性。自然景观之所以发生变化，由初始景观发育成终极景观，本质上取决于熵的累积，即熵的升高过程，如暖温带一块原始的裸地自然景观，与当地的气候、土壤、地貌相适应，其变化过程为草地景观、灌木-草地景观、最后转化为乔木-灌木-草地组合的景观类型。景观内的物种在不断地增加，植物群落组成的斑块由大转小，最后转化成混杂均匀分布，从有序变成无序。当看不到景观异质性时，植物群落变为顶极群落，相应的景观也进入了稳定阶段，此时景观的熵值达到最大。在没有外界能量输入，即没有外界干扰时，此过程是不可逆的。热带雨林景观被认为是最为稳定的景观，其根本原因就是景观的熵值达到最大。

在地面出现的人工建筑景观、农业景观、自然景观变化序列，其各自的结构是从有序向无序变化。人工建筑景观有序度最高，农业景观次之，自然景观最低。相对应的人工建筑景观熵值最低，农业景观较高，自然景观最高。之所以形成这种序列，是因为人类为了自身的生存，需要保持城市和农田的结构，不得不向城市和农田输入大量负熵。一旦这种人工投入停止，熵值逐渐提高，城市和农田将面临荒芜的危险。

岳天祥（1991）将热力学的稳定性原理引入生态系统的相应研究，同样可以用热力学原理来计算景观的稳定性（赵羿和李月辉，1999）。不考虑景观组成的生物量多少，仅从景观结构上讨论同一类景观的稳定性，可以借助波尔兹曼（Boltzman）原理来进行。

波尔兹曼在研究物质的分子运动时，借助于热力学原理探讨分子行为的微观现象，1896 年他提出熵可以作为微观的分子运动和宏观的热力机制这两种不同尺度连接起来的媒介。物理系统中不同时刻分子的相应空间分布（作为气体的热力学概率）可由宏观状态和微观的比率来表示。公式如下：

$$D = N! / [(P_1 \cdot N)! \cdot (P_2 \cdot N)! \cdot (P_3 \cdot N)! \cdots (P_k \cdot N)!] \qquad (5\text{-}1)$$

式中，N 为观察到的系统中气体分子的总数目；P_1，P_2，P_3，$\cdots$，P_k 为系统中 1，2，3，$\cdots$，k 为各室空间气体分子所占百分比。

系统的熵值为

$$S = K_S \cdot \ln D \qquad (5\text{-}2)$$

式中，K_S 为波尔兹曼常数（1.38×10^{-16} 尔格/K）；D 为系统宏观状态的热力学概率。

景观中自然植被的自发演替过程是由非均匀化逐渐趋向均匀化，不同物种的聚集形成斑块，进而形成某种结构，必须对上式进行某些修正来计算熵值：①景观熵值仅取相对含义，K_S 系数可设为 1；②以景观的斑块作为室，以植物种群的数量取代气体分子总数目；③为计算方便，用以 2 为底的对数取代自然对数；④物种均匀分布时，没有结构的形成，系统的熵值最高；物种各自聚集，形成斑块结构，景观熵值最低，应取负值计算景观熵值。其式如下：

$$S = -\log_2(D) = \log_2[(P_1 \cdot N)! \cdot (P_2 \cdot N)! \cdot (P_3 \cdot N)! \cdots (P_k \cdot N)!]$$

$$(5\text{-}3)$$

式中，N 为景观的物种数；P_k 为各斑块内植物种群数所占的百分比。

我们假设景观包含有 16 种物种，将景观分成不同的斑块（图 5-2），抽象化为几种特殊的类型。用式（5-3）来计算景观的熵值。

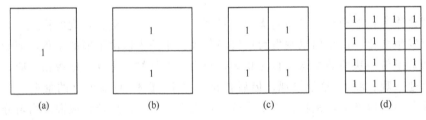

图 5-2　不同的景观格局

图 5-2（a）代表 16 种物种均匀地混杂分布，仅有一个斑块，没有形成任何结构，景观熵值为

$$S = \log_2[(100\% \times 16!)/16!] = 0$$

该结构景观熵值最高，稳定性最好。

图 5-2 (b) 代表 16 种物种分别聚集于两个斑块，每个斑块有 8 种物种。形成了简单的结构，景观的熵值为

$$S = \log_2[(50\% \times 16)! \cdot (50\% \times 16)! / 16!] = -10.48$$

图 5-2 (c) 代表 16 种物种分别集中于 4 个斑块，每个斑块有 4 种物种，形成较为复杂的结构，景观的熵值为

$$S = \log_2[(4! \times 4! \times 4! \times 4!) / 16!] = -24.91$$

图 5-2 (d) 代表景观结构最为复杂的情况，一般的农田就属于该种情况，每个斑块仅有 1 种物种，景观的熵值为

$$S = \log_2[1! / 16!] = -44.25$$

由以上的计算可以看出，在相同的物种情况下，斑块类型越多，景观结构的异质性越高，熵值越低，景观越不稳定；相反，斑块的类型越少，结构越简单，熵值越高，景观的稳定性越强。这里需要指出的是，景观结构的异质性与景观内生物多样性是两个不同的概念。景观异质性指的是景观内斑块的大小、形状、空间配置，其差异越明显，表明景观正处于初始发育时期，动态变化越明显。例如，火山爆发后，先锋植物入侵，开始总是呈现斑块大小不一、形状各异、空间配置较为复杂的景观结构；后期随着植物物种的大量入侵，物种的丰度逐渐增加，景观内的斑块逐渐消失，结构变得单一，景观内呈现较为明显的稳定性。热带雨林被认为是最为稳定的自然景观之一，根本的原因是热带雨林有近 50 万种物种，且均匀分布，景观结构呈现明显的均质性，熵值最大，所以对外界干扰有强大的抵抗力。

由于对景观稳定性的评价具有一定难度，实际的案例分析较少，主要是基于一定的研究目标，针对某种具体的景观类型展开的评价。例如，罗格平等（2004a，2004b，2006）分析了干旱区绿洲景观尺度、区域尺度和景观斑块稳定性，认为人工绿洲景观的稳定需要绿洲景观的多样性逐渐降低和景观廊道的复杂性增加，增加人工绿洲景观廊道的复杂性，对绿洲稳定性具有正反两方面的作用；但天然绿洲的稳定需要增加景观的多样性、异质性和景观廊道的复杂性。人工绿洲景观稳定性可进一步用土地废弃比例的变化说明，其比例越高，越不稳定，可用绿洲景观多样性、景观廊道的复杂性和土地利用状况综合评判绿洲景观的稳定性。角媛梅等（2003）运用半结构访谈法分析了哈尼梯田景观的稳定性，认为哈尼梯田农业景观得以持续存在的根本原因是组成该景观的森林生态系统、村寨文化系统和梯田生态系统稳定性较强。

5.2 景观变化的驱动因子

景观变化的驱动因子包括自然驱动因子和人为驱动因子。自然驱动因子是指引起景观变化的自然因素。人文驱动因子是指作用于景观，引起景观发生变化的人文因素。自然驱动因子常常是在较大的时空尺度上作用于景观，它可以引起大面积的景观发生变化；人为驱动因子通常在相对较小的时空尺度上引起景观的变化。受人类生存与活动的时空限制，人文驱动因子对景观变化的影响更强，研究它们同景观作用的方式、影响景观的程度以及确定它们和景观变化之间关系的研究方法等显得更加重要。

1. 自然驱动因子

景观变化的自然驱动因子主要是指在景观发育过程中，对景观形成起作用的自然因素。例如，地壳运动、流水和风力侵蚀、重力和冰川作用等，它们形成景观中不同的地貌类型；气候的影响可以改变景观的外貌特征；景观的变化同时伴随在生命的定居、植物的演替、土壤的发育等过程中；火烧、洪水、飓风、地震等自然干扰也能够引起景观大面积的改变。

1）地质地貌

在地球上没有出现生命之前，景观仅仅是火山爆发震动形成的大量岩块和隆起的山脉。这时景观的差异仅在于地形的变化。有三个主要过程可产生地表自然地貌特征。第一个主要过程是地壳构造运动；第二个主要过程是风和流水的作用；第三个主要过程是重力和冰川的作用。由地形引起的景观变化可用开阔度和深度效应来表示。开阔度是指人们水平视野受阻碍的程度，深度效应是指目光在垂直方向上的可达距离。在开阔的草原上，开阔度比较大，但深度效应很小；而在崎岖的山谷间，开阔度较小，但深度效应很明显。

2）气候

气候对景观的发育有至关重要的作用。在气候的影响下，古老的岩石发生了巨大的变化。例如，石灰岩在冻融气候条件下，极易破碎；在潮湿气候条件下，可形成喀斯特地形；在炎热干旱气候下，以坚硬的山脊形式保存下来。沿赤道向两极走去，在不同气候的影响下形成了各种不同类型的景观。

（1）赤道景观。赤道地区终年高温，降水充沛。在高温高湿的影响下，化学反应速度快，土壤底部的基岩变化强烈，整个景观几乎是由森林基质组成。大量植被和河流之间的对比度较为明显。

（2）热带景观。由赤道向南北回归线运移，气温依然较高，但降水明显减少，空气较为干燥；离赤道越远，干燥度越大，降水集中在为期较短的雨季。大片森林已有了明显的破碎迹象，无林带多被热带稀树草原或暂时性的耕地所代替。荒漠地区降水量低，植被零稀分布，荒漠上的嵌块体大都比较粗糙，大面积的裸地出现。绿洲是荒漠中较为重要的景观，它们通常聚集成一排排嵌块体，并通过廊道而连接。

（3）温带景观。温带地区的降水集中在夏季。沿海附近盛行海洋性气候，而内陆则为年气温变化明显的大陆性气候。温带气候一般会产生生物堆积，它的化学反应程度并不强烈，景观变化不是十分剧烈，而且能够保留下从前侵蚀期形成的地形。

（4）寒带景观。继续向极地行进，由于极地冷气团的影响，引起严寒天气。在平原区，冻融作用使土壤变得疏松；高山地区形成广阔的冰蚀谷，并留下阶梯式的不规则剖面；当冰川后退后，大的大陆冰体留下浑圆的丘陵和山地，中间分布有狭长湖泊。

3）生物

植物群落的演替不断改变着景观的外貌。植物的种子借助水流、风的传播及动物的迁移等，撒落在裸地上，一些种子在适宜的温度、湿度条件下扎根、萌发并生长起来，成为先锋植物。先锋植物定居后，改变了群落环境，原来干燥、贫瘠的土壤变得湿润起来，肥力增加；改变了的环境有利于其他一些物种的侵入，这些入侵物种与原有物种展开竞争，竞争的结果是先锋植物又被后来的植物所代替，直到形成与当地气候相一致的顶级群落。

在植被演替过程中，尤其是到达顶级群落后，景观为动物的定居提供了稳定的环境条件。动物定居的结果是在景观中形成一个重要的反馈环。我们知道，植被与气候特征密切相关，同时在土壤发育和保护中起到重要作用。在反馈环中，动物可以通过食草、授粉和传播种子来改变植被和土壤。

4）土壤

土壤的发育也是景观变化的一个重要动力。对生态学来说，土壤反映了气候的作用。气候是决定植被的主要因素，而植被可以遮蔽土壤，并提供有机质。植被可以改变土壤，而土壤又可以改变植被，在许多生态系统中，反馈环一开始呈正向的或自加速的过程，即土壤的变化有利于植被发育，植被变化的结果加快土壤发育。当植被的高度和盖度达到最大时，植被和土壤的变化速率减小，并且负反馈逐渐占优势。因此，生态系统（包括植被和土壤）趋于稳定。这样的趋同作用是十分普遍的，可称为地带性规律。

我们需要探究的是为什么在同一个气候带内会存在着异质性景观。一个主要的原因就是干扰，自然干扰和人类影响千变万化，以致趋同作用在各个方面不断受到挫折；另一个主要原因是趋同作用速率因基岩和地貌结构不同而变化较大，有些生态系统变化较快，而有些生态系统却较为稳定持久；最后，气候和地貌本身的变化可能要比生态系统的变化快得多。因此，许多代表长期趋同作用过程中不同阶段的生态系统都可共存于同一景观中。实际上，人们对地带性规律的关注不是最终目的，而趋同过程才是景观的推动力或总体趋势。

5）水文

水文是改变景观的一种重要外力，主要通过流水作用实现。流水对景观的改变具有三种作用，即侵蚀作用、搬运作用与沉积作用。这三种作用主要受流速、流量和含沙量的控制。一定的流速、流量只能夹运一定数量和一定粒径的泥沙。当流速、流量增大或含沙量减少时，流水就会发生侵蚀，从而夹带更多的泥沙；反之，当流速、流量减小或含沙量增加时，就会发生沉积。通过侵蚀、搬运、沉积，流水作用于地表岩石或沉积物形成各种各样的地貌（景观）形态。

一般而言，流水的不断作用常常使陡峭的山脉变得平缓，形成更加圆滑的地形和平坦的地势。同样，地表径流沿坡面运动，逐渐汇聚成较大的流束，形成分割斜坡的侵蚀切沟。随着沟道水流的汇集，水流的侵蚀力明显增大，沟底切入含水层中，获得常年不断的径流，其所占领的通道即为河流景观。河流不断发育、壮大，产生新支流，形成复杂的水系网络，将地表划分成大小不等的流域景观。

水文在改变景观的同时，也受景观的影响，景观的不同类型和不同分布方式对水文有重要影响。

6）自然干扰

火烧可能是一种纯自然的干扰，自从有了植被，就有了植被火；火灾的影响面积大，发生的频率高，一直也被认为是最重要的自然干扰。火烧最直接的结果是改变了景观斑块的分布格局；火烧也常常被看作管理自然生态系统的一种方式。例如，火烧有助于提高土壤的肥力，清除枯枝落叶层，甚至增加物种多样性。

洪水、飓风、龙卷风、地震等自然灾害常常导致大面积景观发生变化。例如，洪水泛滥造成大面积土地被淹；飓风、龙卷风可连根清除大树和席卷农庄、城镇。不过，定期的洪水可看作是生态系统内正常变化的组成部分，一些特殊生态系统（如泛滥平原）的动植物甚至需要这种环境才能生存。蝗虫的爆发也是一种严重的自然干扰，它把农田变成一片片裸地，明显改变了景观镶嵌结构。

2. 人为驱动因子

引起景观变化的人为驱动因子主要包括人口、技术、经济、政策和文化。

1）人口

把人口作为独立的变量，它同景观作用的方式有以下几种。

（1）人口直接导致地区景观类型发生变化。例如，人口的增加将直接导致农业（耕地）景观和城市景观的增加，同时草地、林地、湿地等景观减少。另外，人口增长意味着对粮食的需求增大。人们根据自己的意愿引种、培育新的物种；一旦新物种培育成功，就大面积种植；同时通过各种土地利用方式限制和消灭了许多本地物种，总的结果是导致景观异质性下降。

（2）人口对景观生态环境具有重要影响。人口的增长导致了生产的集约化，包括人类投入的加大以及新的生产技术方式的出现。从历史上看，生产集约化是进步的、乐观的，它提高了劳动生产率，促进了产出；但也引起一些环境问题，如导致地下水污染、土壤肥力下降等。

（3）人口增长可以对区域甚至全球产生影响。一个地区在资源无法满足其人口增长时，要么从其他地区调入资源，要么将人口输送到外地，这样不可避免地影响其他地区的景观资源。

（4）人口同景观变化形成相互作用的反馈环，人口增长导致景观周围环境变化，改变的环境可以影响人口的出生率、死亡率、迁移率。

尽管人口是景观变化的主要驱动因子，但同人口紧密相连的还有科学技术的高低和人们的消费水平。它们相互作用，构成了对环境的压力。用等式表示为 $I = P \times A \times T$。其中，I 是指对环境的压力，P 是指人口，A 是指人均消费，T 是指科学技术。

Commoner（1972）运用环境压力公式的一个变体，来计算工业污染对环境造成的影响，他认为不合适的科学技术是环境污染的主要原因，首先应解决的是科学技术，而不是人口。

Harrison（1992）对此公式进行了修正，他认为环境压力＝人口×人均消费×人均消费影响量。利用此公式来研究发展中国家耕地增加的原因，发现人口和人均消费增长导致耕地的增加，其中人口的增长大约占耕地增长因素的 72%，人均消费的增长大约占 28%，而科学技术的发展抑制了耕地的增加。

人均消费对景观的影响十分巨大，国家发达程度不同，影响的程度也有很大差异。在美国出生一个小孩，对地球生态系统的影响是意大利的 3 倍，巴西的 13 倍，印度的 35 倍，孟加拉国的 140 倍，卢旺达、海地、尼泊尔的 280 倍（Ehrlich and Ehrlich，

1990)。这种关系同人均国民生产总值有良好的相关性。

从人口角度出发，有一些探讨土地利用/土地覆被变化的模型，这些模型主要集中在人口增长同森林退化的关系上，如 Allen 和 Barnes（1985）通过研究非洲、亚洲、拉丁美洲一些国家森林的退化，认为人口增长和森林退化之间存在着重要的相关性，但他们没有选择具体的地点进行分析和解释。Myers 和 Tucker（1987）强调了土地持续利用的重要性，认为中美洲地区森林退化的中心因素是土地分布的不平衡，人口的急剧增加并不是这个地区环境迅速恶化的原因。Barraclough 和 Ghimire（1987）认为正是城市人口增长刺激了对农业和森林产品的需求，但他们强调森林退化是一个复杂的历史过程，是土壤与自然系统及其子系统相互作用的结果。因而，对于特定的区域，需要采用区域特定的驱动因子来分析。Bilsborrow 和 Geores（1990）在考虑景观破碎化、土地管理模式、人口迁移等因素的基础上，也提出了人口增加与土地扩张（包括热带森林的退化）更为紧密的模型。需要注意的是，人口增长同环境变化是不同步的，所以它们之间并不是简单的相关关系，简单地用人口增长代替环境变化不合适（Arizpe et al.，1992）。

2）技术

历史上，科学技术在世界各地的发展极不平衡，只是近 50 年来，工业技术才开始走向全球化，也就在这段时间，农业生产力超过了人口增长率。我们假设，如果以 1950 年的生产力供养 1980 年的世界人口，那么世界耕地面积将不得不比 1980 年实际面积超出 5000 万 hm²，这就是我们十分关注技术对全球土地利用变化影响的原因。

科学技术对景观的作用有三点。

（1）科学技术进步导致了农业景观用地的巨大变化，科学技术和工艺的发展提高了土地生产力，阻止了由于人口增加带来的农业用地扩张；同时使更多的农民摆脱了土地的束缚，可以从事其他经济活动，促进了城市化发展。

（2）科学技术进步带来了运输革命。随着技术的提高，运输系统有了长足发展，促进了社会劳动力的空间传布，扩大了大尺度上商品出口、粮食及其他农产品等物资的交流，并加速了城市地区人口的密集化。

（3）新的运输技术缩短了土地之间的距离，原来以天、月甚至年来计算的距离（功能距离），现在可以用小时、分钟计算；世界变得越来越小，系统变得越来越大。现在世界经济都在趋向一体化，某种科学技术的诞生可能会产生世界范围的景观变化。

从欧洲农业发展过程中可以看到科学技术对农业用地的影响大致经历了三个阶段。

第一个阶段是农业革新时期，大致从工业革命开始到 19 世纪中期，这个时期出现了大量的工厂，特别是纺织厂，蒸汽机得到广泛的应用，用于交通运输的运河也开始迅速发展，同时农业引进了新的作物品种和新的耕作措施。这些新品种和新的耕作方法解放了许多农民，为新出现的工厂提供了劳动力。尽管新的体系整体上并没有提高太多的土地生产力，但它使得休闲地和草地向农田转化，事实上 19 世纪之前欧洲是唯一发生这样转化的区域；同时森林退化的速率也有所降低。

第二个阶段是农业商品化时期，大致从 19 世纪中期到 20 世纪 30 年代，伴随着工业化进程的加快，这个时期的交通、制造业和科学技术有了迅速发展（Boserup，1981），使得新的农业方法和农产品贸易在大尺度范围成为可能。这时欧洲的土地生产力大大提高，同时伴随着粮食的进口，进一步减少了森林和草地向农地的转化。但是欧洲以外地区的土地生产力并没有显著提高（日本除外），特别是在北美洲，劳动生产力的提高并没有带来土地生产力的提高，农田的扩张仍然十分严重，1850～1920 年，大约 1 亿 hm² 的草地转化为耕地。这期间北美洲、苏联和大洋洲，大约有 20% 的土地发生了变化；亚洲（不包括中国）大约有 30% 的土地发生改变，而拉丁美洲的土地变化高达一半。在北美洲有 2500 万 hm² 的土地变为农田，主要种植棉花和谷物，以供出口。

第三个阶段是农业工业化时期，从 20 世纪 30 年代到现在，农业工业化的显著特征是生物技术的引入、农药化肥的大量施用、机械化程度的提高。这些大大提高了世界范围土地的生产力，在一定程度上缓解了由于人口增长造成的土地压力。在一些工业化程度较高的国家，农田已转向草地和森林，但同时也产生了土地质量下降、河流污染等不利影响。

总之，科学技术的进步不仅改变了土地覆被类型，也改变了人类利用土地的方式，人类从粗放型的土地利用方式逐渐走向可持续的土地利用方式。从人类活动的历史演变过程可以看到，人类对景观的影响越来越大，这种影响力的增大主要是由于科学技术的不断进步。

史前人类对景观的最初影响就是捕捉可食的动物，采摘可食的植物，这种捕食活动并不比黑猩猩对景观的影响更为严重。促使景观发生变化的最早的具有划时代意义的事件是"工具的发明"，这意味着人类具备了大规模改变景观的基本手段。但是，从简单的石具到复杂一点的弓箭对景观的影响还是很微小的，直到火的发明，人们开始有意识地利用火时，如火烧，才常常大面积地改变景观格局。

农业革命的开始使得大量农业生态系统出现，意味着纯粹的自然景观开始转变为各种人为景观。人类对景观的影响力和频率也迅速增强，其后发展的城市文明，进一步加剧了资源消耗和生态环境破坏。

随着产业革命引发的工业化以及其后的科学技术文明的进一步发展，不断产生水、粮食、污染等各种全球性的环境问题，在当前全球经济日益趋向于统一的世界体系时，各种资源的掠夺、流通、消费更加活跃，最终会给景观以及土地带来各种形式的大规模冲击。

3）经济

经济对景观变化的驱动作用有三点。

（1）作为独立的变量，经济对景观变化的驱动具有间接性。经济是一个综合变量，其内涵较为广泛，它对景观的驱动往往通过人口、技术、政策、文化乃至经济运行模式、发展方式等来体现。

（2）在产业发展的不同阶段，经济对景观变化的趋向影响不同。一般来说，在以农业生产为主的发展阶段，经济越发达，即农业生产发展越好，农用地景观将得到增加；在以工业生产为主发展的阶段，经济越发达，景观向建设用地方向发展的趋势越明显；在以服务业或后工业化为主的时期，经济越发达，建设用地甚至有减少的趋势。

（3）经济对其他的景观驱动因子具有重要的影响。例如，经济对人口具有明显的聚集作用，经济越发达的地区，人口聚集作用越明显；经济发展的一个重要内容就是技术进步，而技术进步对景观变化的影响十分巨大；经济发展的走向也影响着经济政策的制定，如在积极的货币政策下，必然导致用地量和用地结构的重大变化；经济同样影响着文化，改变着人的认知与思想。

4）政策

政策制定会影响一定区域、国家和国际的人口状况和技术发展，从而影响土地利用和景观的变化。国际贸易、国家之间的关系、国际财政体系以及非官方的世界性组织等可能决定着土地利用/土地覆被变化的总体方向；国家的政治、经济体制和决策因素可以直接影响土地的变化，还可以通过市场、人口、技术等因素影响土地现状；地方政策的实施会直接导致当地土地利用/土地覆被的调整、破碎和完全变化。图 5-3 是与景观变化相联系的政治、经济体制因子（William and Turner，1994）。

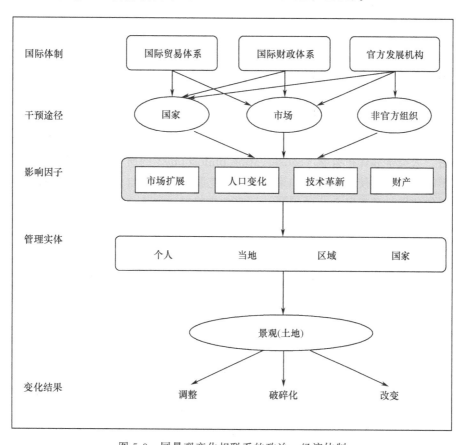

图 5-3　同景观变化相联系的政治、经济体制

政经体制对土地利用/土地覆被变化影响的研究需要注意的是：①变化的"长波和短波"，就是除了考虑一般影响土地变化的政经体制外，还要注意历史上影响土地利用变化的关键事件和时间，如 1945 年就是一个重要的时间点，不仅是因为世界多边体系的形成，而且是全球殖民主义的结束，同样，1890～1914 年拉丁美洲出口贸易扩张及非洲独立后的时期都是十分重要的；②在一定时间尺度内，特定的群体有它自己的时间尺度，某些群体的时间尺度可能与整个社会发展的时间尺度不一致；③比较当前与过去政经体制等社会驱动因子对土地利用影响的作用是相当重要的。

政经体制对土地利用/土地覆被变化的影响是十分复杂的，对其进行研究也相当困难，其难点体现在社会问题的复杂性以及社会科学和自然科学有机融合的复杂性。进一步的研究可能要考虑这样几点：①在国际水平上寻找与之相对应的土地利用/土地覆被变化的全球指示因子；②在一个给定的体制系统内，建立对区域变量敏感性的国家和区域实例；③确定不同尺度上政经因子对大尺度驱动因子的敏感性；④选取指示案例研究外来管理变化下改变当地体制的重要性。

政策对土地利用有重要的影响。美国为了鼓励城市的发展，在一段时期实行城市附近的休闲地和森林必须交税的政策，这自然破坏了城郊景观。20 世纪 70 年代美国取消了这种政策，同时规定发展化石能源可以得到补贴，这在某种程度上促进了科学技术的进步，却没有考虑这些过程对自然资源和环境的污染。在许多情况下，具体的政策，如开发亚马孙河流域热带雨林部分地区来兴建横贯亚马孙流域的公路，通过铺设大量的地下管道将农村景观变为城郊景观，或考虑大规模利用核能等都会使景观面貌发生剧烈变化。人类的决策对景观变化起着"催化剂"的作用，在当今先进的技术装备和现代化的通信设施下，这种催化作用更为明显。

5）文化

尽管对文化是否影响土地利用还有不同的认识，但大多数学者认为二者之间的关系十分紧密。人类学和保护哲学（conservation philosophy）的研究告诉我们，文化决定或者强烈影响人们怎样使用土地。如果人类完全克服了生物和自然条件的限制，对土地及各种资源的使用只是不同文化的问题。一些文化因素，如价值观、思想意识体系、法律以及人们的知识水平直接影响着土地利用的变化；同时文化通过影响人口增长、居住模式、消费水平、政经体制等因素来影响土地的利用变化。

文化对土地利用的直接影响包括以下几个方面。

（1）公众意见。目前了解公众意见的最好方法仍是民意测验、问卷调查。一些专家认为公众态度在一定程度上反映了他们的行为，通过足够数量的民意测验所表达的公众的意见可以解释环境的变化。联合国环境规划署在 14 个国家所做的民意测验表明：所有的国家都高度关注环境问题；除沙特阿拉伯外，各国都认为环境在恶化。1990 年，涉及六大洲、42 个国家的民意测验表明：人们价值观趋向于"后物质主义"，即在政治和经济安全条件下，强调个人的自由和生活质量。在韩国，绝大多数人支持牺牲财政福利来保护环境，而尼日利亚只有 1/3 的人同意这样做。

（2）思想体系。Lowenthal（1990）认为人类对自然的认识经历了三个阶段。第一阶段，自然完全被人类所控制，自然灾害的发生是由于人类的"罪孽"。第二阶段，自然独立于人类而存在，但仍受到人类的威胁。人类的活动，如森林的砍伐，虽然提供了农用地和居住地，但也对自己的生存环境造成严重威胁。第三个阶段，自然是脆弱的，也是人类生活的基础，这个阶段人们开始意识到土地的可持续利用。

（3）法律。法律可能是最有力的直接影响土地利用变化的因素。各种法规保护着土地资源，也限制着获取资源的手段和方法。Richards（1990）指出，现代的、中央集权的统治已经扩展到了每一块土地，甚至规定了土地的边界、使用方式、利用程度。在美国，财产法是理解土地利用变化的重要法律。只有取得土地的所有权，才可能对土地有所改变。

（4）知识。原始部落掌握的知识十分有限，使用的工具也比较简单，不会造成土地的大幅度变化。他们对土地的破坏要远远小于今天的人类，但并不是说他们对周围的环境没有影响。相反，有时这些影响是非常大的，甚至是毁灭性的。例如，15世纪马斯韦戈城（现在称为津巴布韦）的荒弃可能就是由于山羊破坏了植被，导致了严重的土壤侵蚀。现代社会中，缺乏知识会导致制定不正确的政策、进行错误的管理以及无法作出统一的规划。然而知识的丰富并不一定意味着行动的改变。

文化除了可直接作用于土地外，还可以间接地影响土地的利用，具体包括以下几点。

（1）文化对人口增长和城市化的影响。价值观念通过结婚的年龄、生育期、出生率对人口增长有重要影响。Stott（1969）认为"限制人口最有效的机制是特定的文化"。Ehrlich和Ehrlich（1970）也认为人口增长基本上是价值和意识的产物。不过人口增长的关键因素是死亡率，特别是婴儿死亡率下降，其他因素有粮食的供应、卫生条件以及流行病的传播。文化的影响是滞后的。在基本的需求得到满足后，人们的价值取向也影响着居住类型。

（2）文化对消费和需求的影响。法律规范着消费和消费的手段。消费是一种综合了经济、社会等因素的某种感觉。在现代社会中，电视、报纸、广播等媒体的传播引起人们消费观念的改变。人们在满足了基本的消费后，可能会要求更高一级的消费。在现存的技术条件下，要求的消费越高，对景观的影响越大。降低"需求"是减少土地利用变化、环境退化等问题重要的一步。

（3）文化对社会运动的影响。意识引发的环境运动可以引起政治注意，有时甚至得到政治权利。今天的欧洲绿色运动、环境研究和行动计划等至少将环境问题放到了国家议程上，它们对政治的影响力不可低估。

人类文化对土地利用的影响是多层次的，这种影响不仅体现在人类个体，也表现在群体同自然的关系上。澳大利亚北部热带森林国家公园居住着一些土著居民，世世代代保护着森林，这是他们的精神家园。他们认为，只有保持公园最自然的原始特性，才能保证他们祖先永远的平安。受这种价值体系，或者说一种朴素的文化感情的制约，他们始终保护着这片神圣的土地，但也不可否认，同时带来了同采矿业、林业和放牧业等的利益冲突。

印度尼西亚生活着一种"掠夺型"部落。尽管他们的土地可以供养部落所有成员，他们仍扩展到其他部落占领的地区，他们对土地的开垦十分严重，一个地点经常用不到三年。Geertz（1969）认为他们可能"对农业的效率存在超乎寻常的漠然"以及认为"自然资源是取之不竭的"，他们"历史上形成了总是有其他的森林可以占据的概念"。当然文化控制土地利用的程度还有很多值得探讨。在印度尼西亚内陆的其他水稻种植区，用于满足不断增加的人口的粮食需求是在原来开垦的稻米区进一步密植，这可能是由于开垦新的阶地需要大量的投入，包括新建一些灌溉设施。这其中起着控制作用的恐怕是经济因素，而不是人类文化。

3. 景观变化驱动因子的识别

景观变化驱动因子的识别方法通常为"假设-验证"方法，即首先假设某些因素对景观变化起作用，然后通过一定的统计方法，确定某种因素达到一定标准或原则，就认为该因素是引起景观变化的重要因素。

按照上述方法，景观变化驱动机制的识别有三步，第一步是分析影响景观变化的因素，建立表征因素的指标；第二步是开展景观变化因素（指标）和景观的相关性分析，剔除部分和景观变化相关性较弱的指标；第三步是利用多元回归分析哪些指标对景观变化的贡献率最大，从而确定影响景观变化的最重要的因子。

目前已有的实例分析基本上按照上述方法和步骤进行。例如，李月臣和刘春霞（2009）在研究北方13省土地利用变化驱动力时，选取了九大类42个驱动力指标，分别与耕地、林地、草地、城镇及建设用地、水域和未利用地进行相关分析和多元逐步回归，得到了每个地类变化的回归统计模型。王佑汉（2009）选取非农人口数、第一产业产值、第二产业产值、第三产业产值、固定资产投资、房地产投资、实际利用外资、农民人均纯收入等指标，采用逐步回归分析法对园地、耕地、居民点及工矿用地的变化进行回归分析，得到了它们变化的模型。宋开山等（2008）分析了三江平原县属耕地面积的变化与人口增长的关系，以及所属的农垦系统耕地面积与人口变化趋势的关系，发现它们均具有较好的相关性，从而认为三江平原耕地面积的变化主要由人口增长引起。贾科利等（2008）在分析陕北农牧交错带土地利用变化及驱动机制时，从气候、人口、经济、产业结构、投入、收入、农业生产7个方面的30个指标建立了与土地利用总强度、耕地变化、林地变化、草地变化、建设用地变化、未利用土地变化的回归模型。

目前，景观变化驱动机制的识别研究还存在以下不足。

（1）由于采取的方法基本上是统计分析，统计分析的结果通常表现为一段时间的总体规律，可能忽略了某些重要时间点的某种景观的重大变化。

（2）采用统计的量化方法，只能反映出那些易于量化的指标因素对景观变化的影响，而一些对景观变化起重要作用，但不宜量化的指标因素则难以反映。例如，国家和地方政府的政策、文化、人类行为习惯等，对区域景观变化具有重要的影响，但量化分析比较困难，在得出的一些景观变化模型中没有体现。

（3）当前对景观变化驱动机制的识别实质上是关于景观驱动因子识别的假设和验证，几乎所有研究得出的结论都大体一致，即社会经济要素是区域景观变化的主导驱动因子，特别是人口因素发挥着重要作用；气温、降水、大风等自然因子对区域景观变化也具有一定的制约作用等；而缺乏进一步揭示这些因子是如何作用于景观，怎样使景观发生变化的机制性分析。事实上，不同时间、不同空间引起景观变化的各因素的重要性不同。一定条件下，特别是近期和未来的景观变化，真正考虑到技术和政策等因素，人口并不是决定景观变化的重要因素。

5.3　景观变化对生态环境的影响

当前全球环境变化和可持续发展已成为世界各国政府和科学家所关注的问题。景观变化所带来的生态环境影响也自然成为大家关心的热点。1995年，具有全球影响的两大国际研究计划"国际地圈-生物圈计划"（IGBP）和"全球变化人类影响和响应计划"（HDP）共同制订了"土地利用/土地覆被变化科学研究计划"，将其列为全球环境变化的核心项目（Turner et al., 1995）。景观变化对生态环境的影响极为深刻（郭旭东等，1999），景观变化结果不仅改变了景观的空间结构，影响景观中能量分配和物质循环，而且不合理的土地利用造成土地退化（Fu et al., 1994）、非点源污染、海水入侵等严重的生态环境问题，对社会和经济产生严重影响。

1. 景观变化对局地和区域气候的影响

景观和气候是相互作用的。通常气候的变化会引起景观变化，反过来，改变了的景观又对气候造成一定的影响。景观对气候的影响是通过景观表面性质的变化、反射率的变化以及随景观变化而改变的温室气体和痕量气体量的变化实现的。

1）地表性质的变化

地表及其植被覆盖决定着太阳辐射在地表的分配，这种分配形成了不同尺度上气候系统的边界环境。土地表面性质发生变化时引起能量的重新分配，从而影响气候变化。何剑锋和庄大方（2006）认为城市扩展方式直接影响了城市局地气候和空气质量。Changnon 和 Semonin（1979）总结了大城市气象实验（METROMEX）、区域大气污染研究（RAPS）和其他有关城市气候研究的结果，发现景观变化极大地影响了城市气候和城市水资源的供给。在城市化过程中，几乎所有地表天气环境都发生了变化，如太阳辐射、温度、湿度、能见度、风速、风向及降水等。大城市气象实验研究表明，白天城市热量范围在垂直方向上超过 2000m，而随风热污染流经常传播到 50km 外。城市对水分的影响是它的下渗能力和树木的截流能力比非城市土地利用形式要小得多。森林是否会导致降水增加，许多气候学家有不同的见解。Penman（1963）认为尽管植被影响水分在径流和蒸发过程中的分布，但并没有数据表明它可以影响降水的总量，但森林可以引起水汽的凝结。研究表明在 Berkeleg 山区 4 个无雨的夏季，每一季一棵松树上落下的水滴可以达 12cm 的水深（Parson，1960）。Pereira（1973）研究苏联森林积雪数据认为森林集水区产生多余的水分也是这个原因。

李巧萍等（2006）利用改进的高分辨率区域气候模式（RegCM-NCC）模拟研究了中国近代历史时期土地利用/土地覆被变化对中国区域气候的影响，结果显示，1700 年以来，以森林砍伐、草地退化及相应耕地面积扩大为主的土地利用变化可能对中国区域降水、温度产生了显著影响。另外，土地利用变化不仅使气温、湿度发生变化，还可引起基本流场的变化，使东亚冬夏季风气流有所增强，这主要是由于植被变化改变了地面温度，使海陆温差进一步增大的结果。土地利用变化对区域尺度气候变化的影响不容忽视。

2）地表反射率的变化

土地利用改变了地表反射率，从而影响温湿度的变化。Hendrson 和 Wilson（1983）总结了影响地表反射率的过程。总的来说，人类活动导致的土地利用变化倾向于增加反射率，使更多的能量返回到大气中，上对流层温度增加，大气的稳定性增强并减少对流雨（Shukla et al., 1990）。Gornitz（1987，1985）根据历史记录、调查数据、描述性报告等资料总结了西非土地利用变化情况，计算了由于土地利用变化而导致的反射率变化，认为其主要原因是人类破坏植被引起土壤侵蚀和河流水量的减少。Charney（1975）

也研究了半干旱区地表反射率变化及其引起沙化的可能性。周广胜和王玉辉（1999）的研究表明中纬度地区，当下垫面反射率与径流量的变化满足 $\Delta f = 5\Delta\alpha \times 10^{-4} g/(cm^2 \cdot min)$ 关系时，下垫面变化对于地表温度无影响。

3）温室气体和痕量气体的变化

景观变化对气候的影响还在于地表是温室气体和痕量气体如 CO_2、CH_4、N_2O 等的重要来源。总体而言，森林与林业活动具有温室气体减排增汇作用（张小全等，2005），相反，农业开发和泥炭开采，大面积减少湿地，则排放出大量温室气体（刘子刚，2004）。

前工业时期，大气中的 CO_2 增加量主要来自于土地利用的变化。据估计，1850～1985 年大气中 CO_2 增加量的 35％是由土地利用变化引起的，主要是森林退化。碳的释放量中（1850～1980 年），化石燃料的燃烧占 150～190Pg C（Rotty，1987），而土地利用变化占 90～120Pg C（Houghton and Skole，1990）。1980～1995 年发达国家森林面积年均增长 130 万 hm^2，使欧洲和北美洲等温带森林地区成为吸收大气 CO_2 的汇。而此期间热带亚洲、拉丁美洲和非洲热带地区的毁林面积大幅增加，成为大气 CO_2 的主要排放源（张小全等，2005）。据 IPCC（联合国气候变迁小组）估计，1850～1998 年，由于土地利用变化引起的全球碳排放的 87％是由毁林引起的。在 20 世纪八九十年代，以热带地区毁林为主的土地利用变化引起的年碳排放占化石燃料燃烧排放量的 31％（FAO，2001）。砍伐的森林已成为仅次于化石燃烧的大气 CO_2 排放源。

根据 Cicerone 和 Oremland（1988）以及 Lassey 等（1992）对 CH_4 来源的研究，景观变化，如农业的扩张（水稻种植）、城市化过程、森林的退化、生物量的燃烧等是 CH_4 的直接来源。湿地是 CH_4 的最大来源，Harris 等（1993）估计湿地释放 CH_4 量占大气中 CH_4 总释放量的 20％，Matthews 和 Fung（1987）估计湿地 CH_4 释放量是 115Tg/a。水稻释放量估计可达 110Tg/a。草地也是 CH_4 的重要来源，主要通过动物粪便的挥发，其量可以通过世界上牛、羊及野生动物的数量来估计（Lerner et al.，1988；Crutzen et al.，1986）。森林的砍伐和焚烧也导致 CH_4 的增加（Crutzen and Andreae，1990）。

N_2O 的增加可能是来源于热带（大片森林的砍伐）和北半球中纬度地区（人类活动影响）。原来人们认为 N_2O 的增加主要是燃烧（Hao et al.，1987），但由于取样技术的错误往往夸大了这种来源（Muzio and Kramlich，1988）；在所有的 N_2O 来源中，土地利用变化占到 80％。景观变化导致土壤特性变化会影响 N_2O 的释放量。例如，从草地释放的 N_2O（巴西）是从未受干扰的森林土壤释放量的 5 倍（Maston et al.，1990）。但有些研究并不认为热带草原地区的 N_2O 释放量比森林土壤多（Davidson et al.，1991；Sanhueza et al.，1990）。

模型是研究景观变化对气候影响的有力工具。当前区域气候变化模型在预测地区湿度和降水方面还没有达到一致，但可以检验各种土地管理方式与气候变化的关系，来决定区域敏感变量和特征。目前存在很多区域植被和土地利用模型，这些模型主要关注区域植被格局如何影响碳的储存和释放等特征，以及此过程中土地利用变化所起的关键作用。Turner 等（1991）以及 Gardner 等（1994）研究了景观尺度上土地利用变化与气候的关系，如 Gardner 等（1994）把干旱作为影响物种多度的重要因素，模拟两个竞争物种的空间分布，结果表明不同的景观变化和不同气候条件下，两个物种的多度有明显差异。Southworth 等（1991）及 Dale 等（1993，1994）建立了生态土地利用动态分析（DELTA）模型，这个模型在农庄水平上模拟了 40 年来土地空间分布变化及其对碳释放量的影响。周旺明等（2005）分析了我国三江平原不同土地利用方式对区域气候的影响，在过去几十年中，由于土地利用变化，三江平原 CH_4 的排放总量减少，但 CO_2、N_2O 排放总量增加。大面积开荒、将湿地和林地开垦为农田，是引起该地区气候变化的一个重要因素。

2. 景观变化对土壤的影响

景观变化对土壤的影响主要表现在两个方面：一方面是对土壤生态过程的影响；另一方面是对土壤质量的影响。

1）景观变化对土壤生态过程的影响

（1）能量交换。太阳辐射流到地面以及地面将流反射到外层空间，依靠土壤覆盖层的吸收和反射特性；当缺乏覆盖层时，只能依靠土壤本身的性质。土壤系统同外界进行能量交换的数量和质量是多种多样的，但对于特定的景观类型还是有规律可循的。

（2）水交换。景观变化改变降水在地表的分配，进而影响降水与地表和土壤的相互作用。例如，城市化过程中，地表径流会增加、下渗会减少。

（3）侵蚀和堆积。侵蚀和堆积是地表矿质元素再分配过程的两个方面。在土壤发育过程中，它们自然影响着地表形态，但人类活动引起的景观变化大大影响它们发生的速率和空间分布。

（4）生物循环和农作物生产。相对于土壤形成的尺度，动植物的生命都是比较短暂的，动植物的残体会增加土壤的肥力，使土壤又生长出更多的植物，并为更多动物提供了食物。景观变化可以加速或延缓这种循环。

2）景观变化对土壤质量的影响

（1）景观变化对土壤质量指标的影响。景观变化对土壤质量的影响包括三个方面，即土壤物理性质、土壤养分特征以及土壤微生物特征。其中土壤物理性质包括土壤粒级组成、空隙分布、容重、含水量、结构水稳性、水稳性团聚体等；土壤养分特征包括土壤有机质含量、元素含量（C、N、P）、微量元素有效含量、元素输入/输出等；土壤微生物特征包括土壤微生物数量、组成、分布、多样性、层化比率、生长代谢水平、酶活性等。

从研究内容看，大部分研究主要集中在不同土地利用类型、土地利用与管理措施对土壤质量特征的影响以及土地退化/恢复过程中土壤质量特征的变化。例如，张笑培等（2008）研究了渭北黄土高原丘陵沟壑区侧柏、荆条、20 年刺槐、4 年刺槐、4 年苜蓿、农地不同植被恢复模式的土壤水分生态效应。认为刺槐、苜蓿可作为区域退耕还林工程主要的生态恢复树种，草种对生态环境建设具有重要的作用，但是在一定的区域内要考虑降水因素以及林草生长年代进行适时间伐、刈割，避免对土壤水分的过度消耗。韩书成等（2007）以江苏省锡山市为例，分析了土壤养分元素对不同土地利用变化方式的响应。结果表明，耕作土壤变为非耕作土壤会使 pH 有所升高，但由水田变为菜地、旱地和林地会使土壤向酸化方向发展。

景观格局对土壤质量也有重要影响。傅伯杰等（1998）研究了陕北黄土丘陵区持续15年的4种典型土地利用结构对土壤养分的影响。从梁底到梁顶，土地利用组合分别为草地-坡耕地-林地、坡耕地-草地-林地、梯田-草地-林地和坡耕地-林地-草地。通过测定土壤全氮、全磷、有效氮、有效磷和有机质，发现坡耕地-草地-林地和梯田-草地-林地有较好的土壤养分保持能力和水土保持效果，是黄土区丘陵沟壑区梁峁坡地上较好的土地利用结构类型。

（2）景观格局对土壤养分流动的影响。土地利用方式和景观类型的空间组合影响着土壤养分的流动规律（Fu et al.，2000），不同的土地单元对营养成分的滞留和转化有不同的作用，氮、磷等重要营养成分在景观中的转化途径也不同。Peterjohn 和 Correll（1984）对氮流、磷流、碳流进行了分析，发现它们在自然植被及其土壤系统的营养循环能力远远强于玉米地，氮循环在河边林地（89％）远远高于耕地（8％），磷也有类似的调查结果，分别为80％和41％；同时发现氮和磷的转化途径不同。地下水是林地、农地之间碳、氮的主要转化途径，也是林地氮流失的主要渠道，地表径流则是磷转化的主要渠道。

土壤养分迁移在很大程度上依赖于景观格局及其变化。Likens 等（1970）在美国新罕布什尔地区将一个未受干扰的流域中养分流失情况同另一个森林被皆伐的流域加以对比，结果发现，未受干扰的森林中每公顷通过河水流失的氮有4kg，而森林皆伐的流域氮损失高达142kg。对美国科罗拉多短草草原氮的研究表明，在这种草原上，牛的活动受土壤格局和牧草种类的影响，结果导致氮的挥发与尿的格局有关。在土壤结构疏松的上坡地段氮的挥发高于土壤结构细微的下坡地段。Williams 和 Nicks（1993）应用 CRE-AMS 模型和 WEPP 模型研究植被过滤带对营养元素的迁移和土壤侵蚀的作用结果，表明植被过滤带的宽度、长度、组成植被类型不同，营养元素的截流和土壤侵蚀量不同。总的来说，植被过滤带可以减少56％的沉积量和随沉积损失的50％的营养物质，是一种防止河流非点源污染的较好管理措施。

3. 景观变化对水的影响

景观变化对水的影响主要包括水量和水质两个方面。一般而言，建筑用地的增加会减少水流下渗，引起水量增加。森林的增加会减少径流，引起水量减少。景观变化对水质的影响，主要是通过对非点源污染的影响表现的。

1）景观变化对水量的影响

（1）森林变化的影响。森林的砍伐影响地表反射率、树冠的截流、地表的粗糙度，这些同水分和能量平衡有重要联系。森林植被变化对径流量有显著影响，一般而言，森林采伐引起森林覆盖度降低，可增加产流，但有时在较大流域面积的河川径流量却随森林覆盖度增加而增加，恰好与小区测定结果相反（石培礼和李文华，2001）。森林变化也影响着水文过程，森林变化通过对林冠截留率、凋落物截留作用和土壤水文作用的影响，而影响降水分配格局；森林砍伐后，降低了冠层的蒸腾，使收入的水分增大，增加了产流量，河川径流增加，蒸发降低。

（2）草地变化的影响。草地对水分的影响取决于人们对草地的管理。不适当的管理和过度放牧将引起植被的减少和土壤的板结，使得地下水的供应减少，这会严重影响靠地下水补给的河流水量。严重的后果可能对区域气候产生影响，如增加地表发射率、减少对流、减少降水、增加大气沉降，使区域气候变得干旱。青藏高原河源区的高寒草甸，植被覆盖度与土壤水分之间具有显著的相关关系（王根绪等，2003），高寒草甸退化后的土壤趋于干燥，持水能力减弱，即使进行人工改良以后，土壤水分含量与持水能力也不会有明显改善。保护河源区原有高寒草甸对于河源区水文过程意义重大。

（3）耕地变化的影响。一般而言耕地增加，需水量增大；耕地减少，需水量降低。耕地的集约化往往需要消耗大量的水资源（孔祥斌等，2004）。如果作物播种面积单产提高对水资源有高度依赖性，将导致对水资源的过度开采，使区域水资源失衡。这种趋势持续下去，将对区域的资源持续利用产生不利影响。耕地变化通过影响水量的变化可进一步影响区域环境和气候。在一些实行灌溉农业的国家，有 80%～90%的水分通过灌溉消耗了。在大多数干旱地区，每公顷灌溉作物需要消费 10 000t 水，由于无效的灌溉会引起许多问题，土壤盐渍化大约占了所有灌溉区的 30%。灌溉的结果在一定程度上增加了低层大气中的水分，提高了湿度，降低反射率和日温，有助于降水的形成（Changnon and Semonin，1979）。

（4）聚居地和其他非农业土地利用的影响。随着世界人口、工业化和城市化的发展，城市数量大大增加。城市集中了居民、商业区，还伴随有工厂等大量工业设施，这些要求更多的水资源；城市化过程中树木和植被的减少降低了蒸发和截流，增加了河流的沉积量；房屋、街道的建设降低了地表的渗透和地下水位，增加了地表径流量和下游潜在洪水的威胁。吴运金等（2008）研究了近 20 年南京市河西地区土地利用变化状况及对滞洪库容量的影响。结果表明，由于地表封闭和种植结构的改变导致区域滞洪库容量大量损失，其中因建筑用地面积的增加使地表封闭而减少的滞洪库容最大，相当于整个研究区域 86mm 水深；局部范围的土壤压实只对局部的滞洪库容量产生影响，而对区域总的滞洪库容量的影响不大。

2）景观变化对水质的影响

景观变化对水质影响的途径有三种：第一种是地表景观类型的变化直接影响到水质；第二种是景观变化引起的区域或全球气候变化间接影响水质；第三种是景观变化引起气候变化，变化了的气候反过来引起景观变化，进一步又影响了水质。因为研究内容和研究目的不同，人们所关注的途径也不同。对于大多数实际研究，一般只考虑第一种途径，即直接影响；对于中长期的决策（10～50 年）还要考虑第二种途径及次级影响；而长期预测研究则必须全面考虑三种影响途径。

不同景观类型的污染物输出负荷不同，林地和草地的输出负荷较小，农用地输出负荷较大（沈涛等，2007）。在以单一土地利用为主控制的小流域中，林地和草地控制的小流域的地表水水质明显优于耕地；在不同土地利用类型的组合结构中，地表水水质的优劣状况介于林地、草地和耕地为主控制的小流域之间；在其他条件相似时，随着小流域内林地和草地比例的增加，非点源污染降低，而随着耕地比例的增加，非点源污染有增大的趋势（宋述军和周万村，2008）。但也有研究发现流域形状和景观类型在流域中的相对重要性与非点源污染的形成没有明显的相关关系，而"源"、"汇"景观类型的空间分布对非点源污染的形成具有较大影响（陈利顶等，2004）。土地利用方式对河流水质和河口生态环境有显著影响。泥沙、氮营养元素、磷营养元素、重金属和有机污染物等陆源污染物的大量输入是河流和河口污染日益严重的主要原因，而陆源物质的产生和迁移与土地利用方式的变化有关。城市化和植被覆盖的减少、农业施肥量的增加，是造成陆源污染物增加的主要原因（李英等，2008）。

Basta 和 Bower（1982）总结了 14 个景观变化对水量、水质影响的模型，比较详细地描述了这些模型使用的景观类型、时空属性、水文特征、水类型（地表水、地下水、雪融水等）和测定的污染物。例如，用于城市地表径流的 STORM、HYDROSCIENCE 和 SWMM 等模型，用于农业土地的 AGRUN、ARM 等模型，NPS、EPARRB 等模型应用范围较广，可应用于城市、农业、森林、湿地各景观类型；在污染物的测定方面，NPS 模型主要测定、预测有机物、BOD、COD 等，SWMM 和 HYDROSCIENCE 模型除了测定有机物 BOD、COD 外，还测定氮、磷、杀虫剂等各种污染物。

近年来 GIS 的发展促进了非点源污染的研究。地下水模型结合 GIS 可以模拟水流和水体中的非点源污染物的变化，GIS 同盐分模型结合可以描述地区盐分累积情况，同一些评估方法结合可用来评价潜在地下水污染危害（Hammen and Gerla，1994），径流及土壤侵蚀模型和 GIS 的结合可以评估不同景观造成非点源污染的严重程度，He 等（1993）将 GIS 和 AGNPS 模型结合，研究密歇根州一个农业流域土壤侵蚀和氮、磷流失情况，并在模拟预测结果的基础上提出了最佳的土地利用方式。

4. 景观变化对生物多样性的影响

景观变化是生物多样性变化最重要的驱动力，它与其他许多环境因子相互作用，共同影响着生物多样性。景观变化对生物多样性的影响是通过影响生物的生境变化实现的。生境破碎化是生物多样性减少的重要原因。主要表现为生境破碎化将大片的生境分离成独立小片，破碎的生境由于片段面积太小而不能长期维持物种生存繁衍；生境破碎化增加了边缘效应的影响，使外来物种更易入侵，并形成单一优势种群，最终导致该区多样性和遗传多样性丧失。生境破碎化破坏了生物节律，干扰了生物正常行为；生境破碎化改变了生态系统的微气候状况，造成自然灾害频发；生境破碎化造成生态系统稳定性降低甚至崩溃。

从内容上看，景观变化对生物多样性影响包括对基因多样性、物种多样性和生态系统多样性的影响（吴建国和吕佳佳，2008）。对基因多样性的影响研究主要集中在栖息地、森林破碎化对植物繁殖及花粉、果实和种子形成相关参数、基因结构和遗传过程的影响；对物种多样性的影响包括影响物种分布、优势度和丰富度及种间关系等；对生态系统多样性的影响集中在影响生态系统分布、结构和组成。

目前，景观变化对生物多样性影响的研究还有待进一步深入。例如，不同层次多样性研究程度很不平衡，缺乏几个层次的综合研究，确定土地利用变化对生物多样性的影响还缺少比较合理的评价体系和方法，在物种分布方面，物种多样性所需最小面积还不能够确定，物种入侵和灭绝过程如何受到土地利用变化的影响也不明确（吴建国和吕佳佳，2008）。

5. 不合理景观变化带来的生态环境问题

人类不合理的土地利用方式将带来严重的生态环境问题，主要有大气质量下降、土地荒漠化与土地污染、湿地减少、水资源短缺、非点源污染和生物多样性减少等。

1）大气质量下降

景观变化可以改变大气中气体的组成和含量而影响大气质量，如景观变化影响 N_2O 的释放量，N_2O 可以破坏臭氧层，引起地表辐射的增强；同样景观变化对 CH_4 有重要影响，而 CO 的最大来源是 CH_4 的氧化。据估计60％的 CO 来源于景观变化；城市化和工业景观的发展增加了对流层光化学烟雾的组成成分，光化学烟雾通过分散和吸收太阳辐射而改变地表受到的辐射量。虽然有关光化学烟雾浓度和温度增加的证据还不多，但在一些工业地区其浓度确实增加了（Winkler and Kaminski，1988；Husar et al.，1981）。而且有证据表明其浓度的增加不仅局限于当地源区域（Mayewsky et al.，1986；Neftel et al.，1985）。土地利用变化引起的硫释放量还不确切（Bates et al.，1992；Spiro et al.，1992；Crutzen and Andreae，1990），但估计只占硫所有来源的很少比例；SO_2 主要来自化石燃料的燃烧，在 SO_2 浓度高的地区还可能引起酸雨。酸雨是公认的威胁世界环境的十大问题之一，它不仅对建筑物和植被造成直接损害，还形成土壤和水体污染。

2）土地荒漠化与土地污染

人类不合理的土地利用方式，如森林的砍伐、矿山开采、陡坡开荒、过度放牧、农业过度集约化等，是造成土地荒漠化与土地污染的主要原因。许多研究表明，不合理的土地利用和地表植被覆盖的减少对土壤侵蚀具有放大效应（连振龙等，2008；王晗和侯甬坚，2008；郑明国等，2007），如我国黄土高原现有的林草分布因人为的破坏，已丧失了连片的地带性规律，森林覆盖度仅为 6.5％。占总土地面积 30.5％ 的草地约有60％已退化。我国是世界上水土流失最为严重的国家之一，每年流失土壤 50 亿 t。目前，全国荒漠化土地的面积占国土面积的 27.46％，全国耕地水土流失总面积为 6.8 亿亩[①]，以黄土高原和西南地区最为严重；沙化耕地面积为 3795 万亩，主要分布在华北、东北和西北地区的 11 个省（自治区、直辖市）；盐渍化耕地面积 1.1 亿亩，主要分布在黄淮海平原、黄土高原和沿海地带。土地荒漠化不仅使城镇搬迁、交通设施被侵埋、水库蓄容减小，而且沙尘暴携带的微量元素还可在大气中扩散，造成严重的大气质量问题。

全国受污染的耕地约有 1.5 亿亩，污水灌溉污染耕地 3250 万亩，固体废弃物堆存占地和毁田 200 万亩，合计约占耕地总面积的 1/10 以上，其中多数集中在经济较发达地区。全国每年因重金属污染的粮食达 1200 万 t，造成的直接经济损失超过 200 亿元。

3）湿地减少

湿地无论从面积、数量和分布来看都是世界范围的重要资源（Maltby，1988），

---

① 1亩≈667m²。

也是全球水循环的重要组成部分。自古至今，随着人类文明的发展，人类活动对湿地的影响越来越深刻广泛。虽然这种人为作用对湿地的影响有有利的一面，然而从整体上看，则是以其负效应为主。农业在历史上是影响湿地的重要因素，尤其是在淡水流域和河口地区。农业生产的一系列活动，如围海造田、道路和排水设施的修建直接导致湿地数量的减少，现代农业施用的大量杀虫剂和化肥对湿地造成严重的污染。城市化也是湿地损失的主要原因，城市化过程中产生的污染物，如沉积物、需氧物质、营养物质、重金属、细菌和病毒等通过点源污染途径或非点源污染途径进入湿地，使湿地水质量下降，威胁原有物种的生存。此外，水分循环的改变、造林、工业发展及人类的特殊运动（如美国灭蚊运动）都导致湿地的丧失。目前世界湿地面积已大大减少，据估计，自 1900 年以来，地球上已消失了将近一半面积的湿地。在美国，有 22 个州湿地面积损失达 50%，印第安那州、伊利诺伊州、肯塔基州达 80%，加利福尼亚州和爱荷华州几乎损失了 99% 的湿地。其中，农业用地导致的湿地损失占 54%，城市的排水系统占到 5%，其他非特定用途的土地利用变化（规划发展）占 41%。我国从 20 世纪 50 年代开始的较长时间里，由于片面强调以粮为纲，大量地进行围湖造田、围垦造田，破坏了大面积的湿地生态系统。

4）水资源短缺

进入 20 世纪，由于农业扩张和工业发展，全世界用水量剧增。其中，农业用水增加了 7 倍，工业用水增加了 20 倍。水资源短缺不仅严重影响居民的日常生活，威胁工农业生产，还造成河水断流、海水入侵等严重的生态环境问题。进入 90 年代以来，黄河断流时间延长，一个重要的原因就是用水量增加。我国的大环渤海地区由于水资源紧缺，地下水超采，地面下沉，造成沿海地区的海水入侵。山东莱州湾地区是大渤海区海水入侵的最严重地区，70 年代以来，莱州湾地区的莱州、广饶等地相继发现地下淡水受到海水和苦咸水的侵染，80 年代末更趋严重，进入 90 年代，海水入侵的速度和面积都有扩大的趋势。

5）非点源污染

非点源污染是景观变化对水质影响的主要方式。所谓非点源污染，是同点源污染相对应的，是指溶解的或固态的污染物从非特定的地点，在降水和径流冲刷作用下，通过径流过程而汇入受纳水体（如河流、湖泊、水库、海湾等）引起的水体污染（Novotry and Olem，1993）。在美国，非点源污染已成为环境污染的第一因素，60% 的水资源污染起源于非点源污染（USEPA，1995）。几乎所有非点源污染来源都和景观变化紧密联系。土壤侵蚀是规模最大、危害程度最为严重的一种非点源污染（贺缠生等，1998）。农业被美国国家环保局（USEPA）列为全美河流污染的第一污染源。化肥、农药的施用，农田污水灌溉都是非点源污染的重要来源。森林采伐区由于采伐的影响，地表植被遭到破坏，引起森林附近流域河流沉积物增加，这些沉积物破坏了河底水生有机物的生境，影响水生生物的生存。城镇地表径流，携带氮、磷、有毒物质和杂物进入河流或湖泊，污染地表水和地下水。USEPA 将其列为全美导致河流和湖泊污染的第三大污染源。

5.4 景观变化的动态模拟

1. 景观动态模拟内容与步骤

景观动态模拟是景观生态学研究的重要内容。通过景观动态模拟，可以了解景观未来的变化趋势和结果，在此基础上，人类可以根据某种目的，在一定程度上对景观动态进行干预和调节，使之向着符合人类需求的方向发展。

1）基本内容

景观动态是指景观变化的过去、现在和未来趋势（图 5-4）。它需要回答景观是怎样变化的，为什么这样变化以及变化结果的问题。根据关注景观变化的侧重点不同，景观动态可分为两种，一种是景观空间变化动态，另一种是景观过程变化动态。景观空间变化动态是指景观中：①斑块数量；②斑块大小；③廊道的数量和类型；④影响扩散的障碍类型和数量；⑤景观要素的配置等变化的情况；景观过程变化动态是指在外界干扰下，景观中物种的扩散、能量的流动和物质运移等的变化情况。它一般要涉及：①系统的输入流；②流的传输率和系统的吸收率；③系统的输出流；④能量的分配等。景观空间变化和景观过程变化是同一变化中的两个方面。过程变化是空间变化的原因，如景观中某物种在当地灭亡的可能性增加，很可能是物种从一个斑块移动到另一个斑块的廊道被切断；空间变化反过来又影响过程变化，如许多鸟类对小的、破碎的斑块反应十分敏感。尽管森林仍保持整体的面貌，但在斑块的尺度，森林的破碎化越大，斑块的环境越远离森林，鸟类的活动越受影响（Hill，1985）。

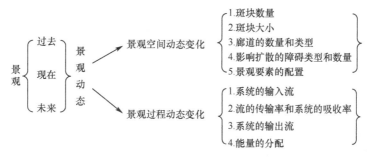

图 5-4 景观动态

景观动态模拟是通过建立模型来实现的，模型的建立需要了解景观变化的机制和过程，一般来说，至少需要考虑以下几点（Christopher et al.，1990）。

（1）景观的初始状态。任何景观变化的动态模拟，都需要建立一个初始状态，用来同以后的景观相比较。但是事实上任何景观都是文化的景观，都保留着过去管理的痕迹，并体现当今的实践活动，所以人类对景观的影响只是一种程度。

（2）景观变化的方向。景观变化的方向揭示了景观变化的大量信息。这个方法已经用于植物演替的排序研究。尽管单纯的方向并不能提供景观变化更详细的信息，但可总结历史的变化趋势。这种时间的变化可以在各种空间尺度上反映出来。

（3）景观的变化率。景观的变化率也是十分重要的。非常快的变化率可能使当地和区域的物种灭亡，改变区域的生物多样性。变化率可以从变化的方向进行估计（如演替中斑块之间的距离大意味着变化率大，斑块距离小意味着变化率小），或根据一段时间的损失量来计算，如 Sharpe 等（1986）以 10 年为间隔计算了威斯康星东南部几种土地类型的变化率。

（4）景观变化的可预测性。是景观整体发生了变化，还是景观中关键的物种发生了变化？农业的发展不可避免地用农作物代替了原始的植被，形成农业景观的基础结构；人类文化和自然之间的相互作用，如地形、土壤肥力等因素形成了特定的景观构型和特征。

（5）景观变化的可能及程度。在某种外界条件变化下，景观是否会发生改变？从一种类型的景观到另一种类型的景观改变的程度有多大？在某些特定区域范围内只能是自然植被向城市发展的景观变化，而城市景观不可能向相反的方向进行，但是农作物、草地以及自然植被之间的相互转化随时都在进行。

2）主要步骤

景观动态模拟的主要步骤包括数据收集、景观分类系统建立、空间数据建立以及展开数据分析。开展景观动态模拟的数据来源包括航空像片、卫星图片及其他公开出版物等资料。航空像片，特别是卫星遥感资料是景观变化中使用最广的数据来源，根据它们，可以直接得到土地利用类型和景观变化率。公开出版的数据和统计资料是航空像片和卫星图片的有益补充。

景观动态模拟要求建立景观分类系统。与不同的数据来源和技术手段相适应的分类系统是不同的，一个分类系统不应受某一特定的技术所限制。LUCC 分类系统是一个很好的例子，它已作为一个标准被美国官方所采用。它可以根据特定的目的，用遥感手段来分类。LUCC 数据可以提供给 GIS 系统。LUCC 分类系统是异质性的，它的一级分类系统基于一般的土地利用，二级、三级、四级分类系统提供了更高的分辨率。一级、二级分类系统可以用于景观小的修正，而更高的分类系统则可用于特殊的目的。

景观变化的研究要求清楚地描述景观空间位置的变化。像上面所讲的，景观变化的数据来源多种多样，这些数据的叠加可能会产生很多问题，一个主要问题是数据的精度和分辨率，另一个主要问题是叠加的现象是否一致（如土地利用类型、植被等）。另外，各种不同的过程有各种不同的尺度，图件的比例尺也是不同的。所有这些都要求转化成相同的空间数据系统。

运用地理信息系统，建立和使用各种模拟模型是主要的数据分析和处理手段。近十几年来，遥感和地理信息系统得到了长足的发展，需要进一步发展各种模型的交融和数据共享。

2. 景观动态分析与模拟模型

景观模型可以帮助我们建立景观结构、功能和过程之间的相互关系，是预测景观未来变化的有效工具。模型（modeling）和模拟（simulation）方法在景观生态学研究中很重要。景观生态学不仅要考虑大空间尺度和空间异质性，而且还要考虑景观格局和过程的相互作用；加上时间和经费的限制，在景观这个水平上做野外控制实验困难极大，在许多情况下甚至是不可能的。因此，许多实验不得不做计算机模拟（computer simulation）。计算机模拟就是在计算机里构造系统模型，然后让模型在给定参数下模拟系统的结构、功能或过程，通过检查不同参数对系统行为的影响来确定和比较系统在不同条件下的反应，显然，景观模型和模拟可以为景观决策和管理提供急需的信息和证据（Wu，1991；Li，1989）。

景观动态模拟从机制上可以分为诊断模型、机制模型和综合模型三类（汤发树等，2007；Lambin，2002）。诊断模型是用概率统计方法寻求土地生态变化规律及其驱动因素之间的相关关系，能在一定程度上发现土地生态变化的驱动因素，但不能揭示土地生态变化过程及其驱动力内部作用机制，具有一定的局限性；机制模型从分析复杂系统作用机制出发，能全面而深入地理解事物的发展过程及动因，有助于深入理解土地生态变化过程与驱动力作用机制，但其在研究尺度上存在一定局限性；综合模型是一种利用多学科知识与技术，将不同的模型技术结合起来，对不同的问题，综合不同的模型方法，从而寻求最合适的解决手段。随着研究对象及研究尺度等的不同，单一的模型很难说明问题所在，而综合模型大大拓宽了单一模型的应用范围和模拟功能，近年来越来越受到广泛的关注与应用。下面，我们将景观变化空间模拟的一些理论模型以及当前景观变化模拟中应用较多的主要模型分别做简单介绍。

1）景观变化空间模拟的理论模型

景观模型大致可分为两小类（Baker，1989）：空间模型（spatial model）和非空间模型（non-spatial model）。其差异是：在空间模型里变量的空间位置也是变量，即它考虑空间结构；而非空间模型则不考虑景观的空间结构，景观非空间模型多数是从其他生态学分支借用来的，如模拟森林演替的 FORET 模型（Shugart and West，1980）。下面我们将介绍 4 种景观空间模型；零假设模型（null hypothesis model）、景观空间动态模型（spatial dynamic landscape model）、景观个体行为模型（individual-based landscape model）和景观过程模型（process-based landscape model）。

（1）零假设模型。零假设模型作为一种研究方法，最早是由帕母格伦（Palmgren）引入生态学的（Gardner et al., 1987；Slobodkin，1987）。零假设模型又可称为中性模型（neutral model）、随机模型（random model）或基线模型（baseline model），零假设模型的宗旨是：在假定某一特定景观过程不存在的前提条件下建立期望格局，然后将其与实际数据比较，以揭示景观过程与实际数据间的关系。例如，如果经验数据表明某种过程控制某一景观格局，则我们可以检验"过程 A 控制格局 AP"这个假说。我们先排除过程 A，然后再进行实验式模拟，若格局 AP 在没有过程 A 的情况下仍然出现，则说明格局 AP 并不受过程 A 制约，因此可以拒绝零假说。显然，零假设模型既是一类模型，又是一种方法论，也是一种简易和有效地检验科学假说的工具。Wiens 等（1985）称零假设模型为景观生态学研究的概念架构（conceptual framework）。

零假设模型的用途有以下几个。①它可以帮助我们调试和简化模型。在错综复杂的景观现象面前，我们需要确定如何构造模型，哪些变量和参数应包括在模型里。零假设模型可以作为一种模型调试的手段，来确定模型组分的取舍。②它可以用于检验生态模型的有效性，帮助选择模型的构造和流程。检验过程利用科学证伪（falsification）的哲学思想。对于模型构造或流程的正确性，不是去证明它，而是去证否它。例如，我们可以用已知是错误的构造或流程去代替原有的相应模型组分，然后检验模型的输出是否跟原设计一致，如果一致，则说明原模型的构造或流程是错误的。③它可以用于检验数据的可靠性程度。例如，根据一组数据 B，我们得到一个结果 BR；要检验数据 B 的可靠性，我们输入另一组假设数据 BH（如随机数据），若结果 BR 又出现，则说明数据的可靠性很低，或数据 B 与结果 BR 无关。

下面我们介绍景观生态学中的一个重要零假设模型——渗透模型（percolation model）。渗透模型以相变物理学（phase transition physics）的渗透理论（percolation theory）为基础（Gardner et al., 1987；Stauffer，1985），关于渗透理论的详细且通俗的讨论，请参见 Stauffer（1985）的《渗透理论》一书。

我们先简要地定义渗透理论的基本概念，二元随机正方网络（binary random square lattice）是具有下列性能的网络：组成网络的单元为正方形，单元取值为二元，或为 1（即占据单元，如森林），或为 0（即空单元，如非森林），网络中每个单元的取值是随机的（即以存在概率 P 占据任意一单元）。单元群（critical percolation cluster）是从网络的一边缘连续伸延到其对面边缘的单元群，临界渗透概率（critical percolation probability，P_c）是指第一个临界渗透单元群在网络里出现时所占据单元存在概率的取值，对于正方形网络有 $P_c=0.5928$。渗透理论是研究网络上空间随机过程所产生的单元群的数值、形状、大小等性状的，尤其是它们在临界渗透状态下（即 $P > P_c$）的变化情况。

渗透模型是由 Gardner 和他的同事们应用于景观生态学中的（Turner et al., 1989；O'Neill et al., 1988；Gardner et al., 1987）。景观生态学的渗透模型是在假定景观格局不存在的条件下（即零假设），利用二维渗透网格来模拟随机景观格局；它可以用来研究火、病虫害和物种在景观中的传播，研究景观中斑块的集聚性状和空间结构，研究资源在不同尺度上的可利用性等。渗透模型很有启发性。为景观生态学理论的发展作出了很大贡献。然而，渗透模型有两个局限性：一个是它仅适用于二元景观（即只有两个组分的景观），另一个是对于给定网络类型，临界渗透概率固定不变（即临界渗透现象何时出现是已知的）。

（2）景观空间动态模型。景观空间动态模型研究景观的格局和过程在时间和空间上的整体动态（Bartell and Brenkert, 1991；Merriam and Wegner, 1991；Gardner and O'Neill，1991）。景观是动态的，景观的动态特征表现为其空间结构在不同时空尺度上的变化。随着景观生态学的发展，人们越来越重视对景观空间动态的研究，许多景观空间动态模型也因此得以发展。

大多数景观空间模型都把所研究的景观网格化，即把景观划分为许多格子，每一格子表示一个具有一定空间体积的景观基本空间单元，每个单元所代表的空间面积大小跟所用尺度和精度有关。不同数量单元组成大小不同的景观斑块，每一单元的变化影响斑块的性质，甚至影响景观空间格局。景观空间动态通过这些空间基本单元的变化体现出来。

为了理解和模拟空间动态的机制，Hall 等（1988）用受景观斑块影响的空间总体因素来模拟斑块的动态。在他们的模型里，景观斑块的变化是一个复杂的相互作用的过程。斑块的变化要受其上气候因素的影响，其下土壤的作用，其中地球生物化学循环和人类活动等诸因素的控制。这种复杂模型的优点是从机制原理出发，反映了景观空间格局变化的不同等级。然而，即使是复杂的模型也不能包含所有的控制因素；模型应该只包括必需的和起主导作用的因素。例如，在 Hall 等 (1988) 的模型里，干扰这一对于景观格局影响重大的因素，就没有体现出来。但这个模型的目的不是研究干扰及其对景观格局的影响，它的目是建立不同高度上不同传感器所获得的遥感信息之间的关系，以及它们与景观功能与过程的关系，显然，景观空间动态的复杂性，决定了景观空间动态模型的复杂性和多样性，每一个模型只能按其模拟的目的来构造；任何模型都不能包罗万象。

（3）景观个体行为模型。景观个体行为模型以生物个体为基本单位，模拟每一个体的行为及个体间和个体与景观之间的相互作用。在这种模型里，景观的功能和结构动态通过个体的行为和作用来体现。景观个体行为模型的倡导者 (Houston et al., 1988) 认为，以往的数学模型用简单的群体动态公式来预测系统或群落的性质，违反了两条基本生物学原理：第一条，每个生物个体都与别的个体不同。如果忽略个体的行为和作用，或者仅以群体的平均数来模拟系统的性质，显然违背上面的基本原则。第二条，个体的行为和作用会因时因地而异。许多模型建立时假设个体的行为和作用是稳定不变的，这些模型忽略了个体间的相互作用因个体而异，个体对景观的作用因时因地而异，个体的行为更是因时而异 (Houston et al., 1988)。

景观个体行为模型的特点是：它具有对多层次的功能、过程和现象的解释能力。在个体水平上，它模拟个体的生长、繁殖、习性和活动规律等。在群体水平上，它着重于种内竞争、种群大小和年龄结构以及种群在空间的分布；在群落或生态系统水平上，它则模拟种间竞争、种类组成、演替、总生产力、能量流动和物质循环以及系统的稳定性；在景观水平上，它则主要研究资源的空间分布格局、种群对不同空间格局的反应及个体迁移的规律等。应该注意，这种在不同水平上模拟的模型，要求模型各组分在时间和空间尺度上的协调和一致。

植物个体的生物位置和组成直接影响景观格局，同时景观异质性也控制植物个体的生长和分布。动植物个体间的相互关系是通过摄食和移动来实现的。此外，景观异质性对动物个体的作用可通过不同空间尺度来表现，在小尺度范围内，个体对单元内的资源数量和质量具有强烈的反应和作用，但在大一点尺度上，个体只有资源类型的信息，而没有量的信息，这些信息可能是过去的经验，或者是在一定的视野范围内，动物个体之间差异的表现。总之，景观个体行为模型同时提供个体、种群、生态系统和景观等不同水平上的信息，具有高度的时间和空间尺度协调性要求。此外，模拟个体间的差异是这类模型的特点，也是它的难度所在 (Hyman et al., 1991)。

（4）景观过程模型。景观过程模型研究某种生态过程（如干扰或物质扩散）在景观空间里的发生、发展和传播。这一类模型主要模拟干扰现象或物质在景观上的扩散速率，景观空间异质性和其他因素对扩散的影响，以及不同干扰现象或物质扩散所产生的景观格局的异同性。与其他空间模型一样，景观过程模型把景观视为一个网格，而干扰现象或物质在景观上的扩散是在空间单元里逐个进行的。所模拟的扩散可以是单向性的（如火，只能向外扩散，而不能回到原来的空间单元），也可以是双向性的（如养分，对一个空间单元来说同时存在向外扩散的"输出"和向内扩散的"输入"）。

景观过程模型假定其基本空间单元内部是同质的，而单元之间则可以是异质的。单元所含面积的大小，直接影响模型的精度，单元面积大，则单元内同质性假设就可能不成立；反之，单元面积小，则景观所包含的单元数多，模拟所需的计算时间也就长。

影响干扰现象或物质在景观上扩散的因素很多。一般认为，在模拟过程中至少要考虑下列4种因素：①干扰或物质在每一空间单元内的扩散势（propagation potential），即其向外扩散的能力大小；②相邻空间单元的性质（不同空间单元具有不同的扩散阻力，其大小直接影响扩散的速率和方向）；③影响扩散的环境因素（如地理位置、坡度和坡向、地形、风速和风向等）；④时间因素。显然，影响扩散的因素常常随时间变化，不同时间上某种因素的作用大小也不一样，因此，模拟过程本身就是一种动态过程。

建立景观过程模型应注意下面几个问题。首先，影响过程模型强调空间异质性对扩散的影响，因此要尽量保证每一空间单元资料的精度，因为它直接影响模拟结果的可靠性。其次，扩散速率通常是一种确定性方程，这要求我们合理地确定扩散速率与各种因素之间的关系，以及这种关系随时空变化的规律。再次，由于景观空间异质性的存在，扩散速率在景观上也是异质的，即每一空间单元内的扩散速率不同，而从某一单元向另外一单元的扩散速率也可能不同。因此，空间单元扩散的发生时间（timing）在景观过程模型中是很重要的。景观空间结构从扩散过程一开始就产生变化。例如，各空间单元上物质密度的变化、信息的变化、种群的消长、资源的改变甚至环境条件的变化等。这种动态的时空统一，是景观过程模型的主要特征之一（Turner，1987）。

2）几种景观变化模拟的应用模型

下面将目前在景观变化模拟中常用的模型做一简单介绍。

（1）统计回归分析模型。经验统计模型采用多元统计方法，通常应用较多的为回归分析。首先确定影响景观变化的驱动因子，然后建立驱动因子与景观变化的统计关系，再根据未来驱动因子的变化情况预测景观的变化。进行回归分析首先需要确定的是自变量和因变量。因变量是表征土地利用变化的指标，可以是面积数，也可以是结构比例。由于事前并不明确驱动因子和景观变化的因果关系，所以自变量的选择通常是建立在经验基础上，从景观变化的角度，自变量需要从自然、经济、社会等各个方面进行遴选，而且尽可能选择多一些，比较全面的指标。统计回归模型原理简单，方法也简单，也能够比较准确地分析出景观变化的驱动因子并进行相应预测，是目前应用比较广泛的模拟模型。

回归模型存在的主要问题：一是由于影响景观变化的驱动因子较多，自变量的选择也就较多，这些因子往往是相互作用的，这种作用可能会增强或者削弱某些因子的驱动作用；二是影响景观变化的某些重要因素，如政策、文化等，由于较难量化而不能进入回归模型中，在预测过程中不能相应地考虑这些因素的影响，使得预测造成较大偏差；三是统计分析受长时间序列数据的影响，通常较长时间序列的数据分析能够得出相对准确的结果，而短时间序列数据的准确性受到一定影响。

（2）灰色系统分析。所谓灰色系统就是指部分信息已知，部分信息未知的系统。灰色预测模型简称GM模型，是灰色系统理论的基本模型，它可以对系统的发展变化进行全局观察、分析并作出预测。运用灰色数列预测法进行景观变化预测，主要是采用GM（1，1）模型，并大都直接按照其一般过程建立预测方程，一些研究为提高预测精度，考虑了土地利用原始数据列的特性对 GM 做了一定的拓展（聂艳和周勇，2007）。灰色系统预测的主要步骤为：一是以土地利用结构为系统变量，对变量间的关联作用做定性分析，深入了解系统的结构特征；二是依据变量间的关联关系，分别建立 GM（1，1）或 GM（1，N）模型，组成 GM 模型群；三是根据 GM 模型群，列出系统状态方程矩阵并求解，获取系统各变量的时间响应函数；四是对各时间响应函数的解作累减还原，即得所需预测值。

灰色数列预测方法简单，易于实现，而且对数据质量要求不高。其缺点主要是只适用于短期预测，对于中长期预测有较大偏差。目前单纯运用灰色系统进行预测的案例比较少见，多数情况灰色系统和元胞自动机模型或马尔可夫模型结合使用。

（3）系统动力学模型。系统动力学（system dynamics，SD）是以控制论、控制工程、系统工程、信息处理和计算机仿真技术为基础，研究复杂系统随时间推移而产生的行为模式的科学。系统动力学把系统的行为模式看成是由系统内部的信息反馈机制决定的。通过建立系统动力学模型，利用 DYNAMO 仿真语言在计算机上实现对真实系统的仿真，可以研究系统的结构、功能和行为之间的动态关系，以便寻求较优的系统结构和功能。

土地系统的整体性、动态性、多目标性和高阶非线性多重反馈特征决定了可以用系统动力学方法来研究土地生态系统的结构及其变化。SD 模型属于机制模型，适宜于研究多变量、非线性、高阶次、多回路的复杂系统，从分析复杂系统作用机制出发，能全面而深入地理解事物的发展过程及动因，将 SD 方法运用于土地利用变化研究，有助于深入理解土地利用变化过程与驱动力作用机制（汤发树等，2007）。

系统动力学的突出特点是：能够从宏观上反映土地利用系统的结构、功能和行为之间的相互作用关系，可以很全面地考虑驱动因子，从而考察系统在不同情景下的变化和趋势，为决策提供依据（蔺卿等，2005）。利用系统动力学进行景观变化预测的步骤：一是确定系统分析目的；二是确定系统边界，即系统分析涉及的对象和范围，把区域土地利用系统分成 P 个相互关联的子系统 $\{S_i \in SL_{i-p}\}$。其中，S 代表整个系统，S_i（$i=1, 2, L, p$）代表子系统；三是分析系统各要素功能，定性分析系统内部的反馈关系，建立系统动力学流程图；四是建立规范的数学模型，对各个子系统及母系统的结构与功能进行准确描述，反馈回路是系统动力学模型的基本结构；五是以系统动力学的理论为指导，进行参数输入模拟预测；六是对模型进行历史检验和参数灵敏性检验。

（4）元胞自动机。元胞自动机（cellular automata，CA）是一种时间、空间和状态都离散，空间上的相互作用及时间上的因果关系皆局部的网格动力学模型。CA 的特点是复杂的系统可以由一些很简单的局部规则来产生。一个 CA 系统通常包括 4 个要素：元胞（cell）、状态（state）、邻域范围（neighbor）和转换规则（rule）。元胞是 CA 的最小单位，而状态则是元胞的主要属性。根据转换规则，元胞可以从一个状态转换为另外一个状态，转换规则是基于邻域函数来实现的。

元胞自动机模型具有强大的空间运算能力，可以比较有效地反映景观微观格局演化的复杂特征。其根据邻居关系和影响因素判断预测土地利用是如何变化的，符合土地利用随机性的特点。元胞自动机不同于其他一些模型，它并不是描述和解释各种景观变化现象的复杂特征，而是模拟和预测复杂的景观变化过程，这正是揭示景观变化本质规律的关键。

CA 及其应用研究中存在的主要问题是作为一种自下而上的建模方式，CA 模型主要取决于自身和邻域状态的组合，因素过于单一，难以反映影响土地利用变化的社会、经济等宏观因素，自然也就降低了模拟与预测的精度。同时事实上元胞的状态、规则与邻域都是动态的，然而 CA 本身没有提供赋予状态、规则和邻域动态特征的方法，也降低了模拟的精度。

（5）人工神经网络。人工神经网络是由具有适应性的简单单元组成的广泛并行互连的网络，它的组织能够模拟生物神经系统对真实世界物体所作出的交互反应。人工神经网络（artificial neural netwroks，ANN）方法是用仿生学观点，探索人脑的生理结构，把对人脑的微观结构及其智能行为的研究结合起来，利用计算机系统来对人脑智能进行宏观功能的模拟方法。神经网络具有并行处理、自适应性、自组织性、自学习性和联想记忆及鲁棒性。

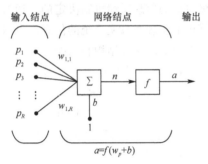

图 5-5　BP 神经网络结构

BP（反向计算）网络是最常见的一种神经网络（图 5-5），BP 网络建模特点有：①神经网络能以任意精度逼近任何非线性连续函数，在建模过程中的许多问题具有高度的非线性；②在神经网络中信息是分布储存和并行处理的，这使它具有很强的容错性和很快的处理速度；③自学习和自适应能力强，神经网络在训练时，能从输入、输出的数据中提取出规律性的知识，记忆于网络的权值中，并具有泛化能力，即将这组权值应用于一般情形的能力；④神经网络可以同时处理定量信息和定性信息，因此它可以利用传统的工程技术（数值运算）和人工智能技术（符号处理）；⑤神经网络的输入和输出变量的数目是任意的，对单变量系统与多变量系统提供了一种通用的描述方式，不必考虑各子系统间的解耦问题。

基于 BP 神经网络的土地利用动态模拟模型，首先通过从现有已知的各种土地覆被类型之间的类型转换关系，让神经网络自动找出其内在的映射关系，将此映射关系作为元胞自动机的转换规则，然后基于此规则对未来土地覆被的可能转换情况进行模拟，从而达到预测模拟的目的。

（6）马尔可夫模型。马尔可夫分析是利用系统当前的状况及其发展动向预测系统未来的状况，是一种概率预测分析方法与技术。20 世纪初，俄国数学家马尔可夫在研究中发现自然界有一类事物的变化过程仅与事物的近期状态有关，而与事物的过去状态无关。这种特性称为无后效性。具有这种特性的随机过程称为马尔可夫过程。

马尔可夫过程分析是一种动态随机数学模型。它建立在系统"状态"和"状态转移"的概念上。马尔可夫模型有三个假设。第一，马尔可夫链模型是随机的，而不是确定性的。从状态 i 到状态 j 的转移概率遵循：$\sum_{j=1}^{m} p_{ij}=1$，其中，$i=1，2，3，\cdots m$。第二，通常假设马尔可夫链是一阶模型，这意味着模型的输出由景观的初始分布状态和转移概率决定，历史对它没有影响。第三，假设转移概率不发生改变。

简单的马尔可夫链模型已应用到各个领域。例如，它们已经被用来模拟动物种群、植物的演替、森林树种直径分布的变化及人口的迁移。同景观变化模型相关的是模拟植被类型和土地利用的变化。马尔可夫链已在各种尺度上模拟了植被类型的变化，这些变化有的在一些小于几公顷的地块上，有些是在小于几百公顷范围内，这些植被变化的模型方法已接近景观尺度，但对于较大区域而言，用小样点估计区域变化仍旧忽略了景观生态过程中连续地段的相互作用。有许多景观尺度上的现象从状态 i 到状态 j 的转移概率不仅仅依靠 i 和 j 的状态，而且依靠景观在 i 状态的停留时间（历史）。这样的过程不是马尔可夫链过程。"维持状态"和"寄居时间"引起的变化效果可以通过两种方法解决：一种是重新定义状态使每一个以前的状态都包含"维持状态"（William，1989），这样的结果可以是马尔可夫链；另一种是用半马尔可夫链模型，半马尔可夫链模型的输出矩阵是：$Q = P_{ij} \times F_{ij}(t)$，其中，$P_{ij}$ 是从状态 i 到状态 j 的转移概率，$F_{ij}(t)$ 是"寄居时间"下影响的要素分布。

（7）CLUE 及 CLUE-S 模型。土地利用变化及其效应模型（conversion of land use and its effects，CLUE）是由荷兰瓦哈宁根农业大学的研究学者所提出的，它是一种基于系统理论的、通过考虑社会经济和自然驱动因子以及综合分析土地利用变化的多尺度动态模型。CLUE-S（the conversion of land use and its effects at small regional extent）模型是在 CLUE 模型基础上发展的高分辨率土地利用变化模型，适用于较小尺度的区域土地利用变化研究。CLUE 及 CLUE-S 运用系统论方法处理不同土地利用类型之间的竞争关系，在模拟区域土地利用的时空动态变化方面具有明显优点，近年来在多个国家和地区得到了有效应用。

CLUE-S 模型包括空间分析模块和非空间分析模块（图 5-6）。通过定量计算或情景分析，得到在一定时间内研究区各土地利用类型的面积变化（土地利用需求），然后在空间分析模块中，根据影响土地覆被格局因素的空间分布特征，将这种面积变化分配到合适的地区，实现对土地利用变化的空间模拟。目前，CLUE-S 模型只支持土地利用变化的空间分配，而非空间的土地利用变化需要事先运用别的方法进行计算或估计，然后作为参数进入模型。土地利用需求的计算方法多种多样，可以运用趋势外推法、情景分析法，也可以运用复杂的宏观经济学模型。

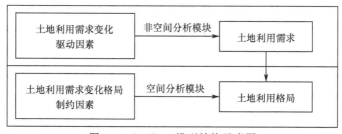

图 5-6　CLUE-S 模型结构示意图

和其他模型相比，CLUE 模型具有几大优点：①可以整合 LUCC 的自然和人口、技术、富裕程度、市场、经济条件以及态度和价值取向等人类驱动因素，还可将一般模型难以考虑的政策等宏观因素纳入其中；②可以整合研究不同空间尺度的区域 LUCC过程和驱动力；③可以综合模拟多种土地利用类型的时空变化；④可以对不同的土地利用情景进行模拟，为土地利用决策提供更加科学的依据（彭建等，2007）。综合来看，该模型兼顾了土地利用系统中的社会经济和自然驱动因子，并在空间上反映土地利用变化的过程和结果，具有更高的可信度和更强的解释能力。但由于其在局部土地利用格局的演化分配上主要以统计和经验模型为基础，难以充分反映土地利用微观格局演化的复杂性特征。

（8）智能体模型（ABM）。目前，基于 Agent 的模型（agent-based model，ABM）逐步受到国内外学者的广泛重视，已经成为进行复杂系统分析与模拟的重要手段（刘小平等，2006）。

智能体模型由能自主决策的智能体、环境及定义智能体的规则所组成。智能体的作用既可以是智能体之间的相互作用，也可以是智能体和环境之间的相互作用。智能体通过感知器（sensor）来感知环境，并对环境状态的改变（事件）来作出响应，从而体现智能体的能动性。它们通过交互作用和协调，可以形成一定的系统群体和组织结构，具有自组织、涌现性和非线性等特征。

智能体模型通过对人类行为及决策等复杂系统的模拟，将对复杂性问题产生重要影响，从而为解决复杂的环境问题、生态问题、决策问题、经济问题、社会问题等提供新的方法。土地利用动态过程是复杂而且难以定义的，很难提出统一的规则去控制。作为土地利用活动的人类个体，由于其所处的社会经济环境不一，各自的知识背景、心智品质、能力及个性呈现出较大的差异。这种主体的异质性特征往往在土地利用选择或决策行为中发挥重要作用，直接导致土地利用显现出显著的差异性和动态变化性。同样，人类主体所依存或作用的地理环境也是千差万别的，这些差异对人类土地利用方式或土地开发活动起着限制或约束作用，也是土地利用格局形成的重要原因之一。这些人类或环境主体的异质性不仅具有明显的空间变异特征，还具有较强的时间变化特性，如人类个体的异质性会通过诸多主体行为（如学习和交流等）随着时间发生变化，地理环境本身也会由于自身内因或人类活动的外因进行时间演变或更替。

智能体模型可以模拟复杂的人类行为及决策，描述不确定性的状态和行为，从而确定不同的行为模式及决策模式对土地利用动态的影响，从而优选最好的决策变量。相对其他模型而言，在微观与中宏观尺度上，智能体模型可以反映景观中具有自动性、异质性和分散性的人类决策，利于阐明智能体对自然与社会经济环境的适应机制。

基于 Agent 的土地利用变化模型就是以土地利用的各种主体为研究对象，分析研究这种异质性及其时空变化，并预测模拟主体异质性变化对未来土地利用/土地覆被变化所带来的影响。和传统土地利用变化机制研究比较，这种模型体现了将土地利用变化机制从"自然向人类"进行转换的趋势。

虽然智能体模型在理论与实践方面取得了很大发展，但仍然存在许多问题，诸如个体决策行为的复杂性研究有待进一步加强、社会体制因素影响等的分析、模拟尺度的转换及模拟结果的可靠性和科学性的验证等，都是今后亟待解决的问题。

3. 景观变化模拟的发展趋势

1）从景观空间动态变化到景观过程动态变化

近年来，计算机的发展以及遥感和地理信息系统等手段的应用大大促进了景观动态的空间模拟，但它们很少包括变化过程的模拟。需要发展将空间属性同过程变化相结合的模拟模型，目前至少可以应用几何、统计和数学模型等基本方法将它们融合到一个模型中，几何方法用于描述过程，统计方法用于分析，数学模型用于模拟，以前这些方法都是单独使用，已经到了景观生态学将它们融合在一起的时候了。

2）从景观现象变化到景观驱动因子变化

景观变化的模拟不仅仅要了解一种景观现状变化到另一种景观现状，更重要的是要清楚景观发生变化的原因，当前限制景观动态变化模型的一个重要因素就是缺乏景观过程和原因的知识以及如何在模型中融合这些知识。景观变化是自然、经济和文化综合作用的结果，需要从景观变化的驱动因子出发，确定不同因子在景观变化中所起的作用，建立综合的景观变化机制模型。

3）从单一尺度到多尺度的景观变化

尺度问题一直是景观生态学中关注的重点问题。由于景观过程发生在各种不同的时空尺度上，模拟景观动态变化的尺度就显得十分重要，尺度不同，变化的结果和过程也不同；但不同尺度土地利用过程不是孤立的，小尺度受大尺度过程的制约，而大尺度过程是由众多小尺度上土地利用相互作用累积的结果。但是一般的空间模型都是使用单一的"栅格"大小或相同的分辨率，这就不能反映多尺度的景观变化过程，模型的结果也只能在一定尺度上输出。需要将比较成熟的小面积上的过程放大到景观尺度，看它对景观变化的影响，同时通过详细的样点研究得到景观变化更多的信息量。

4）从宏观变化到个体反应机制的模拟

如上所述，景观变化的动态模拟已经开始从空间走向过程，从现象走向驱动力，从单一尺度走向多尺度，单纯宏观的景观变化已经不能适应这种变化趋势，模拟景观的动态变化可能会从模拟景观的某种要素甚至景观要素的一个个体开始，研究外界条件改变时景观要素或景观要素的个体发生变化的情况，再推之到整个景观的变化。个体反应机制的模拟首先是景观过程的模拟，同时又是景观驱动因子作用的结果，然后是尺度外推的过程。因此，通过景观个体反应机制的模拟，能够全面真实地反映景观变化的实际情况，同时有助于各种模型的交流和融会。当前需要重点解决的是清楚地掌握个体变化的过程以及个体发生变化的证据。

参 考 文 献

陈利顶，傅伯杰，张淑荣，等. 2004. 异质景观中非点源污染动态变化比较研究. 生态学报，22（6）：801-806

傅伯杰，马克明，周华锋，等. 1998. 黄土丘陵区土地利用结构对土壤养分分布的影响. 科学通报，43（22）：2444-2447

郭旭东，陈利顶，傅伯杰. 1999. 土地利用/土地覆被变化对区域生态环境的影响. 环境科学进展，7（6）：66-75

韩书成，濮励杰，陈凤，等. 2007. 长江三角洲典型地区土壤性质对土地利用变化的响应——以江苏省锡山市为例. 土壤学报，44（4）：612-619

何剑锋，庄大方. 2006. 长江三角洲地区城镇时空动态格局及其环境效应. 地理研究，25（3）：388-397

贺缠生，傅伯杰，陈利顶. 1998. 非点源污染的管理及控制. 环境科学，19（5）：87-91

贾科利，常庆瑞，张俊华. 2008. 陕北农牧交错带土地利用变化及驱动机制分析. 资源科学，30（7）：1053-1060

角媛梅，陈国栋，肖笃宁. 2003. 亚热带山地梯田农业景观稳定性探析——以元阳哈尼梯田农业景观为例. 云南师范大学学报，23（2）：55-60

孔祥斌，张凤荣，齐伟，等. 2004. 集约化农区土地利用变化对水资源的影响——以河北省曲周县为例. 自然资源

学报，19（6）：747-753

李巧萍，丁一汇，董文杰. 2006. 中国近代土地利用变化对区域气候影响的数值模拟. 气象学报，64（3）：257-269

李秀彬. 1996. 全球环境变化研究的核心领域：土地利用/土地覆被变化的国际研究动向. 地理学报，51（5）：
  523-557

李英，王中根，彭少麟，等. 2008. 土地利用方式对珠江河口生态环境的影响分析. 地理科学进展，27（3）：
  56-59

李月臣，刘春霞. 2009. 1987—2006 年北方 13 省土地利用/覆被变化驱动力分析. 干旱区地理，32（1）：37-46

连振龙，刘普灵，徐学选，等. 2008. 黄土丘陵区不同土地利用方式产沙规律研究. 自然杂志，30（1）：28-31

蔺卿，罗格平，陈曦. 2005. LUCC 驱动力模型研究综述. 地理科学进展，24（5）：79-87

刘小平，黎夏，艾彬，等. 2006. 基于多智能体的土地利用模拟与规划模型. 地理学报，61（10）：1101-1112

刘增文，李雅素. 1997. 生态系统稳定性研究的历史和现状. 生态学杂志，16（2）：58-61

刘子刚. 2004. 湿地生态系统碳储存和温室气体排放研究. 地理科学，24（5）：634-639

罗格平，周成虎，陈曦. 2004a. 干旱区绿洲景观尺度稳定性初步分析. 干旱区地理，27（4）：471-476

罗格平，周成虎，陈曦. 2006. 干旱区绿洲景观斑块稳定性研究：以三工河流域为例. 科学通报，增刊 1：73-80

罗格平，周成虎，陈曦，等. 2004b. 区域尺度绿洲稳定性评价. 自然资源学报，19（4）：519-524

聂艳，周勇. 2007. 基于拓广的 GM（1，1）的土地利用变化情景研究. 数学的实践与认识，37（3）：9-14

彭建，蔡运龙，Verburg P H. 2007. 喀斯特山区土地利用/覆被变化情景模拟. 农业工程学报，23（7）：64-70

沈涛，刘良云，马金峰. 2007. 基于 L-THIA 模型的密云水库地区非点源污染空间分布特征. 农业工程学报，23
  （5）：62-68

石培礼，李文华. 2001. 森林植被变化对水文过程和径流的影响效应. 自然资源学报，16（5）：481-488

宋开山，刘殿伟，王宗明，等. 2008. 1954 年以来三江平原土地利用变化及驱动力. 地理学报，63（1）：93-104

宋述军，周万村. 2008. 岷江流域土地利用结构对地表水水质的影响. 长江流域资源与环境，17（5）：712-715

汤发树，陈曦，罗格平，等. 2007. 新疆三工河绿洲土地利用变化系统动力学仿真. 中国沙漠，27（4）：593-599

王根绪，沈永平，钱鞠，等. 2003. 高寒草地植被覆盖变化对土壤水分循环影响研究. 冰川冻土，25（6）：653-659

王晗，侯甬坚. 2008. 小流域土地利用及其对水土流失的影响——以米脂县东沟河流域为例. 干旱区资源与环境，
  22（10）：30-36

王佑汉. 2009. 半城市化地区土地利用变化及驱动力分析——以成都市龙泉驿区为例. 资源与产业，11（2）：61-65

吴建国，吕佳佳. 2008. 土地利用变化对生物多样性的影响. 生态环境 17（3）：1276-1281

吴运金，张甘霖，赵玉国，等. 2008. 城市化过程中土地利用变化对区域滞洪库容量的影响研究—以南京市河西地
  区为例. 地理科学，28（1）：29-33

岳天祥. 1991. 生态系统的稳定性. 青年生态学者论丛（一）. 北京：中国科学技术出版社，44-50

张小全，武曙红，何英，等. 2005. 森林、林业活动与温室气体的减排增汇. 林业科学，41（6）：150-156

张笑培，杨改河，胡江波，等. 2008. 不同植被恢复与模式对黄土高原丘陵沟壑区土壤水分生态效应的影响. 自然
  资源学报，23（4）：163-170

赵羿，李月辉. 1999. 论景观的稳定性. 见：肖笃宁. 景观生态学研究进展. 长沙：湖南科学技术出版社，106-111

郑明国，蔡强国，陈浩. 2007. 黄土丘陵沟壑区植被对不同空间尺度水沙关系的影响. 生态学报，27（9）：
  3572-3581

周广胜，王玉辉. 1999. 土地利用/覆盖变化对气候的反馈作用. 自然资源学报，14（4）：318-323

周旺明，王金达，刘景双，等. 2005. 三江平原不同土地利用方式对区域气候的影响. 水土保持学报，19（5）：
  155-158

Allen J C，Barnes D F. 1985. The causes of deforestation in developing countries. Annals of the Association of
  American Geographers，75：163-184

Arizpe L，Costanza R，Lutz W. 1992. Population and natural resources use. In：Dooge J C I，Goodman G T，
  Riviere J W M，et al. An Agenda of Science for Environment and Development into 21st Century. Cambridge：
  Cambridge University Press：61-78

Baker M，1989. A review of models of landscape change. Landscape Ecology，2：111-133

Barraclough S, Ghimire K. 1987. The social Dynamics of Deforestation in Developing Countries: Principle Issues and Research Priorities. Research Institute for Social Development, Geneva, Switzerland

Bartell S M, Brenkert A L. 1991. A spatial temporal model of nitrogen dynamics in a deciduous forest watershed. *In*: Turner M G, Gardner R H. Quantitative methods in landscape ecology. New York: Springer-Verlag. 379-398

Basta J D, Bower T B. 1982. Analyzing Natural System , a Research Paper from Resource for the Future. Baltimore: Johns Hopkins University Press

Bates T S, Lamb B K, Guenther A, et al. 1992. Sulfur emissions to the atmosphere from natural sources. Journal of Atmospheric Chemistry, 14: 315-337

Bilsborrow R E, Geores M E. 1990. Population, Environment and Sustainable Agricultural Development. Draft Monograph Prepared for U. N. Food and Agriculture Organization, Rome, Italy

Boserup E. 1981. Population and Technology. Oxford: Basil Blackwell

Changnon S A, Semonin R G. 1979. Impact of man upon local and regional weather. *In*: Reviews of Geophysics and Space Physics, 17: 1891-1900

Charney J. 1975. Dynamics of deserts and drought in the Sahel. Quarterly Journal of Royal Meteorological Society, 101: 193-201

Christopher P. Sharp D M, Guntenspergen G R, et al. 1990. Methods for analyzing temporal changes in landscape pattern. *In*: Quantitative Methods in Landscape Ecology (Monica G Turner and Robert H Garder editors). New Tork: Springer-Verlag. 173-199

Cicerone R J, Oremland R S. 1988, Biogeochemical aspects of atmospheric methane. Global Biogeochemical Cycles, 2: 299-327

Commoner B. 1972. The Colsing Circle: Confronting the Environment Crisis. Jonathan Cape, London

Crutzen P J. Ingo Aselmann, Wolfgang Seiler. 1986. Methane production by domestic animals, wild ruminants, other herbivorous fauna, and humans. Tellus, 38B: 271-284

Crutzen P J, Paul J C, Andreae M O. 1990, Biomass burning in the tropics: Impact on atmospheric chemistry and biogeochemical cycles. Sciences, 250: 1669-1678

Dale V H. O'Neill R V. Frank S. et al. 1994. Modeling effects of and management in the Brazilian Amazonia settlement of Rondônia. Conservation Biology, 8: 192-206

Dale V H, O'Neill R V, Pedlowski M, et al. 1993. Causes and effects of land-use change in central Rondônia Brazil. Photogrammetric Engineering & Remote Sensing, 59: 997-10005

Davidson E A, Eric A D, Peter M V et al. 1991. Soil emissions of nitric oxide in a seasonally dry tropical forest of Mexico. Journal of Geophysical Research, 96: 15439-15445

Ehrlich P R, Ehrlich A. 1990. The population Explosion. London: Hutchinson

Ehrlich P R, Ehrlich A H. 1970. Population, Resources, Environments. W. H. Freeman, San Francisco, California

Elton C S. 1958. The ecology of invasions by animals and plants. London: Chapman and Hall: 143-153

FAO. 2001. Global Forest Resources Assessment 2000: Main Report. FAO Forestry Paper 140, ISSN 0258-6150

Farina A. 1998. Principles and Methods in Landscape Ecology. London: Chapman & Hall

Forman R T T, Godron M. 1986. Landscape Ecology. Newyork: John Wiley & Sons

Forman R T T, Godron M. 1990. 景观生态学. 肖笃宁, 李秀珍, 高峻等译. 北京: 科学出版社

Fu B J, Chen L D, Ma K M et al. 2000. The relationship between land use and soil conditions in the hilly area of loess plateau in northern Shaanxi, China. Catena, 39: 69-78

Fu B J, Gulinck H, Masum M Z. 1994. Loess erosion in relation to land-use changes in Ganspoel catchment, central Belgium. Land Degradation & rehabilitation, 5 (4): 261-270

Gardner R H, King A W, Dale V H. 1994. Interactions between forest harvesting, landscape heterogeneity and species persistence. *In*: Lemaster D C, Sedjo R A Modeling sustainable forest ecosystems. Lafayette, Indiana: Purdue University Press: 65-75

Gardner RH, Milne BT, Turner MG. 1987. Neutral models for the analysis of broad scale landscape pattern. Landscape Ecology, 1: 19-28

Gardner R H, O'Neill R V. 1991. Pattern, Process and Predictability: The Use of Neutral Models for Landscape Analysis. In: Turner M G, Gardner R H. Quantitative Methods in Landscape Ecology. The Analysis and Interpretation of Landscape Heterogeneity. Ecology Studies Series. Newyork: Springer-Verlag

Geertz C. 1969. Two types of ecosystems. In: Andrew P V. Environment and cultural Behavior: Ecological Studies in Cultural Anthropology. Garden City, New Jersey: Natural History Press: 3-28

Gornitz V. 1985. A survey of anthropogenic vegetation changes in west Africa during the last century-climatic implications. Climatic Changes, 7: 285-325

Gornitz V. 1987. Climatic consequences of anthropogenic vegetation changes from 1880-1980. In: Michael R R, Sanders et al. Climate: History, Periodicity, and Predictability, Van Nostrand Reinhold, New York. 47-69

Hall FG, Strebel DE, Sellers PJ. 1988. Linking knowledge among spatial and temperal scales: vegetation, atmosphere, climate and remote sensing. Landscape Ecology, 2: 3-22

Hammen J L, Gerla P J. 1994. A geographic information systems approach to wellhead protection. Water Resource Bull, 30 (5): 833-840

Hao W M, Wofsy S C, McElroy M B. et al. 1987. Sources of atmospheric nitrous oxide from combustion. Journal of Geophysical Research, 92: 3098-3104

Harrison, P. 1992. The Third Revolution: Environment, Population and a Sustainable World. London: Tauris I B

Harris R, Bartlett K, Frolking S. 1993, Methane emissions from northern high-latitude wetlands. In: Oremland R S. Biogeochemistry of global changes: radiatively active trace gases. New York: Chapman & Hall. 449-486

He C S, Riggs J F, Kang Y T. 1993, Integration of geographic information systems and a computer model to evaluate impacts of agriculture runoff on water quality. Water resources bulletin, (29): 891-900

Hederson-Sellers A, Wilson M F. 1983. Surface albedo data for climatic modeling. Review of Geophysics and Space Physics, 21: 1743-1778

Hill D B. 1985. Forest fragmentation and its implications in central New York. Forest Ecology and Management, 12: 113-128

Houghton R A, Skole D L. 1990. Changes in the global carbon cycle between 1700 and 1985. In: The Earth Transformed by Human Action: Global and Regional Changes in the Biosphere over the Past 300 Years. Cambridge: Cambridge University Press

Houston M, DeAngelis D, Post W. 1988. New computer models unify ecological theory. BioScience, 38: 682-691

Husar R B, Holloway J M, Patterson D E et al. 1981. Spatial and temporal pattern of eastern U. S. haziness: A summary. Atmospheric Environment, 15: 1919-1928

Hyman J B, McAninch J B, DeAngiles D. 1991. An individual-based model of berbivory in aheterogeneous landscape. In: Turner M G, Gardner R H. Quantitative Methods in Landscape Ecology. New York: Springer-Verlag. 443-478

Kratz, T K, Benson, B J, Blood E R, et al. 1991. the influence of landscape position on temporal variability in four North American ecosystems. American Naturalist, 138: 355-378

Lambin E F. 2002. Linking causes, drivers and path ways with rates and patterns of land change. LUCC Newsletter, 8: 15-16

Lassey K R, Lowe D C, Manning M R. et al. 1992. A source inventory for atmospheric methane in New Zealand and its global perspective. Journal of Geophysical Research. 97: 3751-3766

Lerner J, Matthews E, Fung I. 1988. Methane emission from animals: A global high-resolution database. Global Biogeochemical Cycles, 2: 139-156

Li H. 1989. Spatio-temporal Pattern Anatysis of Managed Forest Landscapes: A Simulation Approach. Ph. D Dissertation, The Oregon State University, Corvallis, Otegou, USA

Likens G E, Bormann F H, Johnson N M. et al. 1970. Effects of forest cutting and herbicide treatment on nutrient budgets in the Hubbard Brook watershed-ecosystem. Eco Monogr, 40: 23-27

Lowenthal, D. 1990. Awareness of human impacts: Changing attitudes and emphases. *In*: (B. L. Turner II, et al. eds.). The earth as transformed by human action: Global and regional changes in the biosphere over the past 300 years. Cambridg: Cambridge University Press. 121-135

Lugo A E, Ewel J E, Hecht S. et al. 1987. People and the Tropical Forest. U. S. Government Printing Office, Washington, D C

MacArthur R. 1955. Fluctuations of animal populations, and a measure of community stability. Ecology, 36: 533-536

Maltby E. 1988. Wetland resources and future prospects: An international perspective. *In*: (J. Zelazny and J. S. Feirabend, eds) Proceedings: Increasing Our Wetland Resources, National Wildlife Federation, Washington, D. C

Matson P A, Vitousek P M, Livingston G P. et al. 1990. Sources of variation in nitrous oxide flux from Amazonian ecosystems. Journal of Geophysical Research, 95: 16789-16798

Matthews E, Fung I. 1987. Methane emission from natural wetlands: Global distribution, area and enviromental characteristics of sources. Global Biogeochemical Cycles, 1: 61-88

Mayewsky P A, Lyons W B, Spencer M J. et al. 1986, Sulfate and nitrate concentrations from a South Greenland ice ore. Sciences, 232: 975-977

Merriam G, Wegner J. 1991. Local extinctions, habitat fragmentation and ecoines. *In*: Hansen A J, di castri F. Landsconpe Boundaries. New York: Springer-Verlag. 149-169

Muzio L J, Kramlich J C. 1988. An artifact in the measurement of N_2O from combustion sources. Geophysical Research Letters, 15: 1369-1372

Myers N, Tucker R. 1987. Deforestation in Central America: Spanish legacy and North American Consumers. Environmental Review, 11: 55-71

Neftel A, Beer J, Ocechger H. et al. 1985. Sulphate and nitrate concentrations in snow from South Greenland 1895-1978. Nature, 314: 611-613

Novotry V, Olem H. 1993. Water quality: prevention, identification and planning. Water Resource Planning Management, 119: 306

O'Neill R V, Milne B T, Turner M G, et al. 1988. Resource utilization scales and landscape pattern. Landscape Ecology, 2: 63-69

Parson J J. 1960. Fog drip from coastal stratus. Weather, 15: 58

Penman H J. 1963. Vegetation and Hydrology. Technical Communication 53, Commonwealth Bureau of Soil Science, Franham Royal, Bucks., England

Pereira H C. 1973. Land-use and Weather Resources. Cambridge: Cambridge University Press

Peter john W T, Correll D L. 1984. Nutrient dynamics in a agricultural watershed: observations on the role a riparian forest. Ecology, 65 (5): 1466-1475

Richards J F. 1990. Land transformation. *In*: Turner B L. The Earth as Transformed by Human Action: Global and Regional Changes in the Biosphere over Past 300 years. Cambridg: Cambridge University Press. 163-178

Rotmans J, Swart R J. 1991. Modeling tropical deforestation and its consequences for global climate. Ecological Modeling, 58: 217-247

Rotty R M. 1987. Estimates of seasonal variation in fossil fuel CO_2 emissions. Tellus, 39B: 184-202

Sanhueza E, Hao W M, Scharffe D. et al. 1990. N_2O and NO emissions from soils of the northern part of the Guayana Shield, Venezuela. Journal of Geophysical Research, 95: 22481-22488

Sharpe D M, Stearns F Leitner L A, et al. 1986. Fate of natural vegetation during urban development of rural landscapes in southeastern Wisconsin. Urban Ecology, 9: 267-287

Shugart HH Jr, West D C. 1980. Forest succession models. BioScience, 30: 308-313

Shukla J, Nobre C, Sellers P, et al. 1990. Amazon deforestation and climate change. Science, 247: 1322-1325

Sklar F H, Costanza R, Day J W Jr. 1985. Dynamic spatial simulation modeling of coastal wetland habitat succession. Ecology Modeling, 29: 261-281

Slobodkin LB. 1987. How to be objective in community studies. *In*: Nitecki MH, Hoffman A. Neurtral Models in Biology. Pp. 93-108. Oxford, UK: Oxford University Press

Southworth F, Dale V H, O'Neill R V. 1991. Contrasting patterns of land use in Rondônia, Brazil: simulating the effects on carbon release. International Social Sciences Journal, 130: 681-698

Spiro P A, Daniel J J, Jennifer A L. 1992. Global inventory of sulfur emissions with $1° \times 1°$ resolution. Journal of Geophysical Research, 97: 6023-6036

Stauffer D. 1985. Introduction to Percolation Theory. London, UK: Taylor & Francis

Stott D H. 1969. Cultural and natural checks on population growth. *In*: Vsyda A P. Environment and cultural Behavior: Ecological Etudies in Cultural Anthropology. Garden City, New Jersey: Natural History Press. 90-120

Tuan Y F. 1968. Discrepancies between environmental attitude and behavior: Examples from Europe and China. Canadian Geographer XII (3), 176-191

Turner II BL. 1997. The sustainability principle in global agendas: implication for understanding land use/land cover change, The Geographical Journal, 163 (2): 133-140

Turner II BL, Moss RH, Skole, DL. 1993. Relating land use and global land cover change. IGBP Report No24 and HDP Report No5. Stockholm: IGBP

Turner II BL, Skole DL, Sanderson S. 1995. Land-use and Land-cover change. Science/Research Plan. Stockholm and Geneva: IGBP Report No35 and HDP Report No7. Stockholm: IGBP

Turner M G. 1987. Spatial simulation of landscape changes in Georgia: a comparison of 3 trasition models. Landscape Ecology, 1: 29-36

Turner M G, Gardner R H, Dale V H, et al. 1989. Predicting the spread of disturbance across heterogeneous landscapes. Oikos, 55: 121-129

Turner M G, Gardner R H, O'Neill R V. 1991. Potential responses of landscape boundaries to global climate change. *In*: Holland M M, Risser P G, Naiman R J. Ecotones: the role of landscape boundaries in the management and restoration of changing environment (M. M. Holland et al. editors.). New York. Chapman & Hall. 52-75

Turner M G, Ruscher C L. 1988. Changes in landscape patterns in Georgia, USA. Landscape Ecology, 1: 241-251

USEPA National Water Quality Inventory. 1995. Report to Congress Executive Summary, Washington D. C.: USEPA: 497

Weinstein D A, Shugart H H. 1990. Ecological Modeling of Landscape Dynamics. *In*: (Turner M G, Garder R H.) Quantitative Methods in Landscape Ecology. New Tork: Springer-Verlag. 29-45

Wiens JA, Crawfor CS, Gosz JR. 1985. Boundary dynamics: a conceptual framework for studying landscape eeosystems. Oikos, 45: 421-427

William B. M, Turner B L. 1994. Changes in Land Use and Land cover: A Global Perspective. London: Cambridge University Prees

William L. 1989. A review of models of landscape change. Landscape Ecology, 2 (2): 111-133

Williams R D, Nicks A D. 1993. A modelling approach to evaluate best management practice., Water Science and techology, 28 (3-5): 675-678

Winkler P, Kaminski U. 1988. Increasing submicron particle mass concentration at Humburg 1. Observations. Atmospheric Environment, 22: 2871-2878

Wu Y. 1991. Fire History and Potential Fire Behavior in a Rocky Mountain Foothill Landscape. Ph. D Dissertation, University of Wyoming, Wyoming, USA

第6章 景观生态分类与评价

景观生态分类与评价是景观结构与功能研究的基础，是正确认识景观、有效保护与合理利用景观资源的基本途径，也是开展景观生态规划、设计与管理的重要前提，成为联结景观生态学理论与应用研究的纽带。

科技高速进步的今天，人类与自然环境的关系日趋密切，实现人类发展与自然环境的永续协调，是景观生态学学科的核心价值与目的。为实现这一目标，首先需要正确认识自然环境。景观生态分类通过将景观进行类型归并，将复杂的自然要素综合体划分为具有等级体系的景观类型，为开展景观格局、功能与过程的研究，乃至景观生态评价、规划与管理，提供了科学的研究平台，是景观生态学成为具有独立体系的学科的重要标志。在景观生态分类的基础上，景观生态评价通过特定程序，对具有镶嵌特性的空间单元进行状态与功能的评估，是成功实施景观生态管理的重要基础。依据景观生态分类与评价所提供的决策支持，景观生态管理从宏观上统筹管理的等级与次序，将景观生态学理论落实到具体的空间单元，从而调控景观生态系统结构与功能的稳定，促进人与环境的可持续发展。

6.1 景观生态分类

景观生态学是以人类与地表景观的相互作用为基本出发点，研究景观生态系统的结构、功能及变化规律，并进行有关评价、规划及管理的应用研究。景观生态分类是景观生态学的重要研究内容之一，在进行景观格局分析、景观功能评价、景观生态规划以及景观生态管理等研究中均涉及景观生态分类问题（肖笃宁和钟林生，1998；王仰麟，1996）。景观生态分类主要从生态学角度，采用生态学方法对景观进行类型归并，以期为区域生态环境的改善、自然资源的综合利用、经济的可持续发展提供科学依据。本节将简要介绍景观生态分类的发展，提出景观生态分类的结构与功能双列体系，并重点探讨基于结构的景观生态分类的主要原则、基本途径、指标体系及城市景观生态分类个案；同时，在景观生态功能类型划分的基础上，提出基于功能的景观生态分类体系。

6.1.1 景观生态分类的发展

1. 从土地分类到景观生态分类

土地分类是将各土地单位按质地共同性或相似性作不同程度的抽象、概括与归并，获得分类级别高低不同的各种土地分类单位（陈传康等，1993）。科学的土地分类始于20世纪30年代，当时的德国、苏联、英国、美国等就开展了比较广泛的土地和景观研究。过去50年来，澳大利亚的土地调查和土地系统，加拿大的生态土地分类，苏联和德国的景观基础研究，中国 1:100 万土地利用图、土地资源图及土地类型图的编制，还有由西欧、北美洲国家等率先开展的景观生态分类，尤其是联合国粮食及农业组织（Food and Agricalture Organization，FAO）进行的土地适宜性评价及其体系等都是富有成效和代表意义的土地分类工作（林超，1986）。

土地分类是对复杂土地系统整体属性和特征抽象综合的结果，是一种理性的简化透视过程。因此，弄清土地发生和形成过程是必要的。一般认为，土地分类有三种方式：①按属性分类，即按照土地的固有性质（包括气候、土壤、地貌和植被等）来进行分类；②景观分类，即依据土地的镶嵌特性，考虑到景观要素间的相互作用采取相近合并的步骤，成等级地划分面积越来越大的土地单元；③土地能力分类，即按照土地的生产潜力进行类型划分。各种土地分类中，就其对土地内在属性认识的差异，选择分类的指标和要素不同，大致可以划分为发生法、景观法及景观生态法三种。

发生法是着眼于土地的形成过程，以发生的关联与相似性为依据进行分类。在目前认识水平下，发生法的可靠依据主要表现在气候和地质构造两个方面。大尺度地域范围的土地分异是以气候和地质构造分异为主要框架，发生法分类的结果易于统一且较为严谨。至于小尺度地域范围土地分异因素则与地貌形态发生及与之相应的水文、物质组成等有关。贯彻发生法着重以地貌形态及其与之相应的水文状况作为主导分异因素。

景观法是通过土地空间形态相似、相异性的识别进行土地分类的方法，主要依据是比较确定的、空间上易于确定的土地特征。景观法强调同一类型内部特征的均质性和不同类型之间的异质性，即景色的一致性和差异性，在一定程度上还原了"景观"一词的原始意义。但大尺度地域范围高层次土地单元类型及其边界的识别，因其内部异质性强，任意性往往也较大。

景观生态分类方法不只强调土地水平方向的空间异质性，还力图综合土地单元的过程关联和功能统一性，把土地视为特殊的生态系统，在景观法中叠加了发生法的优点，旨在得到一种更为综合和实用的土地分类。

景观生态分类，是在近几十年人们意识到仅注重单一资源开发和管理产生了一系列严重的社会和生态后果的情况下才被提出并开始发展起来的，强调根据生态属性进行的土地分类，形成了生态土地分类。生态土地分类强调土地的生态属性，但对景观的功能关注不够，在分类体系中未体现景观的功能及生态过程。景观生态学是研究景观格局、功能和过程的科学，为景观生态分类提供了景观功能和生态过程方面的理论基础，因而在强调土地生态属性的基础上，景观生态分类关注景观的空间形态及景观功能与过程，是从土地分类到生态土地分类的进一步发展与深化。

2. 景观生态分类现状

1) 国际研究现状

国际景观生态分类研究受到景观生态学研究的学派影响，欧洲学派注重景观规划和管理的实践，而北美学派注重景观的格局、功能和过程研究，二者在研究目的上的差别，导致景观生态分类思想有显著差异，形成了不同的景观生态分类体系。

北美景观生态学研究注重景观格局与生态功能，强调景观空间异质性和景观镶嵌体，对景观分类较少重视，目前尚没有专门的景观生态分类体系，更多的是将土地利用分类体系转化为景观类型并制图。例如，Forman（1995）直接把土地利用/土地覆被类型等同于景观类型，并划分了城郊、水田、草地、森林、湖沼及工业景观 6 种景观类型。因此，以 Anderson 等（1976）遥感影像分类建立的土地利用/土地覆被分类体系，既是目前应用最为广泛的土地利用/土地覆被分类体系，也是北美景观生态研究中常用的景观分类体系。该分类将土地分为城市或建成区、农用地、牧用地、林地、水域、湿地、裸露地、冻土、多年积雪及冰川 9 个一级地类以及 37 个二级地类。

欧洲是景观生态分类的发源地之一，早期的土地利用规划及景观规划设计是景观生态制图的主要驱动因素，注重严谨的景观分类与分级结合的景观分类体系。1983 年，荷兰为进行土地利用规划，对全国进行了景观生态制图。韦斯特霍夫（Westhoff）根据景观的性质对景观进行了分类，把景观分为 4 个主要类型，即自然景观、亚自然景观、半自然景观、农业景观，但未包括人类活动最为强烈的城市景观；Marrel 对该景观分类进行了补充，分为自然景观、近自然景观、半自然景观、农业景观、近农业景观、文化景观 6 类；纳韦（Naveh）和利伯曼（Lieberman）则根据能量、物质和信息对景观进行了分类，将景观分为自然景观、半自然景观、半农业景观、农业景观、乡村景观、城郊景观和城市工业景观（Naveh and Lieberman，1993）。

此外，德国的景观分类研究具有悠久的历史，20 世纪五六十年代，自然景观规划与管理开始了有关景观类型的划分，主要从自然和人文地理角度提出了最小景观单元的分类。例如，Bastian（2000）以德国萨克森为例，研究该地区的景观分类，运用土壤图、水文图、土地利用图、生物群落图（即已有的景观图），综合运用自上而下和自下而上两种制图方式，将景观分为包含了农业产量持续性、降低土壤侵蚀、改善径流调节、避免废物影响、维持高地下水循环 5 种景观功能类型的 14 种具体类型，从而使景观分类成为了区域规划管理的一个有效工具。

2）国内研究现状

国内景观生态研究始于 20 世纪 80 年代，但早期主要为引进国外关于景观生态学的思想，90 年代景观生态分类开始受到研究者的重视，许多学者从理论和实践两个方面进行了有益的探讨和尝试。王仰麟（1996）首先提出了景观生态分类的理论方法，认为景观生态分类宜采用结构性与功能性双系列体系的分类方法。肖笃宁和钟林生（1998）从景观定义出发，认为由于对景观定义的理解不同，形成不同的景观生态分类体系，并概述了景观生态分类的生态学原则，提出了自然、经营和人工等不同景观类型的特性作为分类的原则和依据。程维明（2002）则认为景观分类需要结合实际区域状况，采用逐级分类的方法。

景观生态分类实践应用是目前国内探讨最多的内容，诸多学者在解决区域实际生态环境问题，制定区域生态建设方略时，注重对景观生态分类体系的探索。肖笃宁和钟林生（1998）认为，景观总是或多或少与人类干扰有关联，按照景观塑造过程中的人类影响程度，将景观分为自然景观、经营景观及人工景观，其中自然景观可分为原始景观和轻度人为活动干扰的自然景观，经营景观则又可分为人工自然景观与人工经营景观。但景观分类主要是自然景观的分类方法，只考虑相关属性指标，很少有考虑景观的生态属性和功能类型。典型区域的景观分类则是当前国内景观分类研究的主要内容，如井冈山自然保护区景观分类（吴宗仁等，2002）、中国东北区景观分类（吴秀芹和蒙吉军，2004）、泰山景观分类（郭泺等，2008）。此外，单一类型景观内部的体系细分也在不断深化，如黄河三角洲湿地景观分类（布仁仓等，1999）、沙质荒漠化土地景观分类（吴波，2000）、森林景观分类（陆元昌等，2005）、森林公园景观分类（付春风，2009）等。

随着景观生态分类理论及其分类原则的探讨，诸多学者尝试将景观生态分类理论应用于实际的景观生态分类与制图中。沈阳市东陵区景观生态制图（赵羿和李月辉，2001）、深圳市城市景观生态分类（韩荡，2003）、福州市青云山风景区旅游地景观生态分类（邱彭华和俞鸣同，2004）、北京城郊乡村景观生态分类（李振鹏等，2005）、塔里木河流域中下游景观生态分类（周华荣，2007）、尚义县景观生态分类（马礼和唐冲，2008）、安徽省景观生态分类（蒋卫国等，2002）、1∶100 万中国景观生态分类系统（程维明等，2004）等，都是当前国内在景观生态分类方面富有成效的探索。但上述诸多分类中依然存在一定的缺陷，大多应用地貌、土地利用现状作为分类的主导因子，相对于景观分类及土地类型分类来说，更多的考虑了土地的生态属性和空间结构，但在本质上仍属于发生法和景观法的土地分类，并没有把景观的功能特征切实纳入分类体系中。

3）发展趋势

目前，国内外关于景观分类有两种常用思路：①从传统的土地分类角度出发，融入生态学属性，加拿大的生态土地分类是这种分类方法的代表，欧洲的景观生态分类思路也类似；②基于北美的景观生态学思想，即景观是由相互作用的生态系统组成的镶嵌体，进而基于生态系统类型进行分类。两种思路的共同点是均认为景观是具有等级体系的，而不同点则在于前者更强调景观的整体性，通常有严格的分类体系和专门术语；后者更强调景观空间上的异质性和景观要素之间的相互作用，没有严格、固定的分类系统及专门术语，进行类型划分时多从研究对象的特点和实际需要出发，分类随意性大。严格来说，上述两种分类属于土地分类中的景观法和发生法产生的景观分类，与景观生态分类仍存在一定的差异。

因此，现有的分类系统更多的是景观分类，或者是依据景观的自然度或受人类干扰程度划分的类型系统，而较少能够体现出"景观生态分类"中"生态"一词的内涵。相对而言，景观分类更多考虑的是景观的空间结构与生态属性，而忽略了景观功能与生态过程；景观生态分类在综合景观法和发生法的基础上，更加注重景观生态功能、过程。由于生态不仅仅指代自然度或受人类干扰程度，因此，如何从生态学内涵出发构建景观类型体系，将是未来景观生态分类研究的主要发展趋势。

此外，由于对景观的认识、定义的多样性，不同的学者对景观生态分类的指标、术语和原则有不同的认识，因而在形成景观分类体系时存在很大的差异，不同的分类体系间很少具有兼容性。当前的主要任务，是确定分类中应共同遵守的原则、使用的术语及通用方法，并推广应用于实践工作中。

6.1.2 景观生态分类目的与体系

景观生态分类通过对景观进行类型归并，将复杂的景观要素综合体划分为具有等级体系的景观类型。通过分类揭示景观生态系统的内在规律及特征，界定具有模糊和过渡特点的景观单元空间范围及边界，确定景观单元的多层次等级水平，为开展景观格局、功能与过程的研究，乃至景观生态评价、规划与管理，提供科学的研究平台。

根据景观生态分类的特征及其指标选取，分类体系宜采取功能与结构双系列制。

(1) 功能性分类，是根据景观生态系统的整体特征，主要是生态功能属性，来划分、归并单元类群，同时要考虑体现人的主导和应用方向的意义。这里的功能，至少包括两个方面的内容：①类型单元间的空间关联与耦合机制，组合成更高层次地域综合体的整体性特征；②系统单元针对人类社会的服务能力。理论上，个体景观生态系统的功能一般都不是单一的，但往往具有一个基本体现其自身整体结构特征的主要功能，这是功能分类的基本立足点。

(2) 结构性分类，是景观生态分类的主体部分，包括系统单元个体的确定及其类型划分和等级体系的建立，以景观生态系统的固有结构特征为主要依据。这里的结构意义，不只是空间形态，也包括其发生特征。相对于功能性分类，结构性分类更侧重于系统内部特征的分析，其主要目标是揭示景观生态系统的内在规律和特征。

结构性分类与功能性分类在分类体系的构成方面存在显著差异：一方面，功能性分类主要是区分出景观生态系统的基本功能类型，归并所有单元于各种功能类型中，分类体系是单层次的；另一方面，景观生态系统发生过程的多层次性，形成了结构的多等级体系，要求结构性分类只能是多等级的，地球表层地域空间单元的等级由生物圈（biosphere）到生态立地（ecotope）可以划分出许多层次。

具体区域研究中，可以分为两个或三个层次，即景观生态系统、景观生态立地以及两者之间的景观生态单元。其中，景观生态单元是景观生态立地的空间组合型，即由功能上相关的多种景观生态立地组合构成的相对独立完整的景观单元；景观生态系统又是景观生态单元的空间组合型，是若干个景观单元有规律的组合。作为内部均质单一的地块，景观生态立地是区域中能够确定的最低层次的地域综合体；景观生态系统则是区域中最高层次水平的空间单元体。它们的范围和内部构成随研究区域的大小和制图比例尺的不同而不同（Klijn，1994）。

6.1.3 景观生态分类方法

1. 景观生态分类的主要原则

景观生态分类旨在将各种景观类型依据景观系统内部水热状况在内的物质、能量分布及其交换形式的差异、人类活动对景观的影响以及人们依附于景观的生产和生活所展现的文化现象，按照一定的原则，分析归纳景观的自然属性、生态功能和空间构型特征，用一系列的指标表征这些差异，进而划分和归并景观类型，并构建景观生态分类等级体系。景观生态分类应该按照一定原则进行，遵循的主要原则如下。

（1）结构与功能相结合原则。结构是功能的基础，功能是结构的反映。景观生态系统是由多种要素相互关联、相互制约构成的，具有有序内部结构的复杂四维地域综合体。不同的系统类型，具有相异的内部结构，功能自然就不同。景观生态分类实际就是从功能着眼、从结构着手，对景观生态系统类型的划分。通过分类系统的建立，全面反映一定区域景观的空间分异和组织关联，揭示其空间结构与生态功能特征。景观生态分类的目的和特点，就在于综合反映景观的形态和发生两个方面的特征。一般地，在单元确定中，以功能关联为基础；在类群归并中，以空间形态作指标。

（2）等级层次性原则。景观生态系统与其他系统一样都存在等级，景观生态分类同样存在尺度问题，其表现在景观生态分类系统中就是景观生态分类等级体系的确定。高层级的分类标准应该具有广泛综合而概括的特性，以稳定因素为主；低层级的分类标准则是确定小尺度景观单元的差异，可以考虑多变的因素；景观是一个复杂的系统，景观影响因素的差异性使得一级分类不可能包含全部复杂的景观类型，需要采用分级分类的原则。景观生态分类必须在明确景观单元等级的前提下，根据不同空间尺度和比例尺要求，确定分类的基础单元，即体现景观的层次性和等级性。

（3）人类主导与自然表征相结合原则。一方面，人类干扰无处不在，是当前景观变化的重要主导因素，对自然景观的影响程度极为广泛，其作用对象可以小至物种，大到全球生物圈，地球上的任何一种景观类型都或多或少的提供一种或多种功能以满足人类的需求，几乎不存在完全不受人类活动影响的景观类型。因此，景观生态系统的类型划分必须坚持人类主导原则，即以人与景观的相互关联为着眼点，特别注重景观生态系统的功能特征，通过人类利用视角，把人文因素切实纳入分类中，这是景观生态分类人文化的基本思想；另一方面，景观是区域自然环境与人文社会相互耦合的地域综合体，其形成与发展的影响因素复杂多样，而土地覆被、植被、地貌、水文等显性自然要素能够直观的反映不同类型景观外在表征的特征差异，是景观生态系统类型划分的重要指示因子。因此，尽管景观生态分类重点关注景观的功能特征，景观的外在表征同样重要，二者需要综合考虑。从本质上看，自然表征原则关注景观的要素结构，主要体现在景观的结构性分类；人类主导原则关注人类对景观的功能需求及人类活动对景观结构、功能与过程的影响，主要体现在景观的功能性分类。因此，人类主导与自然表征相结合原则，是结构与功能相结合原则的外延。

2. 景观生态分类的基本途径

地球表层或其特定区域都是由各级各类景观单元组成的空间镶嵌体。景观的生态过程一般是连续的，景观的生态要素往往是渐变的，因而，景观个体单元的边界通常具有模糊和过渡性特点。对单元空间范围的界定和等级水平的确定，是景观生态分类研究的主要内容之一，并以此区别于个体单元既定的植物等分类研究。实际上，景观生态分类包括单元确定和类型归并两个方面的内容。

分类工作，一般可以从两个方向入手，即自上而下的划分和自下而上的归并。在单元既定的分类中，如果所采用的指标相同，无论是划分还是组合，结果应是一致的，两种方式可以分别或结合使用。景观生态分类所面对的客体，在地表往往是连续过渡的，边界通常是模糊渐变的，清晰明确的个体界线比较少见，多数单元只是相对独立地存在。

对景观生态系统个体单元的确定，特别强调结构完整和功能统一性，可以通过划分的途径来实现。景观生态系统自身的多层次性，要求划分出的单元必须隶属于相应的某一层次等级。应用研究中，目的不同，涉及的地域范围大小不同，所研究单元的层次等级通常就不同。个体单元的确定，因而也包括其所属层次等级的界定内容。在个体单元确定的基础上，依据一定的属性特征及其指标，对所涉及层次单元进行类群归并，是景观生态分类的另一重要内容。

因此，景观生态分类的基本途径主要包括以下两类。

（1）自上而下的划分途径，又称为分解式分类。根据景观生态系统各部分之间的区别，从最高等级层次开始，逐级划分。首先，在能够进行整体观察的尺度上对景观生态系统进行描述；然后，根据主导标志，确定景观生态单元的个体单位范围、类型和界线；最后，在各景观生态单元内，综合景观的结构与功能类型，确定景观生态立地。

（2）自下而上的归并途径，又称为聚集式分类。在组合途径方面，以高级的景观生态类型为基础，结合所选择的指导原则，进行逐级类群归并。首先，根据各景观生态立地的个体单位类型及界线，确定景观生态单元的类型；然后，应用地域组合规律，根据景观生态单元的相似性及差异性，综合运用聚类分析、多因子综合分析、模糊综合分析等方法将其归并为景观生态系统。

无论是自上而下的划分途径，还是自下而上的归并途径，针对具体区域的景观生态分类，一般包括以下三个步骤。第一步，根据遥感影像（航空像片、卫星图片）解译，结合地形图和其他图形文字资料，加上野外调查成果，选取并确定区域景观生态分类的主导要素和依据，初步确定个体单元的范围及类型，构建初步的分类体系。第二步，详细分析各类单元的定性和定量指标，表列各种特征。通过聚类分析确定分类结果，逻辑序化分类体系。第三步，依据类型单元指标，经由判别分析，确定不同单元的功能归属，作为功能性分类结果。实际上，前两步是结构性分类，第三步则属功能性分类。

3. 景观生态分类的指标体系

景观生态系统特征可以分四个方面来考察，即空间形态、空间异质组合、发生过程和生态功能。景观生态系统的整体综合属性，能够通过这四个方面的各种指标综合反映。其中，前两个方面具备直观性和易确定性，可以直接观察，分类上的优越性很强；发生和功能方面的特征，具有抽象和可推断意义，主要反映系统的内在综合属性，难以直接观察，通常是通过对形态和空间异质关联观察基础上演绎而得出的。传统的景观法分类，强调空间形态和空间异质组合特征，而发生法分类则片面侧重于景观的发生本质。景观生态分类的特点是结合了前两者的分类依据，综合地体现景观生态系统的形态、空间组合、发生及功能等多方面的特征，具有更高层次的综合意义（景贵和，1986）。

实际上，景观生态分类过程中，要获取一致看法和共同理解，就必须选择具有直观性的一些指标和属性。而进行景观生态系统及其等级结构内在本质和过程关联的客观透视，则有必要选取与发生直接相关的特征和因素。景观生态分类服务于应用目的，并试图探析单元的空间关联本质，就必须使用其功能指标和特征。任何分类工作都是综合性的，它们的基本要求也都是以尽可能少的依据和指标反映尽可能多而全面的对象性质。景观生态分类的基本内容就是选取能代表景观生态系统整体特征的几个综合性的指标，这也是进行有效而可靠分类的前提。对复杂景观生态系统的分类，选取多个指标是必要的，但并非指标越多效果越好。在对复杂系统组成要素相互关联无法定量确定时，就难以确定不同指标对系统整体特征的贡献率。指标太多相互干扰就多，就更难把握分类的可靠性（Putte，1989；Westerveld et al.，1984）。

在分类指标中可以包含两类指标。其一是初始分类的主要指标，主要包括：①地貌形态及其界线；②地表覆被状况，包括植被和土地利用等。其中，地貌形态是景观生态系统空间结构的基础，是个体单元独立分异的主要标志；地表覆被状况间接代表景观生态系统的内在整体功能。二者均具直观特点，可以间接甚至直接体现景观生态系统的内在特征，具有综合指标意义。其二，在具体区域的景观生态分类中，区域特征不同，景观生态系统的单元分异要素就不相同，类型特征指标中选择的内容就应有所区别。一般包括地形、海拔、坡向、坡度、坡形、地表物质、构造基础、pH、土层厚度、有机质含量、剥蚀侵蚀强度、植被类型及其覆盖率、土地利用、区位指数、气温、降水量、径流指数、干燥度、土壤主要营养成分含量以及管理集约程度等（Phipp，1984）。

6.1.4　景观生态系统功能类型

地球表层是具有不同功能类型的景观生态系统的空间镶嵌体，其整体功能表现为各类异质功能的耦合。景观生态功能类型是从相互关联角度出发，对景观类型的功能性划分。

1. 景观生态系统的三大基本功能

基于生态系统服务功能的分类，其功能包括供给功能（如粮食与水的供给）、调节功能（如调节洪涝、干旱、土地退化等）、支持功能（如土壤形成与养分循环等）和文化功能（如娱乐、精神、宗教以及其他非物质方面的效益）。从宏观生态学角度，景观生态系统功能包括固定太阳能、调节气候、涵养水源、保护土壤、储存营养元素、维持进化过程、污染物质吸收和分解作用、维护地球生命系统的稳定与平衡及提供自然环境的娱乐、美学、社会文化科学、教育、精神和文化的功能等方面（欧阳志云等，1999）。而从景观的利用价值和作用出发，又可将景观功能划分为生产功能、生态功能、社会伦理功能、承载和调节功能等类型。功能异质性与相互关联性构成了景观生态整体性的基础，能够体现不同类型景观生态系统的空间镶嵌关联特征，是构成协调稳定地表生态圈和区域生态系统的前提条件。

及至普通景观生态调查和分类，若以人类社会的功能需求为立足点，区域中景观生态系统可划分为城镇居住与工矿景观、农业景观与自然及自然保护景观三大类。各自的功能特征可以概括为以下三个方面。①文化支持功能，主要体现在城镇工矿景观中，是各种人类要素的自生/再生场所。依靠来自农业方面的食物、纤维、木材等的供应，也离不开自然生态系统的纯洁空气、水及矿物质的供应；不具备自维持能力，是人类建成并支持的系统，受制于人的直接支配。②生物生产功能，主要体现在各种农业景观中，如农田、经济林地、牧草地、养殖水面等，是人类生物产品的源地。主要依靠自然生态系统的气候、水、矿物质等的供应，也要使用来自城镇工矿景观中的技术、农药、化肥、除草剂、市场服务等。具有一定的自维持能力，是受人类调节的半自然/半人文生态系统。③环境服务功能，主要体现在自然和自然保护的景观生态系统，体现着环境服务功能，包括环境调节和环境资源供应两个方面，是地球表层生态圈和区域生态系统整体协调稳定不可缺少的组成部分，表现为不直接受人类控制调节的自维持系统。

2. 景观生态系统的基本功能类型

在景观生态系统功能研究中，将景观类型在系统中的功能作用划分为生产型、保护型、消费型及调和型四大类型，各类功能类型间往往相互制约又相互作用，如生产型景观和保护型景观在空间分布往往表现出“此消彼长”的关系。总的来说，不同的景观功能在区域生态系统的整体特征中所起的作用是不同的，但在系统整体平衡中却是同等重要和不可替代的。

（1）生产型景观：是指为人类社会提供各种初级产品的景观类型，包括农田生态系统、人工管理的具有经济开发价值的林地景观与草地景观等。生产型景观是人类生物产品的来源，主要依靠自然生态系统的气候、水、矿物质等供应，也使用来自城镇工矿景观的技术、农药、化肥、除草剂、市场服务等，具有一定自维持能力，是受人类调节的半自然/半人文生态系统。

（2）保护型景观：是指对景观生态系统具有环境平衡调节功能的景观类型，主要包括自然林地、草地及其他原始自然景观。保护型景观具有环境服务功能，包括环境调节和环境资源供应两个方面，以森林为例，其包括了固碳释氧、调节气候、保持水土、净化环境、减弱噪声等功能。保护型景观是地球表层生态圈和区域生态系统整体协调稳定不可缺少的组成部分，表现为不直接受人类控制调节的自维持系统。

（3）消费型景观：是指景观生态系统中需要生产型景观和保护型景观作为支持的景观类型，主要包括人类集聚的城镇、居民点及工矿用地等人工景观。消费型景观是各种人类要素的自生再生场所，依靠来自农业方面的食物、纤维、木材等供应，也离不开自然生态系统的纯净空气、水及矿物质的供应，不具备自维持能力，是人类建成并支持的系统。

（4）调和型景观：是指兼具两种以上功能的景观类型，多为人工修饰的自然景观或依赖自然景观所衍生的半自然景观类型，如绿化隔离带、各类防护林等景观。在景观生态系统内部，由于景观类型间的相互作用存在抵触的状态，因此需要具有缓解冲突的调和型景观作为缓冲及过渡的功能转接点。调和型景观可作为物质、能量、物种流通的渠道，亦是过滤特定物质、能量及物种的屏障，并同时扮演源与汇的角色，是景观中不可忽视的重要类型。

不同的景观类型具有不同的景观功能。在农业景观生态系统中，生产型景观是主体，保护型景观是基础，消费型景观则具有对前两者的调节强化作用。从农业生产的角度出发，生物生产功能、环境服务功能及文化支持功能与上述景观类型存在一一对应关系（表6-1）。

表 6-1　农业景观生态系统基本功能类型

功能性分类	结构性分类	生物生产功能	环境服务功能	文化支持功能
生产型景观	农地景观 牧地景观	为整个人类社会提供大部分食物、木材、纤维等初级产品	依赖保护型景观，因为生产需要，化学物质的使用对生态环境承载造成负担	为社会经济活动的基础，轻度阻碍社会经过活动扩展
保护型景观	林地景观 草地景观 水体景观	可以提供一定的农、林、牧、渔副产品	可作为生物栖息地，提供繁衍、迁徙的场所，同时净化环境，具有涵养水源、保持土壤及净化水质的作用	严重阻碍人类社会经济活动，除提供居民休闲游憩场所外，甚少发生其他社会经济活动
消费型景观	村镇景观	依靠来自生产型景观的供应，提供技术、农药、化肥、市场服务等	硬化地面、污染物质及人类活动皆造成功能流的干扰，强烈威胁生态功能发挥	为居住、工业、商业等社会经济活动发生的主要场所，也是交通功能流产生的驱动力
调和型景观	林草景观	通过适当经营管理，也可提供各类农副产品	通常位于林地外围，起着缓冲作用，避免外界干扰直接冲击	提供休闲游憩场所，中度阻碍社会经济活动

6.2　景观生态评价

人类的生存发展离不开自然环境的物质支持与能量供应，如何测度自然环境的结构与功能现状，评判自然环境对人类提供多功能服务的能力，从而有效调控人类-自然生态系统服务供求平衡，是促使景观生态评价产生和发展的客观需要。作为景观生态分类研究的深化，景观生态评价在景观生态分类的基础上，对具有镶嵌特性的空间单元进行结构与功能评估，通过剥离和抽取包含人类活动在内的各种干扰下的景观格局与生态过程互馈关系中的关键联结，剖析格局与过程之间的互馈渠道，阐明格局与过程相互作用的内在机制，旨在促进景观的功能发挥，提升景观的健康水平，保障景观的安全状态，为有效实施景观生态管理提供决策支持。

景观生态评价，作为上承景观生态分类，下启景观生态规划与管理的重要环节，评价内容非常广泛，依据评价目的可将评价内容大致分为三个方面，即景观适宜性评价、景观生态健康评价与景观安全格局评价。其中，景观适宜性评价是对景观提供的支持功能与人类需求之间的契合程度进行评判，为景观生态规划与管理实现资源的最优利用提供依据；景观生态健康评价是对景观的活力、组织力、恢复力与生态系统服务功能的综合评判，是体现景观状态能否满足人类期望的相对标准，是启动景观生态管理的阈值，也是评估景观生态管理绩效的基准；景观安全格局评价，是人类通过主动干预景观，以格局调控过程，实现生态安全的基本途径，为主动实施景观生态管理提供具体的技术路线。作为景观生态管理的前提和依据，景观生态评价阐释并从理论上回应了景观生态管理面临的三个基本问题：其一，景观适宜性评价回答了自然环境能够提供何种服务与功能；其二，景观生态健康评价回答了自然环境是否有能力提供相关的服务与功能；其三，景观安全格局评价回答了如何通过格局调控保障相关服务与功能的持续供给，从而为景观生态管理提供综合且具针对性的决策支持信息。

6.2.1 景观适宜性评价

适宜性评价是土地科学中的一类重要等级划分方法，随着人类活动的不断增强，土地及其上覆盖的各种自然资源作为支持和承载人类活动的重要载体，其合理的利用方式和途径受到普遍关注，因而，土地适宜性评价逐步成为土地规划、城市规划的理论基础与科学依据。近年来，景观生态管理的出现，对作为其管理基础的景观适宜性评价，相比传统的土地适宜性评价而言，在理论和方法上都提出了更高的要求。因此，景观适宜性评价的发展与完善，是适宜性评价思想在景观生态学框架下的具体实践，也是对景观生态管理不断发展与完善的客观响应。

1. 从土地适宜性评价到景观适宜性评价

景观适宜性评价与土地适宜性评价具有密切的关联，在继承土地适宜性评价原理与方法的同时，景观适宜性评价整合了景观生态学基本理论，对土地适宜性评价理论和方法进行了拓展与革新。鉴于此，为深入发掘景观适宜性评价的内涵，有必要将其与土地适宜性评价的概念进行对比辨析，明确两者概念与内涵的异同，从而实现对景观适宜性评价全面而深刻的理解。

土地适宜性评价最早出现于美国宾夕法尼亚大学麦克哈格教授在纽约斯塔腾岛（Staten Island）的土地利用规划中，并在麦克哈格于 1969 年出版的 *Design with Nature* 中界定为"由土地内在自然属性所决定的对特定用途的适宜或限制程度"（杨少俊等，2009；周建飞等，2007）。1976 年联合国粮食及农业组织颁布的《土地评价纲要》，明确土地适宜性评价就是判断土地对不同利用方式是否适宜以及适宜程度如何，从而作出等级评定。此后，土地适宜性评价逐渐应用到农、林、牧及城市用地等多个领域，其概念也不断拓展，相继出现了土地生态适宜性评价和生态适宜性评价等相关概念。其中，土地生态适宜性评价是根据土地系统固有的生态条件分析并结合考虑社会经济因素，评价其对某类用途的适宜程度和限制性大小，划分其适宜程度等级（陈燕飞等，2006）；生态适宜性评价是根据发展需求与资源利用要求，划分资源与环境的适宜性等级（常青等，2007）。纵观上述各种适宜性评价的定义，其核心内涵都来源于麦克哈格的生态规划思想；评价对象都是土地，并强调土地的资源属性；评价目标都是通过对不同土地利用方式的适宜程度进行等级划分，从而确定最适合的土地利用方式；本质上都是一项预测性研究，方法上通过对影响土地利用的自然因素和社会经济因素的综合分析，揭示评价单元的土地利用潜力。

近年来，景观生态学理论的引入给土地适宜性评价带来了新的研究视角，逐渐形成景观适宜性评价的概念。早期的景观适宜性评价对象是特定的生物物种，评价目标是确定并划分景观因子对特定生物物种保护的适宜性程度（陈利顶等，2000）。随着评价对象的扩展，评价目标变为以景观生态类型为评价单元，根据区域景观资源与环境特征、发展需求与资源利用要求，选择有代表性的生态特性，从景观的独特性、多样性、功效性与宜人性入手，分析某一景观类型内在的资源质量以及与相邻景观类型的关系，确定景观类型对某一用途的适宜性和限制性，划分景观类型的适宜性等级。而后，为进一步适应景观规划的需求，景观适宜性评价概念发展为通过对景观可能的若干利用方案进行适宜性评价，根据对景观组成、结构、功能与动态的分析，结合一定的景观功能需求，提出并比较不同规划与利用方案优劣的评价过程（宇振荣，2008）。

与传统的土地适宜性评价相比，景观适宜性评价与土地适宜性评价存在一定的共同点：①景观适宜性评价的核心内涵同样体现了生态规划思想，并以景观生态学的视角审视资源利用与规划的设计与实施；②在评价方法上涵盖了土地适宜性评价的方法，即依循限制性因素的综合叠加组合，获得适宜性等级划分的基础依据；③在本质上也是一种预测性评价。但是，景观适宜性评价与土地适宜性评价也有不尽相同之处，主要包括以下几个方面。

（1）评价对象的内涵延伸。土地适宜性评价的对象是土地，并注重土地的资源属性，因而在评定特定用地类型的过程中，强调其作为载体的功能。例如，评价耕地适宜性时，除考虑作物自身需要的水热条件外，着重考虑土地的肥力；而在评价建设用地适宜性时，则更多地关注土地能否提供适当的空间场所。而景观适宜性评价的对象则是景观，虽然与土地存在外延上的从属关系，但景观适宜性评价不仅强调景观对资源利用的支持功能，还强调景观作为复杂生命组织整体的价值及其提供的服务功能的动态过程。因此，景观适宜性评价对象具有更大的内涵，其根本原因在于景观异质性原理，使不同空间单元镶嵌的地域综合体与以均质性地块单元为基础的土地具有本质区别。

（2）评价目标的综合拓展。景观适宜性评价的目标并非仅仅对特定土地利用方式进行适宜程度划分，而是基于对多种景观与资源利用的适宜程度评价，对不同土地利用或景观规划方案进行优选。因此，景观适宜性评价目标，不仅包含诸如在景观中开垦耕地或开发建设用地的适宜性等级，还涵盖了包括耕地、建设用地、林地以及其他土地利用类型的综合性用地方案，并可在不同方案之间进行对比优选。评价目标从评价单一的土地利用方式的适宜性程度，拓展为从整体上评价综合用地方案的优劣。

（3）评价的动态延续。土地适宜性评价是一种现状评价，是基于现时的各种限制条件进行适宜性等级划分，属于静态评价过程。景观适宜性评价在分析景观中现时的限制条件的同时，关注景观组成、结构与格局改变之后的功能变化与效应，因此，景观适宜性分析不仅进行现状评价，而且通过将土地利用目标与景观变化相结合使现状评价在时间上得以延续，属于动态评价过程。

（4）目标生态过程的方向性延伸。传统的土地适宜性评价关注同一评价单元内的垂直生态过程，强调某一评价单元内地质、土壤、水文、植被、动物与人类活动及土地利用之间的垂直过程和联系，即将某一评价单元内部的各种限制性因素进行垂直叠加。然而，除了垂直方向的生态过程，景观过程在水平方向也有延伸，如物种迁移、物质的空间运移、能量的空间流动以及某些干扰过程（如风灾、洪水等）的空间扩散等（陈燕飞等，2006）。因此，景观适宜性评价通过探究评价对象的适宜性与水平方向生态过程之间的互馈，体现了景观生态学强调水平方向生态学过程的特点，将土地适宜性评价的目标生态过程从垂直方向延伸至水平方向。

2. 景观适宜性评价基本原则

景观适宜性评价作为一种等级划分方法，在评价过程中，评价指标的选取、评价方法的选择以及评价尺度的确定，是决定评价结果可靠与否的关键因素。为保证景观适宜性评价具有客观可靠的结果，评价过程必须遵循如下基本原则。

（1）主导因素与综合分析相结合的原则。景观是不同空间单元镶嵌的地域综合体，景观的各个组分对景观的作用大小不尽相同，而且不同地区、不同景观类型的主导因素也有差异，因此需要对主导因素进行具体分析。同时，景观中各组分发挥的功能不同，且相互影响，使景观功能整体大于各部分之和。因此，景观的性质和用途取决于全部构成因素的综合影响，只有对这些因素进行综合分析，才能作出符合实际的客观评价。

（2）综合自然属性与社会经济属性的原则。在进行景观适宜性评价时，既要考虑景观的自然属性，又要考虑景观的社会经济属性。保护自然景观资源和维持自然景观生态过程及功能，是保护生物多样性及合理开发利用自然资源的前提，因此在评价景观适宜性的过程中，需要重点考虑对保持区域基本生态过程和生命维持系统具有重要意义的景观组分，如原始自然保留地、森林、湖泊以及大的植被斑块等。同时，评价景观适宜性的依据包括社会经济条件以及人类价值的需要。这就要求在全面和综合分析景观自然条件的基础上，同时考虑社会经济条件，如当地的经济发展战略与人口问题等。只有这样，才能客观地进行评价，为景观生态管理服务。

（3）定量分析与定性分析相结合的原则。定性分析是对景观适宜性的概略分析，是评价者根据评价任务，凭借自身的经验和知识，对评价对象的性质、特点作出判断的一种方法，是进行定量分析的前提。定量分析是对定性分析的具体化，通过收集数据资料、建立数学模型，计算评价对象各项指标及其数值。两种方法相辅相成，只有定性判定景观中限制性因素的类型和特点，才能明确评价方向和正确搜集资料，否则只能进行盲目的定量分析，并无实际意义；而定量分析通过直观的数字与统计结果，准确划分景观适宜性的具体等级，增强结果的可靠性和说服力。

（4）重视尺度效应的原则。景观作为评价的目标单元，具有强烈的尺度依赖性，特别在空间尺度方面，由于所采用空间数据的幅度与粒度改变所产生的尺度效应会对评价结果产生显著影响，是景观适宜性评价成功与否的重要影响因素。同时，景观适宜性评价所关注的生态过程同样具有尺度性，即在不同的时空尺度上，评价者关注的生态过程亦有所区别，如特定范围的林地，适合于观察物种迁移；而对于整个林区，则适宜进行植被恢复过程的探讨。因此，在进行景观适宜性评价时，需要针对不同尺度的生态过程，选择相应的评价指标与方法，以获得可靠的评价结果。

3. 景观适宜性评价的主要方法

景观适宜性评价常用方法包括"千层饼"法与逻辑规则组合法。"千层饼"法通过多因素叠加区分适宜性等级，逻辑规则组合法则通过生态因子逻辑规则进行适宜性分析，两者代表了适宜性评价的主流思路。此外，随着空间信息技术的发展，人工智能为定量描述景观适宜性等级提供了先进的分析手段。从广义上讲，人工智能包括所有能够辅助人们在模拟决策中的计算技术，能够较好地解决计算过程中的不确定性与模糊性，主要包括人工神经网络、遗传算法、模糊数学、元胞自动机等（邱炳文等，2004）。然而，当前的各种方法都是针对垂直生态过程设计，无法对水平方向的生态过程进行描述；涵盖水平方向生态过程的适宜性评价方法处于探索之中，尚未出现普适性方法。

1）"千层饼"法

"千层饼"法又称地图叠加法，从 20 世纪 60 年代开始被广泛应用于高速公路选线、土地利用、森林开发、流域开发、城市与区域规划中。随着计算机技术水平的逐步提高和生态学理论的完善，该方法先后经历地图重叠法、加权叠加法和生态因子组合法三个阶段（杨少俊等，2009）。评价过程主要包括以下几个步骤（周建飞等，2007）（图 6-1）。①选取评价指标。通过综合考察景观的自然属性和社会经济属性，结合评价目标，选择适当的评价指标对景观适宜性进行评价。通常采用室内遥感解译与野外调查相结合的方法获取自然属性，社会经济属性通过 GIS 进行空间化处理，获得每一个评价因子专题图。②单因素评价。根据单因素评价标准，对各个单因素的评价单元分等。③确定各因素权重。常用方法包括专家打分法、层次分析法、主成分分析法、明智比较法等。④综合评价。应用相应景观适宜性评价的数学模型进行综合评价。

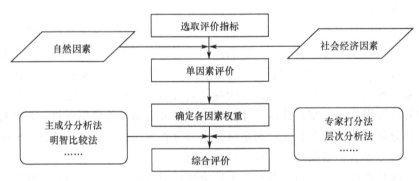

图 6-1　"千层饼"法评价流程

总体而言，叠加分析方法以其容易理解和操作的特点而被应用广泛。但是，在进行加权综合分析操作时，科学选择评价因子以及赋予它们相应权重需要依靠评价者自身对问题的理解与实践经验。因此，该方法要求评价者自身具有较高的专业知识与丰富的评价经验。

2）逻辑规则组合法

为了解决"千层饼"法各评价指标权重确定的困难，演化产生逻辑规则组合法，该方法针对分析因子存在的复杂关系，运用生态因子逻辑规则建立适宜性分析准则，并以此为基础判别土地的生态适宜性，不需通过确定生态因子的权重就可以直接进行适宜性分区（杨少俊等，2009）。

Ju（1998）根据逻辑组合原理构建了城市土地可持续利用规划最终分类矩阵，通过对土地的生态价值和社会经济价值需求的组合来判断土地合理的利用程度。随后，史培军等（2000）在其逻辑组合原理的基础上，建立了土地可持续利用最终分类矩阵。参照Ju（1998）与史培军等（2000）的评价思路，设计基于逻辑组合原理，针对资源开发利用目标的景观适宜性评价方法（表6-2）。

表 6-2 基于资源开发目标的景观适宜性逻辑组合矩阵

分类		景观的生态价值			
		低	中等	高	很高
景观的社会经济需求	很高	很适宜	很适宜	适宜	勉强适宜
	高	很适宜	适宜	勉强适宜	勉强适宜
	中等	适宜	勉强适宜	勉强适宜	不适宜
	低	勉强适宜	不适宜	不适宜	不适宜

逻辑规则组合法是一种无需经过大量计算，依据定性判断就可实现生态适宜性评价方法，但其难点在于逻辑规则的制定（杨少俊等，2009）。当评价的因子过多时，要获取生态适宜性与评价因子之间的逻辑关系就显得相对困难。目前，逻辑规则组合法在实践中往往与地图叠加法综合运用。

4. 案例：城市土地开发的景观适宜性评价

将景观适宜性评价的原理与方法应用到具体案例中，是景观生态学实现理论与实践结合的重要途径。在景观适宜性评价的发展过程中，出现了基于不同目标和方法的研究案例，对景观适宜性评价的发展起了积极的推动作用，如陈利顶等（2000）对卧龙自然保护区大熊猫保护进行的景观适宜性评价，成为早期景观适宜性评价应用于物种保护目标的代表性成果。近期的研究案例则逐步尝试从土地方案优选的目标出发，对综合用地方案进行景观适宜性评价。下面以丹东市城市土地开发的景观适宜性评价为例（李猷等，2010），简单介绍景观适宜性评价在城市土地规划中的具体应用。

丹东市城市土地开发的景观适宜性评价主要包括两个方面的内容：首先，基于耕地适宜性与建设用地适宜性评价结果，提出三个基于不同发展目标的城市土地开发方案，包括经济发展优先方案、生态保护优先方案与协调发展方案；其次，对上述三种开发方案进行景观质量评价，选择景观质量最高的方案作为优选方案。

1）城市土地开发方案制订

制订土地开发方案一般以优化城市生态环境，促进可持续发展为原则，不但要考虑建设用地适宜性评价中的基本限制因素，而且必须考虑对城市用地安全性和持续利用性具有突出影响的限制条件和特殊因素，以保障城市用地建设发展的生态安全。基于耕地适宜性评价结果，将耕地持续利用和生态敏感区（风景名胜区与自然保护区）保护作为丹东市未来城市发展的重要限制因素，同时考虑城市开发建设的需要，结合建设用地适宜性评价结果，提出三个基于不同发展目标的城市土地开发方案。①经济发展优先方案。以丹东城市社会经济发展为目标，提供较好的建设用地条件，仅在建设用地适宜性评价的基础上，扣除现有建设用地，并将生态敏感区作为不适宜开发区。②生态保护优先方案。以丹东城市生态安全为目标，尽量开发对生态环境影响较小的地块。扣除现有建设用地，将生态敏感区和优质耕地作为不适宜开发区。③协调发展方案。在保证城市空间持续利用与不影响城市生态安全的前提下，尽可能满足和提供城市开发所需的建设用地。考虑所有限制性因素，在扣除生态敏感区与现有建设用地的基础上，提出协调发展方案。

2）景观生态质量评价

景观生态质量是指景观生态系统维持自身结构与功能稳定性的能力，以景观生态系统的稳定性作为衡量标准。景观生态系统的稳定性取决于景观生态系统稳定程度和系统干扰程度两个方面。若干扰程度大于稳定程度，景观生态系统趋于非稳定态，景观生态质量较低；若干扰程度小于稳定程度，景观生态系统趋于稳定态，景观生态质量较高（朱永恒等，2007）。以土地利用结构指数、植被覆盖度以及景观蔓延度指数表征景观生态系统的稳定程度，以景观形状指数、景观破碎度指数和建设用地干扰度指数表征景观生态系统受到的干扰程度，而景观生态质量为景观稳定程度与景观干扰程度之差。综合评价景观生态质量（表 6-3），以协调发展方案最高，生态保护优先方案居中，而经济发展优先方案最低。

表 6-3　丹东市土地开发方案景观生态质量评价结果（李猷等，2010）

情景方案	稳定度	干扰度	景观生态质量
方案 1	0	1	−1
方案 2	0.829	0.453	0.376
方案 3	0.612	0.178	0.434

6.2.2　景观生态健康评价

自然生态系统提供了人类赖以生存和发展的物质基础与生态服务，健康的生态系统是实现人类社会经济可持续发展的根本保证（马克明等，2001）。作为环境管理的目的与基础，生态系统健康的提出为环境管理提供了新的思路与方法（Gallopin，1995；Costanza，1992）。由于健康概念可以准确刻画人类未来持续性发展的状态（Patten and Costanza，1997），在全球社会经济高速发展导致自然生态系统健康状况日益恶化的严峻形势下，生态系统健康及其评价研究不仅具有重要的应用价值，而且丰富了现代生态学的研究内容（袁兴中等，2001），已成为当前生态系统管理的核心问题和宏观生态学研究的热点领域之一（彭建等，2007；Rapport，2003；Rapport et al.，1998）。

1. 生态系统健康与景观生态健康

生态系统健康是指结合人类健康，在生态学框架下对生态系统状态特征的一种系统诊断方式。目前关于这一概念的确切定义仍未达成共识（张志诚等，2005；Costanza，

1992)。众多学者分别从不同的学科视角对其进行了界定，而以是否考虑生态系统对人类社会的服务功能为区隔，可以将生态系统健康的定义划分为生物生态学定义和生态经济学定义两类。前者出现于 20 世纪 90 年代早期，以 Costanza（1992）的定义为代表，但多倾向于强调生态系统的自然生态方面，而忽视社会经济与人类健康因素；后者则多数出现于 90 年代晚期，以 Rapport（1998a）的界定最为典型，将人类视为生态系统的组成部分，同时考虑生态系统自身的健康状态及其满足人类需求和愿望的程度，即生态系统服务功能。综合来看，生态经济学定义代表了生态系统健康概念研究的最新进展，得到了多数学者的认同。

生态系统健康研究涉及生物细胞、组织、个体、种群、群落、生态系统、景观/区域、陆地/海洋与全球等不同尺度上的对象，但具有宏观生态学意义的主要包括生态系统、区域/景观和全球三大层次。生态系统健康的研究重点也因时空尺度的变化而异，其中，生态系统是生态系统健康研究的基本尺度，研究主要着眼于生产者、消费者、分解者与非生物环境等生态系统组成要素的动态特征，强调生态系统对外部环境的影响与响应，及其与人类健康的相互关联；区域/景观是生态系统健康研究的核心尺度，研究主要着眼于景观空间格局对生态过程的影响，和生态系统服务功能的动态维持，强调空间邻接关系对相邻生态系统的作用；全球是生态系统健康研究的目标尺度，研究主要着眼于生物多样性、生物地球化学循环和能量转化效率，强调生态系统服务功能与人类需求的动态平衡。

在三大层次中，全球尺度的研究，有利于从总体上了解全球生态系统健康态势，并可加深公众对生态系统健康问题的认识，但却失去了决策者们制定政策所必需的地方性特点（傅伯杰等，2001），当今世界社会经济、文化传统与生态环境的巨大差异，决定了全球不是一个探讨生态系统健康可操作的空间途径；尽管生态系统尺度的健康研究是宏观生态系统管理的基本依据，有助于解析大尺度生态系统健康的成因机制，但生态系统更多的属于类型研究范畴，难以反映地域空间的整体健康状况，也不是可操作的空间单元；而中尺度的区域/景观，作为一个不同生态系统空间镶嵌而成的地域单元，是全球尺度研究的重要基础，既能将宏观（全球）与微观（生态系统）尺度的健康问题紧密联系起来，又能使生态系统健康状态与社会经济影响相互关联，是进行生态系统健康研究的关键尺度。

景观生态健康，是指一定时空范围内，不同类型生态系统空间镶嵌而成的地域综合体，在维持各生态系统自身健康的前提下，提供丰富的生态系统服务功能的稳定性和可持续性，即在时间上具有维持其空间结构与生态过程、自我调节与更新能力和对胁迫的恢复能力，并能保障生态系统服务功能的持续、良好供给。因此，景观生态健康包括活力、组织力、恢复力与生态系统服务功能 4 个特征。其中，活力揭示了景观生态系统的功能，一般用新陈代谢能力或初级生产力等来测度；组织力可根据区域/景观结构的整体稳定性及各组分间的相互连通性来评价；恢复力是指景观镶嵌体在胁迫下维持其原状结构与功能的能力；生态系统服务功能则需考虑不同生态系统空间邻接关系对其服务功能的影响。

与生态系统健康相比，景观生态健康与生态系统健康具有紧密联系和显著差异。一方面，生态系统尺度的健康评价，是对某一特定生态系统类型的健康评价，更多的是为生态系统诊断疾病,本质上属于质量评价的范畴;另一方面,景观生态健康评价在生态系统健康评价的基础上,以生态系统服务功能为核心,更关注健康的空间维度,强调不同类型生态系统的空间镶嵌格局,尤其是空间邻接关系对这种类型健康的影响,是对质量评价、数量评价与空间评价的综合。

2. 景观生态健康评价的原理与方法

1) 评价的目标单元

由于景观的空间异质性,即不同类型生态系统在地域单元上的空间镶嵌,依据生态整体性大于部分之和的基本原理,景观生态健康评价应是对地域空间内多种生态系统组成的空间镶嵌体的健康状态的综合评价,而并非是对各类生态系统健康状态单一评价结果的简单加和。其评价结果不仅能揭示景观整体的健康状况,而且往往以景观内部不同空间单元生态系统健康状态的空间差异为重要表征。因此,景观生态健康评价应以景观整体或其内部细分的空间单元为基本评价单元,这些评价单元均是不同类型生态系统的空间镶嵌体。而生态系统尺度的健康评价,则以特定类型的生态系统为评价单元,可以是对一个生态系统的健康评价,如对池塘生态系统健康的评价;也可以是对地域空间内所有生态系统(类型相同或不同)的健康评价,如对全国森林生态系统的健康评价。尤其是对后一种情况,尽管评价工作是在区域尺度上开展的,但评价的基本单元却是生态系统,评价的基本原理、方法均属于生态系统的类型健康评价范畴。

因此,作为一个有着鲜明生态学意义的生态系统健康研究专用术语,景观生态健康与景观尺度的生态系统健康评价有着本质的区别,就概念的外延而言,景观生态健康评价一定是景观尺度的生态系统健康评价,但景观尺度的生态系统健康评价却不完全都属于景观生态健康评价的范畴。

2) 评价的模型方法

生态系统健康评价一般包括指示物种法和指标体系法两种方法(马克明等,2001)。其中,指示物种法简便易行,在早期的陆地、水生等自然生态系统健康评价中较常采用,主要依据生态系统的关键物种、特有物种、指示物种、濒危物种、长寿命物种和环境敏感物种等的数量、生物量、生产力、结构指标、功能指标及一些生理生态指标来描述生态系统的健康状况。但由于指示物种的筛选标准及其对生态系统健康指示作用的强弱不明确(马克明等,2001),且未考虑社会经济和人类健康因素,难以全面反映生态系统的健康状况(戴全厚等,2006),该方法存在严重的不足,尤其不适用于人类活动主导的复杂生态系统的健康评价。指标体系法则根据生态系统的特征及其服务功能建立指标体系进行定量评价,选取的指标既包括生态系统的结构、功能和过程指标,也可以是社会经济和景观格局、土地利用指标,该方法以其提供信息的全面性和综合性而被广泛应用(周文华和王如松,2005)。景观作为多种生态系统的地域空间镶嵌体,显然很难找到恰当的指示物种(群)对其健康状况进行监测,因此,指标体系法是景观生态健康评价的唯一方法。

而在建立指标体系后,目前生态系统健康评价采用的具体模型方法则包括综合指标法和模糊综合评价法两类。其中,综合评价法一般通过层次分析法确定指标权重,构建综合指数对系统健康状况进行综合定量评判。模糊综合评价法认为生态系统健康与否完全取决于标准值，但由于难以合理界定这些标准值，健康是一个相对概念，因而，可以作为一个模糊问题来处理（官冬杰和苏维词，2006），该方法一般根据多个因素评价对象本身存在的性态或隶属上的亦此亦彼性，从数量上对其所属成分给以刻画和描述。两种方法比较而言，综合指标法的优点在于能较好的体现生态系统健康评价的综合性、整体性和层次性，评价过程简单明了，评价结果明确，易于公众感知。而模糊综合评价法则能避免主观判断生态系统健康标准的不确定性，但考虑到综合评价法也可以通过时间序列、空间序列的纵向、横向比较来探讨生态系统健康程度的高低变化，从而也可以避免人为确定生态系统健康标准的不确定性，因此，基于层次分析法的综合评价方法在已有的生态系统健康评价中得到了更广泛的应用，模糊综合评价法的应用相对较少，且集中在城市和湿地生态系统健康评价中（官冬杰和苏维词，2006；周文华和王如松，2005）。

此外，随着生态系统健康评价的进一步深入，当前在宏观生态系统综合评价中应用较多的人工神经网络、物元分析等评价方法也必将被引入，上述方法各有优缺点和适应范围，在分析生态系统健康问题时宜根据实际情况确定采用何种方法（彭建等，2007）。

3）评价指标的选取

指标体系的建立是景观生态健康评价的核心（王薇和陈为峰，2006），由于在生态系统健康及其评价相关概念理解上的不一，以及评价的具体生态系统类型及区域生态环境特征的差异，针对景观生态健康目标提出了多种指标体系分解方案例如，"生态特征-功能整合性-社会环境"（崔保山和杨志峰，2002）、"结构功能-可持续利用能力-动态变化"（官冬杰和苏维词，2006）、"资源环境支持-社会经济人文影响-生态综合功能"（戴全厚等，2006）、"生态特征-人类扰动"（陈铭等，2006）等。尽管如此，以"活力-组织力-恢复力"分解框架为基础的评价指标体系仍得到了广泛认可（郭秀锐等，2002，2005；蒋卫国等，2005）。

生态系统健康具有双重含义：其一是生态系统自身的健康，即生态系统能否维持自身结构、功能与过程的完整；其二是生态系统对于评价者而言是否健康，即生态系统服务功能能否满足人类需求，这是人类关注生态系统健康的实质。因此，生态系统健康以人为主观评价者，不可能存在于人类的价值判断之外（Rapport，1998a）。自然生态系统健康的核心在于通过生态系统结构与功能的完整性保障生态系统服务功能的持续供给以满足人类需求，生态系统服务功能的维持也是评价生态系统健康的一个重要原则（任海等，2000a）。

此外，由于景观是由多种生态系统在地域空间上镶嵌而成的，景观生态健康评价的对象是这种由多个生态系统构成的景观镶嵌体，而非单一的生态系统，区域生态系统服务功能依靠景观结构（包括要素结构与空间格局）与功能的动态维持；而且，这种空间镶嵌关系决定了生态系统之间不同的空间邻接关系必然对其服务功能的发挥造成影响。例如，对于森林生态系统而言，湖泊生态系统的邻接将增加其服务功能；而若邻接的是荒漠生态系统，则会降低其服务功能。因此，景观格局对于生态系统健康具有重要意义（O'Laughlin et al.，1993），基于空间邻接关系的景观格局指数也是景观生态系统健康评价的适宜指标（表6-4）。

表 6-4 景观生态健康评价指标

健康指标	相关概念	测量指标	起源领域
活力	生产力	归一化植被指数	生态学
		净第一性生产力	
		景观多样性	
		景观分维数	
组织力	景观格局指数	景观破碎度	景观生态学
		景观聚集度	
		斑块结合度	
恢复力	恢复力	恢复力系数	生态学
生态服务功能	生态系统服务功能	生态系统服务功能	生态学
		空间邻接系数	

4) 评价指标的阈值

确立健康生态系统的标准，即评价指标的阈值，不仅对健康研究本身极其重要，而且对于生态系统健康研究方法和途径均有很大帮助，是景观生态健康评价的关键。尽管国外有不少学者提出以未经过人类干扰的生态系统的原始状态、演替的顶级状态或生命诞生前的热力学平衡态等作为自然生态系统的健康状态，但上述将某一特定生态系统状态作为健康标准的看法均缺乏理论依据，遭到了大部分学者的质疑与反对（张志诚等，2005）。而国内部分学者，尤其是在城市生态系统健康评价中，往往采用生态城市、园林城市、环保模范城市目标值或规划值、国际发达城市建设标准值、全国最高、最低或现状值作为相关指标的健康标准（官冬杰和苏维词，2006；郭秀锐等，2002）。而这些标准值本身就是由经验确定的，对健康的指示意义不明确，缺乏对其与生态系统健康目标的"剂量-效应关系"验证，都难以称得上是有效的指标阈值。

事实上，生态系统健康评价的目的并不是为生态系统诊断疾病，而是在一个生态学框架下，结合人类健康观点对生态系统特征进行描述，即定义人类所期望的生态系统状态（Munawar et al.，1994）。因此，生态系统健康标准是一个人类标准，评判某个状态是否健康在很大程度上取决于社会利益。并且，由于人类的主观期望是动态变化的，健康是一种相对概念，绝对健康的生态系统是不存在的。同一生态系统，面对不同的人类期望，评估结果迥然不同。正如 Rapport（1998b）所言："我们不能比较哪一种类型的生态系统比另一种更健康，而只能比较同一类型生态系统的健康程度"。所以，绝对的健康标准是不存在的，景观生态健康评价，应着力于探讨健康的时间动态与空间差异，而非人为判定某时某地健康与否，从而保障研究的客观性。

5) 评价指标的权重

应用综合指数法评价景观生态健康，指标权重对评价结果具有显著影响。权重用来表示各指标变量或要素对于上一层次等级要素的相对重要程度的信息，通常根据原始数据的来源可以将指标权重确定方法分为主观赋权法与客观赋权法两类。其中，主观赋权法主要依据专家经验人为主观确定指标权重，具体包括古林法、Delphi 法、AHP 法等，目前在生态系统健康评价中应用较广泛，但客观性较差；客观赋权法则根据原始数据运用统计方法计算而得。由于不依赖于人的主观判断，客观性强，目前在景观生态健康评价中具体应用的有熵权法、因子分析法、均方差法等（戴全厚等，2006；官冬杰和苏维词，2006；周文华和王如松，2005）。

相对而言，客观赋权法虽然在确定权重的过程中较为客观，但所确定的权重都受各评价指标具体数值的影响，不能反映专家的知识经验，难以真实表征评价指标的相对重要性，有时得到的权重可能与实际重要程度完全不相符；而主观赋权法，虽然权重确定的过程较为主观，但一般都能基本反映评价指标间的相对重要性差异。因此，考虑到景观生态健康评价本身就是一种人为的主观判断，主观赋权法有其科学合理性，其实用性要强于客观赋权法。

6.2.3　景观安全格局评价

格局与过程以及两者之间的互馈关系，是景观生态学的研究重点。景观格局既是各种生态过程作用的结果，同时对景观中的各种生态过程具有深刻影响。在生态安全的概念被广泛接受之后，人们的关注焦点从如何定义生态安全转变为如何实现生态安全，特别是区域生态安全概念的提出，为具体实现生态安全提供了具有可操作性的技术框架。恢复有利的生态过程，控制有害的生态过程，是寻求生态安全保障的必然要求，而通过何种途径实现这一目标是生态安全研究必须解决的理论问题。景观安全格局的提出，正是适应了生态安全研究中对生态过程进行合理调控的理论需求，依据格局与过程的相互作用，通过构建景观安全格局，达到对生态过程的有效调控，保障生态功能的充分发挥，最终实现生态安全。

1. 从区域生态安全到景观安全格局

生态安全的概念产生于20世纪80年代，存在广义与狭义两种理解：前者以国际生态系统分析研究所提出的定义为代表，是指使人的生活、健康、安乐、基本权利、生活保障来源、必要资源、社会秩序和人类适应环境变化的能力等方面不受威胁的状态，它包括自然生态安全、经济生态安全和社会生态安全；后者是指自然和半自然生态系统的安全，即生态系统完整性和健康的整体水平（郭明等，2006）。近年来，生态安全研究开始注重生态系统及其以上水平，力求以宏观生态学理论为指导，将单个地点或较小区域内的生态风险问题联系起来，进行区域生态风险的综合评价，强调格局与过程安全及整体集成，并着重实施基于功能过程的生态系统管理（马克明等，2004）。

生态系统管理的关键是将管理政策落实到具体的空间单元上，而如何将恢复措施和管理对策落实到空间地域上，使之更加有针对性地解决区域性生态环境问题，是需要突破的重点。因此，针对区域性生态环境问题及其干扰来源的特点，通过合理构建区域生态格局来实施管理对策，抵御生态风险，是目前区域生态环境保护研究的新需求，也是生态系统管理能否成功的关键步骤（马克明等，2004）。对此，相关学者提出由格局与过程相互作用的角度寻求解决生态问题的对策。例如，通过对空间中一些控制生态过程的关键局部、点和空间的整合，构成保障生态系统健康与功能健全的景观格局（Yu，

1996)，或提出以保护和恢复生物多样性、维持生态系统结构和过程的完整性为目的，实现对区域生态环境问题有效控制和持续改善的区域性空间格局（马克明等，2004）。

景观是区域生态管理的基本单元（万利等，2009），景观格局是包括干扰在内的各种生态过程在不同尺度上作用的结果，决定着资源和物理环境的分布形式和组合，与景观中的各种生态过程密切相关，对抗干扰能力、恢复能力、系统稳定性和生物多样性有着深刻的影响（马克明等，2004）。格局和过程的相互作用，决定了外界干扰在改变景观格局的同时又受到景观格局的制约（黎晓亚等，2004）。当干扰过程的强度和规模超过景观格局对外界干扰的反应阈值时，景观格局发生质的变化，从而使关键生态过程发生改变，影响系统所受胁迫的安全等级（肖笃宁等，2002）。因此，区域生态安全应该通过优化景观格局来实现，通过改变景观格局，控制有害的生态过程，恢复有利的生态过程，从而实现区域生态安全（马克明等，2004）。

景观安全格局的提出，是在区域生态安全的研究框架下，对区域生态安全格局的具体化。通过将空间单元落实到具有可实际操作意义的景观上，在提升安全格局构建的可操作性的同时，也为景观生态学既有原理和方法也与对应尺度进行对接提供便利。总体上，景观安全格局与区域安全格局具有一致的目标与内涵，可借鉴区域生态安全格局对景观安全格局进行定义，即针对生态环境问题，在干扰排除的基础上，能够保护和恢复生物多样性、维持生态系统结构和过程的完整性、实现对生态环境问题有效控制和持续改善的景观格局。与 Yu（1996）提出的景观安全格局概念相比，这里的景观安全格局也是基于格局与过程相互作用的原理寻求解决区域生态环境问题的对策，但是更强调生态环境问题的发生与作用机制，如干扰的来源、社会经济的驱动以及文化伦理的影响等；强调集中解决生物保护、生态系统恢复以及景观稳定等问题；强调以上两个方面各要素的纵横交织产生的新特点；发现干扰对某一尺度格局与过程的作用，提出相应的解决对策，然后将所有单项对策进行综合，从更加宏观、更加系统的角度提出实现生态安全的对策，并通过景观安全格局的规划与设计进行具体实施（马克明等，2004）。

2. 景观安全格局构建的基本原则与流程

景观安全格局的构建是有针对性解决区域生态环境问题，将恢复措施和管理对策落实到空间地域上的现实途径。在借鉴了景观生态规划方法、空间明晰化的景观生态模型方法、公众参与的规划方法、预案研究的方法以及生态系统管理方法之后，形成了景观安全格局的设计原则与框架（黎晓亚等，2004）。①针对性原则。针对景观生态环境问题及其干扰来源，以排除和控制干扰为目标进行规划设计。②自然性原则。以保护和恢复自然生态结构和功能为目标进行规划设计。③主动性原则。控制有害人类干扰，实施有益的促进措施，加速生态系统恢复的规划设计。④等级性原则。根据生态环境破坏的实际状况，确定生态安全建设的层次，有层次地进行规划设计。⑤综合性原则。综合考虑生态、经济、社会文化的多样性对景观安全格局的影响，进行综合性的规划设计。⑥适应性原则。根据生态规划方法和技术的发展、社会经济发展需求的变化，不断调整生态安全标准和格局设计以适应这些变化。

通过整合景观格局优化、干扰分析以及预案研究方法，将景观安全格局构建方法分解为如下几个步骤（黎晓亚等，2004）。

（1）生态环境问题分析。在景观或区域存在一定生态环境问题的情况下，通过景观格局与功能分析及干扰分析两大类方法对生态环境问题的范围、强度、起因、过程等进行分析，提出相应对策。

（2）预案研究。将生态功能恢复对策、干扰控制对策以及社会经济对策与预案研究进行结合，对未来不同的干扰水平变化情况下的生态安全水平进行预测，以一系列连贯的或极端类型的干扰变化为基础设计预案，对各预案下的生态安全状况和生态经济效应进行评估与比较，获得反映不同生态安全层次的预案和评价结果。

（3）确定安全层次和总体规划目标。依据生态环境问题分析结果与预案研究，进行生态安全现状定位，并提出规划总体目标。在总体目标的探讨阶段，需要考虑政策指令以及利益相关者的意见，同时要尽量平衡社会经济发展与生态环境保护之间的矛盾。在总体规划目标的探讨阶段需要考虑相关的政策指令，决策者的目标和利益相关者的意见等，并且随着景观安全格局设计方案的实施，生态安全总体规划目标也应有适应性变化。

（4）景观安全格局设计。基于总体规划目标，创建能够不断优化的景观安全格局，力争从根本上控制人为干扰，并诱导有利的自然干扰。在上述分析的基础上，提出一组能实现不同生态安全水平的方案。每项方案都应包括以下行动内容：①顺应一些原有的景观格局、生态系统和干扰；②防止格局中一些关键部位被破坏；③恢复和改善格局中一些关键部位的相关措施。

（5）适应性管理。基于持续性发展的思路，需要对景观安全格局方案的实施进行适应性管理。首先对方案的实施效果展开监测与评价，将监测结果与评价信息作为设计方案调整的依据，反馈到景观安全格局的设计中。随着社会经济发展出现新的需求，需要重新核定生态安全标准，并修正原来的设计目标与方案。这种动态而综合的适应性管理过程，是不断优化生态安全的重要保障。

3. 案例：基于功能网络的景观安全格局构建

为了将生态安全的理念落实于空间格局优化中，选择常州市为研究区，通过景观功能网络的构建、分析与优化，提高城市生态服务功能，保障城市功能流通，最终达到可持续发展的目标。目前，基于功能网络的景观安全格局构建主要包括以下 4 个步骤（张小飞等，2009）。

1）城市景观分类

依据城市功能与结构特征，将城市空间结构分为红色、灰色、蓝色及绿色景观（表6-5）。其中，绿色景观是指生态廊道或设施，包含自然区域、自然开发区及生态廊道，是生态环境保护的基础；灰色景观以交通动线为主，公共交通不仅是物资交流的中心，其节点亦是商业与居住发展的重心，是城市发展的基础；红色景观包括与社会经济相关的工业、商业、居住及其他政府用地；蓝色景观是城市河流水系。

表 6-5　主要景观类型的功能特征（张小飞等，2009）

景观类型	景观组分	功能特征
红色景观	城市工业、商业、居住及其他政府社团用地	城市居民生活与生产等社会经济活动的场所，社会经济功能的主要载体
灰色景观	连接城市内外的对外交通用地及城市内部的各级道路，除了社会经济活动中心点间的联系外，港口、机场、客运站也是灰色空间中重要的功能单元	灰色空间为人类活动的主要动线，也是城市社会经济活动中能源、资金、产品与信息传播、流通的有形途径
绿色景观	包含城市绿地及耕地、园地、林地或其他农用地	具有隔离、卫生、安全防护、调节区域环境的功能，另外也包括固碳释氧、保持水土、净化环境、减弱噪声等
蓝色景观	城市中的河流、湖泊、水库等水域及湿地	具有调节气候、净化环境生活及工农业供水、水力发电、内陆航运、水产品生产、休闲娱乐等功能

2）景观功能网络组成分析

景观网络是由空间中相互联系的廊道、斑块与节点所构成的实体，各景观组分间的交互作用通过网络产生能量、物质、信息的流动与交换，因此，网络内部"流"的作用可以表征网络的功能；通过强化景观网络结构，可以提升城市生态服务功能。为将景观功能网络落实于空间中，采用耗费距离模型，通过计算最小累积耗费距离识别与选取功能源点之间的最小耗费方向和路径，获得研究区 4 种功能最小累积耗费距离表面，最终得到最小功能耗费路径。依据上述结果，得出 4 种景观功能网络的空间分布及城市与生态功能间的相互作用关系。

3）生态安全敏感区域判定

敏感区域划定的依据有二：一是资源价值高、环境脆弱及土地利用方式特殊区域，如城市生活用水取水口；二是服务功能间相互矛盾的区域，如森林、河流的绿带对交通产生的影响。首先，结合研究区的自然环境背景与利用现状判断土地利用方式的适当性；其次，结合对不同功能流间的相互作用关系的认识说明功能网络间的矛盾。通过对景观功能网络的分析，提出景观功能流间的空间作用关系（表 6-6）；在此基础上，进一步了解景观功能出现潜在矛盾的敏感区域。

表 6-6　景观功能流的空间作用关系（张小飞等，2009）

景观类型	红色景观（经济流）	灰色景观（交通流）	绿色景观（生态流Ⅰ）	蓝色景观（生态流Ⅱ）
红色景观	＋	＋＋	－	－－
灰色景观	＋＋	＋	－	－－
绿色景观	－	－	＋	＋
蓝色景观	－－	－－	＋	＋＋

"＋＋"表示互利共生，类型相互作用有助于强化功能；"＋"表示对景观功能具有一定的正向影响；"－"表示对景观功能造成一定的妨碍；"－－"表示相互制约，对景观功能产生分割或冲击。

4）景观安全格局构建策略与优化

基于组织结构强化、功能联系提高与保护改善环境敏感区的考虑，将研究区划分为禁止开发区、限制开发区、调整开发区、优化开发区及潜在开发区，并针对不同区域提出生态安全保障措施（图6-2）。其中，禁止开发区内应严格禁止任何对土地进行开发的活动；限制开发区内需遵循相关法令规章，对资源进行有条件的开发；调整开发区需就目前的土地利用进行调整、改善或长期监测；优化开发区则需通过改造或集约利用的相关办法，提高区域的各项效益。

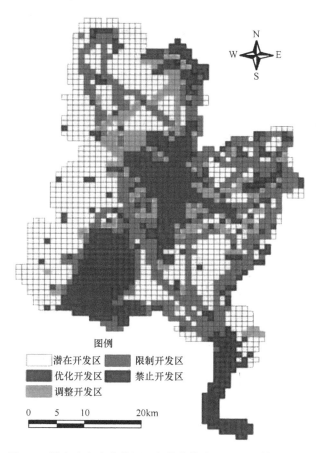

图例
☐ 潜在开发区　　▨ 限制开发区
■ 优化开发区　　■ 禁止开发区
▨ 调整开发区

0　5　10　　20km

图 6-2　城市生态安全格局空间优化策略（张小飞等，2009）

　　与现行规划方案相比，基于功能网络评价所提出的城市生态安全格局，是由维系景观功能流通的角度所提出的空间划分方案，强调通过城市4种功能景观的空间联系，在维持城市经济运转的同时，通过绿色、蓝色景观网络构建，改善城市风道、水道，进而提升城市环境。

6.3　景观生态管理

　　通过景观生态分类与评价，可以获得对景观功能与状态的正确认识，但如何基于景观生态评价的结果进行相关调控，进而保障景观功能的持续发挥，是景观生态学由理论向应用转化的重要课题。景观生态管理作为生态系统管理在景观尺度上的实践，是景观生态分类与评价的自然延伸，以恢复和维持景观生态系统的完整性为目标，将人类活动和文化融入到景观经营中，通过部门协调、学科综合、技术规范以及政策引导等管理手段，将景观生态评价提出的建设性对策、景观生态规划设计方案及相关反馈调控措施切实落实到景观空间单元上，是实现景观资源合理配置与优化、提升景观生态健康水平与安全等级的保障性措施，是景观生态学为实现可持续发展目标所进行科学实践的终端环节。

6.3.1 景观生态管理的基本目标

1. 景观生态管理与生态系统管理

生态系统管理，是指运用生态学、经济学、社会学等跨学科的原理和现代科学技术来约束人类活动对生态环境的影响，力图平衡发展和生态环境保护之间的冲突，最终实现经济、社会和生态环境的协调和持续发展（任海等，2000b）。生态系统管理具有明显的尺度特征，按照生态系统的空间尺度分解，包括群落-生态系统、景观、生物圈-全球等（蔡晓明，2000）。不同时空尺度的生态系统管理，对应不同的研究领域和管理内容（表6-7）。

表 6-7　生态系统管理的尺度分解

空间尺度	管理内容	时间尺度
生物圈-全球	气候、地形、生物多样性、生态平衡 生物地球化学循环、能量转化效率	几十年、几百年 甚至更长
景观	气候、地形、群落、生态系统类型 空间分布、格局、功能、过程、物质流	年、几年、几十年
群落-生态系统	局地气候、地形、物种多度与优势种、群落结构 土壤理化特性及空间分布、有机物空间分布	年、几年

景观生态管理是生态系统管理在景观尺度上的实践，以景观生态规划与设计为前提和基础，具有明确的目标驱动、系统边界和等级结构。它强调部门、学科的综合以及公众的参与合作，把人类及其价值取向作为景观管理的主要部分之一，通过综合分析、评价景观的功能状态，提出景观资源利用的优化方案，以解决资源开发和生态保护的矛盾冲突，实现人与环境的可持续发展。景观生态管理的目标既包含环境保护也囊括资源开发利用，因而它不是简单的选择或否定的过程，而是一个协调平衡过程，需要综合不同价值模式和协调不同资源利用方式（余新晓等，2006）。此外，作为景观尺度上的生态系统管理，目前在生态系统管理中应用的技术方法也大多可应用到景观生态管理。

2. 景观生态管理的基本目标

景观生态管理的目标是保护异质景观中的物种、生态系统多样性，维持景观的基本生态过程，并结合社会及经济需求合理开发利用资源，恢复和保持景观系统的健康、生产力，维持可持续景观（邬建国，2000；Szaro and Johnston，1998）。景观生态管理的目标是明确的、可操作的和可监测的，按照管理目标实现的层次水平，主要包括以下三个方面。

（1）维持景观多样性的适度水平。景观多样性包括斑块、类型和格局的多样性。其中，斑块多样性是指斑块数量、大小和斑块形状的多样性及复杂性，它是物种的聚集地和能量交换的场所；类型多样性是指景观类型的丰富度和复杂度，主要体现在对物种多样性的影响；格局多样性是指景观类型空间分布的多样性及各类型之间以及斑块之间的空间关系和功能联系，它直接影响着生态过程，如物种运动、物质迁移等（傅伯杰和陈利顶，1996）。

（2）维持景观的健康状态。景观生态健康包括活力、组织力、恢复力和生态服务功能四个方面的基本内容，一个健康的景观生态系统不仅具有一定的抵抗胁迫能力，并且在受到干扰后具有恢复到平衡状态的能力，还能持续提供有益于人类社会发展的生物生产、环境服务以及美学价值等。

（3）维持景观的可持续性。景观是一个开放性系统，管理并不是单纯的保护或开发，而是在综合协调景观自身承载力与干扰大小、强度、频度之间制定多目标优化方案，管理过程需要社会、经济、政治、法律等诸方面的参与，管理的目的在于维持健康景观的可持续发展。

6.3.2 景观生态管理的主要原则

景观生态管理以可持续发展为目标、以健康为标准，在景观生态综合评价的基础上，通过政策、技术和实践进行管理。概括起来，景观生态管理的原则主要包含以下6个方面。

（1）异质性原则。异质性是指景观内部资源或性状的时空变异程度，是形成景观内部物质流、能量流、信息流和价值流的动力，它导致了景观的演化、发展和动态平衡，对于维护景观多样性、增强景观稳定性和塑造景观美感有着重要意义。精华式或功利主义的管理方式，如农业、渔业、林业及其他经济活动，往往都会降低景观的异质性，从而导致景观生态系统的稳定性及可持续性下降（任海等，2003）。

（2）多目标优化原则。景观的多功能特性决定了景观生态管理必须综合协调不同的土地利用目标，实现多目标优化决策。景观的多功能性包括不同土地利用单元空间组合的多功能性，同一土地利用单元不同时间组合的多功能性，以及土地利用单元时间、空间整合的多功能性。多功能景观是景观生态管理的综合整体战略，其重要目标是使不同的土地利用功能适应当地景观的生态状况，并且形成不同土地利用方式在功能上的互补，因此它对土地利用的多目标优化提出了必然要求（周华荣，2007）。

（3）学科和部门综合性原则。景观生态管理要求不同学科知识的融合和多部门的合作。例如，作为水域与陆地的过渡区，湿地具有独特的价值和重要的生态功能，它不仅可以提供水资源、水产品、农产品、林资源等，还能起到蓄洪抗旱、净化环境、调节气候，提供濒危鸟类、两栖类等生长栖息庇护所的作用。同时，湿地景观又受到水文水质、水生动植物、农田利用、灌溉、水利工程、人类干扰等众多因素影响。因此，为了维持湿地功能和生物多样性，湿地管理意味着自然科学、社会科学、经济、法律等相关科学技术和政策工具的综合，这就需要包括水文学、工程学、生物学、农林学、物理学、土壤学、规划等部门的参与，通过调控人类活动、恢复生态过程、构建生态工程等途径共同行动达成管理目标（马尔特比，2003）。

（4）结构和功能整体性原则。景观是由异质生态系统组成的具有一定结构与功能的整体，是自然和文化的复合载体。因此，景观生态管理应该把景观作为一个整体单位考虑，以实现景观整体的优化状态和资源的合理配置。忽视结构与功能的整体性，肆意分割景观要素或组分，常常是导致管理无效或成功率降低的重要原因。例如，在流域景观生态管理中，由于我国大型流域通常跨行政省区，因此某些对流域景观生态管理的单元也常根据行政省区划片而治，导致景观要素在流域上段、中段、下段的时空分布和动态变化不能整体呈现，造成管理措施在解决流域环境问题上常常显得有心无力（蔡晓明，2000）。

（5）动态性和适应性原则。景观是一个复杂和不确定的系统，格局与功能的动态变化是其重要特征，现有对于景观生态管理的知识和范例也只是暂时的、不完全的、受制于变化的。因此，景观生态管理并不是试图维持景观的某一固定状态或组成结构，而是允许管理者在动态变化中保持不确定性过程的灵活性和适应性。所以，管理方案必须具有弹性和可调整性，服从适应性原则。适应性管理需要建立景观和社会两个方面可测定的指标，通过控制性的监测和调控，提高数据收集水平以及方案的灵活性，满足更新和调整管理策略的需求。

（6）综合考虑人的因素和公众参与原则。人类活动不仅是引起景观生态系统可持续问题的原因，也是寻求可持续管理目标过程中重要的组成部分。人类面临的挑战是在各种不同的方面管理人与自然的关系，即使在自然保护区中，其管理也必须考虑人文因素。并且，政策总是由更广泛的政治目的所驱使，最终管理始终是社会中不同利益集团之间代价和利益的分配问题，社会负担和需求决定了管理的原因（沃科特等，2002）。同时，管理的社会性要求景观生态管理的目标和措施必须符合当地公众的整体利益和长远利益，它鼓励公众参与管理和决策，提高公众对于不确定性引发的问题理解，增强公众对于管理重要性和意义的认识，有利于管理措施的执行和实施，使管理工作赢得更广泛的社会支持。

6.3.3 景观生态管理的基本步骤

景观生态管理策略是一种方案集合，它是根据目前或可预估的未来而制定的若干行动、思考和选择，旨在为管理的操作性途径提供思路与指导。景观生态管理的基本策略，主要包括以下4个方面：①应用有关演替理论，通过科学实验与建立生态系统数学模型，来研究景观生态系统的最佳组合、技术管理措施和约束条件，从而达到改善景观生态结构功能的目的；②采用多级利用生态工程等有效途径，提高光合作用强度，最大限度利用初级异养生物，提高不同营养级生物产品利用的经济效益；③建立自然景观和人文景观保护区，经营、管理和保护资源环境，它是稀缺、濒危资源环境保护和人类文化传承的重要方式；④加强景观生态信息系统研究，包括数据库、模型库与专家系统等，景观信息系统需要集成景观基础数据采集、景观动态监测、景观过程模拟、景观功能评价、决策支持系统等功能，是景观管理走向信息化、科学化和自动化的必然要求。

关于景观生态管理的方法和策略，Forman 和 Godron（1986）则将其总结为以下 4 点：①可持续管理途径；②适应性管理途径，强调管理措施的灵活性和可调节性；③生态系统管理途径，除关注景观尺度管理，同时还需要考虑生态系统管理途径，如关注种群动态、矿质营养元素循环、生物多样性、信息流等；④景观恢复途径，包括非生物要素、生物因素以及景观三个层次的恢复技术与管理。在非生物方面，主要关注土壤、水体和大气；生物因素方面，包括物种、种群和群落；而景观层面，主要为景观的结构和功能。

综合国内外相关研究成果，归纳实施景观生态管理实践活动的具体步骤，主要包括以下 6 步（图 6-3）。

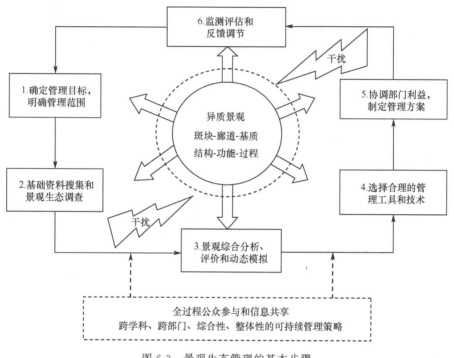

图 6-3　景观生态管理的基本步骤

（1）确定管理目标，明确管理范围。建立明确的结构化目标体系，是景观生态管理的首要任务。目前，比较常见的目标体系是将最终的综合目标设定为"顶级"目标，再将"顶级"目标层层细化为各次级目标，直至最终确定期望状态。其中，"顶级"目标往往宽泛、模糊且操作性不强；各次级目标进一步细化，使总目标含义更清晰和明确；期望状态则是目标体系中最低的子目标，它通常是一系列可描述和测量的变量（田慧颖等，2006）。此外，在制定明确具体的管理措施之前，还需要明确景观生态管理的时空作用范围，尤其需要了解管理范围内关键种及水文水资源、地形地貌等主要自然要素的空间分布，识别不同层次利益相关体，分析管理区域与不同尺度上区域背景的关系。同时，应尽量保持景观生态管理的空间范围与行政边界相一致，以利于行政管理的政策或方案的具体操作与落实。

（2）基础资料收集和景观生态调查。一方面，基础资料通常可分为历史资料、实地调查、社会经济统计和遥感与大地测量数据四大类，涉及区域自然地理、社会经济和文化传统等宏观背景资料。其中，自然地理背景主要包括区域土壤志、水文状况、地形地貌、动植物资源、气候条件等内容；社会经济背景主要包括人口构成、产业结构、经济总量、土地利用等内容；文化传统主要包括民风民俗及其附着的人文景观等内容。另一方面，景观生态调查着重考察区域景观要素的基本构成、结构和空间分布，包括生物和非生物成分，此外还包括景观的动态变化、干扰状况以及影响因素的调查；景观生态调查的方法多种多样，遥感、地理信息系统与全球定位系统等计算机技术的应用最为普遍，为快速准确的获取和分析空间特征信息提供了便捷有效的途径。

（3）景观综合分析、评价和动态模拟。在基础资料搜集的基础上综合分析景观空间格局与生态过程，并进行景观生态适宜性分析、景观生态健康评价和景观动态模拟。其中，景观适宜性分析主要是从景观的功效性、宜人性和多样性等方面考察景观要素类型内在的资源质量与相邻景观类型的关系，确定景观类型对某一用途的适宜性和限制性；景观生态健康评价是对景观保持稳定性、弹性和活力程度的度量，在一定程度上类似人类健康检查；景观综合分析与评价，首先需要拟定检测指标对景观进行生态健康诊断并作出初步判断，然后结合景观适宜性/限制性评估提出景观优化利用方案及相关应对措施；景观动态模拟则可以分析景观的动态变化过程和预测未来变化，它常被用来描述景观的演替过程，能够为未来不同情景下的景观生态管理提供决策依据。

（4）选择合适的管理工具和技术。管理工具和技术的使用，旨在促进信息分析和不同团体间的意见交流。充分的信息收集和意见沟通对于管理过程非常重要，它有助于扫除不必要的障碍。通常，管理工具和技术分为三大类：科学工具、行政工具、舆论工具。科学工具包括地理信息系统、遥感、全球定位系统等各种监测技术、模型方法、社会调查和经济预测等；行政工具则包括政策法规文件的制定与执行；舆论工具主要是指宣传教育等方式（沃科特等，2002）。

（5）协调部门利益，制定管理方案。景观格局与过程的多尺度关联和多功能特性使得景观生态管理必然是一个多目标共同决策的过程，这涉及政府机构、土地所有者、资源使用者和开采者及其他在管理单元内拥有利益或司法权益的公共机构或个人，通过各部门沟通交流和科学分析，制定一整套切实可行的景观生态管理方案。该方案应当有具体的目标，明确分阶段任务及相关责任单位和个人，以及经费来源、配套政策法规和公众参与手段、激励政策等内容（张永民和席桂萍，2009）。

（6）监测评估和反馈调节。基于景观生态系统的动态监测，开展管理方案实施绩效评估，深化并改进认识，提出相应的正负反馈调节措施，是实现景观生态管理目标的核心环节。其中，监测的过程被认为是重新收集数据的过程，它针对管理措施实施后景观生态系统结构、功能与关键生态过程的变化，为评估提供基础数据；在评估中通常选择对景观变化较为敏感的指标，而对于不同的时空尺度景观变化的监测指标或指标体系应有所不同，评估的方式则包括景观生态风险评价、景观生态敏感性评价、景观生态脆弱性评价等内容；反馈调节是在动态监测的基础上，根据对管理目标实现程度的评估，提出适应性调整方案，并反馈修正整个管理流程和对策（郭怀成等，2007）。其中，适应性管理是被广泛倡导的反馈调节策略，它允许管理者基于对景观生态系统临时的、不完整的理解开展相关管理活动，从而对不确定性过程的管理保持灵活性和适应性。

6.3.4　景观生态管理的主要内容

随着景观生态管理在资源开发、保护与生态恢复等方面的开展和深入，管理内容不断丰富。由于景观格局、功能与过程是景观生态系统研究的核心内容，景观生态管理也主要从上述三个方面展开，即景观生态系统的格局管理、过程管理和功能管理，三者在管理的目标、手段与基本调控单元等方面存在一定差异。

1. 景观格局管理

景观格局是指景观组成单元的类型、数目及空间分布与配置，景观格局的差异决定景观功能的区别，而反过来不同的功能又能影响景观格局。因此，可以通过管理活动介入，改变景观要素的空间结构，进而改变景观物质、能量及物种流动的方向、速率，从而增强或减弱特定景观功能，达到管理景观生态格局的目的（刘茂松和张明娟，2004）。根据景观的基本要素组合，格局管理又可以细分为斑块管理、廊道管理和基质管理（表6-8）。

表 6-8　景观格局基本要素的管理重点

基本要素	类型	管理调控的着眼点
斑块	干扰斑块、残存斑块 环境资源斑块、引进斑块	斑块大小、形状、面积、密度与空间构型
廊道	线状廊道、带状廊道、河流廊道	廊道宽度、长度、曲率、连接度与内环境
基质		基质相对面积、连通性和控制程度

（1）斑块管理。典型的斑块管理包括干扰斑块管理、残存斑块管理、环境资源斑块管理和引进斑块管理。斑块的管理常常伴随着对人为活动的调控，管理途径大致可分为两类（刘惠清和许嘉巍，2008；刘茂松和张明娟，2004；Forman and Godron，1986）：一类是控制来自基质的人为干扰，构建和维持核心大斑块，并在其周围设立高密度的廊道和小斑块，增强斑块抵御自然干扰的能力，提高斑块自身稳定性；另一类是保持斑块间良好的连通性，防止隔离，调整斑块的大小、形状、数量、空间构型及廊道的宽度和连接度，使得斑块足以承载内部种，即使内部种局部灭绝，也具有允许物种迅速迁入的能力。

（2）廊道管理。廊道是线性的景观单元，它具有栖息地、通道、源、汇、过滤等功能。不同等级的廊道具有不同的特点，其管理策略也相应不同。对于线状和带状廊道，由于其宽度相对较狭窄，应从廊道的功能角度考虑其结构调控。而对于河流廊道，常见的管理措施为建立河岸植被带或河岸林，保持、拦截或过滤从坡地到河流的物质流（如水土、污染物等），提高水土保持、自然净化和水源涵养效果，维持景观的可持续性、稳定性和生物多样性（张芸香等，2005）。

（3）基质管理。基质对于维持斑块的生物多样性具有重要作用，它的组成和结构直接影响景观的连接度和物种的迁移。基质既可以作为背景，控制、影响着与斑块间的物质、能量交换，也能起到隔离作用。高强度的土地利用和剧烈的人类干扰是造成基质与斑块强烈差异的主要原因（刘惠清和许嘉巍，2008），因此，对于基质的管理可以着眼于控制土地利用空间变化强度和调节基质-斑块关系等。

2. 景观过程管理

景观过程是景观中生态系统内部和不同生态系统之间物质、能量、信息流动及迁移转化过程的总称，包括自然生态过程与社会经济过程，其中景观生态过程的调控是景观过程管理的核心内容。由于景观生态过程的表现形式丰富多样，包括群落演替、土壤质量演变和干扰等（吕一河等，2007），因此对景观生态过程管理意味着通过直接改变干扰基质、廊道、斑块的生态过程或景观客体流的强弱、方向，进而改变景观整体功能。干扰管理是最主要的过程管理方式之一（郭晋平和周志翔，2007）。

干扰按照其来源分为自然干扰和人为干扰，其中，自然干扰是指无人为活动介入时，自然条件下发生的干扰过程，如林火、洪水、病虫害、火山爆发等；人为干扰则是在人类有目的行为指导下，对自然进行的改造或生态建设，如放牧、土壤施肥、森林砍伐等。干扰作为景观异质性产生的主要动力，通过改变资源和环境的质量及其空间规模、形状和分布，从而改变景观格局、功能与过程（李际平等，2009）。随着经济的发展和人口的增长，人类干扰对景观过程产生了越来越深远的影响，深刻地影响着物种的迁移运动及水分、碳、氮的循环等（宇振荣，2008）。

干扰的规模、强度、频率和尺度等对景观管理有着重要影响。通常，低强度、小规模的干扰可以增加景观的异质性，而中高强度、大规模的干扰往往会降低景观的异质性（陈利顶和傅伯杰，2000）。例如，适度的放牧可使草原草场保持较高的物种多样性，促进草原景观物质和养分的良性循环；而过度放牧则会破坏草原，导致草原退化、土地沙化，降低物种多样性。同时，干扰对景观的影响程度还与景观性质有关，对干扰敏感的景观结构，受干扰的影响较大；而对干扰不敏感的景观结构，受干扰影响则较小。因而，通过对干扰的调控，控制其形成和扩散，重新分配物质流、能量流、信息流的传输和交换，可以实现景观生态过程的有效管理。

3. 景观功能管理

景观个体单元的异质功能在时间和空间上的耦合组成了景观整体功能，它体现为景观要素内部及其之间的能量、物质流动和相互作用。对景观功能进行管理，包括两个方面的重点。其一是关键功能地区的管理与保护。景观中关键地区的存在与状态对于维持景观整体功能有着重要意义，因此，需要在景观格局和过程调控的基础上，通过综合的人为管理措施，实现关键地区的格局优化与功能维护。作为典型的关键区，自然景观的管理目的在于保持或恢复景观的生态完整性，因此，对景观的调查必然集中在景观要素对人类影响的敏感度方面，管理活动则围绕着削减、分散人类活动开展。对于连接自然景观内部的要素间物种、能量、水及矿质养分流的廊道应进行特别管理，以避免廊道的断开或过于狭窄，保证其具有一定宽度和连接度；对于景观要素动态变化的调查，则应指出不同类型、大小和强度的自然干扰作用及其时空属性（Forman and Godron，1986）。其二则是多功能景观管理。多功能景观包括三个方面的内容，即与独立的土地单元相关的不同功能的空间组合的多功能性、不同时期同一土地的不同功能的多功能性以及同一或不同时间、同一或不同土地单元不同功能的整合的多功能性（周华荣，2005）。多功能景观管理是一种综合整体的土地开发和资源管理战略，它要求不同的土地利用功能适应当地景观的生态状况，并非以景观状况适应特殊的土地利用要求；不同的土地利用方式是不同功能的互补，并非相互割裂（周华荣，2007）。多功能景观管理围绕着如何优化不同景观单元在时间和空间上的多功能组合开展，包含多功能景观监测、多功能景观评价以及多功能景观决策与规划等内容。多功能景观管理是景观生态学的综合应用方向，是构建自然景观与人类社会间桥梁的重要基础，因此，在管理过程中需要充分考虑人的因素，如社会经济、文化感知、政策决策等（傅伯杰等，2008）。

参 考 文 献

布仁仓，王宪礼，肖笃宁. 1999. 黄河三角洲景观组分判定与景观破碎化分析. 应用生态学报，10（3）：321-324

蔡晓明. 2000. 生态系统生态学. 北京：科学出版社

常青，王仰麟，李双成. 2007. 中小城镇绿色空间评价与格局优化——以山东省即墨市为例. 生态学报，27（9）：3701-3710

陈传康，伍光和，李昌文. 1993. 综合自然地理学. 北京：高等教育出版社

陈利顶，傅伯杰，刘雪华. 2000. 自然保护区景观结构设计与物种保护——以卧龙自然保护区为例. 自然资源学报，15（2）：164-169

陈利顶，傅伯杰. 2000. 干扰的类型、特征及其生态意义. 生态学报，20（4）：581-586

陈铭，张树清，王志强，等. 2006. 基于GIS的蛟流河流域湿地生态系统健康评价. 农业系统科学与综合研究，22（3）：165-168

陈燕飞，杜鹏飞，郑筱津，等. 2006. 基于GIS的南宁市建设用地生态适宜性评价. 清华大学学报（自然科学版），46（6）：801-804

程维明，柴静霞，龙恩，等. 2004. 中国1：100万景观生态制图设计. 地球信息科学，6（4）：19-24

程维明. 2002. 景观生态分类与制图浅议. 地球信息科学，2：61-65

崔保山，杨志峰. 2002. 湿地生态系统健康评价指标体系Ⅱ：方法与案例. 生态学报，22（8）：1231-1239

戴全厚，刘国彬，田均良等. 2006. 侵蚀环境小流域生态经济系统健康定量评价. 生态学报，26（7）：2219-2228

付春风. 2009. 基于GIS的流溪河森林公园景观分类与制图. 华中农业大学学报，28（2）：233-237

傅伯杰，陈利顶. 1996. 景观多样性的类型及其生态意义. 地理学报，51（5）：454-462

傅伯杰，刘世梁，马克明. 2001. 生态系统综合评价的内容与方法. 生态学报，21（11）：1885-1892

傅伯杰，吕一河，陈利顶，等. 2008. 国际景观生态学研究新进展. 生态学报，28（2）：798-804

官冬杰，苏维词. 2006. 城市生态系统健康评价方法及其应用研究. 环境科学学报，26（10）：1716-1722

郭怀成，黄凯，刘永，等. 2007. 河岸带生态系统管理研究概念框架及其关键问题. 地理研究，26（4）：789-798

郭晋平，周志翔. 2007. 景观生态学. 北京：中国林业出版社

郭泺，余世孝，薛达元. 2008. 泰山景观格局及其生态安全研究. 北京：中国环境科学出版社

郭明，肖笃宁，李新. 2006. 黑河流域酒泉绿洲景观生态安全格局分析. 生态学报，26（2）：457-466

郭秀锐，毛显强，杨居荣，等. 2005. 生态系统健康效果-费用分析方法在广州城市生态规划中的应用. 中国人口资源与环境，15（5）：126-130

郭秀锐，杨居荣，毛显强. 2002. 城市生态系统健康评价初探. 中国环境科学，22（6）：525-529

韩荡. 2003. 城市景观生态分类——以深圳市为例. 城市环境与城市生态，16（2）：50-52

蒋卫国，李京，李加洪，等. 2005. 辽河三角洲湿地生态系统健康评价. 生态学报，25（3）：408-414

蒋卫国，谢志仁，王文杰，等. 2002. 基于 3S 技术的安徽省景观生态分类系统研究. 水土保持研究，9（3）：
 236-240

景贵和. 1986. 土地生态评价与土地生态设计. 地理学报，1（41）：1-7

黎晓亚，马克明，傅伯杰，等. 2004. 区域生态安全格局：设计原则与方法. 生态学报，24（5）：1055-1062

李际平，陈端吕，袁晓红，等. 2009. 人类干扰对森林景观类型相关性的影响研究. 中南林业科技大学学报，29
 （5）：39-43

李猷，王仰麟，彭建，等. 2010. 基于景观生态的城市土地开发适宜性评价——以丹东市为例. 生态学报，30（8）：
 2141-2150

李振鹏，刘黎明，谢花林. 2005. 乡村景观分类的方法探析——以北京市海淀区白家疃村为例. 资源科学，27（2）：
 167-173

林超. 1986. 国外土地类型研究的发展. 见：赵松乔. 中国土地类型研究. 北京：科学出版社：29-42

刘惠清，许嘉巍. 2008. 景观生态学. 长春：东北师范大学出版社

刘茂松，张明娟. 2004. 景观生态学——原理与方法. 北京：化学工业出版社

陆元昌，洪玲霞，雷相东. 2005. 基于森林资源二类调查数据的森林景观分类研究. 林业科学，41（2）：22-29

吕一河，陈利顶，傅伯杰. 2007. 景观格局与生态过程的耦合途径分析. 地理科学进展，26（3）：1-9

马克明，傅伯杰，黎晓亚，等. 2004. 区域生态安全格局：概念与理论基础. 生态学报，24（4）：761-768

马克明，孔红梅，关文彬，等. 2001. 生态系统健康评价：方法与方向. 生态学报，21（12）：2106-2116

马礼，唐冲. 2008. 尚义县景观生态分类和生态建设方略. 地理研究，27（2）：266-274

马尔特比 E. 2003. 生态系统管理——科学与社会问题. 康乐，韩兴国等译. 北京：科学出版社

欧阳志云，王效科，苗鸿. 1999. 中国陆地生态系统服务功能及其生态经济价值的初步研究. 生态学报，19（5）：
 607-613

彭建，王仰麟，吴健生，等. 2007. 区域生态系统健康评价——研究方法与进展. 生态学报，27（11）：4877-4885

邱炳文，池天河，王钦敏，等. 2004. GIS 在土地适宜性评价中的应用与展望. 地理与地理信息科学，20（5）：
 20-23

邱彭华，俞鸣同. 2004. 旅游地景观生态分类方法探讨——以福州市青云山风景区为例. 热带地理，24（3）：
 221-225

任海，李萍，彭少麟. 2003. 海岛与海岸带——生态系统恢复与生态系统管理. 北京：科学出版社

任海，邬建国，彭少麟. 2000a. 生态系统健康的评估. 热带地理，20（4）：310-316

任海，邬建国，彭少麟，等. 2000b. 生态系统管理的概念及其要素. 应用生态学报，11（3）：455-458

史培军，宫鹏，李晓兵，等. 2000. 土地利用/覆盖变化研究的方法与实践. 北京：科学出版社

田慧颖，陈利顶，吕一河，等. 2006. 生态系统管理的多目标体系和方法. 生态学杂志，25（9）：1147-1152

万利，陈佑启，谭靖，等. 2009. 北京郊区生态安全动态评价与分析. 地理科学进展，28（2）：238-244

王薇，陈为峰. 2006. 区域生态系统健康评价方法与应用研究. 中国农学通报，22（8）：440-444

王仰麟. 1996. 景观生态分类的理论方法. 应用生态学报，7（增刊）：121-126

邬建国. 2000. 景观生态学——格局、过程、尺度与等级. 北京：高等教育出版社

吴波. 2000. 沙质荒漠化土地景观分类与制图——以毛乌素沙地为例. 植物生态学报，24（1）：52-57

吴秀芹，蒙吉军. 2004. 基于 NOAA/AVHRR 影像和地理空间数据的中国东北区景观分类. 资源科学，26（4）：
 132-139

吴宗仁，朱振平，黄瑞华. 2002. 景观分类在自然资源有效管理中的应用. 江西林业科技，6：20，21

沃科特 K A，戈尔登 J C，瓦尔格 J P，等. 2002. 生态系统——平衡与管理的科学. 欧阳华，王政权，王群力等译.
 北京：科学出版社

肖笃宁，陈文波，郭福良. 2002. 论生态安全的基本概念和研究内容. 应用生态学报，13（3）：354-358

肖笃宁，钟林生. 1998. 景观分类与评价的生态原则. 应用生态学报，9（2）：217-221

杨少俊，刘孝富，舒俭民. 2009. 城市土地生态适宜性评价理论与方法. 生态环境学报，18（1）：380-385

余新晓，牛健植，关文彬，等. 2006. 景观生态学. 北京：高等教育出版社

宇振荣. 2008. 景观生态学. 北京：化学工业出版社

袁兴中，刘红，陆健健. 2001. 生态系统健康评价——概念构架与指标选择. 应用生态学报，12（4）：627-629

张小飞，李正国，王如松，等. 2009. 基于功能网络评价的城市生态安全格局研究——以常州市为例. 北京大学学报（自然科学版），45（4）：728-736

张永民，席桂萍. 2009. 生态系统管理的概念、框架与建议. 安徽农业科学，37（13）：6075-6079

张芸香，白晋华，郭晋平. 2005. 基于景观格局定量分析的流域治理——以文峪河流域为例. 山地学报，23（1）：80-88

张志诚，牛海山，欧阳华. 2005. "生态系统健康"内涵探讨. 资源科学，27（1）：136-145

赵羿，李月辉. 2001. 实用景观生态学. 北京：科学出版社

周华荣. 2005. 干旱区湿地多功能景观研究的意义与前景分析. 干旱区地理，28（1）：16-20

周华荣. 2007. 干旱区河流廊道景观生态学研究——以新疆塔里木河中下游区域为例. 北京：科学出版社

周建飞，曾光明，黄国和，等. 2007. 基于不确定性的城市扩展用地生态适宜性评价. 生态学报，27（2）：774-783

周文华，王如松. 2005. 基于熵权的北京城市生态系统健康模糊综合评价. 生态学报，25（12）：3244-3251

朱永恒，濮励杰，赵春雨. 2007. 景观生态质量评价研究——以吴江市为例. 地理科学，27（2）：182-187

Anderson J R, Hardy E E, Roach J T, et al. 1976. A land use and land cover classification system for use with remote sensor data. Geological Survey Professional Paper 964. Washington：United States Government Printing Office

Bastian O. 2000. Landscape classification in Saxony (Germany) - a tool for holistic regional planning. Landscape and Urban Planning，50：145-155

Costanza R. 1992. Toward an operational definition of ecosystem health. *In*：Costanza R, Norton B G, Haskell B D. Ecosystem Health：New Goals for Environmental Management. Washington DC：Island Press：239-256

Forman R T T. 1995. Land mosaics：The Ecology of Landscape and Region. New York：Cambridge University Press

Forman R T T, Godron M. 1986. Landscape Ecology. New York：John Wile & Sons

Gallopin G C. 1995. Perspective on the health of urban ecosystem. Ecosystem Health，1：129-141

Ju J. 1998. A Primary Integration Metrics Approach to Sustainability Orientated Land use Planning. Stuttgart：Institute of Regional Development Planning

Klijn F. 1994. Ecosystem Classification for Environmental Management. Netherland：Kluwer Academic Publishers

Munawar M, Munawar I F, Weisse T, et al. 1994. The significance and future potential of using microbes for assessing ecosystem health：The Great Lakes example. Journal of Aquatic Ecosystem Health，3（4）：295-310

Naveh Z, Lieberman A S. 1993. Landscape Ecology：Theory and Application. New York：Springer-Verlag

O' Laughlin J, Livingston R L, Their R, et al. 1993. Defining and measuring forest health. *In*：Sampson R N. Assessing Forest Ecosystem Health in the Inland West. New York：Food Products Press：65-86

Patten B C, Costanza R. 1997. Logical Interrelations between four sustainability parameters：Stability, continuation, longevity, and health. Ecosystem Health，3（3）：136-142

Phipp M. 1984. Structure and development in agricultural landscape. Ekologia (CSSR)，2（2）：222-229

Putte van de R. 1989. Land evaluation and project planning. ITC Journal，2：139-143

Rapport D J. 1998a. Evaluating landscape health：Integrating social goals and biophysical process. Journal of Environmental Management，53：1-15

Rapport D J. 1998b. Answering the critics. *In*：Rapport D J, Costanza R, Epstein P R, et al. Ecosystem Health. Malden, Massachusetts：Blackwell Science Inc：41-50

Rapport D J. 2003. Regaining healthy ecosystems：the supreme challenge of our age. *In*：Rapport D J, Lasley B L, Rolston D E, et al. Managing for Healthy Ecosystems. Florida：Lewis Publishers：1-10

Rapport D J, Costanza R, McMichael A J. 1998. Assessing ecosystem health. Trends in Ecology & Evolution，13：

397-402

Szaro R, Johnston D W. 1998. Biodiversity in Managed Landscapes: Theory and Practice. New York: Oxford University Press

Westerveld W G, Pedroli G B M, van den Broek M, et al. 1984. Classification in landscape ecology: an experimental study. CATENA, 11 (1): 51-63

Yu K J. 1996. Security patterns and surface model in landscape ecological planning. Landscape and Urban Planning, 36: 1-17

第7章 景观生态规划与设计

人口增加、工业化、城市化及人类活动正以空前的速度、幅度和规模改变着自然环境,导致生物多样性减少、土地退化、环境污染和全球变化。日益加剧的全球环境问题及其生态后果迫使人们达成共识,并为维护与改善人类赖以生存的生态环境进行有目的的规划、设计和管理,在经济发展过程中合理利用自然资源及维护资源的再生能力,使人类的生存环境得到最大限度的保护。1992 年 6 月在巴西通过的《关于环境与发展的里约热内卢宣言》的第一个原则指出:"可持续发展已成为人类最关注的问题,人类应享有健康、富有,并且与自然相互和谐的生活"。可持续发展理论为人类社会提出了未来发展的目标,但如何实现这一目标,是可持续发展理论向人们,尤其是生态学家,提出的全新研究课题。根据可持续发展理论,实现生态系统-景观-区域-大陆-全球的可持续发展就是协调人类的社会经济活动与自然生态过程的关系,使之达到资源利用、环境保护和经济增长。人们对实现可持续发展研究的尺度可选择生态系统、景观、区域、大陆和全球。全球或生物圈是最高等级的空间尺度,这一等级的可持续性对低等级的可持续性有重要影响,但生物与人类的生存更依赖于较小尺度的可持续性。大陆有明显的边界,被交通运输、经济等因素松散地联系在一起,其中包含着极不相似的土地利用类型。区域的边界由地理、文化、经济、政治和气候多方面的因素所决定,它被运输、通信、文化密切地联系在一起,但在空间上存在明显的生态差异性。景观是一组或以相似方式重复出现的相互作用的生态系统所组成的绵延数公里至数百公里的异质性陆地区域(Forman and Godron,1986),它与区域不同,是存在着类似生态条件的综合体。生态系统是在更小空间尺度上的局部同质系统,虽然在没有人类干扰的地区,生态系统可以基本不变的状态维持几个世纪,但较大的自然干扰可以改变许多生态系统,而且现在许多生态系统都受到人类的干扰。在可持续发展中,景观和区域尺度起着承上启下的桥梁作用,所以,景观在可持续发展规划与设计中是较为适宜的尺度。

由此可见,合理规划和管理景观,对生态系统、区域乃至全球的可持续发展具有重要意义。景观生态规划与设计是指运用景观生态学原理、生态经济学及其他相关学科的知识与方法,从景观生态功能完整性、自然资源的内在特征以及实际的社会经济条件出发,通过对原有景观要素的优化组合或引入新的成分,调整或构建合理的景观格局,使景观整体功能最优,达到人的经济活动与自然过程的协同进化,中心任务是创造一个可持续发展的区域生态系统。因此,景观生态规划与设计是实现景观可持续发展的有效工具。

7.1 景观生态规划与设计的发展

7.1.1 景观生态规划与设计的内涵

景观生态规划与设计是在风景园林学、地理学和生态学等学科基础上孕育和发展起来的，和土地规划设计、自然环境保护和资源管理等实践活动密切相关，并深深扎根于景观生态学，从中不断吸取营养，成为景观生态学的有机构成。景观生态学的发展带动着景观生态规划与设计的发展。景观生态规划、景观生态设计和景观生态管理构成了景观生态建设（肖笃宁，1991），属于景观生态学结合实践的应用研究，也是实现空间区域可持续发展的有效途径。景观生态规划是应用景观生态学原理和方法及其他相关学科的知识，通过研究景观格局与生态过程以及人类活动与景观的相互作用，在景观生态分析、综合与评价的基础上，合理规划景观空间结构及功能，使斑块、廊道及基质等景观要素空间布局结构合理，能量流、信息流、物质流及价值流有组织、有秩序地流动，使景观不仅符合生态学原理，也符合艺术与科学的结合。景观生态设计是在景观生态规划的基础上，通过开拓视觉想象力与应用创新技术，呈现出最适宜的材料、位置、生态过程、地方性以及景观生态设计形态。从景观生态规划与设计的本质来讲，景观生态规划注重生态规律的提炼和掌握，景观生态设计则注重生态规律下的景观创新和创造（王云才，2007）。

因此，景观生态规划是从较大尺度上对原有景观要素的优化组合以及重新配置或引入新的成分，调整或构建新的景观格局及功能区域。它强调从空间上对景观结构的规划，具有地理科学中区划研究的性质，通过景观结构的识别，构建不同的功能区域，需要更多的科学性。而景观生态设计是在小尺度上对景观生态规划中划分的特定功能的细化和实现过程功能的实现过程，强调对功能区域的具体工程设计和生态技术配置，由生态性质入手，选择其合理的利用方式和方向，需要技巧性、直觉与本能。也就是景观生态规划的深入和细致，更多地从具体的工程或具体的生态技术配置景观生态系统，着眼范围小，可以是一个居住小区、公园、绿地、休闲地的设计。景观生态规划与设计是对自然-人文复合的有机整体系统的设计，一种尽可能借助于自然力的最少设计，一种以自然系统自我有机更新能力为基础的再生设计，即促使现有物质流与能量流的输入和输出形成良性循环流程。景观生态设计与景观生态规划一起构成景观生态学应用领域不可缺少的一部分。它们在国土整治、资源开发、土地利用、生物生产、自然保护、城乡建设和旅游发展等领域发挥了重要作用。

7.1.2　景观生态规划与设计的发展

1. 从反自然规划理念向保护自然理念转变

景观生态规划与设计思想的产生可以追溯到 19 世纪末，那时人们对自然界的认识比较肤浅，人类为了生存，从自然中不断索取，对自然资源的开发近乎掠夺性，如砍伐、焚烧森林和填湖造地用于发展农业，建立了农业景观，导致了自然景观要素的变化，尤其是自然景观功能的变化。景观规划多集中在农业景观规划和城市景观规划。农业景观规划主要是土地的重新分配，田间道路的设置及排水系统、灌水系统的建设等，其目的是提高农产品的产量及土地生产力；城市景观规划表现在城市公园与开阔地的设计。但一些具有远见卓识的学者逐渐认识到自然保护的重要性和景观价值，1863 年，美国的奥姆斯特德（Olmsted）首次提出"景观规划设计"（landscape architecture）的概念，他与沃克斯（Vaux）合作完成了纽约中央公园设计，该公园至今仍是城市公园绿地系统的典范。Marsh（1864）在研究地中海地区的环境变化时，认识到人类对环境的巨大影响，从而促使他进一步研究人与环境的关系，探讨"自然恢复的重复性与可能性"，他在《人与自然》一书中，主张应依据环境进行设计而不是与环境相抵触，合理规划人类的活动，而不是破坏自然。Powell（1879）强调恢复被破坏的土地需进行综合规划，不仅要考虑工程问题及方法，还要注意土地本身的特征。生态学家和生物学家在探索规划理论的同时，一些先驱者也将规划付诸于实践，并在实践中丰富了规划的理论与方法。Olmsted 和 Voux（1878）和 Eliot（1893）等规划师对美国中西部与东北部的许多城市公园与开阔地的规划，可视为景观规划实践的开始，因为他们在规划中开始有意识地协调自然景观、过程与文化景观的关系。Geddes（1915）在《进化中的城市》一书中进一步强调把规划建立在研究客观现实的基础上，指出应充分认识自然环境条件，根据地域自然环境的潜力与制约因素来确定规划方案。正是这些科学家杰出的工作，为后来景观生态规划的理论和实践的发展奠定了基础。

2. 从小尺度规划设计向较为全面的中尺度规划设计转变

20世纪初至50年代，生态学逐渐形成一门独立而年轻的学科，并在植物生态学、群落生态学和动物生态学等分支领域得到了较大的发展，同时大量涉及开放空间系统、城市公园及国家公园的规划出现，Mackaye（1940）、Leopold（1949）等倡导规划的"生态理论"，此时其生态思想开始渗透到社会学、区域规划等应用学科。另外，随着社会生产力的提高，人类加快了工业化进程，出现了石油农业（化肥、农药和机械化）和工业城市景观。工业化导致城镇的发展，促使人们的景观价值发生分化，并使他们逐步认识到动植物（自然景观）的美学价值及功能价值，以及自然景观对城市发展与城市生活的重要性。Howard（1902）在其《明日的田园城市》（*Garden Cities of Tomorrow*）一书中描述了"明日"理想的城市景观是由人工构建物（文化景观）与自然景观（包围城市的绿带与农业景观、城市内部的绿地和开阔地）组成，在这个城市中"具有自然美，富于社会机遇，接近田野公园……明亮的住宅和花园，无污染……"。从这里我们可以看到其思想实质就是在城市规划与管理中寻求与自然相协调，霍华德（Howard）的田园城市运动对城市（人文景观）与区域规划的思想产生了深远的影响。苏格兰的盖迪斯（Geddes）不仅是著名的植物学家、哲学家，还是一位规划设计师。他提出了两个重要思想：一个是用"流域垂直分区图"来表达人的行为与周围环境的相互关系，并认为在规划时要遵从这种关系；另一个是城市的最基本结构是受到园林绿地和文化设施的设计影响而形成的，而工业区、商业区和居住区则是次重要的，这两种思想曾影响了很多规划。他还主张规划要从土壤、地理、气候和降水等自然条件入手，认真分析地域自然环境潜力与环境限制对土地利用与当地经济系统的影响及相互关系，强调在规划中应注意人类与环境之间联系的复杂性与综合性，其城市规划目标是将自然景观引入城市。他提出的城市景观规划程序调查-分析-规划方案的实施，被规划者视为经典程序。1912年，曼宁（Manning）首次利用透射板进行地图叠加，以获得新的综合信息，最后为马萨诸塞州比勒里卡（Billerica）做了一个开发与保护规划，他又通过收集数百张关于土壤、河流、森林和其他景观要素的地图，在透射板上进行叠加，基于这样的方法，做了一个全美国的景观规划，规划了未来的城镇体系、国家公园系统和休憩娱乐区系统，还规划了如今使用的主要高速公路系统和长途旅行步道系统。这个规划可以说包括了今天一个完整的景观规划所需要的内容，对以后的规划产生了重要的影响。同时，美国区域规划协会于1923年成立，支持以生态学为基础的区域景观规划，开始把区域景观视为一个整体，研究解决城市环境恶化及城市拥挤问题的途径，对田纳西流域的综合规划与实施被认为是区域景观综合规划的成功典型，其基本目标是防洪、发展航运和发电，涉及植被恢复、水土保持、新社区建设等。1935年，美国为提高交通效率而修建了从波士顿到纽约的第一条全封闭高速公路"merritt parkway"。这条由景观设计师而不是由工程师完成的道路设计中尽量与景观相融合，不破坏周围景观。整个公路中很少有桥梁，隧道也仅有一个。其设计过程中不仅考虑到交通，还考虑到舒适性。因此这条公路被称为"parkway"，而不是被称作高速公路。20世纪30年代，英国学者哈钦斯（Hutchings）和法格（Fagg）引导了景观规划与设计的重大变革，作为地理学家和测量师，他们认识到景观是一个由许多复杂要素相联系而构成的系统，如果对系统某部分进行大的变动，将不可避免地影响系统中的其他要素。野生生物学家Leopold（1935）将人类伦理扩展到土地与自然界，提出了"生态道德"，认为"土地是土壤、水、植物和动物的综合体，应当受到热爱和尊敬"；指出"人与土地的相互作用是极其重要的，不可有侥幸心理，必须进行十分仔细的规划与管理"，主张规划应该朝着"人与土地和谐相处的状态努力"，追求"广泛与土地共生"。

景观生态学的建立与发展为景观规划与设计注入了新的活力。第二次世界大战后，德国、荷兰和捷克斯洛伐克成为景观规划与设计的中心，如德国汉诺威技术大学的景观护理和自然保护研究所，设在波恩的联邦自然保护和景观生态学研究所等，荷兰的国际空间调查和地球科学研究所与Leerson的自然管理研究所以及捷克斯洛伐克科学院的景观生态学研究所，他们致力于景观生态学的理论和方法及其在实践中的应用-景观规划与设计。这些都表明了景观生态规划与设计的思想开始逐步形成。

3. 从单一功能到多功能组合的规划设计

20世纪中期以后，随着新技术和手段的发展，提高了人类对自然干预的能力。一方面，人类利用新技术和手段在资源开发和寻求经济高速增长的同时，无视自然过程，大规模开发资源，破坏自然环境，极大地改变了景观结构；自然界给人类生存提供了实用的利益，又以其特有的方式对人类进行报复——环境污染、全球变化和物种灭绝速率加快等，使人类生存受到进一步威胁，引起了人们的普遍关注，掀起了广泛的环境运动。环境运动在促使人们认识人类活动对自然造成巨大危害和破坏的同时，也启发人们重新思考人与自然的关系，重新探讨协调人类活动与自然过程的途径，这为景观生态规划与设计的发展提供了又一次机遇。另一方面，遥感和计算机等新技术在景观研究和规划中得到初步应用，产生了一系列数据和自然要素图，为景观生态规划与设计的进一步发展创造了条件。同时，人们旅游、娱乐、亲近与回归自然的愿望也越来越强烈，景观生态规划与设计涉及农业、林业、自然保护、旅游和交通等方面。被誉为生态规划设计之父的麦克（Mcharg，1969）是这一时期的代表，他把环境科学，如土壤学、气象学、地质学和水资源学等学科综合考虑，应用到海岸带管理、城市开阔地的设计、农田保护、高速公路和流域综合开发景观规划中，对景观生态规划与设计的工作流程及方法作了较全面的研究，提出了自然设计（design with nature）模式。该模式迎合了新的环境潮流，改变了 20 年前西方区域规划的思想观念，使人们用一种新的眼光来看待城市景观、乡村景观以及大尺度区域性景观规划，把景观规划变成一种多学科的、用于资源管理和土地利用规划的有力工具，成为当时景观生态规划与设计方法的主流。这一模式使景观生态规划前进了一大步，它突出各项土地利用的生态适应性和体现自然资源的固有价值，重视人类对自然的影响，强调人类、生物和环境三者是合作伙伴关系。与此同时，英国最出色的景观设计师之一克罗（Sylvia Crowe）提出了一个重要的思想，试图避免单一树种以及方块状的种植方式，建议采用自然形态种植混交林，并在《林木景观》（*The Landscape of Forests and Woods*）的报告中，提出从生态价值、经济价值、娱乐价值和美学价值的角度出发重新造林。在 20 世纪 70 年代早期，加利福尼亚大学的伯顿利顿（R. Burton Litton）和美国森林管理处的斯托尔（Stolle）拟定了一项重要的新法律——《国家环境政策法案》（*the National Environmental Policy Act*，NEPA）。这项法律引发了一个重要的问题，即如何研究环境美学质量的影响？美学评价不应成为简单的个人意见，而应该成为系统的方法论。这项法律影响和推动了景观视觉影响评估的研究。1974 年美国森林管理处提出了视觉管理系统（the visual management system），使美国每个重要项目都要进行景观视觉影响评价。东欧捷克斯洛伐克的马祖尔（Mazur）和鲁茨卡等景观生态学家在 20 世纪 70 年代初通过景观综合研究，逐步发展并形成了比较完整的景观生态规划理论与方法，并将其作为国土规划的一项基础性研究。Simonds（1978）的《大地景观：环境规划指南》一书全面引入生态学观点，把风景园林师的目光引向生态系统，直至生物圈。

4. 从注重格局与过程的规划设计逐步走向人地和谐的规划设计

进入 20 世纪 80 年代，随着地理学和生态学等学科的发展，景观生态学成为一门独立的学科，形成了自己的一套理论和方法，为景观生态规划与设计的进一步发展提供理论指导。另外，遥感技术、地理信息系统和计算机辅助制图技术的广泛应用，使景观生态规划与设计走向系统化和实用化。景观生态规划与设计发展成为综合考虑景观的生态过程、社会过程和它们之间的时空关系，利用景观生态学的知识及原理经营管理景观以达到既要维持景观的结构、功能和生态过程，又要满足土地可持续利用的目的。1986年，美国政府第一次提出了评估乡村历史景观的导则。政府认识到乡村文化景观应该被记录并保护下来，在美国已经形成了声势浩大的运动，来推动人们认识和保护具有区域特色的景观。这里所强调的不是具有美国特色的景观，而是具有浓郁地方风情的景观。哈佛大学的福尔曼（Forman，1995a）强调景观空间格局对过程的控制和影响作用，通过格局的改变来维持景观功能、物质流和能量流的安全，他的规划思想是景观生态规划方法论的又一次思维转变。福尔曼（Forman）和戈德罗恩（Godron）合作完成的《景观生态学》（*Landscape Ecology*）一书，为生物学家、地学家和规划设计师之间的紧密合作奠定了基础。地学家与规划师合作从理解景观到对其进行改造过程中，景观生态学能通过观察空间结构帮助人们理解景观改造的作用。福尔曼（Forman）等还编写了《景观设计和土地利用规划中的景观生态学原则》（*Landscape Ecology Principles in Landscape Architecture and Land-use Planning*），探讨了从环境科学角度认识影响景观规划的一些原则。景观规划设计从强调土地利用的适宜性和体现自然资源的固有价值转向注重景观空间对过程的控制与影响，尝试通过格局的改变维持景观功能流的健康和安全。与此同时，景观规划与设计教育在世界范围内也普遍展开，德国的汉诺威技术大学和柏林技术大学、荷兰的阿姆斯特丹大学、美国的哈佛大学以及中国的北京大学等都开设了和景观规划与设计相关的课程及专业。景观生态规划与设计研究也十分活跃，曾是多次国际景观生态学会议的主题之一，也是景观生态学文献中的重要内容。1974 年创刊的专门性《景观规划》杂志，于 1986 年与《城市生态学》合并成《景观与城市规划》（*Landscape and Urban Planning*）杂志，这一切说明景观规划与设计已经走向全球化。

进入 21 世纪以后，景观生态学研究在深度和广度上都得到了很大的发展。广度上，开始注重自然与社会经济、人文因子的综合，以解析景观的复杂性；深度上，注重宏观格局与微观过程的耦合，深入的微观观测和实验为宏观格局表征和管理策略的制定提供可靠依据，而宏观格局的规划和管理反过来强化了微观研究的意义（傅伯杰等，2008）。景观生态学研究的深入为景观规划和景观设计提供了与生态学有效结合的途径。特别是景观格局从简单的定量化描述逐渐过渡到景观格局变化的定量识别，进一步追溯格局变化的复杂驱动机制和综合评价格局发生变化后的生态效应，发展了一系列整体性和人文社会学的方法来研究自然-社会相互关系，为研究空间异质性或自然和社会经济格局对可持续性的影响提供理论和方法支持。可持续性的景观或生态系统作为景观规划的总体目标，实现这一总体目标就必须要以生态学理论和知识为基础（Leita and Ahern，2002；Sedon，1986）。同时，景观生态规划与设计的科学基础日益得到重视，积极倡导有效地构建基础研究与规划设计之间的桥梁（Opdam et al.，2002）。在以连通性的改变、空间蔓延和多样性降低为特点的全球变化背景下，各个尺度上自然生态系统与社会经济系统日益紧密地交织在一起（Young et al.，2006）。景观生态规划与设计在注重自然生态系统的同时，也日益注重社会经济系统，力求协调自然、人类和社会经济之间的关系。

7.2　景观生态规划

7.2.1　景观生态规划的概念

景观生态规划产生至今不过几十年，在我国的历史更短。由于不同地区不同的历史背景、文化传统以及研究者的爱好与习惯的不同，不同学者对景观生态规划的理解各异，正如哈佛大学环境设计院的 Steinitz（1970）教授指出的，景观规划是多学科的，由于政治、经济、文化和地理的多样性，导致景观规划的结构和内容的多样性，实际应用的模型也多样化。在社会制度不同的发达或发展中国家，因为文化、政治、经济及技术的差异，使得景观规划的侧重点也有所不同。在欧洲，景观生态学是在土地利用规划和管理等实践任务的推动下发展起来的，荷兰和德国景观生态规划与设计多集中在土地评价与利用、土地保护与管理以及自然保护区和国家公园规划上，强调人是景观的重要成分并在景观中起主导作用。正如 Naveh 和 Lieberman（1993）在他全面论述景观生态学的专著中指出"景观生态学在欧洲被看成是土地和景观规划、管理、保护、发展和开发的科学基础。它超越了经典生物-生态学科的范围，并进入以人为中心的知识领域，社会心理的、经济的、地理的和文化的科学领域，需要他们与现代土地利用联系起来"。Farina（1998）认为景观生态规划是修复退化景观或土地利用改变之后调整景观的一种行为。在北美，区域景观规划、环境规划和自然规划等具有一般意义的景观生态规划，注重宏观生态工程设计，强调以生态学观点制定环境政策，特别是土地利用方针和政策。

概括众多学者对景观生态规划的理解，其内涵包括以下几点：①它涉及景观生态学、生态经济学、人类生态学、地理学、社会政策法律等相关学科的知识，具有高度的综合性；②它建立在理解景观与自然环境的特性、生态过程及其与人类活动的关系基础之上；③其目的是协调景观内部结构和生态过程及人与自然的关系，正确处理生产与生态、资源开发与保护、经济发展与环境质量的关系，进而改善景观生态系统的整体功能，达到人与自然的和谐；④规划强调立足于当地自然资源与社会经济条件的潜力，形成区域生态环境功能及社会经济功能的互补与协调，同时考虑区域乃至全球的环境，而不是建立封闭的景观生态系统；⑤它侧重于土地利用的空间配置；⑥它不仅协调自然过程，还协调文化和社会经济过程。

目前，景观生态规划尚无公认确切的定义。国内学者肖笃宁等（2003）认为景观生态规划是运用景观生态学原理，以区域景观生态系统整体优化为基本目标，在景观生态分析、综合和评价的基础上，建立区域景观生态系统优化利用的空间结构和模式。郭晋平（2005）认为景观生态规划是指应用景观生态学原理和方法，以谋求区域和景观生态系统功能的整体优化和可持续发展为目标，以景观和区域尺度上的生态保护、建设、恢复、调整和管理为重点，在景观生态分析和综合评价的基础上，为建立区域景观利用优化结构和空间格局，提出景观建设、调整和利用的方案、对策和措施的一种规划模式。我们认为景观生态规划是应用景观生态学原理及其他相关学科的知识，通过研究景观格局与生态过程以及人类活动与景观的相互作用，在景观生态分析、综合及评价的基础上，提出景观最优利用方案和对策及建议的过程。它注重景观的资源和环境特性，强调人是景观的一部分及人类干扰对景观的作用。

7.2.2 景观生态规划的原则

1. 自然优先原则

保护自然景观资源和维持自然景观生态过程及功能，是保护生物多样性及合理开发利用资源的前提，是景观可持续性发展的基础。自然景观资源包括原始自然保留地、历史文化遗迹、森林、湖泊以及大的植被斑块等，它们对保持当地、区域基本的生态过程和生命维持系统及保存生物多样性具有重要的意义，因此，在规划时应被优先考虑。

2. 可持续性原则

景观的可持续性可认为是人-景观关系的协调性在时间上的扩展，这种协调性应建立在满足人类的基本需要和维持景观生态完整性之上，人类的基本需要包括粮食、水、健康、房屋和能源，景观生态完整性包括生产力、生物多样性、土壤和水源（Forman，1995a）。因此，景观生态规划的可持续性以可持续发展为基础，立足于景观资源的可持续利用和生态环境的改善，保证社会经济的可持续发展。因为景观是由多个生态系统组成的具有一定结构和功能的整体，是自然与文化的载体，这就要求景观生态规划把景观作为一个整体考虑，对整个景观综合分析并进行多层次的设计，使规划区域景观利用类型的结构、格局和比例与本区域的自然特征和经济发展相适应，谋求生态、社会、经济三大效益的协调统一与同步发展，以达到景观的整体优化利用。

3. 针对性原则

不同地区的景观有不同的结构、格局和生态过程，规划的目的也不尽相同，这是地域分异规律的客观要求，如为保护生物多样性的自然保护区设计、为使农业结构合理的农业布局调整以及为维持良好环境的城市规划等。因此，具体到某一景观规划时，收集资料应该有所侧重，针对规划目的选取不同的分析指标，建立不同的评价及规划方法。任何规划都应尊重地方的传统文化，学习当地的传统知识。规划设计以当地的自然生态过程为依据，将光、地形、水、风、土壤、植被等能流、物流的流通过程融合在所设计的景观生态过程内，选用的材料应当以当地的生物资源为主（赵羿和李月辉，2005）。

4. 多样性原则

多样性是指一个特定系统中环境资源的变异性和复杂性。景观多样性是指景观单元在结构和功能方面的多样性，它反映了景观的复杂程度，包括斑块多样性、类型多样性和格局多样性（傅伯杰和陈利顶，1996），多样性既是景观生态规划的准则又是景观管理的结果。多样性是靠不同生物学特性的植物配置来实现的，如通过多种风格的水景园、专类园的营造。

5. 异质性原则

异质性是景观组分类型、组合及属性的变异程度，是景观区别于其他生命组建层次的最显著特征。景观异质性是指在景观中对一个物种或更高级生物组织的存在起决定性作用的资源（或某种形状）在空间（时间）上的变异程度（李哈滨和Franklin，1988）。异质性既是景观稳定的源泉，也是提高景观美感的重要途径。景观空间异质性的维持与发展是景观生态规划与设计的重要原则。

6. 综合性原则

景观生态规划是一项综合性的研究工作，其综合性包含两个方面的含义。一方面，景观生态规划是基于对景观的起源、现存形式、如何变化的理解，对它们的分析不是某单一学科能解决的，也不是某一专业人员能完全理解景观内在的复杂关系并作出明智规划决策的。景观生态规划需要多学科的专业队伍协同合作、不懈努力，这些人员包括景观规划者、土地和水资源规划者、景观建筑师、生态学家、土壤学家、森林学家、地理学家等专业工作者。另一方面，景观生态规划是对景观进行有目的的干预，干预的依据是内在的景观结构、景观过程、社会经济条件以及人类价值的需要。这就要求在全面和综合分析景观自然条件的基础上，同时考虑社会经济条件，如当地的经济发展战略和人口问题，还要进行规划实施后的环境影响评价。只有这样，才能客观地进行景观规划，增强规划成果的科学性和实用性。

7. 生态美学原则

生态美学是生态学与美学的有机结合，实际上是从生态学的方向研究美学问题，将生态学的重要观点吸收到美学之中。生态美包括自然美、生态关系和谐美和艺术与环境融合美，它与传统美学强调规则、对称、形式、线条等形成鲜明对照，是景观生态规划的最高美学准则。

7.2.3 景观生态规划的步骤

在景观生态规划过程中，强调充分分析规划区的自然环境特点、景观生态过程及其与人类活动的关系，注重发挥当地景观资源与社会经济的潜力与优势，以及与相邻区域景观资源开发与生态环境条件的协调，提高景观可持续发展能力。这决定了景观生态规划是一个综合性的方法论体系，其内容几乎涉及区域景观生态调查、景观生态分析、综合及评价的各个方面。根据各自的研究特点和侧重，其内容可分为景观生态调查、景观生态分析及综合和规划方案分析三个相互关联的方面，包括以下 7 个步骤（图 7-1）。

1. 确定规划范围与规划目标

规划前必须明确在什么区域范围内及为解决什么问题而规划。一般而言，规划范围由政府决策部门确定，规划目标可分为三类。第一类是为保护生物多样性而进行的自然保护区规划与设计，如卧龙自然保护区、黄河三角洲国家级自然保护区和南阳恐龙蛋化石群国家级自然保护区等规划。第二类是为自然（景观）资源的合理开发而进行的规划，如四川九寨沟风景区、五大连池风景区和黄山风景区等规划。第三类是为当前不合理的景观格局（土地利用）而进行的景观结构调整，如湖南省环洞庭湖重大土地整理规划、新疆伊犁河谷土地整理开发规划等。这三个规划目标范围较大，要求在此三个大目

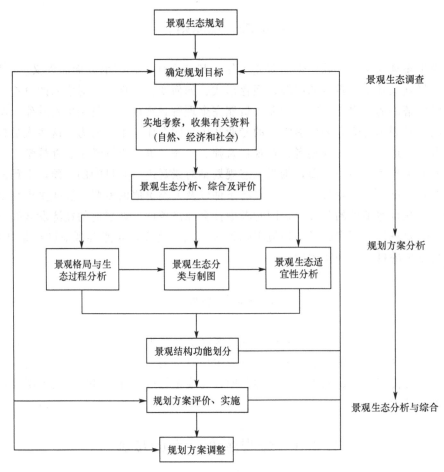

图 7-1　景观生态规划流程图

标下，分解成具体的任务。

2. 景观生态调查

　　景观生态调查的主要目标是收集规划区域的资料与数据，其目的是了解规划区域的景观结构与自然过程、生态潜力及社会文化状况，从而获得区域景观生态系统的整体认识，为以后的景观生态分类与生态适宜性分析奠定基础。根据资料获得的手段方法不同，通常可分为历史资料、实地调查、社会调查和遥感及计算机数据库4类。收集资料不仅要重视现状、历史资料及遥感资料，还要重视实地考察，取得第一手资料。这些资料包括生物和非生物成分的名称及其评价、景观的生态过程及与之相关联的生态现象、人类对景观影响的结果及程度等，西蒙德（Simonds）概括了规划涉及的调查目录，具体如下。

　　（1）自然地理因素。地质：基岩层、土壤类型、土壤的稳定性、土壤生产力等；水文：河流及其分布、洪水、地下水、地表水、侵蚀和沉积作用等；气候：温度、湿度、雨量、日照、降水及其影响范围等；生物：生物群落、植物、鸟类、陆生动物、水生动物、昆虫、生态系统的价值、变化和控制。

（2）地形地貌因素。土地构造：水域及陆地外貌、地势、坡度分析；自然特征：陆地、植被、景观价值；人为特征：区界、交通、建筑设施、场地利用、公共建筑。

（3）文化因素。社会影响：规划区财力物力、居民的态度和需求、附近区情况、历史价值；政治和法律约束：行政范围、分区布局、环境质量标准；经济因素：土地价值、税收结构、地区增长潜力等。

景观生态规划中，强调人是景观的组成部分并注重人类活动与景观的相互影响、相互作用，因为现在的景观格局与环境问题与过去的人类活动相关，是人类活动的直接或间接结果，通过探讨人类活动与景观的历史关系，可给规划者提供一条线索——景观演替方向。因此，规划中，对历史资料的调研尤为重要。

公众教育和参与是景观生态规划必不可少的一部分。通过社会调查，可以了解规划区各阶层对规划发展的需求，以及所关心问题的焦点，以在规划中体现公众的愿望，使规划更具有实效性。在社会调查的过程中，结合环境教育，普及环境知识。

如今，遥感、计算机技术发展迅速，为快速准确地获取景观空间特征资料提供了十分有效的便捷手段。遥感资料和计算机数据库资料成为景观生态规划的重要资料。

3. 景观空间格局与生态过程分析

由于人类活动长期改造的结果，景观总是或多或少与人类有关，为景观结构与功能赋予了一定的人工特征。按照景观塑造过程中的人类影响程度，景观可区分为自然景观、经营景观和人工景观三类。不同的景观具有明显不同的景观空间格局，自然景观具有原始性和多样性，如极地、荒漠、苔原、热带雨林和自然保护区等；而经营景观是单一种群的农业及林业生物群落，代替了物种丰富的自然生物群落，成为大多数区域景观的基质，城镇与农村居民区成为控制景观功能的镶嵌体，公路、铁路及人工防护林网与交错的天然与人工河道、水体与残存的森林共同构成景观格局；人工景观表现为大量人工建筑物成为景观的基质而完全改变了原有的地面形态和自然景观，人类系统成为景观中主要的生态组合。景观是由不同生态系统组成的地表综合体，不同景观的空间配置形成景观空间格局，景观空间格局的形成又反映了不同的景观生态过程，景观生态过程亦是景观中生态系统内部与不同生态系统之间的能流、物流、信息流及迁移转化过程（Haber，2004）。因此，在景观生态规划中，往往需要对能流、物质平衡、土地承载力及空间格局等与规划区发展和环境密切相关的生态过程进行综合分析。

除自然景观外，由于人类经济活动的影响，使景观中生态系统能流、物流过程带有强烈的人为特征。一是经营或人工景观生态系统的营养结构简单，自然能流的结构和通量被改变，而且，生产者、消费者和分解还原者难以完成物质的循环再生和能量的有效利用；二是景观生态格局改变，许多旅游区、自然保护区、城镇和农村等的镶嵌体和廊道的增加，并成为景观生态系统物流过程的控制器，使物流过程人工化特征明显；三是辅助物质与能量的大量投入以及人与外部交换更加开放，如自然过程为基础的农业依赖于化肥的投入，工业则依赖于其他区域的原料投入；四是由于工农业活动的影响，景观的自然物流过程失去平衡，导致水土流失、土地退化加剧以及有害废物的积累和水体污染等问题。通过规划区生态过程（物流能流）的分析，可以深入认识规划区景观与当地经济发展的关系。

经营景观及人工景观的空间分布方式及生态过程，与人类的生产、生活活动密切相关，是人与自然景观长期作用的结果。所以，景观格局与特征（如景观优势度、景观多样性、景观均匀度、景观破碎化度和网络连通性等），能流、物流和水平衡等生态过程，它们在不同方面反映了景观中人的活动强度，以及景观中现在和潜在的功能分区，也反映了人与自然环境的关系。

无论是自然景观，还是经营景观和人工景观，景观中的生态过程均包括能流、物流和有机体流，它们被5种因子驱动，分别是水、风、飞行动物、地面动物和人类（Forman and Godron，1986）。在景观尺度上有三种迁移模式：扩散（diffusion）、传输（transportation）和运动（movement）。扩散发生在小范围内，转运和运动是物质运动的主要方式，这些过程引起物质、能量和有机体在景观中的重新集聚和分散，最终的结果——景观要素的变化及其动态可反映在土地利用格局上，而景观生态规划的表达方式及实施结果也是土地利用格局的改变与调整。

景观格局与生态过程之间存在着紧密联系，这是景观生态学的基本前提（Gustafson，1998）。景观生态功能在一定程度上是景观格局和生态过程相互作用的体现。由此可知，景观格局与过程分析对景观生态规划有重要的意义，成功的规划与设计在于我们对规划区景观的理解程度，因为景观生态规划的中心任务是通过组合或引入新的景观要素而调整或构建新的景观结构，以增加景观异质性和稳定性，而对景观格局和生态过程的分析有助于我们做到这一点。

4. 景观生态分类和制图

景观生态分类和制图是景观生态规划及管理的基础。由于景观生态系统是由多种要素相互关联、相互制约构成的，具有有序内部结构的复杂地域综合体，不同的景观生态系统，具有相异的内部结构，功能自然就不同。结构是功能的基础，功能是结构的反映。因此景观生态分类是从功能着眼，从结构入手，对景观类型的划分。通过分类，全面反映景观的空间分异和内部关联，揭示其空间结构与生态功能特征。对景观分类单元的确定，强调结构完整性和功能统一性，因此，景观生态分类可从结构和功能两个方面考虑。从景观功能方面着手，即功能性分类，是根据景观生态系统的生态功能属性（生物生产、环境服务和文化支持）来划分归并类群，同时考虑体现人的主导性和应用价值（王仰麟，1996）。这里指的功能包括两个方面的内容：一是类型单元间的空间关联与耦合机制，组合成更高层次的类型，二是景观单元对人类社会的服务能力。结构性分类是以景观生态系统的固有结构特征为主要依据。相对于功能性分类，结构性分类更侧重于系统内部特征的分析，其主要目的是揭示景观生态系统的内在规律和特征，功能性分类主要是区分景观生态系统的基本功能类型，并且归并所有单元于各种功能类型中。当前主要有6种景观生态分类系统（程维明，2002）。①网格分类：1983年荷兰为了编制全国景观生态图，以平方公里为网格单元进行资料统计，其上的景观生态单元组成包括空间结构（如地形坡度、植被结构）、非生物化过程（如沉积、侵蚀）、食物链结构（如生产者、捕食者）、非生物和生物的空间分布相关性（如地表水、鸟）等；②基于植被类型或土地利用分类：Forman（1995b）将其分为 6 种主要景观，即城郊、水田、草地、森林、湖沼和工业景观；③区域生态分类：苏联曾按照区域生态特征、地貌和植物区系把景观分为三级：高山（2490～1600m）、中低山（1600～600m）、山麓和山区洼地（600～450m）；④土地类型分类：20 世纪 80 年代初编制的中国 1∶100 万土地类型图进行了三级分类，第一级以水热条件、生物气候带为主要依据，划分了 12 个土地纲；第二级称为土地类，主要依据地貌类型划分，大多数土地纲有 10 个左右的土地类，共125 个土地亚类；第三级称为土地型，以植被和土壤指标进行划分，每一土地类型有3～21 个土地型，所划分的土地型总数过千；⑤总人类生态系统的分类：Naveh 和Lieberman（1993）提出总人类生态系统的概念，涵盖了从生物圈到技术圈的所有圈层，将最小景观单元定名为生态小区，集中了生物和技术生态系统，最大的全球景观叫生态圈，从视觉上和空间上贯穿地理圈、生物圈和技术圈，他所建立的景观分类系统分为开放景观（包括自然景观、半自然景观、半农业景观和农业景观）、建筑景观（包括乡村景观、城郊景观和城市工业景观）和文化景观；⑥其他土地分类：认为景观生态分类是土地分类的深化，如加拿大的生态土地分类，把土地视为特殊的生态系统，综合反映景观的形成与演化；陈利顶等（2006）根据不同景观类型的功能，把景观分为"源"景观和"汇"景观两种类型，"源"景观是指那些能够促进过程发展的景观类型，"汇"景观是那些能阻碍或延缓过程发展的景观类型。

景观生态分类的实质就是根据景观系统内部水热状况的分布、物质能量交换形式的差异以及人类活动对景观的影响，统一考虑景观的自然属性、生态功能和空间形态特征，按照一定的原则用系列指标反映这些差异，从而可以将各种景观生态类型进行划分和归并，并构筑景观生态分类体系的过程（李振鹏等，2004）。景观生态分类的基本要求是以尽可能少的依据和指标反映尽可能多而全面的特性，一般是选取能代表景观整体特征的几个综合性指标。至于具体指标的选取，则要根据收集到的资料和规划区景观格局与生态过程的分析，综合考虑规划区域的自然、人类需要和社会经济条件，依据规划目标和一定的原则，选取最能揭示景观的内部格局、分布规律、演替方向的指标作为分类体系，划分景观生态类型。划分景观生态类型一般包括三个步骤：第一步，根据遥感影像（航空像片、卫星图片）解译，结合地形图和其他图形文字资料，加上野外调查成果，选取并确定景观生态分类的主导要素和指标，初步确定个体单元的范围及类型；第二步，详细分析各类单元的定性和定量指标，表列各种特征，通过聚类或其他统计方法确定分类结果；第三步，依据类型单元指标，经判别分析，确定不同单元的功能归属，作为功能性分类结果。景观生态分类应用于景观规划与设计中，利用其功能指标和特征是必不可少的（Phipp，1984）。根据景观生态分类的结果，客观而概括地反映规划区景观生态类型的空间分布形式和面积比例关系，就是景观生态图。地理信息系统在景观生态制图中优势明显，能节约许多时间和精力，它可以将有关景观生态系统空间现象的景观图、遥感影像解译图和地表属性特征等转换成一系列便于计算机管理的数据，并通过计算机的存储、管理和综合处理，根据研究和应用的需要输出景观生态图。例如，德国的 Bastian（2000）等从自然地理的角度出发对德国萨克森州景观进行了分类，利用GIS 对景观单元（微地理域）进行了分类和制图，来评价人类活动对自然景观单元的适宜性、景观自然平衡的功能和景观的承载力，并进一步制定景观管理的分区化目标，从而把景观分类作为区域规划的一个有效的工具。景观生态图的意义在于它能划分出一些具体的空间单位，每一单位具有独特的非生物与生物要素以及人类活动的影响，独特的能流、物流规律，独特的结构和功能，针对每一个这样的空间单位，可以拟定自己的一套措施系统，以求得在保证其生态环境效益的前提下，获取经济效益和社会效益的统一。因此，景观生态图可作为景观生态规划的基础图件。

5. 景观生态适宜性分析

景观生态适宜性分析是景观生态规划的核心，其目标是以景观生态类型为评价单元，根据区域景观资源与环境特征，发展需求与资源利用要求，选择有代表性的生态特性（如降水、土壤肥力、旅游价值等），从景观的独特性（稀有性及被破坏后可能恢复时间尺度）、多样性（斑块多样性、种类多样性和格局多样性）、功效性（生物生产能力和经济密度等）、宜人性或美学价值入手，分析某一景观类型内在的资源质量以及与相邻景观类型的关系（相斥性或相容性），确定景观类型对某一用途的适宜性和限制性，划分景观类型的适宜性等级。正因为适宜性分析在景观生态规划中的重要性，规划者对适宜性分析方法进行了大量的探索，创立了许多方法，归纳起来有整体法、因子叠合法、数学组合法、因子分析法、逻辑组合法、地图重叠法、GIS方法等（陈小华和张利权，2005），其中以麦克（Mcharg）创立并系统化的因子叠合法和捷克斯洛伐克的数学组合法最为常用，其他方法多是根据规划目标与对象不同而发展的。

麦克（Mcharg）的因子叠合法首先是根据规划目的选择各因素（或因素分级），如植被可分为森林、灌丛、草丛；坡度分为>25%、10%～25%和<10%三级等，并以同样比例尺用不同颜色表示在图上，成为单因素图层，如坡度图、植被类型图、娱乐价值图和野生动物生境分布图等。然后按照项目要求，把单因素图层用叠加技术（overlay technique）进行叠加，就可得到各级综合图（composites）。由单因素图层叠加产生的各级综合图逐步揭示出具有不同生态意义的景观（或区域），每一区域都暗示了最佳的土地利用。有的在生态上极为敏感、景观独特，宜保持原貌而为保存区（preservation），有的敏感性稍低、景观较好，宜在指导下作有限地开发利用，称为保护区（conservation），还有生态敏感性较低，自然地形及植被意义不大，适于开发成为开发区（development）。在这三类图中，视具体情况，可再进一步细分。麦克还就景观（土地）的多重利用进行讨论，如森林区除了生产木材外，可用于水资源控制、土壤保持，也可成为野生动物栖息地或作为狩猎娱乐的场所。景观（土地）的多重利用分析是在一个矩阵上完成，矩阵的行与列是各种土地的利用方式，分析时检验两两利用方式的一致性（compatibility），表示在表中，可确定最优、共优和亚优等级别的景观或土地利用。捷克斯洛伐克的景观生态规划（LANDEP）中注重计算机在规划中的运用，着眼于整体系统化和局部自动化。它把景观特性对不同的人类活动的各种适宜性等级改为数量值，并赋予因素不同的权重，在给因素赋权重时考虑到一项给定活动的可行性，预测给定活动对该点的局部影响、局部的活动对具体景观生态特性（如生态稳定性）的影响等；景观的总适宜性是局部适宜性的总和，局部适宜性表示为一个给定的景观生态类

型和一项给定活动的最大可能适宜性的百分比。此种方法解决了麦克的因子叠合法无加权、麻烦、不能数学运算等问题，使景观规划师能利用和处理更多的信息，使规划更具科学性和系统性。

近年来，计算机技术尤其是 GIS 在规划中的广泛应用为定量描述景观适宜性等级提供了有利条件，已经成为景观生态适宜性分析过程中的关键技术。陈小华和张利权（2005）根据景观生态学的基本原理和方法，选取 6 个与厦门市发展目标密切相关的生态因子（近岸海域水深、近岸人口密度、滨海景观价值、珍稀海洋生物保护区分布、岸线类型、近岸海域水质），然后运用 GIS 技术与因子加权叠加法，对厦门市沿海岸线进行了以滨海旅游、海水养殖、环境保护等为城市发展目标的景观生态适宜性分析，提出厦门市沿海岸线及近岸海域的景观生态规划方案。

6. 景观功能区划分

景观功能区的划分对每一个给定类型都可提出不止一个利用方式的建议，在这些建议中根据景观生态适宜性的分析结果，还要考虑如下特征：①目前景观或土地的适宜性；②目前景观的特性、类型和人类活动的分布；③其他人类活动对给定景观生态类型的适宜性；④寻求各种供选择建议的可能性、必要性和目的；⑤在备选的景观利用方案中，若改变现有的景观或土地的利用方式有无可能，如果有，技术上是否可行。功能区的划分从景观空间结构产生，以满足景观生态系统的环境服务、生物生产、文化及美学支持四大基础功能为目的，并与周围地区的景观空间格局相联系，形成规划区合理的景观空间格局，实现生态环境条件的改善、社会经济的发展以及规划区持续发展能力的增强。

7. 景观生态规划方案评价及调整

因为由景观生态适宜性分析所确定的方案与措施，主要是建立在景观的自然特性基础之上，然而，景观生态规划并不是不发展社会经济，而是在促进社会经济发展的同时，寻求最适宜的景观利用方式。因此，对备选方案需进行：①成本效益分析，规划方案与措施的每一项实施需要有资源及资金的投入，同时，实施的结果也会带来经济、社会和生态效益，对各方案进行成本-效益分析与比较，进行经济上的可行性评价，以选择投入低、效益好的方案；②对区域可持续发展能力的分析，方案的实施必然对当地和相邻区域的生态环境产生影响，有的方案与措施可能带来有利的影响，从而改善当地生态环境条件，有的方案可能会损害当地或邻近地区的生态环境条件。对备选方案的评价结果和初选方案的结果可以用表格形式来表达，也可用计算机制图表示，供决策者参考。在确定了某一方案后，需要制定详细措施，促使规划方案的全面执行。随着时间的推移，客观情况的改变，需要对原来的规划方案不断修正，以满足变化的情况，达到景观资源的最优管理和景观资源的可持续性利用。

以上介绍了景观生态规划的详细步骤，在具体到某一规划时这些步骤和分析未必都要面面俱到，根据具体情况可以有所侧重。Forman（1995a）认为，一个合理的景观规划方案应具有以下几个特征：①考虑规划区域较广阔的空间背景；②考虑保护区较长的历史背景，包括生物地理史、人文历史和自然干扰；③考虑对未来变化的灵活性；④应有选择余地，其中最优方案应基于规划者明智的判断，而不涉及环境政策，这样可供选择的折中方案才能清晰、明确。同时，景观规划中5个要素必不可少：时空背景、整体背景、景观中的关键点（strategic points）、规划区域的生态特性和空间特性。

7.2.4　景观生态规划的类型

20世纪60年代以来，以麦克（McHarg）、奥德姆（Odum）、哈贝尔（Haber）、鲁茨卡、福尔曼（Forman）等为代表的生态学家在探索生态学与景观规划的结合方面作出了突出的贡献，发展并形成了许多有特点和侧重点的景观生态规划方法。其中，鲁茨卡的综合景观生态规划体系、麦克基于适宜性分析所形成的"千层饼"规划模式、奥德姆以系统论思想为基础所提出的区域生态系统发展战略、福尔曼等以格局优化为核心的景观格局规划模式构成景观生态规划方法发展的四大主要方向。

1. 综合景观生态规划

捷克景观生态学家鲁茨卡和米克洛什（Miklos）在研究区域规划、开发和人工生态系统优化设计的过程中，逐步形成了比较成熟的景观生态规划理论和方法体系（LANDEP），这里以其为代表，介绍综合景观生态规划的主要内容和步骤（图7-2）。

在LANDEP方法体系中，景观生态数据和景观利用优化构成景观生态规划的两大核心。

景观生态数据主要包括分析和综合两部分内容。分析是通过对景观及其区域中生物和非生物组分（包括气候、地质地貌、土壤、水文及动物生境等）、景观结构、生态现象和过程及社会经济状况等的调查和分析，形成规划的基础信息；综合则是在分析的基础上，借助图层的叠置等手段建立生态同质的景观基本空间单元（LET），并利用分类、分区和一些区域分析指数为规划提供可靠的空间结构状况。

景观生态数据的解释是将基本景观生态学指数转变为可服务于景观优化的形式，即赋予通过生态分析和综合得到的景观生态数据相应的生态意义，以及这些生态含义所基于的理论依据。通过景观生态数据的解释，可以使研究者掌握有关景观的一系列功能特性，包括有效性、可耕性、积水性、土壤肥力、基质承载力、地形隔离程度、物质传输动态、人为影响的植被变化、景观的人工化程度以及居住的适宜性等。可以说，这一步骤既是景观生态数据与景观生态规划间的桥梁，也是景观生态学理论和景观规划间的纽带。

景观利用优化是景观生态规划的核心，其目的是通过将空间单元的属性与景观的社会需求和发展相比较，在评价具体人类活动或土地利用空间单位适宜程度等级的基础上，根据景观生态学准则，提出景观中最适宜的活动安排的建议。

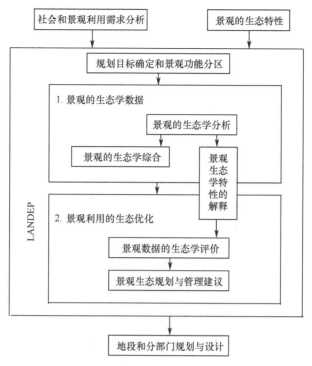

图 7-2　LANDEP 的系统研究和内容 (Ružička and Miklós，1990)

2. 基于适宜性评价的景观生态规划

将宏观生态学思想与土地利用优化配置相结合的早期代表是麦克，在其著作中，麦克第一次建立了一个城市与区域土地资源优化配置的生态学框架，并通过大量的案例研究，如海岸带管理、城市绿地设计、农田保护、高速公路选线及流域综合开发规划等分析，对景观生态优化的工作流程及应用方法作了较全面的探讨。他的景观生态规划框架对后来的景观规划影响很大，成为 20 世纪 70 年代以来景观生态规划的基本思路（俞孔坚和李迪华，1997）。

麦克的规划方法主要分为 5 个步骤：①确立范围与目标；②广泛收集研究区域的自然与人文资料，包括地质、气候、水文、土壤、植被、野生动植物、土地利用、人口、交通以及文化等方面，并分别描绘在地图上；③根据目标综合分析，提取进一步信息；④对各主要因素及各种资源开发和利用方式进行以分类、分级等评价为主的适宜性分析；⑤最后形成综合的适宜性图件，为分配土地利用提供依据。麦克方法的核心是，根据区域自然环境与资源的特性进行生态适宜性分析，以确定景观利用方式与发展规划，从而使自然的利用与开发及人类其他活动与自然特征和过程相协调。

由上述过程可以看出，基于适宜性分析的景观生态规划强调土地利用应体现土地本身的内在价值，这种内在价值是由自然过程决定的，即自然的地质、土壤、水文、植物、动物和基于这些自然因子的文化历史，决定某一地段应适合于某种用途。其目标是根据区域自然资源与环境性能，结合发展和资源利用要求，划分资源与环境的适宜性等级。适宜和相符是健康的标志，而适宜的过程也是健康的馈赠，寻求适宜归根结底是要成功调整适应，维护并提高人类健康与福祉，在人类所有能应用的手段中，文化调整尤其是规划可能是最为直接而有效的手段（Mcharg，1981）。

20 世纪 60 年代以来，不同学者及政府部门基于适宜性分析方法对景观生态规划进行了大量实践探索，但总的来说是以麦克的方法为基础，如 Steinitz（1990）发展了麦克的生态规划模型，提出了非生物、生物和文化的多重目标，并主要关注土地利用的配置。该模型有 11 个程序，主要研究一个地区/景观的自然和社会文化系统，进而揭示哪一种是最成熟的土地利用形式。在整个过程中，生态规划模型通过系统教育并让市民参与到其中，以目标制定、实施、管理和公众参与为重点。Ahern（2006）在此基础上，提出了可持续景观生态规划框架，该框架被认为是一个线性过程，但实际上它是非线性的、循环和反复的，能够加入到过程中的任何一个阶段。该框架包括来自自然科学、规划、利益相关者和公众的知识。它说明了策略的应用条件并依靠空间概念解决空间兼容性和冲突的格局问题，框架法主要基于景观生态理论和概念，通过空间评价和空间概念来理解和应用。刘易斯（Lewis）也在麦克方法的基础上提出了一个类似的生态规划方法——环境资源分析方法（欧阳志云和王如松，1995）。在此方法中，刘易斯首先分析了区域发展所要利用资源的自然属性，以明确主要资源与辅助资源，然后分析主辅资源的关系，最后根据主要资源特征，辅以辅助资源特征，对区域资源进行区划，在生态区划的基础上进行适宜性分析，提出生态优化方案。其独到之处在于提出了主要因素与次要因素在优化配置中的不同作用，以避免麦克方法对不同重要性要素的"平等"处理。显然，由于不同自然要素在区域发展和资源利用中的作用与重要性是不同的，这种区分对优化配置是有益的。

基于适宜性评价的景观生态规划方法以土地利用与自然条件的协调为基本目标，是景观规划较为可行的生态学途径。但该方法的不足在于单纯追求景观单元"垂直"方向的"匹配"，而忽视"水平"方向景观单元间的相互影响，以及景观整体的综合效益。它只能反映类似从地质-水文-土壤-植被-动物-人类活动这样某个单一单元之内的生态过程与景观元素分布及土地利用之间的关系，它很难反映水平生态过程与景观格局之间的关系，如风、水、土的流动，动物的空间运动及人的活动，灾害过程，如城市火灾的扩散过程与景观格局的关系。针对适宜性分析法在考虑水平生态过程及景观整体功能研究方面的不足，基于系统论、生物控制论的系统分析和景观模拟逐步得到发展，并成为景观生态规划方法论研究中的一个重要方向。

3. 基于系统分析与模拟的景观生态规划

以系统分析方法为基础的大尺度景观规划，是生态学家参与规划和管理自然资源利用的一个重要途径（Geddes，1968）。其中以美国生态学家奥德姆为主要代表，法博什（Fabos）、格罗斯曼（Grossmann）、贝斯特尔（Vester）等一批生态学家也为系统规划方法的发展和完善作出了突出贡献。

1）区域生态系统模型

1969 年，奥德姆基于生态学中的分室模型（compartment model），提出了著名的区域生态系统模型（图7-3），作为其"生态系统发展战略"的理论核心。在该模型中，奥德姆根据区域中不同土地利用类型的生态功能，将区域分成4个景观单元类型：①生产性单元，主要为农业和生产性的林业用地；②保护性单元，是指那些对维护区域生态平衡具有关键生态作用的景观单元，如保护栖息地、防护林地等；③人工单元，是指城市化和工业化土地，它们对自然的生态过程往往具有负面影响；④调和性单元，主要从功能而言，即前述单元类型中的在系统中起协调作用的景观单元。他又进一步提出了可用作分室分类标准的一系列参数，这些参数划分为6组，即群落能量学、群落结构、生活史、氮循环、选择压力、综合平衡。

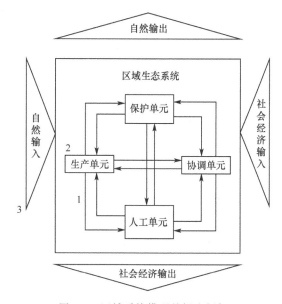

图 7-3　区域系统模型的概念框架
1. 单元内部研究；2. 单元间相互作用研究；3. 区域策略研究

　　上述景观分类构成区域生态系统模型第一层次研究的主要内容。该模型的第二层次侧重于各单元类型间物质和能量转移过程和机制的研究。第三层次则主要以区域生态系统的整体为对象，研究自然输入和社会经济输入、自然输出和社会经济输出的调控机制，并为区域土地利用的分配提供决策依据。

　　2）等级组织系统论
　　为了从整体上理解和掌握一个区域景观系统的动态过程，以便实行最优化的规划管理，必须从模拟不同时空尺度入手（Beffers et al.，1978），对此，Grossmann（1983）提出了等级组织系统（hierarchical systems method）。为了说明综合的、多层次的景观模型的结构及运行机制，该方法将景观分为两大功能层：过程层（process domain）和调整控制层（regulation and control domain）。其中，过程层研究的是真实景观，反映的是生态系统的真实情况，是一些能够观察、测定和计算的输入-输出过程。调整控制层由自下而上的三个子层构成金字塔状，象征来自内部的调控能力逐渐减弱而外部能力逐步加强。不同层次对景观有不同水平的描述并解决不同等级的问题，从静态到动态、从内部到外部、从具体到抽象直至战略决策。该方法通过对景观进行这种等级组织分析，认识并调整控制景观的机制，为规划和管理景观提供依据。

这种方法已被成功应用在前西德的 MAB 计划的第 6 项研究以及一些环境评价的研究项目中，如森林枯萎过程的评价，国家公园旅游开发的环境影响评价等（Hall，1991）。但由于该方法需要大量的、高精度的观测数据，对系统的反馈关系的了解也要求较高，限制了其应用的效率和广泛性。

3）灵敏度模型

德国学者 Vester 和 Hesler（1980）将系统分析与生物控制论相结合，建立了城市与区域规划的灵敏度模型（sensitivity model），其基本思路包括：将一个城市或区域作为一个整体，重点分析系统要素之间的相互关系与相互作用，以把握系统的整体行为；根据系统对要素变化的反应，对系统进行动态调控；运用生物控制论原理，调节系统要素的关系（增强或削弱），以提高系统的自我控制能力（欧阳志云和王如松，1995）。灵敏度模型强调系统要素之间的相互作用及其对系统整体行为的影响，以及在规划过程中公众的广泛参与。灵敏度模型也可以说是生物控制论与计算机技术相结合及其在规划上应用的产物。在灵敏度模型中，将规划对象（一个城市或区域）描述成由相互联系和相互作用的变量构成的"反馈图"，可以通过对构成变量状态的改变模拟整个系统的行为。一旦构筑了"反馈图"，就可以在计算机上进行模拟规划，还可以对各种规划方案进行比较，即"政策试验"。灵敏度模型将规划由传统的"野外"搬进了实验室，并将规划变成可测试和可验证的过程。但由于灵敏度模型重点关心的是系统结构与功能的时间动态，对空间关系与空间格局的动态过程则难以反映出来。

总之，系统分析与模拟方法注重区域的生态可持续性，从整体上把握景观的利用，是较为合理的土地资源优化配置途径。但由于自然过程的复杂性，尤其是人类活动的干扰增加了过程模拟和系统模拟的难度。

4. 基于格局优化的景观生态规划

20 世纪 70 年代末以来，随着景观生态学对水平生态过程的日益重视，导致了对传统景观规划和生态规划理论与方法的一次革新，形成了以景观格局整体优化为核心的景观生态规划方法，其中以哈伯和福尔曼为主要代表。

1）土地利用分异战略

德国生态学家哈伯基于奥德姆所提出的生态系统发展战略，经过多年的研究和实践，于 1979 年提出了适用于高密度人口地区的土地利用分异（differentiated land use，DLU）战略，其景观整体化规划按如下 5 个步骤进行。

（1）土地利用分类：辨识区域土地利用的主要类型，根据由生境集合而成的区域自然单位（RNU）来划分。每一个 RNU 有自己的生境特征组，并形成可反映土地用途的模型。

（2）空间格局的确定和评价：对由 RNU 构成的景观空间格局进行评价和制图，确定每个 RNU 的土地利用面积百分率。

（3）敏感度分析：识别那些近似自然和半自然的生境簇，这些生境被认为是对环境影响最敏感的地区和最具保护价值的地区。

（4）空间联系：对每一个 RNU 中所有生境类型之间的空间关系进行分析，特别侧重于连接度的敏感性以及不定向或相互依存关系等方面。

（5）影响分析：利用以上步骤得到的信息，评价每个 RNU 的影响结构，特别强调影响的敏感性和影响范围。

该方法主要是针对奥德姆的系统分析方法中对景观单元间的相互影响研究不足提出的，主要利用环境诊断指标（而不是模型模拟）和格局分析对景观整体进行研究和规划。在利用该规划方法进行工作的过程中，哈伯等总结出了如下土地利用分异战略：① 在一个给定的 RNU 中，占优势的土地类型不能成为唯一的土地类型，应至少有 10%～15% 土地为其他土地利用类型；②对集约利用的农业、城市或工业用地，至少 10% 的土地表面必须被保留为诸如草地和树林的自然景观单元类型；③并且这 10% 的自然单元应或多或少地均匀分布在区域中，而不是集中在一个角落，这个"10% 规则"是一个允许足够（虽然不是最佳）数量野生动植物与人类共存的一般原则；④应避免大片均一的土地利用，在人口密集地区，单一的土地利用类型不能超过 $8\sim10\text{hm}^2$。

DLU 战略是目前在对过程机制难以定量模拟和把握的情况下较为可行的规划途径。尽管这种途径没有与一个系统的理论，如景观生态学紧密结合起来，在空间联系的分析上也缺乏方法和手段，但它却为景观生态学的发展及其在区域和景观规划中的应用提供了基础。

2）景观利用的格局优化

1995 年，福尔曼在他的 *Land Moasic* 一书中，主要针对景观格局的整体优化，系统地总结和归纳了景观格局的优化方法。其方法的核心是将生态学的原则和原理与不同的土地规划任务相结合，以发现景观利用中所存在的生态问题和寻求解决这些问题的生态学途径。该方法主要围绕以下 5 个方面展开。

（1）背景分析：在此过程中，景观的生态规划主要关注景观在区域中的生态作用（如"源"或"汇"的作用），以及区域中的景观空间配置。区域中自然过程和人文过程的特点及其对景观可能影响的分析也是区域背景分析应关注的主要方面。另外，历史时期自然和人为扰动的特点，如频率、强度及地点等，也是重要的内容。

（2）总体布局：以集中与分散相结合的原则为基础，福尔曼提出了一个具有高度不可替代性的景观总体布局模式（图 7-4）。在该模式中，福尔曼指出，景观规划中作为第一优先考虑保护和建设的格局应该是几个大型的自然植被斑块（图 7-4 中 1）作为物种生存和水源涵养所必需的自然栖息环境，有足够宽和一定数目的廊道（图 7-4 中 2、3）用以保护水系和满足物种空间运动的需要，而在开发区或建成区里有一些小的自然斑块（图 7-4 中 3）和廊道（图 7-4 中 4）用以保证景观的异质性。这一优先格局在生态功能上具有不可替代性，是所有景观规划的一个基础格局（Forman，1995a）。

（3）关键地段识别：在总体布局的基础上，应对那些具有关键生态作用或生态价值的景观地段给予特别重视，如具有较高物种多样性的生境类型或单元、生态网络中的关键节点和裂点、对人为干扰很敏感而对景观稳定性又影响较大的单元以及那些对于景观健康发展具有战略意义的地段等。

（4）生态属性规划：依据现时景观利用的特点和存在的问题，以规划的总体目标和总体布局为基础，进一步明确景观生态优化和社会发展的具体要求，如维持那些重要物

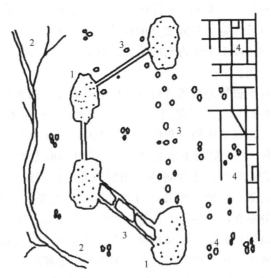

图 7-4 集中与分散相结合的景观总体布局（Forman，1995a）

种数量的动态平衡、为需要多生境的大空间物种提供栖息条件、防止外来物种的扩散、保护肥沃土地以免过度利用或被建筑、交通所占用等，这是格局优化法的一个重要步骤，根据这些目标或要求，调整现有景观利用的方式和格局，将决定景观未来的格局和功能。

（5）空间属性规划：将前述的生态和社会需求落实到景观规划设计的方案之中，即通过景观格局空间配置的调整实现上述目标，是景观规划设计的核心内容和最终目的。为此，需根据景观和区域生态学的基本原理和研究成果，以及基于此所形成的景观规划的生态学原则，针对前述生态和社会目标，调整景观单元的空间属性。这些空间属性主要包括这样几个方面：斑块及其边缘属性，如斑块的大小、形态、斑块边缘的宽度、长度及复杂度等；廊道及其网络属性，如裂点（gap）的位置、大小和数量、"垫脚石"的集聚程度、廊道的连通性、控制水文过程的多级网络结构、河流廊道的最小缓冲带、道路廊道的位置和缓冲带等。通过对这些空间属性的确定，形成景观生态规划在特定时期的最后方案。之后，随着对景观利用的生态和社会需求的进一步改变，仍会对该方案进行不断的调整和补充。

福尔曼的格局优化方法把生态学理论落实到规划所要求的空间布局中提供了较为明确的理论依据和方法指导。但由于目前的研究仍主要停留在对景观元素属性和相互关系的定性描述上，许多实际问题的解决尚缺乏可操作途径，如怎样选择和确定保护区及其空间范围、在哪里及如何建立缓冲区和廊道、如何识别景观中具有战略意义的地段等。

"集中与分散相结合"格局是基于生态空间理论提出的景观生态规划格局，被认为是生态学上最优的景观格局，它包括以下 7 种景观生态属性：①大型自然植被斑块用以涵养水源、维持关键物种的生存；②粒度大小，既有大斑块又有小斑块，满足景观整体的多样性和局部点的多样性；③注重干扰时的风险扩散；④基因多样性的维持；⑤交错带减少边界抗性；⑥小型自然植被斑块作为临时栖息地或避难所；⑦廊道用于物种的扩散及物质和能量的流动。这一模式强调集中使用土地，保持大型植被斑块的完整性，在建成区保留一些小的自然植被和廊道，同时在人类活动区沿自然植被和廊道周围地带设计一些小的人为斑块，如居住区和农田小斑块等。

3）格局优化的实现途径

为进一步将景观生态学应用于景观规划的实践，我国学者俞孔坚以福尔曼所倡导的景观生态规划方法为理论基础，针对景观生物多样性的保护，进行了景观生态规划的实践探索（Yu，1996b）。在其方法中，俞孔坚基于 Knaapen 等（1992）所提出的最小阻力表面（MCR）模型，并借助 GIS 中的表面扩散技术，构建了一系列生态上安全的景观格局，可将其称之为"安全格局的表面模型"。

在该模型中，生态安全的景观格局应包含如下组分：①"源地"，是指作为物种扩散源的现有自然栖息地；②缓冲区（带），是指围绕源地或生态廊道周围较易被目标物种利用的景观空间；③廊道，是指源地之间可为目标物种迁移所利用的联系通道；④可能扩散路径，是指目标物种由种源地向周围扩散的可能方向，这些路径共同构成目标物种利用景观的潜在生态网络；⑤战略点，是指景观中对于物种的迁移或扩散过程具有关键作用的地段。

通过该模型，景观生态规划过程被转换为对上述空间组分进行识别的过程，按如下步骤展开。

（1）选择栖息源地。通过对目标物种生态习性和分布的调查，选择那些较大空间规模且具有较大缓冲区的栖息地，作为景观生态保护的"源地"。

（2）建立最小阻力表面（MCR）和耗费表面。根据景观单元对目标物种迁移的影响，将景观单元按阻力进行分级，并据此为各景观单元分配相应的阻力参数，形成景观阻力表面。当采用多种指标对景观单元进行分级时，每类单元的阻力值可通过下式求得：

$$R_j = \sum_{i=1}^{n} W_i \times r_{ij}$$

式中，R_j 为第 j 类景观单元的累积阻力；n 为指标数；W_i 为 i 指标的权重；r_{ij} 为第 j 类单元由指标 i 确定的相对阻力。

基于该阻力表面，利用最小耗费距离的算法模型，借助相应 GIS 技术，计算目标物种从"源地"到达每一个景观单元的最小耗费值。计算方法采用下式：

$$C_l = \min \sum (D_k \times R_k),$$
$$(l=1,\ 2,\ \cdots,\ n;\quad k=1,\ 2,\ \cdots,\ m)$$

式中，C_l 为第 l 个单元到源地的最小耗费；n 为景观基本单元的总个数；m 为源地到第 l 个单元所经过单元的个数；D_k 为第 k 个单元与源地的距离；R_k 为第 k 个单元的阻力值。

（3）识别安全格局组分。依据上述耗费表面以及有关景观生态原则，识别缓冲区（带）、源地间的廊道、战略点等格局组分的空间属性。

这里的缓冲区可被理解为自然栖息地恢复或扩展的潜在地带，它的范围和边界通过耗费表面中耗费值突变处的耗费等值线确定，而不是传统的规划做法中围绕核心区的一个简单等距离区域。在景观的耗费表面中，廊道应建立在源地间以最小耗费（或最小累积阻力）相联系的路径中，并应针对不同目标物种具备相应宽度的缓冲带。对每个源地而言，与其他源地联系的廊道应至少有一个，两条通道将会增加源地安全性，而三条以上的廊道虽然能增加源地的安全性，但其战略意义则远不如第一及第二条。基于耗费表面，主要有三种地段应予以格外重视：一是两个或更多个围绕"源地"的耗费等值线圈层间所形成的"鞍点"；二是由于栖息地边缘弯曲而形成的"凹-凸"交合地段；三是多条廊道或扩散路径的交汇处。将上述景观的空间组分相叠合，最终形成针对目标物种的、潜在的且生态上安全的景观利用格局，通过对这些组分有效的调整和维护，将对景观向着生态优化的方向变化发展起到积极作用。

在上述过程中，所选择的目标物种不仅要在类型上，还要在栖息地的空间范围上具有广泛的代表性。这必须基于一个广泛而深入的景观生态调查和过程分析的步骤。而且，针对特定的目标物种，景观中也会存在不同水平的安全格局，应基于景观的现状条件和发展变化阶段选择合理的景观规划和管理方案。

俞孔坚等（2006）也对新农村建设规划与城市扩张进行了生态安全格局的分析与规划。以广东省顺德市的马岗村为例，把村落看作是大地生命系统的有机组成部分，通过判别和完善对村落的生态、历史文化、社会结构和信仰体系具有关键意义的景观元素、局部和空间关系，建立景观安全格局，来保障村落的生态、历史和社会文化之生命在快速的城镇化和社会主义新农村建设中得以延续。

马岗村是中国濒临消失的村落的一个典型，位于发展最快的城市之一———广东省顺德市边缘，是一个水网地带的岛屿，有超过 7000 名原住居民和 7000 名外来谋生者，占地面积 12km²，拥有 400 多年的历史。这个区域的乡土农业景观在历史上以桑基鱼塘和后来的蕉基鱼塘而闻名，但这种乡土景观现在却随着村庄的消失而被摧毁。前一轮的城市总体规划建议把整个马岗村村落推平来建设城市新区。

对马岗村的景观安全格局的分析和规划过程见图 7-5 和图 7-6，具体表述如下（俞孔坚等，2006）。

（1）景观过程、功能及含义：村落的生命在于其生态过程及其文化意义、社会交流功能和社会文化意义、信仰活动及精神意义、社区联系、文化认同及特色 5 个方面。保护村落的生命关键在于维护和健全上述 5 种功能的安全和健康。

（2）景观元素与结构：判别作为村落景观功能与含义的载体元素和结构的空间分布和状态，并评价其对景观过程和功能的作用。判别维护村落生命的关键性景观元素和格局，即判别对保障村落生态过程、历史文化过程、精神信仰和社会交流过程具有关键意义的景观局部、元素、空间位置和联系。

（3）网络化：整合上述战略性的景观格局，形成网络-景观安全格局，以保障生态功能、历史和文化遗产保护、精神信仰和社会交流及景观体验过程。这些整合的战略性的景观安全格局保留并穿插于新的城市社区，作为城市活力的催化剂；同时这些景观安全格局成为村落和街区翻建、扩建的刚性骨架，使社区的生命得以延续。

（4）拼贴与补缀：以景观安全格局为骨架，补贴新的开发建设和新的功能区，形成富有活力的新城或新村，满足当代人的需要。

区域生态安全格局是对景观安全格局研究的发展，主要是针对区域生态环境问题，在干扰排除的基础上，保护和恢复生物多样性、维持生态系统结构和过程的完整性、实现对区域生态环境问题的有效控制和持续改善的区域性空间格局（马克明等，2004；俞

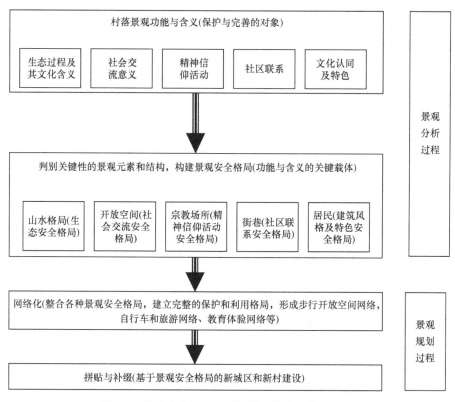

图 7-5　景观安全格局途径框图（俞孔坚等，2006）

孔坚，1999）。在景观安全格局的研究过程需要规划设计一些关键性的点、线、局部
（面）或其他空间组合，恢复一个景观中某种潜在的适宜空间格局。陈利顶等（2006）
认为在生态安全格局规划设计过程中，通过对生态过程在表面的空间分析，横向比较潜
在的影响区和基本工作区内生境和生态功能区的数量、结构特征和空间分异特征，在综
合考虑相关目标具体需求的基础上，确定潜在影响区域内需要重点关注的敏感生态单元
和重要类型功能区的数量和空间分布情况，同时分析确定那些对于维护重要生态系统功
能具有关键作用的植被类型及其空间分布状况，由此设计出对当地生态环境实现可持续
发展最为有利的生态安全格局，从而实现对生态过程的有效控制。

　　与适宜性评价法不同的是，格局优化方法和区域生态安全格局主要关注景观单元水
平方向的相互关联，以及由此形成的整体景观空间结构。尽管目前我们对于景观中的各
种生态过程（尤其是人为干扰下的生态过程）尚缺乏足够全面和可靠的认识与把握，许
多格局优化所依据的原则和标准还停留在定性的推论阶段，但格局优化法毕竟在水平关
联的方向上为景观规划指出了一个大有作为的生态学途径，是对传统的以适宜性评价为
主导的生态规划方法的有益补充。

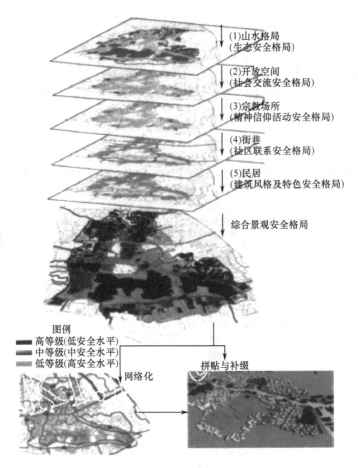

図例

■ 高等级(低安全水平)
▨ 中等级(中安全水平)
▨ 低等级(高安全水平)

(1)山水格局
(生态安全格局)

(2)开放空间
(社会交流安全格局)

(3)宗教场所
(精神信仰活动安全格局)

(4)街巷
(社区联系安全格局)

(5)民居
(建筑风格及特色安全格局)

综合景观安全格局

网络化   拼贴与补缀

图 7-6 景观安全格局途径图示（俞孔坚等，2006）

7.2.5 景观生态规划的应用

1. 城市景观生态规划

城市景观是指城市地域空间的景物或景象，是在一定区域内以从事第二、第三产业为主的高密度人群、人工建筑体的集合，是由人类凭借强大的经济与技术能力建设起来的人造景观（肖笃宁等，2003）。城市景观生态规划是根据景观生态学原理和方法，合理规划斑块、廊道和基质景观要素的数量及其空间分布组合，保障能量流、物质流和信息流畅通，使城市景观既适宜人类居住又符合生态原理并具有美学价值。由于城市是经济实体、社会实体和自然实体的统一，它兼有两种生态系统——自然生态系统和人类生态系统的属性，因此，城市景观生态规划除收集和调查城市景观的基础资料、对城市进行景观生态分析与评价的基础工作外，其规划主要集中在三个方面：环境敏感区的保护、生态绿地空间规划和城市外貌与建筑景观规划。环境敏感区是对人类具有特殊价值或具有潜在天然灾害的地区，属于生态脆弱地区，可分为生态敏感区、文化敏感区、资源生产敏感区和天然灾害敏感区（李团胜和石铁矛，1998）。生态敏感区包括城市中的河流水系、滨河地区、特殊或稀有植物群落和部分野生动物栖息地等。生态敏感区所处的位置往往为两种或两种以上不同生态系统的结合部，是生态要素复杂、生态变化激烈和易出现生态问题的地区，也是城市及区域生态系统可持续及进行城市生态规划的关键地区（徐福留等，2000）。文化敏感区是指城市中文物古迹、革命遗址等具有重要历史价值、文化价值的地区。自然灾害敏感区包括城市可能发生的洪涝滨水区、地质不稳定区和空气严重污染区等，在城市中首先保护环境敏感区，对不得已的破坏加以补偿。城市景观生态规划的目标是改善城市景观结构，提高城市服务和生态功能，提高城市环境质量，促进城市景观的可持续发展（李团胜等，1999）。

一个城市改善环境质量，除了主要依靠对污染的防治和控制外，还要重视发挥自然景观对污染物的自净能力，特别是天然和人工水体、自然或人工植被、广阔的农业用地和空旷的景观地段，均能起到景观生态稳定性的作用。城市规划学家注重城市中的自然生态系统，认为保持一个绿化环境，这对城市文化来说是极其重要的，一旦这个环境被破坏、掠夺、消灭，那么城市也随之衰退；他们强调重新拥有绿色环境是城市更新的重要条件之一，可使城市重新美化、充满生机。我国学者钱学森提出建设山水城市的设想，他提出城市应与园林山水相结合，保护自然景观与人文景观。可见，城市绿地对城市景观是很重要的。对现代城市绿地的生态规划与建设管理，也越来越显出其重要价值（梁伊任，2000）。城市绿地可分为公共绿地、居住绿地、交通绿地和风景区绿地等。从景观生态学角度考虑，生态绿地不仅要数量多，而且要分布均匀，大斑块与小斑块相结合。根据景观的集中与分散格局规划，生态绿地的空间配置要集中与分散相结合，通过集中使用土地，在建成区保留一些小的自然植被和廊道，同时在人类活动区沿自然植被和廊道周围地带设计一些小的人为斑块，如居住区和农田小斑块等。另外，城市中的绿地廊道最好与道路廊道结合起来，即在道路两边规划一定宽度与不同形态的植被带，这样做有以下几点好处：一是改善道路的环境质量，有利于人们的身体健康（降低噪声和减少废气）；二是增加绿地面积，便于绿地均匀分布于城市景观中；三是通过绿色廊道把景观中的各斑块连接起来，有利于斑块中的小型动物迁移。

要创造一个良好的生产、生活环境和优美的城市景观，还要考虑景观的总体控制，即城市外貌与建筑景观的总体布局，根据城市的性质规模、现状条件，确定城市建设艺术的轮廓，体现城市美学特征。城市外貌要与城市的地形等自然条件相适应。平原城市的建筑群布局可紧凑整齐，在建筑群的景观布置上，高低搭配合适，广场、道路比例合理，使城市具有丰富的轮廓。丘陵山区地形变化大，一般采用分散与集中结合的方法，在高地上布置造型优美的园林风景建筑，丰富城市景观的视觉多样性。建筑景观不仅要体现建筑物的体量、轮廓、色彩和绿化等内容，还要与城市的性质、规模等相适应，并且建筑群之间要协调。如果遇两类不同风格的建筑物或建筑群，中间用一定宽度的植被带分开，避免有一刀切的感觉，实现两者的完美过渡。

2. 农村景观生态规划

农村景观包括农田、人工林地、农场、牧场、鱼塘和村庄等生态系统，以农业特征为主,是人类在自然景观的基础上建立起来的自然生态结构与人为特征的镶嵌分布。在农业生产实践中,化肥、农药、除草剂的施用及现代农业工程设施的使用,使土地生产率提高,土地利用向多样化、均匀化方向发展。农村各产业的蓬勃兴起,在有限的自然资源和巨大的人口压力的条件下,物质、能量和信息在各景观要素间流动和传递,不断改变着农业景观格局,农业资源与环境问题日益突出。农业的持续发展面临着土壤侵蚀、有机质减少、土壤板结及盐碱化、污染和虫害等问题,如何利用景观生态学原理对农业景观资源进行合理的规划、设计,促进农业资源的合理配置及利用,具有重要的现实意义。

农村景观生态规划是指运用景观生态原理,结合考虑地域或地段综合生态特点以及具体目标要求,构建空间结构和谐、生态稳定和社会效益理想的区域农业景观系统(王仰麟和韩荡,2000)。它以景观单元空间结构调整和重建为基本手段,提高农区景观生态系统的总体生产力和稳定性,构建生产高效、生态稳定和社会经济效益理想的区域农业景观系统(肖笃宁,1999)。理想的农村景观生态规划应反映农村景观资源提供农业的第一性生产、保护和维持生态环境平衡及作为一种特殊的旅游观光资源三个方面的功能。

由于不同国家和地区经济发展水平、人口生存状况的差异,农村景观生态规划也有所侧重。欧美一些发达国家的经济发展,农业集约化程度高,自然资源条件也相对优越,其农业景观生态规划较注重景观生态保护及美学价值,如高强度农业景观多样性与土地覆被空间异质性、农田树篱结构变化与动物多样性以及动物迁徙、移动与水土流失的关系。满足于人们"重返乡村和走近自然"的欲望,农村景观生态规划中一些富有特色的新型农业模式相继产生,如生态农业和精细农业等构成相应的观光农业和示范农业资源。

但是,我国的国情不同,我国人口众多,生态负荷重,在长期高强度的土地开发下,农村景观中自然斑块所剩无几,人地矛盾突出。景观生态规划所要解决的首要问题是如何保证人口承载力又要保证生态环境(肖笃宁和李晓文,1998;肖笃宁和高峻,2001)。生态保护必须结合经济开发来进行,如土壤培肥措施、防护林营造和农业生产结构调整等。我国的农业景观生态规划应遵循以下原则:①建设高效人工生态系统,实行土地集约经营,保护集中的农田斑块;②控制建筑斑块盲目扩展,建设宜人景观的居住环境;③重建植被斑块,因地制宜增加绿色廊道和分散的自然斑块,补偿和恢复景观的生态功能;④在工程建设区要节约工程用地,重塑环境优美与自然系统相协调的景观。

3. 旅游区的景观生态规划

自然风景旅游区是由许多相互关联、依存和制约的生物因素和非生物因素构成的,以自然景观属性为主、人工干预为辅的生态系统。从景观生态角度来看,主要包括山地、森林、草地、各种水域和沼泽等景观生态类型,其共同特点是保持大自然原有的风貌和良好的生态环境,有些还有丰富独特的人文过程、浓郁的民俗风情,成为人们亲近自然、回归自然的理想境地。经营者以自然景观旅游资源为凭借、以旅游设施为条件,向旅游者提供各种服务，目的是使自己获得最大经济效益，这必然向景观生态系统提供更多的能流和物流，对系统内的生物种类组成、种群数量比例和土壤的外部形态等产生一定的影响，不同程度地改变了景观面貌，进而影响了景观价值（冯学钢和包浩生，1999）。因此，旅游区景观生态规划的重点是如何协调经营者的经济效益和维持景观生态系统的生态完整性（结构与功能的完整）的关系，开发建设与景观生态破坏的关系，以及景点、服务设施的空间分布和建设。目前我国许多风景旅游区，由于人工干预和开发过度，使景观生态系统受到破坏。据韩也良（1991）研究，旅游区一项基础设施建设对山体和植被的直接破坏，往往是其基本建筑面积的几倍或十几倍，除建设施工现场的破坏，还有许多间接的损害，如物资在运输途中及转运堆放的影响，开山放炮吓跑鸟、兽。由此可见，自然风景区的生态规划必须因景制宜、适度开发。"适度开发"就是要保持不超过景观生态环境容量的开发。适度为合理开发，低度为初级开发，过度为破坏性开发。从本质上讲，开发和保护的目标是一致的，因为开发是为了利用，保护是为永续利用。因此，在对风景旅游区全面调查的基础上，以环境容量和景观生态保护为原则，通过总体生态规划，使得人工景观与天然景观共生程度高，真正做到人工建筑的"斑块"、"廊道"与天然的"斑块"、"廊道"和"基质"相协调。在规划中还应注意从当地民俗风情中汲取精华，设计出得体于自然、巧构于环境的风景建筑。此外，还要对进入旅游区的游客采取有效的管理措施，实施生态环境意识教育。

4. 自然保护区的规划

联合国教科文组织于1971年组织实施"人与生物圈"（MAB）计划，MAB的核心部分是生物圈保护区。生物圈保护区是按照地球上不同生物地理省建立的全球性的自然保护网。在生物地理省中，选出各种类型的生态系统作为生物圈保护区。它不仅要具有网络的特征，还要把自然保护区与科学研究、环境监测、人才培训、示范作用和当地人民的参与结合起来，其目的是通过保护各种类型生态系统来保存生物遗传的多样性。保护区具有三个特点：①它是受保护的典型环境地区，其保护价值需被国内、国际承认，它可以提供科学知识、技能及人类对维持它持续发展的价值；②各保护区组成一个全球性网络，共享生态系统保护和管理的研究资料；③保护区既包括一些受到严格保护的"核心区"，还包括其外围可供研究、环境教育、人才培训等的"缓冲区"，以及最外层面积较大的"过渡区"或"开放区"。开放区可供研究者、经营者和当地人之间密切合作，以确保该区域自然资源的合理开发。建立自然保护区主要有三个目的：①保护稀有濒危物种；②保护有代表性的古生物化石和群落生境，包括群落和生态过程；③保护的区域具有很高生物多样性和景观多样性。

1）斑块

斑块是指不同于周围背景的非线性景观元素，与其周围基质有着不同的物种组成。斑块是物种的聚集地，它的大小、形状、类型、边缘和数量对景观的结构具有重要的意义。①斑块大小：斑块大小不但影响物种的分布和生产力水平，而且影响能量和养分分布，它决定着斑块甚至整个景观的功能。一般来说，大型斑块比小型斑块有更多的物种，能提高复合种群的存活率，更有能力维持和保存基因的多样性；大型自然植被能涵养水源，沟通水系网络，维持林内物种的生存与发展，抗干扰能力强。而小型斑块不利于斑块内部物种的生存和物种多样性保护、不能维持大型动物的延续；但小型斑块占地小，可分布在人为景观中，提高景观异质性，能起到垫脚石的作用，还可为某些生物提供避难所。所以，小斑块可为景观带来大斑块所不具备的优点，应当看作是对大斑块的补充，但不能取而代之。最优景观是由几个大型自然植被斑块组成，并由分散在基质中的一些小斑块所补充。②斑块数目：一般而言，斑块数目越多，景观和物种的多样性就越高；斑块数目少，就意味着物种生境的减少，物种就多一分灭绝的危险，降低了物种的多样性。自然保护尤其是在保护大型动物时，大型斑块是必需的，至少要有四五个同类型的斑块，这样对维持景观的结构和流的安全及斑块内物种的长期生存比较合适。③斑块的形状：斑块的形状不仅影响生物的扩散和动物的觅食以及物质和能量的迁移，而且对径流过程和营养物质的截流也有影响；斑块形状的主要生态学效应是边缘效应。目前一致的观点是，维持景观功能和生态过程的理想斑块形状应包括一个较大的核心区、一些有导流作用及与外界发生相互作用形状各异的缓冲带，其延伸方向与流的方向一致。紧凑或圆形的斑块有利于保护内部资源，因为它减少了外部影响的接触面（Forman，1995a）。斑块形状与景观中的许多生态过程有影响与被影响的关系，弯曲的边界通过多生境物种活动或动物的逃避捕食等活动加强了与相邻生态系统间的联系。④斑块位置：一般而言，相连的斑块内物种存活的可能性要比一个孤立斑块大得多，一个孤立斑块可以看作是"生境岛屿"，斑块内物种不易扩散和迁移，进而影响到种群的大小，加快了灭绝的速率；而相连的斑块当一个斑块的某一物种灭绝之后，同一物种更有可能从相邻斑块潜入并定居下来，从而使这一物种整体得以延续，如据曾辉等（2003）研究，景观多样性具有显著的尺度效应特征，具体表现为林地面积的恢复在全区、自然景观、人为影响景观以及海拔高程分异等中尺度显著提高了景观多样性水平，但在各人为影响发生源的缓冲区这种小尺度分析上，则降低了景观多样性水平。所以，对自然保护工作者来说，尽量设计连接性较好的斑块，利于物种的扩散；而面对连续的生境破坏，应尽可能保护"岛屿"中生存的物种。

2）廊道

廊道是指不同于两侧基质的狭长地带，可以看作是一个线状或带状的斑块，如河流、道路、树篱等。廊道的作用是多方面的，可以是物种迁移的通道，也可以是物种和能量迁移的屏障，还可以使天敌进入本来安全的斑块。①廊道的数目：廊道数目的规划，除考虑相邻斑块的利用类型（商业区、保护区和农业区等），还要考虑经济的可行性和社会的可接受性。保护区设计时，因为廊道有利于物种的空间运动和本来是孤立的斑块内物种的生存和延续，从这个意义上讲，连接度高的廊道比连接度低的廊道好，两条廊道比一条廊道好，多一条廊道，斑块内物种就增加一个迁移或临时的避难所，减少被截流和分割的危险。②廊道的构成：相邻斑块利用类型不同，廊道构成也不同。连接保护区的廊道最好由乡土植物种类组成，并与作为保护对象的残遗斑块相近似。一方面乡土植物种类适应性强，使廊道的连接度高，利于物种的散布和迁移；另一方面有利于残遗斑块的扩展。③廊道的宽度：根据规划目的和区域的具体情况，确定适宜的廊道宽度，如进行保护区设计，针对不同的保护对象，仔细分析保护对象的生物、生态特征和生活习性，廊道宜宽则宽、宜窄则窄，若保护对象是一般动物，廊道宽度为1km左右，而大型动物则需几公里宽，如赵羿和李月辉（2005）认为防护林、水土保持林、水源涵养林、城市绿道等的林带规划，从生物多样性保护出发，宽度最好大于 12m。Frankel 和 Soule（1981）认为在保护区规划中廊道达不到一定宽度，不但起不到维护保护对象的作用，反而为外来物种的入侵提供了条件。④廊道的形状：目前，生态学家对斑块内的物种如何在景观中迁移（是沿直线的、曲线的还是沿自由路径）知之甚少，此项研究需对特定物种进行长期的定位观测。对廊道形状的规划有待进一步的深入研究。

总之，进行廊道的规划与设计时要慎重，廊道的作用不易过于强调。廊道一方面有利于某些物种的迁移，另一方面也可能成为其他物种的运动障碍，如道路，在方便人们工作和生活的同时，却阻碍了青蛙和某些爬行动物的迁移；保护区的廊道可以是受保护物种迁移的通道，也可以引导天敌进入斑块，威胁到保护对象。

7.3　景观生态设计

7.3.1　景观生态设计的概念

生态设计的思想最早出现在 20 世纪 60 年代的建筑学理论中，其起源与人们重新审视和批判西方工业社会价值观的社会思潮相关。建筑学大师弗兰克·赖特将建筑视为"有生命的有机体"，他所遵循的将作品与其时其地环境融为一体的有机建筑设计原则，就已经体现了深层生态学的设计原则（王依涵，2004）。1969 年，麦克的《设计结合自然》（*Design with Nature*）的问世，将生态学思想运用到景观设计中，使景观设计与生态学完美地结合起来，开辟了生态化景观设计的科学时代，如建筑的生态设计、景观与城市的生态设计、工业及工艺的生态设计、园林的生态设计等逐渐出现。到 80 年代末，可持续发展战略的提出表明了人类对未来认识的进步，此时生态设计的内涵和外延已经扩展成为集生态学、设计学、材料学、心理学、美学、管理学等众多学科为一体的系统设计。景观生态设计以研究人类与自然间的相互作用以及动态平衡为出发点，先后出现了自然性景观设计、地域性景观设计、保护性景观设计和补偿性景观设计等一些具有代表性的设计思想（魏菲宇，2006）。

由于学者的研究角度和习惯不同，对于景观生态设计的概念有不同理解，如叶德敏（2005）认为景观生态设计是指运用生态学原理对某一尺度的景观进行规划和设计，他把景观作为一个生命系统来考虑。王云才（2007）认为景观生态设计是在景观生态规划的基础上，通过开拓视觉想象力与应用创新技术，呈现出最适宜的材料、位置、生态过程、地方性以及景观生态设计形态，景观生态设计注重生态规律下的景观创新和创造。我们认为景观生态设计是基于生态学（生物生态学、系统生态学、人类生态学、环境生态学、景观生态学等）原理，以景观生态规划为基础，利用生物工艺、物理工艺及其他工艺，针对某一尺度的景观进行设计，使人类投入系统内较少的能量与物质，通过系统内部物质循环、能量转换获得较大的生产量、生态效益和社会效益，它是设计具有人工特征的景观来改造、治理以及协调生态环境。

7.3.2 景观生态设计原理

1. 共生原理

共生的概念来源于自然界中的植物与动物，指的是不同种生物基于互惠关系而共同生活在一起，如豆科植物与根瘤菌的共生、赤杨属植物与放线菌的共生等。该理论可以使人类通过共生，控制人类-环境系统，实现与自然的合作，与自然协同进化。一个系统内多样性程度越高，其共生的可能性就越大。小尺度空间结构的镶嵌常导致共生，大的单一结构，如集中供热、工业区域或农业中的单一经济、单一居住用地的城镇管理等缺乏共生机制及相应的稳定效应，它们的代价较高，不能产生多重利益。为了获得共生的好处，系统必须着眼于创造小的空间结构，并确保它们之间的相互耦合与镶嵌，使整个反馈向着有利于系统稳定的方向发展。

2. 多重利用、循环再生原理

多重利用意味着我们生产的东西或做的事情不止一个目标，也意味着可以通过几种局部的方法来解决一个问题，而不是用单一的一揽子方法解决问题。例如，在家庭能源系统中来自地面的环境热量、来自废物的沼气、堆肥等组成一个复杂的系统，这种系统具有多种稳定性。

循环再生原理是多重利用原理的更高层次体现，世间任一"废物"必然是对某一生态过程或生态功能有用的"原料"或缓冲剂，这就需要我们抛弃线性、均衡的因果链的思维模式，以及有限的原因和结果的思维模式。

3. 局部控制、整体调节

景观是由物质和能量联系的多重等级组织，对低等级的局部干扰会影响整体，反之控制局部也可使整体得到调节。尽管目前人类对长时间、大范围的自然控制还无能为力，但对小范围的局部控制与设计是行之有效的。

4. 因地制宜、近远结合

景观的多样性和复杂性，决定了景观生态设计时必须注意因地制宜、繁简得当，不可一味追求"完善"而添加各种枝节，致使整体设计主次不分，降低了可行性。还应该注意近期与远期利益相结合，通过寻求满意设计，逐步逼近最优设计。

5. 尊重自然、以人为本

景观生态设计是艺术与科学的结合，使生态过程的组织和条理与艺术的表达和再现相交融。当前人的生活离自然越来越远，自然元素和自然过程日益减少，在进行景观生态设计时要让人们参与设计、关心环境，重新体现自然的过程。

7.3.3　景观生态设计的步骤

McHarg（1969）这样描述景观生态设计的核心原则：对于任何生物、人工、自然与社会系统，能够提供维持其健康与幸福所必需的环境，就是这个系统最适宜的环境。这一原则并不受尺度的限制，它既适用于一个城市公园的植物种植，也可以指导一个城市的发展。景观生态设计基本步骤如下。

（1）实地踏勘和分析设计场所存在的问题和潜力。踏勘和分析的主要目的是收集设计场所的基础资料和数据。数据资料包括自然地理要素（地形地貌、气候、植被、水文、土壤等因素）、社会经济要素等。

（2）确立设计目标。以景观生态规划为依据，根据对现场收集资料的整理分析，以及设计任务书中的要求，确立设计目标。

（3）景观分析、确定尺度等级。根据实地踏勘情况和收集的资料，对景观格局及生态过程进行分析，确定设计的尺度。

（4）确定设计方案。根据对场地的景观分析，按照设计目标及要求，对设计进行初步构思，遵循景观生态设计的原理，将构思图融合于设计图中，根据设计方案，分别就某一景观进行详细的生态设计。

（5）设计评审。由有关部门组织专家评审组对设计方案进行评审，评审会参加人员包括专家、有关部门的领导以及项目负责人员和主要设计人员。方案评审会结束后，设计负责人根据评审意见进行方案的修改。通过方案的不断修改，全面实施最后通过评审的设计方案，进行下一步的施工图设计。

7.3.4　景观生态设计类型

景观生态设计的目的是设计出具有不同特色的景观生态系统，达到高效、和谐及美观，使景观生态特性与人类社会发展需要相协调。根据景观生态设计所依据的原理及目标，可以将其分为综合利用类型、多层利用类型、补缺利用类型、循环利用类型、自净利用类型、和谐共生类型和景观唯美类型等。

选择以下几种景观生态设计类型作为案例介绍。

1. 多层利用的桑基鱼塘系统

珠江三角洲雨量丰富、地形低洼，河流经常泛滥，属于典型的水陆相互作用的景观，当地人民和科研工作者根据实际情况，创造这种独特的土地利用模式，它是多层分级利用、生态良性循环的农业景观生态设计。在珠江三角洲河网地带的中心，大小鱼塘星罗棋布、紧密相连，基塘相间，连绵百里，景观独特（钟功甫等，1987）。

桑基鱼塘的景观生态设计主要包括陆基与鱼塘两部分，基是作物生长的基础，也是整个生态系统中桑、蚕、鱼的营养库，而塘是土地利用的核心。随土地利用方式、种植作物的不同，基可分为桑基、蔗基、果基和花基等。基面通常宽 8～12m，高 0.5～2m，鱼塘面积 2～6 亩，多为长方形，长宽比为 6：4，水深 1.7～3m。

桑基鱼塘综合了蔬菜、甘蔗、桑的栽培，养蚕业、鱼类混养以及畜牧业生产，总生物力达 20～40t/(hm²·a)，它是一种立体配置的生态设计，既有水、陆两种特性，每一层上又具有多个亚层，从而可以充分利用光能，形成多环食物链和多层次种养业，经济效益和社会效益都很高。鱼塘的年产量已经达到 7～10t/hm²，陆基的各种作物产量依照作物的不同为 10～80t/hm²，平均为 37t/hm²。

2. 和谐共生的农林复合经营

农林复合经营是一种具有广阔发展前景的农业景观生态设计，其目的在于从木本和草本植物共生、共栖的土地单元内获益；具体设计就是把林木以一定方式种植于农田和牧场。林木进入农田，打破了农作物单一的种植格局，形成了农、林、牧紧密结合的耕作制度和立体种植结构，形成了生态效益和经济效益俱佳的人工景观生态系统，提高了土地利用率、光能利用率和劳动生产率。

农林复合经营的生态设计在我国许多地方存在，南方有池杉-水稻间作，华北平原有农作物-泡桐间作以及东北地区的农作物-杨树间作、林药间作等多种形式，它们是根据当地具体的景观生态条件，因地制宜地确定和设计间作类型和形式，如华北平原的农桐间作，由于泡桐具有速生性，枝叶稀疏、根系分布深，在水肥及光能分配与利用方面不与农作物竞争，针对华北平原风沙多的特点，采用 5m×40m 的大株行距种植，起到农田林网的作用。这几种农业景观生态设计，其共同点就是利用植物和谐共生的特性，多层次的利用光能和水肥，具有明显的生态效益、经济效益和社会效益，并达到三者的统一。据蒋建平（1990）对华北平原的农桐间作研究，农桐间作改善了农田小气候，减少昼夜温差 0.5～1.0℃，增加农田相对湿度，显著降低风速达 20%～50%，它设计了复层的人工群落，较充分地利用了光能，其光能利用率达到 1.1%～1.38%，远远高于我国作物光能利用率的平均水平 0.4%，这种景观生态系统的净生产力达到 15.68～18.98 t/(hm²·a)，高于陆地生态系统生产力 12～15 t/(hm²·a) 的标准；其经济效益明显高于对照地；社会效益表现在为农村造就出一批社会适用人才，有力推动了社会的进步和农村科技事业的发展。

3. 综合利用的农、草、林立体景观设计

黄土高原生态环境的改善和农业发展的核心问题，是控制大范围、严重的水土流失。在陕西、甘肃、山西和宁夏等省，以小流域为单元的农、草、林的景观生态设计，通过采取一定的措施和技术（如豆科植物固氮），对农作物、林木和草被的空间配置，充分发挥林草的保持水土、防风固沙的综合作用，提高景观生态系统生产力和减少水土流失，取得了巨大的生态和经济效益。李玉山（1997）通过设计试验研究发现，农、林、草的合理配置能够使试验区内泥沙流失量减少 62%，农民收入 10 年增长 5 倍。

在黄土高原进行农业景观生态设计以"坡修梯田，沟筑坝地，发展林草，立体镶嵌"为特色，其主要内容是：①按土地适应性调整农业用地，压缩陡坡耕地，发展林草，使农、林、牧用地镶嵌配置，协调发展；②小于25°的梁峁地修水平梯田，可以培肥地力，在沟谷中打坝淤地，发展农业良田；③造林种草恢复植被，25°~35°的梁峁地种植多年生豆科牧草。一方面，可以起到固氮作用；另一方面提供饲料发展畜牧业。沟沿下的沟坡地可栽植灌木来固坡保土，因地制宜发展林果业。因此，林草植被恢复是景观生态设计的核心，在具体设计上要严格遵循景观生态特性，根据适地适树的原则，树种选择与种植方式因垂直地形而异，整地可采用水平阶、等高间隔带等方式，以利于拦蓄降水。

4. 循环利用的庭院景观生态设计类型

庭院，是农民生活最频繁的地方，也是一种潜在的土地资源，充分开发利用这些资源，可创造明显的经济、生态效益，对于提高土地利用率、发展农村商品生产、推动农村经济发展具有重要的意义。

根据农村庭院具有一定面积、人类活动频繁和水源便利等特点，依据生态设计原理，有以下几种模式可供选择。①立体栽培模式。主要在庭院实行立体栽培，利用食物链循环原理，进行物质多层循环利用。选用优良品种，应用较先进的饲养、栽培技术，生产无公害的菜、果、肉等。②四位一体温室模式。这种模式把生产冬季蔬菜和猪圈、厕所、沼气池融为一体，实现养猪、猪粪和人粪入沼气池发酵，沼气池为蔬菜生产供能、供肥。这种模式粪便经过无害化处理，能量得到充分利用，除获得养猪、生产菜的直接效益外，还有节能、节肥等间接效益，同时达到控制蔬菜污染、提高蔬菜品质的目的。③养牛（家畜）-沼气-果树模式。该模式农户通过养家畜、消化作物秸秆和排出的粪便进入沼气池发酵产气，废料为蔬菜供肥。

以上几种生态设计模式，经济效益明显；从生态效益看，可以调节空气，杀灭细菌，促进健康；其社会效益在为人们提供物质条件和舒适环境的同时，还能促使人们去学科学、用科学。

5. 景观唯美的风景园林设计

一个优美的、富有特色的园林风景通常是自然景观与人文景观的综合体，包括地文景观、水文景观、森林景观和人文景观构成的风景资源景观要素，通过适当的空间配置与组合，赋予其相应的文化内涵，以发挥其旅游价值，可供人们进行旅游观光、科学文化教育活动。由此可见，景观的视觉多样性与生态美学原理是风景园林区设计的重要依据与理论基础。

景观外貌可反映其文化价值，而文化习俗也强烈地影响着居住地景观和自然景观的空间格局，如我国云南傣族、新疆维吾尔民族的居住地具有独特的景观。人类对景观的感知、认识和评价直接作用于景观，同时也受景观的影响。关于景观美学的量度，人类行为过程模式研究认为，人类偏爱含有植被覆盖和水域特征，并具有视野穿透性的景观；信息论则认为，人类偏爱可供探索复杂性和神秘性的景观，以及有秩序、连贯的、可理解的和易辨识的景观。美国园林景观设计以简洁明快为其特色，为了满足各方面游人的娱乐需要，提供度周末和节假日的优美环境，以及方便周到的道路和设计配置，充分考虑自然美和环境效益，各项活动和服务设施尽可能溶化在自然环境中。我国园林景观设计历史悠久，从中国文化艺术传统中吸收了丰富的营养，形成了具有中国文化内涵的鲜明特色。

在具体进行园林景观的设计时，要注意以下几点：①注意发挥地方、民族的特色；②以小见大，精心设计增加景观的内容，增加视觉多样性；③景区建筑物与周围环境保持和谐；④设计要有野趣，力求接近自然；⑤少盖房子多留绿地，以使景观充满生机。

6. 绿色节能的城市景观设计

人类建立城市的初衷是营造一个区别于天然环境的人类聚居地，以免受自然灾害和动物的侵扰。随着社会经济的发展，城市变得逐步脱离自然，人口和工业的集聚引发的矛盾问题越来越严重，设计师们开始不断探索运用生态学原理对景观进行设计来改善人类的生存环境。不论是从城市宏观角度还是从微观角度上分析，遵从生态原则，以最小的代价实现景观的可持续发展，都是城市景观生态设计所追求的目标（黎继超，2008）。

根据景观生态学的理念以及城市景观生态设计的原则，在具体的城市规划建设中，主要有以下几种景观生态设计技巧。①保留和再利用设计。为了保护自然环境不受或尽量少受人类的干扰，在对场地原有生态环境有深入了解的基础上，确定现有生态景观要素中需要保护和利用及再利用的要素。②尊重自然的设计。自然界是没有废物的。每一个健康的生态系统，都有一个完善的食物链和营养级。自然生态系统的丰富性和复杂性远远超出人为的设计能力。在开启自然的设计过程中，人们开始引入尊重自然的设计理念，顺应自然，同时也为人类服务。③边缘效应的设计。依据景观生态学的理论，在两个或多个不同的生态系统或景观元素的边缘带，有更活跃的能流和物流，具有丰富的物种和更高的生产力。这种生态边缘带在景观设计中逐渐受到重视，如在城市设计中，将整个城市分为"山、水、园、林、城"等多个景观带的设计技巧。④节能减耗的设计。应用高科技技术和材料减少对不可再生资源的利用已成为当今生态设计的重要措施之一，如太阳能灯具、风能、水能灌溉系统等在现代建筑设计当中的应用（蒋勇虹和何江，2009；俞孔坚等，2001）。

在城市的规划建设中，生态设计不仅能取得较好的经济性，还能注重自然环境的保护，构建生态功能良好的景观格局，也是人居环境走向生态化和可持续发展的必由之路。

7. 浓郁文化的校园景观设计

校园是培养人才的地方，校园文化对学生的影响具有不可替代性。拥有优秀的校园环境景观设计能陶冶师生的情操，规范师生的行为，而且在一定程度上能激发全校师生对学校目标、准则的认同感。因此，校园的景观设计在校园环境建设中越来越受重视。

在大学校园的景观设计过程中,着力体现校园文化,以沉淀学校历史、传统、文化和引导正确的社会价值取向等为依据,大学校园景观设计的主要内容包括以下几点。①校园主出入口的景观设计。校园主出入口是校园景观的重要组成部分,在风格、布局上应该服从于整体才能体现出其独具特色。②校园中心区的景观设计。校园中心区是整个校园景观中的核心所在,一般是指图书馆、礼堂、实验楼、教学楼等建筑构成较大的广场空间。③开敞空间体系景观的设计。大面积的校园建筑外部拥有较大开敞空间,在设计过程中宜分园而治。④植物景观的设计。在设计过程中应该充分考虑植物的多样性、季节性、层次感等带来的丰富景观。

在校园环境景观设计中,应该在充分挖掘校园文化特色的基础上,突出其现代生态园林的景观理念,构成功能良好的景观格局,展现出校园特有的景观题材,将校园与学生,学生与生态以及广泛的参与性充分地融合于景观设计中,既要突出时代气息,也要体现极强的生态文化特征(邱玉华,2007;徐玉秀,2007;简波和戴珊珊,2005;俞孔坚等,2005)。

8. 天地人和的新农村景观设计

农村地区是在大自然给予的环境基础上加以人类活动所产生的人为景观,也是景观生态学的一个重要研究对象。农村为了实现粮食的稳产和高产,正在不断破坏其自然景观,城市周边的农村还受到城市化的强烈影响。目前对农村景观功能的要求越来越高,因此,面对农村各产业的蓬勃兴起,在有限的自然资源和经济资源的条件下,解决农业资源与环境等问题,有必要运用景观生态学原理,综合考虑区域的综合生态特点及目标要求,对农村景观进行合理的景观生态设计,以达到合理利用农业资源与全面保护资源相结合,经济发展与生态环境保护相结合,以实现农村社会经济的可持续发展。

黄春华和王玮(2009)认为在新农村景观规划中"生态环境"的设计原理,就是建设"天地-人-神(指地方精神)"的和谐乡村景观,即乡村景观设计要尊重自然、尊重村民及其需求、尊重地方精神。

参 考 文 献

陈传康. 1996. 从城市建公园到如何使城市成为公园. 见:包世行,顾朝林. 杰出科学家钱学森论城市学与山水城市. 北京:中国建筑工业出版社

陈利顶,傅伯杰. 1996. 黄河三角洲地区人类活动对景观结构的影响分析. 生态学报. 16(4):337-344

陈利顶,傅伯杰,徐建英,等. 2003. 基于"源-汇"生态过程的景观格局识别方法——景观空间符合对比指数. 生态学报,23(11):2406-2413

陈利顶,刘洋,吕一河,等. 2008. 景观生态学中的格局分析:现状、困境与未来. 生态学报,28(11):5521-5531

陈利顶,吕一河,傅伯杰,等. 2006. 基于模式识别的景观格局分析与尺度转换研究框架. 生态学报,26(3):663-670

陈小华,张利权. 2005. 基于 GIS 的厦门市沿海岸线景观生态规划. 海洋环境科学,24(2):53-58

程维明. 2002. 景观生态分类与制图浅议. 地球信息科学,(2):61-65

冯学钢,包浩生. 1999. 旅游活动对风景区地被植物-土壤环境影响的初步研究. 自然资源学报,14(1):75-78

傅伯杰. 1991. 土地评价的理论与实践. 北京:中国科学技术出版社

傅伯杰. 1995. 景观多样性分析及其制图研究. 生态学报, 15 (4): 345-349

傅伯杰, 陈利顶. 1996. 景观多样性的类型及其生态意义. 地理学报, 51 (5): 454-464

傅伯杰, 吕一河, 陈利顶, 等. 2008. 国际景观生态学研究新进展. 生态学报, 28 (2): 798-804

傅伯杰, 马克明, 周华峰, 等. 1998. 黄土丘陵区土地利用结构对土壤养分分布的影响. 科学通报, 43 (22): 2444-2447

高建华. 1993. 边缘效应对农村景观的影响及其调控. 地域研究与开发, 12 (4): 16-19

郭晋平, 薛达, 张芸香, 等. 2005. 体现地域特色的城市景观生态规划. 城市生态规划, 29 (1): 68-72

韩也良. 1991. 黄山区风景名胜区的景观生态问题. 见: 肖笃宁. 景观生态学理论、方法及应用. 北京: 中国林业出版社: 253-257

贺红仕. 1991. 机助景观制图与景观生态规划. 见: 中国生态学会. 生态学研究进展. 北京: 中国科学技术出版社: 9, 10

黄春华, 王玮. 2009. 新农村建设背景下乡村景观规划的生态设计. 南华大学学报, 23 (3): 93-98

简波, 戴珊珊. 2005. 大学校园景观设计探析. 南方建筑, (1): 31, 32

蒋建平. 1990. 农林业系统工程与农桐间作的结构模式. 世界林业研究, 1: 11-14

蒋勇虹, 何江. 2009. 城市景观生态设计手法浅析——以龙口镇城市设计为例. 重庆建筑, 8 (73): 8-12

况平. 1991. 麦克哈格及其生态规划方法. 重庆建筑工程学院学报, 15 (2): 56-64

黎继超. 2008. 谈城市景观的生态设计. 山西建筑, 24 (19): 38, 39

李哈滨, Franklin J F. 1988. 景观生态学——生态学领域里的新概念构架. 生态学进展, 5 (1): 23-33

李团胜, 石铁矛. 1998. 试论城市景观生态规划. 生态学杂志, 17 (5): 63-67

李团胜, 石铁矛, 肖笃宁. 1999. 大城市区域的景观生态规划理论与方法. 地理学与国土研究, 15 (2): 52-55

李玉山. 1997. 黄土高原水土保持定位研究新进展. 中国科学基金, 3: 190-194

李振鹏, 刘黎明, 张虹波, 等. 2004. 景观生态分类的研究现状及其发展趋势. 生态学杂志, 23 (4): 150-156

梁伊任. 2000. 园林建设工程. 北京: 中国城市出版社

马克明, 傅伯杰, 黎晓亚, 等. 2004. 区域生态安全格局: 概念与理论基础. 生态学报, 24 (4): 761-768

欧阳志云, 刘建国. 1996. 区域持续发展生态规划方法. 见: 王如松, 方精云, 冯宗炜等. 现代生态学的热点问题研究 (上册). 北京: 中国科学技术出版社: 39-46

欧阳志云, 王如松. 1995. 生态规划的回顾与展望. 自然资源学报, 10 (3): 203-214

邱玉华, 陈幼琳. 2007. 大学校园景观设计中文化内涵的表达. 华中科技大学学报 (城市科学版), 24 (2): 74-78

王军, 傅伯杰, 陈利顶. 1999. 景观生态规划的原理和方法. 资源科学, 2: 71-76

王锐, 王仰麟, 景娟. 2004. 农业景观生态规划原则及其应用研究——中国生态农业景观分析. 中国生态农业学报, 12 (2): 1-4

王仰麟. 1990. 土地生态设计的初步研究. 自然资源, 6: 48-51

王仰麟. 1995. 渭南地区景观生态规划与设计. 自然资源学报, 10 (4): 372-379

王仰麟. 1996. 景观生态分类的理论方法. 应用生态学报, 7 (增刊): 121-126

王仰麟, 韩荡. 2000. 农业景观的生态规划与设计. 应用生态学报, 11 (2): 265-269

王依涵, 郭本端. 2004. 从早期的生态设计思想到实践的生态化建筑. 合肥工业大学学报 (社会科学版), (6): 89-91

王云才. 2007. 景观生态规划. 北京: 中国建筑工业出版社

魏菲宇. 2006. 现代景观生态设计的思索与实践. 沈阳建筑大学学报 (社会科学版), 8 (4): 326-330

肖笃宁. 1991. 景观生态学理论、方法及应用. 北京: 中国林业出版社

肖笃宁. 1999. 持续农业与农村生态建设. 世界科技研究与发展, 21 (2): 46-48

肖笃宁, 高峻. 2001. 农村景观规划与生态建设. 农村生态环境, 17 (4): 48-51

肖笃宁, 李晓文. 1998. 试论景观规划的目标、任务和基本原则. 生态学杂志, 17 (3): 46-52

肖笃宁, 李秀珍. 1997. 当代景观生态学的进展和展望. 地理科学, 17 (4): 356-364

肖笃宁, 李秀珍, 高峻, 等. 2003. 景观生态学. 北京: 科学出版社

徐福留, 曹军, 陶澍, 等. 2000. 区域生态系统可持续发展敏感因子及敏感区分析. 中国环境科学, 20 (4):

361-365

徐玉秀. 2007. 论校园景观设计. 国外建材科技, 28 (1)：114-116

叶德敏. 2005. 园林景观生态设计理论探讨. 西北林学院学报, 20 (4)：170-173

俞孔坚. 1999. 生物保护的景观生态安全格局. 生态学报, 19 (1) 8-15

俞孔坚, 韩毅, 韩小华. 2005. 将稻香溶入书声——沈阳建筑大学校园环境设. 中国园林, (5)：12-16

俞孔坚, 李迪华. 1997. 城乡与区域规划的景观生态模式. 国外城市规划, 3：27-31

俞孔坚, 李迪华, 韩西丽, 等. 2006. 新农村建设规划与城市扩张的景观安全格局途径. 城市规划学刊, (5)：38-45

俞孔坚, 李迪华, 吉庆萍. 2001. 景观与城市的生态设计：概念与原理. 中国园林, 17 (6)：3-11

曾辉, 张磊, 孔宁宁, 等. 2003. 卧龙自然保护区景观多样性时空分异特征研究. 北京大学学报（自然科学版）, 39 (4)：444-461

赵羿, 李月辉. 2005. 实用景观生态学. 北京：科学出版社：266-272

中国科学院地理研究所. 1989. 中国 1：100 万土地类型图（地貌、植被、土壤）制图规范. 北京：测绘出版社

钟功甫, 邓汉增, 王增骐, 等. 1987. 珠江三角洲基塘系统研究. 北京：科学出版社

Ahern J. 2006. Theories, methods and strategies for sustainable landscape planning. *In*：Tress B, Tres G, Fry G, et al. From Landscape Research to Landscape Planning-Aspects of Integration：Education and Application. The Netherlands：Springer

Bastian O. 2000. Landscape classification in Saxony. Landscape, Urban Plan, 50：145-155

Beffers D R, et al. 1978. Suitability analysis and wild land classification：an approach. J. Environment Management, 7 (1)：59-72

Berger J. 1976. The Hazleton ecological land planning study. Landscape Planning, 3：303-335

Chen L D, Fu B J. 1995. Land ecosystems classification and eco-economic evaluation in Wu ding River Basin of Yulin Region. J. Evironmental Sciences, 7 (3)：273-282

Cook E A, Vanlier H N. 1994. Landscape planning and ecological networks. London：Elsevier, 1-69

Dasmann R F. 1985. Achieving the sustainable use of species and ecosystems. Landscape Planning, 12：211-219

Falero M, Alonso S G. 1995. Quantitative Techniques in Landscape Planning. CRC Press, Inc：1-24

Farina A. 1998. Principles and Methods in Landscapes Ecology. London：Chapman & Hall Ltd：129-149

Forman R T. 1995a. Land Mosaics：The Ecology of Landscapes and Regions. Cambridge：Cambridge University Press：435-524

Forman R T. 1995b. Some general principles of landscape and regional ecology. Landscape Ecology, 10：133-142

Forman R T, Godron M. 1986. Landscape Ecology. New York：John Wiley & Sons

Fortin J, Boots B, Csillag F, et al. 2003. On the role of spatial stochastic models in understanding landscape indices in ecology. Oikos, 102 (1)：203-212

Frankel O H, Soule M E. 1981. Conservation and Evolution. Cambridge：Cambridge University Press

Frederick S. 2000. The Living Landscape：An Ecological Approach to Landscape Planning. New York：McGraw-Hill Companies, Inc：9-15

Frederick S, Kenneth B. 1981. Ecological planning：a review. Environment Management, 5 (6)：495-505

Geddes P. 1968. Cities in Evolution. New York：Howard Fertig

Geddes P. 1979. Civics as applied sociology, *In*：Meller E. The Ideal City Helen. England：Leicester University Press

Giliomee J H. 1977. Ecological planning method and evaluation. Landscape Planning, 4 (2)：185-191

Golley F B, Bellot J. 1991. Interactions of landscape ecology, planning and design. Landscape and Urban Planning, 21：3-11

Grossmann W D. 1983. Systems approaches toward complex systems. *In*：Colloque International MAB 6 Les Alpes Modele et Synthese, Pays-D'Enhaut, 1-3 Juin, 25-27

Gustafson E J. 1998. Quantifying landscape spatial pattern：what is the state of the art. Ecoystems, (1) 143-156

Haber W. 2004. Landscape ecology as a bridge from ecosystems to human ecology. Ecological Research, 19: 99-106

Hall D L. 1991. Landscape planning: functionalism as a motivating concept from landscape ecology and human ecology. Landscape and Urban planning, 21: 13-19

Hobbs R. 1997. Future landscape and the future of landscape ecology. Landscape and Urban Planning, 37: 1-9

Howard E. 1902. Garden Cities of Tomorrow. London: Faber

Howard P J, Howard D M. 1981. Multivariate analysis of map data: a case study in classification and dissection. J. Environment Management, 13 (1): 23-40

Jackson J B, Steiner F. 1985. Human ecology for land use planning. Urban Ecology, 9: 177-194

Jenzen D. 1985. On ecological fitting. Oikos, 45 (3): 308-310

John Ormsbee Simonds. 1978. Earthscape: a manual of environmental planning. New York: McGraw-Hill

Jusuck K. 1982. Ecological design: a postmodern design paradigm of holistic philosophy and evolutionary ethic. Landscape Journal, 1 (2): 76-84

Knaapen J P, Scheffer M, Harms B. 1992. Estimating Habitatisolation in Landscape Planning. Landscape and Urban Planning, 23: 1-16

Lausch A, Herzog F. 2002. Applicability of landscape metrics for the monitoring of landscape change: issues of scale, resolution and interpretability. Ecological Indicators, 2: 3-15

Leita A B, Ahern J. 2002. Applying Landscape Ecological Concepts and Metrics in Sustainable Landscape Planning. Landscape and Urban Planning, (59): 65-93

Leopold A. 1933. The conservation ethic. Journal of Forestry, 31 (6): 634-643

Leopold A. 1935. Round River. New York: Oxford University Press

Leopold A. 1949. A Sand County Almanac and Sketches Here and There. New York: Oxford University Press. 295

Li H, Wu J. 2004. Use and misuse of landscape indices. Landscape Ecology, 19: 389-399

MacKaye B. 1940. Regional planning and ecology. Ecological Monographs, 10 (3): 349-353

Manten A A. 1975. Fifty years of rural landscape planning in The Netherlands. Landscape Planning, 2: 197-297

Marsh G P. 1864. Man and Nature: or, Physical Geography as Modified by Human Action. New York: Charles Scribner

McHarg I L. 1969. Design with Nature . New York: Natural History Press: 85-90

McHarg I L. 1981. Human ecological planning at Plennsylvania. Landscape Planning, (8): 109-120

McHarg I L. 1992. Design with Nature. New York: John Wiley & Sons, Inc

Naveh Z, Lieberman A S. 1993. Landscape Ecology: Theory and Application. 2nd ed. New York: Springer-Verlag

Odum E P. 1969. The strategy of ecosystem development. Science, 164: 262-270

Opdam P, Foppen R, Vos C. 2002. Bridging the gap between ecology and spatial planning in landscape ecology. Landscape Ecology, 16: 767-779

Phipp M. 1984. Structure and development in agricultural landscape. Ekologia, 2 (2): 222-229

RegisterR. 1994. Eco-cities: rebuilding civilization, restoring nature. In: Aberley D. Futures by Design: the Parctice of Ecological Planning. Canada: New Society Publishers

Roberts M C, Randolph J C, Chiesa J R. 1979. A land suitability model for the evaluation of land-use cheange. Environment Management, 3: 339-359

Roy H Y, Mark C. 1996. Quantifying landscape structure: a review of landscape indices and their application to forested landscapes. Progress in Physical Geography, 20 (4): 418-445

Ružička M, Miklós L. 1990. Basic premises and methods in landscape ecological planning and optimization. In: Zonneveld I S, Forman R T T. Changing Landscapes: An Ecological Perspective. New York: Springer-Verlag. 233-260

Sedon G. 1986. Landscape planning: a conceptual perspective. Landscape and Urban Planning, 13: 335-347

Steiner F, Young G, Zube E. 1980. Ecological planning: retrospect and prospect. Landscape Journal, (3): 31-39

Steinitz C. 1970. A Comparative Study of Resource Analysis Methods. Boston: Harvard University Press

Steinitz C. 1990. A Framework for Theory Applicable to the Education of Landscape Architects. Landscape Journal, (2): 136-143

Tischendorf L. 2001. Can landscape indices predict ecological processes consistently? Landscape Ecology, 16 (3): 235-254

Turner M G. 1989. Landscape ecology: the effect of pattern on process. An nu. Rev. Ecol. Syst, 20: 171-179

Turner M G. 1990. Spatial and temporal analysis of landscape patterns. Landscape Ecology, (4) 1: 21-30

Uuemaa E, Roosaare J, ander U. 2005. Scale dependence of landscape metrics and the it indicatory value for nutrient and organic matter losses from catchments. Ecological Indicators, 5 (4): 350-369

Van lier H N. 1980. Outdoor recreation in The Netherlands: a system to determine the planning capacity of outdoor recreation projects having varying daily attendance. Landscape Planning, 7: 329-343

Vester F, Hesler A. 1980. Ecology and planning in metropolitan areas. Berlin: Regional Plannings-gemeinschaft Untermain. Frankfurt am main

Wang Y L, Fu B J. 1995. Landscape ecology: The theoretical foundation of sustainable agro landscape planning and design. Journal of Environmental Sciences, 7 (3): 289-296

Wu J. 2006. Landscape ecology cross disciplinarity, and sustain ability science. Landscape Ecology, 21 (1): 1-4

Wu J, Shen W, Sun W, et al. 2002. Empirical patterns of the effects of changing scale on landscape metrics. Landscape Ecology, 17 (8): 761-782

Young G L, Steiner F, Brooks K, et al. 1983. Determining the regional context for landscape planning. Landscape Planning, 10 (4): 269-296

Young O R, Berkhout F, Gallopin G C, et al. 2006. The globalization of socio ecological systems: an agenda for scientific research. Global Environmental Change, 16: 304-316

Yu K J. 1996a. Ecological security patterns in landscape and GIS application. Geographic Information Sciences, 1 (2): 88-102

Yu K J. 1996b. Security patterns and surface model in landscape planning. Landscape and Urban Planning, 36 (5): 1-17

第 8 章　景观生态学与生物多样性保护

生物多样性是人类生存的基础。目前,人类对自然的过度利用导致生物多样性大量、快速丧失,保护生物多样性成为人类实现可持续发展过程中面临的首要任务。生物多样性保护是从物种保护开始的,但一系列经验表明,单一的物种保护达不到生物多样性保护的目的。我们必须进一步设法保护物种的生存环境——生态系统和景观。因此,景观生态学在生物多样性保护中正在发挥越来越重要的作用。

本章在简要介绍生物多样性和景观多样性概念和研究现状的基础上,从景观结构(景观要素)与生物多样性的关系等方面探讨了景观生态学与生物多样性保护的紧密关系,并在最后给出了一个应用景观生态学进行自然保护区景观结构设计的实例。

8.1　生物多样性

8.1.1　生物多样性的概念

生物多样性(biological diversity 或 biodiversity)是指生命有机体及其借以存在的生态复合体的多样性和变异性。确切地说,生物多样性是所有生物种类、种内遗传变异和它们的生存环境的总称,包括所有不同种类的动物、植物和微生物,以及它们拥有的基因,它们与生存环境所组成的生态系统(陈灵芝,1994)。因此,广义上的生物多样性包括遗传多样性、物种多样性、生态系统多样性和景观多样性 4 个层次(马克平,1993)。狭义的生物多样性只包括遗传多样性、物种多样性和生态系统多样性。由于景观多样性主要研究组成景观的斑块在数量、大小、形状和景观的类型、分布及其斑块间的连接度(connectivity)、连通性(connectedness)等结构和功能上的多样性(Barrett and Peles,1994),因而它与生态系统多样性、物种多样性和遗传多样性在研究内容和研究方法上有所不同。4个层次上陆地生物多样性调查、监测和评价指标见表 8-1(Noss,1990)。

表 8-1　4 个层次上陆地生物多样性调查、监测和评价指标
(包括组成、结构和功能方面及调查、监测的工具和方法)

层次	组成	结构	功能	调查及监测工具与方法
景观多样性	识别斑块(生境)类型的比例和分布丰度,复合斑块的景观类型,种群分布的群体结构(丰富度、特有种)	景观异质性,连接度,空间关联性,缀块性,孔隙度,对比度,景观粒级,构造,邻近度,斑块大小、概率分布,边长-面积比	干扰过程(范围、频度或反馈周期、强度、可预测性、严重性、季节性),养分循环速率,能流速率,斑块稳定性和变化周期,侵蚀速率,地貌和水文过程,土地利用方向	航空像片、卫星图片和其他遥感资料,GIS技术,时间序列分析方法,空间统计方法,数学参数模拟法(景观格局、异质性、连接性、边缘效应、自相关、分维分析)

层次	组成	结构	功能	调查及监测工具与方法
生态系统多样性	识别相对丰度、频度、聚集度、均匀度、种群的多样性，特有种、外来种、受威胁种、濒危种的分布比率，优势度-多样性曲线，生活型比例，相似性系数，C_3-C_4 植物物种比率	基质和土壤变异，坡度与坡向，植被生物量与外观特征，叶面密度与分层，垂直级块性，树冠空旷度和间隙率，物种丰度、密度和主要自然特征及要素分布	生物量，资源生产力，食草动物、寄生动物和捕获率，物种侵入和区域灭绝率，斑块动态变化（小尺度扰动），养分循环速度，人类侵入速度和强度	航空像片和其他遥感资料，地面摄像观测，时间序列分析法，自然生境测定和资源调查，生境适宜指数（HIS），复合物种，野外观察，普查和物种清查，捕获和其他样地调查法，数学参数模拟法（多样性指数、异质性指数、分层）
物种多样性	绝对和相对丰度频度、重要性和优势度、生物量、种群密度	物种扩散（微观），物种分布（宏观），种群结构（性别比、年龄结构）、生境变异，个体形态变化等	种群动态变化（繁殖力、再生率、存活率、死亡率）群体动态过程，种群基因（见下栏），种群波动，生理特征，生活史，物候学特征，内秉生长率，富集度，适应能力	物种普查（野外观察、记录统计、捕获、做记号和无线电跟踪），遥感方法，生境适宜性指数（HSI），物种生境模拟，种群生存能力分析
遗传多样性	等位基因多样性，稀有等位基因的现状，有害的隐性或染色体变种	基因数量普查和有效基因数量，复合体，染色体或显性的多态性，跨代继承性	近亲繁殖的缺陷，远亲繁殖率，基因变异速率，基因流动，突变率，基因选择强度	等位酶电泳分析，染色体分析，DNA序列分析，母体-子体回归分析，血缘分析，形态分析

8.1.2　生物多样性的保护需求

历史发展到今天，人类正以前所未有的速度改变着地球面貌，这一方面为人类生存创造了空前的物质财富；另一方面也极大地改变了其他生物的生存环境，使地球上的生物多样性不断减少，大量物种趋于灭绝。人类生存的基础正在逐渐被瓦解。保护生物多样性已成为当前世界关注的热点。

工业革命以来，随着人口的迅速增长和人类生活水平的提高，人类经济活动不断加剧，对自然资源和环境施加着前所未有的压力，环境污染和生态破坏达到触目惊心的程度，人类生存最为重要的物质基础——生物多样性受到了严重的威胁，无法再现的基因、物种和生态系统正以空前的速度在消失，人类的生存面临着由于对大自然的盲目和无节制的榨取而形成的生态环境问题的严峻挑战。

生物多样性的丧失有直接原因也有间接原因。直接的原因包括生境的丧失和破碎化、外来种的入侵、生物资源的过度开发、环境污染、全球气候变化及农业和林业的产业化。但这些还不是问题的根本所在。生物资源的枯竭是人类无视自然规律，为满足自身眼前利益，滥用环境资源的必然结果。

生物多样性危机的根源不在远处的森林或草原，恰恰就在我们的生活方式之中，在于人口的增加、人类拓宽自己的生态位和对地球上生物产品越来越多的占用、自然资源的过度消耗、经济系统未能对环境给予适当的评价、不适宜的社会结构以及法律和制度的软弱无力。正因为生物多样性是持续发展必不可少的资源，保护和持续利用生物多样性对满足世界日益增长的人口对粮食、卫生及其他需求有至关重要的作用，所以，假如生物多样性还需要得到保护的话，则持续性的生活方式是十分必要的。

鉴于生物多样性面临的严峻局面，有关的国际组织或机构以及许多国家政府都纷纷采取措施，致力于生物多样性的保护与可持续利用工作。联合国环境规划署在1987～1988年起草的《1990～1995年联合国全系统中期环境方案》中提出了保护生物多样性的目标、策略以及实施方案。1992年6月在巴西里约热内卢召开的"联合国环境与发展大会"（UNCED）通过了1994～2003年为国际生物多样性10年的决议。同时，通过了《生物多样性公约》（以下简称《公约》），当时有150个国家首脑在《公约》上签字。《公约》的宗旨是保护生物多样性、可持续利用生物多样性以及公平合理分享利用遗传资源所取得的收益。《公约》主要包括国家主权与人类共同关心的问题、保护和可持续利用、有关获取的议题和资助机制4个方面的内容。根据《公约》的定义，1993年国际科学联合会理事会（ICSU）第24届会议上，将国际生物多样性科学研究项目的"DIVERSITAS"认定为与国际地圈-生物圈计划（IGBP）、世界气候研究计划（WCRP）和国际全球环境变化的人文因素计划（IHDP）3个研究计划一起构成全球变化研究计划。由国际科学联合会理事会所属的国际生物科学联盟（IUBS）、国际微生物科学联盟（IUMS）、环境问题科学委员会（SCOPE）、国际地圈生物圈研究计划核心项目之一——全球变化与陆地生态系统（IGBP-GCTE），以及联合国教科文组织共同主持的国际生物多样性计划（DIVERSITAS）代表了生物多样性科学发展的主要方向。在1995年推出的"DIVERSITAS计划新方案"中，已经明确提出了生物多样性科学（biodiversity science）一词，以及它的5个核心研究领域和4个交叉研究领域，为生物多样性科学的定义、内涵及基本问题等关键议题的确立奠定了基础（赵士洞，1997）。

8.2　景观格局与生物多样性

总的来讲，生物多样性保护可分为两种途径：以物种为中心的传统保护途径和以生态系统为中心的景观保护途径。前者强调濒危物种本身的保护，而后者则强调景观系统和自然栖息地的整体保护，力图通过保护景观多样性来实现物种多样性的保护。

1992年6月，在巴西里约热内卢召开的联合国环境与发展大会通过了《生物多样性公约》之后，世界生物多样性的运动发展得更加迅猛，生物多样性保护的思想深入人心。同时，生物多样性保护的策略也发生了重大变化。表现在：①从以前重点保护单一的濒危物种转变到保护物种所生存的生态系统和景观；②在保护生物多样性的时候，重点强调了生物多样性的功能意义（Barbault，1995）。这种转变把对生态系统和景观的保护提高到生物多样性保护的最重要地位。物种丰富度、遗传变异和物种灭绝概率与一些景观特征紧密相关，如栖息地多样性、景观结构异质性、斑块动态和干扰等。景观生态学在生物多样性保护中已处于中心地位，因为它能在环境异质性和斑块的框架中对生物多样性的问题作出反应。

从景观生态学的角度进行物种保护是当今生物多样性保护的一个突破，也是景观生态学的主要研究方向。单纯在物种层次进行生物多样性的保护方法从根本上说是一种亡羊补牢的方法，这种做法虽然能暂时减缓濒危物种的灭绝速率，但不能从根本上解决问题，往往是资金投入量大但收效甚微。以景观生态学的原理和方法保护和管理物种栖息地是生物多样性保护最为有效的途径。为了长期保持一个物种，不仅要考虑目标物种的本身及其种群，还要考虑它所在的生态系统以及有关的生态过程；不仅要重视保护区，更要重视保护区的背景基质等，即问题（物种的稀有或濒危）的发生和研究在一个层次（种群），而问题的解决（保护和管理）需要在更高的层次（整个景观的层次）上。生物多样性的保护战略从目标物种途径转到景观途径是日益严峻的生物多样性丧失的生态环境问题的客观要求。了解各种景观结构或过程与生物多样性的关系问题，对于科学地保护和管理生物多样性具有重要的指导意义（周华锋和傅伯杰，1998）。

8.2.1 斑块与生物多样性

景观中斑块的类型、大小、形状、组合、动态对生物多样性都会产生影响。斑块类型对物种动态的影响是非常明显的。它通过影响某一特定的物种从斑块中的迁入或迁出，来影响该物种在该斑块中的种群数量和丰富度，进而影响物种的多样性。Forman和 Gordon（1986）根据斑块产生机制和起源将斑块分为 4 种类型：干扰斑块、残存斑块、环境资源斑块和引进斑块。例如，在永久沼泽地（环境资源斑块），物种动态相对不明显；然而在小的火烧斑块中（干扰斑块），演替的迅速发生，使得物种动态变化非常迅速。这样，前者的生物多样性的变化就较小；而后者的生物多样性变化则较大。物种数量的增加还是下降，则要看演替的类型和方向。另外，人类活动，如毁林开荒，形成引进斑块。在这种引进斑块中，农作物的高度单一性，必然造成物种多样性的下降。

人们在论述斑块大小与生物多样性的关系时，往往把某一斑块想象成一岛屿，从而借助麦克阿瑟（MacArthur）和威尔逊（Wilson）在 1967 年所创立的岛屿生物地理学理论来建立斑块大小与斑块中物种数目间的关系。该理论认为，由于新物种的迁入和原来物种的灭绝，物种的组成随时间不断变化，岛屿种的多样性取决于物种的迁入率和灭绝率。Fukamachi 和 Nakashizuka（1996）以日本 Kanto 地区 20 个森林保护区为研究对象，研究了森林生境破碎化与植物物种多样性的关系，结果表明单一的大的保护区在保护更多的物种方面并不是非常有效。然而，具有大的斑块的森林保护区稀有种较多。森林破碎化对群落中总的物种丰富度并没有负面影响。并且斑块大小效应与生境多样性效应并不能区分开来。稀有种对森林破碎化较为敏感。Pearce（1992）分析了加拿大 Ontario 西南部地区的森林破碎化对生物多样性的影响（Ontario 南部地区是人类活动占优势的地区，森林的背景基质是农业和城市用地）。他考虑了斑块位置、大小、形状及相互隔离度的影响。研究结果表明：在人类占优势的景观中，小的森林斑块同大的斑块相比，物种数量少、种群小。那些小的隔离的森林斑块对风吹、干旱、疾病、虫害、外来种的入侵都更敏感。在小的森林斑块中，一些耐阴的外来种的入侵时常发生，抑制了森林林下层本地草本和小树苗的生长。Holt 等（1995）探讨了斑块大小对植被次级演替的影响，进而研究其与植物物种多样性的关系。他们将一块农业弃耕地分成 3 组大小不同的试验斑块（面积分别为 $32m^2$、$288m^2$ 和 $5000m^2$），对每一试验斑块同时进行了为期 6 年的连续观测，记录每一斑块的物种组成和每一物种的多度。通过对观测结果的分析，他们指出：在试验斑块的尺度上，斑块大小对植被的早期的次级演替的速率和格局并没有显著影响。物种丰富度确实随着斑块面积的增加而增加，然而在不同面积的斑块中，单位面积的物种丰富度平均数并没有什么差异。在大的试验斑块中，稀有种的比例明显高出小的斑块。而且，小斑块中克隆植物（clonal plant）更易于局部灭绝；大斑块中的物种种群都更大，物种更易于扩散。他们进而预测：随着演替的进行，斑块大小效应将会增大，对演替过程的调节作用将会更突出。Mikk 和 Mander（1995）研究芬兰南部 Estonia 地区农业景观中森林岛屿的植物物种多样性。在他们的分析中指出，MacArthur-Wilson 岛屿生物地理学理论非常难以应用于具有自然/半自然生态系统隔离格局的农业景观。因为，第一，农业景观的背景基质对于物种的扩散并不是一个非常显著的隔离因子；第二，一些其他影响物种多样性的因子〔如年龄、对生态系统的干扰、生境小区（biotope）的多样性〕同经典的因子（如面积、隔离程度）一样，对物种丰富度的发展有关键作用。另外，也有研究表明斑块的大小对多物种丰富度没有影响或影响不显著。例如，在破碎化的森林景观中斑块的大小对蝴蝶的物种丰富度和多度影响不大，这主要取决于物种的特性（Muriel and Kattan，2009）。

斑块的形状在影响生物多样性方面与面积同等重要。然而，我们对斑块的形状对生物多样性的影响知之甚少。一个被广泛接受度量斑块形状的公式是 $D=L/2\sqrt{2\pi A}$，其中 L 为斑块周长，A 为斑块面积。当 $D=1$ 时，表明斑块是圆形；$D>1$ 时，表明斑块多少有些长方形。斑块形状主要通过影响斑块与基质或其他斑块间的物质和能量的交换而影响斑块内的物种多样性。例如，湖泊可作为一种环境资源斑块。湖泊的形状直接影响着湖泊的生产率和水体中有机体的存在，从而对湖泊水体中的生物多样性产生影响。在森林中，站在一个大的圆形斑块中间与站在一个同样面积的长条状斑块中的感觉是非常不一样的，形状的效应必然相当大。森林斑块形状在有机体扩散和觅食的过程中具有重要的影响，所以斑块形状在保护野生生物方面具有特别重要的意义，因为生境条件是同斑块形状紧密联系的。Whitmore（1975）指出，马来西亚热带雨林中植物种组成和群落结构的变化取决于林窗的形状。Stiles（1979）发现，在美国新泽西州干砂砾土松树林地区，蜂巢密度随生境宽度变化而明显不同。福尔曼和克莱曾对新泽西州一块 $2hm^2$ 栎林中蘑菇的多样性进行了研究，结果发现，从等径斑块到狭长斑块，其物种多样性减半并有一个阈限反应。现在大家都普遍认为在同一地区其他环境条件相似的情况下，D 值越大的斑块其物种多样性就越低。景观中最常见的一种斑块形状呈狭长状或凸状外延，可称之为半岛。甚至正方形或矩形斑块的角状地也可起半岛作用。半岛上物种的多样性往往低于大陆（即半岛由此处向外延伸的广大斑块区域）。半岛上物种多样性不仅低，而且一般来说，从半岛基本至顶端，物种多样性是逐渐降低的。至于这种物种多样性降低现象的原因目前尚不清楚。目前，研究人员已提出了几种假说或模型解释这种现象。这几种假说的共同之处在于它们都强调半岛的独特形状对物种多样性的影响从而决定了目前的这种生物多样性格局。对于斑块形状的重要意义的探讨目前很多研究是与边缘效应联系在一起的。不同形状的相邻斑块间的组合，产生的交错带的长度、宽度、形状等都不一样。而交错带是边缘效应的产生区，有不同于周围斑块的环境条件和物种组成，所以斑块形状通过边缘效应的形成间接地对生物多样性产生巨大的影响。

8.2.2　廊道与生物多样性

廊道是具有通道或屏障功能的线状或带状的景观要素，是联系斑块的重要桥梁和纽带。它不同于两侧的基质，可以看作是一个线状或带状斑块，与斑块具有相同的形成机制。几乎所有的景观都为廊道所分割，同时，又被廊道连接在一起。这种双重而相反的特性证明了廊道在景观中具有重要的作用。

廊道在很大程度上影响着斑块间的连通性，也在很大程度上影响着斑块间物种、营养物质和能量的交流。廊道最显著的作用是运输，它还可起到保护作用。对于生物群体而言，廊道具有多重属性（陈利顶和傅伯杰，1996；Forman and Godorn，1986），概括起来，它在景观中主要起 5 种作用：通道（conduit）、隔离带（barrier）、源（source）、汇（sink）和栖息地（habitat）。此外，廊道还可以起到过滤的作用，由不同植物种类组成的廊道，在功能上可以允许某些物种或物质顺利通过，对其他物种或物质将起到阻挡作用。廊道的通道作用早已为人们所重视，特别是研究由人类活动占主导地位的农业景观地区动物栖息地的保护，在生物栖息地之间建立合理的廊道将起到积极的保护作用。然而对于廊道的隔离作用尚未引起足够的重视。研究廊道对于保护生物的正面效应时，还应研究其负面效应，对于一种适合于某种物种的廊道，在生态功能上是否也适合于其他生物种的生存值得探讨。

根据廊道的起源、人类的作用及景观的类型，廊道可分为 3 类：线状廊道、带状廊道和河流廊道。廊道在生物多样性的保护中有重要作用。最常见的廊道，如树篱，通常是连接一条邻界牧场或耕地的线状廊道。树篱可以招引鸟类撒下树木种子，使树篱的生物群落得到发展。树篱对动物区系尤其重要，在农业景观中动物区系大部分可以在树篱中看到。由于树篱内小生境的异质性，许多树篱中的物种多样性比开阔地高得多。廊道被认为能够减少甚至抵消由于景观破碎化对生物多样性的负面影响。廊道的设计和应用具有鲜明的景观生态学基础，它可以调节景观结构，使之有利于物种在斑块间及斑块与基质间的流动。景观生态学的廊道观点起源于岛屿生物地理学和种群生态学。Merriam（1991）认为景观空间结构的改变对促进斑块间的物种流具有重要作用。廊道能够提高斑块间物种的迁移率，方便不同斑块中同一物种中个体间的交配，从而使小种群免于近亲繁殖和遗传退化。通过促进斑块间物种的扩散，廊道能够促进种群的增长和斑块中某一种群灭绝后外来种群的侵入，从而对物种数量发挥积极作用，而且在更大的尺度上，增强异质种群（metapopulation）的生存。另外，由于廊道便于物种的迁移，某一斑块或景观中气候的改变对物种威胁就大大降低。Merriam 和 Lanoue（1990）等在农业区进行试验研究的结果表明：一些小的哺乳动物确实利用廊道连接生境斑块来进行散布。Fahrig 和 Merriam（1985）在野外试验结果的基础之上，借助于计算机进行了随机模拟试验。结果表明：与被连接起来的小块林地相比，隔离的小块林地中白脚鼠（white-footed mouse）种群的生长率要低得多。而且更易于灭绝。虽然大多数有关廊道的研究都是以动物为对象的。Kupfer 和 Malanson（1993）以植物为对象，研究了廊道对植物物种的效应，发现具有廊道连接的斑块有利于树种跨景观范围的扩散，尤其是那些借助于重力散布的树种。大尺度的研究表明，廊道能够有效地增加植物物种多样性（Damschen et al.，2006）。

虽然大多数人认为廊道在生物多样性保护中有诸多的好处，也有人认为它对物种的生存带来不利的影响。Simberloff 和 Cox（1987）认为廊道同样能够加速一些疾病、外来捕食者和其他一些干扰的扩散，从而对目标种的生存或散布不利。当狭窄的河溪边岸森林廊道不能为高地种或内部种提供合适的生境或不能提供高地斑块间合适的通道时，这种情况确实会发生。廊道同样为外来种入侵提供了路径（Jodoin et al.，2008；Kalwij et al.，2008；Karatayev et al.，2008；Thiele et al.，2008；Brown et al.，2006；Dixon et al.，2006）。

景观廊道在生物多样性保护中的优缺点并不能通过岛屿生物地理学理论来解释。相反，岛屿生物地理学理论一开始就假定廊道有助于减少物种的灭绝，而促进物种的迁移，结果导致物种丰富度的提高。然而，事实并非总是如此，一般认为，正确的设计和运用廊道在破碎化景观中是物种管理的一个有用和有效的工具。廊道的有效性依赖于许多因素，包括廊道内生境结构、廊道的宽度和长度、目标种的生物习性等。

8.2.3　基质与生物多样性

基质在景观中面积最大、连通性最好，因此其在功能上起着重要作用，能够影响能流、物流和物种流。基质可以看作是围绕着斑块"岛"周围的"海"，因此它既有对斑块的隔离作用，又有一定的缓冲作用（Driscoll，2005；Fischer et al.，2005），其类型、质量及其改变都会对物种多样性产生影响。

基质类型对景观中物种多样性会产生影响，但物种对不同类型基质的敏感程度不同。在热带，相对于人工橡胶林基质的景观而言，陆生哺乳动物更喜欢天然次生林基质的景观（McShea et al.，2009）。对步甲的研究表明，不同的景观基质对步甲群落的组成会有很大的影响，城市化程度高的基质特有种（specialist）少，而泛化种（generalist）多，而在森林基质中则相反（Gaublomme et al.，2008）。

基质的质量也是影响景观中物种多样性的重要因素。在墨西哥山地景观中，与森林中的蚂蚁丰富度相比，以有机方式经营的咖啡林为基质（高质量基质）的景观中的蚂蚁丰富度并无显著差异，而以传统方式经营的咖啡林为基质（低质量基质）的景观中的蚂蚁丰富度与前两者相比则呈现出显著的降低（Perfecto and Vandermeer，2002）。在农业景观中，农业基质的质量同样会对残存其中的半自然斑块的物种的传粉产生影响，主要是影响传粉者的扩散，但基质质量对不同类群的影响是不同的，取决于其生活史特性，如蜜蜂的物种丰富度会随基质质量的降低而显著下降，而其多度则不受影响；而食蚜蝇的物种丰富度则不受基质质量的影响，但其多度则随质量的下降而明显降低（Jauker et al.，2009）。

基质的改变会对不同的物种产生不同的影响，这主要取决于物种的特性。在商品松林为基质的景观中的控制试验研究表明，与对照相比，进行截阀的松林中，鸟类的丰富度会明显下降，而对负鼠的丰富度则没有影响（Lindenmayer et al.，2009）。

基质对物种多样性的影响还表现在基质影响廊道的有效性上，高抵抗力的基质将大大降低廊道的有效性，因此基质作为景观的有机组成部分，应该与廊道结合起来考虑（Baum et al.，2004）。另外，对基质的恢复将会进一步提升景观的生态系统服务功能，进而更好地保护物种（Donald and Evans，2006）。

8.2.4 景观格局多样性与物种多样性

由于人类长期的开发利用，以及生境破碎化，致使很多景观都受到严重破坏。各景观类型在空间分布上既间断又联系，物种多样性成为这种联系的主要体现。通过研究景观类型的物种多样性，测度景观格局多样性，可以揭示这些景观类型之间的差异，与环境因子的关系，及其空间分布规律。下面以北京东灵山地区森林景观为例来说明景观格局多样性和物种多样性的关联（马克明等，1999）。

在该地区选取该区地带性植被的 7 个主要森林类型和 1 个灌丛，它们是辽东栎（Quercus liaotungensis）林（Ⅰ）、油松林（Ⅱ）、落叶松林（Ⅲ）、棘皮桦（Betula dahurica）林（Ⅳ）、白桦（Betula platyphylla）林（Ⅴ）、山杨（Populus davidiana）林（Ⅵ）、核桃楸林（Ⅶ）和杂灌丛（Ⅷ）。选择典型样地设置样方，分别调查每个样方中的乔木、灌木、草本的物种数和相应的盖度，记录海拔高度、坡向、坡度、坡位、土壤含水量和样方灌木层和草本层的光照强度。计数每一层中的物种数目，运用 Shannon 指数计算物种多样性，运用亲和度分析（affinity analysis）的方法，在 Jaccard 指数的基础上测度景观格局多样性。

在所有的森林类型中乔木层物种数目都很低（只有 1～3 种），而灌木层和草本层的物种数目较高（3～24 种），样方中的物种总数为 11～33 种。多数森林类型中，物种丰富度的垂直结构是草本层＞灌木层＞乔木层。灌木层和草本层的 Shannon 指数值的变化范围是 0.7～2.3，仍然高于乔木层（0～0.9）。多数森林类型中，3 层的 Shannon 指数关系仍然是草本层＞灌木层＞乔木层。环境因子虽然对森林物种多样性的空间分布存在一定影响，但任何一个都不能决定物种多样性的空间分布，因此该区物种多样性的分布同环境因子间没有明显的相关规律，环境异质性比较复杂。

基于每个森林类型的物种数目，采用亲和度分析来测度该景观的格局多样性。亲和度分析能够提供一个景观两方面的信息：①景观亚单元的空间排布；②镶嵌多样性（mosaic diversity）。镶嵌多样性（m）是综合了亲和度分析所有信息的一个指标，用来描述格局多样性（关于该方法的介绍，详见第 3 章）。

亲和度分析的结果（图 8-1）中镶嵌多样性值为 7.1541＞3，表明该区不存在明显的环境梯度，景观复杂，由多个环境梯度支配着。该结果与前面的物种多样性与环境因子的分析结果相吻合。

亲和度分析将森林类型划分成 3 部分，即中心点（modal site）、中间点（moderate site）和外点（outlier）。中心点是景观的中心类型，它们与其他类型之间具有最大的平均亲和度和平均相似度，普遍种丰富，物种数目较多，代表了该区的典型生境，相当于区域的地带性类型。Ⅱ-2（油松林）、Ⅵ-1（山杨林）和Ⅶ-1（核桃楸林）是该区 3 类典型的森林类型，代表了 3 种典型的环境类型，即类型Ⅱ-2：中坡位，阳坡，较大坡度

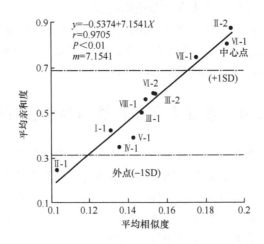

图 8-1　基于森林类型的物种数目采用亲和度分析测度景观格局多样性

（22°），土壤干燥（土壤含水量 5.03%），物种丰富度低，普遍种较多；类型Ⅵ-1：低坡位（山谷），阳坡，小坡度（0°），土壤含水量较高（25.80%），物种丰富度高，普遍种多；类型Ⅶ-1：下坡位（山谷），阴坡，中等坡度（10°），土壤含水量高（29.80%），中度物种丰富度，普遍种多。这 3 种森林类型拥有该区大多数普遍种，代表了该区大多数环境类型。另外，类型Ⅱ-1（油松林）在景观中属于外点。它同其他的类型间具有最低的平均相似度和平均亲和度，普遍种少，物种数目也少。该类型分布在低坡位，阳坡，较大坡度（26°），低土壤含水量（9.40%）和低的物种丰富度。因此这种类型的人工林在物种多样性方面同该区其他典型森林类型共同点很少。余下的森林类型是中间点，它们既没有很高也没有很低的物种多样性和普遍种数，普遍分布在该区的森林景观中，占据了大多数生境空间。这些类型是：Ⅵ-2（山杨林）、Ⅲ-2（落叶松林）、Ⅷ-1（杂灌丛）、Ⅲ-1（落叶松林）、Ⅰ-1（辽东栎林）、Ⅴ-1（白桦林）以及Ⅳ-1（棘皮桦林）。

从中心点到外点的顺序则是：Ⅱ-2＞Ⅵ-1＞Ⅶ-1＞Ⅲ-2＞Ⅵ-2＞Ⅷ-1＞Ⅲ-1＞Ⅴ-1＞Ⅳ-1＞Ⅰ-1＞Ⅱ-1。表明邻近的森林类型同较远的森林类型相比具有更多的共有种，它们可能分布在邻近的空间或相类似的生境中。

8.3　景观生态学与自然保护区设计

景观生态学在生物多样性保护中最直接的应用就是自然保护区的设计。自然保护区（nature reserve）是保护、发展和研究自然条件、自然资源，拯救某些濒于绝灭的生物种源和有重要科学价值的典型生态系统的重要基地。自然保护区对保护、恢复、发展自然资源，合理利用自然资源，监测自然综合体及其生态系统，保护自然历史产物，改善人类生存环境，以及促进生产、科学、文化、教育、卫生保健等事业的发展，实现人类社会可持续发展的目标都具有重要意义。

8.3.1 自然保护区设计的景观生态学原理

自然保护区的发展虽然有100多年的历史，但一直为缺乏科学的理论指导这一问题所困扰，许多自然保护区在选址和设计的过程中就暴露出不少弊端，极大地削弱了其保护功能的发挥。20世纪80年代蓬勃兴起的景观生态学给自然保护区理论带来了新思想、新理论和新方法（邱扬和张金屯，1997）。景观生态学研究在一个相当大的区域内由许多不同生态系统所组成的景观的空间结构、相互作用及协调功能。它强调系统的等级结构、空间异质性、时空尺度效应、干扰作用、人类对景观的影响及景观管理（伍业钢和李哈滨，1992）。景观生态学的生命力在于其综合整体思想，以及直接涉足于人类课题。无疑，景观生态学的许多理论和学说可直接应用于自然保护区的类型划分、区划、研究和管理之中。

1. 结构与功能原理

一个自然保护区即是一个由生态系统组成的景观。在该景观上存在着狭长的廊道，如山岭、河流；非线性廊道，如森林、湖泊、草地；以及本底基质，如地带性植被等景观组分（Frelich et al.，1993）。这些景观要素本身在大小、形状、数目、类型和外貌上的变化，直接影响着自然保护区的景观结构。自然保护区景观的上述结构的差异性导致了景观功能的差异性（如物种、能量、养分和信息在景观要素间的流动及其相互影响）。例如，按照网络结构和景观功能的原理，在设计动物保护区时，应使景观组分间的连通性尽可能地大，以防止种群的生殖隔离，增加种群内变异和遗传多样性。

可以设想，最优的自然保护区应由几个大型的自然植被斑块组成本底，并由分散在其中的一些小斑块或小廊道所补充。大型自然斑块具有多种重要的生态功能，如果没有它，就失去了该景观的自然保护价值；而小斑块可以作为物种定居的立足点，保护分散的稀有种类或小生境（Forman，1995）。自然保护区的景观结构和功能原理为多学科研究自然保护区景观提供了通用术语或框架，应是自然保护区理论中最基础的部分。

2. 景观异质性原理

自然保护区的景观异质性是自然保护区或其特征（如物种组成）的变异程度。景观异质性对自然保护区的功能与过程有重要的影响，它可以影响资源、物种或干扰在景观上的流动与传播。

异质性包括时间异质性（如植被演替、濒危种的灭绝过程等）和空间异质性（如植被的镶嵌结构）。自然保护区的空间异质性包括3个方面：空间组成（生态系统的类型、数量及面积比）、空间构型（生态系统的空间分布）和空间相关（生态系统及参数的空间关联程度及尺度等）。开展上述3个方面的研究，将会使自然保护区理论走向数量化。

为达到自然保护的目的，在生态学上，自然保护区的最佳形状为一个大的核心区加上弯曲的边界和狭窄的裂开形延伸（lobe），其延伸方向与周围生态流方向一致。其中，紧凑或圆形斑块有利于保护内部资源；弯曲的边界有利于多栖息地的物种生存和动物逃避被捕食；狭窄的裂开形延伸有利于斑块内物种灭绝后的再定居过程，或物种向其他斑块的扩散过程等；斑块的长轴方向角是几种生态现象的关键，如林地斑块的延伸方向与迁徙鸟类的利用有关。

对大范围的景观异质性的研究，是景观类型划分的基础，也是自然保护区区划的原则。自然保护区景观具有空间异质性的绝对性和空间异质性的尺度性。为了研究的方便，通常可视保护区内某一生态系统在一定的尺度内为同质。然而，这种同质性是相对的，随尺度而异；异质性是绝对的，是自然保护区景观的本质属性。自然保护区景观异质性的维持和发展是自然保护工作的重点之一。

3. 景观格局与过程原理

自然保护区景观格局是指各种生态系统斑块在整个自然保护区景观空间上的排列。格局可分为点格局（如鸟类的巢穴分布）、线格局（如河流的分布）、网格局（如保护区网）、平面格局（如湖泊保护区中岛屿斑块的分布）、立体格局（如森林的林相结构）等。

另外一种重要的景观格局就是景观组分间的交错带，生态交错带不论在生态系统组成、结构、功能方面，还是在景观中占有的面积、发挥的作用方面都很独特。因而在自然保护区景观格局研究中应独立对待 (Laurance and Yensen，1991)。例如，自然保护区中不同植被类型间的过渡带可能正是某些动物所需要的。

景观格局存在的尺度性，即景观格局随自然保护区的面积或研究尺度而异。因此，应分别研究自然保护区景观在不同尺度下的景观格局，才能从总体上把握整个保护区的生态过程和功能。

总之，自然保护区的景观格局决定着物种、资源和环境的分布 (Hanser and Urban,1992)。景观格局的研究目的是在看似杂乱无序的景观上发现潜在的有意义的规律，确定产生和控制空间格局的因子和机制，了解保护区景观的生态过程。因此，自然保护区景观格局及其与干扰的关系的研究应成为自然保护区理论的焦点之一。

4. 等级结构原理

自然保护区的景观系统具有等级结构。自然保护区景观是各种组分（如生态系统、历史文化建筑等）的空间镶嵌体，具有等级性。某一等级的组分既受其高一级水平上整体的环境约束，又受下一级水平上组分的生物约束。研究濒危植物的约束体系可了解其生存与发展机制，从而制定相应的保护措施。

时间和空间尺度包含在自然保护区的任何生态过程中。在自然保护区理论中，景观的空间尺度是指景观面积的大小；时间尺度是指景观动态的时间间隔。自然保护区的景观格局、景观异质性、生态过程、约束体系及其他景观特征都因尺度而变化。例如，自然保护区的景观系统在小尺度上可能是异质的，在较大尺度上却可能视为同质。

按照等级尺度理论 (O'Neil and King，1989)，自然保护区也只是更大时空尺度体系中的一个组成部分。因而，在对自然保护区内景观的研究和管理中，不仅要加强自然保护区景观内的研究，而且应注重研究保护区与周围其他生态系统或影响因素（尤其是人为影响因素）的关系，以及保护区和保护区之间的关系。例如，保护区设计时考虑过渡带的相似性可提高保护区的有效性和连续性等（Franklin et al., 1993）。

5. 干扰与景观稳定性原理

干扰出现在自然保护区的所有的生态系统的层次上，从个体到景观。干扰可分为自然干扰和人为干扰。这两个方面，景观生态学都涉及。干扰是保护区景观环境、资源的时空异质性和生物多样性的主要来源，它既可能是景观的破坏因子，也可能是景观维持和发展的因素。

有关自然保护区景观的干扰状况及其对景观格局的影响，干扰在景观上扩散，景观对干扰的抗性以及人类干扰的研究为自然保护区工作提供基础理论（Franklin and Forman, 1987）。自然保护不是消极地保护，而是合理地利用资源和环境（属于人类干扰范畴）。因此，研究人类干扰对保护区的影响及其与自然干扰的区别，将对自然保护区景观的管理提供理论指导。如果研究并确定了干扰与景观的关系最密切的尺度，就可以把干扰管理工作重点放在该尺度上。

稳定和平衡特征一直是生态学的中心问题。研究自然保护区景观稳定性的目的是要自然保护区成为一个具强抗干扰性、生物多样性永续利用、持续发展的景观。目前，关于稳定性的概念很多。从景观生态学的角度，自然保护区景观的稳定性从本质上可包含4 个方面的含义：①抗性；②恢复性；③持久性；④恒定性。

近年来，崛起了一种以景观生态学为代表的新生态观，即从强调平衡、均质性、确定性以及局部尺度或单尺度现象转移到强调非平衡、异质性、非确定性以及多重尺度或大尺度现象。按照该观点，不稳定性是绝对的。自然保护区景观处于一种或几种亚稳定态，即动态平衡状态（围绕中心位置波动）。亚稳定性并非稳定性和不稳定性之间的中介状态，而是二者的结合，并具有新的特性。

随着景观生态学等级尺度理论的发展，人们希望在更大时空尺度上寻求稳定性，提出了"流动镶嵌稳态"（shifting mosaic steady state）理论。依据该理论，自然保护区景观是由不同演替阶段、不同类型的斑块构成的镶嵌体。这种镶嵌体结构由处于稳定性和不稳定性状态的景观要素构成。可见，等级尺度理论可把稳定性与不稳定性统一在一起。

综上所述，景观生态学的综合整体思想及其理论将为自然保护区科学开拓广阔的前景。

8.3.2　自然保护区设计

在自然保护区 100 多年的发展史中，指导自然保护区设计规划的理论日趋成熟，岛屿生物地理学、种群生态学、种群遗传学及景观生态学等的理论和方法都为自然保护区的规划设计注入了新的活力。本节将从自然保护区选址、保护区的大小与形状的确定、保护区内部的功能分区和自然保护区网与生境走廊建设等几个方面介绍自然保护区设计所要考虑的基本问题。

1. 自然保护区选址

自然保护区的建立首先要面临的一个问题是在何地建立何等级别的保护区。为解决这些问题，必须遵循一定的原则确定保护区建立的可行性。目前通常采用一系列的指标进行综合的分析和判断。

（1）典型性或代表性。这是指自然保护区的对象对于所要保护的那种类型是否有代表性。通常在保留有原始植被的地区，保护区最好包括对本区气候带最有代表性的生态系统，从生物地理学的观点来说，即应设在有地带性植被的地域，它应包括本地区原始的"顶级群落"。

（2）稀有性。对于很多自然保护区来说，保护稀有的动植物种类及其群体，是一个重要的任务。如果某些自然保护区集中了一些其他地区已经绝迹的、残留下来的孑遗的生物种类，就会提高自然保护区的价值。

（3）脆弱性。脆弱性是指所保护的对象对环境改变的敏感程度。脆弱的生态系统往往与脆弱的生境相联系，并具有很高的保护价值。但是它们的保护比较困难，要求特殊的管理。

（4）多样性。保护区中种群的数量和群落的类型是保护区的又一重要问题。一般来说，种类数量越多，即多样性程度高的类型，其保护价值越大。这一指标主要取决于立地条件的多样性以及植被发生的历史因素。

（5）面积因素。一个自然保护区必须满足维持保护对象所需的最小面积。保护区的最小或最适面积，因保护对象的特征和生物群落类型的不同而有差异。

（6）天然性。习惯上用天然性来表示植被或立地未受人类影响的程度。这种特性对于建立科学研究目的保护区或是核心区，有特别重要的意义。有的保护区既包括天然的，又包括半天然的部分，也是非常理想的。特别是一个具有天然性的保护区，同时又具有稀有性和脆弱性的特点时，则会显著提高其保护价值。

（7）感染力。感染力是指保护对象对人们的感官所产生的美感的程度。虽然从经济观点来看，不同物种具有不同的利用价值，但是由于人类科学的发展和认识的深化，许多动植物在被发现具有新的经济价值。同时，由于不同种类的物种和生物类型是不可替代的，因此从科学的观点来说，很难断言哪一种类型和物种更为重要。但是由于人类的感觉和偏见，不同的有机体具有不同的感染力。

（8）潜在的保护价值。有些地域一度有很好的自然环境，但由于各种原因遭到了干扰和破坏，如森林受到采伐和火烧，草原经过了开垦或放牧，沼泽进行了排水等。在这种情况下，如果能进行适当的人工管理或通过天然的改变，生态系统过去的面貌可以得到恢复，有可能发展成比现在价值更大的保护区。当我们找不到原有的高质量的保护区时，这种有潜在价值的地域，也可以被选作自然保护区。

（9）科研的潜力。包括一个地区的科研历史，科研的基础和进行科研的潜在价值。

通过对上述标准的综合分析，将自然保护区分别列入不同的等级。对那些具有特别重要的保护价值，不仅在国内，同时在国际上也具有重大影响和意义的保护区，应列为国家级的重点保护区。上述选择自然保护区的标准有时可能是互相交叉、互为补充的，如一个具有代表性的保护区同时可能具有多样性、天然性、科研价值；有些标准可能相互矛盾，相互排斥，如一个稀有的保护对象往往很难具有典型性或代表性等。因此保护区的选择是一个十分复杂的问题，运用上述标准进行选择和评价时，必须和建立自然保护区的目的结合起来，以保护物种多样性最丰富的地区，面积大、功能完整的生物群落或生态系统的典型代表，以及特有物种或特殊兴趣的群体。

2. 保护区的大小与形状

根据 MacArthur 和 Wilson（1967）岛屿生物学理论，Diamond（1975）提出自然保护区面积越大越好，一个大保护区比具有相同总面积的几个小保护区好；另外，自然保护区的形状应以圆形为佳，这样可以避免"半岛效应"和"边缘效应"。通常情况下，面积大的保护区与面积较小的保护区相比，大的保护区能较好地保护物种和生态系统，因为大的保护区能保护更多的物种，一些物种（特别是大型脊椎动物）在小的保护区内容易灭绝。保护区的大小也是生境质量的函数。保护区的大小可能部分地代表关键资源的数量与类型。就维持某一物种有效种群而言，低质量的资源比高质量的资源需要更大的面积（李迪强等，1998）。保护区的大小也与遗传多样性的保持有关，在小保护区中生活的小种群的遗传多样性低，更加容易受到对种群生存力有副作用的随机性因素的影响。与试验饲养种群相似，小的种群容易导致遗传漂变和有奠基者效应的遗传异质性丢失，保护区的大小也关系到生态系统能否维持正常功能。物种的多样性与保护区面积都与维持生态系统的稳定性有关。面积小的生境斑块，维持的物种相对较少，容易受到外来生物的干扰。只有在保护区面积达到一定大小后才能维持正常的功能，因此在考虑保护区面积时，应尽可能包括有代表性的生态系统类型及其演替序列。

一个保护区的重要程度随面积的增加而提高。一般而言，自然保护区面积越大，则保护的生态系统越稳定，其中的生物种群越安全。但自然保护区的建设必须与经济发展相协调，自然保护区面积越大，可供生产和资源开发的区域越小，因而会与经济发展产生矛盾，为了兼顾长远利益和眼前利益，自然保护区只能限于一定的面积，因此保护区面积的适宜性是十分重要的。保护区的面积应根据保护对象和目的而定，即应以物种-面积关系、生态系统的物种多样性与稳定性以及岛屿生物地理学为理论基础来确定保护区的面积。

然而，由于人类活动造成了生境的破坏，使大量连续的自然生境破碎化，并产生了空间隔离，形成了孤岛。在这样的背景下，Simberloff 和 Abele（1982，1976）对 Diamond 提出的大保护区要比同等面积的几个小保护有效提出了质疑，他们认为在破碎化的生境中将大的保护区分成几个小的保护并不会增加物种的灭绝风险。这就是 SLOSS（single large or several small）之争的主要内容。SLOSS 之争就是指 20 世纪七八十年代生态学和保护生物学中关于破碎化生境保护生物多样性是一个大的保护区有效还是多个小的保护区更有效的争论。SLOSS 之争使破碎化研究成为保护生物学研究的一个重要方面。

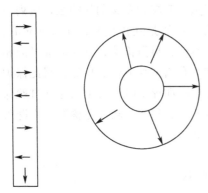

图 8-2 保护区面积和边缘关系示意图
（Meffe and Carrolk，1994）

Wilson 和 Willis（1975）认为，考虑到保护区的边缘效应，则狭长形的保护区不如圆形的好，因为圆形可以减少边缘效应，狭长形的保护区造价高，受人为的影响也大，所以保护区的最佳形状是圆形（图 8-2）。如果采用南北向的狭长形自然保护区，则要保持足够的宽度。如果保护区很窄，则在矩形保护区中没有真正的核心区，而圆形保护区有核心区（中间小圆圈）。在图中，当保护区局部边缘破坏时，对圆形保护区中实际的影响很小。因为保护区都是边缘；而矩形保护区中，局部边缘生境的丢失将影响到保护区核心内部，减少保护区核心区的面积。

3. 保护区内部的功能分区

1971 年，联合国教科文组织提出的"人与生物圈计划"（Man and Biosphere，MAB）是一个世界范围内的国际科学合作规划。MAB 规划在实施的过程中，提出了影响深远的生物圈保护区的思想。根据其思想，一个科学合理的自然保护区应由 3 个功能区域组成（图 8-3），分别为①核心区：在此区生物群落和生态系统受到绝对的保护，禁止一切人类的干扰活动，但可以有限度地进行以保护核心区质量为目的，或无替代场所的科研活动；②缓冲区：围绕核心区，保护与核心区在生物、生态、景观上的一致性，可进行以资源保护为目的的科学活动，以恢复原始景观为目的的生态工程，可以有限度地进行观赏型旅游和资源

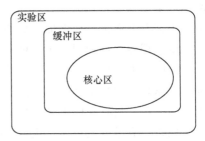

图 8-3 一个理想的自然保护区的功能
分区（Noss and Cooperider，1994）

采集活动；③实验区：保存与核心区和缓冲区的一致性，在此区允许进行一些科研和人类经济活动以协调当地居民、保护区及研究人员的关系。

在具体规划设计自然保护区的实践中，最重要的是如何合理地划定自然保护区各个功能区的边界问题。现在一般有以下几个原则。①核心区。核心区的面积、形状、边界应满足种群的栖居、饲食和运动要求；保持天然景观的完整性；确定其内部镶嵌结构，使其具有典型性和广泛的代表性；②缓冲区。隔离带，隔离区外人类活动对核心区天然性的干扰；为绝对保护物种提供后备性、补充性或替代性的栖居地；③实验区。按照资源适度开发原则建立大经营区，使生态景观与核心区及缓冲区保持一定程度的和谐一致，经营活动要与资源承载力相适应。生物圈保护区的思想为自然保护区的设计规划提供了全新的思路。需要指出的是生物圈保护区只是有关自然保护区规划设计的一种思想。在具体设计操作中，如如何确定各功能区的边界？如何合理设计保护区的空间格局？如何构建廊道为物种运动提供通道等。这些问题的解决必须根据其他相关学科的知

识理论来完成，尤其是景观生态学的理论和方法。景观生态学的理论在自然保护区规划设计中的应用日益引起人们的关注和兴趣。

4. 自然保护区网与生境走廊

Noss 和 Harris（1986）认为，自然保护区的设计与研究集中在单个保护区是不可取的，因为：①单个的保护区不能有效地处理保护区内连续的生物变化；②只重视在单个保护区内的内容而忽略了整个景观的背景，不可能进行真正的保护；③单个保护区只是强调种群和物种，而不是强调它们的相互作用的生态系统；④在策略上应趋向于保护高生物多样性的地区，而不是保持地区的生物多样性的自然性与特征。因此，Noss 和Harris（1986）提出了在区域的自然保护区网设计的节点-网络-模块-走廊（node-network-modules-corridors）模式。节点是指具有特别高的保护价值、高的物种多样性、高濒危性或包括关键资源的地区。节点也可能在空间上对环境变化表现出动态的特征。但是节点很少有足够大的面积来维持和保护所有的生物多样性。所以，必须发展保护区网来连接各种节点，通过合适的生境走廊将这些节点连接成为大的网络，允许物种基因、能量、物质在走廊中流动。一个区域的保护区网包括核心保护区、生境走廊带和缓冲带（多用途区）。图 8-4 中仅显示了两个保护区，但一个真正的保护区网应包括多个保护区。内缓冲带应严格保护，而外缓冲带允许有各种人类活动。

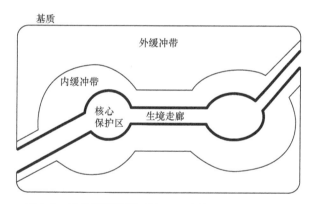

图 8-4　保护区网模型（Noss and Cooperider，1994）

人类活动所导致的生境破碎化是生物多样性面临的最大威胁。生境的重新连接是解决该问题的主要步骤，通过生境走廊可将保护区之间或与其他隔离生境相连。建设生境走廊的费用很高，同时生境走廊的利益可能也很大，只要有可能，就应当将必要的生境相连。生境走廊作为适应于生物移动的通道，把不同地方的保护区构成保护区网。

不同物种的扩散能力差异很大，所以不同的物种需要的廊道不一样。有时廊道相当于一个筛子，能够让一些物种通过，而不让另一些物种通过（Noss，1991），对不同的物种要求有不同的廊道类型。野生动物的廊道有两种主要类型：第一种是为了动物交配、繁殖、取食、休息而需要周期性地在不同生境类型中迁移的廊道；第二种类型是在异质种群中个体在不同生境斑块间的廊道，以进行永久的迁入迁出，在基因流动及在当地物种灭绝后重新定居。诺斯（Noss）提出了 3 种在不同时空尺度上的野生动物走廊类型，因为不同时空尺度和生物的不同组织水平有不同的生境连接问题。①小尺度的两个紧密相连的生境斑块的连接。例如，绿篱的设计适应于特定的边缘生境，在两片树林之间可以利用狭窄的乔木、灌丛条带来使小脊椎动物（如啮齿类、鸟等）的移动，这样的走廊仅仅适宜于边缘种的特点，而不利于内部种的移动；②在景观镶嵌尺度的走廊上建立比第一类更长、更宽的连接主要景观因素的廊道，它们作为保护区景观水平上的廊道为内部种和边缘种昼夜或季节性的或永久的移动提供通道，要求有大片带状的森林将各自分离的保护区沿河边森林、自然梯度或地形（如山脊等）连接起来；③连接区域内的自然保护区网。

生境走廊在保护生物学中的作用是：①给野生动物提供居住的生境；②作为移动的廊道。进一步可细分为：允许动物昼夜或季节性迁移；有利于扩散与种群间的基因流动和避免小种群灭绝；允许物种进行长距离迁移和适应随时发生的外界环境变化（如火灾等）。对一些特殊的生境类型而言，即使是很小的生境走廊也是应该保护的。河岸林有丰富的冲积土壤和较高的生物生产力，生存着丰富的昆虫及脊椎动物和许多以树洞和基质作为领域的鸟兽，因此像河岸林这样很小的移动走廊也应当保护。大保护区间的走廊是核心区的扩展，生境走廊的宽度包含了适宜生境，因此能将边缘效应减少到最小。保护区或其他适宜生境斑块间的动物廊道是生境走廊最重要的功能之一。建立生境走廊的目的是为一种动物提供生存空间，保持物种安全的迁移机会。扩散是指动物远离它们原来栖息地的迁移。生境破碎化可产生地理隔离，不利于物种个体扩散，因此只有保持那些动物的扩散生境走廊时，动物才能安全扩散。有关动物扩散的研究表明，在设计保护区时，必须通过适合的生境走廊将保护区的核心区或目标种群的中心联系起来。由于CO_2等温室气体增加所导致的温室效应，许多温带植被会向北移动数百公里或向高海拔移动数百米。而人类活动改变了土地利用类型，相当于在景观尺度上设置了许多屏障，这将对物种的长距离移动产生致命的影响。在生境走廊设计时应该充分考虑其后果。如果全球变暖的速度如所预测的那样快，即使是没有理想的廊道，许多物种也不能很快地移动。

在设计廊道时，首先必须明确其功能，然后进行细致的生态学分析。影响生境走廊功能的限制因子很多，有关的研究主要集中在具体生境和特定的廊道功能上，即允许目标个体从一个地方到达另一个地方。但在一个真实景观上的生境廊道对很多物种会产生影响，所以，在廊道的计划阶段，以一个特定的物种为主要目标时，还应当考虑景观变化和对生态过程的影响。保护区间的生境走廊应该以每一个保护区为基础来考虑，然后根据经验方法与生物学知识来确定。应注意下列因素：要保护的目标生物的类型和迁移特性，保护区间的距离，在生境走廊会发生怎样的人为干扰，以及生境走廊的有效性等。为了保证生境走廊的有效性，应以保护区之间间隔越大则生境走廊越宽的要求设置生境走廊。因为大型的、分布范围广的动物（如肉食性的哺乳动物）为了进行长距离的迁移需要有内部生境的走廊。如在50m宽的生境走廊中黑熊不可能移动多远距离。动物领域的平均大小可以帮助我们估计生境走廊的最小宽度。研究表明，使用生境走廊时除考虑领域与走廊宽度外，其他因素，如更大的景观背景、生境结构、目标种群的结构、食物、取食型也影响生境走廊的功能。因此。设计生境走廊需要详细了解目标物种的生态学特性。

8.3.3 自然保护区景观结构设计案例研究

自然保护区景观结构设计实际上就是景观设计的一种。景观设计是在一定尺度上对资源的再分配，通过研究景观格局对生态过程的影响，在景观分析、综合评价的基础上，提出景观资源合理利用的方案（王军等，1999；Farina，1998）。景观生态建设与景观结构设计在生物多样性保护中具有重要作用（Andren，1994；Baudry and Merriam，1988）。如何从物种保护角度，研究核心区、缓冲区、实验区以及廊道的设计具有实际意义。上一节中我们从4个方面介绍了自然保护区设计要考虑的基本问题，本节我们将以卧龙大熊猫自然保护区为例（陈利顶等，2000）具体说明自然保护区的景观结构设计，我们首先介绍保护区景观结构设计的基本原则和流程，然后根据基本原则和流程，从景观适宜性评价和保护区景观结构设计两个方面依次进行介绍。

1. 自然保护区景观结构设计的基本原则及流程

1) 自然保护区景观结构设计的基本原则

为了更准确地设计核心保护区、缓冲区和廊道，我们认为，除了了解物种的空间分布外，在自然保护区景观结构设计时应考虑以下基本原则。

（1）生物保护优先原则。在景观结构设计时，如核心区、缓冲区和生境廊道的设计，必须首先考虑目标物种的生态特性和种群最小生存能力，根据生物物种对自然环境的需求进行景观结构设计，不仅要求每一个景观要素必须有利于物种的保护，而且还要求从景观尺度上有利于目标种群的保护。

（2）微观与宏观相结合的原则。对某一破碎化种群的保护，往往从局部的生存环境考虑，设计适宜的保护区，与此同时，人为地将它与外界隔绝（李义明和李典谟，1996；陈利顶等，1999）。为了从长远角度考虑整个种群的保护，必须从宏观上研究不同破碎化种群之间的相互联系和保护，如建立合理的缓冲区和生境廊道等，在加强不同栖息地之间的联系的同时，促进生物种群之间的基因交流，提高物种多样性。

（3）综合性原则。影响生物生存的景观因子十分复杂，在自然保护区景观结构设计时，不能仅仅考虑某一个或某几个景观因子，不同景观因子的空间组合将直接影响景观对物种的生存。因此在进行景观结构设计时，要考虑所有影响物种生存的景观因子，在景观适宜性评价的基础上，设计合理的核心区、缓冲区和生境廊道。

2) 自然保护区景观结构设计流程

自然保护景观结构设计基本分为两大步：第一步，景观适宜性评价；第二步，基于适宜性评价的保护区功能区和廊道的景观结构配置（图8-5）。

2. 卧龙自然保护区景观适宜性评价

卧龙自然保护区位于四川省的汶川县，面积约2000km²，约有140只大熊猫，是目前我国大熊猫自然保护区中最大的一个。景观适宜性评价就是根据不同景观因子相对于

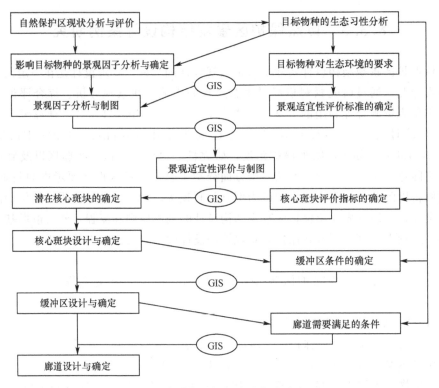

图 8-5 自然保护区景观结构设计流程

目标物种的重要性（影响程度），确定不同景观因子对目标物种的权重，在此基础上，评价各种景观因子在空间上组合对物种的景观适宜性。影响大熊猫生存的因子除了食物来源——竹类分布比较突出外，海拔高度和地形坡度也是重要的影响因子（Bennett，1990），此外人类活动对大熊猫的生存也有显著影响，在此我们主要选取了食物来源、海拔高度和地形坡度进行景观适宜性评价。

（1）食物来源。一般认为，竹类的空间分布和丰富程度将直接影响大熊猫的生存。在卧龙自然保护区，大熊猫的主要可食竹类有冷箭竹、拐棍竹、华西箭竹、大箭竹、油竹、白夹竹和水竹等。研究发现，大熊猫最喜欢取食冷箭竹和拐棍竹，其他竹类次之（Bennett，1990）。由此可以根据大熊猫对不同竹类的喜爱程度，进行权重赋值（表 8-2）。

表 8-2　不同景观因子赋值权重

分级	高程/m	地形坡度/(°)	食物来源	权重赋值（u_i）
Ⅰ级	2000～3000	＜20	冷箭竹、拐棍竹地区	1.000
Ⅱ级	1150～2000 3000～4000	20～30	华西箭竹、大箭竹、油竹、白夹竹地区	0.667
Ⅲ级	4000～5000	30～40	水竹地区	0.333
Ⅳ级	＞5000	＞40	无竹类地区	0.000

（2）海拔高度。随着海拔高度的增加，限制了大熊猫的活动范围和觅食能力。通常大熊猫在1400～3600m范围内活动，但不同海拔高度范围内出现的频率明显不同，反映出高度变化对大熊猫的影响（Bennett，1990）。由此可以认为大熊猫出现频率较高的地段，是最适合于大熊猫活动和生存的地方，大熊猫出现频率较低的地段景观适宜性较差。根据海拔高度对大熊猫的适宜程度可以进行权重赋值（表8-2）。

（3）地形坡度。据野外调查，大熊猫一般喜欢在坡度小于20°的地方活动和觅食。卧龙自然保护区，约有63%的大熊猫活动在坡度小于20°以下的地区，25%的大熊猫在坡度20°～30°的地区活动，仅有12%的大熊猫活动在坡度30°以上的地区（Bennett，1990）。由此可以认为20°以下的地区最有利于大熊猫的生存，而20°～30°的地区次之，30°～40°的地区再次之。当地形坡度达到40°以上时，将不再适宜大熊猫生存，由此可以进行权重赋值（表8-2）。

在上述权重赋值的基础上，我们利用下式计算景观适宜性指数

$$S = \prod_{i=1}^{n} u_i \qquad (8\text{-}1)$$

式中，S为不同景观单元针对大熊猫的景观适宜性指数；n为3表示食物、海拔高度和地形坡度三大影响因子；u_i为不同景观因子的权重。通过GIS，首先将该区1：10万地形图输入计算机中建立DEM模型，依据上述分级指标（表8-3）派生出地形高度分级图和坡度分级图，同时将该区1：50万竹类分布图输入计算机。根据表8-3，对上述3种景观因子类型图进行再分类，产生大熊猫各因子的权重评价图。利用式（8-1）计算景观适宜性指数，评价结果见表8-3和图8-6。

表8-3　卧龙自然保护区大熊猫景观适宜性评价

景观适宜性分级	面积统计/km²	占总面积的百分比/%	适宜性评价	代码
1	90.36	4.47	最适宜	S1
0.5～1	226.42	11.19	适宜	S2
30～0.5（含0.30）	286.09	14.13	中等适宜	S3
0～0.3（0.3、0除外）	183.93	9.1	勉强适宜	S4
0	1236.51	61.11	不适宜	S6

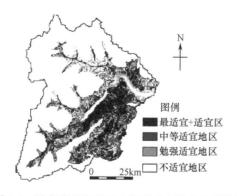

图8-6　卧龙自然保护区大熊猫景观适宜性评价图

3. 卧龙自然保护区景观结构设计与大熊猫保护

1) 核心区设计

通常，大型斑块比小型斑块内有更多的物种，能提高异质种群的存活率，也有利于维持和保护基因的多样性，而小型斑块则不利于斑块内部物种的生存和物种多样性的保护（王军等，1999；Farina，1998）。然而对于具体物种而言，即使有较大的保护区，倘若景观适宜性较差，也将不利于物种的保护。

卧龙自然保护区总面积 2000 多 km²，但最适宜和适宜大熊猫生存的面积只有 200 多 km²，且处于十分破碎的状态。在核心斑块设计时，不仅要考虑核心斑块的大小，还需考虑核心区的生态环境质量。因此，核心斑块的设计应满足以下两个主要条件：一是斑块的景观适宜性较好（为适宜级以上）；二是每一个斑块应具有足够大的面积可以维持一定数量的物种（至少可以容纳 5 只大熊猫），即满足种群的最低生存能力。

具体的设计方法：在景观适宜性评价图基础上，利用 GIS 圈划出景观适宜地区组成的所有潜在斑块［图 8-7（a）］，并统计出所有潜在核心斑块的面积。考虑到每只大熊猫一般需要 389~640hm² 的活动领域（Bennett，1990），如果将可以容纳 5 只以上大熊猫的面积作为核心斑块的最小面积（取 400hm² 作为一只大熊猫的最小活动区域），则核心斑块的面积最小应为 2000hm²。通过重新赋值可以得到核心斑块的分布［图 8-7（b）］。

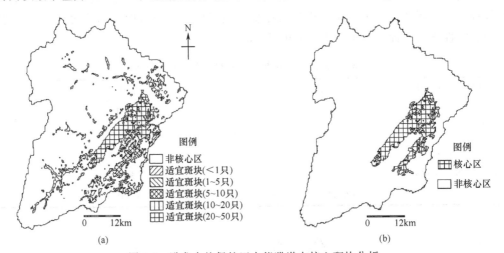

图 8-7　卧龙自然保护区大熊猫潜在核心斑块分析
（a）所有潜在核心斑块，图例括弧中显示了斑块可以容纳大熊猫的数量；（b）设计的核心保护区

2) 缓冲区设计

缓冲区是围绕着核心区来设计的，通常做法是在核心区外设计一定宽度作为缓冲区。考虑到卧龙自然保护区核心区由几个斑块构成，为了更有效地保护大熊猫生存，以单个的核心斑块建立缓冲区已经失去意义，应将几个核心斑块作为一个整体来考虑建立缓冲区，这样可以保证缓冲区内几个核心斑块上大熊猫的自由迁移。缓冲区的设计应满足下列两个条件：一是距离每一个核心斑块的距离不应低于某一特定的值（此处取3km）；二是缓冲区应覆盖所有的核心斑块。

设计方法：首先利用 GIS 计算出以核心斑块为中心的距离指数［图 8-8（a）］。可以看出，在所有以核心斑块为中心的等距线中，2km 等距线所覆盖的范围可以将所有核心斑块包含在内，因此在确定缓冲区时，应以该等距线作为基本缓冲区的边界线。为了保证大熊猫不受影响，设计中我们取 3km 等距线为缓冲区的外边界［图 8-8（b）］。

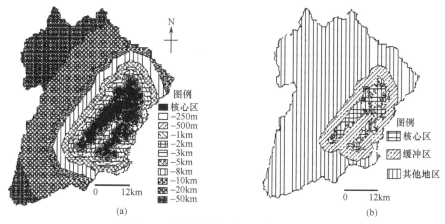

图 8-8　卧龙自然保护区缓冲区的设计
（a）距核心斑块的距离指数图；（b）设计的缓冲区

3）廊道设计

不同的栖息地之间建立合理的廊道可以促进不同种群之间的基因交换，有利于整个种群的保护，然而廊道位置、宽度的确定具有较大的模糊性。虽然缓冲区的设计已经将不同的核心斑块包括在内，但只是限定了人类在这个范围内活动的强度和方式，由于景观适宜性差异，生物种能否在核心斑块之间自由迁移与交换尚存疑问。为了避免割断不同核心斑块之间物种交换的通道，还需辨识不同核心斑块之间存在的生境廊道，进行严格保护。实际中，有两种情况需要辨识，一种是对现有生境廊道的保护与改善；另一种是潜在生境廊道的建设。

现有生境廊道的确定：不同核心斑块之间是否存在生境廊道？怎么来确定？［图 8-7（b）］显示了核心斑块的位置，可以看出核心区是由几个较大的斑块构成，不同斑块之间仍然存在一些狭长的通道，这些通道可以认为是连接不同斑块的生境廊道［图 8-9（a）］，应该进行严格保护。

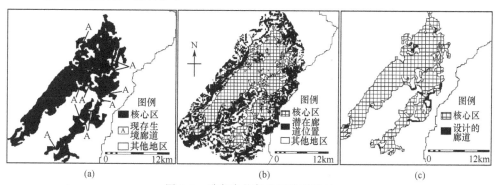

图 8-9　卧龙自然保护区廊道设计
（a）显示了现有的生境廊道；（b）显示了所有可能成为潜在生境廊道的位置；（c）设计的潜在的生境廊道

潜在生境廊道的确定：潜在生境廊道是指空间上的一些通道，由于某种景观因子限制，目前无法成为大熊猫迁移的安全通道，但经过改造可以成为可用的生境廊道。潜在生境廊道应满足以下条件：一是地形条件必须是适宜的，如坡度和高度应为中等适宜以上（级别Ⅱ以上），这是因为地形条件是难以改变的景观因子，为了满足大熊猫的生存，它必须具有一定的适宜性；二是食物来源适宜性较低（低适宜或不适宜级别，Ⅲ级以下），经过植被恢复可以将该地区改造为适宜的生境廊道；三是廊道的宽度应为1只大熊猫自由活动领域等面积圆的直径，一般1只大熊猫的核心活动领域为389~640hm²（Bennett，1990），若以400hm²计，则与之同面积的直径约2250m。

根据以上条件，利用GIS可以得到卧龙自然保护区潜在的廊道分布图［图8-9（c）］。

综上所述，建立自然保护区的主要目的是防止物种灭绝和生物多样性消失，然而孤立的自然保护区恰似一座孤立的岛屿，其周围被人类创造的异质环境所包围，保护区的物种将受到不同程度的隔离。有时自然保护区的建立不仅未能起到保护物种和生物多样性的作用，反而加速了物种生态习性的退化，不利于生物多样性保护。如何从整体上保护濒危物种和生物多样性，不仅需要设计功能合理的自然保护区，而且需要从更大尺度上考虑不同栖息地之间物种的迁移和交换，如建立适宜生境廊道、缓冲区等。

参 考 文 献

陈利顶，傅伯杰. 1996. 景观连接度的生态学意义及其应用. 生态学杂志，15（4）：37-42

陈利顶，傅伯杰，刘雪华. 1999. 卧龙自然保护区大熊猫生境破碎化研究. 生态学报，19（3）：291-297

陈利顶，傅伯杰，刘雪华. 2000. 自然保护区景观结构设计与物种保护. 自然资源学报，20（2）：164-169

陈灵芝. 1994. 生物多样性保护及其对策. 见：钱迎倩，马克平. 生物多样性研究的原理与方法. 北京：中国科学技术出版社：13-35

李迪强，蒋志刚，王祖望. 1998. 自然保护区与国家公园. 见：蒋志刚，马克平，韩兴国. 保护生物学. 杭州：浙江科学技术出版社

李义明，李典谟. 1996. 自然保护区设计的主要原理和方法. 生物多样性，4（1）：32-40

马克明，傅伯杰，周华锋. 1999. 北京东灵山地区森林的物种多样性和景观格局多样性研究. 生态学报，19（1）：1-7

马克平. 1993. 试论生物多样性的概念. 生物多样性，1（1）：20-22

邱扬，张金屯. 1997. 自然保护区学研究与景观生态学基本理论. 农村生态环境，13（1）：46-49

王军，傅伯杰，陈利顶. 1999. 景观生态规划的原理和方法. 资源科学，21（2）：71-76

伍业钢，李哈滨. 1992. 景观生态学的理论发展. 见：刘建国. 当代生态学博论. 北京：中国科学技术出版社：30-39

赵士洞. 1997. 生物多样性科学的内涵及其基本问题——介绍"DIVERSITAS"的实施计划. 生物多样性，5（1）：1-4

周华锋，傅伯杰. 1998. 景观生态结构与生物多样性保护. 地理科学，18（5）：472-478

Andren H. 1994. Effect of habitat fragmentation on birds and mammals in landscape with suitable habitat. Oikos，71（33）：355-366

Barbault R. 1995. Biodiversity dynamics：from population and community ecology approaches to a landscape ecology point of view. Landscape and Urban Planning，31：89-98

Barrett G W，Peles J D. 1994. Optimizing habitat fragmentation：an agrolandscape perspective. Landscape and Urban Planning，28：99-105

Baudry J，Merriam H G. 1988. Connectivity and connectedness：functional versus structural patterns in landscapes.

In: Schreiber K F. Connectivity in Landscape Ecology, Munstersche Geographische Arbeiten 29, Proceeding of the 2nd International Seminar of the International Association for Landscape Ecology, Munster. 1987. Schoningh, Paderborn: 43-47

Baum K A, Haynes K J, Dillemuth F P, et al. 2004. The matrix enhances the effectiveness of corridors and stepping stones. Ecology, 85: 2671-2676

Bennett A F. 1990. Habitat corridors and the conservation of small mammals in a fragmented forest environment. Landscape Ecology, 2 (2): 191-199

Brown G P, Phillips B L, Webb J K, et al. 2006. Toad on the road: use of roads as dispersal corridors by cane toads (Bufo marinus) at an invasion front in tropical Australia. Biological Conservation, 133: 88-94

Damschen E I, Haddad N M, Orrock J L, et al. 2006. Corridors increase plant species richness at large scales. Science, 313: 1284-1286

Diamond J M. 1975. The island dilemma: lessons of modern biogeographic studies for the design of natural reserves. Biological Conservation, 7: 129-146

Dixon J D, Oli M K, Wooten M C, et al. 2006. Effectiveness of a regional corridor in connecting two Florida black bear populations. Conservation Biology, 20: 155-162

Donald P F, Evans A D. 2006. Habitat connectivity and matrix restoration: The wider implications of agro-environment schemes. Journal of Applied Ecology, 43: 209-218

Driscoll D A. 2005. Is the matrix a sea? habitat specificity in a naturally fragmented landscape. Ecological Entomology, 30: 8-16

Fahrig L, Merriam G. 1985. Habitat patch connectivity and population survival. Ecology, 66: 1762-1768

Farina A. 1998. Principles and Method in Landscape Ecology. London: Chapman and Hall

Fischer J, Fazey I, Briese R, et al. 2005. Making the matrix matter: challenges in Australian grazing landscapes. Biodiversity and Conservation, 14: 561-578

Forman R T T. 1995. Land Mosaic: The Ecology of Landscape and Regions. Cambridge: Cambridge University Press

Forman R T T, Gordon M. 1986. Landscape Ecology. New York: Wiley

Franklin J F. 1993. Preserving biodiversity: specits, ecosystem, or landscape. Ecological Applications. 3: 202-205

Franklin J F, Forman R T T. 1987. Creating landscape patterns by forest cutting: ecological consequences and principles. Landscape Ecology, 1: 5-18

Frelich L E, Calcote R R, Davis M B. 1993. Patch formation and maintenance in an old-growth hemlock-hardwood forest. Ecology, 74 (2): 513-527

Fukamachi K S, Nakashizuka T. 1996. Landscape patterns and plant species diversity of forest reserves in the Kanto region, Japan. Vegetatio, 124: 107-114

Gaublomme E, Hendrickx F, Dhuyvetter H, et al. 2008. The effects of forest patch size and matrix type on changes in carabid beetle assemblages in an urbanized landscape. Biological Conservation, 141: 2585-2596

Hanser A J, Urban D L. 1992. Avian response to landscape pattern: the role of species life histories. Landscape Ecology, 7: 163-180

Holt R D, Robinson G R, Gaines M S. 1995. Vegetation dynamics in on experincentally fragmented landscape. Ecology, 76: 1610-1624

Jauker F, Diekotter T, Schwarzbach F, et al. 2009. Pollinator dispersal in an agricultural matrix: opposing responses of wild bees and hoverflies to landscape structure and distance from main habitat. Landscape Ecology, 24: 547-555

Jodoin Y, Lavoie C, Villeneuve P, et al. 2008. Highways as corridors and habitats for the invasive common reed Phragmites australis in Quebec, Canada. Journal of Applied Ecology, 45: 459-466

Kalwij J M, Milton S J, McGeoch M A. 2008. Road verges as invasion corridors? a spatial hierarchical test in an arid ecosystem. Landscape Ecology, 23: 439-451

Karatayev A Y, Mastitsky S E, Burlakova L E, et al. 2008. Past, current, and future of the central European corridor for aquatic invasions in Belarus. Biological Invasions, 10: 215-232

Kupfer J A, Malanson G P. 1993. Structure and composition of a riparian forest edge. Physical Geography, 14: 154-170

Laurance W F, Yensen E. 1991. Predicting the impacts of edge effects in fragmented habitats. Biological Conservation, (55): 77-92

Lindenmayer D B, Wood J T, Cunningham R B, et al. 2009. Experimental evidence of the effects of a changed matrix on conserving biodiversity within patches of native forest in an industrial plantation landscape. Landscape Ecology, 24: 1091-1103

MacArthur R H, Wilson E O. 1967. The Theory of Island Biogeography. Princetor: Princeton University Press

McShea W J, Stewart C, Peterson L, et al. 2009. The importance of secondary forest blocks for terrestrial mammals within an Acacia/secondary forest matrix in Sarawak, Malaysia. Biological Conservation, 142: 3108-3119

Meffe G, Carrolk B. 1994. Principles of Conservation Biology. Sunderland: Sinauer Associates, Inc.

Merriam G. 1991. Corridors and connectivity: animal populations in heterogeneous environments. In: Saunders D A, Hobbs R J. Nature Conservation 2: the Role of Corridors. Chipping Norton, NSW: Survey Beatty & Sons: 133-142

Merriam G, Lanoue A. 1990. Corridors use by small mammals: field measurement for three experimental types of Peromyscus Leucopus. Landscape Ecology, 4: 123-131

Mikk M, Mander U. 1995. Species diversity of forest islands in agricultural landscapes of southern Finland, Estonia and Lithuania. Landscape and Urban Planning, 31: 153-169

Muriel S B, Kattan G H. 2009. Effects of patch size and type of coffee matrix on ithomiine butterfly diversity and dispersal in cloud-forest fragments. Conservation Biology, 23: 948-956

Noss R F. 1990. Indicators for monitoring biodiversity: a hierachial approach. Conservation Biology, 4: 355-364

Noss R F. 1991. Landscape connectivity: different functions at different scales. In: Hudson W E. Landscape Linkages and Biodiversity. Washington: Island Press: 27-39

Noss R F, Cooperider A Y. 1994. Saving Nature's Legacy: Protecting and Restoring Biodiversity. Washington, D. C: Island Press

Noss R F, Harris L D. 1986. Nodes, networks, and MUMs: preserving diversity at all scales. Environment Management, 10: 299-309

O'Neil A R, King A W. 1989. A hierarchical framework for the analysis of scale. Landscape Ecology, 3 (3, 4): 189-193

Pearce C M. 1992. Pattern analysis of forest cover in Southwestern Ontario. The East Lakes Geographer, 27: 65-76

Perfecto I, Vandermeer J. 2002. Quality of agroecological matrix in a tropical montane landscape: ants in coffee plantations in southern Mexico. Conservation Biology, 16: 174-182

Simberloff D, Cox J. 1987. Consequences and costs of conservation corridors. Conservation Biology, 1: 63-71

Simberloff D S, Abele L G. 1976. Island biogeography theory and conservation practice. Science, 191: 285, 286

Simberloff D S, Abele L G. 1982. Refuge design and island biogeograpic theory-effects of fragmentation. American Naturalist, 120: 41-56

Stiles E W. 1979. Animal communities of the New Jersey Pine Barrens. In: Forman R T T. Pine Barrens: Ecosystem and Landscape. New York: Academic Press: 541-553

Thiele J, Schuckert U, Otte A. 2008. Cultural landscapes of Germany are patch-corridor-matrix mosaics for an invasive megaforb. Landscape Ecology, 23: 453-465

Whitmore T C. 1975. Tropical Rain Forests of the Far East. Oxford: Oxford University Press

Wilson E O, Willis E O. 1975. Applied biogeography. In: Cody M L, Diamond J H. Ecology and Evolution of Communities. Cambridge: Belknap Press of Harvard University Press. 522-534

第 9 章　景观生态学与土地可持续利用

在"人口-资源-环境"系统中，土地资源处于基础地位，土地可持续利用是实现可持续发展战略的基本保障。土地可持续利用理论研究及其在土地利用管理实践中的应用，对于保证整个社会的可持续发展具有十分重要的意义（陈百明和张凤荣，2001）。

土地评价是土地利用规划的主要依据，是合理、可持续利用土地的基础与重要手段（蒙吉军，2005）。国际上对土地评价的研究非常重视，自从 20 世纪 60 年代以来，美国、英国、荷兰、澳大利亚等均开展了土地评价方面的研究工作，但多以土地分类和土地潜力分类为主。1976 年，联合国粮食及农业组织（Food and Agriculture Organization，FAO）颁布了"土地评价纲要"（FAO，1976），曾广泛应用于世界各国的土地评价，大大促进了国际上土地评价的研究。该系统主要是对土地适宜性的评价，特别适用于土地开发中的评价项目。但是，随着人口增长、土地退化、环境问题的日益加剧，土地可持续利用问题已成为该领域研究的焦点。而"土地评价纲要"系统多以土地的现状特征分析为主，它提供的信息已远远满足不了土地可持续利用和自然保护等现代土地利用规划的需求。1992 年，联合国环境与发展大会通过的《21 世纪议程》指出，应制定土地资源可持续性指标体系，并需考虑环境、经济、社会、人口、文化和政治因素。1993 年，FAO 发布了"可持续土地利用管理评价大纲"（FESLM），认为"可持续性是适宜性在时间方向上的扩展"，并强调评价的多目标、评价因素的综合性及在可预见的将来的适宜性，提出了可持续土地利用管理评价的基本概念、原则、程序、指标与标准，初步指出了土地利用的生态、社会的可持续性问题（Smyth and Dumanski，1993）。该大纲在过程和动态分析方面仍然不完善，尤其缺乏空间分析及景观整体的结构、过程和动态分析。

景观生态学起源于土地研究，研究对象是土地镶嵌体，应用也主要以土地利用为主。景观生态学与土地评价的关系非常密切，两者互相影响，协同发展（吴次芳等，2003）。景观生态学研究物质、能量和有机体在异质性景观中的循环与交换，注重土地利用如何影响物质循环和能量流，注重结构和过程的相互关系分析（傅伯杰，1995a，1995b；Turner，1989）。本章以土地可持续利用为目标，在传统的土地评价（土地适宜性评价、土地潜力评价）的基础上，将 FAO 的"可持续土地利用管理评价大纲"和景观生态学原理（景观结构、功能、变化和稳定性）相结合，并进行土地利用的社会、经济与环境效益分析，发展土地可持续利用评价的指标与方法。

9.1　景观生态学与土地可持续利用评价

9.1.1　可持续性科学

可持续性概念根据其发展的顺序主要应用于 3 个不同的系统：①单项资源系统；②生态系统的资源组合系统；③社会-自然-经济复合系统（即景观或区域）。与此相对应的"可持续性"概念演变也经历了 3 个历史性的发展阶段，即斯德哥尔摩会议、布伦特兰报告以及巴西里约热内卢的联合国环境与发展大会。1992 年，巴西里约热内卢的联合国环境与发展大会确定的"可持续发展"概念，认为"地球的可持续发展是社会与自然系统两者的稳定性，具有满足当代需要又不损害后代需要的能力"（UNEP，1992）。这个概念得到了全世界的公认，已成为广泛使用的概念之一（Brooks，1992）。可持续科学是一种涉及不同学科，如自然科学、社会学、哲学、政治学、经济学、伦理学和宗教文化等方面的综合研究领域，是一种跨地区、跨代际的发展模式（Ian，1996；Susan，1996；Brown et al.，1987）。不同学科、不同阶层对可持续发展的理解各式各样，对可持续发展的内涵及其定量评价至今尚未统一。

总的来说，"可持续发展"的核心为下述三大原则：公平性原则（fairness），包括代际公平、代内公平；可持续性原则（sustainable），在生态系统相对稳定的范围内，不停调整消耗标准和活动；系统性原则（system），从系统角度协调自然和社会，协调环境与发展的关系。

可持续发展能力可归结为下述 6 个方面的影响因素：人工资本积累程度、人力资源、科学技术水平、自然资源支持能力、环境资源支持能力和人口压力（陈利顶和傅伯杰，2000）。根据各因子的性质，将 6 个影响因子分为两大方面：一方面为人工资本的积累，表示维持可持续发展的基础，只有不断地进行资本积累，才能推动社会和经济的发展；另一方面是可持续发展支持能力指标，包括人力资源支持能力、科学技术资源支持能力、自然资源支持能力、环境资源支持能力和人口压力，只有不断地提高各项支持能力，才能加速社会经济进步与发展。

可持续发展评价的指标体系方案众多，大致可分为下述五大类（陈百明和张凤荣，2001；王伟中等，1999）。①单一指标类型，如联合国开发计划署（UNDP）的人文发展指数（HDI）（只有 3 个综合指标）、世界银行的新国家财富指标。这类指标综合性强，容易进行区域间的比较；但是反映内容少，需要许多假设条件，提供信息量不够充足，难于全面反映态势与问题。②综合核算体系类型，如联合国开发的环境经济综合核算体系（SEEA）包括经济增长与环境核算，荷兰结合环境、资源核算、国民经济核算、社会核算建立综合指标体系。这类指标基本解决了度量问题，各个指标可以直接相加；但是一些资源、环境、社会指标的货币化计算依据还有很大争议。③菜单式多指标类型，如联合国可持续发展委员会（CSD）提出的可持续发展指标体系有 142 个指标，英国政府提出的指标体系有 118 个指标。这类指标覆盖面广，有很强的描述功能，灵活性、通用性较强，许多指标容易做到国际一致性和可比性等；但是综合程度低，在进行整体性比较时有一定困难。④菜单式少指标类型：针对上述指标较多的状况，环境问题科学委员会提出的可持续性指标比较少，如环境方面的指标只有 4 个（资源净消耗率、混合污染、生态系统风险、对人类福利影响），经济方面的指标也是 4 个（GDP 增长率、存款率、收支平衡、国家债务）。北欧国家、荷兰、加拿大等在几个专题下分别设 2～4 个指标，组成指标体系。这类指标多是综合指数，直观性较差，与目标、关键问题联系不太密切。⑤"压力-状态-响应"（P-S-R）指标类型，是加拿大统计学家最早提出，后被广泛应用的指标类型。这类指标较好地反映了自然、经济、环境、资源之间的相互依存、相互制约关系，但在可持续性方面并不都存在这种关系，因此不能都纳入指标体系。

9.1.2　土地可持续利用的基本概念

土地可持续利用（sustainable land use）的思想，是 1990 年 2 月在新德里由印度农业研究会（ICAR）、美国农业部（USDA）和美国 Rodale 研究中心共同组织的首次国际土地可持续利用系统研讨会（international workshop on sustainable land use system）上正式确认的。该会议主要讨论了不同地区的可持续土地利用系统的现状和问题，并建议建立全球可持续土地利用系统研究网络（陈百明和张凤荣，2001）。以后又分别于 1991 年 9 月在泰国清迈举行了"发展中国家可持续土地管理评价国际研讨会"（international workshop on evaluation for sustainable land management in the developing world），1993 年 6 月在加拿大 Lethbridge 大学举行了"21 世纪可持续土地管理国际学术讨论会"（international workshop on sustainable land management for 21st century）（Dumanski et al.，1998）。这两次会议的主要结果是提出了可持续土地管理的概念、五大基本原则和评价纲要（宇振荣等，1998）。我国许多学者从自然、环境、经济和社会等各个方面探讨了土地可持续利用及其管理的原理、评价指标和方法（彭建等，2003b；陈百明和张凤荣，2001）。张凤荣等（2000）、张凤荣（1996）阐述了可持续土地利用管理的原理，并对黄土高原丘陵沟壑区土地利用系统、干旱区绿洲土地利用系统、珠江三角洲基塘土地利用系统等进行了典型分析评价。姜志德（2004）探讨了土地资源可持续利用理论，结合中国土地资源及其利用的现状，分析了中国土地资源可持续利用的背景，提出了中国土地资源可持续利用的战略模式。刘彦随和郑伟元（2008）基于土地可持续利用战略研究的理论基础，借鉴不同国家或地区土地利用战略，结合中国土地资源态势及其利用特点与中国经济社会发展与土地利用需求，分析了中国土地可持续利用的供求总体态势，提出了中国土地可持续利用战略的关键措施。

因为不同学者对土地这个自然经济综合体的认识角度的差异和对土地属性及其功能的侧重不同，土地可持续利用的概念也各不相同，土地可持续利用评价的目标、内容与方法也千差万别。郝晋民（1996）认为，土地可持续利用就是作为生态系统的功能（生物产品的生产、环境保护与保护生物和基因资源）和人类直接联系的非农利用功能（人类生产、生活的空间、提供生产资料、人类文化遗产、名胜古迹）在生态系统、生态经济系统和区域空间中的协调。傅伯杰等（1997）认为土地可持续利用就是实现土地生产力的持续增长与稳定性，保证土地资源潜力和防止土地退化，并产生良好的经济效益和社会效益，即达到生态合理性、经济可行性和社会可接受性。因此，土地可持续利用应该从生态、经济、社会三个方面进行评价。

宇振荣等（1998）综述了 6 种土地可持续利用的定义：①Young（1989）认为，土地可持续利用是"获得高的收获产量，并保持土地赖以生产的资源，从而维持允许的生产力"的土地利用。②Hart 和 Sands（1991）认为，土地利用系统是利用自然和社会资源，生产的产品其社会经济环境价值超过商品性投入，同时能维持将来的土地生产力及自然资源环境。③林培和刘黎明等（1990）认为，持续土地利用就是通过技术与行政手段使一个区域的土地利用类型的结构、比例、空间分布与本区域的自然特征和经济发展相适应，使土地资源充分发挥其生产与环境功能，既满足人类经济生活与环境要求，又能不断改善资源本身的质量特性。所以，土地可持续利用是一个行政管理与科学技术相结合的区域综合生态系统工程。④FAO（1993）认为，土地可持续利用是将技术、政策、社会经济、环境效益结合在一起，保持和提高生产力（生产性，productivity）、降低生产风险（安全性，security）、保护自然资源及其潜力并防止土壤与水质的退化（保护性，protection），符合经济可行性（viability）以及社会接受性（acceptability）。⑤魏杰（1996）从经济学角度对土地资源可持续利用给出的定义是：所谓可持续利用，从经济学角度讲，是指土地不断地被高效益使用。它包括两个方面：从外延讲，要从总量一定的土地上产生尽可能多的工业效益和农业效益；从内涵上讲，尽量延长土地持续使用周期，延长土地使用寿命。土地资源可持续利用实际上是从新的角度讲土地资源的更好、更有效的利用。⑥周诚（1996）认为，土地可持续利用就是土地作为生态系统的功能（生物产品的生产、环境保护以及生物和基因资源保护）和人类直接联系的非农利用功能（人类生产与生活空间，生产资料、人类文化遗产、名胜古迹）在生态系统、生态经济系统和区域空间中的协调。

谢经荣和林培（1996）针对我国的特点，认为土地可持续利用可定义为："能满足当前和未来人们粮食需求和社会协调、平衡发展的土地利用结构和措施"；土地可持续利用系统定义为："利用自然和社会经济资源生产现今社会经济和环境发展等所必须投入的产品的同时，能够维持将来的土地生产力及自然资源环境"。谢俊奇（1998）认为土地可持续利用就是使土地资源得到科学合理的利用、开发、整治与保护，实现土地资源的永续利用与社会、经济、资源、环境的协调发展，不断满足社会经济长期发展的需要，达到最佳的社会、资源环境与经济效益。陈百明和张凤荣（2001）把土地可持续利用理解为：在生态（自然）方面应具有适宜性，经济方面应具有获利能力，环境方面能实现良性循环，社会方面应具有公平和公正性。戴尔阜和吴绍洪（2004）把土地可持续利用概括为"在满足人类增长对土地需求的前提下，保持和提高人类的生活环境质量，土地利用结构合理、高效，在生态上适宜、经济上可行、社会上可接受的土地利用结构和土地利用方式"。

9.1.3　土地可持续利用评价的景观生态学基础

景观生态学与可持续发展概念有高度的一致性（王仰麟，1993）。景观生态学的理论为土地可持续利用评价提供了一条新的途径，对土地可持续利用评价概念、原则、理论基础、指标选择、评价方法与过程都有重要影响（邱扬和傅伯杰，2000）。按照景观生态学的思想和理论（傅伯杰等，2000），土地可持续利用就是协调人类当代与后代之间在经济、社会与环境方面的需求，同时维持和提高土地资源质量（Zonneveld，1996；Smyth and Dumanski，1993）。主要表现在下述几个方面。

（1）综合整体性，不仅包括环境、经济与社会等多因素评价，还指土地利用方式、土地利用系统与景观或区域等多等级评价。

（2）尺度性，包括土地可持续利用的时间尺度、空间尺度和重点尺度。土地可持续利用的最适宜的时间尺度是人类世代更替，与景观生态学研究的中等时间尺度一致；土地可持续利用涉及地块、土地利用方式、土地利用系统、景观和区域多个空间尺度，其中景观或区域是土地可持续利用最重要的空间尺度。

（3）空间格局与生态过程理论指出，只有通过景观或区域尺度上的空间镶嵌稳定，才能实现土地利用的稳定性；景观格局与生态过程的关系分析是土地可持续利用的基础；任何景观或区域，都存在一个土地利用系统在空间上的最佳配置，能达到整个景观或区域的土地可持续利用。

（4）干扰与人类影响，适应性（不是恒定性）是土地利用可持续性的核心，只有适应变化的土地利用系统才能持续下去；干扰是景观或区域的必然因子，而且有助于发展土地利用系统与景观的适应性机制；人类的影响是必然的，景观生态学强调生态环境需求与人类社会经济需求之间的协调，多层次和多领域人的参与和干预，人际关系的协调（凝聚力），以及人类土地利用的历史经验与教训。

（5）多重价值与多目标，景观生态学强调土地可持续利用的目标是多重的，因而追求多目标之间的优化，而不是单目标的最大化。生产性、适宜性、可行性、接受性、保护性和稳定性这 6 个目标构成了土地可持续利用评价的基本框架（邱扬和傅伯杰，2000）。

1. 综合整体性

按照景观生态学的综合整体观，土地是一个综合的功能整体，与广义的"景观"概念是一致的，它不仅涉及土地的自然特性，还包含了人类的干预（Forman，1995）。土地的性质取决于全部组成要素的综合特征，而不从属于其中任何一个单独要素（傅伯杰，1991a）。因此，在土地可持续利用评价中，要综合考虑土地利用的所有要素。不仅要分析生态、经济和社会等每个因素的可持续性，还要分析这些因素对土地可持续利用系统的综合作用。

土地利用目的与管理措施组成土地利用方式，土地利用方式与土地单元组成土地利用系统，由不同的土地利用系统镶嵌形成了土地利用的景观或区域。因此，土地可持续利用评价是一个多级、多阶段的综合评价，包括土地利用方式评价（土地利用目的与管理措施的匹配性），土地利用系统的适宜性评价（土地利用方式与土地特性的匹配性），土地利用系统的可持续性评价（适宜性在时间上的可持续性），以及景观或区域的现状稳定性与时间可持续性评价（景观的结构、功能与变化的可持续性）。不仅要对评价区内的土地利用进行全面详细的评价，而且要考虑评价区作为一个系统与周围环境的相互关系，因而主动环境效应与被动效应评价也必不可少。

2. 尺 度 性

1）时间尺度
土地利用的可持续性存在时间尺度。土地可持续利用所强调的人类世代更替，一般从几十年到几百年甚至千年，这与景观生态学研究的中等时间尺度一致。任何一种土地利用方式、土地利用系统和景观或区域具有可持续性，都是针对一定时间尺度而言的。例如，某一种土地利用方式在 2 年内是可持续的，在 7 年内就未必还能保持可持续性。

因此，可持续性的程度不同，其级别可以用时间来表示（作为指标），即置信度，表明这种土地利用可被接受的年限，或者是评价者定义该土地利用为可持续性的信心。在实际应用中，因为评价目的、区域特性、时空尺度不同，应该因地制宜设定标准。例如，对于森林土地可能长一些，而草地可能稍短一些。

可持续性是一个动态概念，是一个通向可持续发展目标的动态过程，而不是一个具体的终点。定义土地利用持续性，是从未来的角度衡量土地利用是否满足可持续性目标。土地可持续利用评价目的，是检测一定事件发生的可能性，及这些事件对土地利用可持续性目标的综合影响。黑箱模型的输入/输出原理认为，只有波动幅度远小于系统的稳定性阈值，或变化是有规律的、可预测的，系统才能稳定。因此，在土地可持续利用评价中，除了评价土地利用方式、土地利用系统、景观或区域在目前的适宜性和稳定性外，还要评价在预测未来变化的条件下，这些系统适应变化的能力，如总体趋势是朝向还是背离可持续性，以及变化的速率、幅度和规律性（Forman and Godron，1986）。例如，植被动态具有多途径特性，因自然条件、观察尺度和干扰状况不同，表现出趋同性、趋异性、周期性等不同的动态格局（邱扬等，1997a），反映了植被的稳定性与可持续性。可见，充分了解每个环境因素、土地利用方式、土地利用系统和景观或区域的性质，正确预测它们的变化（Qiu et al.，2003），是土地利用可持续性评价的重点与难点。

土地利用的动态可持续性还包括土地利用系统的开放性，系统与其他系统或外界环境之间的交流。然而，这些输入与输出需要控制在系统的承载范围之内，才能达到土地利用的可持续性。

2）空间尺度

在不同空间尺度上，土地利用可持续性的含义不同，表现为土地利用评价单元与空间范围两个方面。在不同空间尺度上，对土地利用系统的整体可持续性起作用的单元不同，因而需要首先确定评价单元，这相当于景观空间要素的确定。要评价土地利用在较长时间内是否持续，也必须要着眼于更大空间范围。

不同空间尺度的评价，其详细程度也不同。在实际操作中，一般先进行代表性点上的详细可持续性评价，在此基础上再进行概括可持续性评价。"详细程度"与"概括"是相对的，是相对于尺度而言的。不同尺度上的可持续性含义不同，研究方法也不同。尺度越大，越是小尺度现象的综合，就应该越"概括"。要真正"详细"地评价土地利用的可持续性，应该在多重尺度上进行评价，研究不同尺度上的可持续性及其关系，确定不同尺度上可持续性的侧重点（Hobbs and Saunders，1993）。

土地可持续利用具有尺度的多维性（戴尔阜和吴绍洪，2004），不同因素在不同层次的作用各异，不同层次的主导因素也不相同（周小萍等，2006；戴尔阜等，2002）。一般来说，在较低层次上，自然-生态因子（植物个体-农作物）起决定性作用，而在较高层次上，社会-经济因素（区域-国家）起重要作用。虽然自然-生态因子和社会-经济因素在不同层次上有着不同的作用，但它们相互联系、相互作用，共同组成一个有机整体。从田块-农场-流域或景观-区域或国家-全球，土地可持续利用的主要约束因子分别是农业技术-微观经济-生态因子-宏观经济和社会因子-宏观生态因子（傅伯杰等，1997）

3）重点尺度

景观生态学的等级尺度观，除强调土地利用可持续发展的多重尺度外，还特别重视土地可持续利用最适宜的尺度与评价的重点尺度。在全球-大陆-区域-景观-生态系统的等级系统中，如果尺度过小（如生态系统），虽然人类的影响力比较大，可是较大的自然干扰可以显著地改变它，而且许多生态系统都受到人类频繁巨大的影响，很难实现可持续发展；如果尺度过大（如全球与大陆），尽管较容易实现可持续发展，可是一般不属于一个国家管辖（大洋洲除外），人类的影响力相对较小，可持续利用评价、规划和管理的实施难度较大（Forman，1995）。区域或景观是土地利用持续发展最适宜的候选尺度，它起着承上启下的作用，既能有利于人类实施土地可持续利用的评价、规划和管理，持续发展的目标也比较容易达到。因此，土地利用的持续发展最适宜的尺度应该是一个中等尺度，即景观或区域。

按照时空尺度的耦合原理，一定的时间尺度与一定的空间尺度上的生态现象与生态过程都是互相关联的，景观或区域是与人类世代更替相对应的空间尺度（Urban et al.，1987）。从这个意义上来说，要实现土地利用的世代可持续性，最适宜的空间尺度也是景观或区域。在土地可持续利用评价中，不仅要进行多重尺度的评价，而且应把起点与重点放在景观或区域水平上（傅伯杰等，1997）。另外，景观或区域水平上的主要土地问题（如水土流失）也存在明显的尺度变异（邱扬和傅伯杰，2004），因此需要把评价重点集中在评价区内主要土地问题的关键尺度上。

3. 空间格局与生态过程

1）空间镶嵌稳定性

土地利用的可持续性与稳定性的关系非常复杂，可持续性是以稳定性为基础的。稳定性可以区分出 3 种最基本的含义。①物理系统稳定性（persistence）（Forman and Godron，1986），如水泥路。因为土地利用系统包含着许多显著变化的有机物，这种稳定性比较少见，并不适合于描述土地利用的可持续性。②抵抗稳定性（resistance），如大片繁茂森林能抵抗自然火干扰（邱扬，1998；邱扬等，1997b）。像这种对环境变化具有很强缓冲力的景观很少，不能代表土地利用可持续性。③恢复稳定性（resilience），如白桦（*Betula platyphylla*）种群与草地在火干扰后可迅速更新（邱扬等，1998；Holling，1973）。土地利用景观中，一般都有一些比较集中的大块土地利用方式，这些大斑块的抵抗性强但恢复性差，因而也不适宜于描述土地利用的可持续性。

空间镶嵌稳定性的机制是由各等级之间的相互作用及同一等级内各要素之间的反馈作用共同决定的（Holling，1973）。在土地利用的等级系统中，上级控制下级，下级作为上级的基础而影响上级，从而都处于一定的稳态（O'Neill et al.，1986）。在同一等级中，镶嵌分布的各土地利用系统之间相互作用（负反馈），从整体上衰减了外界干扰与环境变化对系统带来的波动，从而形成了空间镶嵌稳定性（Forman，1990）。尽管在景观镶嵌体内，各种土地利用系统还在不断变化，但是只要这些要素构成的镶嵌体在总体上是稳定的，就可以认为这个景观的土地利用是可持续的。例如，在自然火干扰控制下的大兴安岭北部原始林景观，是由不同时间和地点的自然火干扰形成的具有不同斑块大小、形状和年龄的林分的稳定镶嵌体，这种空间镶嵌稳定性使该区植被在频繁的火环境中保持着可持续性（邱扬等，2006b；邱扬，1998；徐化成等，1997）。可见，空间镶嵌稳定是土地可持续利用的基础。在土地可持续利用评价中，需要详细研究各种空间元素对干扰或环境变化的抵抗力与响应力格局，以及空间元素相互作用对干扰与环境的整体衰减效应（Rambouskova，1988，1989；Agger and Brandt，1988；Harms et al.，1984）。

空间镶嵌稳定性不是指一种状态，它还包含着变化过程。在土地可持续利用评价中，不仅要对镶嵌体的现状稳定性作出评定，还要分析空间镶嵌体的变化是否合理。景观生态学的镶嵌体最优变化系列，提供了一条新的可持续性评价途径。镶嵌体变化系列有边缘系列、廊道系列、核心系列、核心组系列、分散系列5种，相对来说以边缘系列的生态影响最好，理论上以"爪形"系列最佳（Forman，1995）。所谓边缘系列是指一种新的土地利用类型从边缘呈或多或少的平行条带漫无目的的扩展过程，在这种变化系列中，原来的土地利用系统类型逐渐变窄直到成为一个条带，新的土地利用系统逐渐扩展。这种系列不会产生景观的孔隙化、分割或破碎化，而且对主要土地利用系统的属性和连接度都有利，然而这种系列存在"风险扩散"。所谓"爪形"系列的空间动态过程如下：①初期，新的景观组分呈开敞的"爪形"逐渐推进，似乎要抓取原有景观组分的一"大块"，原有的景观组分呈"碎渣"（小斑块或廊道）散布于"爪子"之间；②中期，"爪子"逐渐加厚并抓住了一些孤立的大斑块，同时被散布的"碎渣"包围；③晚期，盖有"碎渣"的巨爪抓的大斑块只有一块；④末期，碎片消失，新景观组分占据全部地域。这种"爪形"系列，不仅具有边缘系列的优点，而且还能提供"风险扩散"，是一种最优的空间镶嵌体变化系列，是景观或区域土地可持续利用评价的一个理论标准。

2）空间格局评价法

以空间镶嵌稳定性为基础，导致了"空间解决法"（spatial solution）的形成，为土地可持续利用评价提出了一条新的途径（Forman，1995）。理论上可以假设，任何景观都存在一个土地利用系统的最佳空间配置，达到土地利用的持续发展目标，使景观或区域的土地、水、生物多样性能一代代地持续下去。因此，土地可持续利用评价的重点就应该是"空间格局评价"，评价一个景观或区域的土地利用系统的空间格局是否最合理。在实际评价中，如果条件允许，应该详细研究景观的土地利用系统配置与土地利用可持续发展的关系。例如，对黄土高原农业区景观格局分析表明，在沟间地生态敏感的地形转换带建立灌木生态廊道，提高景观多样性，既连接了碎片和零星分布的森林和灌木斑块，增强景观的连接性，有利于当地植被的恢复和物种的保护，又有利于控制水土流失（傅伯杰，1995a，1995b）。

景观生态学已经发展了许多理论上的最佳格局（如集中与分散格局），这些是以大量科学证据为基础的。即使不能对景观或区域中各个土地利用系统的各个因素有详细的了解，采用"空间格局评价法"也可以得到可信的评价结果，从而大大减小了评价工作的难度，增强了评价的可操作性。

斑块-廊道-基质模型是土地利用空间格局评价的基本模型。基质代表了该景观或区域的最主要的土地利用系统，斑块意味着土地利用系统的多样化，廊道意味着土地利用系统之间的联系与防护功能。这些都是景观或区域土地可持续利用的基本格局（indipensable patterns），这些要素能实现主要的生态或人类目标（Forman，1995）。例如，自然保护区中的大型自然植被斑块、农业生产区中的水保林带以及人类集居区中的自然小斑块和廊道等（邱扬和张金屯，1997）。景观或区域中土地利用系统的这种斑块-

廊道和基质的异质性分布，是景观或区域持续发展的基础。集中与分散原理（aggregate-with-autliers）是进行土地可持续利用景观评价的主要理论依据。该原理认为土地利用在景观或区域上的生态最佳配置应该是：土地利用集中布局，一些小的自然斑块与廊道散布于整个景观中，同时人类活动在空间上沿大斑块的边界散布（Forman，1995）。土地利用集中布局，使得景观整体呈粗粒结构，可保持景观总体结构的多样性与稳定性，有利于作业专业化和区域化，可抵抗自然干扰和保护内部物种。小斑块和廊道，可提高立地多样性，有利于基因与物种多样性的保护，并可为严重干扰提供风险扩散。大斑块之间的边界区，是粗粒景观中的细粒区，这些细粒的廊道和节点对多生境物种（包括人类）来说是非常有用的。土地利用在景观上的这种大集中与小分散相结合的模型具有多种生态优点和人类便利，是土地可持续利用评价的理论标准。

3）空间格局与生态过程的关系分析

景观的空间镶嵌结构，决定着物种、物质、能量和干扰在景观中的流动，景观抗性是指空间格局对景观流动速率的阻碍作用。因此，通过景观结构（土地利用结构）和生态过程的相互关系分析（王仰麟，1995），通过对结构和过程的相互作用分析与模拟，探讨合理的土地利用配置，是土地可持续利用评价的基础（傅伯杰等，2002a，2002b）。例如，对黄土丘陵小流域的土地利用结构与土壤水分与养分的关系分析发现，从黄土梁顶至坡脚分别为坡耕地（梯田）–草地–林地这种土地利用结构，其保肥与保水效益较好（傅伯杰等，1998）。

4. 干扰与人类影响

1）干扰与适应性

可持续性是一种时间尺度上的动态稳定性。适应性（不是恒定性）是土地可持续利用的核心，只有适应变化的土地利用系统才能持续下去。不断变化的环境中，一个景观或区域的土地利用要持续发展，需要技术、政策和管理的不断适应变化，以便调整土地利用方式、改进土地利用系统、优化景观或区域的土地利用系统配置。

干扰是景观或区域的必然因子（邱扬等，2000b），干扰与系统的适应性与稳定性的关系非常复杂。频繁而有规律的干扰有助于发展土地利用系统与景观的适应性机制，从而促进景观或区域的土地可持续利用（邱扬，1998；Noble and Slatyer，1980；Holling，1973）。例如，在大兴安岭北部地区频繁的自然火干扰环境中（徐化成等，1997），兴安落叶松（*Larix gemelini*）种群发展了厚树皮和枝叶不易燃等适应机制，以强大的抗火力保持其在景观中的优势地位（邱扬等，2003b，1997b）；白桦种群发展了种子小而有翅、强烈的萌蘖力等适应机制，依靠快速的火后恢复力维持其在景观中的次优势地位（邱扬等，2006a，1998）；两者的综合效应，导致了整个区域的物种多样性与植被可持续性（邱扬等，2006b；邱扬，1998）。干扰（包括规律的和不规律的）能促进生态与人类适应性的多样化，从而为景观镶嵌体的元素之间提供了稳定的相互关系，在土地可持续利用评价中，需要考虑这些干扰及其影响。

2）人类影响

景观生态学认为人类的影响是必然的，景观兼具自然性和人文性，尤其是人类的主导性（肖笃宁，1999；陈利顶和傅伯杰，1996）。土地持续利用评价中的人类影响表现为下述 4 方面：生态环境与人类社会经济之间的协调、多层次和多领域人的参与和干预、人际关系的协调（凝聚力）、人类土地利用的历史经验与教训（邱扬和傅伯杰，2000）。

生态环境和社会经济的协调统一是土地利用可持续发展的核心。生态环境与社会经济的关系非常复杂，关注重点因素、综合分析生态因素与人类基本需求的关系（表 9-1）是土地可持续利用评价的关键（Forman，1995）。人类需求（短期经济效益）与生态环境需求（长期可持续性）往往互相对立（图 9-1），因而两者的协调既是土地可持续利用的重点也是难点。土地可持续利用评价，就是要分析土地利用方式、土地利用系统、景观或区域是否能同时满足人类需求与生态需求（即图中右上角）（Manning，1986）。人类对景观格局的影响（陈利顶和傅伯杰，1996）以及景观对人类影响的敏感性分析（陈利顶和傅伯杰，1995）是协调人地关系的基础研究。

表 9-1　生态因素与人类基本需求的基本关系（Forman，1995）

生态因素	人类基本需求					
	粮食	水	健康	住房	能源	文化
生产力	+	−	+	+	*	−
生物多样性			+	−	−	*
土壤	+	*			−	*
水	+	*	+		+	*

注：表中只显示基本关系。+表示生态因素对人类基本需求的影响；−表示人类基本需求对生态因素的影响；*表示两者互相影响；空白表示两者无影响。

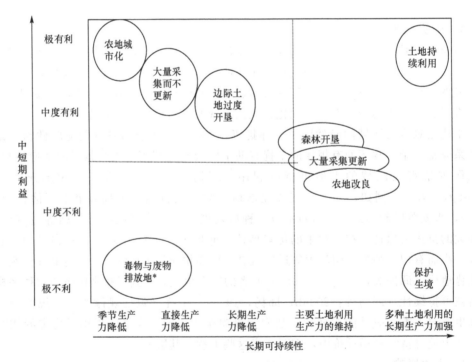

图 9-1　几种土地利用的生态环境与经济的关系（Manning，1986）

*对个人不利，但可能对社会有利，政府应给予资助

景观生态学强调土地可持续利用过程中多层次和多领域人类的干预（包括合理的土地改良与不合理的土地退化活动）。土地利用涉及多个尺度，包括农场、地方、地区、国家、全球等；土地利用还涉及多领域人的干预，包括土地使用者、土地管理者、土地决策者、土地研究者等。在土地可持续利用评价中，要充分考虑这些不同层次和不同领域的人的影响和参与，才能对土地利用是否为社会接受作出正确评价。

景观或区域上各层次与各领域的人类参与后，他们对土地资源的竞争关系并不一定对可持续性有害，重要的是这些竞争关系的协调，人际关系的协调是处理这些资源竞争的最主要手段。和谐的人际关系有利于土地利用在景观或区域上的综合布局，相反恶劣的人际关系（如冲突和战争等）是土地可持续利用的主要破坏因子。因此，土地利用的持续发展主要取决于景观或区域的人际关系（即凝聚力），包括文化、宗教与社会因素（社会结构、经济、政治或政府、灾害与迫害）等多个方面，其中文化与宗教是景观或区域尺度上最重要的两大凝聚力（Forman，1992）。社会因素方面的凝聚力变化很快，如政府形成、企业破产、社团分裂等可在一夜之间发生。宗教讲究信仰与忠实，广义地说可持续性也是人类的一个宗教信仰（Brooks，1993）。文化通过普遍的认识、美学与道德传统把人们联结在一起，变化很缓慢，具有教育性与适应性，因而是景观或区域持续发展的关键凝聚力（Clark，1989；Bugnicourt，1987；Gadgil，1987）。在一个景观或区域上，以少数几个文化或宗教为主，多种文化或宗教并存，是景观或区域持续发展的最佳格局。因此，在土地可持续利用评价中，要充分地了解文化与宗教凝聚力及其在景观或区域上的时空分布格局，分析人际关系及其对土地可持续利用的影响。

从土地利用历史可见，造成土地利用可持续性降低的主要原因是水问题、土壤侵蚀、人口密度、战争以及出口降低；其他原因还有：整体资源基础衰竭、森林采伐、过牧、不适宜的土地利用政策。相反，促进土地利用可持续性的主要因子是文化凝聚力、人口增长缓慢与健康的进出口贸易；其他还有资源基础的整体水平与合理配置、宗教凝聚力、多样化的周边关系、合理的灌溉系统和渠道系统（Forman，1995）。这些历史经验与教训，拓宽了土地可持续利用评价的思路，为指标选择指示了方向。

5. 多价值与多目标

景观作为一个由不同土地利用镶嵌组成，具有明显视觉特征的地理实体，兼具经济、生态、社会等多重价值（肖笃宁，1999），可持续性追求多重价值的优化而不是单一价值的最大化。土地可持续利用的目标是协调当代与后代在环境、经济与社会等方面的利益，同时维持与提高土地（土壤、水与大气）资源的质量。土地可持续利用就是土地利用必须满足不断变化的人类需求（农业、林业与保护），同时确保土地保持长期的社会、经济与生态功能。土地可持续利用是技术、政策与行动的综合，目的在于把社会经济与环境问题统一起来，以便能同时满足下述 6 个目标。①土地生产性（productivity）：保持和提高土地的生产力，包括农业、非农业以及环境美学的效益。②生态适宜性/安全性（suitability/security）：降低生产风险水平，维持稳定的土地产出。③经济可行性（viability）：某一土地利用方式、土地利用系统和景观或区域，必须具有一定的经济效益才能存在下去。④社会接受性/公平性（acceptability/equity）：必须为社会所接受，并且能从改进的土地管理中获得利益。⑤资源与环境的保护性（protection）：保护自然资源的潜力，防止土壤与水质的退化，如保护土壤与水资源的质与量、保持遗传基因多样性或保护单个植物和动物品种等。⑥景观或区域稳定性（stability）：在景观或区域尺度上，维持结构和功能协调与稳定。

生产性、适宜性、可行性、接受性、保护性与稳定性这6个目标构成了土地可持续利用评价的基本框架，是土地可持续利用的基本原理（邱扬和傅伯杰，2000；Smyth and Dumanski，1993）。土地可持续利用评价就是在特定时期、特定地区和特定的土地利用方式下，检验能否实现这6个目标，缺一不可。另外，土地利用的可持续性还存在数量上的差别，不同土地利用方式达到这6个目标的水平不一样，因而可持续性水平也不尽相同。原则是，如果在可预见的一定时期内，总体上满足这6个目标就可以认为土地利用是可持续的。

9.2　土地可持续利用评价指标

土地可持续利用评价具有系统的复杂性、多因素关联性、实现机制的多元性以及区域的差异性与特殊性，因此土地可持续利用评价指标体系也千差万别。目前，我国缺少全国性的、系统完整的、既具有普适性又具有区域性的土地可持续利用评价指标体系（陈百明和张凤荣，2001）。我国当前的评价指标体系研究，主要采用系统分解法，包括："生态-经济-社会"评价指标体系、"生产性-安全性-保护性-经济性-社会性"评价指标体系、侧重土地持续发展水平与能力的评价指标体系、土地质量评价指标体系与土地持续利用评价指标体系（彭建等，2003b）。

土地利用是典型的自然-经济-社会复合系统，是人与自然环境相互作用的集中体现。土地利用系统的核心是自然-生物子系统和社会-经济子系统的相互联系和相互作用。土地利用系统镶嵌形成景观，景观的时空结构、功能流以及动态变化等指标是决定土地利用是否可持续的重要因子。土地利用可持续性受到土地自身的、生态的、经济的、社会的、景观的和环境的多方面因素的综合影响。因此，在评价土地利用的可持续性时，必须全面地综合考虑下述六大目标，即土地生产性、生态适宜性、经济可行性、社会接受性、环境保护性、景观稳定性。相应地，土地可持续利用评价指标也应该包括6类，即土地质量指标、生态指标、经济指标、社会指标、环境效应指标与景观单元指标（图9-2）。

指标选择应遵循3个原则，即数据的现成性、灵敏性和可量化性；在指标设置上，既要突出系统性，也要注意实用性（张凤荣等，2003；陈百明和张凤荣，2001；ISSS/ITC，1997）。不同因子的性质和特征不同，对土地可持续利用的影响不同，因而不同因子评价的指标和方法有差别。但每种指标都涉及现状与时间变化。在可能的情况下，还应该确定指标的标准、临界值、理论最优值以及观测方法，其中不同因子之间的协调程度是重要的评价标准之一。不同的空间尺度上，土地可持续利用评价的主导因素也不同。因此，在进行多尺度土地可持续利用评价时，需要采用"多因素综合分析与不同尺度主导因子相结合"的原则，不仅要综合考虑多因素的综合作用，还要突出每个尺度的主控因素（傅伯杰等，1997）。

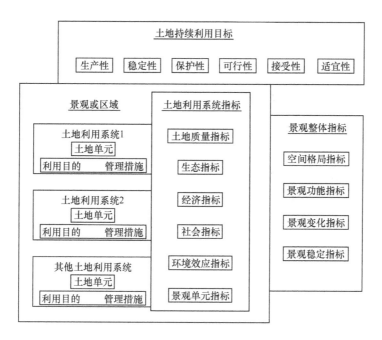

图 9-2　土地可持续利用评价指标结构图

在现有土地可持续利用评价研究的基础上，结合景观生态理论，构建了土地可持续利用评价指标的基本框架与方法。但是，在实际应用中，需要针对不同区域及其相应的景观与土地利用系统类型，探讨和制定适宜的土地可持续利用评价指标与方法（彭建等，2003b；张凤荣等，2003；陈百明和张凤荣，2001）。

9.2.1　土地质量指标

土地质量指标是土地可持续利用评价的基本依据。在国家和国际尺度上，土地质量指标有助于帮助政府和国际组织确定土地政策与财政分配的重点。在区域和地区尺度上，土地质量指标用于土地资源的评价、规划、监测与管理。在农场和社区尺度上，土地质量指标用于具体的土地管理决策，如农民利用指示植物来判断土壤的肥力。

1. 土地质量的基本概念

土地是地球表面的一部分，包括影响土地利用的所有生物和非生物因素。因此，土地不仅包括土壤，还包括地形、气候、水文（地表与地下）、植被（森林、动物栖息地）、动物区系以及人类干预（如土地改良等）。土地改良是对土地进行有利的永久改善，以提高土地利用能力，如梯田与排水（ECOSOC，1995；Sombroek and Sims，1995；FAO，1983，1976）。显然土地的概念是一个综合的概念，不仅涉及土地的自然特性，还包含了人类的干预。实际上，"土地"的含义与"景观"的含义非常接近，在许多文献中两者可互相替用。

土地质量指的是土地的状态或条件（包括土壤、水文和生物特性），及其满足人类需求（包括农林业生产、自然保护以及环境管理）的程度（冷疏影和李秀彬，1999；Pieri et al.，1995）。土地质量概念把土地条件与土地生产能力、自然保护和环境管理功能联系在一起，土地质量评价需要针对土地利用的具体功能和类型进行。土地的生产能力主要指的是粮食产量和木材生长量等。土地的自然保护与环境管理功能包括促进营养循环、污染物过滤、水的净化、温室气体的源-汇功能，以及动植物基因和生物多样性保护。

在FAO的土地评价方法体系中，把土地质量定义为"以一种特定方式影响特定土地利用方式的一个综合土地特性"（FAO，1993，1976）。而在以世界银行为首发起的"土地质量指标"项目，认为土地质量不是一个特定值，而是一个区间（范围），如水的有效性、营养的有效性、土壤的抗蚀性、牧区的营养水平等（Pieri et al.，1995）。

2. 土地质量指标的基本概念

土地质量指标（land quality indicators，LQI），描述土地质量及其相关的人类活动，描述土地满足人类需求的条件、这些条件的变化以及相关的人类行为。按照压力-状态-响应（pressure-state-response，P-S-R）框架（图9-3），土地质量指标（LQI）可分成如下3组（Pieri et al.，1995）。

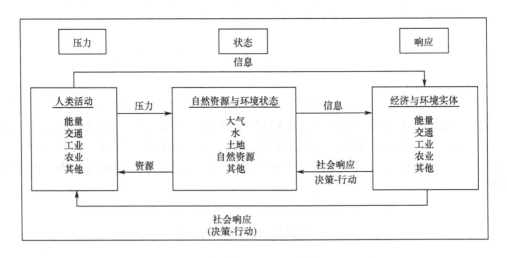

图 9-3 土地质量的压力-状态-响应（P-S-R）框架（Dumanski et al.，1998）

（1）压力指标（pressure indicators）就是人类活动对土地资源施加的压力。压力指标一般指的是对土地质量有直接影响，不采取措施就会对土地质量带来危害的指标。例如，人口压力对土地质量没有直接影响，不属于土地质量的压力指标；相反，人口增长所造成的土地短缺，就是典型的压力指标。诸如森林开垦、陡坡地耕作、牧区饲料短缺是更具体的压力指标。

（2）状态指标（state indicators）指的是土地资源的现状及其时间变化（邱扬等，2008a）。例如，森林面积或土壤的 pH 就是典型的现状指标。状态变化指标更重要，这种状态变化不仅包括土地退化这种负变化，也包括土地改良这种正变化。状态变化可表示为变化类型、变化程度、空间范围和变化率（Oldeman et al., 1990）。另外，状态指标也可以是间接的，如作物产量就是一种广泛使用的土壤肥力指标。

（3）响应指标（response indicators）就是各级层次的管理者、决策者和政策制定者对土地压力、土地质量状态及其变化所作出的响应。例如，农民对土地退化所采取的土壤保护措施（响应），既可能是农业经济所刺激的，也可能是政府所鼓励的。响应措施并不一定都能达到预期效果。例如，当土地退化极为严重时，最终响应就是放弃或移民；在半干旱草地上，为解决过度放牧问题而增加水井数量，结果造成过牧现象更加严重。

在上述每一组中，还可再细分成两种：①描述指标是以绝对值的形式，描述土地质量状态及其变化，如土壤流失阈值。②性能指标就是把描述指标与预定标准或目标值相比较后的相对值。

如图 9-3 所示，土地质量的压力-状态-响应框架表示了 3 组指标之间的关系（Adriaanse，1993）。其实，土地质量的 P-S-R 框架最为完整的描述应该是“压力-状态-影响-响应”。其中，影响（impact）表现为：“压力”对土地质量“状态”的“影响”，以及土地质量变化对土地使用者的“影响”。

压力、状态与响应指标之间并没有严格的界线。例如，在土壤盐碱化初期，农民在选择作物品种时，有意识地增加抗盐作物，这既是一个响应指标，也是土壤特性变化的一个状态指标。因为人类与土地的关系是动态变化的，压力与响应指标之间的相互作用也是变化的。所以，土地质量变化需要放在适宜的人文政策和自然环境中来考虑（OECD，1993）。“P-S-R”框架可应用于各种农业生态区（AEZ），预测土地质量的变化趋势，避免严重的土地退化。可见，“P-S-R”框架为监测与评价土地质量变化提供了一个连续的反馈机制。

在土地质量评价实践中，应该尽可能地综合考虑压力、状态与响应三组指标。例如，只考虑人口密度与土地退化，不考虑土地使用者的响应与社会经济环境，其评价结果可能是错误的。

3. 土地质量评价指标体系

本节简述当前国内外的主要土地质量评价指标体系，包括国际土地质量指标计划、FAO 土地质量指标、针对土地退化问题的土地质量指标、全球主要农业生态区的主要土地问题及其土地质量指标、我国农用地分等定级的土地质量指标、我国农业部耕地地力等级划分中的土地质量指标、黄土丘陵沟壑区县级整体土地质量指标实例、土地质量指标实例的其他数据来源（郭旭东等，2008，2005，2003；邱扬和傅伯杰，2001）。

1）国际土地质量指标计划

国际土地质量指标（LQI）项目开始于 1995 年（Dumanski，2000）。1996 年，由世界银行发起在华盛顿召开的会议，明确了以"压力-状态-响应"（PSR）为框架的土地质量评价指标，并形成了土地质量指标研究计划（Dumanski and Pieri，2000）。其核心是土地利用的压力、土地退化等问题，实质就是实现土地利用的可持续性（陈百明和张凤荣，2001；陈百明，1996）。该研究计划包括 11 类指标：养分平衡、产量差额、农业土地利用强度与多样性、土地覆被、土壤质量、土地退化、农业生物多样性、水质、林地质量、牧草地质量和土地污染（郭旭东等，2003）。

2）FAO 土地质量指标

FAO 土地质量指标是"基于特定土地功能和特定土地用途的某种限制因素"。土地质量指标因不同土地利用系统类型（如耕地、草地、林地等）和不同土地要素（如大气、土地覆盖、地表与地貌与土壤等）而异。例如，耕地利用系统的土地质量指标有作物产量、有效水分供给、有效养分供给、根部区有效氧供给、立苗条件、育芽条件、土地可耕性、土壤盐性、土壤毒性、土壤抗蚀性、土地相关的病虫害、洪水危害、温度状况、辐射能与光照期、植物生长的气候危害与空气湿度、供作物成熟的干燥期（郭旭东等，2008）。

3）针对土地退化问题的土地质量指标

针对土地退化问题的土地质量指标涉及土壤侵蚀、土壤肥力降低、森林开垦与森林退化、牧区土地退化、地下水位下降、盐碱化与水浸这 7 项主要问题。其中，前 4 个土地退化问题较为普遍，后 3 个只在部分地区出现。牧区土地退化在半干旱农业生态区较为常见，地下水位下降、盐碱化与水浸在干旱的灌溉农业区最为严重。土地质量指标严格遵循"P-S-R"框架，大多数指标是地区和国家尺度上的指标，少部分是地方和农场尺度上的指标（郭旭东等，2008）。大部分指标是比较容易观测并可以定量化的，而且还给出了指标的标准、临界值与观测方法。无论怎样，每个指标是否能有效地应用于土地质量评价中，关键是其数据的有效性与可观测性。

例如，针对土壤侵蚀（可耕地上的水蚀）的土地质量指标，压力指标为"没有采取适宜保护措施的坡耕地面积"，状态和影响指标包括"实际观测或模拟的侵蚀率 [t/(hm^2·a)]"、"表土有机质与营养的流失、表层丢失的土壤剖面"以及"侵蚀现象的范围与强度"，响应指标为"土壤保护措施的采用程度（单位面积或农场数）"、"热衷于土壤保护活动的农民协会数量"、"弃耕"（Dumanski et al.，1998）。

4）全球主要农业生态区的主要土地问题及其土地质量指标

表 9-2 和表 9-3 列出了拉丁美洲和非洲亚撒哈拉的主要土地问题及其相对应的土地质量指标。其中，拉丁美洲包含坡地区和酸性稀树草原区两个农业生态区；非洲亚撒哈拉包含亚湿润区、半干旱区与干旱区 3 个农业生态区。这里所列的土地质量指标较为粗糙，也没有严格遵循"P-S-R"框架，在实际评价过程中，需要从这些指标中进行提炼，发展基于"P-S-R"框架的土地质量指标。

表 9-2　拉丁美洲地区的农业环境问题与土地质量指标（Dumanski et al., 1998）

农业环境问题	土地质量指标
坡地区	
人类的影响	人口密度、年龄-性别比率、土地与水的可接近性、市场与服务的便利性等
土地质量	土地肥力指数、土壤侵蚀指数、植被盖度、离水源的距离、水质等
农业对生物多样性的影响	天然生境的变化范围与破碎化，物种变异与丧失
土地利用与措施	农业为单位的农业多样性、主要土地利用类型、保护性耕作措施的采用率、农民群体与协会的数量
酸性稀树草原	
土地利用的强度与多样性	各种"土地利用×地形"类型的百分率、农场净收益的稳定性
土地质量	地下水位的变化、水污染物、沉积量、土壤覆盖/裸地的百分率、作物营养吸收与施肥的比值、单位土地面积的石灰消耗量
农业生产力	实际生产力与潜在的气象地形生产力的比值、作物收获趋势、农场净收益
农业对生物多样性的影响	廊状森林、湿地与天然稀树草原的组成比例
农作措施	采用保护措施耕地的百分率
土地使用权	具有使用权标志的农场面积的百分率

表 9-3　非洲亚撒哈拉地区的农业环境问题与土地质量指标（Dumanski et al., 1998）

农业环境问题	土地质量指标
亚湿润区	
土地利用的强度与多样性	强度指数（已耕地/可耕地）、物种多样性指数
侵蚀程度	预测的与实际的侵蚀比率
水质	每个耕作周期内径流中的沉积量
土壤肥力	土壤中的碳归还与生产的百分率、营养平衡
农场的社会价值	农地的市场价格、农村地价/城镇地价
侵蚀控制	径流控制的长度、保护性耕作措施、容易受经济刺激而采取土壤保护措施的农民所占的百分率
风险缓冲程度	发育不良儿童的百分率、实际产量/目标产量
社会公平	基尼系数（收入分配均匀性的趋势）
半干旱区（仅涉及旱作）	
资源有效性	森林采伐率、薪材消耗量与城镇木炭销售量、城镇的薪材与木炭的价格
土地利用的强度与多样性	单位土地面积上可耕地的变化
土地质量	明显的土壤侵蚀（面积及百分率、程度）、营养平衡、酸化、水源变化
农民的土地措施	农场内促进有机质再循环措施的采用率（包括农林混作）、林木改良
土地使用者的素质与接受性	农民团体的数量、农场收入/投入、农民向非农业渗透的比率、具有一个以上耕作周期权利的农民的百分率

农业环境问题	土地质量指标
干旱区（仅涉及畜牧系统）	
牧区的人口压力	土地/人口、牲畜/人口
植被状况	多年生植物盖度/一年生植物盖度、现存多年生植物的密度、植被生物量/食物需求
土壤水储存与径流	土表结皮率
土地使用者对土地质量的响应	迁出率、产品的种类与数量（木材、草）、人类饮食（谷类食物/畜产品）
社会义务	牲畜业的财政预算，畜牧协会（正式和非正式）的数量与关系、资源冲突的次数

5）我国农用地分等定级的土地质量指标

我国《农用地分等规程》推荐了 13 个农用地分等因素及其分级（国土资源部，2003a），包括有效土层厚度、表层土壤质地、剖面构型、盐渍化程度、土壤污染状况、土壤有机质含量、土壤酸碱度、障碍层距地表深度、排水条件、地形坡度、灌溉保证率、地表岩石露头度、灌溉水源。《农用地定级规程》提出的农用地定级备选因素因子（国土资源部，2003b）包括：自然因素（包括局部气候因素、地形因素、土壤条件、水资源状况）、经济因素（包括基础设施条件、耕作便利条件、土地利用状况）和区位因素（包括区位条件和交通条件）三大类（郭旭东等，2008）。

6）我国农业部耕地地力等级划分中的土地质量指标

《全国耕地类型区、耕地地力等级划分》标准，在把全国耕地划为 7 种类型的基础上，分别制订了地力等级划分的指标与标准。例如，黄土高原黄土型耕地类型区的地力等级划分指标有地形、地面坡度或坡降、剖面构型、耕层厚度、耕层质地、耕层土壤理化性质、产量水平、灌溉条件、梯田化水平、土壤侵蚀、熟化层厚度、熟制等（郭旭东等，2008）。

7）黄土丘陵沟壑区县级整体土地质量评价指标实例

表 9-4 为基于"P-S-R"框架，针对土壤侵蚀问题，构建的黄土丘陵沟壑区安塞县整体土地质量评价指标体系与评分等级（郭旭东等，2008，2005）。其中，压力指标包括 4 项：坡度指标（坡度分级）、农地指标（农地面积比重、农作物播种面积）、人口指标（人口密度、农业人口比重）、收入指标（人均年收入、单位面积年收入、种植业年收入）；状态指标包括 4 项：土壤侵蚀指标（土壤侵蚀强度）、土壤肥力指标（有机质、全氮、全磷）、作物产量指标（粮食作物产量）、景观格局指标（斑块密度偏离、均匀度偏离、相对优势度偏离）；响应指标有 2 项，分别为利用与管理指标（林草地面积比重、平地旱地占农地面积比重）、收入与政策指标（非种植业年收入比重、退耕补贴年收入比重）。

8）土地质量评价指标实例的其他数据来源

表 9-5 是土地质量指标实例的其他数据来源，仅做参考（Pieri et al.，1995）。世界银行还出版了一本注解文献目录，汇集了与土地质量及持续土地管理指标相关的文献与网址，并对重要问题进行了注解（Dumanski et al.，1998）。这本文献目录以字母顺序与分类排列，可以通过 www(http://www.ciesin.org/data.html)获得。

表 9-4　安塞县整体土地质量评价指标体系与评分等级（郭旭东等，2008，2005）

县域整体评价指标		评分等级				
		1 分	2 分	3 分	4 分	5 分
县域整体压力指标评分(TP)	坡度指标评分(TP1)　TP1 坡度分级/(°)	[25,90]	[15,25)	[10,15)	[5,10)	[0,5)
	农地指标评分(TP2)　TP21 农地面积比重/%	[40,100]	[30,40)	[20,30)	[10,20)	[0,10)
	TP22 农作物播种面积/%	[60,100]	[45,60)	[30,45)	[15,30)	[0,15)
	人口指标评分(TP3)　TP31 人口密度/(人/km²)	[80,+∞)	[60,80)	[40,60)	[20,40)	[0,20)
	TP32 农业人口比重/%	[80,100]	[60,80)	[40,60)	[20,40)	[0,20)
	收入指标评分(TP4)　TP41 人均年收入/(万元/人)	[0,0.30)	[0.30,0.60)	[0.60,0.90)	[0.90,1.20)	[1.20,+∞)
	TP42 单位面积年收入/(万元/km²)	[0,20)	[20,40)	[40,60)	[60,80)	[80,+∞)
	TP43 种植业年收入比重/%	[60,100]	[45,60)	[30,45)	[15,30)	[0,15)
县域整体状态指标评分(TS)	土壤侵蚀指标评分(TS1)　TS1 土壤侵蚀强度/(t/km²)	[8000,+∞)	[6000,8000)	[4000,6000)	[2000,4000)	[0,2000)
	土壤肥力指标评分(TS2)　TS21 有机质/%	[0,0.30)	[0.30,0.60)	[0.60,0.90)	[0.90,1.20)	[1.20,+∞)
	TS22 全氮/%	[0,0.025)	[0.025,0.050)	[0.050,0.075)	[0.075,0.090)	[0.090,+∞)
	TS23 全磷/%	[0,0.05)	[0.05,0.10)	[0.10,0.15)	[0.15,0.20)	[0.20,+∞)
	作物产量指标评分(TS3)　TS3 粮食作物产量/(10³kg/km²)	[0,10)	[10,15)	[15,20)	[20,25)	[25,+∞)
	景观格局指标评分(TS4)　TS41 斑块密度/%	[80,+∞)	[60,80)	[40,60)	[20,40)	[0,20)
	TS42 均匀度偏离/%	[80,+∞)	[60,80)	[40,60)	[20,40)	[0,20)
	TS43 相对优势度偏离/%	[80,+∞)	[60,80)	[40,60)	[20,40)	[0,20)
县域整体响应指标评分(TR)	利用与管理指标评分(TR1)　TR11 林草地面积比重/%	[0,20)	[20,40)	[40,60)	[60,80)	[80,100]
	TR12 平地旱地占农地面积比重/%	[0,10)	[10,20)	[20,30)	[30,40)	[40,100]
	收入与政策指标评分(TR2)　TR21 非种植业年收入比重/%	[0,20)	[20,40)	[40,60)	[60,80)	[80,100]
	TR22 退耕补贴年收入比重/%	[0,10)	[10,20)	[20,30)	[30,40)	[40,100]
县域整体质量评分等级（压力指标评分 TPC，状态 TSC，响应 TRC，综合 TQC）		5 等 [1.0,1.5分]	4 等 [1.5,2.5分]	3 等 [2.5,3.5分]	2 等 [3.5,4.5分]	1 等 [4.5,5.5分]

注：县域整体压力的农地指标评分：TP2=∑(TP2i)/mp2=(TP21+TP22)/2；县域整体压力的人口指标评分：TP3=∑(TP3i)/mp3=(TP31+TP32)/2；县域整体压力的土壤肥力指标评分：TS2=∑(TS2i)/ms2=(TS21+TS22+TS23)/3；县域整体压力的收入指标评分：TP4=∑(TP4i)/mp4=(TP41+TP42+TP43)/3；县域整体状态的景观格局指标评分：TS4=∑(TS4i)/ms5=(TS41+TS42+TS43)/3；县域整体响应的利用与管理指标评分：TR1=(TR11+TR12)/2；县域整体响应的收入与政策指标评分 TR2=(TR21+TR22)/2；县域整体压力指标评分 TP=∑(TPi)/mp=(TP1+TP2+TP3+TP4)/4；县域整体状态指标评分 TS=∑(TSi)/ms=(TS1+TS2+TS3+TS4)/4；县域整体响应指标评分 TR=∑(TRi)/mr=(TR1+TR2)/2；县域整体土地质量综合评分 TQ=(TP+TS+TR)/3。

表 9-5　土地质量指标实例的其他数据来源（Pieri et al., 1995）

数据来源	涉及的生态系统类型
Adriaanse, 1993	污染，荷兰
Dumanski, 1993	农业生态系统，全球
Hamblin, 1992	农业生态系统，澳大利亚
Hamblin, 1994	农业生态系统，亚太地区
Hammond et al., 1995	污染和资源枯竭
Izac and Swift, 1994	农业生态系统（农场尺度），非洲
O'Connor, 1995	污染，生物多样性，自然资本
OECD, 1993	污染和土地资源
Reid et al., 1993	生物多样性
SCOPE, 1995	源-汇综合指标
Winograd, 1994	农业生态系统，拉丁美洲

9.2.2　生态指标

生态适宜性是土地可持续利用的基础，生态指标通常包括气候条件、土壤条件、水资源、立地条件、生物资源等（表 9-6）。生态指标反映了土地资源利用方式的适宜性，即分析和确认其对土地资源的基本属性和演变过程的影响及结果，从生态过程（水分循环、养分循环、能量流动和生物多样性等）分析土地利用的合理性。在土地可持续利用评价时，分析土地利用对土地资源的基本属性和演变过程的影响及结果，强调土地利用对生态过程的影响（陈百明和张凤荣，2001；Fu et al., 1994），如土壤侵蚀（Wang et al., 2005；Fu et al., 2004；邱扬等，2004b，2002b）、养分分布（邱扬等，2004a；Wang et al., 2003）、土壤物理性质分布（邱扬等，2002a）、土壤水分分布（Qiu et al., 2001；邱扬等，2001，2000a）以及植被演替（邱扬等，2008b）等。即使目前各个生态要素没有发生明显的恶化，但随着时间的演替，生态要素的变化（Qiu et al., 2001；张金屯等，2000b）将来也会影响到土地利用的可持续性和稳定性（傅伯杰等，1997）。指标的描述包括空间（水平与垂直分布格局）与时间（如物候、年波动、波动趋势）两个方面（Qiu et al., 2003；Wang et al., 2003；邱扬等，2004a，2004b，2003a，2002a，1999，1997a）。生物多样性与土地利用系统的综合复杂性对土地利用的可持续性也有重要影响。

表 9-6　土地可持续利用评价的生态指标

指　　标	指 标 属 性
气候条件	
太阳辐射	辐射强度、季节分布、日照天数、日均照射时间
温度	年积温、年平均温度、月平均温度、年际变化
降水量	年均降水量、季节分配、年变率
气象灾害	风沙、暴雨、霜冻、冰雹等

指　　标	指 标 属 性
土壤条件	
土壤肥力	有机质含量，有机质盈亏，年、季变化，有效氮、磷、钾
土壤结构	颗粒组成、孔隙度、透水性、持水性
土壤污染	污染面积、污染强度、污染趋势
土壤侵蚀	侵蚀面积、强度、变化趋势
土地退化	沙化、盐碱化的面积，强度和过程
水资源	
水资源量	水域面积、总量、年、季变化；供需平衡等
水质	水化学特征，混浊度，BOD、COD、有机酚等
立地条件	
地貌特征	地貌类型、坡度、坡向、海拔、坡位、坡形等
地质灾害	泥石流、滑坡、地震等
生物资源	
动物	动物种类与个数、自然增长率、灭绝率、分布密度
植被	植被覆盖率、生物量、生长率、人工/天然植被组成
生物组成	生物种类、受威胁程度、生物年龄结构、空间结构、生物数量分布
生物多样性	基因多样性、物种多样性、生态系统多样性、景观多样性、优势种、破碎度、隔离度

9.2.3　经 济 指 标

　　经济指标反映土地资源利用方式在不会使土地退化的基础上所产生的经济效益，即从经济角度分析土地利用的可持续性（陈百明和张凤荣，2001）。土地可持续利用评价的经济指标主要包括经济资源、经济环境、经济态度和综合效益 4 个方面（表 9-7）。经济资源指的是土地生产所需要的原料，考虑这些资源的变化性、可利用性、经济效果与利用率等。经济环境对土地利用来说是外因，但对土地利用系统（如农场）的影响很大，必须评价这些因素的时间变化。经济态度是土地使用者做决策时的影响因子，既有社会意义，也有经济效果。一般来说，经济态度是农业生产利用的外因，但是对土地利用的时间变化有决定性的影响。经济态度是很难改变的，在实际中为达到土地利用的可持续性，一般是寻找新的土地利用方式来适应经济态度。综合效益是一组松散的因素，它可直接观测与定量，在评价可持续性时是一个非常有意义的指标（Pimentel et al.，1995）。

表 9-7　土地可持续利用评价的经济指标

指　　标	指 标 属 性
经济资源	
土地资源	农场大小、破碎化、使用权、人均土地面积
劳动力资源	劳动力来源、劳动力保证率、劳动力季节变化、劳动生产力变化
资金资源	资金信贷方式、资金回收
智力资源	文盲率、教育普及水平、社会咨询度
动力资源	动力资源类型、可使用方式

指　　标	指　标　属　性
其他资源	种子、肥料、农药、水、电、技术
效率	土地面积/劳动力、资金/劳动力、投入产出率、社会总产值/地价
经济环境	
生产成本	投入水平、生产风险、生产成本季节变化、地价、机会成本
产品价格	价格水平、年季变化
信贷环境	信贷可获取程度、使用方式、利率
市场状况	基础设施、供货与销售市场的距离、通达程度
人口环境	人口密度、人口流动、人口变化
经济态度	
利用目的	利润最大化、安全第一、风险最低、计划水平
风险反感	风险反感系数（绝对的、相对的和部分的）
期望	产量和价格的期望值
综合效益	
经济收入	总收入、单位收入、净收入、收入变化、收入分配
利润	毛利/公顷、净收益/公顷
消耗	总消耗、消耗分配比例
贫困指数	粮食与营养消费占总消费的百分比

表 9-7 中所列的经济评价指标多是综合因素的结果，如净收入就受到经济因素（成本和价格）、自然因素（土壤条件）、生物因素（杂草密度）和社会因素（风俗和宗教）等多因素的影响。经济评价的指标通过统计资料的分析与计算，可以给出定量的预测结果。景观生态学强调过程与动态，因而经济评价实际上就是一个因果关系分析过程。在因果关系分析中，要考虑环境派生影响（如农药的非点源污染）、生产风险性、时间分析、多重目的以及资源区位等问题。可持续性最重要的特征就是强调时间尺度，因而时间变化分析是关键，必须综合评价一种土地利用方式的短期、中期和长期的经济效益及其风险水平。环境影响及派生影响的经济效果也是土地可持续利用经济评价所必须考虑的。例如，可对成本进行环境影响修正（如污染税）与派生影响修正（如精神压抑等）。因果关系分析方法很多，在实际评价中应该针对特定地区、特定尺度以选择最适宜的方法。

进行土地可持续利用评价时，通过了经济评价指标后，还必须进行生态和社会评价，评价一种土地利用方式在生态和社会上的可行性与可接受性（毛留喜，2002；傅伯杰等，1997）。

9.2.4　社　会　指　标

社会指标反映土地资源利用是否具有比较完善的社会调控体系。影响土地可持续利用的社会指标主要包括社会环境、社会政治环境、社会承受能力、社会保障水平和公众参与程度等（表 9-8）。

表 9-8　土地可持续利用评价的社会指标

指　　标	指 标 属 性
社会接受能力	
个人接受能力	直接影响者、间接影响者
团体接受能力	文化、宗教、部门、区域团体等
美学价值	保持自然景观美学、人工设计美学
社会政治环境	
社会组织	各级组织部门及相互关系，个人参与权、参与机制
总体规划	国家、区域中长期规划，近期规划，部门规划
政策法规	国家政策、区域政策、专项政策、部门条例法规、政策法规效力
政策保障	政策的有效性、可持续性、保障程度
土地权利	土地所有权、土地使用权、土地管理权、土地改革
行政管理	行政管理力度与效率、土地资源保护程度、财政风险
文化背景	知识水平、信仰、价值取向
社会需求	
物质需求	土地、粮食、水、住房、能源
精神需求	文化、宗教、健康
冲突	人口对资源的压力、需求与目的冲突、成本与利益冲突

社会接受能力是指不同个人和团体观点的集合，反映了个人和团体对土地利用的表态度、知识、信仰和道德规范，通常采用这些观点的强烈程度以及个人或团体的相对权力这两个指标来衡量。对于"团体"观点来说，土地可持续利用的基础是必须使投入的"成本"与获得的"效益"保持一致；但在实际中，投入"成本"的个人和获得"利益"的个人，并不属于同一个团体。社会是由个体和团体等社会单位组成的等级组织，有着复杂的等级、相互关系、连接纽带和组织原则。社会的这种组织结构对社会分配（资源、产品、财富、劳动力等）与政策制定（尤其是与土地利用相关的）有决定性影响。为了保持土地利用的可持续性，必须进行各级可持续性规划，必须有一定的社会、政治和经济的宏观调控功能，来鼓励人们从长远观点利用土地。因此，有必要采用补贴、价格、税收、信贷、奖惩措施和资源利用等政策法规。在评价中，需要讨论这些政策法规的有效性及其对土地利用可持续性的影响。人类的基本需求不仅包括基本的衣食住行等物质条件，而且包括文化与宗教等精神条件。在评价中，需要考虑人口增长对土地资源造成的压力以及人类不同需求目的所造成的冲突。地方政府与人民参与是解决压力与冲突的重要因素，其他，如土地所有权、土地使用权以及区位的公平性也是需要考虑的。各级土地使用者的知识、信仰和价值体系等社会文化背景是很难改变的，但对土地可持续利用却有很重要的影响。因此，不仅需要考虑这些社会文化背景对土地利用可持续性的影响，更重要的是需要评价土地利用系统是否适应当地的社会文化背景（社会接受性）。目前，社会指标的量化处理还非常薄弱，必须对这些评价指标体系中的软指标进行量化处理才能实现土地利用可持续性的定量评价，可用比较分析等方法确定其指标值（彭建等，2003b）。

9.2.5 环境效应指标

景观生态学不仅强调系统内各空间组分之间的相互关系，而且特别重视系统的环境效应，即系统与外界环境之间的相互关系与相互影响。土地利用的环境效应包括主动环境效应与被动环境效应两种类型（表 9-9）（傅伯杰和邱扬，2000；傅伯杰等，2004）。主动环境效应指的是评价区内的土地利用活动所引起的，对评价区以外的环境产生作用。如果某种土地利用系统对周围地区有损害作用或者引起了周围环境的较大变化，那么这种土地利用系统是非持续的。例如，在发达国家过量施肥所引起的水污染，发展中国家灌溉和排水所造成的土壤盐碱化。被动环境效应指的是由于评价区外的活动或条件的变化，引起评价区内土地利用可持续性的改变。例如，建立水坝、采伐森林所引起的区域水文变化，这种环境效应可以通过观测洪水的水位、频率或地下水位来鉴别其变化趋势及其对土地利用可持续性的影响。

表 9-9　土地可持续利用评价的环境效应指标

指　标	指标属性
主动环境效应	
施肥	土壤硝酸盐污染
灌溉和排水	土壤盐碱化、积水
木材加工	固体废物
被动环境效应	
全球尺度	人口变化、气候变化、流行病
地区水平	政治动乱、战争、金融危机、铁路建设
区域水平	建立水坝、采伐森林、城镇和公路建设
景观水平	病虫害

9.2.6　景　观　指　标

景观结构、功能和变化等方面的指标与土地利用可持续性的关系密切，可以直接作为土地可持续利用的景观评价指标（傅伯杰等，2000）。土地可持续利用评价的景观生态指标包括结构、功能、变化与稳定性指标四大类，如表 9-10 所示。

表 9-10　土地可持续利用评价的景观指标

指　标	指标属性
结构指标	
景观单元	类型、大小、形状、比例、伸展方向、密度、通透度
空间镶嵌体	景观异质性、景观多样性、连通性、连接度、粒级、空间关联性、斑块性、孔隙度、对比度、粒级、构造、邻近度、蔓延度、破碎度、隔离度、可接近度、分维数

指　标	指 标 属 性
功能指标	
功能流	类型、方向、流量、速度
干扰	强度、范围、频度、间隔期、轮回期、严重性、季节性、预测性
循环	类型、流量、速度、周期
变化与稳定性指标	
变化	趋势、幅度、规律、速度、周期、顺序、方式
稳定性	抵抗性、坚持性、恢复性、恒定性

　　斑块-廊道-基质模型是土地可持续利用评价的基础，土地利用单元也可分为斑块、廊道和基质，这些单元的类型、大小、形状、比例、伸展方向对土地利用可持续性有影响。其中，大的自然植被斑块在土地可持续利用中起着主导作用，它能保护水资源与河流系统，抵抗自然干扰，维持内部物种的生存，而且还有利于生产的专业化与区域化；生态学上最适宜的斑块形状应该是核心区较大和边界弯曲；农业生产区的防护林与冬季主风方向垂直，能起到防护保产的作用。

　　空间镶嵌体指标是景观生态学最富特色的一部分，也是对土地利用总体可持续性的影响较大的因子，而且空间配置指标的获取相对较容易。因而，采用空间镶嵌体指标将是土地可持续利用评价的重要突破口。其中以景观格局（Fu and Chen，2000；张金屯等，2000a；傅伯杰，1995a）、景观多样性（傅伯杰和陈利顶，1996；傅伯杰，1995b）、景观连接度（陈利顶和傅伯杰，1996）、景观异质性（卢远等，2004；彭建等，2003a；Qiu et al.，2001；邱扬等，2000b）与景观梯度（邱扬和张金屯，2000，1999）最为重要。这些特征对于物质迁移、能量交换、生产力水平和物种分布等都有重要意义，在土地可持续利用评价中需特别重视。从理论上说，包含细粒区的粗粒景观最适宜，其景观多样性与立地多样性都较高，能为各类物种都提供适宜的资源与环境。在使用景观格局指数进行土地可持续利用评价时，为了削减尺度效应导致的误差，需要分析研究区的诸项景观格局指数的尺度效应，以便选择适宜的分析尺度（幅度和粒度）（Wu，2004；申卫军等，2003a，2003b；布仁仓等，2003；赵文武等，2003；吕一河和傅伯杰，2001）。多样化的物种、土地利用类型、土地单元以及空间格局，是土地可持续利用的基础。

　　景观生态学强调生态过程的研究，因而土壤侵蚀、管理措施、营养循环等土地利用功能指标是土地可持续利用评价的重点。在评价土地利用变化的指标选择中，要把注意力放在变化的总趋势上，变化的幅度和规律也是重要的因子。景观稳定性与土地可持续利用的关系更为直接，从某种意义上说，狭义的可持续性评价就是景观稳定性的评价。

　　在评价多重尺度上的土地利用可持续性时，需要考虑主要生态过程与土地质量的尺度变异与尺度转换（王军和邱扬，2005；邱扬和傅伯杰，2004）。另外，全球定位系统（GPS）、遥感（RS）、地理信息系统（GIS）、人工神经网络以及时空预测模型等是景观评价的重要手段（谢云等，2009；史同广等，2007；Qiu et al.，2003；倪绍祥，2003；毛留喜，2002；邱扬和张金屯，1998）。

　　总之，土地可持续利用评价的指标必须包括土地质量、生态、经济、社会、环境以及景观等多个方面。这里，只是对指标的总体框架进行了一般性的描述。在实际中，要因地制宜，根据评价目的、条件、尺度、工作难度等进行选择，以作出符合实际的评价。

9.3 土地可持续利用评价的过程与方法

9.3.1 一般问题

　　土地可持续利用评价的对象主要有土地利用方式、土地利用系统和景观或区域，它们组成了景观或区域土地利用的三级结构。土地利用目的与管理措施组成了土地利用方式，土地利用方式与土地单元组成了土地利用系统，土地利用系统空间镶嵌组成了景观或区域。相应地，土地可持续利用评价也主要有 3 个步骤，即土地利用方式评价、土地利用系统评价以及景观或区域评价（图 9-4）。每个步骤的评价都包含静态适宜性（或稳定性）评价和动态可持续性评价两个方面。土地利用方式评价，分析土地利用目的与管理措施的协调性，确定土地利用方式，诊断当地主要的土地利用问题。土地利用系统评价是诊断土地利用方式与土地单元的适宜性，分析由土地利用方式和土地单元组成的土地利用系统（相当于景观组分）在时间上的可持续性。景观或区域评价是分析由土地利用系统组成的景观或区域整体的现状稳定性及将来的可持续性。

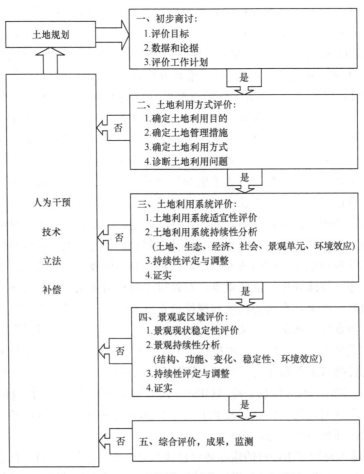

图 9-4　土地可持续利用评价的一般过程与模式

土地可持续利用评价主要包括定性评价与定量评价两大类，其中定量评价是国际研究热点（彭建等，2003b）。在整个评价过程中可以采用下述 4 种方法：①常识和经验法，估计土地特性对土地利用行为的大致影响、收益和判断之间的假定关系；②试验和观测法，进行控制试验和观测，这为因果分析提供更精确、更定量的证据；③模型和模拟法，利用土地特性与土地利用的关系模型，估计其他地区的土地利用效果；④分析和评价法，分析目前的土地利用和环境之间相互作用的正负效应，进行适宜性评价。

　　在实际评价中，为了提高评价的效率与可操作性，在确保评价的综合系统性的基础上，以不同层次的主导性评价为主。因此，土地可持续利用评价可以简化为下述 6 个步骤：土地生产性评价（土地利用系统水平）、生态适宜性评价（景观水平）、经济可行性评价（农场水平）、社会接受性评价（区域水平）、景观稳定性评价（景观水平）、环境保护性评价（区域水平）（傅伯杰等，1997）。

9.3.2　初步商讨

　　初步商讨是土地可持续利用评价的基本部分。由于对评价目标和基本情况有一明确的理解，就有可能计划今后的工作，并指引工作取得切合评价目的的资料。在初步商讨期间作出的这些决定，在随后的评价过程中，由于反复校正，可能会修改。因此，这样的决定应留有灵活性。

1. 评 价 目 标

　　分析研究区域的自然和社会经济条件，针对目前土地利用的主要问题，提出土地利用评价的目标。确定土地生产性、生态适宜性/安全性、资源与环境的保护性、经济可行性、社会接受性和景观稳定性这 6 个目标的具体意义，确定评价的时间。一般要在可持续性因素置信度评价之后，才能确定可持续性评价所能应用的时间范围。

2. 收集资料和选择评价因素

　　确定评价区的地理位置。一般采用地理坐标或图形方式，对评价区的地理位置做比较精确的描述。要尽量保证各类数据之间、原始数据与成果之间的比例尺一致。

　　评价因素主要有土地、生态、环境、经济、社会和景观生态等多个方面。尽管收集数据的方法和比例尺不同，但必须有一个共同的标准，以便分析数据的交互作用。

　　在收集评价因素时，首先列出一系列因素清单，然后从中选择有特殊意义的评价因素。这些因素对土地利用可持续性有重要影响，因而关系到评价的成功与否。在选择时，可先排除无意义的因素，并保证不要过分重视某一因素。因为评价因素的类型多样、数据庞大，所以选择工作很难。在鉴定仅有地方性意义的因素时，需要确定其相对重要性，保证所选择的地方性因素对可持续性评价有意义。

　　在选择评价因素时须依据下述 3 个原则：首先是关联性，即在目前条件下土地利用评价因素和未来变化条件下土地利用评价因素的关联性；其次是稳定性，评价因素对预测其他环境变化的敏感性；最后是预见性，在可预见的将来的条件下，评价因素对质量或特性的预报能力。

3. 评价工作计划

评价目标确定后，针对评价目的与当时的自然环境条件，制订评价工作计划，讨论土地利用系统评价与景观评价的顺序，以及土地、生态、经济、社会、景观、环境这6个因素分析的顺序等。

9.3.3 土地利用方式评价

1. 确定土地利用目的

确定土地利用目的是为了给评价过程提供一个简要的描述，即评价目的、评价地区、评价尺度和评价时期。对所有类型的土地利用目的都需要进行充分的描述，不能遗漏任何一个。例如，在农业生产方面，需要确定所有的作物类型。有时候，在特定的条件下管理措施也可能是一种土地利用目的。例如，如果土地生产集中在一个特殊的作物变种或耕作方式上，就必须特别注明这就是利用目的。如果土地利用目的是环境、工业、娱乐或体育等方面的，则更需要花费一定的精力与时间来描述。

2. 确定土地管理措施

1) 描述目前使用的土地管理措施

描述目前使用的土地管理措施是为了了解达到土地利用目的所能采用的所有管理措施，包括管理、组织方式、技术、投入和设施条件等。因为管理措施很多，因而选择和定义应该集中在对可持续性有较大影响的管理措施上。特别要注意目前正在使用的管理措施，因为这些管理措施的存在是有一定的社会经济背景的，可能是决定可持续性的重要因子。还要特别集中关注防止土地退化的土地改良措施，如侵蚀控制、土壤结构管理、水分管理、杂草控制、病虫害防治、梯田建设。

2) 描述改进的土地管理措施

如果目前的土地利用是不可持续的，应研究其主要原因，考虑改进某些管理措施或增加更多的投入来促进可持续性。如果这些改进的管理措施是可行的，就要对它们进行详细描述，并且与原有土地利用目的一起，组成一个新的土地利用方式，进行重新分析和评价。如果重新评价的结果仍然是不可持续性，还需要做进一步的改变，再次重新分析与评价，直到达到可持续性为止。例如，如果土壤侵蚀给可持续性造成了重大影响，可考虑引进控制侵蚀的措施，如等高耕作、等高条带耕作、留茬免耕和梯田建设。

如果土地管理措施只需要微小的改变，如化肥和农药用量上的微小变化、耕作时间上的微小改变等，而且不会对可持续性带来很大的影响，就可以直接把改变后的管理措施进行描述即可。

因为不可能预测到所有的未来变化，因此所有建议的新管理措施最好应该与周围的社会经济条件协调，以保证能有利于土地利用的可持续性。例如，如果建议在某个地区引进某项尖端技术，而该地区又没有使用该技术的习惯和条件，那么这个建议就可能没有任何意义，甚至有害处。

3. 确定土地利用方式

土地利用指的是满足人类需求的土地管理（FAO，1993）。土地利用（land use）的描述包括土地利用目的及其管理措施（UNEP/FAO，1994；FAO，1993）。土地利用与土地覆被（land cover）的概念有部分的一致性，但也有一定的区别。土地覆被指的是地球上陆地表面的各种生物或物理的覆盖类型，包括植被（天然或人工）、建设用地（建筑、道路等）、湖泊、冰川、裸岩和沙地等（宫攀等，2006；史培军等，2000）。

把土地利用方式区分为目的和管理措施是为了检验管理措施不变而利用目的的改变对可持续性的影响，以及利用目的不变管理措施改变对可持续性的影响。无论是利用目的还是管理措施改变，都要重新分析。因此，在评价过程中，每一个土地利用目的都有相应的苦干类管理措施，以方便在最后的调整阶段使用。

国际上，土地利用分类方法非常多。表 9-11 是一套国际标准化的土地利用分类系统（Sombroek and Sims，1995；UNEP/UNDP/FAO，1994；Sombroek and Sims，1995）。这个分类系统把土地利用目的和管理措施这两个概念区分开来。诸如农林业、自然保护或居住用地就是典型的土地利用目的。管理措施是指在土地上实施的土地管理措施的类型和顺序，如农业生产上的轮作和连作。

表 9-11 土地利用分类系统（UNEP/UNDP/FAO，1994）

层次 I	层次 II	层次 III	
生态系统改变的程度	土地利用目的	土地利用方式	
1. 在自然生态系统基础上的土地利用	1.1 未利用	1.1.1	未利用
	1.2 保护	1.2.1	整体保护，如自然保护区
		1.2.2	部分保护
	1.3 采集	1.3.1	动植物产品采集
2. 在管理生态系统基础上的土地利用	2.1 林业生产	2.1.1	天然林
		2.1.2	人工林
	2.2 畜牧生产	2.2.1	正常放牧
		2.2.2	集约放牧
		2.2.3	集约畜牧生产
		2.2.4	保护性畜牧生产
	2.3 农业生产	2.3.1	移动性耕作
		2.3.2	一年生作物生产
		2.3.3	多年生作物生产
		2.3.4	湿地耕作，如水稻
		2.3.5	保护性的农业生产
	2.4 渔业生产	2.4.1	捕鱼
		2.4.2	水产养殖

4. 诊断土地利用问题

需要查明现有土地利用问题的类型、性质及其严重程度，分析起因，研究其改进措施。主要土地问题是指那些与土地质量有直接或潜在影响的主要问题，以及与政策和决策重要相关的问题。总的来说，土地利用问题可分为三大组，即土地利用系统不适宜、土地退化和土地利用政策不健全。

不适宜的土地利用系统可以给土地质量带来压力，造成土地退化。土地退化指的是土地的生产能力或环境管理潜力下降，即土地质量降低。主要的土地退化类型有水蚀、风蚀、土地肥力下降、土地生物活性丧失、盐碱化、浸水、土壤污染、地下水位下降、森林采伐、牧区退化和荒漠化（UNCCD，1994；UNEP，1992）。土地退化效应包括系统内的与系统外的。系统内的效应是指一种资源的退化总是与其他资源变化相联系。例如，牧区退化、植物盖度降低是与土壤有机质和土壤物理性质相联系的。最普遍的系统外效应的例子是，上游集水区的土壤侵蚀造成下游泥沙含量增加和水库淤积等河流沉积的变化。荒漠化（desertification）的含义非常不确定。按照国际公约，荒漠化指的是"在干旱、半干旱地区以及亚湿润干旱地区，各种因素（包括气候变化和人类活动）所造成土地的退化"（UNCCD，1994；UNEP，1992）。与土地退化相对应的是土地改良。土地改良指的是土地质量改善和土地利用或环境管理潜力提高的过程。土地改良不仅包括灌溉、排水工程和梯田建设等人类改良工程造成的急剧改变（FAO，1976）。土地改良还包括土地质量的逐渐改善，如森林恢复过程中的土壤性质的逐步改善。土地利用政策不健全，主要指的是国家层次上的政策效应及其对农场层次上土地使用者的影响。例如，价格政策、农业服务、环境法、农村基建及土地使用法等。可以采用"参与法"的研究方法来鉴定政策效应。

9.3.4　土地利用系统评价

土地利用系统是由特定的土地利用方式与特定的土地评价单元组成的。一个土地评价单元指的是其特征较为一致并且可以制图的土地区域，也就是一个景观斑块（FAO，1993，1983）。土地单元的划分是多尺度的，大到农业生态区，小到一个小地形单元（如谷底）。土地评价单元应该根据评价项目的土地要求来决定，它是所有土地评价要素相互作用的产物，也就是所选取的评价要素（如土壤有机质、坡度、排水条件、侵蚀及经济要素等）综合叠置而成的基本单元，地理信息系统是确定土地评价单元的重要手段（傅伯杰，1991a）。土地利用系统评价指的是土地利用方式的需求和土地单元的特性比较。土地利用系统评价包括土地利用系统现状适宜性评价与土地利用系统动态可持续性评价，其中土地利用系统适宜性评价是土地利用可持续性评价的基础。土地适宜性评价是评价当前的社会经济条件下，土地利用方式与其土地单元的适宜性（FAO，1991，1985，1984，1983，1976）。不适宜的土地利用系统可以给土地质量带来压力，造成土地退化。因为可持续性是适宜性在时间方向上的扩展，所以土地可持续性评价是针对预测的评价指标的未来状态，评价土地利用方式在未来条件下的适宜性。为了保证评价过程的灵活性，为了达到最适宜的空间配置，应该进行多适宜性评价，即每种土地利用方式在多个土地单元上的适宜性，以及每个土地单元有多个适宜的土地利用方式。

1. 土地利用系统的适宜性评价

土地利用系统适宜性评价包括如下几个步骤：①确定土地利用方式；②分析土地利用方式对土地和环境的要求；③描述土地评价单元及其土地特征；④比较土地利用要求和土地特征；⑤进行土地的效益比较与社会经济分析，提出土地管理和改良的措施（Stomph et al.，1994；傅伯杰，1991b）。当前，国内外土地利用系统适宜性评价，注重自然、经济和社会动因及过程的结合（陈利顶和傅伯杰，1997；Chen and Fu，1995；Fu，1988），将土地质量评价与侵蚀危险评价相结合（Fu and Chen，1995；Fu et al.，1994，1995；Fu and Gulinck，1994；傅伯杰和陈利顶，1993），将土地评价与土地利用相结合（傅伯杰，1989；Fu，1989a，1989b；1989c；1989d），在评价方法上多采用模型、计算机、GIS及资源信息系统，从而大大提高了评价的精度（傅伯杰和汪西林，1994；Fu et al.，1990；傅伯杰和Davidson，1989；Fu，1989a，1989b）。

2. 土地利用系统的可持续性分析

1）土地本身因素的可持续性分析

（1）评价因素。列出和可持续性有关的土地属性，这可以从上一个步骤的适宜性评价指标中选择。

（2）判断标准的选择——观察与因果分析。判断标准是指对环境条件进行判断的标准或尺度。土地质量指标的标准（standard）既可能是土地利用目的，如灌溉水质标准，也可能是不应该超过的某个限值，如土壤流失阈值（soil loss tolerance）。土壤流失阈值指的是要维持一定水平的作物生产力，达到经济的长期可持续性，所能允许的最大土壤流失水平（Wischmeier and Smith，1978）。土壤流失阈值很难确定，然而土壤流失阈值标准的确定是坡地耕作地区土地可持续利用的基础。指标的临界值（thresholds）是指某指标值超出该值后，土地质量就会发生迅速的恶化。例如，当土壤物理特性（结构、渗透率）退化到一定水平后，缓慢发展的面蚀就会迅速转化为细沟或切沟侵蚀，造成严重的水土流失；森林植被能容忍一定程度的采伐或火烧，如果采伐或火烧强度超过临界值时，森林就变成了稀树草原；农作系统一般能忍受连续2年的旱灾，如果持续3年，整个农作系统就会崩溃。如果土地质量指标维持在临界值水平以内，土地压力消失后，土地利用系统还可以恢复；可一旦超出临界值，土地质量恢复就可能非常缓慢甚至永远不可能恢复（Barrow，1991；Myers，1980）。指标的临界值确定在土地质量评价中具有核心作用，是土地利用可持续性评价的基础。

选择判断标准的目的是为了揭示当地环境变化的趋势及其起因，反映将来变化的趋势及其对可持续性的影响。特别需要鉴定最近有哪些因素和组成属性显示出了变化趋势，找出这些变化的起因，并确定这些变化在将来的发展方向，勾画出当地环境随时间变化的全景，根据因果关系分析，选择出判断标准，以确定未来各个评价因素的可能状态。下面从选择过程、综合因素及其组成属性以及因果分析三方面来叙述。

A. 判断标准的选择

判断标准的选择包括下述 4 个步骤。

第一步：现状观察。观察目前的变化趋势，要记录评价区的各种退化迹象。例如：①要了解侵蚀状况需要记录河流、沟谷、山腰、山麓的堆积；②需要观察表层结皮、易碎性等土壤结构因子；③需要观测生长不良和营养缺乏症等养分状态；④通过调查积水、水生植物群落来确定水分是否过剩；⑤盐碱毒性的观测因子包括表层盐分、生长不良和特殊植物群落；⑥植物生长不良和可见的症状可反映病虫害状况；⑦杂草丛生、庄稼疯长、梯田退化和排水沟淤积表明管理不善；⑧还需要调查贫穷、士气低落、疾病和抱怨等社会经济问题。

第二步：历史检查。任何当地的历史记录都有助于解释目前观察到的迹象，并可指示出潜在问题。过去的作物产量、边际效益或社会历史都可能是变化趋势的直接指示。如果土地刚投入使用，缺少上述历史记录，当地的气候记录（特别是降水）也可以帮助解释目前的气候，或帮助从目前观察结果预示未来。

第三步：对比分析。通过地区比较与时间比较，预测未来的变化趋势。

第四步：模型预测。高质量的可靠数据与一定深度与广度的经验，都是模型建立的基础。研究与开发预测系统，不仅是一个重要的研究手段，而且其实用性也很高。

在上述选择过程的每个阶段，都要估计评价因素的稳定性。需要确定变化类型与变化方向，还要尽可能地估计变化速率。

B. 综合属性和组成属性的关系

许多评价因素是综合性的，它们对可持续性的影响反映了它们的组成属性的交互影响。综合属性及其组成属性，是因果分析的基础。因而，在进行土地可持续利用评价时，需要开发和检验大量的综合属性及其组成属性，才能最终确定对可持续性评价最有意义的因素。可采用现状观察、历史分析、对比分析和模型预测 4 种方法来观察或估计各种组成属性的值，通过因果分析，确定这些组成属性在指示综合因素的状态及变化方面的意义。表 9-12 中所列的组成属性不仅仅是综合属性的肢解，更重要的是综合属性在反映可持续性时所表现出的多样性。

表 9-12 综合属性和组成属性之间的关系（Smyth and Dumanski，1993）

综合属性	组成属性	度量单位
1. 养分有效性	1.1 表土有效氮含量	mg/kg
	1.2 表土有效磷含量	mg/kg
	1.3 表土有效钾含量	mg/kg
	1.4 土壤酸度	pH
	1.5 心土的可风化矿物含量	%
	1.6 心土的全磷含量	mg/kg
	1.7 心土的全钾含量	mg/kg

综 合 属 性	组 成 属 性	度 量 单 位
2. 洪涝危害	2.1 在关键时期洪水泛滥的时间长度	
	2.2 在关键时期洪水泛滥的深度	m
	2.3 毁坏性洪水泛滥的频率	
3. 病虫害	3.1 虫害"X"的严重性	毁坏%
	3.2 病害"Y"的严重性	毁坏%
	3.3 有利于虫害"X"与病害"Y"的地方因素	
4. 毛支出	4.1 种子花费	
	4.2 化肥花费	
	4.3 劳力支出	
	4.4 燃料花费	
	4.5 设备更新支出	
5. 毛收入	5.1 来自土地上的归还	元/hm²
	5.2 来自劳力的归还	元/(人·d)
	5.3 来自资金的归还	%
6. 土地占有	6.1 占有土地的平均面积	hm²
	6.2 所有权形式	
	6.3 使用权的基础	
7. 人口	7.1 人口增长数量和速率	
	7.2 年龄-性别分布	
	7.3 有效劳动力	
	7.4 迁入-迁出	

C. 因果分析

因果分析的目的是：①揭示组成属性的关系，以便决定稳定性和变化方向的交互作用；②对因素的未来状态作出预测，以便使它们成为变化的指示者；③揭示各种环境因素变化对可持续性的影响。当前，土地利用的因果关系分析已有相当的基础，并已经开发出了大量的数学模型，这些模型多数属于现状模型，然而有少量模型开始涉及预测未来的变化。例如，著名的土壤侵蚀公式（Wischmeier and Smith, 1978）：$A = RKLSCP$。式中，A 代表侵蚀速率，R 代表降水因素，K 代表土壤因素，L 和 S 代表坡面因素，C 和 P 代表一定的土地利用。

（3）选择指示因素和临界值。指示因素是反应环境状况或条件变化的土地和环境因素，如土壤侵蚀率的增加或降低。因为指示因素指示了土地利用的行为，而且可以很容易预测到指示因素的不稳定性与已知环境压力的关系。临界值指的是指示因素的水平，当某环境因素超过一定的水平（即临界值）时，系统会出现很大的变化（突变点）。因而，指示因素与临界值，在可持续性评价中有特别的意义。

指示因素是从评价因素及其组成属性中选择出来的，对特定地点和特定的土地利用的可持续性有直接影响的因素。因为凭一个单独的指示因素不可能正确地判断土地利用的可持续性，只有依据全部指示因素才能引导出可信的可持续性评价。因此，在选择评价可持续性的指示因素时，必须确保不遗漏影响系统未来变化的重要指示因素。有时，一个土地利用系统的不可持续性是非常明显的；有时，土地利用系统的可持续性非常模糊，决定可持续性的临界值则更模糊，这时就只有依据指示因素的状态作出评定。

A. 选择指示因素

像选择评价因素一样，以"关联性"、"稳定性"和"预测性"为原则，从评价因素中再选择出指示因素。诸如侵蚀、产品质量和产量等因素是土地退化和非稳定性的明显指示者，这些因素的鉴定较为容易。表 9-13 是根据澳大利亚多学科研究为基础编制的农业生产的基本指示因素。表中的标准都是能观测的，反映了已知农业系统的好坏。

表 9-13　基本指示因素 （以澳大利亚农业为例）（Smyth and Dumanski，1993）

农业系统	基本指示因素		
	管理水平	生产平衡	资源基础
雨养作物和动物	农场管理技术、资金流和财政计划	水分利用有效性、产量-面积-降水	土壤健康、pH、养分平衡和土壤生物区系
高雨量牧场	产量/面积、畜产品质量/公顷	植物生长-植被盖度、种类/面积	土壤生物指示者：蠕虫、白蚁等的数目和种类
低雨量牧场	管理潜力、计划债务、财务记录	动物健康和生产力、活质量收益、数量-质量、羊毛、羊肉	牧场和土壤条件、裸地百分数、牧草组成
灌溉农业和牧业	农场和区域收益、农场水平的债务和财产、全部（农、畜）利润和花费	水分利用系数、植物利用-灌水、水位趋势、作物-质量-水分利用	土壤健康、渗透率、心土紧实度、每年的生物量活动、化学残渣量
集约园艺和葡萄园	在工业方面采用的综合害虫管理百分数、农药销售量、栽培记录、动物区系调查	营养平衡、产量和养分组成、化肥销售量、表层水组成	土壤渗透性-水分基本灌溉量、水分利用率、水压、土壤渗透量
高雨量热带系统	生产多样性、土地利用或作物的数量、隔绝植被的地块数	水质、表水组成、除虫剂、沉积物	土壤生产力、pH 趋势、有机质、心土紧实度、土壤结构和条件

在实际中，可按下列步骤来选择指示因素：首先鉴定对土地可持续利用有影响的全部评价因素，从中选择出那些指示不稳定性的综合因素，再把每个综合因素分解为有意义的组成属性，最后选择评价所需要的指示因素。

选择出来的指示因素应符合下述标准：①能反映出环境变化对土地利用可持续性的影响；②能指示环境变化，并具有一定的稳定性（在短时间内或短距离内波动不大）；③反映的土地利用效应容易理解，反应的变化起因容易观测；④指示因素本身是容易描述与可观测的。例如，表 9-12 中的表土有效氮含量，是影响植物生长的重要因素（符合标准 1），但是变化大（不符合标准 2），因此该因素不理想；再如洪涝发生频率，能反映洪涝危害及影响（符合标准 1 和标准 2），揭示出其起因是森林采伐（符合标准 3），而且本身是可观测的（符合标准 4），因此是一个很理想的指示因素。

B. 确定临界值

经过因果关系分析，加深了对土地可持续利用环境的认识，为鉴定临界值提供了基础。可持续性评价的指示因素的临界值，与适宜性评价的评价因素的临界值非常类似（表 9-14）。在适宜性评价中，存在适宜性的级别，如表中的高度适宜、中度适宜、边际适宜等。每个评价因素的每个级别都有一个临界值。在可持续性评价中，针对每个土地利用方式，每个指示因素只有一个临界值，要么持续要么非持续，只要指示因素超出临界值，这种土地利用就评定为不可持续性。如表 9-14 中所示，"不适宜"与"边际适宜"之间的临界值，可以作为可持续性的临界值。要确定某种土地利用方式是否持续，不仅要评价它在目前是否适宜，而且要评价它在未来条件下是否仍然适宜。只有在一定时期内都保持适宜，才能评定这种土地利用方式在这段时期内是持续的。因此，需要评价未来的变化趋势，确定各个指示因素的未来值及临界值，以此综合评定某种土地利用系统的可持续性。

表 9-14　评价因素的临界值（Smyth and Dumanski，1993）

土地特性	评价因素	因素临界值				单位
		高度适宜	中度适宜	边际适宜	不适宜	
水分有效性	生长期	315~365	230~315	210~230	<210	天
	相对蒸发蒸腾 (1-Eta/Etm) /全生育期	<0.17	0.17~0.55	0.55~0.65	>0.65	比率
氧气有效性 （排水）	土壤排水	良好	较好	不好	很差	级别
	地下水深度 （关键时期）	>180	50~180	20~50	<20	cm
养分有效性	化学反应	6.0~7.0	4.5~6.0 7.0~8.0	4.0~4.5 8.0~8.5	<4.0 >8.5	pH
养分缓冲性	0~20cm 的 CEC	>15	6~15	4~6	<4	mmol/kg
	心土盐基饱和度	>50	20~50	10~20	<10	%
盐分	饱和提取液的 EC	<2.5	2.5~9	9~11	>11	ms/cm

注：表中数据是描述性的，不能作为参考数据。

2）景观单元的可持续性分析

景观单元是土地利用规划的基础，也是遥感数据采集的基本单位，同时还是土地可持续利用分析取样的必要基础。分析的基本思路和步骤与上节所叙述的土地因素可持续性分析相同，但是更强调土地利用系统作为景观单元的空间属性（包括斑块、廊道和基质的形状、大小、类型、数量等因素）及其变化（表 9-10），以及这些空间属性与主要土地问题、主要生态过程的关系。

3）环境效应分析

（1）被动环境效应分析。迅速地观察评价区周围地区可能影响评价点本身可持续性的即将发生变化迹象。特别要注意该地区水文、设施、病虫害和人口分布方面的可能变化。

（2）主动环境效应分析。鉴定评价区的计划活动在未来以什么方式影响周围的环境。

如果上述这两种环境效应是不可接受的，那么这种土地利用必然是非持续的。

3. 可持续性评定与调整

1）可持续性评定

如果最后的分析结果是持续的，那么进行环境变化预测与置信度判别。

在典型地区或全球变化趋势的背景下，依据判断标准的变化趋势，在相继的时间间隔内预测每个指示因素的可能值，并把指示因素的可能值与该因素的临界值相比较，确定可持续性的年份，即可持续性的时间置信度。在进行指示因素可能值与临界值比较时，尽管有一个或少数因素可能超出临界值，但是土地利用系统整体上也可能是持续的。因此需要确定一个置信度（称为数量置信度）来处理这类问题。依据时间置信度与数量置信度，就可以确定或描述某个土地利用系统可持续性的级别。另外，在可持续性的最终评定过程中，要充分重视数据的可靠度。

2）可持续性调整

如果最后的分析结果是不可持续性，那么进行下述步骤。

（1）首先调整土地利用方式。改进预定的土地利用目的与管理措施，分析并判断能否抵消或补偿不稳定性因素。例如，如果土壤侵蚀特别严重造成分析结果是非持续的，那么可以考虑加强防治侵蚀，再分析能否达到持续利用。

（2）然后重新进行可持续性分析。针对改变了的土地利用方式（如管理措施改进）重复图 9-4 中的步骤二至三，以得到可持续性评价结果。

（3）最后依次对其他土地利用系统，重复本节的（1）和（2）两步。需注意的是，要避免社会经济不适宜或不值得分析的所谓"改进的"管理措施建议。

4. 证　　实

土地可持续利用的 6 个目标，即生产性、适宜性、可行性、接受性、稳定性和保护性，贯穿整个评价过程，要针对这 6 个目标检验每一个分析步骤。当然不可避免地要采取某些灵活性，因为这 6 个目标只是代表一个理想化的目的，在某些情况下或许是不可能达到的。例如，要进行土壤耕作，那么土壤侵蚀就不可避免。在确定临界值时，也要针对多个目标确定每个指示因素的临界值，特别是在评价一段时期（而不是一个时间点）的可持续性时更为重要，因而需要一定程度的"折中"。在评价过程中，要对临界值标准进行充分地描述。

证实的主要任务是交互性检验，这包括下述几个方面。①因素之间的交互检验。检验不同因素的交互作用，评价它们对土地利用可持续性的重要性，并将各个因素及其交互作用的综合效应引入到分析过程中。②学科之间的交互检验。例如，如果"土地特性"方面发生变化，那么"生态"等其他方面的专家也要检验本学科的可能变化。③管理措施变化的检验。例如，如果有人建议增加施肥以保持肥力，那么需要检验作物或肥料的市场价格和运输等方面的问题，确定这个建议能否接受。这种检验是一个反复的重复过程，并且在评价的每个阶段都要互相检验，以免最后的修改幅度过大。

9.3.5 景观或区域评价

景观或区域评价是对土地利用系统组成的景观或区域整体，分析其结构、功能、变化、稳定性及环境效应，进行现状稳定性与可持续性的评价，其评价步骤与方法与土地利用系统评价相同，也包括现状稳定性评价，可持续性分析、可持续性评定、调整以及证实。

在黄土高原地区，水土流失是最重要的土地利用问题，而水土流失的主要原因又是该区土地利用的景观格局（土地利用系统的组成、类型、配置等）不合理。因此，关于土地利用的景观格局与水土流失的关系研究是该区土地可持续利用评价的基础与核心（Fu et al.，2000）。模型法是研究这类土地利用问题的重要方法。国际上，土壤侵蚀评价预报模型非常丰富，但从根本上可以分为两类，即统计模型和物理模型。统计模型有著名的 USLE（Lane et al.，1992）及其修正版 RUSEL（Renard et al.，1997）；物理模型主要有 CREAMS、ANSWERS、AGNPS、KINEROS、EUROSEM、WEPP 和 LISEM等（De Roo et al.，1995）。这些土壤侵蚀模型具有模拟、评价与预报等功能，但是因为起源背景、原理、方法和尺度都不一样，其功能与应用都千差万别。这里主要以LISEM 为例，讨论土壤侵蚀模型的特点、功能及其在土地可持续利用评价中的应用。LISEM（limburg soil erosion model），是 20 世纪 90 年代初荷兰学者以荷兰南部黄土区土地侵蚀和水土保持规划研究为基础，开发的基于土壤侵蚀物理过程和 GIS 的流域尺度上的土壤侵蚀预报模型。该模型考虑了土壤侵蚀发生的主要过程，可以与栅格 GIS集成，并可直接利用遥感动态数据。LISEM 考虑了降水、土壤水分、土地利用/土地覆被类型、地貌类型、土壤类型、植物盖度、土表特征、道路等景观属性的时空变异，以文本、图、表等多种方式输出如下指标：总量指标（如流域面积、降水量、泥沙输出、径流输出等），不同时间状态的降水、径流输出与泥沙输出，整个流域的侵蚀量与沉积量的分布图，整个流域的径流量与沟流量的分布图。另外，LISEM 还可以模拟和预报土壤营养元素的流失。显然，应用 LISEM，可以对流域尺度上土地利用的时空格局与土壤侵蚀和水土流失的关系，进行模拟、预报和评价（Hessel et al.，2003；Hessel，2002；傅伯杰等，2002a，2002b），是土地可持续利用评价的重要辅助工具。

9.3.6 综合评价、成果与监测

所有前几个阶段所获得的信息集合在一起，对土地利用作出综合的可持续性评定。最后，需重新检验整个评价过程的所有步骤，以进一步证实。在再检验过程中，应保证评价原则和 6 个评价目标一致。

1. 综 合 评 价

综合分析土地利用方式、土地利用系统与景观或区域，以景观或区域整体评价结果为重点，在动态的基础上，对整个评价区土地利用的可持续性作出的合理裁决。

2. 成 果

土地可持续利用评价报告包括下述 4 个方面。

（1）土地利用目的。对土地利用方式的报告包括目的和管理措施的综合描述。还包括评价区地理位置的准确描述，其中大比例尺图需要显示评价区的边界，小比例尺图需要显示评价区的周围区域。

（2）背景数据。对评价区的土地本身、生态、经济、社会、环境和景观或区域等所有方面都要有一个简要的描述；还包括参考资料著录、图件和影像的主题和比例尺、地理信息系统、数据库、评价区的统计数据和其他信息、适宜性评价数据、可持续性分析数据以及人口和社会经济数据。

（3）分析资料。列出对每个土地利用方式、每个土地利用系统及景观或区域整体的稳定性有影响的土地特性、组成特性、指示因素和临界值清单。列出因果关系分析、组成特性的鉴定和评价、指示因素、临界值和可持续性所建立的标准的正当理由，进行迹象分析（包括观察的、历史的、地理的、理论的等）。列出每种土地利用方式、每种土地利用系统及景观或区域整体的主动和被动环境效应及其对可持续性的影响。

（4）评价结果

①经过分析，得到的评价区未来变化的预测结果；②每一种土地利用系统及景观或区域整体的可持续性的最后裁决，及其限制条件、界限和约束等说明；③未来环境变化监测的建议。

3. 监 测

（1）监测对特定地点、特定土地利用方式、特定景观或区域的土地可持续利用有影响的因素，以便能重新评价它们的变化对可持续性的影响。

（2）监测评价区指示因素的实际变化情况，与预测的变化比较，并把比较结果反馈给预测以便进行修正。

（3）如果实际变化与预测变化差距很远，甚至出现完全未预料的变化，需要确定这些变化是否会使原来的评价无效，并评价这些变化对其他环境因素的影响。

9.4 黄土丘陵小流域土地可持续利用案例研究

黄土丘陵沟壑区是我国乃至全球水土流失最为严重的地区之一。这一方面是由黄土高原特殊的自然因素所引起，另一方面土地利用不合理等人为活动导致了水土流失的加剧和土地质量的恶化（蒋定生，1997；卢宗凡等，1997）。土地可持续利用是该区面临的主要问题。陈利顶等（2001）以我国水土流失最为严重的黄土丘陵沟壑区大南沟小流域为例，通过实地调查、土壤侵蚀模拟分析和对不同土地利用方案社会经济效益的比较分析，结合区域国民经济发展规划提出了 4 种基本土地利用规划方案附加 2 种保护性耕作措施，开展了生态适宜性、经济可行性和社会可接受性评价，提出了一种适宜土地持续利用规划的方法，并提出了适合黄土丘陵区土地可持续利用的模式，在此基础上提出了该区土地持续利用模式。

9.4.1　大南沟小流域概况

大南沟小流域属于陕西省安塞县真武洞镇（北纬 36°54′～36°56′，东经 109°16′～109°18′），为黄河一级支流延河流域的组成部分，面积约 3.87km²，海拔高度为 1000～1350m，平均坡度为 28.8°。主沟道长约 1.6km，高差 295m，主沟两侧有 10 条支沟。属于向干旱温凉区过渡的暖温带半干旱季风气候；气候特点为四季长短不一，干湿分明，春季干旱多大风，夏季温暖多雨，秋季温凉，冬季寒冷而干燥。多年平均气温 8.8℃，1 月平均气温为 −6.9℃，7 月平均气温 22.5℃，全年平均无霜期为 144 天，年大于 10℃积温约为 3170℃。1956～1990 年平均降水量 522.2mm，其中 60％的降水集中在 6～9 月。地貌类型为典型的黄土丘陵沟壑地貌，地形破碎，沟壑纵横。小流域内地带性土壤为黑垆土，土壤类型以黄土母质上发育的黄绵土为主，质地均一，土质疏松，抗侵蚀性差，土壤侵蚀剧烈，水土流失严重。粉沙粒级占 54％～75％，物理性黏粒占 16％～26％，土壤总孔隙度为 51％～61％，毛管孔隙度为 41％～50％（邱扬等，2002a）。土地利用以农耕地、休闲地、荒草地、间作地、果园、林地、灌木地和退耕地为主。小流域内有大南沟和雷坪塔村两个自然村，其中雷坪塔村位于小流域的上部，全村 15 户 85 人；大南沟村位于小流域出口处，全村 23 户 105 人（傅伯杰等，2002a）。

9.4.2　调查与评价方法

1. 土地利用图绘制

土地利用现状制图是土地适宜性评价与规划的基础。该区土地利用分为 8 个大类：坡耕地、梯田地、坝地、密林地（覆盖度大于 60％）、疏林地（覆盖度 30％～60％）、灌木、果园和荒草地。结合 1997 年的航片，在 1∶1 万地形图的基础上，通过野外调查与填图，构建基于 GIS 的 1998 年土地利用图及相关属性数据。

2. 土地评价单元确定

针对地貌类型、土壤类型、坡度和坡向这几项主要土地评价指标图，采用 GIS 空间叠加分析，获得小流域土地评价的基本单元图。

其中地貌类型以沟缘线为界分为两类：沟缘线以上地区和沟缘线以下地区；土壤类

型包括典型黄土、胶泥质红色黄绵土、洪冲积土、风化岩石和基岩 5 类；坡度分为 5 个等级：0°～3°、3°～8°、8°～15°、15°～25°、>25°；坡向分为 8 个方位：0°～45°、45°～90°、90°～135°、135°～180°、180°～225°、225°～270°、270°～315°、315°～360°。

3. 土地适宜性评价与土地利用规划方案制订

以旱作农业为目标，根据农业生产对不同参数的需求，建立相应的条件判断模型（表 9-15），对土地评价单元重新赋值获得土地适宜性评价图。

表 9-15 针对旱作农业的土地适宜性评价模型（陈利顶等，2001）

土地适宜性			坡度分级			
		<3°	3°～8°	8°～15°	15°～25°	>25°
土壤类型	1 >1200m 黄土区	S1	S2	S3	S4	S5
	2 <1200m 黄土区	S2	S3	S4	S5	
	3 红色黄土区	S3				
	4 风化基岩区	S4	S4			
	5 裸露基岩区	S5	S5	S5		

注：从 S1～S5，土地适宜性由高到低。

土地利用规划方案制订时主要考虑下列因素：①土地利用现状；②土地适宜性评价结果；③土壤结构与土壤肥力；④当地农民对土地利用的认识和需求；⑤国民经济长远发展规划。

根据上述因素，并考虑农民的需要，提出下述 4 种土地利用方案（表 9-16）：方案 0 是基于现阶段的土地利用分布状况（土地利用现状）；方案 1～方案 3 是对土地利用现状调整后的方案；方案 1 中，农业用地主要分布在坡度小于 25°的地区，坡度大于 25°的地区和所有土层贫瘠的坡地均将改为其他用地（林地/灌丛/草地）；方案 2 中，农业用地主要分布在坡度小于 20°的地区，坡度介于 20°和 25°之间的地区将被改作果园和经济林，坡度大于 25°和所有土层贫瘠的地区改为其他用途（林地/灌丛/草地）；方案 3 中，农业用地主要分布在坡度小于 15°的地区，坡度介于 15°和 25°之间的地区被用作果园/经济林，坡度大于 25°和所有土层贫瘠的土地被用作其他用途（林地/灌丛/草地）。

表 9-16 大南沟小流域土地利用规划方案（陈利顶等，2001）

土地利用方案	洪冲积物	黄土区						风化基岩/基岩区
					>25°			
					沟缘线以上	沟缘线以下		所有坡度区
	0°～15°	0°～15°	15°～20°	20°～25°		阴坡	阳坡	
方案 1	菜园/农田	农田	农田	农田	林地/灌木地	林地/灌木地	荒草地	荒草地
方案 2			果园/经济林	果园/经济林				
方案 3								

为了充分利用当地耕地资源，促进农作物增产与减少水土流失，对每一个规划方

案，增设两种不同的耕作保护措施。①生物保护措施：在休闲地上种植可以作为动物饲料或绿肥的农作物。②机械保护措施：在坡耕地或果园及经济林地修建水平垄沟。将上述 4 种土地利用规划方案与这两种耕作保护措施相组合，模拟分析各种土地利用方案的生态经济效益。

4. 农村社会调查

以召开村民大会和问卷调查的方式了解农民对下述两个方面的看法：土地调整的方式（即一步退耕到位或逐步退耕）和使用不同保护性耕作措施的优先程度（如修建梯田与大坝、草作轮耕或绿肥作物间作、修建水平垄沟等）。

9.4.3　土地适宜性评价

评价结果表明，研究区域内约有 10% 的土地比较适宜于旱作农业（S1、S2、S3），而有近 90% 的土地不适宜于农业发展（S4、S5）（表 9-17）。然而 1998 年的土地利用现状是，农耕地面积占 44% 的土地被用作农耕地，这个数值远远高于该区适宜农业种植的面积（10%），而林地所占面积十分有限，只有 8.5%。与此同时尚有大量的土地处于未利用状态（表 9-18）。这种土地利用结构处于一种非常不合理的状态，必将导致严重的水土流失。

表 9-17　大南沟小流域旱作农业不同适宜级别面积统计（陈利顶等，2001）

适宜级别	S1	S2	S3	S4	S5
面积/hm²	1.4	5.5	25.1	61.8	255.3
面积百分比/%	0.4	1.6	7.2	17.7	73.0

注：从 S1～S5，适宜级别从高到低。

表 9-18　大南沟小流域不同土地利用方案面积分配比例（陈利顶等，2001）

土地利用方案	土地利用方案 0		土地利用方案 1		土地利用方案 2		土地利用方案 3	
	面积/hm²	%	面积/hm²	%	面积/hm²	%	面积/hm²	%
农耕地	154.3	44.1	95.4	27.3	63.3	18.1	35.3	10.1
果园	8.4	2.4	8.4	2.4	40.6	11.6	68.5	19.5
有林地/灌木地	45.1	12.9	129.0	36.9	129.0	36.9	129.0	36.9
荒草地	141.5	40.5	116.8	33.4	116.8	33.4	116.8	33.4
菜园	0.4	0.1	0.4	0.1	0.4	0.1	0.4	0.1
总计	349.6	100.0	349.6	100.1	349.6	100.1	349.6	100.0

9.4.4　不同土地利用方案的水土保持评价

采用校正后土壤侵蚀模型（LISEM）模拟不同土地利用方案与耕作保护措施的水

土保持效果。模拟结果表明（表 9-19），对目前的土地利用方式采取耕作保护措施（生物措施和机械措施），将比现有的土地利用方案 0 减少水土流失 10% 左右。对于土地利用方案 3，即使在没有采取任何耕作保护措施的条件下，与土地利用现状相比，也可以减少土壤侵蚀 60%；在采用了保护耕作措施后，其减少水土流失的效果不太显著，只比未采取耕作保护措施的方案 3 减少 5% 左右。

表 9-19 大南沟小流域不同土地利用方案土壤侵蚀模拟结果（陈利顶等，2001）

土地利用方案	到径流峰值的时间/min	峰值径流量/(L/S)	总径流量/m³	土壤流失总量/t	与方案 0 径流产生量相比/%	与方案 0 土壤侵蚀量相比/%
0	40.25	10 703	10 727	2 830	0	0
0a	40.5	9 193	9 555	2 423	−10.93	−14.38
0b	40.5	9 806	10 121	2 613	−5.65	−7.67
1	40.75	5 566	6 836	1 482	−36.27	−47.63
1a	39.75	5 083	6 083	1 309	−43.29	−53.75
1b	40.0	5 248	6 497	1 403	−39.43	−50.42
2	39.75	4 884	6 047	1 284	−43.63	−54.63
2a	39.75	4 613	5 460	1 161	−49.10	−58.98
2b	39.75	4 743	5 800	1 231	−45.93	−56.50
3	39.5	4 541	5 351	1 125	−50.12	−60.25
3a	39.5	4 358	4 946	1 040	−53.89	−63.25
3b	39.5	4 459	5 188	1 090	−51.64	−61.48

不同土地利用方案的水土保持效果如下：方案 3a＞方案 3b＞方案 3＞方案 2a＞方案 2b＞方案 2＞方案 1a＞方案 1b＞方案 1＞方案 0a＞方案 0b＞方案 0。这表明：与现有的土地利用方案相比，提出的土地利用方案 3、方案 2 和方案 1，在控制水土流失方面具有较好的效果；相对而言，针对每种土地利用方案，采用生物措施的农田耕作保护措施要比修建水平垄沟的效果更好。

9.4.5 不同土地利用方案的经济效益评价

从短期来讲，方案 1、方案 2 和方案 3 与土地利用现状方案 0 相比，农民的经济收入将会明显降低（表 9-20），即使当地政府对退耕还林还草给予一定的经济补贴（1500 元/hm²），但农民的总收入仍然未能达到目前的收入水平。但是，从长远看，随着退耕还林（果树和经济林），果树和其他经济林的稳定产出，将可以为当地农民带来较多的收入，农民的经济收入将增加 50%～100%（表 9-20）。在短期内，各种土地利用情景下农民的经济收入顺序如下：方案 0＞方案 0b＞方案 0a＞方案 1＞方案 1b＞方案 1a＞方案 2＞方案 2b＞方案 2a＞方案 3＞方案 3b＞方案 3a。从长期看，其顺序变化为：方案 3b＞方案 3a＞方案 3＞方案 2b＞方案 2a＞方案 2＞方案 0＞方案 0b＞方案 0a＞方案 1＞方案 1b＞方案 1a。由此可知，退耕还林还草，短期内不利于农民收入的提高，但从长期看，土地利用结构调整肯定会有利于当地农民的增收。

表 9-20　大南沟小流域不同土地利用方案经济效益评价（元）（陈利顶等，2001）

收入项目		农田收入	果园收入		菜地收入	退耕还林/还草政府补贴	总收入	
			短期	长期			短期	长期
0	方案 0	335 671	62 625					402 136
	方案 0a	305 461				—		378 188
	方案 0b	322 244	68 888					394 971
					3 840			
1	方案 1	215 547	62 625					370 287
	方案 1a	196 147				88 275		357 150
	方案 1b	206 925	68 888					367 927
2	方案 2	149 922	62 625	304 500			352 887	594 762
	方案 2a	136 429	68 888	334 950		136 500	345 657	611 719
	方案 2b	143 925					353 153	619 215
					3 840			
3	方案 3	92 768	62 625	513 750			337 733	788 858
	方案 3a	84 419	68 888	565 125		178 500	335 647	831 884
	方案 3b	89 058					340 286	836 523

注：短期是指从果树（经济林）种植直到结果带来经济收入这一段时间。这一时期内，政府对于退耕还林/还草的补贴将是不可避免的，以弥补农民由于耕地面积减少而导致的收入下降。长期是指随着果园/经济林收入的不断增加，政府对农民退耕还林还草的补贴逐渐减少直至完全停止。

9.4.6　不同土地利用方案的社会接受性评价

农民对土地利用方案的接受程度将决定它们的可行性。随着土地利用结构的调整，耕地面积将大量减少（表 9-18），由此导致各种土地利用规划方案，无论是否采用改进的耕作保护措施在短期内都将带来明显的粮食产量下降。然而，从长远看，随着果园和其他经济林经济效益的增加，以及通过改进农田管理措施带来的作物单产提高。方案 2 和方案 3 将使农民的收入明显增加。

在参与性调查中，我们发现当地农民更喜欢渐进式的土地利用调整方式。对于一步到位的急剧式土地利用结构调整，由于缺乏适应过程，尤其是当地农民对这种方案的前景不清楚，未能得到广大农民的认可。

调查发现，在保护性耕作措施方面，诸如草作轮耕或绿肥作物间作等生物措施是一种比较受欢迎的措施。因为这种措施不但能够提高粮食单产，同时可以给家畜提供饲料。而机械措施，如建坝和修梯田，一般不受欢迎，尤其对妇女来说。这是因为它们的修建和维护需要大量的资金和劳力，当地农民无法承受。但对于男劳动力来说，则更愿意修建梯田或大坝，反映出当地男劳力希望修建一些永久性工程，一劳永逸。耕地中的水平垄沟不受欢迎，是因为它们需要较高的投入和较多的维护费，而且容易受损。根据村民们的选择，各种耕作措施的喜爱程度为：草作轮耕/绿肥作物间作＝修梯田＞建坝＝水平垄沟。

9.4.7 土地可持续利用模式

评价结果表明，在生态上，土地利用方案 3 是一个较好的选择，即 15°以上的坡耕地全部退耕还林/还草，同时采用生物保护措施，如草作、绿肥作物轮作，降低水土流失。同时应将 15°～25°的适宜地区转变为果园或经济林，增加农民收入。25°以上的地区和土层薄瘠的地区植树种草。然而，由于这一土地利用方案在短期内，将使农民的收入大大减少，使得在没有外部经济支持下，农民很难接受；但从长期看，这种土地利用方案不仅在生态上是适宜的，而且在经济上也是可行的。

在此基础上，提出了该区土地可持续利用模式如下。

在得到大量外部经济支持的前提下，应积极实行 15°以上的坡耕地全部退耕还林/还草的方案，其中在中等坡度的地区（15°～25°）应发展果园和经济林。

若缺少外部强有力的经济支持，该区土地利用调整应逐步开展。短期内（0～5年），建议坡度大于 25°的坡耕地逐步退耕还林/还草；其中，坡度大于 25°、地形条件较好的地区应种植果园和经济林。中期（5～10年），坡度大于 20°的黄土地区应逐步退耕还林/还草；其中坡度为 20°～25°的地区应转变为果园和经济林。10年之后，建议大于坡度 15°的坡耕地全部转变为其他用途；其中坡度为 15°～25°的黄土地区应转变为果园和经济林，坡度大于 25°的地区转变为林地/灌丛和草地。

无论采取哪种土地利用调整模式，建议在耕种时，应积极采取保护性耕作措施，如草农间作、草农轮作等方式。这种耕作模式不仅在一定程度上可以减少水土流失，同时可以为发展养殖业提供基本饲料，而且也是当地农民比较欢迎的耕作措施。

参 考 文 献

布仁仓，李秀珍，胡远满，等. 2003. 尺度分析对景观格局指标的影响. 应用生态学报，14（12）：2181-2186

陈百明. 1996. 土地资源学概论. 北京：中国环境科学出版社：138-143

陈百明，张凤荣. 2001. 中国土地可持续利用指标体系的理论与方法. 自然资源学报，16（3）：197-203

陈利顶，傅伯杰. 1995. 陕西榆林地区生态环境对人类活动的敏感度评价研究. 环境科学进展，3（3）：33-38

陈利顶，傅伯杰. 1996. 黄河三角洲地区人类活动对景观结构的影响分析. 生态学报，16（4）：337-344

陈利顶，傅伯杰. 1997. 黄土高原土地资源结构特征及其评价. 地理研究，16（增）：97-103

陈利顶，傅伯杰. 2000. 长江流域可持续发展能力评价. 地理科学，20（4）：301-306

陈利顶，傅伯杰，Ingmar Messing. 2001. 黄土丘陵沟壑区典型小流域土地持续利用案例研究. 地理研究，16（6）：713-722

戴尔阜，蔡运龙，傅泽强. 2002. 土地可持续利用的系统特征与评价. 北京大学学报（自然科学版），38（2）：231-238

戴尔阜，吴绍洪. 2004. 土地持续利用研究进展. 地理科学进展，23（1）：79-88

傅伯杰. 1989. 陕北黄土地区土地合理利用的途径与措施. 水土保持学报，3（3）：33-39

傅伯杰. 1991a. 土地评价的理论与实践. 北京：中国科学技术出版社

傅伯杰. 1991b. 陕北黄土高原土地评价研究. 水土保持学报，5（1）：1-7

傅伯杰. 1995a. 黄土区农业景观空间格局分析. 生态学报，15（2）：113-120

傅伯杰. 1995b. 景观多样性分析及其制图研究. 生态学报，15（4）：336-341

傅伯杰，Davidson D A. 1989. 土地资源评价信息系统——以延安地区土地评价为例. 水土保持学报，3（1）：1-8

傅伯杰，陈利顶. 1993. 小流域土壤侵蚀危险评价研究. 水土保持学报，7（2）：16-20

傅伯杰，陈利顶. 1996. 景观多样性的类型及其生态意义. 地理学报，51（5）：454-462

傅伯杰，陈利顶，蔡运龙，等. 2004. 环渤海地区土地利用变化及可持续利用研究. 北京：科学出版社

傅伯杰，陈利顶，马诚. 1997. 土地可持续利用评价的指标体系与方法. 自然资源学报，12（2）：112-118

傅伯杰，陈利顶，邱扬，等. 2002a. 黄土丘陵沟壑区土地利用结构与生态过程. 北京：商务印书馆

傅伯杰，马克明，周华峰，等. 1998. 黄土丘陵区土地利用结构对土壤养分分布的影响. 科学通报，43（22）：
2444-2447

傅伯杰，邱扬. 2000. 英国环境变化监测网络简介. 资源生态环境网络研究动态，11（3）：1-4

傅伯杰，邱扬，陈利顶. 2000. 景观生态学的原理及应用. 见：中国地理学会自然地理专业委员会. 全球变化区域
响应研究. 北京：人民教育出版社：366-358

傅伯杰，邱扬，王军，等. 2002b. 黄土丘陵小流域土地利用变化对水土流失的影响. 地理学报，57（6）：717-722

傅伯杰，汪西林. 1994. DEM 在研究黄土丘陵沟壑区土壤侵蚀类型和过程中的应用. 水土保持学报，8（3）：17-21

宫攀，陈仲新，唐华俊，等. 2006. 土地覆盖分类系统研究进展. 中国农业资源与区划，27（2）：35-40

郭旭东，邱扬，连纲，等. 2003. 基于 P-S-R 框架的土地质量指标体系研究进展与展望. 地理科学进展，22（5）：
479-489

郭旭东，邱扬，连纲，等. 2005. 基于"压力-状态-响应"框架的县级土地质量评价指标研究. 地理科学，25（5）：
579-583

郭旭东，邱扬，连纲，等. 2008. 区域土地质量指标体系及应用研究. 北京：科学出版社

国土资源部. 2003a. 农用地定级规程（TD/T 1005－2003）. 北京：中国标准出版社

国土资源部. 2003b. 农用地分等规程（TD/T 1004－2003）. 北京：中国标准出版社

郝晋民. 1996. 土地利用控制. 北京：中国农业出版社

姜志德. 2004. 中国土地资源可持续利用战略研究. 北京：中国农业出版社

蒋定生. 1997. 黄土高原水土流失与治理模式. 北京：中国水利水电出版社

冷疏影，李秀彬. 1999. 土地质量指标体系国际研究的新进展. 地理学报，54（2）：177-185

林培，刘黎明. 1990. 土地资源学. 北京：中国农业大学出版社

刘彦随，郑伟元. 2008. 中国土地可持续利用论. 北京：科学出版社

卢远，华璀，邓兴礼. 2004. 丘陵地区土地可持续利用的景观生态评价. 山地学报，22（5）：533-538

卢宗凡，梁一民，刘国彬. 1997. 中国黄土高原生态农业. 西安：陕西科学技术出版社

吕一河，傅伯杰. 2001. 生态学中的尺度及尺度转换方法. 生态学报，21（12）：2096-2105

毛留喜. 2002. 北方农牧交错带土地可持续利用研究. 北京：气象出版社

蒙吉军. 2005. 土地评价与管理. 北京：科学出版社

倪绍祥. 2003. 近 10 年来中国土地评价研究的进展. 自然资源学报，18（6）：672-683

彭建，王仰麟，刘松，等. 2003a. 海岸带土地持续利用景观生态评价. 地理学报，58（3）：363-371

彭建，王仰麟，宋治清，等. 2003b. 国内外土地持续利用评价研究进展. 资源科学，25（2）：85-93

邱扬. 1998. 森林植被的自然火干扰. 生态学杂志，17（1）：54-60

邱扬，杜建林，王晓军. 1997a. 植被动态的格局与过程. 山西大学学报（自然科学版），20（4）：440-451

邱扬，傅伯杰. 2000. 土地持续利用评价的景观生态学基础. 资源科学，22（6）：1-8

邱扬，傅伯杰. 2001. 景观生态学与土地持续利用. 见：傅伯杰，陈利顶，马克明，等. 景观生态学原理及应用. 北
京：科学出版社：269-309

邱扬，傅伯杰. 2004. 异质景观中水土流失的尺度变异及尺度转换. 生态学报，24（2）：330-337

邱扬，傅伯杰，王军，等. 2000a. 黄土丘陵小流域土壤水分时空分异与环境关系的数量分析. 生态学报，20（5）：
741-747

邱扬，傅伯杰，王军，等. 2001. 黄土丘陵小流域土壤水分的空间异质性及其影响因子. 应用生态学报，12（5）：
715-720

邱扬，傅伯杰，王军，等. 2002a. 黄土丘陵小流域土壤物理性质的空间变异. 地理学报，57（5）：587-594

邱扬，傅伯杰，王军，等. 2003a. 黄土丘陵小流域土地利用的时空分布及其与地形因子的关系. 自然资源学报，
18（1）：20-29

邱扬，傅伯杰，王军，等. 2004a. 黄土高原小流域土壤养分的时空变异及其影响因子. 自然科学进展，14（3）：294-299

邱扬，傅伯杰，王军，等. 2004b. 黄土丘陵小流域土壤侵蚀的时空变异及其影响因子. 生态学报，24（9）：1871-1877

邱扬，傅伯杰，王勇. 2002b. 土壤侵蚀时空变异及其与环境因子的时空关系. 水土保持学报，16（1）：108-111

邱扬，李湛东，徐化成. 1997b. 兴安落叶松种群的稳定性与火干扰关系的研究. 植物研究，17（4）：441-446

邱扬，李湛东，徐化成，等. 2003b. 大兴安岭北部地区兴安落叶松种群世代结构的研究. 林业科学，39（3）：15-22

邱扬，李湛东，于汝元. 1998. 白桦种群的稳定性与火干扰关系的研究. 植物研究，18（1）：7-13

邱扬，李湛东，张玉钧，等. 2006a. 大兴安岭北部地区原始林白桦种群世代结构的研究. 植物生态学报，30（5）：753-762

邱扬，李湛东，张玉钧，等. 2006b. 火干扰对大兴安岭北部原始林下层植物多样性的影响. 生态学报，26（9）：2863-2869

邱扬，马正岩，张金屯. 1999. 山西森林资源的动态变化分析. 山西大学学报（自然科学版），22（4）：387-392

邱扬，王勇，傅伯杰，等. 2008a. 土壤质量时空变异及其与环境因子的时空关系. 地理科学进展，27（4）：42-50

邱扬，张金屯. 1997. 自然保护区学研究与景观生态学基本理论. 农村生态环境，13（1）：46-49

邱扬，张金屯. 1998. 地理信息系统（GIS）在景观生态学研究中的应用. 环境与开发，13（1）：1-4

邱扬，张金屯. 1999. 关帝山八水沟天然植物群落时空梯度的数量分析. 应用与环境生物学报，5（2）：113-120

邱扬，张金屯. 2000. DCCA 排序轴分类法及其在关帝山八水沟植物群落生态梯度分析中的应用，生态学报，20（2）：199-206

邱扬，张金屯，郑凤英. 2000b. 景观生态学的核心：生态学系统的时空异质性. 生态学杂志，19（2）：42-49

邱扬，张英，韩静，等. 2008b. 生态退耕与植被演替的时空格局. 生态学杂志，27（11）：2002-2009

申卫军，邬建国，林永标，等. 2003a. 空间粒度变化对景观格局分析的影响. 生态学报，23（12）：2506-2519

申卫军，邬建国，任海，等. 2003b. 空间幅度变化对景观格局分析的影响. 生态学报，23（11）：2219-2231

史培军，宫鹏，李晓兵，等. 2000. 土地利用/覆盖变化研究的方法与实践. 北京：科学出版社

史同广，郑国强，王智勇，等. 2007. 中国土地适宜性评价研究进展. 地理科学进展，26（2）：106-115

王军，邱扬. 2005. 土地质量的空间变异与尺度效应研究进展. 地理科学进展，24（4）：28-35

王伟中，郭日生，黄晶. 1999. 地方可持续发展导论. 北京：商务印书馆

王仰麟. 1993. 区域农业与景观生态学. 见：Regional Science Association of China. Regional Science for Development-Papers and Abstracts of International Conference on Regional Science at Beijing. Beijing：The Ocean Press：276-282

王仰麟. 1995. 格局与过程——景观生态学的理论前沿. 见：中国科协第二届青年学术年会执行委员会. 中国科学技术协会第二届青年学术年会论文集（基础分册）. 北京：中国科学技术出版社：437-441

魏杰. 1996. 土地资源可持续利用：另一种审视. 中国土地，（2）：29-31

吴次芳，徐保根，等. 2003. 土地生态学. 北京：中国大地出版社

肖笃宁. 1999. 论现代景观科学的形成与发展. 地理科学，19（4）：379-384

谢经荣，林培. 1996. 论土地持续利用. 中国人口·资源与环境，6（4）：13-17

谢俊奇. 1998. 可持续土地利用的社会、资源环境和经济影响评价的初步研究. 中国土地科学，12（3）：1-5

谢云，符素华，邱扬，等. 2009. 自然资源评价教程. 北京：北京师范大学出版社

徐化成，李湛东，邱扬. 1997. 大兴安岭北部地区原始林火干扰历史的研究. 生态学报，17（4）：337-343

宇振荣，邱建军，王建武. 1998. 土地利用系统分析方法及实践. 北京：中国农业科技出版社

张凤荣. 1996. 持续土地利用管理的理论与实践. 北京：北京大学出版社

张凤荣. 2000. 中国土地资源及其可持续利用. 北京：中国农业大学出版社

张凤荣，王静，陈百明，等. 2003. 土地持续利用评价指标体系与方法. 北京：中国农业出版社

张金屯，邱扬，郑凤英. 2000a. 景观格局的数量研究方法. 山地学报，18（4）：346-352

张金屯，邱扬，郑凤英，等. 2000b. 吕梁山严村低中山区植物群落演替分析. 植物资源与环境学报，9（2）：34-39

赵文武，傅伯杰，陈利顶. 2003. 景观指数的粒度变化效应. 第四纪研究，23（3）：326-333

周诚. 1996. 土地资源可持续利用之我见. 中国土地，3：15

周小萍，陈百明，王秀芬. 2006. 区域农业土地可持续利用的空间尺度效应分析——以京津冀地区为例. 经济地理，26 (1)：100-105

Adriaanse A. 1993. Environmental policy performance indicators. A Study on the Development of Indicatoers for Environmental Policy in the Netherlands. The Hague：SDU Uitgeverij

Agger P，Brandt J. 1988. Dynamics of small biotopes in Danish agricultural landscapes. Landscape Ecology，1：227-240

Barrow C J. 1991. Land Degradation：Development and Breakdown of Terrestrial Environments. Cambridge：Cambridge University Press

Brooks H. 1992. Sustainability and technology. *In*：Keyfitz N. Science and Sustainability：Selected Papers on IIASA's 20th Anniversary. Laxenburg，Austria International Institute for Applied systems Analysis：1-31

Brown BJ，Hanson M E，Liverman D M，et al. 1987. Global sustainability：toward definition. Environmental Management，11 (6)：713-719

Bugnicourt J. 1987. Culture and environment. *In*：Jacobs P，Munro D A. Conservation with Equity：Strategies for Sustainable Development. Switzerland：Gland

Chen L，Fu B. 1995. Land ecosystem classification and eco-economic evaluation in the Wuding River Basin of Yulin region，China. Journal of Environmental Sciences，7 (3)：273-282

Clark W C. 1989. The human ecology of global change. International Social Science Journal，121：315-345

De Roo A P J，Wesseling C G，Jetten V G，et al. 1995. LISEM：A User Guide. Version 3.0. The Netherlands：Department of Physical Geography，Utrecht University

Dumanski J. 2000. Land quality indicators. Agriculture Ecosystems & Environment，81：preface

Dumanski J，Gameda S，Pieri C. 1998. Indicatoers of land quality and sustainable land management：An annotated bibliography. Environmentally and Socially Sustainable development series：Rural development. Washington，D. C.：The International Bank for Reconstruction and Development / The World Bank.

Dumanski J，Pieri C. 2000. Land quality indicators：research plan. Agriculture Ecosystems & Environment，81：93-102

ECOSOC (Commission on Sustainability). 1995. Review of sectoral clusters，second phase：land，desertification，forests and biodiversity. New York. UN

FAO. 1976. A framework for land evaluation. FAO soil bulletin 32. Rome：FAO

FAO. 1983. Guidelines：land evaluation for rain fed agriculture. FAO Soils Bulletin 52. Rome：FAO

FAO. 1984. Land evaluation for forestry. FAO Forestry Paper 48. Rome：FAO

FAO. 1985. Guidelines：land evaluation for irrigated agriculture. FAO Soils Bulletin 55. Rome：FAO

FAO. 1991. Guidelines：land evaluation for extensive grazing. FAO Soils Bulletin 58. Rome：FAO

FAO. 1993. Guidelines for land-use planning. FAO Development Series 1. Rome：FAO

Forman R T T. 1990. Ecologically sustainable landscapes：the role of spatial configuration. *In*：Zonneveld I S Forman R T T. Changing Landscapes：An Ecological Perspective. New York：Springer-Verlag：261-278

Forman R T T. 1993. An 'aggregate-with-outliers' land planning principle，and the major attributes of a sustainable environment. *In*：Proceedings of the International Conference on Landscape Planning and Environmental Conservation. Tokyo：University of Tokyo：71-95

Forman R T T. 1995. Land Mosaics：The Ecology of Landscapes and Regions. Cambridge：Cambridge University Press

Forman R T T，Godron M. 1986. Landscape Ecology. New York：John Wiley & Sons

Fu B. 1988. The evaluation of land resources in China. Scottish Geographical Magazine，104 (1)：41-44

Fu B. 1989a. A land information systems for land evaluation in the Loess Plateau of Northern Shannxi Province. Chinses Journal of Arid Land Research，2 (3)：293-298

Fu B. 1989b. An optinum model for land use in Xizhuanggou basin，China. *In*：Bouma J，Bregt A K. Land Qualities in Space and Time. Wageningen: PUDOC: 317-320

Fu B. 1989c. Land use and management on the Loess Plateau. Chinese Journal of Arid Land Research, 2 (4): 361-368

Fu B. 1989d. Soil erosion and its control in the loess plateau of China. Soil Use and Management, 5 (2): 76-82

Fu B, Chen L. 1995. Soil erosion risk assessment in the Quanjiagou catchment of Loess Plateau, China. Chinese Journal of Arid Land Research, 8 (1): 33-40

Fu B, Chen L. 2000. Agricultural landscape spatial pattern analysis in the semi-arid hill area of the Loess Plateau, China. Journal of Arid Environments, 44: 291-303

Fu B, Chen L, Ma K, et al. 2000. The relationships between land use and soil conditions in the hilly area of the Loess Plateau in northern Shaanxi, China. Catena, 39: 69-78

Fu B, Davidson D A, Jones G E. 1990. A computer based land resource information systems. Chinese Journal of Arid Land Research, 3 (1): 27-35

Fu B, Gulinck H. 1994. Land evaluation in area of severe erosion: the loess plateau of China. Land Degradation & Rehabilitation, 5 (1): 33-40

Fu B, Gulinck H, Masum M Z. 1994. Loess erosion in relation to land use changes in the Ganspoel Catchment, Central Belgium. Land Degradation & Rehabilitaion, 5 (4): 261-270

Fu B, Meng Q, Qiu Y et al. 2004. Effect of land use on soil erosion and nitrogen loss in the hilly area of the Loess Plateau, China. Land Degradation and Development, 15 (1): 87-96

Fu B, Wang X, Gulinck H. 1995. Soil erosion types in the loess hilly and gully area of China. Journal of Environmental Sciences, 7 (3): 266-272

Gadgil M. 1987. Culture, perceptions and attritudes to the environment. In: Jacobs P, Munro D A. Conservation with Equity: Strategies for Sustainable Development. New York: Columbia University Press: 85-94

Hamblin A. 1994. Indicators for sustainable agriculture in the Asia-Pacific region. In: Kwaschik R, Singh R B, Padoda R S. Technology Assessment and Transfer for Sustainable Agriculture and Rural Development in the Asia-Pacific Region-a Research Management Perspective. Rome: FAO: 47-86

Harms W B, Stortelder A H F, Vos W. 1984. Effects of intensification of agriculture on nature and landscape in The Netherlands. Ekologia (Czechoslovakia), 3: 281-304

Hart R D, Sands M W. 1991. Sustainable Land Use Systems Research and Development. Emmaus: Rodale Press

Hessel R. 2002. Modelling Soil Erosion in a Small Catchment on the Chinese Loess Plateau: Applying LISEM to Extreme Conditions. Utrecht University: Netherlands Geographical Studies 307

Hessel R, Jetten V, Liu B, et al. 2003. Calibration of the Lisem model for a small Loess Plateau catchment. Catena, 54: 235-254

Hobbs R J, Saunders D A. 1993. Reintegrating Fragmented Landscapes. New York: Springer-Verlag

Holling C S. 1973. Resilience and stability of ecological systems. Annual Review of Ecology and Systematics, 4: 1-23

Ian M. 1996. Sustainable Development: Principles, Analysis and Policies. New York: Parthenon Publication Group, International Union for the Conservation of Nature and Natural Resources: 95-106.

ISSS/ITC. 1997. Sustainable Land Management & Geo-information (abstract). Netherlands: ITC. Enschede

Lane L J, Renard K G, Foster G R, et al. 1992. Development and application of modern soil erosion prediction technology--the USDA experience. Aust. J. Soil Res., 30: 893-912

Manning E W. 1986. Towards sustainable land use: A research agenda for Canadia land resource issues. Presented at the Canadia-China Bilateral Symposium on Territorial Development and management. Beijing, China

Myers N. 1980. Conversion of tropical moist forests. Washington: National Academy of Sciences

Noble I R, Slatyer R O. 1980. The use of vital attributes to predict successional changes in plant communities subject to recurrent disturbances. Vegetatio, 43: 5-21

OECD. 1993. OECD core set of indicatoers for environmental performance reviews. Environment Monograph. Paris: OECD: 1-39

Oldeman L R, Hakkeling R T A, Sombroek W G. 1990. World Map of Human-Induced Soil Degradation. Wageningen: ISRIC, and Nairobi: UNEP

O'Neill R V, DeAngelis D L, Waide J B, et al. 1986. A Hierarchical Concept of Ecosystems. Princeton, New Jersey: Princeton University Press

Pieri C, Dumanski J, Hamblin A, et al. 1995. Land quality indicators. World Bank Discussion Paper 315. Washington: World Bank

Pimentel D, Harvey C, Resosvdarmo P, et al. 1995. Environmental and economic costs of soil erosion and conversation benefits. Science, 267: 1117-1123

Qiu Y, Fu B, Wang J, et al. 2001. Soil moisture variation in relation to topography and land use in hillslope catchment of the Loess Plateau, China. Journal of Hydrology, 240 (3, 4): 250-270

Qiu Y, Fu B, Wang J, et al. 2003. Spatiotemporal prediction of soil moisture content using multiple-linear regression in a small catchment of the Loess Plateau, China. Catena, 54 (1, 2): 173-195

Rambouskova H. 1988. Comments on the ecostabilizing functions of small-scale landscape structures-I. Part. Ekologia (Czechoslovakia), 7: 397-412

Rambouskova H. 1989. Comments on the ecostabilizing functions of small-scale landscape structures-II. Part. Ekologia (Czechoslovakia), 8: 35-48

Reid W V, Neely J A, Tunstall D B, et al. 1993. Biodiversity Indicators for Policy-Makers. Washington: World Resources Institute

Renard K G, Foster G R, Weesies G A, et al. 1997. Predicting soil erosion by water: A guide to conservation planning with the revised universal soil equation (RUSLE). USDA Agriculture Handbook, (No. 703). Washington D. C.: USDA Agriaultural Research Service

Smyth A J, Dumanski J. 1993. FESLM: An international framework for evaluation sustainable land management. World Soil Resources Reports, (No. 73). Rome: FAO: 1-74

Sombroek W G, Sims D. 1995. Planning for sustainable use of land resources: towards a new approach. In: FAO: Land and Water Bulletin (No. 2). Rome: FAO

Stomph T J, Fresco L O, van Keulen H. 1994. Land use system evaluation: concepts and methology. Agricultural Systems, 44: 243-255

Susan BH. 1996. Environmental Planning and Sustainability. Chichester: John Wiley & Sons

Turner M G. 1989. Landscape ecology: the effect of pattern on process. Annu. Rev. Ecol. Syst., 20: 171-197

UNCCD. 1994. United Nations Convention to Combat Desertification in those countries Experieneing Serious Drought Desertification Particularly in Africa: Text with Annexes. Nairobi: UNEP

UNEP. 1992. Agenda 21: 1. Adoption of agreements on environment and development and 2 Means of implementation. Rio de Janeiro: UNCED

UNEP/FAO. 1994. Towards international classification systems for land use and land cover. In: Annex Vin. Report of the UNEP/FAO expert meeting on harmonizing land cover and land use classifications. GEMS Report Series 25. Nairobi: UNEP/FAO

UNEP/UNDP/FAO. 1994. Land degradation in South Asia: its severity, causes and effects upon the people. World Soil Resources Report 78. Rome: FAO

Urban D L, O'Neill R V, Shugart H H. 1987. Landscape ecology: a hierarchical perspective can help scientists understand spatial patterns. Bioscience, 37 (2): 119-127

Wang J, Fu B J, Qiu Y, et al. 2003. Analysis on soil nutrient characteristics for sustainable land use in Da Nangou catchment of the Loess Plateau, China. Catena, 54 (1, 2): 17-30

Wang J, Fu B J, Qiu Y, et al. 2005. The effects of land use on runoff and soil nutrient losses in a gully catchment of the hilly areas: implications for erosion control. Journal of Geographical Sciences, 15 (4): 396-404

Wischmeier W H, Smith D D. 1978. Predicting rainfall erosion losses-a guide to conservation planning. US Department of Agriculture Handbook 537, Washington, D. C.

Wu J. 2004. Effects of changing scale on landscape pattern analysis: scaling relations. Landscape Ecology, 19: 125-138

Young A. 1989. Agroforestry for Soil Conservation CAB International, Wallingford, Oxford, UK. Nairobi: ICRAF

Young A. 1990. Soil changes under agroforestry-SCUAFNairobi:. ICRAF, 1-124

Zonneveld I S. 1996. Land ecology: An Introduction to Landscape Ecology as a Base for Land Evaluation, Land Management and Conservation. Amsterdam: SPB Academic Publishing

第10章 景观生态学与全球变化

10.1 全球气候变化

10.1.1 气候变化的事实

气候是一个复杂的自然系统，全球或区域气候的波动是自然规律。然而，自工业革命以来，全球变暖的趋势已经超出以往任何时期。虽然早期关于气候变化的预测还存在着很多不确定性（Mitchell et al.，1990；Kerr，1989），其预测的结果也不一定准确，但全球气候变暖已是不容置疑的事实。全球地表温度的监测资料表明，自 1850 年以来的近 12 年（1995～2006 年）中，有 11 个年份位列最暖的 12 个年份中，最近 100 年（1906～2005 年）温度的上升幅度为 0.74℃（0.56～0.92℃）（IPCC，2007），也大于 20 世纪 90 年代初期及第三次评估时的 0.6℃（IPCC，2001；Houghton et al.，1990）（图 10-1）。

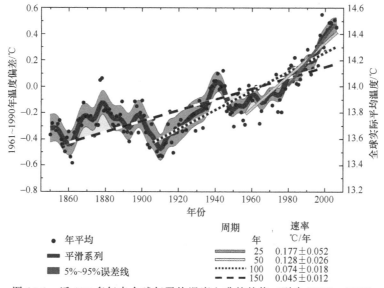

图 10-1 近 150 多年来全球年平均温度上升的趋势（引自 IPCC，2007）

从图 10-1 中可以看出，近 150 多年来，全球变暖的趋势越来越明显。此外，据观测到的结果表明，全球变暖还主要表现在以下几个方面：①高纬度和高海拔地区的增温趋势比其他地区更为明显；②热昼和热夜发生的频率越来越大；③冷昼、冷夜和霜冻发生的频率已减少；④日较差越来越小；⑤冰川的退缩更加明显。那么，发生这种急剧的气候变化的原因是什么呢？

有确切的证据表明是由于人类活动而造成的大量温室气体向大气中的排放，从而引起大气中温室气体的浓度不断增加和大气组成成分的改变，进而导致全球平均气温的增加以及其他气候要素的改变。

应该指出的是，地球大气层中的二氧化碳在地球环境的演化过程中起了极其重要的作用。如果没有大气层的保温作用，全球气温将为-18℃（Gribbin, 1988）；而现在全球平均气温为15℃，这使各种生物得以在一定的温度条件下繁衍。但是，人口的增加以及人类生产力的发展，加大了化石燃料燃烧的量以及土地利用变化（主要是毁林）的速度，从而使大气中的二氧化碳浓度不断增加，导致温室效应的加强；此外，人类活动排放的其他一些温室气体，如CH_4、N_2O、CO和氟氯烃类（CFCs）等，也增加了大气中的温室效应，而且这些温室气体的增温潜能远大于二氧化碳（表10-1）。

表 10-1　主要温室气体的浓度变化、相对温室效应及增温潜能

温室气体	CO_2	CH_4	N_2O	O_3	CFCs
工业化前浓度	280μmol/mol	715nmol/mol	270nmol/mol		0
1990年浓度	350μmol/mol	1 732nmol/mol	310nmol/mol		0.28~0.48ppb
2005年浓度	379μmol/mol	1 774nmol/mol	319nmol/mol		
年增加率/%	0.5	1.0	0.2~0.3	2.0	3.0
滞留时间/a	100	8~12	100~200	0.1~0.3	65~110
相对增温效应	1	32	150	2 000	>10 000
对温室效应的贡献/%	61	15	4	8	12
年释放量	6.5~7.5 Pg碳	400~640 Tg	11~17 Tg氮		1.09 Tg
生物源所占比例/%	20~30	70~90	90~100		

资料来源：Bouwman（1990），Houghton等（1990），Shine等（1990），Watson等（1990），IPCC（2007）。
1 Pg＝10^{15}g；1 Tg＝10^{12}g。

现有大量证据表明：由于人类活动的影响，大气中CO_2浓度已由工业革命前的280 μmol/mol增加到20世纪90年代初期的350 μmol/mol（Houghton and Skole, 1990；Watson et al., 1990；Keeling et al., 1989），而据IPCC第四次评估报告表明：到2005年，大气中的CO_2浓度已上升到379μmol/mol。因此，人类活动所引起的温室效应在不断加强是毋庸置疑的（IPCC，1995，2001，2007）。许多科学家坚信：即使以20世纪90年代初期CO_2排放的速率计算，到21世纪中后期，大气中CO_2浓度将倍增（Houghton et al., 1990, 1992；Wigley and Raper, 1992）。因此，在未来的100年中全球气候格局将发生变化基本上是可以肯定的。目前，虽然各种大气环流模型（GCM）对未来气候变化的预测量上不尽相同，但其所预测的未来气候变化的总体趋势基本趋于一致（Gates, 1993）。纵观现有对大气中CO_2浓度倍增后有关未来气候变化的预测结果，可归结为以下几点：①全球平均气温将升高1.5~4.5℃，全球温度带将发生一定程度的位移；②最低温度的增幅比最高温度大，夜晚温度的增幅比白天大，冬季增温比夏季增温明显；③全球降水量总体上有所增加，但全球降水的格局将发生改变，降水量可能因不同的地区和不同的季节而有很大的区别（如沿海地区的降水将增加，而内陆地区的降水则不变甚至减少）；④由于蒸散作用所损失的水分远大于降水增加的量，因此中纬度内陆地区的夏季干旱将明显增加。此外，全球未来气候的变化可能将对全球的生态环境、社会和经济等产生巨大的影响，这也是人们对气候变化密切关注的主要原因。

10.1.2　气候变化研究的尺度

由于全球变化（尤其是全球气候变化）还存在很多不确定的因素，而且其影响可能是

巨大而深远的，特别是有关自然保护区和自然景观对未来环境变化的敏感性如何更是引起人们的极大关注（Halpin，1997）。因此，加强对全球气候变化潜在影响的研究以及确定自然景观的适应性管理方针显得尤为重要。然而，早期对全球气候变化的研究主要从 3 个层次进行：一个是在区域或全球的尺度上进行模型模拟的研究，通过一系列模型（如植被–气候模型）来模拟未来气候变化情形下区域或全球对气候变化的响应状况；另一个是在群落和生态系统的尺度上，通过模拟试验来观测生态系统（或群落）结构、物种组成以及物质和能量的变化对气候变化的响应；再一个就是在种群或物种（个体）的尺度上通过模拟试验来研究物种的生理生态对气候变化的响应（表 10-2）。这些研究都分别从各自的尺度上阐述了气候变化对物种、种群、群落、生态系统和生物群区的影响，但是，由于缺少对中尺度，即景观尺度上的研究，使各种尺度上的研究还缺乏有机的联系，尺度之间的转换还存在着一定的缺陷。图 10-2 表示了不同时空尺度之间的关联，因此，在景观尺度上进行全球气候变化的影响以及景观对气候变化响应的研究亟待加强。

表 10-2　不同尺度上全球气候变化影响的研究

空间尺度	时间尺度	研究范围	主要问题	研究内容
全球尺度	世纪至千年	全球	生物群区变化	全球模拟
区域尺度	几个世纪	一个至几个 GCM 网格	区域变化	区域模拟
景观尺度	十几年至世纪	几公里至 100km	景观格局、结构、功能等的变化	景观格局动态变化及相关过程的模拟
斑块尺度	几年至十几年	几米至几百米	斑块动态	斑块动态、功能改变、物种迁移、生境适应、生态系统结构、生产力等
个体尺度	小时至天	几十公分至几米	生理生态的变化	生理生态
细胞尺度	秒至分	微米	生理机制的变化	细胞结构对全球变化反应

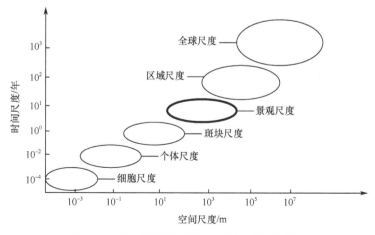

图 10-2　不同尺度在时间和空间上的分布状况

10.2 景观变化对全球气候变化的影响

景观变化是指由于在自然和人类的干扰下，组成景观的各个要素，在一定的时间和空间尺度内发生变化，从而引起景观的空间结构（如斑块的形状和大小等）和功能（物质流和能量流等）发生改变。景观变化的显著例子比较普遍，如景观本身的发育过程就是一个长期变化的过程，此外，城乡间的变化以及突发性的灾变等，都是景观变化的典型范例。景观的变化可能发生在一夜之间，也可能长达几百年、几千年甚至几万年。一般来讲，自然景观本身的发展变化是相对缓慢的，需要一个较长的时间尺度。然而，由于全球人口的膨胀、人类活动的加强，使自然界这种缓慢的变化规律发生了根本的改变，加速了自然景观的变化进程。在最近一两个世纪内（特别是进入 20 世纪以来），全球自然景观发生了巨大的变化。例如，森林景观的大面积消失、荒漠景观和城市景观的扩张等。

10.2.1 景观变化与全球气候变化的关系

景观变化对全球气候变化的影响，归根到底是由于景观结构的改变，从而导致景观功能（主要是景观养分循环）的改变，致使景观中储存的碳库损失，并以 CO_2 和 CH_4 等温室气体的形式大量地排放到大气中，使大气中温室气体的浓度增加，并最终引起气候变化；此外，景观变化还可能通过改变地表反射率，导致能量重新分配以及改变全球水循环模式等途径对气候变化产生一定的影响。由于景观受气候的影响，全球气候变化反过来又将改变景观的结构和功能。总之，景观变化与气候变化相辅相成，互为影响（图 10-3）。

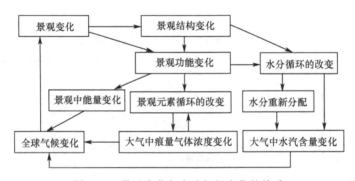

图 10-3 景观变化与全球气候变化的关系

10.2.2 景观变化在全球气候变化中的作用

不同的景观类型，由于其结构和功能间的差异，其变化对气候变化的表现形式和影响程度各不相同。

1. 森 林 景 观

1）森林景观在全球碳平衡中的作用

森林是地球上陆地植被的主体，是陆地生态系统中最为稳定的一个类型。它不仅在区域环境的保护和区域气候的调节上具有重要的作用，而且在维系全球碳循环的平衡中也有不可替代的作用。这是因为：① 森林通过光合作用调节大气中 CO_2 的浓度，从而影响气候的变化。森林是陆地上净生产力最高的植被，每年从大气中吸收 33.2×10^{15} g 碳（1×10^{15} g 碳 $=0.47 \mu mol/mol\ CO_2$），占整个陆地生物碳固定量的 60% 以上（表 10-3）；②森林生态系统的碳储量最大，占整个陆地植被碳储量的 90%（表 10-3）；③ 森林维护着大量的土壤碳储量，据估计森林土壤的碳库（927 Pg 碳）（1 Pg=1 Gt=1×10^{15} g）占全球土壤碳库（1272 Pg 碳）的 73%（Post et al.，1982）。虽然近期对植被碳储量的估计值有不同程度的变化，但是森林是陆地植被中最大的碳库这一点是不容置疑的。由此可见，只要森林景观发生变化，就会改变它的源-汇功能，从而引起大气中 CO_2 浓度发生改变，导致全球气候发生变化。图 10-4 是森林生态系统的碳循环模式。

表 10-3　全球主要生态系统的面积、净生产力和生物量（Whittaker and Likens，1973）

碳含量为：干物质质量 × 0.45

生态系统类型	面积/10^6 km²	总净生产力/(10^{15} g 碳/年)	总碳储存量/10^{15} g 碳
热带雨林	17.0	16.8	344
热带季雨林	7.5	5.4	117
温带常绿林	5.0	2.9	79
温带落叶林	7.0	3.8	95
北方森林（泰加林）	12.0	4.3	108
灌丛	8.5	2.7	22
热带稀树草原	15.0	6.1	27
温带草原	9.0	2.4	6.3
苔原和高山草甸	8.0	0.5	2.3
荒漠	18.0	0.7	5.9
岩石、冰川和沙地	24.0	0.03	0.2
农作物	14.0	4.1	6.3
泥炭沼泽	2.0	2.7	13.5
河流、湖泊	2.0	0.4	0.02
总计	149.0	52.8	827

2）森林景观的变化

长期以来，森林景观一直受到人类活动的影响，从而发生了很大的变化。森林景观的变化主要包括以下几个方面：森林景观遭到破坏，转变为永久性的农业景观、草地景观、种植园景观和休闲地景观等；此外，人们通过植树造林或森林再恢复和重建森林景观（图 10-5）。森林景观的这种变化极大地改变了其景观内部的碳储量和碳循环模式，导致释放或吸收 CO_2，从而改变大气中的 CO_2 浓度，引起全球气候发生变化。下面就

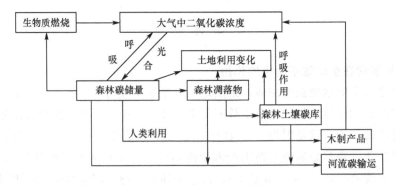

图 10-4　森林景观中碳循环模式

从森林景观的破坏和重建两方面来说明森林景观的变化对全球气候变化的影响。

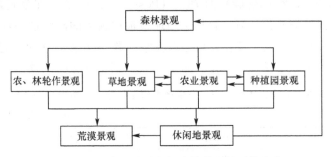

图 10-5　人类活动引起的森林景观的可能变化

（1）森林景观破坏。人类对森林景观的破坏主要是通过土地利用方式的改变而引起的。人口增加、人们为了生存的需要对森林进行砍伐和开垦，使之转变为农田、草场和种植园等。从而造成大量的森林景观消失和农业等其他景观的扩张。据估计 1700 年全球森林的面积为 $6.042 \times 10^9 \, hm^2$（Houghton et al.，1983），而在 1987～1990 年，全球森林的面积仅为 $4.165 \times 10^9 \, hm^2$（Dixon et al.，1994）。目前，森林的面积还在以每年 1.8% 的速度减少（WRI，1992）。森林景观地区的植被与土壤中储存着大量的有机碳（表 10-4），一旦遭到破坏，将使这些储存的碳以 CO_2 的形式释放到大气中，从而引起大气中 CO_2 浓度的增加，导致全球气候发生变化。有关估测表明，在过去一个多世纪中（1850～1980 年），化石燃料燃烧所释放的碳总量为 150～190 Pg（Rotty，1987），而在这一时期土地利用变化（主要是毁林）所释放的碳为 90～120 Pg（Houghton and Skole，1990），大约在 1910 年以前，因土地利用变化（主要是毁林）每年向大气中释放的碳化石燃料燃烧的年释放量大。1930 年以前，土地利用变化向大气中释放的 CO_2 主要来源于北半球温带森林的砍伐（Dale，1994；Houghton and Skole，1990）。此后，森林景观的破坏转向热带地区。由于热带地区人口增加、人类活动加强，从而加速了这一地区雨林的破坏，成为除化石燃料燃烧外大气中 CO_2 浓度升高的另一个主要来源。在 20 世纪 80 年代，热带雨林以每年 $1.13 \times 10^7 \, hm^2$ 的速度减少（Houghton，1990），90 年代，这一速度已增加到 $1.54 \times 10^7 \, hm^2$（Dale，1997；Dixon et al.，1994；Aldhous，1993）。这种大面积的森林景观消失已引起科学家们的极大关注，并对因景观破坏而引起的碳释放及由此造成的严重后果进行了大量的估测（表 10-5）和分析。那么，森林景观的破坏是如何影响气候变化的呢？

表 10-4　不同温度带森林景观类型中森林植被和森林土壤的碳储量（单位：Pg 碳）

森林景观类型	森林植被	森林土壤	文献来源
热带森林	159	216	Brown 等（1993）
温带森林	21	70～100	Heath 等（1993）
北方森林*	65	710 **	Apps 等（1993）
总计	245	996～1026	

* 亦称泰加林，** 包括泥炭沼泽的 440 Pg 碳。

表 10-5　不同作者对因热带森林景观破坏（毁林）而引起碳的年释放量的估值（Pg 碳/a）

时间	变化范围	平均值	文献来源
1850 年	—	0.06	Houghton，1992
1850～1935 年	0.4～0.6	0.5	Houghton，1992
20 世纪 70 年代	—	0.8	Houghton，1992
1980 年	0.4～1.6	1.0	Detwiler and Hall，1988
1980 年	0.52～0.64	0.58	Hall and Uhlig，1991
1980 年	0.9～2.5	1.7	Houghton et al.，1987
1980 年	—	1.3	Houghton，1992
1989 年	1.5～3.0	—	Houghton，1991
1990 年	1.2～2.2	1.7	Houghton，1992
1990 年	1.2～2.0	1.6	Dixon et al.，1994
1991～2050 年	—	3.3	Brown et al.，1993

第一，森林景观的破坏将导致森林植被中碳的直接释放。森林植被碳的释放因树木用途的不同而有所差别。① 当树木被燃烧时（如刀耕火种），植被中的大部分碳立即以 CO_2 的形式释放到大气中。此外，燃烧还释放 CH_4、N_2O 和 CO 等痕量气体。甲烷在热带雨林燃烧中的释放量约为 CO_2 释放量的 0.5%～1.5%（Crutzen et al.，1985）。因此，由于毁林而直接向大气中释放的 CH_4 每年约为 10 Tg 碳（1 Tg＝10^{12} g），虽然其释放量远低于 CO_2 的释放，但是甲烷的分子吸热效应远大于 CO_2，如果 4% 左右的碳以 CH_4 形式释放，其增温效应就与 CO_2 相当。② 当树木用作家具、建材等木制品时，碳的释放非常缓慢，而且有机碳的损失也很少，通常小于 20%。③ 此外，还有一部分存留在地表，经腐烂分解而释放或转变为土壤有机碳。

第二，森林景观的破坏对其土壤碳库产生巨大的影响。森林的消失改变了土壤表面的小气候，Shukla 等（1990）对亚马孙热带雨林毁林后对气候影响的研究表明，毁林造成地表温度升高 1～3℃，从而加快了土壤有机碳的分解速率，而森林的清除又使土壤的碳库失去了补充，因此，毁林也引起土壤碳库的大量损失。一般认为，森林景观转化为农业景观其土壤碳库损失约 25%（Schlesinger，1986；Detwiler，1986），而且大部分都是直接释放到大气中。由于森林土壤碳库几乎是森林植被碳库的两倍，因此这种损失是相当可观的。表 10-6 是热带地区各景观类型中的碳含量，由此我们可知森林景观的转变对于景观中碳的损失是巨大的。如果其损失的碳全部释放到大气中，就足以明

显地增加大气中的 CO_2 浓度，引起全球气候变化。

表 10-6　世界主要热带地区各森林景观类型中植被和土壤的碳含量（Houghton et al., 1987）

地区	森林类型	植被中的碳含量/(10^3 kg/hm^2)			土壤中的碳含量/(10^3 kg/hm^2)		
		原始林	次生林	农业	原始林	次生林	农业
美洲	雨林	82（176）	33（70）	5	100	90	70
	季雨林	85（158）	34（63）	5	100	90	70
	干雨林	27（27）	11（11）	5	69	62	48
非洲	雨林	124（210）	50（84）	5	100	90	70
	季雨林	62（160）	25（64）	5	100	90	70
	干雨林	15（90）	6（36）	5	69	62	48
亚洲	雨林	135（250）	90（90）	5	120	108	84
	季雨林	90（150）	50（50）	5	80	72	56
	干雨林	40（60）	35（35）	5	50	45	35

注：植被中括号外的数据依据蓄积量推算，括号内的数据根据直接测定计算。

第三，森林景观的破坏，可能引起洪水的泛滥，导致湿地景观面积的增加，从而增加 CH_4 的排放源。热带森林景观转变为农业景观（水稻田）和草地景观（牲口的养殖），也增加了 CH_4 的排放，据估计，这二者的年排放量分别为 60～170 Tg 碳（Cicerone and Orenland，1988）和 40～70 Tg 碳（Lerner et al.，1988；Crutzen et al.，1986）。而由于热带森林砍伐所引起的直接和间接排放的 CH_4 为 155～340 Tg 碳/年，约占全球 CH_4 排放量的 35%（Houghton，1990）。

第四，森林景观的破坏还有可能改变全球水循环以及地表反射率等，从而直接引起气候变化。研究表明，森林景观的反射率为 12.5%，而草地景观的反射率为 21.6%（Shukla et al.，1990）。

（2）森林景观的重建。由于森林景观（尤其是热带森林景观）具有较大的生产力和生物量，同时在维护土壤碳库方面也起着重要的作用。因此，在温室气体减缓对策中，除了控制温室气体的排放外，人们普遍认为大面积的植树造林是一个行之有效的方法（Costa，1996）。目前，许多科学家认为，造成 CO_2 "失汇"的主要原因是人们缺乏对陆地生态系统的正确了解所引起的，尤其是对温带森林的评估（Heath et al.，1993；Trans et al.，1990）。我国由于大量地植树造林，一些地区的森林景观得以恢复，森林面积也不断增长，在 20 世纪 70 年代至 90 年代初期的近 20 年间，我国因植树造林而从大气中吸收的碳为 0.45 Pg，平均每年吸收 26.5 Tg 碳（刘国华等，2000），占我国化石燃料燃烧所释放的 CO_2 的 3.8%～4.2%（刘国华和傅伯杰，2000）。由此可见，广泛地植树造林可以减缓大气中 CO_2 浓度的增加。此外，由于森林对水循环及地表反射率的改变，也可以影响到局地乃至全球气候。

2. 湿 地 景 观

湿地是自然界中一种非地带性景观类型，全球湿地面积约有 5.3×10^6 km^2，主要分布在热带、温带和寒温带地区以及沿海滩涂，不同地带湿地景观的结构组成和基质有着很大的差别，如寒温带的湿地景观主要以富含泥炭的沼泽为主，而低纬度地带湿地景观基质中的碳含量则要小很多。

湿地景观之所以在全球气候变化中处于重要地位，是因为湿地景观是大气中 CH_4 的主要来源。前面已经提到 CH_4 是大气中重要的温室气体之一，其增温效应远大于 CO_2，因此，大气中 CH_4 浓度的少量变化就足以引起全球气候的显著变化。甲烷的主要来源包括反刍动物（15%）、水稻田（20%）、化石燃料开采（14%）、生物质燃烧（10%）、自然湿地（21%）、白蚁和垃圾填埋等（Cicerone and Oremland，1988），由此可见，湿地景观在 CH_4 的排放中占有很大的份额，其变化对于大气中的 CH_4 浓度具有较大的调节作用。

湿地景观的变化主要是由人类活动所引起的。一方面，人类为了生产的需要，对自然湿地进行排灌，使湿地景观转变为农业景观，从而造成湿地景观的萎缩；另一方面，由于森林砍伐，造成洪水泛滥，使流域下游地区的低洼地转变为湿地景观，使湿地面积扩大。但是，总体来说，全球湿地景观的面积在不断地萎缩，如我国自新中国成立以来湿地面积减少了将近 20%，尤其是东北三江平原大量的湿地景观已被农业景观所取代。湿地景观的萎缩，对 CH_4 排放的影响首先表现在 CH_4 排放源的减少；另外，由于湿地的温湿条件改变，导致 CH_4 释放的条件发生改变，CH_4 释放要求土壤中要有足够的水分条件，从而减少土壤中的空气，使土壤中的甲烷厌氧菌不被氧气所抑制而具有足够的活性，加速了湿地中 CH_4 的释放速率。而湿地的变化则改变了这些条件，使土壤空气增多，从而也增加了土壤中的氧气，使甲烷厌氧菌受到抑制而活性减小，因此，导致 CH_4 的释放速率下降。但是，由于湿地景观中一般土壤的含碳量较高，土壤中氧气的增多，反过来又激活了好氧呼吸细菌的活性，从而加速了土壤有机碳的分解速率，使得土壤中的有机碳以 CO_2 的形式大量释放到大气中。由此可见，湿地景观的变化不仅造成 CH_4 排放源的改变，而且也可以改变土壤碳库的释放形式，因此而改变大气中各痕量气体的化学组成及其浓度，从而对全球气候变化产生影响。

3. 农 业 景 观

农业景观是一种人为或人工管理景观类型，是人类改变自然景观的一个重要发展阶段。在人类控制下，农业景观是一个相当稳定的类型，如我国中部地区的一些农业系统已有几千年的历史。农业景观由于其产出量大，为人类的生存和发展提供了最基本的、稳定的物质条件（如食物等），使人类摆脱了原始的狩猎生活，因此农业景观的出现和形成是人类发展历史上一个重要的里程碑。然而，随着人口增多，耕地压力越来越大，人们不断地通过毁林垦荒来扩展农业景观的面积，造成全球范围内森林、草地和湿地等自然景观的破坏和萎缩，同时由于现代农业中大量化学肥料以及能源等的使用，改变了农业景观中的物流和能流，所有这些因素不仅造成区域生态环境恶化（如水土流失等）、生物多样性丧失、农业用地质量下降（土地退化）以及土地生产潜力降低等，同时也可能对全球气候变化产生一定影响。

首先，我们在前面提到过农业景观中的土壤碳含量是最低的，仅为森林景观的 3/4

左右，也远低于湿地景观和草地景观。因此，由森林、草地和湿地等自然景观转变为农业景观将导致原有景观中的碳库大量损失，并以 CO_2、CH_4 等温室气体的形式排放到大气中，从而增加大气中温室气体的浓度，这是农业景观由自然景观扩展的必然结果。

其次，人们在农业生产中大量地使用化肥，造成土壤中人工物质的增加，导致土壤微生物的活性加强，加速了土壤碳库的释放。化肥的使用也是大气中 N_2O 气体的主要来源，它也是温室气体的一种，与 CH_4 一样，其分子吸热效应也远大于 CO_2，因此即使 N_2O 的浓度增加很少，其增温效应也可以与 CO_2 的增温效应相当。而有机肥的使用则增加了 CO_2 排放源的量。可以说在农业生产中化肥及有机肥等肥料的不断使用，是促使农业景观中 CO_2、CH_4 和 N_2O 等温室气体源源不断排放的主要原因。

再次，农业景观中人工湿地的增多也增加了温室气体的排放源，尤其是水稻田的不断扩张，使大气中 CH_4 的来源在不断地增加。有关研究表明，自 1940～1980 年，全球 CH_4 的释放由每年 283 Tg（$1Tg=10^{12}g$）增加到每年 423Tg，增加了将近 49%，而水稻田 CH_4 的年释放量增加了 83%（Bolle et al., 1986），达到 $60(20～150)×10^{12}$ g（Watson et al., 1992）。与此同时，全球水稻田的面积增加了 41%（Burke and Lashof, 1990）。由此可见，人工湿地景观的增加是这一时期大气中 CH_4 浓度增加的主要原因之一。

最后，农业景观转变为种植园、草地以及农业撂荒地等景观类型，则可以吸收大气中的 CO_2，使之以碳素的形式在景观系统中积聚。虽然这些类型的景观中碳储量要达到以前各自然景观中的水平需要很长的时间，但由于与农业景观相比其系统中的碳库在不断累积，因此这种类型的转变还是可以对大气中 CO_2 等温室气体浓度的增加起到一定的缓解作用，从而减缓其温室效应。

此外，农业景观中大量灌溉系统的使用以及农业生产的需水程度也将改变陆地上水循环的模式，从而影响陆地水分的分布状况；而地表反射率的改变将影响其能量的分配，这些都对全球气候变化产生不同程度的影响。

总之，由于生存的需要，人类通过对农业景观的扩展和弃耕以及农业景观中各类型的转变，从而影响到大气的化学组成和各温室气体的浓度，进一步引起全球气候的变化。

4. 荒 漠 景 观

荒漠景观是对应于干旱气候条件下的一个自然景观类型。但是，人类活动的影响加剧了荒漠景观的扩展，不仅使其本身成为一个全球性环境问题，而且也可能给局地和全球气候变化带来一定的影响。首先，由森林、草原或农业等景观类型向荒漠景观的转化，不仅使其生产力（即 CO_2 固定能力）降低，而且也使原有景观类型中大量碳库丧失，以 CO_2 的形式排放到大气中，从而增加大气中 CO_2 浓度，使温室作用加强；其次，荒漠景观的扩展改变了地表反射率，导致大气中能量的重新分配；第三，荒漠化的发展，增强了土壤的蒸散作用，对大气中的水汽含量及局地或全球水循环产生一定的影响；第四，荒漠化的发展，也可能使大气中尘埃等固体微粒含量增加，对太阳的辐射起到一定的阻挡作用而减缓地面温度的升高。

5. 城 市 景 观

城市景观发展经过了漫长的历程，是人类社会最为完善的人文景观，可以说城市的发展是人类社会文明进步的标志。与自然景观和农业景观相比较，城市景观具有其独特的物流和能流，城市景观功能的维持，主要依靠大量的物质和能量的输入，如食物、商品、水、太阳能和化石燃料等，同时，输出大量的污水、固体废弃物和废气以及温室气体等污染物。由此可见，城市景观的发展也给区域和全球环境带来很多负面影响。其主要表现在以下几个方面。

（1）城市的发展不断地侵吞其周边的土地，是当前耕地资源减少的主要原因之一，给粮食生产带来巨大压力。

（2）城市的道路和建筑物由于大量地使用混凝土及玻璃等材料，增加了地表的反射率，造成局地增温效应，这就是人们所说的"热岛效应"。

（3）由于城市景观中大量化石燃料等能源的输入和使用，并释放出大量的 CO_2 等温室气体和其他大气污染物，尤其是大气中氯氟烃类的出现，这些污染物不仅对局域气候产生影响，而且也对全球气候的变化有相当大的影响。

（4）城市景观所输出的固体废弃物（如垃圾）也是城市化的主要问题之一，它不仅直接影响到景观，尤其是城郊景观，而且也是大气中 CH_4 的主要来源之一。据估计，全球由于垃圾填埋每年所释放 CH_4 的量为 30（20~70）×10^{12}g（Watson et al., 1992）。

（5）城市景观中大量污水的输出也会影响到其周围的景观，造成土壤退化；而且生活污水也导致每年释放出 $25×10^{12}$g CH_4（Watson et al., 1992）。

目前，全球城市化进程还在不断地加快。据估计，在 21 世纪初期，世界上城市人口将达 30 亿，其中大多数人将生活在 60 座人口超过 500 万的大城市，这将给全球的资源与环境造成很大的影响，使大气污染日益严重，同时，也给全球气候变化产生不可低估的影响。

10.3 景观变化对全球气候变化的响应

10.3.1 全球气候变化对景观变化的影响

1. 海平面上升对海岸景观的影响

海平面升降，实质上是第四纪以来，特别是全新世以来，海侵活动与地壳升降活动相互作用的结果，因此，海平面的升降活动，应该说是属于自然界的一种正常的地质现象（陈梦熊，1993）。但是，由人类所引起的温室效应正在快速地改变这种地质现象，据统计，近百年来随着全球气温升高 0.3~0.6℃，全球海平面上升了 10~20cm（Wigley and Raper，1993）。气候变化对海平面上升的影响主要是因为气温升高导致高山冰川和两极冰盖的融化以及海水体积的膨胀（图 10-6）。

虽然气候变化和由此而引起的海平面上升还有很多不确定因素，迄今为止各个模型

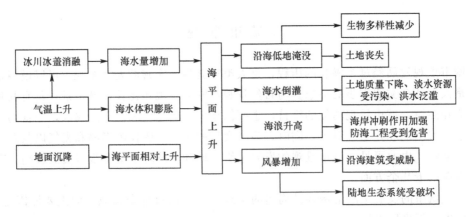

图 10-6　海平面上升的原因及其后果

预测未来气候变化所引起的海平面上升的数值也不尽相同，但有一点可以肯定，即全球气候变暖的一个直接后果是将导致全球海平面上升。一般认为，至 21 世纪中叶，大气中二氧化碳的浓度将增加一倍，全球平均气温将升高 1.5～4.5℃，而海平面可能上升 20～165cm；如取中位，当全球增暖 3℃时，海平面可能上升 80cm。令人不安的是，世界上大约有 1/3 的人口生活在沿海岸线 60km 范围以内。沿海地区的经济大多比较发达，世界上的许多城市也都位于沿海江河入海口的附近，如美国的纽约、日本的东京、我国的上海等。江河入海口附近的三角洲平原大都是富饶的鱼米之乡，经济繁荣，人丁兴旺。因此，未来海平面的上升将给全球社会-经济-环境带来一系列严重的后果（图10-6），而沿海地区受到的冲击将尤为严重，这无异于给人类当头一棒。

1）沿海低地景观的淹没

随着海平面上升，目前沿海地区高出海平面的低地景观有可能被海水淹没，消失在碧波白浪之中，使大量的土地资源流失，其中受影响最大的是沿海地区的湿地景观，据估计海平面升高将会使美国沿海 25%～80% 的湿地景观被淹没（Smith and Tirpak，1989）。此外，世界上不少沿海城市的海拔都较低，一旦海平面上升，这些城市地区就有被淹没的危险。而一些地势较低的国家，如世界闻名的"低地之国"荷兰，约有 1/3 的国土海拔在 1m 以下，一旦海平面大幅度上升，要么任其被海水淹没，要么花费巨额投资提高和加固拦海大堤，以便保护这些低地，无论如何，荷兰都将付出巨大的代价。我国受海平面升高的影响也将十分严重，我国海岸线长达 18 000km 以上，是世界上海岸线最长的国家之一，据估计，海平面上升 100cm，我国长江三角洲海拔 2m 以下的1500km² 低洼地将受严重影响或淹没；珠江三角洲估算海平面上升 70cm，海拔低于0.4m 的低地 1500km² 将全部被淹没；渤海湾西海岸海平面上升 30cm，估算淹没低地的面积将达 10 000km²，天津市被淹没地区将占全市面积的 44%。此外，海平面上升0.5m，我国沿海 5000 多万亩的滩涂将损失 24%～34%，如上升 1m，损失率将达44%～56%（杨桂山和施雅风，1995）。

2）海平面上升对沿海低地景观的影响

现有的海岸建筑物和港口均是依据当前海平面而设计的。一旦海平面上升，现有的港口设备和海岸建筑物或是被海水淹没，或是遭受到强烈的侵蚀和冲刷。此外，大片低地受海水浸没会导致地下水位上升，使地基软化，也会对沿海地区的建筑物构成威胁。虽然有些沿海地区不会因海平面上升而直接淹没，但当海平面上升时，这些地区的海滩和海岸也会由于海浪的无情冲刷而受到影响。据估计，当美国东海岸海平面上升100cm时，海岸维持工程的耗费高达几百亿美元。沿海滩涂是人们发展水产养殖业的地方，如贝类养殖等，一旦海平面上升，原有的生产体系和设施就会受到影响。

3）土地退化

在沿海一些低平地区，即使没有受到海水的直接淹没和冲刷，但由于海平面升高，地下水位也会上升，并有可能导致土壤盐渍化，从而致使土地退化，甚至不得不荒弃。

4）海水倒灌与洪水加剧

在江河入海口，河水与海水发生剧烈的冲撞，此消彼长。当海平面上升时，海水就会沿着河道倒灌，河水也堆积壅高，淹没沿海低地，加剧海岸冲刷。特别是在汛期季节，洪水排泄不畅，会严重威胁沿河两岸人民的生命财产安全。海水倒灌，咸水入侵，将导致江河水的含盐量增加，据估算，珠江三角洲海平面上升40～100cm，各海区0.3‰等盐度线入侵距离将普遍增加3km左右（陈梦熊，1996）。

5）风暴加剧

虽然风暴形成有其复杂的原因，但是许多科学家相信气候变化和海平面上升，将使风暴发生的强度、频率、持续时间和分布范围呈增长趋势（Michener et al., 1997；Raper，1993；O'Brien et al., 1992；Emanuel，1987）。近几十年来，我国的统计资料也表明风暴灾害呈明显增长趋势，其所造成的损失逐年增加。据估算，渤海湾西岸相对海平面上升90cm，将导致现在百年一遇的风暴变为20年一遇；而在长江口或珠江口岸段，相对海平面上升50cm，将使现在百年一遇的风暴变为10年一遇（陈梦熊，1996）。Emanuel（1987）推测CO_2倍增所引起热带海洋的升温将有可能使飓风的破坏强度增加40%～50%。风暴的发生有正反两面的影响，台风往往给内地一些地区带来雨水，有利于农业生产。例如，在加勒比地区和美国东南沿海，一次飓风或热带风暴就可带来5%～40%的降水，而这些地区大部分就是依靠这些"偶尔事件"来维持其地区年际水分平衡（Michener et al., 1990），如果没有这些降水，很多地区将爆发频繁的干旱，使这些地区景观类型发生完全的改变；但是，大量的降水也能导致洪水泛滥，引起滑坡、水土流失以及强烈的沟蚀作用，使景观的类型和结构发生变化，给国家和地区经济造成严重的损失。风暴的加剧对于沿海地区来说，其危害是巨大的，它不仅严重破坏沿海地区的人文景观（如乡村），而且能够改变沿海湿地景观的水文、地貌、生物结构、能源及营养循环等（Michener et al., 1997）；此外，风暴也可能对陆地森林景观的结构和功能形成一定的破坏作用，尤其是对热带雨林景观（O'Brien et al., 1992）。

6）对岛屿景观的影响

如果目前预测的海平面上升值正确的话，全球有数千个岛屿将不复存在。那些没被淹没的大洋中的岛屿很容易受飓风侵袭，其频繁程度和强度将随全球性变暖而增强。岛屿上的淡水主要是从地下水获得的，但由于海平面升高，要遭到海水的污染，饮用水和农业灌溉用水将发生困难，因而供人类和生物生存的环境更加恶劣，原来美丽的洋中景观可能会退化为荒岛。

海平面上升，将使许多岛屿上的野生动物和水产受到严重威胁，因为这将减少地势较低的湿地面积，特别是沿海红树林沼泽将受到较大影响，不仅鱼虾、螃蟹、鳄鱼和海龟的栖息地减少，而且由于洪水淹没巢穴，造成卵的大量死亡，使繁育的成功率下降。

此外，海平面升高对珊瑚礁种类有极大的危害。珊瑚礁是海洋环境生物多样性最为丰富的景观单元，珊瑚生长的地方对光照与水流组合有严格的要求，如果海水按预计的速度升高。每世纪升高 1m 或每年升高 10mm，生长最快的珊瑚也不能适应这种变化（Gigg and Epp，1989）。许多珊瑚礁就不能与海水升高的速率同步增长，由此导致大量的珊瑚沉没以致最后死亡。即使生存下来，它们缓慢的生长速度也不能使物种维持多久，最终必将消失。与此同时，海水温度的升高同样对珊瑚产生极大的危害，1982 年和 1983 年太平洋异常高温就使与珊瑚共生的藻类死亡，珊瑚出现严重饥饿，由此导致 18m 深处 70%～95% 的珊瑚大量死亡（Shinn，1989；IUCN/UNEP，1988）。

2. 全球气候变化对景观单元中物种流的影响

理论上说，当温度升高时，物种就向两极方向推进而占领新的生境，同时它们的分布范围往往向远离赤道的方向发展，因为原来栖息地的条件已变得迥异。因此赤道生物就把它们的分布范围扩展到从前温带物种生存的地区，而温带物种也同样扩展到从前北方群落生长圈的一些地区。而且这一现象已从古生物和古气候方面的资料得到进一步的证实。因为，全球变暖并不是一个新现象，在过去的 200 万年中，地球就经历了 10 个冷暖交替循环（Gates，1993）。在暖期，两极冰盖融化，海平面比现今要高，物种延伸其分布接近极地，并迁移到高海拔地区，相反在变冷过程中，冰盖扩大，海平面下降，物种向着赤道的方向和低海拔地区移动，无疑许多物种会在这个反复变化的过程中走向灭绝，今天地球上的物种就是这些变化过程后生存下来的产物。物种的迁移取决于多种因素，如物种的扩散能力、种子的生存和萌发能力、生境条件、物种间的相互影响以及人类活动的影响等。如果对于 21 世纪气候变暖的预测是正确的话，全球范围内将发生大规模的物种迁移。有关预测表明，北美东部落叶阔叶林的物种为了适应气温（升高 2～6℃），它们将会向北迁移 500～1000km，或者说每年以 5000～10000m 的速度向北迁移（Davis and Zabinski 1992；Davis，1990）。但是，当最近的更新世的冰期过后，气温回升，树木也才以每世纪 10～40km 的速度或者以每年 100～400m 的速度迁移回到北美。依据自然扩散的速度计，许多物种似乎不能以高的迁移速度跟上气候的变化速度。尽管一些物种，如孢子植物，也许能达到这个速度，但是人类活动造成的生境破碎化，如居民点、防洪工程以及水库等将成为物种迁移的障碍，可能会导致物种的迁移速率降低，使它们难以到达适于自己生存的环境（Graham at al.，1990；Peters，1988；Peters and Darling，1985）。所以，如果没有人类的帮助，许多分布局限或扩散能力差的物种在迁移过程中会走向灭绝，只有分布范围广泛容易扩散的物种才能适应新的环境，建立自己的群落。

尽管动物是运动的，但一些动物的分布却受到了特定植物分布的限制，因此它们的扩散速度在很大程度上取决于共存植物，即使动物在生理上能够大规模迁移，其行为也往往会限制它的分散，如许多热带密林中的鸟类不能穿越非常窄的森林地带。

由于物种为了适应气候变化而以不同的速率迁移，因此，景观单元中的物种流可能会分离成为若干个单一的物种，从而影响整个景观生态系统中的物质流、能量流和物种流。

10.3.2 不同景观类型对气候变化的响应

无论是景观类型、格局还是景观的结构及功能（能流和物流）都与气候存在着密切的关系，一定的景观类型分别对应于一定的气候环境。因此，气候格局发生变化，也必然会引起原有景观生态系统类型、结构和功能发生相应的改变。

1. 森 林 景 观

由于森林景观对于维系地球生命系统的平衡具有不可替代的作用，因此，人们对于全球气候变化的影响更关注于森林景观对气候变化的响应。一般认为，随着全球气候变暖，现有的森林景观格局将发生改变，森林带将向极地和高海拔方向扩展。迄今为止的模型预测几乎都表明，全球气候变化将导致全球森林面积的减少。但是，对于不同的森林景观变化的方向和程度将会不同。

1) 森林生产力

森林生产力是衡量树木生长状况和生态系统功能的主要指标之一。大气中 CO_2 浓度上升及由此而引起的气候变化将改变森林的生产力。一般认为，CO_2 浓度升高对植物将起到"肥效"作用，因为在植物的光合作用过程中，CO_2 作为植物生长所必需的要素，其浓度的增加有利于植物通过光合作用将其转化为可利用的化学物质，从而促进植物和生态系统的生长与发育。目前，大部分人工控制环境下的模拟试验结果也表明 CO_2 浓度上升将使植物生长的速度加快，从而对植物生产力和生物量的增加起着促进作用，尤其是对 C_3 类植物增加的程度更大（Centritto et al., 1999; Fritschi et al., 1999; Bazzaz et al., 1990, 1993; Diaz et al., 1993）。但是，并不是所有的植物都对 CO_2 浓度升高表现出一定的敏感性，也有一些研究表明：即使在高水平营养供给下，同样还有许多物种对 CO_2 浓度的升高没有反应（Oechel et al., 1994; Wisley et al., 1994; Oberbauer et al., 1986）。此外，CO_2 浓度升高对植物的影响与其所在的生物群区、光合作用方式和生长形式有关。Wisley（1996）分析了目前的有关研究发现：来自热带和温带生物群区的植物比来自极地生物群区的植物对 CO_2 升高的响应大；来自温带森林的物种比来自温带草原的物种对 CO_2 的响应大；落叶树对 CO_2 浓度升高比常绿树更为敏感。简言之，生长速率快的物种比生长速率慢的物种对 CO_2 升高的响应更大（Wisley, 1996; Loehle, 1995; Poorter, 1993）。然而需要指出的是所有这些试验几乎都是在人工气室中的盆栽试验，其试验时间相对较短（从数天到几年），而且有充足的养分和水分供给。此外，对于那些生长在野外的植物如何受 CO_2 浓度升高的长期影响还不是很清楚，尤其是有关木本植物影响的研究在盆栽试验中往往选择幼苗作为对象，而其成熟个体所受的影响是否与其幼苗一样也不清楚（Loehle, 1995）。一般认为，CO_2 浓度升高对森林生产力和生物量的增加在短期内能起到促进作用，但是不能保证其长期持续地增加（Wisley et al., 1994）。因为在竞争环境中生长的树木对 CO_2 升高的反应常常表现出比单个生长的树木的反应要小（Korner and Arnone，1992），而森林物种组成的长期变化也能间接地影响森林生产力（Bazzaz et al.，1993）。此外，CO_2 浓度的升高将使植物叶片和冠层的温度增加以及气孔传导率下降（Kimball et al.，1993；Surano et al.，1986），从而使植物受到热量的胁迫，使其生长被抑制。CO_2 所引起的温度升高似乎对植物的生长又将进一步产生负面作用，大气环流模型对气候的预测结果认为晚上的增温幅度将比白天要高，这样就可能使植物在晚上的暗呼吸作用加大，从而白白"耗费"大部分初级生产力；其次，温度的升高将增加土壤水分蒸发量，导致土壤水分下降，从而可能引起植物的"生理干旱"，限制植物的光合作用和生长速度（Paster and Post，1988）；此外，温度的升高还会增加土壤微生物的活性，加速有机质的分解速率和其他物质循环，改变土壤中的碳氮比，使植物的生长受到氮素缺乏的制约（Egli and Korner，1997；Rogers and Runion，1994）。因此，要准确评估 CO_2 浓度上升对森林生产力和生物量的影响还存在很大的困难，这不仅需要综合考虑各个影响因素，而且也要求我们进行长期的野外观测和试验。

2）森林生态系统结构和物种组成

森林生态系统的结构和物种组成是系统稳定性的基础，生态系统的结构越复杂、物种越丰富，则系统表现出良好的稳定性，抗干扰能力越强；反之，结构简单、种类单调，则系统的稳定性差，抗干扰能力相对较弱。千万年来，不同的物种为了适应不同的环境条件而形成了其各自独特的生理和生态特征，从而形成现有不同森林生态系统的结构和物种组成。由于原有系统中不同的树木物种及其不同的年龄阶段对 CO_2 浓度上升及由此引起的气候变化的响应存在着很大的差别。因此，气候变化将强烈地改变森林生态系统的结构和物种组成。气候变化可能通过以下途径使森林物种组成和结构发生改变。

温度胁迫：温度是物种分布的主要限制因子之一，高温限制了北方物种分布的南界，而低温则是热带和亚热带物种向北分布的限制因素。在未来气候变化的预测中，全球平均温度将升高，尤其是冬季低温的升高，这对于一些嗜冷物种来说无疑是一个灾害，因为这种变化打破了它们原有的休眠节律，使其生长受到抑制；但对于嗜温性物种来说则非常有利，温度升高不仅使它们本身无需忍受漫长而寒冷的冬季，而且有利于其种子的萌发，使它们演替更新的速度加快，竞争能力提高。

水分胁迫：虽然现有大气环流模型预测全球降水量将有所增加，但是由于不同地区和季节存在较大差别。此外，气温升高也将导致地面蒸散作用增加，使土壤含水量减少，植物在其生长季节中水分严重亏损，从而使其生长受到抑制，甚至出现落叶及顶梢枯死等现象而导致其衰亡。但是对于一些耐旱能力强的物种（如一些旱性灌丛）来说，这种变化将会使它们在物种间的竞争中处于有利的地位，从而得以大量地繁殖和入侵。

物候变化：冬季和早春温度的升高还会使春季提前到来，从而影响到植物的物候，使它们提前开花出叶，这将对那些在早春完成其生活史的林下植物产生不利的影响，甚至有可能使其无法完成生命周期而导致其灭亡。

日照和光强的变化：日照时数和光照强度的增加，将有利于阳性植物的生长和繁育，但对于阴性植物来说，其生长将受到严重的抑制，尤其是其后代的繁育和更新将受到强烈的影响。

有害物种入侵：有害物种往往有较强的适应能力，它们更能适应强烈变化的环境条件而处于有利地位。因此，气候变化的结果可能使它们更容易侵入到各个生态系统中，从而改变系统的种类组成和结构。

此外，气候变化还将通过改变树木的生理生态特性（如气孔的大小和密度、叶面积指数等）和生物地球化学循环等途径对不同物种产生影响。而不同物种的耐性、繁殖能力和迁移能力在新系统的形成中也起着重要的作用。总之，气候变化对森林生态系统的结构和物种组成的影响是各个因素综合作用的结果。它将使一些物种退出原有的森林生态系统，而一些新的物种则入侵到原有的系统中，从而改变了原有森林生态系统的结构和物种组成。这些影响对于那些极其活跃的不同森林生态系统之间的过渡区域可能尤为严重。

3）物种和森林分布

影响森林生态系统特点和分布的两个最为显著的气候因子是温度的总量和变量以及降水量。植被（物种）分布规律与气候之间的关系早就被人们所认知，并由此而提出一系列气候-植被分类系统（如 Holdridge 生命带、Thornthwaite 水分平衡及 Kira 温暖指数和寒冷指数等）。当前，人们正是基于气候与植被（或物种）间的关系来描绘未来气候变化下物种和森林分布的情形。而另一个有利于气候变化对物种和森林分布影响的证据是来自于全新世大暖期物种的迁移和灭绝，但是，与全新世相比，未来全球温度升高的速率更大，全球自然景观也因人类活动的影响而发生了巨大变化，因此，未来气候变化将给物种和森林的分布带来更为严重的影响。目前，大多数有关气候变化对森林类型分布影响的预测都是根据模拟所预测的未来气候情形下森林类型分布图与现有气候条件下森林分布图的比较而得到，其结果都认为各森林类型将发生大范围的转移（Smith et al.，1992，1995；李霞等，1994；张新时和刘春迎，1994；Emanuel et al.，1985）。例如，Smith 等（1995）利用 Holdridge 模型，根据 GCM 对气候变化的估测结果来预测未来植被分布的变化，他们发现森林类型的分布将发生相当大的转移。例如，北方森林转化为寒温带森林、寒温带森林转化为暖温带森林等，寒温带和热带森林的面积趋于增加，北方森林、暖温带森林和亚热带森林的面积则将减少。由于在不同的区域其未来气候变化的情形不一致，而不同的森林类型也有其独特的结构和功能等特点，因此，气候变化对各个森林类型的影响是不同的。

热带森林：一般认为，随着全球气候变暖，热带雨林的更新将加快。总体上，热带雨林将侵入到目前的亚热带或温带地区，雨林面积将有所增加，如李霞等（1994）对我国植被在不同气候变化条件下（温度升高 4℃，降水增加 10%；温度升高 4℃，降水不变及温度升高 4℃，降水减少 10% 3 种情况）的模拟预测认为：全球气候变化后，我国热带雨林的面积将显著增加。但是有些地区降水的减少也可能加速季雨林和干旱森林向热带稀树草原（savana）的转变。

温带森林：温带森林是受人类活动干扰最大的森林，地球上现存的温带森林几乎都成片段化分布，因此，未来气候变化对温带森林的影响是巨大的。一般认为，随着全球气候变暖，温带将向极地方向扩展，而温带森林也将侵入到当前北方森林地带，而在其南界则将被亚热带或热带森林所取代，同时由于温带内陆地区将受到频繁的夏季干旱的影响，从而导致温带森林景观向草原和荒漠景观的转变。因此，温带森林面积的扩张或缩小主要取决于其侵入到北方森林的所得和转化为热带或亚热带森林及草原的所失。目前大部分模拟预测都认为温带森林面积将减少（Smith et al.，1992，1995；李霞等，1994；Neilson，1993）。此外，由于温度的升高及夏季干旱频度和强度的增加，火干扰可能对未来气候变化下温带森林的变化起着决定作用。

北方森林：北方森林被认为是目前地球上最为年轻的森林生态系统，还处于不断地形成和发育之中，易于受到各种外部因素的干扰。而在未来的气候变化中，由于高纬度地区的增温幅度远比低纬度地区的增温幅度大，因此，目前的研究基本一致地认为气候变化对北方森林的影响要比对热带和温带森林的影响大得多，其面积将大大减少（Smith et al.，1992，1995；Neilson，1993）。

4）森林景观对极端灾害的响应

气候变化的一个间接结果就是可能使极端灾害（如火灾、虫灾、飓风和热带风暴等）的发生频率和强度增加。例如，夏季的高温和干旱条件使火灾发生的可能性增加；高温和高湿则将有利于一些有害昆虫的生长繁育；海温的升高也为飓风和热带风暴的发生提供了有利的条件。极端灾害的增加将对森林景观造成严重的威胁。火灾和虫灾的频繁发生将对温带森林景观的演替和发展造成严重的干扰和破坏，导致出现一些偏途演替群落，甚至造成森林景观的消失；而飓风和热带风暴对于热带雨林来说其破坏力是巨大的，它们对森林的结构往往起着决定作用。

总之，森林景观对气候变化的响应是多方面的、复杂的。要正确评价森林景观对气候变化的响应，就必须对景观的结构和动态、物质和能流的交换过程以及气候和森林间的相互作用进行全面和充分的了解。

2. 湿 地 景 观

气候的变化可能对湿地有特殊的影响。温度增加将增强湿地的蒸发作用，而降水量的多少和季节性变化对湿地系统中淡水量的多少具有深远的影响。虽然目前还很难确切地预测任何一个地方气候将怎样变化，但一定会有这样的现象发生，即现有的某些湿地系统，其蒸发速率大于回水速率，湿地变为旱地，与此相应的原有生态系统消失；由于气候变化及降水量、降水带的重新分布，在某些地方重新形成新的湿地系统，但要成为一个稳定的景观单元，还要漫长的发育过程。此外，由气候变暖而引起的海平面上升可能导致大量沿海湿地被淹没而消失。苔原永冻层的融化则有可能转化为泥炭、沼泽等湿地类型。另外，由于湿地生态系统具有极其丰富的生物多样性，湿地景观的变化或破坏将引起其生境的极大改变，从而对湿地景观中生物多样性的维持带来严重的威胁，甚至可能导致大量的物种丧失；而湿地景观的萎缩或丧失则将引起湿地蓄水调洪的能力下降。

3. 极地（苔原）景观

极地地区正遭受到来自人为因素所引起的气温上升的严重影响。在过去的一个多世纪中，全球平均温度上升了 0.3～0.6℃（Wigley and Barnett，1990），但是通过对树木年轮年代测定（Garfinkel and Brubaker，1980）、永冻层温度（Lachenbruch and Marshall，1986）和气候记录（Oechel et al.，1993）等数据的分析表明，在北极圈的阿拉斯加、加拿大西部以及西伯利亚中部等地的温度则普遍升高了 2～4℃。此外，大气环流模型预测也显示，在 21 世纪，极地将是人类所引起的温室效应中气候变化最为显著的地区（IPCC，1995）。因此，极地景观还将受到气候变化所带来的巨大影响。首先，温度的升高将使极地大量的冰盖融化，导致一些冰雪景观的消失。其次，温度的升高将使极地（苔原）永冻层融冻的深度加大，可能导致一些地势较低的地方转变为泥炭沼泽类的湿地景观。再次，为了适应气候的变化，一些北方森林将侵入到极地（苔原）景观中，从而使极地（苔原）景观的面积缩小。最后，在极地寒冷的气候中，温度的升高将有利于一些植物的生长，使植物的生长季节变长，从而增加极地生态系统的净初级生产力，但是，温度的升高也增加了植物的异氧呼吸（Shaver et al.，1992）；而且，土壤温度的升高以及永冻层融冻深度的加大，也增加了土壤微生物的活性，加快了土壤有机质的分解速率。因此，人们担心气候变暖将使极地成为一个新的碳源，向大气中释放大量的 CO_2 和 CH_4 等温室气体，从而对气候变化产生巨大的反馈作用（Roulet et al.，1994；Bartlett and Harriss，1993；Oechel et al.，1993；Christensen et al.，1991）。

4. 荒 漠 景 观

荒漠景观是指在干旱气候条件下形成的一种植被稀少、土地裸露的景观类型。它不仅受到气候因素的影响，而人类活动的加剧也成为荒漠化发展的一个主要的促进因素，如非洲撒哈拉地区和我国西北地区土地荒漠化的快速发展都是由于人类对土地的不合理利用而引起的。近几十年来，土地荒漠化已日益严重，成为全球所面临的主要环境问题之一。因此，未来气候变化对荒漠化的影响也成为人们关注的焦点。由于气候变化将导致降水量和降水格局的改变，将使一些草原或疏林景观转化为荒漠景观，原有的一些荒漠化地区也有可能因为水分条件的改善而转变成草原景观。现有对我国的有关研究认为：我国荒漠化的面积将增加 1/3，而寒漠将完全消失（李霞等，1994），尤其是在青藏高原荒漠化的趋势十分强烈（张新时和刘春迎，1994）。可见，对于一些地区来说，即使忽略人类活动因素的影响，其荒漠化进程也将是不可避免的。荒漠化面积的扩展，可能会通过改变地表反射率影响能量的分配以及强烈的蒸散作用影响地球水循环，进而影响到区域气候甚至全球气候的变化。

5. 山 地 景 观

由于山地的海拔高度、地势结构和地形复杂，使得它们成为气候系统的重要组成部分，它们对大气流形造成影响，是中纬度地区气旋产生的一个主要触发机制。山脉作为世界上许多大的河流系统的发源地，也是地球水循环的一个重要组分。此外，山脉对其附近云和降水的形成也有影响，而它们又是热量和水分垂直输送的间接机制。因此，山地系统的气候相当复杂，要准确了解这种气候特征是非常困难的。正是山地系统这种复杂的气候和地形等因素，才形成了多种多样的山地景观类型。由于寒冷山区的冰雪景观接近融解状态，它们对大气环境的变化特别敏感，因而逐渐引起人们对全球变化可能导致山地景观类型变化的关注。山地景观类型对气候变化的响应可能有以下几个方面。

（1）冰雪景观退缩：随着气候变暖，由于冰雪的消融，山区的冰川和雪线都将退缩上移。有关研究表明，在未来100年内随着温度预计升高4℃，全球现存的高山冰川很大一部分（1/3～1/2）将消失（Kuhn，1993；Oerlemans and Fortuin，1992）。随着冰雪的消融，山地永冻层的融冻深度也将加大。

（2）山地森林景观上移：气候的变化将使各垂直带向上位移，从而导致各垂直带上的森林景观也向上迁移，林线升高，森林景观的面积将有所扩大。例如，张新时和刘春迎（1994）对青藏高原的研究表明，在温度升高4℃，降水增加10%的情况下，高原东南部的森林面积将增加6.4%，尤其是热性和温性森林的面积将显著增加。但是，对于没有足够高度的山体有可能会导致寒性针叶林的消失；此外，冰川消融所遗留的冰渍沉积物也会成为森林向上迁移的障碍。

（3）高山草甸景观的变化：随着气候的变化，高山草甸景观的面积将减少，一方面，其下部由于寒性针叶林的入侵而被取代；另一方面，其上部由于受土壤条件的限制而无法扩展。

（4）对山地周围其他景观类型的影响：冰雪消融以及降水量空间和季节的变化，将对起源于山区的河流水系产生影响，从而影响到其周围及下游的景观类型，这种影响既可能有利（如能源生产、农业灌溉）又可能有害（如洪水的泛滥）。此外，冰雪消融和降水增加有可能导致雪崩、岩崩和泥石流等，尤其是在大于25°的坡地上，其危险更大。

6. 农 业 景 观

农业景观对气候变化的响应主要是现有的农业景观格局由于各地区水热条件的改变而发生的改变。如前面所述，气温变暖将使现有的温度带向两极方向位移，农作物及耕作制度也将发生相应的变化，但是在人类的帮助之下，农业景观对这种变化的适应与自然景观相比要容易得多，物种迁移也不会受到太多的限制。

对未来气候变化对农业的影响人们更多地关注于粮食产量的变化，因为全球持续不断增长的人口增加了对粮食生产的需要，这直接关系到人类自身的生存和发展。现有的研究一般认为，气候变化对全球农业总的生产不会有很大的影响，甚至有轻微的增加。但是在地区之间却存在着很大的差别，一些国家和地区可能会因气候变化对农业生产气候条件的改善而获益；而一些国家和地区则可能会因为气候条件的恶化以及农耕地的丧失而遭受到惨重的损失，尤其是小岛农业、干旱及半干旱地区的农业可能特别敏感。

大气中CO_2浓度的增加，对于许多C_3类的杂草来说可能会从中受益，因为它们具有较高的CO_2补偿点，但是对于CO_2补偿点较低的一些C_4类农作物（如甘蔗、玉米和高粱等）来说，其生长可能受到抑制，从而有可能使杂草大量侵入到作物中，使作物的生长和产量进一步受到影响。气候变暖也将会导致有害昆虫大量生长繁殖，从而使虫灾的爆发变得更加频繁，使农业生产受到严重影响。

10.4 景观生态学在全球变化研究中的应用

10.4.1 景观尺度上全球变化的研究

生态系统是指相互作用的生态单元，通常包括一系列功能不同的生物体和变化的非生物环境。生态系统本身并不包含任何特定的空间概念，但是由于生态系统间相互交错、相互渗透，生态系统常在不同的尺度上得到体现。全球变化研究的核心问题是探讨土地利用变化和气候变化对生态系统的影响及其反馈机制以及人们在未来气候（环境）变化下所要采取的适应性管理对策。因此，与传统的生态模拟相比，有关全球变化对生态系统影响的模型模拟都是以大尺度（全球或区域尺度）的空间格局及其动态变化作为主要的研究对象。然而大尺度的生物地理模型都应从模拟小尺度的生态过程开始，并最终校正到大尺度的地理格局上，因此，研究尺度的选择是全球变化研究中所面临的主要问题之一，这关系到各种尺度之间的转换以及大尺度模拟的精确度。由此可见，如何建立能够抓住所有尺度上的重要过程的简单的模型结构是问题的关键所在，这就要求我们对各种尺度应有所了解，而以下 3 种尺度在研究中是至关重要的，即斑块、景观和区域。

斑块：斑块是指可作为同质处理的土地单位。它具有生态系统的特性，其空间尺度通常为十几米到上百米（几百平方米至上万平方米）。

景观：景观是由一系列具有不同生物和非生物结构的不连续的斑块所组成（Pickett and Cadenasso，1995），它是一些异质性土地类型、植被类型以及土地利用系统的镶嵌体（Urban et al.，1987），其地理跨度从几公里到十几公里（即几平方公里至几百平方公里）。

区域：区域是由大量景观单元组成，其空间尺度一般至少为 100km（10 000km^2），可大至几个 GCM 的网格单元（每个网格单元为 500km）。

以上这些不同的尺度在空间上形成了一个等级序列，而景观尺度在这一空间等级序列中起着承上启下的作用。此外，许多重要的生态过程，如气体交换、干扰、物种的扩散和迁移、养分循环、痕量气体释放以及水分交换等都发生在景观的尺度上，而这些生态过程对全球变化影响的动态模拟至关重要，因而在景观尺度上开展全球变化的研究显得尤为关键。

与传统的生态学强调过程的同质性不同，景观生态学则将空间异质性看成是生态系统中的主要因果要素，并认为系统的空间动态和生态学所关注的系统的时间动态同等重要（Pickett and Cadenasso，1995）。因此，景观格局在时空尺度上的动态变化是其研究的一个主要方向。

由于大气组成的变化、特别是 CO_2 浓度的增加以及气候变化将在景观水平上对生态系统结构和组成产生显著影响。在此尺度上人类活动造成的土地利用变化及与此相关的地面覆盖的变化都将对生态系统的结构和组成产生深远的影响。而景观格局的变化在一定程度上反映了土地利用变化状况以及干扰类型和程度，此外，景观格局的变化将对物种的迁移和扩散以及养分循环和痕量气体的释放等产生巨大影响。因此，了解和模拟景观格局的动态变化将对预测全球变化对生态系统的影响及生态系统的反馈机制具有重要作用。但是，由于自然界中生态系统的复杂性和多样性，要进行全面而细致的研究是不可能的，这就要求依据其特性划分不同的功能类型，在不同的类型中选择一些典型区域和类型对环境因素（如温度和降水）、生态系统结构和组成、生物地球化学循环以及水文动态等方面的变化进行长期的观测和研究，并利用这些研究成果，结合景观格局（斑块）的动态变化状况，建立斑块尺度的生物地球化学循环和水文等生态过程的模型，进行斑块动态的模拟，从而为景观和区域等更大尺度上生态系统动态变化的模型建立提供良好基础。然而，从斑块尺度建立景观及区域模型并非简单的模型聚合过程，因为一些生态过程可能体现在更大的尺度上，如物种的迁移和扩散就往往体现在景观尺度上。

物种的迁移和扩散是确定植被组成在全球变化条件下如何变化的一个重要生态因子，物种的迁移速率除取决于其本身的能力之外，环境因素也起着极其重要的作用，景观的破碎化对物种的迁移起着很大的阻碍作用，因此，在区域或全球尺度上模拟物种的迁移过程或植被的变化时应考虑景观动态变化所带来的影响，而在以往有关物种迁移和植被变化的模拟研究中都忽略了这些因素所产生的影响，所以，很难反映出物种迁移和植被变化的真实情形。为了准确地体现出其未来变化的情形，就必须在景观尺度上加强对物种迁移、扩散和竞争机制以及景观格局的变化所带来的影响等方面的研究，从而建立一些景观尺度上的模型。例如，景观转换模型（landscape-transition model）利用细胞自动机（cellular-automata）方法（该方法在空间模型中主要是追踪各位置间的相互作用）来发现植被边界的地点、大小、形状和组成的变化，该模型在土地利用变化和气候变化的结合中得到了很好的利用（Gardner et al.，1994；Schwartz，1992；Turner et al.，1991）。此外，Gardner 等（1994）也发展了一个细胞自动机模型（cellular-automata model）（详细介绍见第 8 章）来模拟物种分布中两个竞争物种在严重干扰下的空间分布状况。

人类活动引起的土地利用变化是造成景观格局和陆地覆被变化的决定性因子。此外，干扰和极端活动等的迅速改变将导致生态系统的变化，如火、极端干旱以及大风暴等。这些极端干扰事件的发生，常创造出年龄不一的斑块，从而导致景观格局的极大改变。因此，在景观尺度和区域尺度或更大尺度上对生态系统动态变化的模型预测必须能够解释人类活动以及极端干扰事件的影响。

总之，模拟生态系统对未来气候变化的响应是一个十分复杂的进程，而如何利用模型来精确预测未来气候变化的响应既是一个挑战，对于未来资源的管理也是至关重要的（Hurtt et al.，1998）。因此，在全球变化的研究中只有充分运用景观生态学的原理和方法，加强对景观格局的动态变化及其相应生态过程（气体交换、物种迁移和扩散、生物地球化学循环和水文过程等）的变化和影响这些变化的因素的研究，建立斑块、景观、区域尺度上的模型，有利于更为准确地预测全球变化对生态系统的影响及其反馈作用。

10.4.2 景观生态学在全球变化下自然资源适应性管理中的应用

由于自然资源关系到人类长期的发展和生存，因此，自然资源的管理和保护一直是人们关注的重点。现有对自然资源的静态管理和保护措施主要是考虑当前的土地覆被、物种丰度和气候特征的关系，因此还存在着很多不足之处。因为人口的膨胀和人类活动的加强正在不断地加速全球变化的发生，而全球变化的直接后果是导致生态系统结构、组成和分布区域的改变，从而影响人类对资源的利用和保护以及现有的资源管理措施。因此，针对全球变化可能带来的影响，其主要的问题是我们如何减少因全球变化所带来的损失或如何从全球变化中受益。这就要求我们首先能准确地预测未来全球变化的情形及其影响，在此基础上对未来全球变化下的自然资源采取适应性的管理和保护措施，做到未雨绸缪。

由于全球变化，尤其是全球气候变化可能带来巨大的潜在影响，因此，有关未来全球变化情形下的自然资源和土地利用的管理已经和正在引起人们的极大兴趣（Halpin，1997）。人们根据对未来全球变化的预测结果，提出了一系列可能或应采取的管理措施（Dale et al.，2000；Halpin，1997）。在这些管理措施中，生态学，特别是景观生态学的一些原理得到了充分的利用，如景观连接度常被用来处理景观破碎化与物种迁移之间的关系。依据未来全球气候变化的预测结果，物种将向极地的方向迁移已适应不断升高的气温。物种能否与不断变化的环境保持一致，主要取决于气候变化的速率、物种的迁移能力、物种间的竞争压力以及物种迁移时所遇到的物理障碍等因素。然而人们所担心的是由于当前严重的景观破碎化可能会成为物种迁移路线中难以逾越的障碍，并最终导致一些物种在未来气候变化下走向灭绝。正是基于这种忧虑，人们首先想到的就是通过人类的帮助使其渡过难关，因此，一些原始而粗略的想法也就随之产生，如在区域生态系统水平上为物种的迁移提供相互连接的廊道系统、建立一定的缓冲带等被认为是适应所预测的全球变化条件下的管理选择之一（Hudson，1991；Scott et al.，1990；Shafer，1990；Mackintosh et al.，1989）。一些学者更是认为这些在自然区域间相互连接的廊道系统应按照海拔方向、滨海-内陆方向和南-北方向（极地方向）排列以利于物种在气候变化情形下的运动（Noss，1992）。但是，由于缺少试验上的证明，这些管理措施很大程度上主要是基于假设未来景观需求的一种直觉的、理论上的假想。因为，这具体关系到景观格局在空间上的配置、廊道系统设置的地点和数量、廊道系统的造价和预期的收益以及其他景观管理的响应等。因此，这些管理措施并不具备普遍性。

Holling 和 Meffe（1996）提出了自然资源管理的"黄金规则"（golden rule），认为"管理必须努力保护资源系统中那些濒危的类型和自然变化较大的种类以维持其恢复力"。依据这一规则，我们应首先确定在未来全球变化条件下，哪些区域变化较大，哪些区域最具危险性。Halpin（1997）对大气环流模型（GCM）所预测的美国未来气候变化下潜在植被图和现实植被图进行叠加分析，发现自然景观过渡带以及人类为主的景观-自然景观过渡带（即农业-自然过渡带）的边界具有明显的变化，是对气候变化比较敏感和危险的区域。因为，即使在当前气候条件下，生态过渡区也存在着高度的空间异质性和一系列的环境变化梯度，因此，在该区域内所包含的景观类型丰富多样，其景观格局和景观结构相当复杂，不同斑块间的物质和能量交换极其活跃，景观动态变化的时间尺度相对较短，尤其是在人类为主的景观与自然景观过渡带内，受人类活动的强烈干扰，景观格局的变化更为急剧，从而引起人们的极大关注。

依据未来全球变化的情形，一些学者对自然资源的管理和保护提出了以下 5 类措施（Pernetta et al.，1994；Markham et al.，1993）：

（1）应选择足够多的保护区：① 对于每一个重要的群落类型至少要设计一个以上的保护区；②在确定大尺度生境类型的覆盖时，必须考虑气候特性。

（2）保护区的选择应能提供生境的多样性：①新的保护区应足够大，而现有的保护区则应扩大；②保护区应尽可能地体现更多的海拔梯度上和纬度梯度上的变化；③地形上高度异质性的区域由于其气候、土壤和水文等生境特征的局域变化最大应加以保护；④各植被类型间的主要过渡区应确定在保护区的中心，以减少因气候变化导致植被迁移出保护区的可能性；⑤为了适应潜在的海平面上升，滨海保护区应增加生境的保护面积。

（3）对缓冲带适应性的管理：①缓冲带应建立在保护区的周围以扩大在未来气候和土地利用区域下管理的选择性；②在保护区的周围应设立一些灵活的带状调节区域以允许未来环境条件下土地利用的变更。

（4）对景观连接度的管理：①在自然区域之间应建立相互连接的廊道系统，以利于物种的迁移；②保护区应建立在与其他保护区或具有相似生境类型而未保护的区域比较接近的地方，以允许物种的迁移；③对于一些濒危物种应进行移植以帮助其扩散。

（5）对生境维持的管理：①在保护区内，自然干扰动态（如火和放牧）或模拟自然扰动的人为干扰将被管理以维持在未来气候变化下人类想要的景观结构；②应加强控制或减少对保护区的外在压力（如污染、病虫害、外来物种等），以使保护区的自然恢复力保持在最高水平；③在重建保护区以适应新的气候条件和种群时，必须对生境进行重建和改善。

然而，以上这几点只是气候变化条件下有关自然资源管理的一般性准则，具体如何操作还存在很多困难，如每一类型保护区的数目具体应为多少？在不同的环境条件下，应设计多少廊道？廊道的位置和方向应如何？廊道的宽度应为多宽？所希望的物种能否如预想的一样通过廊道？有害物种是否会优先占用廊道系统？随着时间的过去，景观的干扰是否会导致所设计的廊道系统受到新的破坏等。所有这些都是极其复杂而重要的，这就要求我们在景观尺度下对景观格局的动态变化与生态过程以及气候变化等的关系进行细致的研究。

虽然，目前对确定未来全球变化下自然资源（或景观）管理的具体措施还存在很大的困难，但我们相信景观生态学的一些原理和方法无论是在全球变化对生态系统影响的研究中还是在未来全球变化情形下自然资源的管理中都会发挥重要的作用。

参 考 文 献

陈梦熊. 1993. 海平面上升——地质灾害研究不可忽略的领域. 中国地质，8：24，25

陈梦熊. 1996. 关于海平面上升及其环境效应，地学前缘，3（1，2）：133-140

李霞，张新时，杨奠安. 1994. 应用 Horldridge 植被—气候分类系统进行中国植被对全球变化响应的研究. 见：全球变化与生态系统. 上海：上海科学技术出版社：1-16

刘国华，傅伯杰. 2000. 中国森林在全球变化中的作用. 见：中国地理学会自然专业委员会. 全球变化区域响应研究. 北京：人民教育出版社：37-46

刘国华，傅伯杰，方精云. 2000. 中国森林碳动态及其对全球碳平衡的贡献. 生态学报，20（5）：733-740

刘世荣，徐德应，王兵. 1994. 气候变化对中国森林生产力的影响. Ⅱ. 中国森林第一性生产力的模拟. 林业科学研究，7（4）：425-430

徐德应，郭泉水，阎洪，等. 1997. 气候变化对中国森林影响研究. 北京：中国科学技术出版社

杨桂山，施雅风. 1995. 中国沿岸海平面上升及影响研究的现状与问题. 地球科学进展，10（5）：475-482

张新时，刘春迎. 1994. 全球变化条件下的青藏高原植被变化图景预测. 见：中国国家自然科学基金委员会生命科学部，中国科学院上海文献情报中心. 全球变化与生态系统. 上海：上海科学技术出版社：17-26

Aldhous P. 1993. Tropical deforestation: not just a problem in Amazonia. Science, 259: 1390

Apps M J, Kurz W A, Luxmoore R J, et al. 1993. Boreal forests and tundra. Water, Air and Soil Pollution, 70: 39-53

Bartlett K B, Harris R C. 1993. Reuiew and assessmeat of methane emisions from wetlands. Chemosphere, 26: 261-320

Bassow S L, McConnaughay K D M, Bazzaz F A. 1994. The response of temperate tree seedling grown in elevated CO_2 to extreme Temperature events. Ecological Applications, 4 (3): 593-603

Bazzaz F A, Coleman J S, Morse S R. 1990. Growth response of seven major co-occurring tree species of the Northern United States to elevated CO_2. Canadian Journal of Forest Research, 20: 1479-1484

Bazzaz F A, Miao S L, Wayne P M. 1993. CO_2-induced growth enhancements of co-occurring tree species decline at different rates. Oecologia, 96: 478-482

Beniston M, Ohmura A, Rotach M, et al. 1995. Simulation of climate trends over the alpine region: development of a physically-based modeling system for application to regional studies of current and future climate. Final Scientific Report Nr. 4031-33250 to the Swiss National Science Foundation, Bern, Switzerland.

Bolle H J, Seiler W, Bolin B. 1986. Other greenhouse gases and aerosols. In: Bolin B et al eds. The Greehouse Effect, Climate Change and Ecosystems. Scope 29. Chichester: John Wiley. 157-203

Bonan G B. 1994. Comparison of two land-surface process models using prescribed forcings. Journal of Geophysical Research, 99: 25803-25818

Bouwman A F. 1990. Land use related source of greenhouse gases: present emissions and possible future trends. Land Use Policy, 7: 154-164

Brown B E, Ogden J C. 1993. Coral bleaching. Scientific American, 268: 64-70

Brown S, Hall C A S, Knabe W, et al. 1993. Tropical forests: their past, present, and potential future role in the terrestrial carbon budget. Water, Air and Soil Pollution, 70: 71-94

Burke L M, Lashof D A. 1990. Greenhouse gas emissions related to agriculture and Land-use practices. ASA special Publieation, 53: 27-43

Centritto M, Lee H S J, Jarvis P G. 1999. Increased growth in elevated CO_2: an early, short-term response? Global Change Biology, 5: 623-633

Christensen J, Gough D O, Thompson M J. 1991. The depth of the solar convection zone. The Astrophysical Jaurnal, 378: 413-437

Cicerone R J, Oremland R S. 1988. Biogeochemical aspelts of atmospheric methane. GloBal Biogeochemical Cycles, 2: 299-327

Costa P M. 1996. Tropical forestry practices for earbon seqrestration: a review and case study from southeast Asia. Ambio, 25 (4): 279-283

Crutzen P J, Aselmann I, Seiler W. 1986. Methane production by domestic animals, wild ruminants, other herbivorous fauna and humans. Tellus, 38B: 271-284

Crutzen P J, Delany A C, Greenberg J, et al. 1985. Tropospheric chemical composition measurements in Brazoil during the dry season. Journal of Atmospherie Chemistry, 2: 233-256

Dale V H. 1994. Terrestrial CO_2 flux: the changed CO_2 concentrations: South and Southeast Asia as a case study. splenge of interdisciplinary research. In: Dale V H. Effects of Land-Use Change on Atmospheric. New York: Springer-Verlag: 1-14

Dale V H. 1997. The relationship between land-use change and climate change. Ecological Applications, 7 (3): 753-769

Dale V H, Brown S, Haeuber R A, et al. 2000. Ecological principles and guidelines for management the use of land. Ecological Applications, 10 (3): 639-670

Davis M B. 1989. Lags in vegetation response to greenhouse warming. Climatic Change, 15: 75-82

Davis M B. 1990. Climatic change and the survival of forest species. In: Woodwell G M. The Earth in Transition: Patterns and Processes of Biotic Impoverishment. Cambridge: Cambridge University Press

Davis M B, Zabinski C. 1992. Changes in geographical range resulting from greenhouse warming: effects on biodiversity in forests. In: Peters R, Lovejoy T E. Global Warming and Biological Diversity. New Haven: Yale University Press: 297-308

Detwiler R P. 1986. Land use change and the global carbon cycle: the role of tropic souls. Biogeochemistry, 2: 67-93

Detwiler R P, Hall C A S. 1988. Tropical forests and the global carbon cycle. Science, 239: 42-47

Diaz S, Grime J P, Harris J, et al. 1993. Evidence of feedback mechanism limiting plant response to elevated carbon dioxide. Nature, 364: 616, 617

Dickinson R E, Henderson-Sellers A, Rosenzweig C, et al. 1992. Evapotranspiration models with canopy resistance for use in climate models, a review. Agricultural and Forest Meteorology, 54: 373-388

Dixon R K, Brown S, Houghton R A, et al. 1994. Carbon pools and flux of global forest ecosystems. Science, 263: 185-190

Egli P, Korner C. 1997. Growth responses to elevated CO_2 and soil quality in beech-spruce model ecosystems. Acta Ecologica, 18 (3): 343-349

Emanuel K A. 1987. The dependence of hurricane intensity on climate. Nature, 326: 483-485

Emanuel W R, Shugart H H, Stevenson M P. 1985. Climatic change and broad scale distribution of terrestrial ecosystem complexs. Climatic Change, 7: 29-43

Foley J A, Levis S, Prenrice I C, et al. 1998. Coupling dynamic models of climate and vegetation. Global Change Biology, 4: 561-579

Fritschi F B, Boote K J, Sollenberger L E, et al. 1999. Carbon dioxide and temperature effects on forage establishment photosynthesis and biomass production. Global Change Biology, 5: 441-453

Gao Q, Zhang X. 1997. A simulation study of responses of the Northeast China Transect to elevated CO_2 and climate change. Ecological Applications, 7 (2): 470-483

Gardner R H, King A W, Dale V H. 1994. Interactions between forest harvesting, landscape heterogeneity, and species persistence. In: LeMaster D C, Sedjo R A. Modeling Sustainable Forest Ecosystems. Lafayette, Indiana, USA: Purdue University Press: 65-75

Garfinkel H L, Brubaker L B. 1980. Modern climate-tree-growth retationships and climatic reconstruction in sub-arctic Alaska. Nature, 286: 872-873

Gates D M. 1993. Climate Change and Its Biological Consequences. Sunderland: Sinauer Associates

Graham R L, Turner M G, Dale V H. 1990. How increasing CO_2 and climate change affect forests. BioScience, 40 (8): 575-587

Gribbin J. 1998. The greenhouse effects. New Scientist, Inside Science 13 (Oct. 22, 1988)

Grigg R W, Epp D. 1989. Critical depth for the survival of coral islands: effects on the Hawaiian archipelago. Science, 243: 638-641

Hall C A S, Uhlig J. 1991. Refining estimates of carbon released from tropical land-use change. Canadian Journal of Forest Research, 21: 118-131

Halpin P N. 1997. Global climate change and natural-area protection: management responses and research direction. Ecological Applications, 7 (3): 828-843

Heath L S, Kauppi P E, Burechel P, et al. 1993. Contribution of temperate forests to the world's carbon budget. Water, Air and Soil Pollution, 70: 55-69

Holling C S, Meffe G K. 1996. Command and control and pathology of natural resource management. Conservation

Biology, 10: 328-337

Houghton J T, Callander B A, Varaey S K. 1992. Climate Change: The Supplementary Report to the IPCC Scientific Assessment. Cambridge: Cambridge University Press

Houghton J T, Jenkins G J, Ephraums J J. 1990. Climate Change: The IPCC Scientific Assessment. Cambridge: Cambridg University Press

Houghton R A. 1990. The global effects of tropical deforestation. Environmental Science and Technology, 24 (4): 414-422

Houghton R A. 1991. Tropical deforestation and atmospheric carbon dioxide. Climatic Change, 19: 99-118

Houghton R A. 1992. Tropical forests and climate. Paper presented at International Workshop Ecology, Conservation, and Management of Southeast Asian Rainforests, October 12—14, 1992, Kuching, Sarawak

Houghton R A, Boone R D, Fruci J R, et al. 1987. The flux of carbon from terrestrial ecosystems to the atmosphere in 1980 due to changes in land use: geographic distribution of the global flux. Tellus, 39B: 122-139

Houghton R A, Hobbie J E, Melillo J M, et al. 1983. Changes in the carbon content of terrestrial biota and soil between 1860 and 1980: a net release of CO_2 to the atmosphere. Ecological Monographs, 53: 235-262

Houghton R A, Skole D. 1990. Changes in the global carbon cycle between 1700 and 1985. In: Turner B L. The Earth Transformation by Human Action. Cambridge: Cambridge University Press: 393-408

Hudson W E. 1991. Landscape Linkages and Biodiversity. Washington: Island Press

Hurtt G C, Moorcroft P R, Pacala S W, et al. 1998. Terrestrial models and global change: challenges for the future. Global Change Biology, 4: 581-590

IPCC. 1995. Climate Change 1995: The science of climate change: contribution of Working Group I to the Second Assessment Report of the Intergovernmental Panel on Climate Change. Cambridge: Cambridge University Press

IPCC. 2001. Climate Change 2001. Cambridge: Cambridge University Press

IPCC. 2007. Climate Change 2007. Cambridge: Cambridge University Press

IUCN/UNEP. 1988. Coral reefs of the world. vol. 3. IUCN, Gland, Switzerland

Katz R W, Brown B G. 1992. Extreme events in a changing climate: variability is more important than averages. Climatic Change, 21: 289-302

Keeling C D, Bacstow R B, Carter A F, et al. 1989. A three-dimensional model of CO_2 transport based on observed winds. I. Analysis of observational data. American Geophysical Union Monograph, 55: 165-234

Kerr R A. 1989. Greenhouse skeptic out in the cold. Science, 246: 1118, 1119

Kimball B A, Mauney J R, Nakayama F S, et al. 1993. Effects of increasing atmospheric CO_2 on vegetation. Vegetatio, 104, 105: 65-75

Korner C, Arnone J A I. 1992. Responses to elevated carbon dioxide in artificial tropical ecosystems. Science, 257: 1672-1675

Kuhn M. 1993. Possible future contribution to sea level change from small glaciers. In: Warrick R A, Barrow E M, Wigley T M L. Climate and Sea Level Change: Observation, Projection and Implications. Cambridge: Cambridge University Press. 134-143

Lachenbruch A H, Marshall B V. 1986. Changing climate: geothermal evidence from permafrost in the Alaskan arctic. Science, 234: 689-696

Lerner J. Matthews E, Fung I. 1988. Methane emission from enimals: a global high-resalution detabase. Global Biogeochemical Cycle, 2: 139-156

Loehle C. 1995. Anomalous responses of plants to CO_2 richment. Oikos, 73: 181-187

Mackintosh G, Fitzgerald J, Kloepfer D. 1989. Preserving Communities and Corridors. Washington D C: Defenders of Wildlife

Marinucci M R, Giorgi F, Beniston M, et al. 1995. High resolution simulations of January and July climate over the western Alpine region with a nested regional modeling system. Theoretical and Applied Climatology, 51: 119-138

Michener W K, Allen D M, Blood E R, et al. 1990. Climatic variability and salt marsh ecosystem response: relationship to scale. *In*: Greenland D, Swift LW Jr. Climate variability and ecosystem response: proceedings of a long-term ecological research workshop. 21—23 Aug. 1988, Boulder, Colorado. General Technical Report SE—65. USDA Forest Service, Southeastern Forest Experiment Station, Asheville, North Carolina, USA. 27-37

Michener W K, Blood E R, Bildstein K L, et al. 1997. Climate change, hurricanes and tropical storms, and rising sea level in coastal wetlands. Ecological Applications, 7 (3): 770-801

Mitchell J F B, Manabe S, Meleshko V, et al. 1990. Equilibrium climate change--and its implications for the future. *In*: Houghton J T, Jenkins G J, Ephraums J J. Climate Change: the IPCC Scientific Assessment. Cambridge: Cambridge University Press

Neilson R P. 1993. Vegetation redistribution: A possible biosphere source of CO_2 during climate change. Water, Air and Soil Pollution, 70: 659-673

Noss R F. 1992. The wildlands project land conservation strategy. Wild Earth, Special Issue: 10-25

Oberbauer S F, Sionit N, Hastings S J, et al. 1986. Effects of atmospheric CO_2 enrichment and nutrition on the growth: photosynthesis, and nutrient concentration of Alaska tundra species. Canadian Journal of Botany, 64: 2993-2998

O'Brien S T, Hayden B P, Shugart H H. 1992. Global climatic change, hurricanes, and a tropical rain forest. Climatic change, 22: 175-190

Oechel W C, Cowls S, Grulke N, et al. 1994. Transient nature of CO_2 fertilization in Artic tundra. Nature, 371: 500-503

Oechel W C, Hastings S J, Vourlitis G, et al. 1993. Recent change of arctic tundra ecosystems from a net carbon dioxide sink to a source. Nature, 361: 520-523

Oerlemans J, Fortuin J P E. 1992. Sensitivity of glaciers and small ice caps to greenhouse warming. Science, 258: 115-118

Paster J, Post W M. 1988. Response of northern forests to CO_2-induced climate change. Nature, 334: 55-58

Pernetta J, Leemans K, Elder D, et al. 1994. Impact of climate change on ecosystems and species. International Union for the Conservations of Nature and Natural Resources. Gland, Switzerland

Markham A, Dudley N, Stolon S. 1993. Some like it hot: climate change, biodiversity and survival of species. World Willife Fund International, Gland, Switzerland

Peters R L. 1988. The effect of global climatic change on natural communities. *In*: Wilson E O, Peter F M. Biodiversity. Washington: National Academy Press: 450-461

Peters R L, Darling J D S. 1985. The greenhouse effect and nature reserves. BioScience, 35: 707-717

Pickett S T A, Cadenasso M L. 1995. Landscape ecology: spatial heterogeneity in ecological systems. Science, 269: 331-334

Poorter H. 1993. Intraspecific variation in the growth response of plants to an elevated ambient CO_2 concentration. Vegetatio, 104, 105: 77-97

Post W M, Emanuel W R, Zinke P J, et al. 1982. Soil pools and world life zones. Nature, 298: 156-159.

Raper S C B. 1993. Observational data on the relationships between climatic change and the frequency and magnitude of severe tropical storms. *In*: Warrick R A, Barrow E M, Wigley T M L. Climate and Sea Level Change: Observations, Projections and Implications. Cambridge: Cambridge University Press. 192-212

Rogers H H, Runion G B. 1994. Plant responses to atmospheric CO_2 enrichment with emphasis on roots and the rhizosphere. Environmental Pollution, 83: 155-189

Rotty R M. 1987. Estimates of seasonal variation in fossil fuel CO_2 emission. Telles, 39B: 184-202

Roulet N T, Jano A, Kelly C A, et al. 1994. Role of the Hudson Bay Lowland as a source of atmospheric methane. Journal of Geophysical Research, 99: 1439-1454

Schlesinger W H. 1986. Changes in soul carbon storage and associated properties with disturbance and recovery. *In*: Trabalka J R, Reichle D E, The Changing Carbon Cycle: A Global Analysis. New York: Springer-Verlag. 194-220

Schwartz M W. 1992. Modelling effects of habitat fragmentation on the ability of trees to respond to climatic warming. Biodiversity and Conservation, 2: 51-61

Scott J M, Davis F, Csuti B, et al. 1990. Gap Analysis: Protecting Biodiversity Using Geographic Information Systems. Moscow, Idaho, USA: University of Idaho

Sellers P J, Randall D A, Collatz G J. 1996. A revised land-surface parameterization (SiB2) for atmospheric GCMs. Part 1: model formulation. Journal of Climate, 9: 676-705

Shafer C L. 1990. Nature Reserves: Island Theory and Conservation Practice. Washington: Smithsonian Institution Press

Shaver G R, Billings W D, Chapin F S, et al. 1992. Global change and carbon and the carbon balance of arctic ecosystem. Bioscience, 42: 433-441

Shine K P, Derwent R G, Wuebbles D J, et al. 1990. Radiative forcing of climate. In: Houghton J T, Jenkins G J, Ephraums J J. Climate Change: the IPCC Scientific Assessment. New York: Combridge University Press: 40-68

Shinn E A. 1989. What is really killing the corals. Sea Frontiers, (35): 72-81

Shukla J, Nobre C, Seuers P. 1990. Amazon deforestation and climate change. Science, 247: 1322-1325

Smith J B, Tirpak D. 1989. The Potential Effects of Global Climate Change on the United States. U S EPA. Report to Congress No. 230-05-61-050, U. S. Eviromental Protection Agency. Washington D C

Smith J B, Tirpak D. 1989. The Potential Effects of Global Climate Change on the United States. U. S. EPA: Washington D C USA

Smith T M, Halpin P N, Shugart H H, et al. 1995. Global forest. In: Strzepek K M, Smith J B. As Climate Change: International Impacts and Implications. Cambridge: Cambridge University Press

Smith T M, Leemans R, Shugart H H. 1992. Sensitivity of terrestrial carbon storage to CO_2-induced climate change: comparison of four scenarios based on general circulation models. Climatic Change, 21: 367-384

Surano K A, Daley P F, Houpis J I L, et al. 1986. Growth and physiological responses of *Pinus ponderosa* to long-term elevated CO_2 concentrations. Tree Physiology, 2: 243-359

The International Institute for Environment and Development and World Resources Institute (IIED). 1987. World Resources 1987. New York: Basic Books Inc

Trans P P, Fung I Y, akahashi T T. 1990. Observational constraints on the global atmospheric CO_2 budget. Science, 247: 1431-1438

Turner M G, Gardener R H, O'Neill R V. 1991. Potential responses of landscape boundaries to global climate change. In: Holland M M, Risser P G, Naiman R J. Ecotons: the Role of Landscape Boundaries in the Management and Restoration of Changing Environments. New York: Chapman and Hall: 52-75

Urban D L, O'Neill R V, Shugart H H Jr. 1987. Landscape ecology. BioScience, 37 (2): 119-127

Watson R H, Rodhe H, Oeschger H, et al. 1990. Greenhouse gases and aerosols. In: Houghton J T, Jenkins G J, Ephraums J J. Climate Change: the IPCC Scientific Assessment. New York: Combridge University Press: 1-40

Watson R T, Meira Filho L G, Sanhueza E. 1992. Greehouse gases: sources and sinks. In: Haughton J T et al eds. Climate Change 1992: the Supplementary Report to the IPCC Scientific Assessment. New York: Combridge University Press. 1-40

Whittaker R H, Likens G E. 1973. Carbon in biota. In: Woodwell G M, Pecan EV. Carbon and the Biosphere. Springfield, Virginia, USA: Technical Information Center, Office of Information Services, U. S. Atomic Energy Commission: 281-302

Wigley T M L, Barnett T P. 1990. Detection of the greenhouse effect in the observation. In: Houghton J T, Jenkins G J and Ephraumseds J J eds. Climate Change: the IPCC Scientific Assessment. Cambridge: Cambridge University Press. 239-255

Wigley T M L, Raper S C B. 1992. Implications for climate and sea level of revised IPCC emissions scenarios. Nature, 357: 293-300

Wigley T M L, Raper S C B. 1993. Future changes in global mean temperature and sea level. In: Warrick R A, Barrow E M, Wigley T M L. Climate and Sea Level Change: Observations, Projections and Implications. Cambridge: Cambridge University Press. 111-133

Wisley B J. 1996. Plant responses to elevated atmospheric CO_2 among terrestrial biomes. Oikos, 76 (1): 201-206

Wisley B J, McNaughton S J, Coleman J S. 1994. Will increases in atmospheric CO_2 affect regrowth following grazing in C4 grasses from tropic grasslands: a test with *Sporobolus kentrophyllus*. Oecologia, 99: 141-144

Woodworth P J. 1993. Sea level changes. In: Warrick R A, Barrow E M, Wigley T M L. Climate and Sea Level Change: Observations, Projections and Implications. Cambridge: Cambridge University Press. 379-391

World Resources Institute (WRI). 1992. World Resources 1992-93. New York: Oxford University Press

Xiao X, Melillo J M, Kicklighter D W, et al. 1998. Net primary production of terrestrial ecosystems in China and its equilibrium responses to changes in climate and atmospheric CO_2 concentration. Chinese Journal of Plant Ecologe, 22 (2): 97-118

第11章 遥感、地理信息系统和全球定位系统技术 在景观生态学中的应用

遥感（remote sensing，RS）、地理信息系统（geographic information system，GIS）和全球定位系统（global positioning system，GPS）技术具有强大的空间信息采集和处理功能。遥感和全球定位系统技术用于资料的快速获取与更新，地理信息系统技术为海量数据的信息挖掘和分析提供了有用的平台，也为景观生态学提供了全新的研究手段。

11.1 遥感及其在景观生态学中的应用

11.1.1 遥感技术基本原理与特征

遥感，即"遥远的感知"。在广义上讲，就是在远距离不与物体直接接触的情况下获得目标对象的信息。物体具有反射、吸收和发射电磁波的能力，不同物体由于物理性质、化学组成和空间结构不同，所反射、吸收和发射的电磁波的波长、强度、能量之组合特征也不相同。对地球科学而言，所谓遥感技术，就是指下垫面地表目标反射和发射的电磁辐射被航空或航天设备携带的各种传感器记录下来，形成遥感数据的技术（Campbell，1987；Sabins，1986）。传感器记录的遥感数据，通常表现为遥感影像。在消除了传感器本身的光电系统特征、太阳高度、地形以及大气条件等引起的光谱失真之后，遥感影像的灰度值主要取决于下垫面景观及其组分对光谱反射和吸收的特征，成为解释目标性质和现象很有价值的数据源（赵英时等，2003）。

遥感影像具有以下特征。①空间分辨率，是指依据遥感影像可以识别出的最小目标物的大小，影像的空间分辨率越高，地物识别能力越强。②光谱分辨率，遥感所利用的电磁波谱范围为紫外–远红外（波长范围 $0.3\sim15\mu m$）的光学波段和微波波段（波长范围 1mm 至 1m），光谱分辨率是指传感器所选用的波段数量，以及各个波段所处的波长位置和波长间隔。光谱分辨率越高，地物识别能力也越强。③时间分辨率，遥感传感器，特别是卫星搭载的传感器，具有按照一定的时间周期对同一地区进行重复观测的能力，这种重复观测的最小时间间隔称为时间分辨率。

根据传感器所接受电磁波的范围，可以将遥感分为可见光遥感、红外遥感和微波遥感。而按照传感器功能的不同和电磁波能量的来源，可以分为被动式遥感和主动式遥感。被动式遥感，传感器主要是接受地面物体反射太阳光的能量和地物自身发射出来的能量，如可见光、近红外遥感等。主动式遥感往往是从传感器本身先发出足量的电磁波，然后接收由地物对其反射回来的能量，如雷达探测仪就是一种主动式传感器。由于被动式遥感接收的是地物对太阳光的反射，在较大程度上受到气象因素的限制，在阴天获取的资料往往较差，而在夜间根本无法进行遥感探测。主动式遥感避免了被动式遥感对气象条件的限

制，可以全天候进行遥感。此外，根据搭载传感器的飞行器的高度，遥感还可以分为航空遥感和航天遥感两类。前者是飞机搭载传感器，后者是人造卫星搭载传感器。

相对传统的地面观测，遥感数据具有下列优点（陈俊和宫鹏，1998）。

（1）增大了观测的范围，特别是以前许多无人到达的地区，遥感技术可以探测那里的地表及其环境资源特征，大大地开阔了人类的视野。

（2）能够提供大范围的空间信息，如一幅 LANDSAT 的 TM 影像的覆盖面积达到 185km×185km，SPOT 图像的覆盖范围达到 60km×60km。

（3）提供了大面积重复观测的可能，自然界中任何自然现象均处于动态变化过程中，遥感，特别是航天遥感具有周期重复观测地球的能力，为地表的多时段对比研究和动态分析提供了基础。

（4）大大拓宽了人类观测地球的光谱分辨能力。一般人类眼睛的光谱识别范围为 0.4~0.76μm，而摄影胶片的敏感范围为 0.3~0.9μm，使人眼的光谱视域加宽到原来看不到的紫外和近红外波段。如果利用其他对电磁波敏感的传感器，可以使光谱范围增大到从 X 射线（波长为 0.1nm 级）到微波（波长在数十厘米）。目前使用的对温度敏感的热红外传感器根本不受昼夜限制，可以对不同地物的表面温度反映进行成像（光谱范围在 10.4~12.4μm）。利用微波技术发展的雷达则不仅不受制于昼夜的光照条件，而且还可以穿透云层从而达到全天候的成像能力。

（5）可以提供高空间分辨率的地表观测资料。一般的航空像片的空间分辨率可以达到厘米级或毫米级，在野外的实地观测，人眼往往难于注意到这样的空间细节。目前比较通用的 LANDSAT 的多光谱扫描仪和 SPOT 图像的空间分辨率分别可以达到 80m 和 10m。新近发展的遥感技术获取的资料的空间分辨率精度更高。

遥感技术的起源可以追溯至第二次世界大战，苏联科学家克里诺夫（Krinov）发明了分波段同步摄影合成技术，即用一架多镜头照相机或把多个照相机组合在一起，在同一时刻和同一角度拍摄同一地物，记录该地物的分波段影像，再以不同方式组合成像。这种摄影方式大大提高了地物的分辨能力。20 世纪 60 年代初，美国 NASA 第一颗气象卫星的发射将人类的目光带到了地球轨道的高度。1972 年，美国发射了第一颗陆地资源卫星（ERTS-1，后改称 LANDSAT），在该卫星上安装了多光谱扫描仪，将太阳光谱分为 4 个波段：蓝色波段（400~475nm）、绿色波段（475~600nm）、红色波段（590~700nm）和近红外波段（700~900nm），进行分波段摄影，同时利用这 4 种波段中任意的 3 种，通过赋予不同颜色进行假彩色合成，可以大大地提高对地物的分辨能力。陆地资源卫星的发射也将遥感对地观测技术带入了快速发展阶段，其后各个国家陆续发射了大量的对地观测卫星。自 1999 年以来，美国地球观测系统 EOS（earth observing system）计划实施带动了遥感对地观测技术新的发展。目前遥感技术已经进入一个能快速、及时提供多种对地观测大量数据的新阶段，遥感影像的空间分辨率、光谱分辨率和时间分辨率都得到极大提高。例如，EOS 卫星地球观测系统的 CCD 阵列传感器，可以达到约为 0.5m 的空间分辨率。探测的光谱波段可以从紫外线到微波，甚至到超长波，划分的波段可以为 1~240 个。微波遥感还具有全天候和一定穿透能力的特性。遥感技术的提高为其在国民经济中广泛应用提供了基础，也为景观生态研究工作的开展提供了便利的手段。

目前世界上常用的卫星数据以及它们的数据波段、空间分辨率、幅宽和时间分辨率见表 11-1。例如，EOS 重要组成中分辨率成像光谱仪（MODIS）是该计划中最有特色的仪器之一。通过 MODIS 采集的数据具有 36 个波段和 250～1000m 地表分辨率，加上数据以每天上午、下午的频率采集和免费接收的数据获取政策，使得 MODIS 数据成为区域及全球生态环境监测不可多得的数据资源（表 11-2）。此外，我国卫星常用的有 1999 年与巴西合作的中巴资源卫星（CBERS），2008 年发射的环境与灾害监测预报小卫星星座环境一号（HJ-1），搭载两颗光学传感器和一颗合成孔径雷达传感器。

表 11-1　几种主要对地观测卫星的传感器特征及其用途

卫星传感器	波段范围/μm	空间分辨率/m	幅宽/km	时间分辨率/d	主要用途
LANDSAT TM	B1：0.45～0.52	B1～5，B7：30 m	185	16	水深、水色
	B2：0.52～0.60	B6：120 m			水色、植物状况
	B3：0.63～0.69				叶绿素、居住区
	B4：0.76～0.90				植物长势
	B5：1.55～1.75				土壤和植物水分
	B6：10.4～12.4				云及地表温度
	B7：2.05～2.35				岩石类型
NOAVA	B1：0.58～0.68	1100	2400	0.5	植物、云、冰雪
AVHRR	B2：0.72～1.10				植物、水陆界面
	B3：3.55～3.93				热点、夜间云
	B4：10.3～11.3				云及地表温度
	B5：11.5～12.5				大气及地表温度
SPOT HVR	B1：0.50～0.59	B1～3：30 m	60	26	水色、植物状况
	B2：0.61～0.68	PAN：10 m			叶绿素、居住区
	B3：0.79～0.89				植物长势
	B4：1.58～1.75				
	PAN：0.61～0.68				
IKONOS	B1：0.45～0.53	B1～4：4m	11	3	大比例尺土地利用/
	B2：0.52～0.61	PAN：1m			土地覆被监测，城市
	B3：0.64～0.72				规划和动态
	B4：0.77～0.88				
	PAN：0.45～0.90				
MODIS	0.4～14.4 共 36 个波段	B1～2：250m	2330	0.25	大气、海洋、陆地参
Aqua/Terra		B3～7：500m			数提取、全球土地利
		B8～36：1000			用/土地覆被制图
CBERS-2 CCD	B1：0.45～0.52	19.5	113	26	农业、林业和水资源
	B2：0.52～0.59				调查，灾害监测
	B3：0.63～0.69				
	B4：0.77～0.89				
	PAN：0.51～0.73				
RADARSAT	C 波段	9～100m	45～500	24	全球环境和土地利
					用、自然资源监测，
					洪涝灾害监测及评估

表 11-2 中等分辨率成像光谱仪（MODIS）的波段范围及其应用

波段	光谱范围/μm	主要用途	波段	光谱范围/μm	主要用途
1	0.620~0.670	土地覆盖边界	19	0.915~0.965	
2	0.841~0.875		20	3.600~3.840	地表云层温度
3	0.459~0.479	土地覆盖特征	21	3.929~3.989	
4	0.545~0.565		22	4.020~4.080	
5	1.230~1.250		23	4.433~4.498	大气温度
6	1.628~1.652		24	4.482~4.549	
7	2.105~2.155		25	1.360~1.390	卷云特征
8	0.405~0.420	海洋颜色-浮游生物	26	6.353~6.895	水汽
9	0.438~0.448	生物地球化学	27	7.175~7.475	
10	0.483~0.493		28	8.400~8.700	
11	0.526~0.536		29	9.380~9.880	地表云层温度
12	0.546~0.556		30	10.780~11.280	地表云层温度
13	0.662~0.672		31	11.770~12.270	
14	0.673~0.683		32	13.285~13.485	云顶高度
15	0.743~0.753		33	13.485~13.785	
16	0.862~0.877		34	13.785~14.085	
17	0.890~0.920	大气水汽	35	14.085~14.385	
18	0.931~0.941		36		

11.1.2 遥感技术在景观生态研究中的应用

1. 遥感图像处理

在遥感图像使用之前，进行必要的遥感图像处理有利于获取更多的地物信息。目前常用的遥感图像处理方法有影像校正、图像增强、影像合成等。

影像校正：由于受飞行器飞行姿态和大气状况的影响，原始的遥感影像常常会具有较为明显的几何变形和信息丢失。为了更好地使用获取的遥感影像，在进行影像处理和分析之前，必须进行必要的影像几何校正。常用的影像几何校正的方法有：① 控制点校正；② 参照图校正；③ 影像局部取样校正；④从影像到影像的校正。

图像增强：通过一定的处理方式，使得原来不为人眼所看到的信息而得到显示，图像增强的方式有多种，如对比度增强和局部信息增强。对比度增强是通过增强影像特征在灰度上的分配范围，从而增强影像信息的可视性。通常，人眼对光谱特征的分辨能力是有限的，许多反映在遥感影像上的光谱特征无法得到正常的辨认，通过适当对比度增强，在影像上反映出的微小差别可以得到放大，从而为影像判读和解译提供基础。对比度增强也可以起到消除大气对影像质量的影响。一般常用的对比度增强的方法有线性拉伸技术和直方图拉伸技术。线性拉伸技术是最简单的一种图像处理技术,一般是对灰度分布比较集中的遥感影像进行处理,如一个原始的遥感影像的灰度值分布为 23～60,在影像上由于分布过度集中,显示出的颜色比较相近,人眼无法辨认。为了更好地进行影像判读和解译,可以将影像上的最低的灰度(DN＝23)值重新自动赋予一个新值(如极端最低值 0),影像的最高灰度值(DN＝60)重新自动赋予一个值 255,其余的灰度值在新的坐标体系中重新等距离赋值,得到的新图像一般具有较大的对比度,便于判读。直方图拉伸技术与线性拉伸技术相似,主要是通过分析遥感影像上灰度值的分布频率,而且图像处理后的影像的灰度值高限和低限可以有目的地赋予,具有较大的机动性。图像滤波,也称为局部增强,主要是根据特定像元及其周围像元的灰度值,通过一定的数学模式,对遥感影像重新进行灰度值赋值。影像经过滤波后,原来像元的灰度值将发生改变,其目的主要有:① 校正和恢复由于传感器无法正常工作导致的影像信息的丢失;② 增强影像所反映的地物信息;③ 通过滤波处理,从遥感影像上直接提取地物信息。常用的滤波方式有:空间滤波、低频滤波、高频滤波、方向滤波等。

图像合成:图像合成,顾名思义是根据不同的目的,选取几种波段的影像通过一定的方式叠加合成为一种新的图像过程。最常用的是假彩色合成,即选用不同的波段(如 LANDSAT 专题制图仪的波段 2、波段 3、波段 4 或其他组合方式),对不同波段分别赋予三原色(红、绿、蓝)或三配色(黄、橙、青),在地理信息系统操作下,将它们合并为一种新的图像,通常称为假彩色合成,前者称为加色合成,或者称为减色合成。在合成过程中,有时为了不同的用途和目的,可以对图像进行比值处理、加值处理、差值处理等从而可以得到反映不同地物信息的图像。

2. 景观类型划分

景观类型的划分是遥感技术在景观生态研究中较为广泛的应用。影像地物分类通常使用的分类方法有:密度分割、非监督分类和监督分类。密度分割是一种基于遥感影像的比较简单的图像分类方法,一般是通过统计分析,发现典型地物在影像上所记录的灰度值的大小,机械地根据灰度值的范围将影像分为不同的地物类型,一般误差较大。非监督分类是对多种遥感影像采用的一种分析方法,它是以集群理论为基础,通过计算机对图像进行集聚统计分析的方法。根据待分类样本的特征参数的统计特征,建立决策规则来进行分类,而不需事先知道类别特征,把各样本的空间分布按其相似性分割或合并成一群集,每一群集代表的地物类别,需经实地调查或与已知类型的地物加以比较才能确定,是模式识别的一种方法。一般算法有:回归分析、趋势分析、等混合距离分析、集群分析、主成分分析和图形识别等。监督分类又称为训练场地法,是以建立统计函数为理论基础,依据典型样本训练方法进行分类的技术,即根据已知样本,求出特征参数作为决策规则,以建立判别准则,由计算机实现图像分类,是模式识别的一种方法。该方法要求训练区域具有典型性和代表性,判别准则若满足分类精度,则此准则成立;反之,需重新建立分类的决策规则,直至满足分类精度要求为止。常用算法有:判别分析、最大似然分析、特征分析、序贯分析和图形识别等。

一般在遥感影像分析过程中,景观类型可以解译的详细程度可以概括为表 11-3。

该分类系统的第一级分类主要适于一些分辨率相对较低的遥感影像资料，如气象卫星资料、LANDSAT 多光谱扫描仪和专题制图仪的影像资料。第二级的分类一般适于大比例尺的航空像片和较高分辨率的卫星遥感影像，如 SPOT、IKONOS 等高空间分辨率影像数据。通过对不同时段遥感影像的景观分类制图和比较，可以研究景观空间格局的动态变化过程，这已经成为景观生态学研究中比较有效的实用工具。

表 11-3　一般适用于遥感资料的景观分类系统（陈俊和宫鹏，1998）

第一级	第二级	第一级	第二级
1. 城市或居住地景观	11　居民区	5. 荒漠景观	51　盐地
	12　商业服务区		52　沙滩
	13　工业区		53　非水滨沙地
	14　交通、通信和公共设施		54　裸露岩石
	15　工商混合区		55　开采场
	16　各类城市或建成区		56　过渡区
	17　其他		57　混合荒漠区
2. 农业景观	21　农田	6. 水体	61　河流
	22　果园、幼树林、苗圃、园艺林		62　湖泊
	23　饲养场		63　人工水库
	24　其他农业用地		64　海湾和河口
3. 草地景观	31　人工草地	7. 苔原景观	71　灌木苔原
	32　天然草地		72　草木苔原
	33　灌木景观	8. 湿地景观	81　有树湿地景观
	34　混合草地		82　无树湿地景观
4. 林地景观	41　阔叶林地	9. 永久性冰面覆盖	91　常年覆盖
	42　常绿阔叶林		92　冰川
	43　针叶林		
	44　混交林		

3. 景观特征遥感定量反演

20 世纪 80 年代之前，由于缺乏合适的研究手段，生态学家的研究集中在有机体尺度，最多到 0.1hm^2 左右的样地尺度。凭借遥感数据定量获取的地表参数，生态学的研究范围大大扩展至区域尺度乃至全球尺度。再加上遥感资料具有更新速度快的特点，在景观特征及其生态过程的量化研究中起到重要的作用。从遥感的电磁波信息定量提取地表参数的技术称为定量遥感，定量遥感始于 1983 年的国际卫星陆面气候学计划（ISLSCP），目标是利用卫星遥感数据定量反演的地表参数初始化和校正全球气候模式。定量遥感在区域景观特征及其过程研究中也发挥了重要作用。目前定量遥感可以监测的景观特征包括生态系统及其植被、土壤、水体等组分的参数，如蒸散发、地表温度、生产力、生物多样性等，植被特征包括叶面积指数（leaf area index，LAI）、植被覆盖度、生物量、农作物产量、叶片的生物物理参数，土壤特征包括土壤含水量、土壤有机质及其水体泥沙含量等（顾行发等，2005）。

不同景观组分的电磁波波谱特征不同，因此存在各自研究的最佳波段。例如，蓝波段对于水体具有强的穿透力，相对于其他波段，可以获得更多的水下细节；绿波段对于植被的绿反射敏感，用于区分植被类别；红波段位于植被的吸收带，近红外位于植物的高反射区，两者的归一化差值植被指数 NDVI 是植被生长状态及植被覆盖的极佳指示因子。热红外波段反映的是地表的热辐射特征，用于监测地表温度和植被胁迫分析。微波的后向散射特性则与地表目标的物理特性和几何特性有关——湿度、形状大小和粗糙度等。遥感监测的地表景观特征一部分通过遥感模型反演得到，更常见的是通过“代理信息”（surrogate information）和地表特征的相关关系来实现。“代理信息”是遥感电磁波信号的组合或者由模型反演电磁波信号得到。例如，植被指数（vegetation index，VI）与植被参数之间的转换关系，是遥感植被监测的重要基础。植被指数向量经过样地调查数据证明能够表征生态系统生物多样性（Krishnaswamy et al.，2009）。可见光，近红外的土壤热惯量、土壤湿度指数（soil wetness index，SWI）以及雷达的土壤辐射亮度、土壤介电常数用于不同覆被程度的地表土壤含水量的估算（Mallick et al.，2009）。1995 年美国加州 IGBP 的湿地研讨会对遥感与对地观测参量进行了评价，认为遥感定量反演的精度还有待于提高。为了解决这一问题，多波段遥感数据、多时相遥感数据和多类型遥感数据（可见光、近红外和雷达）结合，协同对下垫面地表的定量研究已经成为发展趋势。然而由于地物的复杂性，常常通过一种波段影像的信息无法反映出地表不同地物的差异。对于不同的地物，有时在某一种影像上可能反映出的灰度信息十分相近，但在另一波段影像上可能反映出的灰度信息具有较大的差别，将多种波段的影像所反映的不同信息进行综合分析，可能是提高复杂下垫面地表特征提取的解决方案。

遥感获得的生态系统特征参数和过程模型相结合是生态系统动态及其服务功能研究的重要手段。例如，遥感数据驱动的植被生产力光能利用率模型能够定量表达植被生产力和营养元素循环等因子的空间分异；和计量模型相结合，用于景观的生态系统服务功能价值度量；基于所反演的生物种群特征和景观特征的相关关系，间接推断景观尺度上野生动物生境和生物多样性等（Cohen and Goward，2004）。

11.2 地理信息系统及其在景观生态学中的应用

11.2.1 地理信息系统基本原理与特征

1956 年，奥地利测绘部门首先利用电子计算机建立了地籍数据库，随后世界各国的土地测量和管理部门逐步发展土地管理信息系统（LIS）用于地籍的管理，被视为地理信息系统的起源。地理信息系统的概念是由加拿大测量学家汤姆林森（Tomlinson）首先提出的，并建立了世界上第一个地理信息系统——加拿大地理信息系统（CGIS），用于自然资源的管理和规划。由于计算机技术的限制，早期地理信息系统带有更多的机助制图的色彩，地学的空间分析功能较差。进入 20 世纪 70 年代后，由于计算机技术的飞速发展，为地理空间数据处理提供了强有力的手段，地理信息系统朝着更为实用的方向发展。一些国家先后建立了许多专业性的土地信息系统和地理信息系统。20 世纪 80 年代是地理信息系统普及和推广应用的阶段，计算机技术和应用软件的大量开发为地理信息系统的发展提供了基础，在解决基础设施规划、区域开发、城市发展、资源评价等方面起到重要的作用。进入 20 世纪 90 年代，随着地理信息产业的建立和数字化信息产品在全世界的普及，地理信息系统深入到各行各业，成为人们生产、生活和工作中必不可少的工具和助手。21 世纪以来，网络 GIS（WebGIS）将互联网（internet）与地理信息系统结合在一起开发，使得地理信息系统软件或信息可以在高速的网络环境中实现漫游和共享，这将大大开拓其应用领域。利用网络来发布空间数据，为用户提供空间数据浏览、查询和分析的功能，形成一个网络化的地理空间集成平台，将是地理信息系统发展的必然趋势。

通俗地讲，地理信息系统是整个地球或部分区域的资源、环境在一定载体中的缩影。地图利用印刷品来反映与地理空间有关的信息，可以认为是一种最简单的地理信息系统。但是地图为人们提供的信息十分有限，并且一旦制作完成，不能更改，具有较大的局限性。伴随着计算机技术的发展，地理信息系统应用广度和科学内涵的发展远远超过 20 世纪 70 年代以制图自动化与图形分析为主体的初期水平，逐步形成跨学科的多层次、多功能的区域综合与空间分析工具（陈述彭，2007）。地理信息系统可以简单地认为是管理和处理空间数据的计算机系统（Bonham-carter，1994），并通过对空间数据的处理和分析为科学决策提供服务。对于地球科学而言，地理信息系统是反映人们赖以生存的现实世界（资源和环境）的现势和变迁的各类空间数据及描述这些空间数据特征的属性，包含了计算机软件、硬件，地理数据库和专业技术人员，以一定的格式输入、输出、存储、检索、显示和综合分析与应用的技术系统。地理信息系统是地理信息科学方法的一种实现手段，是测绘、遥感、计算机、应用数学以及其他应用学科集成的基础平台（边馥苓，1996）。

在学术上，对地理信息系统有 3 种观点：地图观、数据库观和空间分析观。持地图观的人主要认为地理信息系统是一个地图处理和显示系统，在该系统中，每一个数据集均被看成是一幅地图、或是一个图层、或专题、或覆盖层；这些地图常以网格的方式存储，可以通过各种逻辑运算以达到综合信息的目的，从而可以派生出新的地图（Berry，1987）。持数据库观点的人强调优化设计地建立数据库和有效存取数据的重要性（Frank，1988）；持空间分析观点的人主要来自于地理学家，他们强调地理空间特征的分析和数学模拟的重要性（Goodchild，1995）。相对于一般信息管理系统（management information system，MIS），如情报检索系统、档案管理系统、学生信息管理系统、财务管理系统等，地理信息系统是地理空间数据与地理属性库的有机结合，共同管理、分析和应用。为了满足地理信息系统对地球各要素空间分布和相互关系的研究，地理信息系统必须具备以下基本特点。① 公共的地理定位基础：所有的地理要素，要按经纬度或者特定的坐标系进行严格的空间定位，才能使具有时序性、多维性、区域性特征的空间要素进行复合和分解，将隐含其中的信息变为显式表达，形成空间和时间上连续分布的综合信息基础，支持空间问题的处理与决策。② 标准化和数字化：将多信息源的空间数据和统计数据进行分级、分类、规格化和标准化，使其适应于计算机输入和输出的要求，便于进行社会经济和自然资源、环境要素之间的对比和相关分析。③多维结构：在二维空间编码基础上，实现多专题的第三信息结构的组合，并按时间序列延续，从而使它具有信息存储、更新和转换能力，为决策部门提供实时显示和多层次分析的方便（边馥苓，1996），如图 11-1 所示。

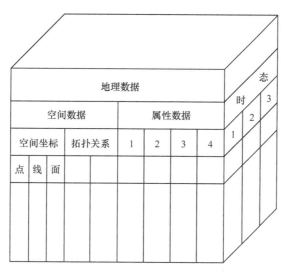

图 11-1　地理信息系统的多维结构

一般地，地理信息系统的基本功能包括以下 5 个方面。

（1）数据输入、存储、编辑，即在数据处理系统中，将系统外部的原始数据（多种来源、多种形式的信息）传输给系统内部，并将这些数据从外部格式转换为系统便于处理的内部格式的过程。它包括数字化、规范化和数据编码三方面的内容。所谓规范化，即对不同比例尺、不同投影坐标系统、不同精度的外来数据，必须统一坐标、统一记录格式，以便在同一基础上进行工作。所谓数据编码，就是根据一定的数据结构和目标属性特征，将数据转换为便于计算机识别和管理的代码或编码字符（由系统内部的软件来完成）。数据编辑功能就是给各种用户提供了修改、增加、删除、更新数据的可能。

（2）操作运算。为了满足各种可能的查询条件而进行的系统内部数据操作，如数据格式转换、多边形叠加、拼接、剪辑等操作以及按一定模式关系进行的各种数据运算，包括算术运算、关系运算、逻辑运算、函数运算等。

（3）数据查询、检索。从数据文件、数据库或存储装置中，查找和选取所需数据。

（4）应用分析。在系统操作运算功能的支持下或建立专门的分析软件来实现，包括空间信息量算与分析、统计分析、多要素综合分析等，为分析评价、管理与决策服务。而地理信息系统本身是否具有建立各种应用模型的功能，是判别一个系统好坏的重要标志之一。

（5）数据显示、结果输出。数据显示是中间处理过程和最终结果在屏幕上的显示，包括图形数据的数字化与编辑以及操作分析过程的显示。通常以人机对话方式来选择显示的对象与形式，如数据显示、统计图形显示、空间数据的图形图像显示等。

地理信息系统的应用功能包括 4 个方面。①量算与统计：地理信息系统是一种空间信息系统。通过地理信息系统的有关应用程序，分别可以在一维、二维和三维空间里实现对各种研究对象的长度、面积或体积的快速量算，为用户提供各种有用的数据。例如，海岸线的长度、各种土地利用类型的面积量算、道路选线拆迁量、土石方量算、水库淹没损失估算等。利用地理信息系统还可以将多种数据源信息汇集在一起，通过系统的统计和叠置分析功能，进行数据的条件统计分析，如按不同海拔高程带划分的指标类型，不同坡度、坡向内的土地利用现状，不同年代城市建筑物类型统计等。②预测与计算：预测是在一定的资料（数据）基础上利用某种方法对未来的事物进行科学的推断，它是建立在了解事物的过去和现状的前提下，对未来进行分析推测。而对未来预测的目的在于反馈到现在，以便对未来的行动及措施进行调整。在地理信息系统中，预测主要采用数学和统计的方法，通过历史资料和数学模型的建立对事物进行定量分析，并对事物的未来作出判断和预测。③规划与管理：规划与管理是地理信息系统应用的一个重要方面。城市和区域规划中涉及诸多方面和众多因素，如交通、人口、经济、文化、教育、治安、基础设施等。地理信息系统技术能够进行多要素的管理分析，它具有为规划部门快速提供大量信息的能力。地理信息系统技术在这一领域的利用已得到了广泛的关注和肯定，取得了一系列的成果。土地管理也是地理信息系统的应用领域之一。土地是人类赖以生存的物质基础，土地管理中涉及土地的位置、名称、面积、类型、界限、权属、地价等因素，而且土地的空间特征和属性特征处于不断的变化之中。地理信息系统技术可作为土地数据的管理、更新、评价的有力工具，地理信息系统对于土地管理工作具有十分重要的意义。④辅助决策：决策是指从多个为达到同一目标而可以更换代替的可行方案中选定最优方案。科学地选择最优方案的方法，就是决策分析。从系统工程的角度来看，决策就是要针对系统的状态信息并根据这些信息可能选取的策略，以及采取这些策略对系统状态所产生的后果进行综合研究，以便按照某种衡量准则选取一个最优策略。为了达到一项决策，首先要有充分的资料与数据，作为分析的依据；其次提出各种行动方案，确定预估各方案益损值的方法，找出评价方案的准则，列出各种可能出现的自然状态以及它们发生的概率；再选用决策方法，最后选出最佳方案。因此，决策不是一种选择方案的瞬间行动，而是一个过程。地理信息系统在其多要素空间数据库的支持下，通过构建一系列决策模型，并对这些决策模型进行比较分析，为各部门决策提供科学的依据，辅助政府部门决策的制定。

地理信息系统本身的综合性决定了它具有广泛的用途。地理信息系统已不仅作为研究物质流与能量流的信息载体，而且包括研究地学信息流程的地球动力学机理与时空特性，研究地学信息传输机理的不确定性（多解）与可预见性（多维），从而制定对地观测与数字模拟的特定技术手段与分析研究方法（陈述彭，2007）。

11.2.2　地理信息系统在景观生态学中的应用

1. 景观单元数量特征分析

景观单元的数量分析主要是指不同景观单元（基质、斑块、廊道）的面积、周长等基本数量特征。通过对景观单元基质、斑块、廊道数量关系的分析，可以获知一个景观地区的基本结构特征,同时可以计算一个特定景观地区的景观多样性指数、分维数、破碎度、分离度等一系列指标。而地理信息系统除了对地理空间数据的处理和分析具有较高的要求外,在空间图形的数量统计方面也有较高的要求,并在地理信息系统的设计过程中,要求将一般信息管理系统的所有功能和方法必须融合于地理信息系统,为空间数据的统计分析和表格数据的处理,提供了强大的功能。图 11-2 是陕西延安地区大南沟流域景观类型图,在地理信息系统的支持下,可以统计出各景观单元所占的面积、百分比、周长等,利用地理信息系统中数据表格的分析和处理功能,可以比较容易地得到景观结构的特征数量关系(表 11-4)。

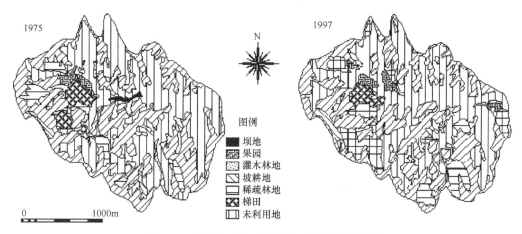

图 11-2　陕西延安地区大南沟流域景观类型图

表 11-4　各景观单元基本数量特征统计

	斑块个数	周长/m	面积/m²	面积所占百分比/%	平均斑块周长/m	平均斑块面积/m²
轮荒地	13	12 526	267 524	7.98	963.5	20 578.8
草地	4	2 401	59 973	1.79	600.3	14 993.25
果园	5	3 556	78 769	2.35	711.2	15 753.8
灌木	5	2 463	39 596	1.18	492.6	7 919.2
坡耕地	54	44 301	1 109 700	33.08	820.4	20 550
梯田	2	2 273	108 868	3.25	1 136.5	54 434
荒草	4	44 112	1 298 271	38.70	11 028	324 567.8
林地	15	16 102	391 637	11.67	1 073.5	26 109.1
总计	102	127 734	3 354 338	100	1 252.3	32 885.7

2. 景观空间格局分析

利用地理信息系统的栅格化数据或矢量化数据表达景观数据是景观分析的开始。除了景观单元的数量特征,地理信息系统还可以分析不同景观单元在空间的分布关系,如不同单元之间的距离、邻接性、连通性、核心区和边缘效应等,同时也可以进行景观格局对生态过程的敏感性分析和模拟，研究不同景观格局对生态过程的影响。核心区和边缘效应的分析在濒危物种的保护中具有较高的应用价值。对于任何一种物种的保护，栖息地面积的大小常常会具有重要的影响，一般的物种均需要有足够大的面积来容纳一定数量的物种，否则将起不到预想的保护作用。然而由于边缘效应的影响，仅仅从斑块面积的大小分析栖息地的保护作用，常常会偏差万里。有时对于同样面积的不同斑块，由于斑块形状的影响，在生物保护中将起到不同的作用。此时研究核心区的大小和形状将具有特别的意义。核心区是指生物在栖息地中的生存不受边界外干扰活动的影响而可以生存的那部分面积的区域，它与边缘效应是相对的。对于同样面积的斑块，边缘效应越大，相应核心区的面积越小，反之核心区的面积越大。地理信息系统中的距离分析功能（分析距离某一点或线的距离）为核心区和边缘效应的分析提供了基础。地理信息系统常常用于生物生境的质量评价和景观结构分析（陈利顶等，1999，2000）。

用地理信息系统与景观研究方法（景观指数分析法和空间分析方法），卢克（Luque）对新泽西国家森林保护区的景观组成与结构的动态变化进行了研究，并用景观结构指标对人类活动与自然干扰对景观变化的影响进行评价，结果表明，在16年研究期间，自然和人类的干扰导致景观结构（斑块数目、大小和形状）变化及产生的镶嵌景观，体现了一系列尺度干扰机制作用的特征（Luque，2000）。陈彩虹等应用地理信息系统技术，分析了南京市城乡交错带的景观生态特征，通过比较东南两样区各景观组分的斑块体的面积和平均周长、平均分维数、平均伸长指数和分离度，指出了城乡交错带不同类型斑块体景观特征及生态意义（陈彩虹等，2003）。周廷刚等利用地理信息系统技术对城市绿地景观按行政单元进行了综合评价（周廷刚和郭达志，2003）。高峻等建立上海绿化景观地理信息系统，并分析评价了上海市区的绿化景观格局，得出绿化景观格局较好的区域（高峻等，2000）。

3. 景观规划

景观规划是根据一定的目的，结合客观实际存在的地理现象和景观格局，对景观格局的一次重新的调整和合理布局。"设计不仅是一门艺术，更将永久地被视为解决问题的一种行为"（Pye，1978）。哈佛大学规划设计教授斯坦内茨（Steinitz），在景观视觉分析、计算机和地理信息系统在规划中的应用以及景观生态学在规划中的应用等诸多领域都有开创性的贡献。他开发了一个允许设计不同未来的景观改变模式，这些不同的设计可以用来评估它们对自然环境和人口的影响，并被用来选择最佳的情景。世界是在变暖还是变冷？人口的增长是否是气候变暖的主因？土地利用变化是否导致了水环境质量的恶化？我们只是刚刚开始了解如何处理这些问题，更要找出科学有效的答案。只有通过对数据的细心观察，科学原则的运用，加上先进技术的应用，我们才可以有希望真正了解影响我们世界的复杂系统的各种压力和因素。

基于地理信息系统技术的景观规划和设计将地理空间分析引入到程序设计时代，程序设计最初的框架能够对数据库中大量的相关图层进行处理，而这些图层存储的信息涉及空间范围内的各种自然和社会因素。这些地理信息可以用于最大限度地对自然系统的机能和特点进行仿真，使人类和自然能够更加和谐相处。在景观规划中，往往要考虑众多的景观因子，由于不同景观因子在空间上的异质性，在进行同一分析时，常常会遇到许多无法定量的分析。而地理信息系统高强的空间分析功能恰恰为这种多因子的融合分析提供了一个基础。

景观规划包括两个方面，一方面是区域景观组分的合理布局，景观规划常常是为了某一特定的目的，对区域的土地利用方式进行合理的调整；另一方面是同一土地类型往往具有多种景观功能，如何进行合理的景观布局，使得整个景观的生态功能达到最优，常常是景观生态学中遇到的难题。这主要有两个原因，其一是某一景观类型的最佳利用方式的确定；利用方式的确定不仅要考虑其本身的生态特征，而且还要考虑景观类型与相邻景观单元的空间关系，而这种景观空间格局的分析，常常涉及生态、经济和社会文化等特征，地理信息系统的多图形叠加分析和模拟赋值功能将各因子与景观单元的关系在空间上进行定量化描述，如农业生态分类与土地利用景观优化配置等（李新通，2000）。其二是对某一景观要素的空间位置的选择；从生物生境分析，核心区和边缘效应常常是生态学家关注的两个概念，一般是从自然和生态保护的角度，分析生物生存环境的质量和栖息地的实际功能。而缓冲区的设计是从自然保护区的设计考虑，其目的是为了增强保护区的实际保护功能。自然保护区一般建立在适宜于某种物种生存的地方，有时考虑到保护区面积和边缘效应，在保护区的外围，不得不建立一定的缓冲区，加强自然保护区的保护功能。缓冲区的设计在森林防火和湿地保护中也具有较高的应用价值。而地理信息系统的距离分析和缓冲区分析功能正好满足了这种要求，并且做到方便易行的地步。此外，在景观生态研究中，廊道在物种保护中常常是被用来加强不同保护区之间连接的一个有效途径（陈利顶等，2000）。而在廊道设计中，新建廊道空间位置的选择或在哪些地区保留廊道常常是生态学家头疼的问题，特别是在将自然生态地区改变为农业景观时常常遇到的实际问题，为了不破坏原来自然种群之间的基因交换，就需要保护不同自然栖息地之间的通道。因而，就需要研究景观空间格局的分布特征和功能，找出最适合的地方建立野生生物自然保护区，将生物经常迁移的通道留作廊道，以利于不同生物种群之间的基因交流，达到保护生物多样性的目的。

4. 景 观 模 拟

在景观生态学研究中，景观变量的空间分布、一致性或邻近度等可以作为输入参数通过 GIS 进入空间预测模型；反过来，预测模型的结果也可由独立的数据检验或重新输入地理信息系统进行空间分析、显示或查询。景观模拟按以下步骤进行：①数据的采集，包括遥感数据、公开出版的数据和统计资料及调查的数据等；②根据来源和技术手段建立景观分类系统；③把不同的来源数据转化成相同的空间数据系统；④结合 GIS 系统平台的专业模型进行景观动态模拟，如元胞自动机（CA）、多智能体等模型在城市演变更替、土地利用变化、土壤侵蚀监测等方面的应用。随着遥感和地理信息系统发展，景观空间变化模拟越来越受到重视。特纳（Turner）选择 Oglethorpe 作为研究对象，以航空像片为数据源，选择 3 种不同邻域影响的方法模拟景观空间结构变化，模拟同真实景观基本一致（Turner and Ruscher，1988）。史培军以 3 个时相的遥感影像数据和社会经济数据为数据源，分析了深圳市土地利用变化的机制，选择出模拟所需参数，用元胞自动机模型和经验模型模拟了深圳 1980～2010 年的土地利用变化情况（史培军等，2000）。

11.3 全球定位系统及其在景观生态学中的应用

全球定位系统由美国于 1973～1993 年耗资数百亿美元建立的，是目前最先进的定位导航技术之一。由覆盖全球的在轨卫星连续向地面发射信号，实现全球、连续实时的自动定位。此外俄罗斯的 GLONASS（global navigation satellite system）系统技术成熟，并能够在全球范围进行定位。欧盟于 1999 年推出“伽利略”计划，部署了新一代定位卫星方案。该方案由 27 颗运行卫星和 3 颗预备卫星组成，可以高精度覆盖全球进行定位，同时还可以与美国 GPS 系统兼容。中国的北斗卫星导航定位系统（China navigation satellite system，CNSS-Beidou）是区域性卫星定位与通信系统，覆盖范围为中国的本土区域。

11.3.1 全球定位系统基本原理和特征

全球定位系统由空间系统、地面监控系统和用户系统三大部分组成。全球定位系统的空间系统包括 24 颗工作卫星，均匀分布在距地表 20 200km 的 6 个轨道面上，使得在全球任何地方、任何时间都可观测到 4 颗以上的卫星。地面控制系统负责跟踪 GPS 卫星，发送调控指令维持卫星在轨道上的健康运行，以及上载更新的导航数据，校正卫星的时钟等。用户设备部分即 GPS 信号接收机，能够捕获卫星信号（http：//www. gps. gov）。全球定位系统的工作原理是：位于地面测算点的 GPS 信号接收机通过接收卫星发出的电波，解调出卫星轨道参数，测量已知位置的卫星到测算点的距离和距离的变化率。根据这些数据，接收机中的微处理计算机按定位解算方法进行定位计算，计算测算点所在地理位置的经纬度、高度、速度、时间等信息。测算点到卫星的距离通过记录卫星信号传播到信号接收机所经历的时间，再将其乘以光速得到。由于大气层电离层的干扰，以及 GPS 观测量中包含卫星和接收机的时钟差、大气传播延迟、多路径效应等，在定位计算时还要受到卫星广播星历误差的影响，这一距离并不是用户与卫星之间的真实距离，而是伪距。按定位方式，GPS 定位分为单点定位和相对定位（差分定位）。单点定位就是根据一台接收机的观测数据来确定观测点位置的方式，它只能采用伪距测量，定位精度较低。相对定位是已知点上安置 GPS 接收机得到伪距改正值，并将其提供给同步观测的移动站接收机，将其改正为实测伪距（冯仲科和余新晓，2000）。相对定位时大部分公共误差被削弱，因此定位精度大大提高。此外，应用 GPS 中的实时动态技术（real time kinematic，RTK），把 1 台基站架设在某已知点或明显地物点上，用流动站跟踪图斑，并赋予其属性代码。经室内处理，可得到精度较高的图斑三维信息（喻权刚等，2000）。

全球定位系统的主要特点有以下几点。

（1）全球、全天候工作。

（2）定位精度高。单机定位精度约为 10m，采用相对定位时精度可达厘米级和毫米级。

（3）操作简便。

11.3.2　全球定位系统在景观生态学中的应用

1. 景观单元定位

早在 1993 年，西班牙生态学家萨瓦拉（Zavala）将 GPS 技术引入了景观水平的生态系统研究。他认为 GPS 技术在理解生态过程和人类活动干扰的关系时具有省时省力的优点。GPS 被广泛用于地面调查和特征地物定位，是区域研究中空间信息的重要来源。GPS 测定的地面样地，还常被用作遥感解译标记及解译结果的核查和补充。例如，龚国淑等（2009）用 GPS 采集了成都市郊区 27 个样点的表层土样，研究成都郊区土壤芽孢杆菌的物种多样性水平和空间分布特征。申时才等（2006）利用 GPS 技术开展了物种入侵的研究，得到了贡嘎山地区某牧场入侵植物——土大黄的空间分布。张明阳等（2009）考虑到桂西北地表破碎和地表覆盖复杂的特点，借助 GPS 到研究区进行实地考察，并建立 450 个解译标志，用于桂西北过去土地利用变化特征遥感定量研究。谢春华和王秀珍（2006）以遥感影像和地形图为基础，结合 GPS 实地布点调查，从不同尺度将集水区森林景观进行分类归并。

2. 斑块边界与形状识别

基于全球定位系统的地面调查数据是生态系统服务评价和生态系统管理的重要依据。高精度差分 GPS 技术能够识别微地貌变化，得到坡面沟道的发育发展过程及其形态变迁的时空动态特征。Wu 和 Cheng（2005）利用差分 GPS 技术监测了黄土高原地区沟道形态变化。汪亚峰等（2009）应用差分 GPS 技术，基于对高程和淤地面积的毫米级精度测量，结合建坝前的地形图，准确估算了黄土高原羊圈沟小流域淤地坝泥沙淤积量，为流域生态恢复的环境效应评价提供了科学依据（图 11-3）。同样的，基于 GPS 的精准三维坐标信息，结合激光雷达技术（LiDAR），Du 和 Teng（2007）等估算了台湾西北部台风引起的土体滑坡体积。

3. 景观中物种运动跟踪

全球定位系统应用的一个重要方面是景观中的动物迁移路径跟踪。以候鸟迁徙研究为例，到 20 世纪 80 年代止，对候鸟的迁徙路径研究一直是使用环志标记法及雷达跟踪法。自 20 世纪 80 年代末期基于 Argos 系统的卫星跟踪技术开展候鸟迁徙，一般测量误差在 150m 左右，当鸟飞翔的时候，误差有时竟达 3km。基于 GPS 技术的高精度跟踪器应用探测候鸟迁徙路径的工作在 21 世纪初可见报道，如 Weimerskirch 等（2002）采用 GPS 跟踪器，以 1min 为单位，精准地记录了漂泊信天翁（*Diomedea exulans*）迁徙

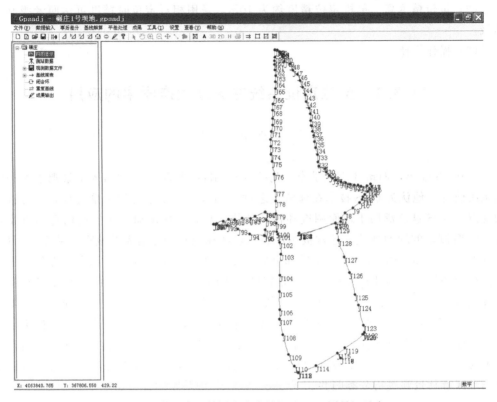

图 11-3 黄土高原羊圈沟小流域坝地 GPS 测量记录点

路径、停留地点和采食方式等信息。GPS 的高精度定位功能用于景观中濒危动物运动方式的追踪和制图，有利于保护和改善正在减少的种群。肯尼亚环境、自然资源与野生动物部部长库伦度（Kulundu）博士也指出："大象作为肯尼亚健康环境的一个关键指标，在 GPS 追踪出现以前，要用足够的时间分辨率来记录大象活动以作出一个完整的大象活动模式基本上是不可能的"。

遥感技术、地理信息系统和全球定位系统统称为"3S"技术。3 种技术的有机集成，可以实现对各种空间信息的快速准确的收集、处理与更新。在景观生态学的研究中，遥感往往是一种最可靠的快速的数据收集手段，其重复监测的能力提供了不同时期的地表空间信息，使分析人类活动和全球变化背景下景观特征及其动态变化成为可能，定量遥感可以定量提取生态系统及其植被、土壤和水体等各组分特征。地理信息系统则为海量数据处理和分析提供了必不可少的工具。以地理信息系统为技术平台，包括遥感数据在内的各种来源的空间数据，如专题图、样点调查数据等以相同的地理坐标信息和数据格式统一在整体的框架下，一方面通过地理信息系统本身的空间分析和统计工具，可以实现景观结构的空间和数量特征提取，另一方面不同来源的空间数据，在地理信息系统图层叠加分析功能的支持下，实现景观生态分类制图和适宜性评价，这也是景观规划的重要基础。此外，不同来源的空间数据，结合地理信息系统发展的专业模型，可以实现景观生态过程量化研究和动态模拟。全球定位系统提供特征地物的定位信息用于遥感影像的几何校正，使得遥感影像和地表地物在空间上能够匹配；全球定位系统为影像判读提供地面解译标记，遥感图像从电磁波信号转换为一定区域范围内的地表景观结构及生态系统特征信息。同时 GPS 的实时动态信息也是地理信息系统的建立和数据更新的重要手段。全球定位系统在生态系统管理的典型应用当数美国农业部林务局的 GPS 技术系统，它涉及确定林区面积，估算木材量，计算可采伐木材面积，确定原始森林、道路位置，对森林火灾周边测量，寻找水源和测定地区界线等各个方面，为我国生态系统管理的信息化提供很好的学习样本。总之，在"3S"技术的支撑下，景观生态学的研究，特别是大区域范围的研究，获得了前所未有的进展。

参 考 文 献

边馥苓. 1996. GIS 地理信息系统原理和方法. 北京：测绘出版社

陈彩虹，胡锋，张落成. 2003. 南京市城乡交错带景观格局研究. 应用生态学报，14：1363-1368

陈俊，宫鹏. 1998. 实用地理信息系统. 北京：科学出版社

陈利顶，傅伯杰，刘雪华. 1999. 卧龙自然保护区大熊猫生境破碎化研究. 生态学报，19：291-297

陈利顶，傅伯杰，刘雪华. 2000. 自然保护区景观结构设计与物种保护. 自然资源学报，15：164-169

陈述彭. 2007. 地球信息科学. 北京：高等教育出版社

冯仲科，余新晓. 2000. 3S 技术及其应用. 北京：中国林业出版社

高峻，杨名静，陶康华. 2000. 上海城市绿地景观格局的分析研究. 中国园林，16（67）：53-56

龚国淑，唐志燕，邓香洁等. 2009. 成都郊区土壤芽孢杆菌的空间分布及其多样性. 生态学杂志，28（10）：2009-2013

顾行发，田国良，李小文等. 2005. 遥感信息的定量化. 中国科学 E 辑，35：1-10

纪元法，孙希延. 2008. 中国区域定位系统的定位精度分析. 中国科学 G 辑，38：1812-1817

李新通. 2000. 持续农业景观生态规划与设计. 地域研究与开发，19：5-9

申时才，Willson A，Melic D. 2006. 滇西北高山牧场入侵物种土大黄生态学调查. 西南林学院学报，26：11-15

史培军，宫鹏，李小兵. 2000. 土地利用/土地覆盖变化研究的方法与实践. 北京：科学出版社

汪亚峰，傅伯杰，侯繁荣等. 2009. 基于差分 GPS 技术的淤地坝泥沙淤积量估算. 农业工程学报，25：79-83

谢春华，王秀珍. 2006. 北京密云水库集水区森林景观生态分类研究. 林业资源管理，4：85-88

喻权刚，赵帮元，董戈英. 2000. GPS 在水土保持生态建设中的应用研究. 中国水土保持，11：23，24

张明阳，王克林，刘会玉等. 2009. 喀斯特生态脆弱区桂西北土地变化特征. 生态学报，29：3105-3116

赵英时等. 2003. 遥感应用分析原理与方法. 北京：科学出版社

周廷刚，郭达志. 2003. 基于 GIS 的城市绿地景观空间结构研究——以宁波市为例. 生态学报，23：901-907

Berry J K. 1987. Fundamental operations in computer assisted map analysis. International Journal of Geographic Information Systems，1：119-136

Bonham-Carter G F，1994. Geographic Information System for Geoscience. Ottawa：Pergamon

Campbell J B，1987. Introduction to Remote Sensing. New York：The Guilford Press

Cohen W B，Goward S N，2004. Landsat's role in ecological applications of remote sensing. BioScience，54：535-545

Du J C，Teng H C，2007. 3D laser scanning and GPS technology for land slide earthwork volume estimation. Automation in Construction，16：657-663

Frank A U，1988. Requirement for a database Management for A GIS. Photogrammetric Engineering & Remote Sensing，54：1557-1564

Goodchild M F. 1995. Future directions for geographic information science. Geographic Information System，1：1-7

Krishnaswamy J，Bawa K S，Ganeshaiah K N，et al. 2009. Quantifying and mapping biodiversity and ecosystem services：utility of a multi-season NDVI based Mahalanobis distance surrogate. Remote Sensing of Environment，113：857-867

Luque S S. 2000. Evaluating temporal changes using multi-spectral scanner and thematic mapper data on the landscape of a nature reserve：the New Jersey pine barrens，a case study. International Journal of Remote Sensing，21：

2589-2644

Mallick K, Bhattacharya B K, Patel N K. 2009. Estimating volumetric surface moisture content for cropped soils using a soil wetness index based on surface temperature and NDVI. Agricultural and Forest Meteorology, 149: 1327-1342

Pye D. 1978. The Nature and Aesthetics of Design. London: Herbert Press Limited.

Sabins F F Jr. 1986. Remote Sensing: Principles and Interpretation. 2nd ed. New York: W H Freemand and Co

Turner M G, Ruscher C U. 1988. Changes in landscape patterns in Georgia, USA. Landscape Ecology, 1: 241-251

Weimerskirch H, Bonadonna F, Bailleul F, et al. 2002. GPS tracking of foraging albatrosses. Science, 295: 1259

Wu Y, Cheng H. 2005. Monitoring of gully erosion on the loess plateau of China using a global positioning system. CATENA, 63: 154-166